中国农村信息化发展报告
（2014—2015）

李道亮　主编

电子工业出版社
Publishing House of Electronics Industry
北京·BEIJING

未经许可，不得以任何方式复制或抄袭本书之部分或全部内容。

版权所有，侵权必究。

图书在版编目（CIP）数据

中国农村信息化发展报告. 2014~2015 / 李道亮主编. —北京：电子工业出版社，2016.4

ISBN 978-7-121-28258-4

Ⅰ. ①中…　Ⅱ. ①李…　Ⅲ. ①信息技术—应用—农村—研究报告—中国—2014~2015　Ⅳ. ①S126

中国版本图书馆 CIP 数据核字（2016）第 044004 号

责任编辑：董亚峰　　文字编辑：徐　烨

印　　刷：三河市华成印务有限公司

装　　订：三河市华成印务有限公司

出版发行：电子工业出版社

　　　　　北京市海淀区万寿路 173 信箱　邮编　100036

开　　本：787×1 092　1/16　印张：30.75　字数：729 千字

版　　次：2016 年 4 月第 1 版

印　　次：2016 年 4 月第 1 次印刷

定　　价：128.00 元

凡所购买电子工业出版社图书有缺损问题，请向购买书店调换。若书店售缺，请与本社发行部联系，联系及邮购电话：（010）88254888。

质量投诉请发邮件至 zlts@phei.com.cn，盗版侵权举报请发邮件至 dbqq@phei.com.cn。

服务热线：（010）88258888。

编委会

主　编：李道亮

成　员：于　莹　　于海鹏　　马俊强　　马　超　　王一鸣　　王玉斌　　王　剑
　　　　左秋红　　丛　蕾　　朱轶峰　　刘　飞　　刘正垣　　刘军萍　　刘利永
　　　　刘　波　　刘盛理　　孙龙清　　牟恩东　　严云萍　　李文彪　　李志峰
　　　　李　琳　　李道亮　　李　瑾　　李　瑾　　杨张兵　　杨林楠　　杨宝祝
　　　　杨信廷　　吴秀媛　　吴　赟　　何　勇　　位耀光　　邹杰玲　　汪树清
　　　　沈立宏　　沈　岳　　张　帅　　张向飞　　张彦军　　张凌云　　张鹏飞
　　　　陈立平　　陈　旭　　周国民　　周　蕊　　郑业鲁　　郑红剑　　赵　坤
　　　　胡　林　　郜鲁涛　　高亮亮　　唐建军　　黄　利　　常　剑　　康春鹏
　　　　康晓洁　　董政祎　　韩福军　　熊本海　　滕　浩

前　言
Preface

　　2007 年，我们主编了《中国农村信息化发展报告（2007）》，作为我国农村信息化发展的第一本蓝皮书，2014—2015 年，《中国农村信息化发展报告》已经走过了九个年头，一直忠实地记录着中国农村信息化发展的全貌。九年来，我们严格按照三个基本定位，记录该年度农村信息化总体进展、发展特色和重大事件，第一个基本定位就是每年要客观、全面、系统地记录着我国农村信息化事业的年度进展；第二个基本定位就是要每年要总结实践、凝练提升、丰富和完善农村信息化的理论体系；第三个基本定位就是每年要洞察新动向、提炼新模式、总结新观点、发现新探索、阐明新政策，以期对全国农村信息化发展有指导作用。《中国农村信息化发展报告（2014—2015）》秉承这三个基本宗旨展开。

　　2014—2015 年是"十二五"规划封官之年，是全国各族人民认真学习、深刻领会和全面贯彻党的十八届五中全会精神，万众一心收好"十二五"的官，齐心协力开好"十三五"的局，起好"十三五"的步的关键之年。各部委都在深入总结"十二五"农业农村信息化取得的成就和经验，农业部总结农业物联网试验示范工程建设成效和经验，评选出 426 项节本增效的农业物联网软硬件产品、技术和应用模式，并积极向全社会推介，取得了非常好的经济效益和社会效益。科技部总结国家农村信息化示范省取得经验和成绩，并不断扩大应用省份。农业生产经营信息化逐渐开题并进入主战场。

　　2014—2015 年全国信息进村入户风生水起，2014 年起，农业部在北京、辽宁等 10 省市、22 个县启动了信息进村入户试点工作，2015 年又在各地积极申报的基础上，将试点范围扩大至 26 个省、116 个县。近两年的试点实践证明，通过村里小小的信息服务站，信息进村入户能够解决农村公益服务和社会化服务供给不足、资源分散、渠道不畅、针对性不强、便捷性不够等问题，就近为农民提供了公益服务、便民服务和代购代卖服务，把世界带进村里，把村子与世界对接，初步实现了政府得民心、企业有利润、信息员有钱赚、农民享实惠。

　　2014—2015 年，随着互联网经济向农业农村领域的渗透，农业电子商务快速发展，目前全国农产品电商平台已超过3000家，2014年农产品网络零售交易额突破1000亿元大关，2015年的增速继续高于社会消费品网络零售的增速，保持高速增长态势，正在形成跨区域电商平台与本地电商平台共同发展、东中西部竞相迸发、农产品进城与工业品下乡双向互动的发展格局。

2014—2015年，党的十八大首次把信息化与新型工业化、城镇化、农业现代化并列，作出了"四化同步"发展的战略部署。十八届五中全会公报和"十三五"规划建议都明确强调，要建设网络强国，实施"互联网+"行动，发展分享经济，实施国家大数据战略。"十三五"规划建议还提出要"推进农业标准化和信息化"。2014—2015年的中央"一号文件"都对农业信息化特别是农业电子商务、信息进村入户作出了部署。近些年国务院出台的有关信息消费、智慧城市、物联网、电子商务、"互联网+"、大数据等重要政策文件都把农业摆在了突出重要的位置，农业部先后出台了《推进农业电子商务发展行动计划》《关于推进农业农村大数据发展的实施意见》，提出了发展农业电子商务和农业农村大数据的指导思想、基本原则、总体目标和重点工作，为地方农业部门的工作赢得了主动，提供了指导。此外，《全国农业农村信息化发展"十三五"规划》也正在按时间进度起草编制。

2014—2015年，农业生产经营、管理、服务信息化实效进一步凸显。国家农业科技服务云平台上线运行，搭建了一座中央与地方、专家与农技员、农技员与农民、农民与产业间高效便捷的信息化桥梁。信息化手段与测土配方施肥结合，在吉林等地深入开展，得到了很好的应用。畜牧水产行业信息化加快发展，特别是物联网应用成效开始显现。农机调度、深松作业的物联网监控平台有效地提高了农机作业的质量和效率。农产品质量安全追溯体系建设加快推进，农垦、休闲农业、种子、农药的电子商务迅速发展，民宿旅游的分享经济异军突起。以"互联网+"现代农业为主题的2015农业信息化高峰论坛和网络媒体联合推介系列活动取得空前成功，成为部署和推动农业信息化工作的一个大平台。同时，各地在政府投入、发挥企业市场主体作用、集聚资源等方面也创造了很多可复制、可推广的经验和模式。

基于上述分析，为客观、全面、系统记录2014年我国农村信息化发展进程，本书的内容框架主要包括：理论进展篇、基础建设篇、应用进展篇、地方建设篇、企业推进篇、科研创新篇、发展政策篇、专家视点篇、实践探索篇、大事记篇共计10篇42章。

理论进展篇：进一步完善了农村信息化理论框架，对农业信息化和现代农业关系研究、农业信息化的发展阶段与规律、农业4.0、"互联网+"农业及智慧农业等相关内容进行了理论探索。

基础建设篇：该部分从农村信息化基础设施（广电网、电信网、互联网）、农村信息资源（农业网站、农业数据库）两方面系统介绍了我国农村信息化基础建设的主要进展，以期对我国农村信息化基础建设情况有一个总体的认识。

应用进展篇：该部分主要包括农业生产信息化（种植业、畜牧业、渔业）、农业经营信息化（龙头企业、农民专业合作社、农产品电子商务、农产品批发市场）、农业管理信息化、农村信息服务体系建设四个部分，对我国农村信息化发展各个领域的情况进行了介绍，以期让读者对信息技术在农业方面的应用进展有一个全面的了解。

地方建设篇：选择农村信息化建设成绩突出、特色突出、代表性强的北京、内蒙古、辽宁、上海、浙江等省市区进行介绍，总结了这些地方在2014—2015年农村信息化发展的现状、主要经验、存在的问题以及下一打算，以期为全国各地开展农村信息化建设提供借鉴。

企业推进篇：企业是应用和创新的主体，一大批企业积极推进物联网、移动互联、云计算、大数据等现代信息技术在生产、经营、管理及服务等领域的应用和创新，促进了农村信息化的健康稳定快速发展。该部分介绍了农村信息化贡献突出、农村信息化工作扎实、积极性高的中国移动、中国电信、大北农等企业在推进农业农村信息化方面所做出的探索。

科研创新篇：科研单位为农业现代化和新农村建设提供有力的技术支撑，该部分选取农业部信息中心、北京农业信息技术研究中心、中国农业大学为代表，介绍了科研创新单位的概况与机构设置以及在2014—2015年的主要工作和科研成果。

发展政策篇：随着"互联网+"的提出和国家对农业农村信息化建设的重视，各部委出台了很多促进农业农村信息化建设的政策法规，该部分介绍了2014—2015年主要的政策法规以及相关的政策解读，包括"陈晓华：完善市场体系推进信息化和现代农业深度融合""屈冬玉：合力推动"互联网+"现代农业""张兴旺：利用大数据引领农业发展"以及"解读《促进云计算创新发展培育信息产业新业态的意见》"等内容。

专家视点篇：对2014—2015年农业部领导以及国内知名农村信息化专家的有关"用发展理念大力推进农业现代化；信息化引领转型发展新时代；关于解决"三农"问题的几点考虑；大数据推动农业现代化应用研究；信息化的现代农业机遇；我国农业信息化发展的新任务；农业大数据及其应用展望；农业部门三农信息服务研究；城乡一体化发展的思维方式变革——论现代城市经济中的智慧农业"等观点进行了阐述，以期为读者提供最详尽的专家视角。

实践探索篇：该部分介绍了推进信息进村入户工作和农业物联网试验示范，抓紧谋划金农工程二期，积极探索农业电子商务等扎实做好农业信息化基础工作和取得的积极成效。

大事记篇：该部分内容简单梳理了2014—2015年，我国农村信息化建设中的重大事件，以期读者对我国农村信息化在举办的活动有一个了解。

中国农村信息化发展报告编写是一个庞大的、需要各位同行共同参与的繁重工作，热切盼望各位同行加入到蓝皮书的编写中来，群策群力。让我们联起手来，共同推进我们所热爱的农村信息化事业，为通过信息技术推动现代农业发展，促进社会主义新农村建设、培养和造福社会主义新农民而共同努力。

本书实际凝聚了很多农村信息化领域科研人员的智慧和见解，我首先要感谢我的导师中国农业大学傅泽田教授，他多年来在系统思维、科研教学、为人处世的教诲和指导让我受益良多。感谢国家农村信息化工程技术研究中心赵春江研究员，他多年来兄长般的关心与支持使我和我的团队不断进步。感谢国家农村信息化指导组王安耕、梅方权、汪懋华、孙九林、方瑜等老专家对我的关爱和一贯的支持，也感谢何勇、王文生、王儒敬、王红艳等专家在历次国家农村信息化示范省建设工作中给予的支持和帮助。感谢农业部余欣荣副部长、市场与经济信息司张合成司长、唐珂司长、王小兵副司长、陈萍副司长、杨娜处长、王松处长、赵英杰处长、邓飞处长，农业部信息中心李昌健主任、张兴旺主任、杜维成、郭永田、吴秀媛副主任以及农业部全国水产技术推广总站李可心副站长、朱泽闻处长在农业部物联网区域试验示范工程、农业信息化评价、信息进村入户工程、农业部公益性行业专项等农业信息化工作与项目实施过程中给予的指导和帮助。科技部张来武副部长、农村科技司王喆司长、胡京华司长在国家农村信息化示范省给予的支持和帮助，历次讨论令我收获颇多。感谢北京市城乡经济信息中心刘军萍主任、江苏农委信息中心吴建强主任、辽宁农委信息中心牟恩东主任、吉林农委市场信息处秦吉处长、上海农委余立云处长、天津农委市场处官宏义处长、福建农业厅市场信息处刘玫处长等各省农业厅相关负责人在农业部信息化工作中给予的支持，每次调研收获颇多。感谢山东省科技厅刘为民厅长、郭九成副厅长、许勃总工、王胜利、王娴、梁凯龙副处长在山东农村信息化示范省工作中给予的支持与帮助，历次研讨、汇报让我受益非浅。

感谢我的合作伙伴山东农科院信息所阮怀军所长、李景岭书记、王磊副所长、水产科学院黄海研究所雷霁霖院士、方建光研究员、山东鲁商集团王国利总工、山东水产推广技术站黄树庆站长、寿光蔬菜产业集团潘子龙总工在实施山东国家农村信息化示范省给予的支持与帮助。感谢山东明波水产养殖公司翟介明、李波总经理、福建上润精密仪器有限公司黄训松董事长、江苏省宜兴市农林局谢成松局长、蒋永年副局长、高塍镇周峰书记对我团队实验基地和联合研发中心给予的大力支持与帮助。

同时，本书研究和出版得到了农业部"三电合一"项目和农业信息化评价课题的支持，在这里表示特别感谢。

本书由李道亮提出总体框架，具体分工如下：前言（李道亮），总报告（李道亮、孙龙清），理论进展篇（李道亮、刘利永、李琳），基础建设篇（王玉斌、周国民），应用进展篇（杨信廷、陈立平、周国民、熊本海、位耀光、王玉斌、张彦军），地方建设篇（由相关国家农村信息化示范省牵头部门、农业厅市场处和信息中心供稿），企业推进篇（由相关企业供稿），发展政策篇（董政祎），专家观点篇（汪洋、罗文、陈锡文、许世卫、李道亮、王文生、李昌键），大事记篇（董政祎）。在编写过程中每一部分都经过编者多次讨论，最后由李道亮、董政祎进行了统稿。

由于时间仓促，编者水平有限，书中肯定由不足或不妥之处，诚恳希望同行和读者批评指正，以便我们今后改正、完善和提高。农业农村信息化事业前景辉煌，方兴未艾，是我们大家的事业，再一次欢迎各位同行加入到本发展报告的撰写中，让我们共同推进中国农村信息化不断向前发展，为实现我国的农业农村信息化贡献我们的力量！

地址：北京市海淀区清华东路 17 号中国农业大学 121 信箱

邮编：100083

电话：010-62737679

传真：010-62737741

Email：dliangl@cau.edu.cn

2015 年 12 月 18 日于中国农业大学

目　录
Contents

地方建设篇

企业推进篇

科研创新篇

发展政策篇

专家视点篇

实践探索篇

大事记篇

总报告

当今时代，以信息技术为核心的新一轮科技革命和产业变革正在孕育兴起，新一代信息技术成为创新最活跃、渗透最广泛、影响最深刻的领域，已经发展成为新的生产要素，以跨界融合为特征的"互联网+"已经成为不可阻挡的时代潮流，"互联网+"正在以前所未有的速度、广度和深度，重组产业体系、重构经济社会结构、重塑政府治理理念和方式。2015 年是"十二五"收官之年，在党中央、国务院的高度重视和正确领导下，"四化同步"发展，特别是农业现代化迎来了前所未有的加速发展势头，农业信息化基础设施更加完善，农业生产智能化初见成效，农业经营网络化发展迅速，农业管理高效化显著提高，农业服务便捷化基本实现。为"十三五"农业信息化的发展奠定坚实的基础。

第一节 发展现状

一、农业信息化基础设施更加完善

基础设施是实施农业信息化的前提和基础，目前，随着加快推进农村地区"宽带中国"战略和进村入户工程的深入实施，加快了农村信息化基础体系的完善，通过多种途径提高了农村宽带覆盖率，电信运营商在农村地区降费进一步提速，农村家庭宽带升级，加速手机等移动终端的广泛使用，农村计算机普及率逐年增加，为推进以移动互联网、云计算、大数据、物联网为代表的新一代信息技术在农业农村的广泛应用提供了坚实基础，为农业基于互联网的各类创新提供了良好支撑。

1. 农村互联网接入

（1）农村网民规模增长放缓

截至 2014 年 12 月，中国农村网民规模达 1.78 亿，年增长率为 1%。城镇网民规模为 4.7 亿，城镇网民增长幅度大于农村网民。网民中农村网民占比 27.5%，较 2013 年下降了 1.1 个百分点，农村网民规模增长放缓。

（2）行政村通宽带覆盖率显著提高

2014 年，"通信村村通"工程年度任务超额完成，全国通宽带行政村全年新增 1.4 万余个，比例达到 93.5%，三家基础电信企业分别开发建设了一批"农信通""信息田园""金农通"等全国农业综合信息服务平台；全年为集中连片特困地区 1.8 万余个行政村实现互联网覆盖和 1000 余个偏远贫困农村中小学开通宽带。到 2015 年年底，95%以上的行政村通固定或移动宽带。实现乡镇以上地区网络深度覆盖，4G 用户超过 3 亿户。截至 2015 年 8 月底，在 5 万个未通宽带的行政村中，98%集中于国家的中西部地区，15 万个需要升级改造的行政村中，80%集中于中西部地区。图 1 是 2007—2015 年中国农村网民规模和农村互联网普及率。

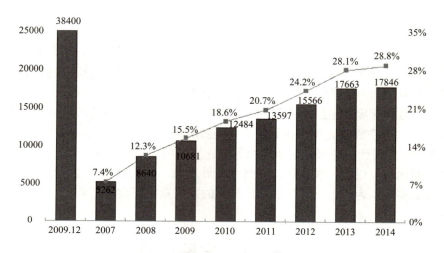

图 1　2007—2015 年中国农村网民规模和农村互联网普及率

2．农村移动电话不断普及，固定电话拥有量呈下降趋势

2014 年年底，全国电话用户净增 3942.6 万户，总数达到 15.36 亿户，增长 2.6%，比 2013 年回落 5 个百分点。其中，移动电话用户净增 5698 万户，总数达 12.86 亿户，比 2013 年增长 4.64%，移动电话用户普及率达 94.5 部/百人，比 2013 年提高 3.7 部/百人。2014 年，全国共有 10 省市的移动电话普及率超过 100 部/百人，分别为北京、辽宁、上海、江苏、浙江、福建、广东、海南、内蒙古和宁夏，其中海南、宁夏首次突破 100 部/百人。固定电话用户总数 2.49 亿户，比 2013 年下降了 6.58%，减少 1755.5 万户，普及率下降至 18.3 部/百人。

3．农村广播电视覆盖效果明显

我国已经形成了一个遍布城乡、覆盖全国、有规模、有实力的广播电视网络。农村广播节目与电视节目人口覆盖率逐渐增加，截至 2014 年年底，全国广播节目综合人口覆盖率 97.99%，农村广播人口覆盖率超过 98%，全国电视节目综合人口覆盖率达到 98.60%，农村电视人口覆盖率（预计）达到 98%。

当前，全国农村广播电视正处在由村村通向户户通升级、由看得上听得上向看得好听得好、由覆盖网络建设向服务网络建设升级的关键阶段。部分省区市结合当地需求，在"村村通""户户通"工程基础上,实施"村村响""渔船通""广电低保"等项目,使广播电视覆盖到所有用户。全国农村电影放映工程伴随国家城镇化战略进入新阶段,许多地区由流动放映向定点放映、由室外放映向室内放映、由服务农村居民到服务农村居民和进城务工人员升级。

二、农业生产智能化初见成效

农业生产信息化水平集中反映在物联网等新一代信息技术的应用方面,农业部以农业物联网应用示范为抓手,推进现代信息技术在农业生产过程中的集成、组装和应用,组织实施了黑龙江农垦大田种植、北京设施农业、江苏无锡养殖业等三个国家物联网应用示范工程智能农业项目,在天津、上海、安徽、内蒙古和新疆实施了农业部农业物联网区域试验工程,同时在部分省份开展了农业生产经营信息化示范,推出了一批硬件设备、一批软件设备、一批应用模式和一批市场化解决方案。显著提高了劳动生产率 20%~40%,节约了成本10%,增收10%~20%,产生了良好的经济社会效益。

1.应用领域

一是在农情监测和调度方面,充分利用农业部确定的 500 个农情田间定点监测试点,以及内蒙古、新疆生产建设兵团、黑龙江农垦等使用的农田信息管理系统对农田地块及土壤、作物、种植历史、生产等,获取土壤、墒情、水文等极为精细的农业资源信息,配合农业资源调度专家系统,实现科学决策;二是在农业生态环境的监测和管理方面,利用传感器感知技术、信息融合传输技术和互联网技术,构建农业生态环境监测网络,实现对农业生态环境的自动监测;三是在农业生产过程的精准管理方面,应用于大田种植、设施园艺、果园生产、畜禽养殖、水产养殖作业,实现生产过程的智能化控制和科学化管理,提高资源利用率和劳动生产率;四是在农产品质量溯源方面,通过对农产品生产、流通、销售过程的全程信息感知、传输、融合和处理,实现农产品"从农田到餐桌"的全程追溯,为农产品安全保驾护航;五是在农产品电子商务物流方面,利用条形码技术和射频识别技术实现产品信息的采集跟踪,有效提高农产品在仓储和货运中的效率,促进农产品电子商务发展。

2.应用效果

(1)农业部全国墒情与旱情监测平台。该平台以墒情和旱情信息自动采集系统为基础,建立基于网络的信息管理系统,为全国农业节水、水资源优化配置和合理灌溉提供服务。目前已在四川、上海、湖北、山东、江苏、河北、河南、北京等20个省市开展应用,在全国建立示范点 500 多处,覆盖 400 多个县。随着我国对节水灌溉技术研发和示范推广力度的加大,节水灌溉自动化控制系统已经在我国大面积推广应用。

(2)测土配方施肥信息化水平更高,支持力度更大。在测土配方施肥信息化方面,我国建成了测土配方数据汇总平台,收集了不同区域、不同层次的测土配方施肥数据,开发了县域的耕地资源管理信息系统,在粮棉油等大宗作物测土配方方面,向果树、蔬菜等经济作物拓展,农户持农业部门发放的测土配方施肥的 IC 卡,到指定的乡村智能化配肥供肥网点,根据种植作物种类、面积等信息,可以获得现场智能化配置的配方肥,做到施肥科学合理。 2015 年，中央财政继续投入资金 7 亿元，深入推进测土配方施肥，免费为 1.9 亿农户提供测土配方施肥技术服务，推广测土配方施肥技术 15 亿亩以上。

（3）农业智能装备水平不断提高，3S、物联网和互联网等技术实现集成应用。我国在智能农业装备上已形成了农田信息采集、农业精准监测、农业自动控制、智能农机具、田间作业导航等系列产品，智能播种施肥、植保、收获机械等投入使用。2014 年全国农作物耕种收综合机械化水平已经突破 60%，实现由人力畜力为主向机械作业为主的历史性跨越。各省机械化水平普遍超过 20%，新疆兵团最高达到了 44.17%，在设施机耕、机播、机收、机灌施肥及环境控制方面有较大进步，无线网络化卷帘机、自动控制吹风机、移动式精量喷药机、果蔬嫁接机、设施作业采摘车、便携式微型耕耘机等各种设施作业机械的大量使用，既充分利用了温室设施空间，又减轻了人工劳动强度，提高了农产品产出效率。设施园艺农业实现智能化装备后可使经济效益提高 20% 以上。水肥一体化技术在实际应用过程中能够省水、省肥、省工，提高水肥利用率，增加作物产量，减少环境污染，有效实现了节本增效的目的，在东北、华北、西北、南方等地区有较好的应用。

（4）果园生产辅助管理系统取得初步应用。中国农业科学院农业信息研究所研发了果园数字化生产管理系统，并在北京、辽宁、河北、陕西、四川、河南等省市开始试点应用。系统可以根据环境信息及果树长势的历史和现实数据，提出果园生产管理的建议。

（5）畜牧养殖的规模化、标准化与智能装备化的趋势越发明显，养殖方式也随之发生了深刻的变化。广州温氏集团率先开展企业畜牧业物联网的应用研究，建成了"广州温氏集团计算机数据中心"，其中包括畜牧养殖生产的监控中心，畜禽养殖环境监测物联网系统，畜禽体征与行为监测传感网系统等；中国农业科学院北京畜牧兽医研究所联合河南南商农牧科技有限公司，研究开发了最新一代畜禽养殖环境监控物联网，主要利用环境感知传感器，如温湿度传感器、光照度传感器，CO_2 传感器等，对连续变化的环境参数进行远程监测的数据首先通过 2G 或 3G/4G、SIM 卡传输到数据服务器中贮存，开发的手机客户端 APP 文件则可在线查看连续变化的环境参数及历史数据，依据监测的数据及预设的环境参数的阈值，系统会提醒用户开启相应的控制设备，如水帘、电暖、风机的开启与关闭等。

（6）水产养殖信息化技术应用不断加速。随着新型材料技术、微电子技术、微机械加工技术、光学技术等发展，中国农业大学率先在国内开发了光学溶解氧传感器、光纤 pH 传感器、光纤浊度传感器，攻克了长时间实时在线水质信息精准检测难题。开发了水产养殖知识智能爬虫抓取引擎系统、个性化信息推荐模型、精准化管理模型，构建了渔业大数据管理平台，实现了渔业大数据、云计算、移动互联技术等，信息处理技术在养殖全产业链的精细化喂养、养殖设施智能控制、疾病预测预警、管理决策、质量安全追溯、电子交易等领域应用，全面提升了水产信息化服务水平。中国农业大学、全国水产技术推广总站、江苏中农、莱州明波、福建上润等单位联合组建了政、产、学、研、用推广体系和网络，确保技术可推广，模式可复制。同时为确保农户会用，利用农闲季节，开展水产养殖物联网专题培训，还专门编写了用户使用手册和拍摄了网上培训教程，确保农户会用想用，加速技术推广。2014 年在山东、天津、江苏、广东等 21 个省进行了大规模示范应用，取得了良好的经济和社会效益。

三、农业经营网络化发展迅速

近年来，农业部大力推进农业电子商务，正在形成跨区域电商平台与本地电商平台共同发展、东中西部竞相迸发、农产品进城与工业品下乡双向互动的发展格局，为农业农村的市场信息化增添了无限的潜力和巨大的动力。据不完全统计，目前全国涉农电子商务平台已超 3 万家，其中农产品电子商务平台已达 3000 家，农产品网上交易量迅猛增长，网络交易总额超过 1000 亿元。

（1）农业龙头企业是我国农业生产的主力军之一，是推进农业产业化经营信息化的关键。农业龙头企业也趁机在"互联网+"的热潮中提高信息化建设水平，在生产、经营、管理、决策等环节，结合现代信息技术，提高企业在原料采购、产品生产加工、销售、财务和企业管理等工作的信息化水平，提高效率。同时，农业龙头企业也将信息化的手段应用到农业信息化服务当中。

（2）农民专业合作社经营信息化建设不断得到加强。随着农村信息化的建设与发展，各地的农民专业合作社纷纷建立网站，通过网站发布合作社内部农产品供求信息，提供互联网线上交易、农产品新闻等功能，提供合作社内部管理信息，这些都促进了农民专业合作社自身建设的规范化、标准化。

（3）农产品电子商务发展迅猛。为传统农产品营销注入了现代元素，在减少农产品流通环节、促进产销衔接和公平交易、增加农民收入、倒逼农业生产标准化和农产品质量安全等方面显示出明显优势。据不完全统计，目前全国农产品电商平台已逾 3000 家，农产品网上交易量迅猛增长，以阿里巴巴平台为例，农产品销售额从 2010 年的 13 亿迅速发展到 2012 年的 198 亿及 2013 年前五个月的 150 亿，年均增长超过 200%。主要呈现以下特点：政府、企业共同推动农产品电子商务发展；农产品电子商务扩展生鲜领域销售；特色鲜明的专业化涉农电子商务平台发展迅速；多层次农产品电子商务体系初步形成。

（4）大型农产品批发市场信息化系统建设成效显著。农产品批发市场利用先进的信息化技术，结合各类农产品批发市场的现状和发展方向，充分考虑市场的实际需求，建立农产品批发市场信息平台，加强信息化基础设施的建设，建立农产品批发市场管、控、营一体化平台，实现信息管理、信息采集发布、电子结算、质量可追溯、电子监控、电子商务、数据交换、物流配送等应用系统的服务功能，最大限度地实现信息化、网络化管理。

成都市沙西农副产品批发市场作为成都市政府定点规划的大型综合农产品批发市场，是连接川西北数十个农副产品的主产地，市场未来的发展方向是立足成都，辐射西南。沙西农副产品批发市场信息覆盖完善，引入先进的信息管理，为商家提供从指挥、调度、监控、信息采集到商品走势分析的全程信息服务，并依托信息系统建立完善的农产品质量安全溯源管理体系，有效强化农产品质量安全保障。致力打造成为农产品质量安全溯源管理载体，使市民吃上安全放心、优质价廉的农产品。福建省是我国的农业大省，拥有 6 个国家级标准化批发市场和 15 个升级标准农产品批发市场。

四、农业管理高效化显著提高

"金农工程"一期项目通过竣工验收，初步建成了农业电子政务支撑平台，构建了国家农业数据中心和国家农业科技数据分中心，开发农业监测预警、农产品和生产资料市场监管、农村市场与科技信息服务三大应用系统，建立了统一的信息安全体系、管理体系、运维体系和标准体系。通过"金农工程"一期项目的实施，农业部门信息化基础设施建设明显加强，政务信息资源建设和共享水平明显提高，部省之间、行业之间业务系统能力明显提升，"用数据说话、用数据决策、用数据管理、用数据创新"的管理机制初步建立，有效提高了农业部行政管理效率，提升了服务三农的能力和水平，为农业农村经济社会平稳健康发展提供了有力保障，农业管理信息化整体水平达到60%。

农村社会管理信息化改进了传统农村社会管理。构建农村社会管理信息化平台，提高农村社会管理能力，转变农村社会管理姿态，有利于促进农村社会管理信息资源整合、提供高效优质农村社会服务，改进农村社会管理。

五、农业信息服务便捷化初步实现

农业部总结12316农业信息服务多年来的做法经验，并以此为基础，认真谋划，精心组织，在北京、辽宁、吉林、黑龙江、江苏、浙江、福建、河南、湖南、甘肃等10省（市），22个县（市、区）开展了信息进村入户试点工作。

1．信息进村入户总体进展

一年来，农业部制定印发了试点工作方案和指南，及时召开现场部署会，建立目标任务责任制，加强督促指导，推动试点工作有力有序开展。试点省（市）、县党委、政府以及农业部门高度重视试点工作，各级农业部门专门成立了由主要负责同志任组长的领导小组，切实把信息进村入户作为一项惠农工程来抓，积极落实配套资金，充分调动参与各方的积极性，大力督促各方落实上级措施，促使试点工作取得了重要阶段性进展。截至2014年年底，已建成村级信息服务站2549个，培训上岗信息员3558名，提供公益服务645.8万人次，开展便民服务89.8万人次、涉及金额4530.3万元，实现电子商务交易额8828.3万元，已有6省（市）初步建立起以企业为主体的市场化运营机制。

2．主要做法

按照"需求导向、因地制宜、政企合作、机制创新"的总体思路，以满足农民生产生活信息需求为出发点和落脚点，以打通信息服务"最后一公里"为着力点，统筹"农业公益服务和农村社会化服务"两类资源，着力构建"政府、服务商、运营商"三位一体的可持续发展机制，实现普通农户不出村、新型经营主体不出户就可享受便捷、经济、高效的信息服务。

3．取得成效

信息进村入户可以改变农业农村生产生活方式，是推动现代农业发展、繁荣农村经济、促进城乡发展一体化的新力量，是引领经济发展新常态、推动农业农村经济转方式调结构

的新动力，是转变农业行政管理方式、建设服务型政府、密切联系农民群众的新途径，深受农民欢迎，呈现出合力推进、多方共赢的良好发展态势。

第二节　面临的形势

"十三五"时期，农业农村信息化发展面临重大机遇，"四化同步"特别是农业现代化将迎来前所未有的加速发展势头，规模化、专业化、现代化经营成为未来五年发展新常态，农业农村信息化发展要适应、把握、引领发展现代农业的新常态；农业发展方式也由规模驱动转为创新驱动，农业生产由规模向质量效益发展，新型农业经营主体开始走向主战场；信息技术发展将极大激发新兴农业生产主体应用信息化技术应用的积极性。然而，快速发展的同时，一系列深层次问题将逐渐暴露，成为阻碍农业农村信息化发展迈向新阶段不可忽视的挑战。

一、发展机遇

"四化同步"助力农业现代化进程提速。当前，我国已进入工业化、信息化、城镇化和农业现代化同步推进的新时期，同步推进新型工业化、信息化、城镇化、农业现代化，薄弱环节是农业现代化。没有农业信息化就没有农业现代化，没有农村信息化就没有全国的信息化。"四化同步"的推进势必加速农业现代化发展步伐，在工业反哺农业、城乡一体化发展的拉动下，进一步强化现代信息技术对农业发展的支撑作用，将有力地推动农业转型升级，提升农业现代化水平。

"互联网+"推动农业农村信息化创新发展。信息技术的突飞猛进、互联网与传统领域的深度融合，为农业农村信息化发展带来了新的机遇。"互联网+农业"就是充分发挥互联网在农业生产要素配置中的优化和集成作用，把互联网创新成果与农业生产、经营、管理、服务和农村经济社会各领域深度融合，通过技术进步、效率提升和组织变革，提升农业的创新力，进而形成农业生产方式、经营方式、管理方式、组织方式和农民生活方式变革的新形态，是用互联网思维推动我国现代农业发展、社会主义新农村建设和培养社会主义新农民的重要内容，也是我国发展现代农业的重要切入点和支撑点。在"互联网+"浪潮下，农业农村信息化同样面临革命性的变革契机，探索和实践互联网技术与"三农"的深度融合，将大大促进农业农村信息化的创新发展。

市场配置资源的决定作用注入农业农村信息化发展动力。党的十八届三中全会肯定了市场在资源配置中的决定性作用。这就要求在农业农村信息化建设中探索处理好政府与市场的关系，创造良好的制度环境，从而为农业农村信息化注入源源不断的发展动力。一方面，要持续完善农业信息化基础设施，增强涉农信息资源开发和利用能力，为农民提供基本的、公益性的公共信息服务；不断强化科技和人才支撑，为农业农村信息化的快速、健康、有序发展建立起强大的政府支撑体系。另一方面，要充分发挥市场在资源配置中的决定性作用，广泛动员社会参与，充分调动生活服务商、金融服务商、平台电商、电信运营商、系统服务商、信息服务商等企业合力推进农业信息化建设，探索出一条"政府得民心、企业得利益、农民得实惠"可持续发展的路子。

新型农业经营主体引领农业农村信息化应用方向。在坚持家庭经营基础性地位的同时，我国各地农村普遍注重"组织起来、流转起来、经营起来"的农村发展策略，逐步培育了一大批专业大户、家庭农场、农民合作社、农业企业等新型农业生产经营主体。新型农业经营主体克服了传统农业单兵作战的种种弊端，通过多种形式的适度规模经营，有利于提升利用信息化发展现代农业的意识，促使农业生产经营走向集约化、规模化和现代化，从而为信息化应用提供用武之地。以新型农业生产经营主体为载体，通过构建专业化、组织化、社会化相结合的信息服务体系，有助于畅通信息服务渠道，准确把握农业生产经营过程中的信息化需求，提供精准的个性化信息服务，提高信息化应用的效益。

二、主要挑战

目前，以互联网为主的现代信息技术在农业领域应用不仅覆盖了农业生产、经营、管理和服务的各个环节，也渗透到了农民生活的各个方面，并在政策扶持、技术研发、示范应用等方面积累了一定的经验，对缩小城乡数字鸿沟、实现城乡信息公共服务均等化、城乡发展一体化有良好的促进作用。但"互联网+"现代农业应用总体还处于起步探索阶段，还有许多问题亟待解决，主要体现在以下几个方面。

1．农村信息服务基础设施有待加强

农村各类服务信息能否顺利获取关键在信息服务的基础设施，基础设施是信息服务的前提和保障。虽然实施了"宽带中国"战略，在农村地区宽带入村率约为80%，但没有入户、没有到田间地头，仍然存在宽带覆盖死角，宽带使用资费太高，宽带接入困难的问题，成为了农村地区信息获取的最大障碍或瓶颈。由于宽带没有入户，数据流量收费标准不适合农村的实际情况，超出了农民心理承受，造成了农村电脑拥有率不高约为30%，阻断了农民主动获取种植服务、经营服务和培训服务的信息通道，加大了城乡间的数字鸿沟，降低了农民主动获取和利用互联网信息的积极性，降低了农村农业各类信息服务平台使用率和服务功效。现有基础设施、资费标准难于承担移动互联网、云计算、大数据、物联网为代表的新信息技术在农村的应用。

2．农业综合信息服务平台信息缺乏完整性

农业应用对象复杂、获取信息广泛，只有各类信息服务完整了，才能有效吸引农民，增加农业综合信息服务平台的粘度，农民才能把农业综合信息服务平台作为可以信赖的依靠，由于管理制度、体制的原因，部门间沟通与协作不足等实际情况，造成农业信息服务平台的信息不完整，主要表现在农业信息服务平台只提供了种养植信息服务、种养植农产品的电子商务服务和农资信息服务，缺少乡村休闲农业信息服务、缺少方便农民生活的卫生医疗、保险、金融等信息服务。由于信息不完整，平台的应用范围难以扩大、应用环节难以打通、应用效益难以显现。造成信息不完整的根本原因在于农业综合信息服务平台顶层设计尚需优化。

3．农业信息服务市场模式亟待建立

我国农业信息服务还处于发展初期，缺乏成熟的农业信息服务商业模式，信息服务的规模、能力和服务水平均有待提高。目前农业信息服务平台仍然依赖政府的科技推动和项目资金支持建设，农业信息服务的市场需求以农产品营销、农业技术服务为主，信息来源主要依靠政府组织大量的人力采集与发布，没有形成农业信息服务产业体系和商业模式，基层信息服务站（益农信息服务社）缺乏运行的持续经费和实体的支撑，农业信息服务处于不可持续的状态。本次调研重点考察了益农信息社的建设、服务情况，无论是标准型、专业型还是简易型益农社，在投资主体、运营模式、可持续运营机制、益农社与村委会及村民的关系、服务内容及服务方式等方面均面临很多问题和障碍，导致益农信息社的建设进度缓慢。探索农业信息服务发展的"长效机制"是当前急需解决的问题。从产业化发展角度来看，随着农业信息服务受到各级政府的高度重视，以及农业信息服务产业体系的形成，越来越多的社会化企业开始关注农业领域，一些原本与农业关联不大的服务类企业正在尝试通过物联网技术建立与农业生产经营的关联，从而支撑自身业务的发展或者直接进入农业领域。未来，基于农业物联网产生的农业大数据的采集、分析和市场化应用，基于农业物联网实时数据的农业保险业务等，都将成为当前农业生产经营的延伸领域，对政府公益性服务形成有益补充。

4．农村信息化人才严重缺乏

农民整体素质不高，缺乏农业信息化专门人才。信息化的关键在于应用，而应用的关键在于人才。益农信息社发展面临人才严重缺乏问题，一方面农民整体素质不高，农村人口的文化水平普遍不高，对现代通信信息技术的了解还很少，信息化意识和利用信息的能力还不强，这使农村信息技术的推广和应用很难深入开展。另一方面农业信息化专门人才缺乏，农业信息网络的建设需要一大批不仅精通网络技术，而且熟悉农业经济运行规律的专业人才，能为农产品经销商提供及时、准确的农产品信息，对网络信息进行收集、整理、分析市场形势、回复网络用户的电子邮件、解答疑问等。目前农业信息化专门人才缺乏，使得农业信息资源很难有效整合。

5．12316服务模式尚需优化

以12316中央平台为基础，建设了省、区12316三农信息云服务平台，有效引导了各类信息服务主体为"三农"提供精准、个性、实时、便捷的信息服务，为信息进村入户工程提供了有力支撑，得到了农户、合作社的积极评价和肯定，但在运行的过程中，存在几方面的问题：一是各类信息综合应用不足，12316的信息服务内容主要集中简单信息的获取、发布，未能实现涉农服务信息资源采集、挖掘、分析和互动信息有效综合应用，开发实用易用个性化的应用系统和产品，线上与线下的联动机制不完善降低了，12316平台使用频率、缩小了平台使用范围；二是基层益农社还没有完全覆盖整个行政村，推进速度缓慢；三是未能建立企业参与，共建、共赢、共享、可持续的市场化运营机制，实现"一社多能"。目前所有信息采集、发布、专家聘请、基层服务站运行成本等，全部由政府承担，造成了信息服务专家参加的积极性不高、结构不合理，基层服务站只能通过帮助推销服务平台提供的农资获取微量收益。

6. 农业信息服务评价体系缺失

近年来，各级政府加大了农业信息服务的财政投入力度，农业信息服务领域发展快、变化多、信息服务更加全面，推进农业信息服务工作的热情不断高涨，农业信息服务的外部环境愈加成熟，农业信息服务可作为的空间不断拓展，促进了乡村数字鸿沟的缩小，但存在缺乏农业信息服务评价体系和依赖评价指标体系开展的发展水平评价。由于缺少农业信息服务评价体系引导，导致各地在农业信息服务的发展目标不明确，具有盲目性，对农业信息服务的发展趋势、本地区农业信息服务重点、农业信息服务的完整性无法正确把握。同时也需要通过建立完善的农业信息服务体系，对各地农业信息服务的发展状况给予准确、科学的评价和定位，促进农业信息服务的快速健康发展。

7. 农业信息资源亟需整合

农业信息服务涉及农业、农村、农民的各个方面信息服务需求，信息服务需求复杂，从农民来说，主要包括了生产、生活、政务方面的信息需求。这些相关信息分散在农业、水利、气象、保险、医疗、金融等各个部门，形成了一个一个的信息孤岛，增加了农户获取信息成本和难度，农民获取信息服务的手段单一，加剧了城乡间的数据鸿沟，农业信息资源亟需整合。各地在数据整合上进行了大量的工作，也有一些好的做法，如在农业与气象之间、农业与水利之间建立了信息共享交换，有效减少了设备、设施的重复投入和建设，为农业信息服务提供了保障。目前国内还没建立完整的信息服务标准体系，现有标准还很零散、缺失和不统一，标准制定与信息服务应用结合不够，导致各个部门在信息获取、信息加工处理、信息存储等方面存在标准不统一、关注信息的侧重点不同，数据的融合应用和上层应用系统地开发也没有标准可循，无法真正互联共享，这已成为制约在现代农业发展中农业信息服务的重要因素。如何把所有涉及农业信息整合起来，基于云计算、大数据理论，为农村提供更加准确、便捷、高价值的信息服务，是缩小城乡数字鸿沟、实现城乡信息服务均等化的保障。

8. 农村物流产业化落后，制约了农村电商的发展

相对于城市物流而言，农村物流是指为农村居民的生产、生活以及其他经济活动提供包装、加工、仓储、运输、装卸、搬运，以及相关的物流信息等各个环节。受我国农村地区经济、社会发展水平的限制，农村物流行业起步较晚，目前和城市物流相比，还不够成熟。随着现代农业的发展，农民生活水平的提高，农业生产大户和农村民营企业的不断涌现，农村经济的规模效益和集聚效应逐步突显，农村物流的作用日益显现。农村物流作为联系城市和农村、连接生产和消费的纽带，已经成为我国农村经济发展中一个新的增长点。2013年以来，阿里巴巴、申通、顺丰等多个企业都相继开始布局农村市场物流网络。农村的物流网点建设末端一般仅仅限于县区，真正的规范化村镇物流网点较少，大部分快递还是需要村民自取，送货上门、上门取货依然无法全面覆盖。在农村物流网点分布方面，作为国营企业的邮政具有一定优势，但物流速度与服务水平有待提高。总的来说，当前我国农村物流虽然有了较大程度的发展，但是还存在农村物流基础设施建设落后、农村物流市场主体不匹配、农村物流公共服务平台缺失、农村物流服务规范化程度低等方面的问题，严重制约了农村电商的发展，需要进一步优化其发展路径，促进农村物流在农村深化改革中不断健康发展。

9. 农村"互联网+"的应用习惯尚未培养起来

从两地的情况来看，网络覆盖程度已经实现宽带入户，家用电脑的普及率也逐年攀升，但从电脑的用途和使用情况来看，基本上还处于比较浅的阶段。家用电脑在农业生产、经营、管理等方面的使用仍存在较大的空白，这导致围绕 PC 端的互联网服务推广困难。而且这种状况随着智能手机的普及变得更为凸显了，因为手机已经能够满足日常的互联网需求。可以说农村的互联网化进程基本是直接跳过了 PC 互联网时代直接进入了移动互联网时代，但智能手机的互联网使用场景大多是从 PC 互联网时代演变而来的，所以说农村居民的互联网使用习惯从没真正培养起来。

第三节　对策与建议

发展现代农业是推进城乡一体化、城镇化和四化同步发展的根本途径和必由之路，"互联网+"是推进现代农业的重要手段，如何运用互联网思维，推进农业和信息技术跨界深度融合，转变农业发展方式，走一条高产、高效、优质、生态、安全的农业现代化道路是摆在我们面前的根本问题，根据本次调研，特提出如下建议。

一、提高认识，把"互联网+"现代农业提升到国家战略高度

信息化日渐成为推动现代农业发展的重要力量，也日益成为农业现代化水平的标志，没有农业的信息化就没有农业现代化。多年来虽然在政府文件提到农业农村信息化，但其重要性、艰巨性、复杂性没有得到充分认识，表现在农业部部门设置（目前仅为一个处）、资金投入（没有财政专项）、体系建设等方面。因此要充分利用国家开展"互联网+"现代农业行动计划的绝好机遇，把互联网+现代农业提升到国家战略高度，加大资金投入和人员投入，让农业拥抱"互联网+"，首先需要各行业、各级农业部门以及各个参与主体的意识和观念逐步转变，包括企业拥抱互联网的意识、以及市场环境中农民对于互联网的整体接受和适应的意识等。各行业、各级农业部门应不断增强"互联网+"意识，不断学习新知识、新技术，充分利用这个难得的机遇期，补齐农业短板，加快农业生产方式、经营方式、管理方式和服务方式变革，提高我国农业的竞争力。

二、强化互联网基础设施建设，全面协调推进

互联网基础设施是实施"互联网+"现代农业的前提和基础，目前农村信息化基础设施薄弱，信息消费能力薄弱，因此，必须加快推进农村地区"宽带中国"战略的深入实施，加大硬件基础设施建设投入，鼓励企业参与，加快完善农村的互联网基础体系；通过多种途径加快消除农村广电和电信网络死角，提高农村宽带覆盖率，逐步实现无线宽带覆盖，并努力实现无线宽带的免费使用，实现城乡信息基础设施和服务的均等化。完善农村及偏

远地区宽带电信普遍服务补偿机制，推动电信运营商在农村地区进一步提速降费，实现农村家庭宽带升级，加速手机等移动终端的广泛使用。以应用为导向，推动"互联网+"基础设施由信息通信网络建设向装备的智能化倾斜，加快实现农田基本建设、农作物种子工程、畜禽工厂化饲养、农产品贮藏等设施的信息化。大力推进以物联网、大数据、云计算为代表的新一代互联网基础设施的建设与应用，支撑基于互联网的各类创新。

三、加大资金投入，强化"互联网+"市场运作

农业部计划利用三年时间，实现益农信息社全国行政村全覆盖，必须加大投入力度，引导市场力量进入益农信息社建设工作。要加强政策引导，创新投入机制，广开融资渠道，完善以政府投入为引导、市场运作为主体的投入机制，按照"基础性信息服务由政府投入，专业性信息服务引导社会投入"的原则，多渠道争取和筹集建设资金，形成多元化的资金投入机制。政府在积极鼓励社会力量参与信息化建设的同时，除了要给予企业在工商、税收等方面的优惠政策以外，还要制定合理的、双赢的利益分配机制，既要保证农民和企业在信息化建设中受益，又要保证社会力量在参与建设的同时，能获取最大化的收益。通过给予优惠政策和制定利益分配机制，调动社会力量参与信息化建设的积极性。

四、谋化"互联网+"现代农业重大工程，建立"互联网+现代农业"先导区和示范区

实施重大工程是推进"互联网+"现代农业的重要抓手，是推进城乡一体化的先导工作的重要手段。各级农业部门，积极争取国家改革委员会、财政部的政策和资金支持，建设"互联网+"现代农业重大工程，建立"互联网+现代农业"先导区和示范区。要进一步完善先导区和示范区政策、金融、税收等方面的政策配套，优化财政支持方式，充分利用金融、税收等政策手段，强化对"互联网+"现代农业行动的支撑作用。同时要坚持市场化推动，建立全方位的融资渠道，鼓励投融资机构、企业等社会资本以多种方式参与"互联网+"现代农业行动的实施，设立产业发展投资基金，扶持创新发展的骨干企业和产业联盟；设立专项资金用于"互联网+"现代农业行动的数据共享、加工、处理、整合等公共服务支出；加强对从事农业生产管理和农产品销售的网络企业培育支持。

五、完善培训机制，培育"互联网+"现代农业主体

针对家庭农场、农民合作社、农业产业化龙头企业的实际需求，完善培训机制，加大对家庭农场经营者、合作社辅导员和带头人、农业产业化龙头企业负责人的培训力度，提高对"互联网+"现代农业新形态的认识，增强与"互联网+"的融合能力，主动参与"互联网+"现代农业行动的实施，成为"互联网+"现代农业行动实施的参与主体；加强现代市场理念、现代市场模式、现代农业科学技术、现代化的管理方式的培养，逐步让品牌、标准化的理念普及到农民。

六、加强农村物流产业培育，推进农村电商创新发展

我国农村地区幅员广大、交通基础设施薄弱，农村物流行业起步较晚，和城市物流相比，还不够成熟。具有物流商品种类和数量稀少，派生出的物流需求和供给量较小，基础设施较为薄弱，物流成本较高，农村居民居住比较分散，组织较难，农户步调不一，不易形成规模经济，信息资源匮乏，内外信息交换水平不高等的特点。针对农村物流的特点和存在的问题，需要进一步完善农村交通物流网络，加快培育农村物流市场新型主体，基于现代信息技术打造农村物流电子商务平台，规范农村物流服务环节。用现代信息技术提高农村物流技术，促进行业的健康发展，推进农村物流产业化进程。

七、大力开展专项培训，培养"互联网+"人才

在对农民进行基础性培训的基础上，进一步加强对农业信息化专门人才的培训，逐步建立一支专业技术和分析应用相结合、精干高效的农业信息专业队伍。同时抽调技术骨干成立专门的农村信息化建设技术服务团队，从农村的龙头企业、种养大户、营销大户和农产品批发市场入手，集中力量培养一批有先进理念、有经营头脑、掌握一定农业技术的农民作为农民信息员，重点培训他们信息采集、信息网络传播、计算机网络应用等基本技能，并通过他们上传民情民意，下播致富信息，带动周围农民的上网热情，推进农村信息化的顺利开展。

理论进展篇

中国农村信息化发展报告（2014—2015）

第一章　农业信息化理论框架

第一节　农村信息化的基本概念

农村信息化是信息化的一部分，对其进行概念界定必然要承袭信息化的定义。在我国国家信息化定义的要素框架内，许多专家对农村信息化的定义给予了不同的论述。在综合各方定义的基础上，本节将给出相对完善的农村信息化定义，并进一步界定了农村信息化的内涵和外延。

一、信息化的概念及其发展历程

信息化的概念起源于 20 世纪 60 年代的日本，1963 年日本学者梅田忠夫发表了一篇题为《论信息产业》的文章，从分析产业发展原因的角度，在研究工业化的同时，提出了信息化的问题，但文章中没有正式使用"信息化"这一术语；1967 年日本科学、技术与经济研究小组创造并开始应用了"Johoka"一词，即为"信息化"之意；1977 年法国学者西蒙在经济发展报告《社会的信息化》中使用了法文单词 Informatisation，英译 Informatization，即我们通常所说的信息化，随后这一词被普遍接受并广泛使用。早期的日本虽然开始研究信息化，但是出于各种因素的影响，日本政府并没有重视信息化理论，因此信息化的研究和推广戛然而止。直到后来信息化技术在美国的异军突起发展，政府对信息化技术才开始重视并投入大量的人力物力进行推广和研究，包括美国在内的各国政府研究机构以及各大高校都进行了各种各样的研究和应用，从此信息化技术才渐渐被重视起来。

随着信息化在实践中的推进，人们对信息化概念的理解也逐渐丰富，不同的学者从不同的角度进行了讨论，形成了不同的观点，在中国学术界和政府内部做过较长时间的研讨。有的学者认为，信息化就是计算机、通信和网络技术的现代化；也有的学者认为，信息化就是从物质生产占主导地位的社会向信息产业占主导地位的社会转变发展过程；还有的学者认为，信息化就是从工业社会向信息社会演进的过程，如此等。

1997 年召开的首届全国信息化工作会议，对信息化和国家信息化进行了比较规范的定义，定义认为：信息化是指培育、发展以智能化工具为代表的，新的生产力并使之造福于社会的历史过程。国家信息化就是在国家统一规划和组织下，在农业、工业、科学技术、国防及社会生活各个方面应用现代信息技术，深入开发广泛利用信息资源，加速实现国家现代化进程。

中共中央办公厅、国务院办公厅 2006 年印发的《2006—2020 年国家信息化发展战略》对信息化做了如下定义：信息化是充分利用信息技术，开发利用信息资源，促进信息交流和知识共享，提高经济增长质量，推动经济社会发展转型的历史进程。实现信息化就是要构筑和完善六个要素，即开发利用信息资源、建设国家信息网络、推进信息技术应用、发展信息技术和产业、培育信息化人才、制定和完善信息化政策。

二、农村信息化的定义

农村信息化是农业信息化概念的延展。在不同的阶段有不同的理解，在这方面我国学者做了大量的探索，不同时期出现了不同的说法，大体上经历了从狭义的农业信息化到广义的农业信息化，从农业信息化到农村信息化的发展过程。

目前，国内对农村信息化的定义没有统一的说法，有农业信息化、农村信息化和农业农村信息化。

定义 1：农业信息化是指以现代科技知识提高劳动者素质，大力开发利用信息资源以节省和替代不可再生的物质和能量资源，广泛应用现代信息技术以提高物质、能量资源的利用率，建立完善的信息网络以提高物流速度和效率，提高农业产业的整体性、系统性和调控性，使农业生产在机械化基础上实现集约化、自动化和智能化。

定义 2：农村信息化是指在人类农业生产活动和社会实践中，通过普遍地采用以通信技术和信息技术等为主要内容的高新技术，更加充分有效地开发利用信息资源，推动农业经济发展和农村社会进步的过程，农村信息化内涵丰富，外延广泛，涉及到整个农村、农业系统，主要有农村资源环境信息化、农村社会经济信息化、农业生产信息化、农村科技信息化、农村教育信息化、农业生产资料市场信息化、农村管理信息化等。

定义 3：农业农村信息化是指通过加强农村广播电视网、电信网和互联网等信息基础设施建设，充分开发和利用信息资源，构建信息服务体系促进信息交流和知识共享，使现代信息技术在农业生产经营及农村社会管理与服务等各个方面实现普及应用的程度和过程。

根据上述定义，结合我国农村信息化领域多年来的实践经验，我们从体系化和系统化的角度认为，农村信息化的基本概念具有狭义和广义之分。狭义的农村信息化与传统意义上的农业信息化相对，主要是指农村社会管理及服务信息化，更多的侧重于农村综合事务的管理。广义的农村信息化，则着眼于整个农村地区的农业生产经营，以及农村社会管理与服务等方方面面，在理论体系上更加完备，能够充分反映农村信息化的全貌。

综上所述，我们给出了比较完善的广义的农村信息化基本概念：农村信息化是指通过加强农村广播电视网、电信网和计算机网等信息基础设施建设，充分开发和利用信息资源，构建信息服务体系促进信息交流和知识共享，使现代信息技术，在农业生产经营及农村社会管理与服务等各个方面，实现普及应用的程度和过程。

三、农村信息化的内涵和外延

从内涵上讲，农村信息化是信息技术应用于农村地区农业生产、农村管理和农民生活等涉农领域的信息化，一般指县城除去城区以外的广大地区的信息化，该区域是一个拥有农用地（包括耕地、园地、林地、养殖水面、农村道路等）布局的自然区域。农村信息化主要涵盖以下四部分的内容：农业生产信息化、农业经营信息化、农村社会管理信息化及农村服务信息化。

从外延上讲，农村信息化是社会信息化的重要组成部分，信息、信息资源、信息技术、信息产业、信息经济的概念同样适用于这一领域，农村信息化具有信息化的所有特征及涵义，只是要紧密结合农业、农村、农民的特点，农业产业和农村经济的特性，对农村信息化进行更具体的诠释。农村信息化是一个生态环境、经济、社会的综合实体，是农村发展到一个特定过程的概念描述，包括了传统农业发展到现代农业进而向信息农业演进的过程，又包含了原始社会发展到资本社会进而向信息社会发展的过程中。

第二节　农村信息化的历史演进

一、农村信息化的发展规律

随着世界各国农村信息化建设的蓬勃发展，信息技术已经在农村农业中广泛渗透，不但改变来了传统的生产方式、经营方式、管理方式和服务方式，还在农村建设中发挥着越来越重要的作用，成为促进农村繁荣和经济发展的助推器。农村信息化的发展具备一定的规律，总的来说，农村信息化会逐步走向基础设施完善化、农业生产智能化、农业经营网络化、农业管理高效透明化、农业服务灵活便捷化的快车道，进入农业生产、经营、管理、服务全过程和全要素信息化的发展阶段。

（一）发展动力由政府推动向需求拉动转变

在农村信息化启动阶段，作为公共管理机关的政府和职能部门，无疑是农村信息化的主要责任主体，农村信息化的建设和开发任务理所当然成为政府和职能部门义不容辞的责任，在相当长的一段时间内，各级政府机构是农村信息化发展的主导者，也是农村信息化发展的主要推动力。随着农业企业、农民合作组织、专业大户、家庭农场等新型农业经营主体的兴起，他们对农村信息化的认知逐步增加，利用信息资源和先进信息技术服务于其经济活动的需求也更加强烈，他们作为农村信息化的引领者以及未来中坚，既是农村信息化的主要接受者，又是农业信息的主要传播者，是促使信息产品和最终用户供求衔接的重要推动力。而农民作为农村信息化的主要参与者和受益者，其收入和文化素质在提高的同时，也进一步增加了对农村信息化技术的应用与推广，农村信息化的发展动力也由政府推动向需求拉动转变。

（二）技术应用由单项技术向综合技术集成应用转变

现代农业、信息农业，是在信息技术与农业科技的紧密结合以及多项信息技术集成的基础上发展起来的。现代农业对信息资源及信息技术的综合开发利用需求日趋综合化，单项信息技术或单一网络技术往往不能很好地满足用户的实际需要，这就需要农业信息技术的集成应用。一是多项信息技术的结合，包括数据库技术、网络技术、系统模拟、人工智能和知识库系统、多媒体技术、实时处理与控制等信息技术的结合，应用前景日益广阔；二是信息技术与现代农业科技的结合，如信息技术与生物技术、核技术、激光技术、遥感技术、地理信息系统和全球定位系统的日益紧密结合，使农产品的生产过程和生产方式大大改进，农业现代化经营水平也不断提高。三是互联网、电信网和广播电视网等网络技术的集成，以达到多网功能合一的目的。

（三）服务模式由公益服务为主向市场化、多元化和扁平化服务转变

农村信息化服务模式在初期主要是以公益服务为主，充分利用政府对公益性研究、管理和服务机构的财政支持，加强公益性科技、文化、教育、管理、服务等信息的采集、加工、整理，最大限度地发挥公益性信息服务投入效益，提高信息服务的质量和水平，确保农民免费享受基本的公共信息服务。伴随着农村信息化的不断发展，在突出公益性服务的基础上，市场化、多元化和扁平化服务逐步兴起，电信广电运营商、内容运营商、涉农龙头企业和农民专业合作社广泛参与到农村信息化的建设中来，以市场为纽带，采用利益分成的方式进行合作，通过拓展服务渠道、丰富服务内容、创新服务模式、提升服务价值、实现服务增值。

（四）建设重点由单纯注重硬件投入向信息系统开发和信息资源建设并重转变

在农村信息化建设过程中，政府部门给予人、财、物和政策的大力支持，前期建设往往更多地注重对硬件设施的投入，而随着农村信息化硬件设施的逐步完善，农村信息化的建设重点也逐渐向信息系统开发和信息资源建设并重的方向转变。对于农业生产发展的不同阶段，针对农村经济活动中的某一种具体对象，某一项具体农艺措施或某一个具体的生产过程，建立计算机应用系统以进行智能化的生产经营管理，是未来促进农村经济发展的重要步骤。如农场管理、作物种植、畜牧养殖、饲料生产、农产品加工企业管理、农田水利、林业管理等信息系统，提高了农业生产效率和产品的质量。而构建需求导向的信息资源开发模式，推进各类涉农数据库建设，加强农村信息化资源的整合利用，增强信息资源的针对性与可用性，也是农村信息化发展的重要方向。

二、世界农村信息化的发展进程

世界各国农村信息技术的发展大致经历了三个阶段：第一阶段，20 世纪 50～60 年代，农村信息化以科学计算为主，早在 60 年代中期，计算机就应用到了农业农村，农场会计系

统和奶牛生产管理系统的应用是这个时期的开创性特征，农村信息服务的主要形式是以地区性计算机服务为中心，通过数据中心和邮政服务机构的连接，进行信息传递；第二阶段，20 世纪 70～80 年代，农村信息化以数据处理和知识处理为主，而到了 80 年代后期 PC 机的出现，农村地区计算机应用得到了更好发展，中大型农场的经营者开始购买 PC 机，并出现了很多农用软件开发公司。同时，世界各个国家也形成了独具特色的农村信息化发展模式；第三阶段，20 世纪 90 年代至今，农村信息化处于全新的发展时期。

国外各国推进农村信息化都各具特色，形成了不同的发展模式，目前，在农业和农村信息技术应用方面处于世界领先地位的国家有美国、日本、德国、法国、英国、韩国等发达国家。印度、俄罗斯、印尼和越南等发展中国家，推进农村信息化也有许多可供借鉴的经验。

美国的农村信息化是从 20 世纪 60 年代开始，大致可以分为三个阶段，即 20 世纪 50～60 年代的广播、电话通信信息化及科学计算阶段；20 世纪 70～80 年代的计算机数据处理和知识处理信息化阶段；20 世纪 90 年代至今，美国方面进入了利用通信技术、计算机网络、全球定位系统、地理信息系统技术、遥感技术来获取、处理和传递各类农业农村信息的应用阶段，美国在农村信息化水平研究方面遥遥领先于其他国家，其农村信息化服务体系比较完善，侧重于农业和农村信息化法律法规的制定和完善，农村信息化的资金投入稳定。美国联邦政府和各州政府都建立起了农业和农村科技信息中心，这些国家级的科技信息中心实现了公益性农村信息资源的长期积累以及对信息资源的高效管理和广泛应用。

日本农林水产省对农村地区的信息化建设，开始于 20 世纪 50 年代中期的农事广播（有线放送）基础设建设开始，随着信息通信技术的发展，开始逐步建立完善的农业管理（计算机）中心、农村有线电视（CATV）等基础设施。到了 20 世纪 60 年代中期，日本提出"Green Utopia 构想"，顺应了当时新闻传媒的潮流，对农村信息化的发展起到了巨大的推动作用。到了 20 世纪 80 年代末，由于各种信息机械的迅速普及及网络化的发展，农村信息化政策业不断进行扩充，农村地区的信息化程度也进入快速发展阶段。目前，日本主要采用以计算机为主的农村信息化模式，促进现代化农业的高速发展，提高农村信息化的程度。日本已经建立起了能够促进农民改善经营管理，提高农业经营和作业效率的信息化网络，同时在耕作、作物育种、农产品销售、农业气象等农业领域大力发展信息化技术，这一举措大大加快了其农村信息化的发展进程。

德国在农村信息化上的建设开始于 20 世纪 70 年代，主要以电话、电视、广播等通信技术在农村的广泛应用，此后十年间，德国建立了全国农业经济模型，该模型是农业信息处理系统的前身，其测算结果极其接近德国的农村实际经济发展情况，为德国农村信息化建设提供了科学的依据。与此同时，德国政府还建立了农村信息数据管理系统，通过电子数据管理系统能够向广大的农户提供农产品生产原料市场信息、病虫害预防、农产品的生长情况和相关的防治技术等信息。

法国在农村信息化发展迅速离不开农民的积极参与、地方政府的大力支持和培训、农业合作社提供的大量有关农村及农业的信息、乡村家庭全法联盟学习新知识和新技术、信息网络及产品制造商低价设施和服务等因素。加拿大在培养多元化农村信息化服务主体和建设多层次农业信息服务格局上，投入了大量精力。韩国、印度等国表现为政府对农业信息化基础设施建设的政策支持，制定农村信息服务相关的优惠政策，并加大农村信息化人才培养力度。

三、我国农村信息化的发展历程

在经济全球化和信息化的大背景下，信息科技手段成为了促进社会经济发展和变革的重要力量。与其他各国家相比，我国的信息化发展较晚，近 20 世纪 80 年代才有了信息化的提出，比欧美一些发达国家要晚了 20 年。进入 21 世纪以来，为了促进"三农"事业全面发展，党中央、国务院高度重视农村信息化工作，加大了对农村信息化的投入比重，同时制定了一系列政策来推动其发展，农业信息化也逐步被提到了国家的发展战略层面。

目前在我国西部四川、贵州、甘肃、青海、新疆、广西、内蒙古、云南和西藏等地，农业生产方式总体上是以人、畜、力手工作业居于主导地位的阶段，只是在某些农作物的某些生产环节上开始应用简单的农业机械装备，并且这种落后的生产方式还可能在一定时期内存在下去。在全国范围内的大部分省市，农业机械已在大多数农作物的主要生产环节上广泛应用，三大作物小麦、水稻和玉米的机械化水平较高，小麦生产基本实现了生产全过程的机械化，大豆、马铃薯、油菜、花生、棉花、甘蔗等经济作物和设施农业、畜牧业、渔业、林果业生产机械化取得新的进展。我国农业当前主要处于发展阶段，还有很大提升和改善的空间。我国部分省市已经迈入以单项信息技术应用为特征的农业农村信息化发展阶段，农业信息化生产、经营、管理、服务水平都有显著提升，农业产业链发生了深刻的变革，如农产品电子商务、信息服务进村入户以及农业电子政务，这些都在深刻地变革着农业的生产方式以及农民的生活方式，这是我国农业提升的下一个方向。在我国少部分地区，已经迈入以信息技术的集成应用为主要特征的农业农村信息化发展阶段，主要以政府推动为主，农业部实施的北京设施园艺物联网、黑龙江水稻种植物联网、江苏水产养殖物联网、天津设施园艺和水产养殖物联网、上海农产品质量追溯物联网、安徽省小麦"四情"监测物联网项目，是对农业最新发展阶段进行的积极探索。可以看出，这部分地区的农业农村信息化发展是我国农业提升的未来，但是当前多为示范应用项目，如何将示范应用的经验和做法推向全国也需要考虑。

四、我国农村信息化发展的阶段划分

萌芽阶段（1990 年以前）

1990 年以前我国农村信息化处于萌芽阶段，该阶段农村信息化的发展具有以下特征。

（一）计算机开始初步应用于农业科学计算

1990 年以前，我国主要利用计算机的快速运算能力，解决农业领域中科学计算和数学规划等问题。1979 年我国引进农口第一台大型计算机——FelixC-512，主要用于农业科学计算、数学规划模型和统计分析等。同年，江苏省农业科学院用计算机对 78 头新淮猪、6000 多头仔猪，进行了 2 月龄的断奶个体与繁殖力的相关和回归统计分析。1981 年中国建立第一个计算机农业应用研究机构，即中国农业科学院计算中心，开始以科学计算、数学规划模型和统计方法应用为主进行农业科研与应用研究。1987 年，农业部成立信息中心，开始重视和推进计算机技术在农业和农村统计工作中的应用。

（二）以专家系统为代表的智能信息技术研究成为热点，并有零散应用

80 年代，一些科研院所开始关注信息技术在农业数据处理、农业信息管理等领域中的应用研究，农业专家系统成为研究的热点。1983 年 3 月，中科院合肥智能机械研究所与安徽省农科院土肥专家合作，成功研制"砂姜黑土小麦施肥专家系统"，并于 1985 年 10 月在淮北平原 10 多个县推广应用。1986—1990 年，"农业专家系统"作为国家"七五"科技攻关专题进行研发，相继研发了育种、植保、施肥、蚕桑、园艺的专家系统，推动了智能信息技术在农业中的应用。1989 年，江苏省农业科学院开展了作物生长模拟研究，推出了水稻模拟模型 RICE-MOD，中国农业科学院棉花研究所开发的"棉花生产管理模拟系统"也开始在生产中进行使用，至 1990 年，分别在山东、河南等地示范推广 3.5 万公顷，每公顷增产皮棉 125 公斤左右。

总体说来，在萌芽阶段，农村信息化推进的主体是一些科研院所，他们引进利用计算机解决农业领域中复杂的数学科学计算。

起步阶段（1991—2000 年）

1991—2000 年是我国农村信息化的起步阶段，这一阶段具有以下特征。

（一）政府部门高调介入，从国家层面大力推进农村信息化建设

这一阶段，政府开始推进农村信息化工作，加强规划指导，建立信息化工作体系。1992 年，农业部制定了《农村经济信息体系建设方案》，成立了农村经济信息体系领导小组，加强信息体系建设和信息服务工作的统筹协调与规划指导，农业信息工作被提到重要日程。1994 年，农业部成立主管信息工作的市场信息司，随后各省（区市）农业部门相继成立了对口的信息工作机构；同年 12 月，在"国家经济信息化联席会议"第三次会议上提出，建立"农业综合管理和服务信息系统"加速和推进农业和农村信息化，"金农工程"问世。1995 年，农业部制定了《农村经济信息体系建设"九五"计划和 2010 年规划》。1996 年召开第一次全国农业信息工作会议，统一思想，提高认识，加强推进农业信息工作。

（二）大型农业信息网络逐步建立，推动了各级地方农业网站的热潮

90 年代中期，随着国际互联网的出现，我国农业信息网络也开始建设。1996 年中国农业信息网建成开通，并为省、地农业部门和 600 多个农业基点调查县配备了计算机，实现了统计数据的计算机处理。1997 年 10 月中国农业科学院建立的"中国农业科技信息网"开始运行。在国家积极发展农村信息化建设的同时，各省市有关部门、机构和社会网络企业也纷纷投资于农业网站建设，一部分省、区、市的信息网络建设也进入了起步阶段。

（三）农业专家系统趋于成熟，在一系列示范应用工程中得到大规模推广

1990—1996 年，中科院智能所连续承担的 863"智能化农业应用系统"课题，效果显著，专家系统技术可应用于农业的众多方面，受到科技部等的高度重视。1998年年底科技部启动了"国家智能化农业信息技术应用示范工程"重大专项，得到各方支持和努力，22个省市建立了示范区。

总体来说，这一阶段政府开始高度关注农村信息化，政府农业网站开始广泛应用，网络技术不断被应用到农业领域，农业专家系统得到大规模推广应用，农村信息化开始起步。

积累阶段（2001—2010年）

2001—2010年是我国农村信息化发展的积累阶段，这一阶段，各级政府部门开始统筹规划建设信息化基础设施、完善信息服务体系、开发农业信息资源、探索信息技术在农业生产中的应用，并出台一系列举措，推进实施农村信息化示范。

（一）全面推进农业信息服务体系建设，各类服务模式不断涌现

政府高度重视，纷纷出台了相关政策，加强指导农业信息服务建设。2001年农业部启动了《"十五"农村市场信息服务行动计划》，全面推进农村市场信息服务体系建设。2003年建立了以"经济信息发布日历"为主的信息发布工作制度。2006年下发了《关于进一步加强农业信息化建设的意见》和《"十一五"时期全国农业信息体系建设规划》。2007年出台了《全国农业和农村信息化建设总体框架（2007—2015）》，全面部署了农业和农村信息化建设的发展思路。以上政策规划着重强调农业信息服务建设。除了中央政府加强统筹规划，政策指导外，各地政府部门也积极探索农村信息化建设，涌现出一批诸如浙江农民信箱、吉林12316、甘肃金塔、海南农科110、宁夏三网融合、广东直通车、山东百姓科技、重庆农信通等具有本地特色的农业信息服务模式。

（二）多项覆盖全国的农村信息化工程加快实施，成效显著

2002年，国家文化部启动建设"全国文化信息资源共享工程"，通过卫星和互联网等手段，将优质文化信息资源传送到基层。截至"十一五"末，该工程已基本实现县县建有支中心和"村村通"的目标，数字资源总量达到105.28 TB，累计服务人次超过8.9亿。2003年，农业部启动建设"金农工程"一期项目，截至"十一五"末，部本级项目实施工作进展顺利。国家农业数据中心已完成建设任务，农业监测预警系统、农产品及农资市场监管信息系统已投入使用，动物疫情防控系统等10多个电子政务信息系统陆续上线运行，以农业部门户网站为核心、集30多个专业网站为一体的国家农业门户网站群初步建成。2004年，原国家信息产业部组织中国电信、中国网通、中国移动、中国联通、中国卫通、中国铁通等6家运营商，在全国范围内开展了以发展农村通信、推动农村通信普遍服务为目标的重大基础工程——"村村通电话工程"，截至2010年年底，基本实现了"村村通电话，乡乡能上网"的目标。2005年，农业部启动实施"三电合一"农业信息服务项目，充分利用电话、计算机、电视等载体为农民提供各种信息服务。截至2010年年底，该项目先后搭建了19个省级、78个地级和324个县级农业综合信息服务平台，惠及全国约2/3的农户。

此外，"广播电视村村通工程""农村党员干部现代远程教育工程""农村中小学现代远程教育工程"等信息化工程项目也相继全面启动实施，为农村信息化发展提供了物质基础支撑。

总体来说，这一阶段主要以农业信息服务和全面启动实施农村信息化相关工程项目为重点，加强统筹，提高认识，改善了信息化基础设施，完善了农业信息服务体系，为下一步推进建设奠定了基础。

快速发展阶段（2011—2015 年）

2011—2015 年是我国农村农业信息化发展的快速阶段，信息化的发展面临着巨大的机遇，农产品电子商务发展势头非常迅猛。

（一）农村信息化发展面临巨大机遇

一是高位拉动。党的十八大做出了"促进工业化、信息化、城镇化、农业现代化同步发展"的战略部署，在这四化中，农业现代化是短腿，而农业信息化现代化是关键，对于农业信息化提出了新的更高的要求。李克强总理于 2015 年 3 月 5 日，在政府工作报告中提及到要制定"互联网＋"行动计划，农业信息化是"互联网＋农业"的重要抓手，"互联网＋"必将推动农业信息化的快速发展。

二是现实驱动。当前，我国农业发展面临着资源、市场和生态多种平静，迫切需要利用信息技术对农业生产的各种资源要素和生产过程进行精细化、智能化控制，对农业行业发展进行专业化、科学化管理，以减少对资源环境的依赖，突破资源、市场和生态环境对农业产业发展的多重约束，从而推动农业产业结构的升级和生产方式的转变。

三是技术推动。近年来，世界各国信息技术发展迅猛，我国信息技术创新和研发也取得了长足进步，物联网、移动互联网、云计算、大数据等现代信息技术的日渐成熟，使得农业信息化从单项技术应用转向综合技术集成、组装和配套应用成为可能。信息技术的不断进步为智慧农业的快速发展提供了坚实的技术条件，也带来了难得的发展机遇。

（二）我国农产品电子商务发展迅猛

在"互联网+农业"的政策引领下，我国农产品电子商务发展迅猛，为传统农产品营销注入了现代元素，在减少农产品流通环节、促进产销衔接和公平交易、增加农民收入、倒逼农业生产标准化和农产品质量安全等方面显示出明显优势。据不完全统计，全国农产品电商平台已逾 3000 家，农产品网上交易量迅猛增长。以阿里巴巴平台为例，农产品销售额快速增长，从 2010 年的 37 亿元、2011 年的 113 亿元、2012 年的 198 亿元、2013 年的 421 亿元，发展到 2014 年的 800 亿元。

从交易品种看，耐储易运输的干货和加工品占主体，生鲜电商增势迅猛。电子商务交易的农产品主要是地方名特优、"三品一标"等，比如大枣、小米、茶叶、木耳等干货及加工品，其占据了农产品电子商务交易总额的 80%以上。近两年在大城市还涌现出一批为市民提供日常生鲜农产品的电商企业，如北京任我在线、沱沱工社、上海菜管家、武汉家事易、辽宁笨之道、海南惠农网等，并且企业发展势头十分强劲，得到越来越多的市民认可。

从交易模式看，多样化发展趋势明显。如入驻淘宝、京东、1 号店等成熟电商平台开设网店的模式；中粮我买网、顺鑫抢鲜购等农业企业自建平台的模式；大连菜易家、武汉家事易等以网络为交易平台、以实体店或终端配送为支撑的"基地+终端配送"的模式；"世纪之村"利用村级信息服务点开展农产品、农村消费品网络代销代购的模式等。

从生产经营主体看，部分农民、合作社、批发市场开始尝试电子商务。山东、浙江等地出现了许多大型的"淘宝村""淘宝镇"，并带动了周边物流、金融及上下游产业的发展；茶多网聚集安溪茶叶批发市场的1860家实体店，形成了全国茶叶电子商务平台，年交易额达到2亿元；四川中药材天地网依托全国药材市场设立分支机构和信息站点，形成了庞大的线下服务网络，入驻商家突破9000家，注册会员达到28万人。

从支撑环境看，服务和支撑体系有了一定的基础。城市冷链物流、宅配体系以企业自建方式都快速发展，农村物流网点迅速增加，部分地方利用农村信息员开展草根物流服务，在很大程度上弥补了农村物流的空缺。资金支付手段进一步完善，支付宝、网银、手机钱包等金融服务都开始向农村延伸。

第三节　农村信息化发展的体系框架

所谓农村信息化体系框架就是根据信息化的基本要求，从系统角度对构成农村信息化的各个部分进行合理地设计与安排，科学有效地反映其内在的逻辑关系及其作用机制。通过体系架构，人们就能够比较正确地认识农村信息化发展的基本规律，从而有效地处理农村信息化建设过程中的各种基本关系。

农村信息化是一个统一的整体，结合农村信息化的基本概念，包含以下五个部分：农村信息化基础设施、农村信息资源、农村信息化服务体系以、农村信息化应用以及农村信息化发展环境。农村信息化总体框架如图1-1所示。

一、农村信息基础设施

信息基础设施是支持信息资源开发、利用及信息技术应用的各类设备和装备，是分析、处理以及传播各类信息的物质基础。信息化基础设施建设主要包括广播电视网、电信网、互联网的建设及其他相关配套设施的建设。广播电视网和电信网的建设包括：光缆干线的铺设、电缆干线的铺设、接收天线的架设等传输线路的铺设，地面接收站、转播台、发射台、无线电台等接收设备的建设，以及放大器、微波设备、交换机、接地防雷设备、附属设施等设备的购置。互联网的建设包括同轴电缆、光纤等信号传输线路的铺设，光电转换器、调制解调器、信号放大器、中继器、路由器、集线器及网桥等中间装置和接口设备的购置，局域网、广域网的搭建等。

（一）广播电视网

广播电视网以国家建成的卫星网为依托，是广播电视节目传输的重要载体。信号覆盖范围广，不受山地、沙漠等地面条件限制；传输能力强，目前的卫星直播系统大都具备百套以上电视节目的传输能力，用户可以有多样选择；节目质量高，由于是数字方式直接到户，在用户端实现了图像和声音信号的高质量还原；安装便捷，成本低，用户端只需要使用卫星接收天线加上一台接收机即可接收节目，接收天线的安装也十分简单。对于远离城市的山区、西部地区、经济落后及上网条件差的基层地区，广播电视网尤其具有优越性。

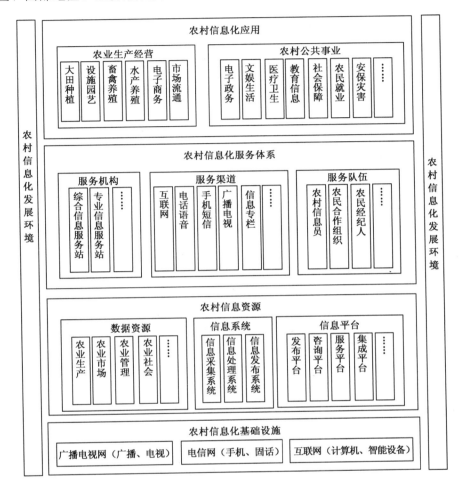

图 1-1 农村信息化总体框架

广播电视是当前农村应用最广泛的信息获取媒介。它具有宣传功能，能及时地宣传党的路线、方针和政策以及人民群众在党的路线、方针、政策指引下所取得的成就；它具有教育功能，广大农民群众通过广播电视学习现代农业技术，从而促进了自身科学文化素养的提高；它还具有娱乐功能，通过各种电视节目，丰富了农民群众的文化生活。

（二）电信网

电信网的主要业务是电话业务，因而也称为电话网。它主要是以点对点的方式对用户个人提供服务，覆盖范围广泛，具有安装速度快，建设周期短，成本低以及地理应用环境的无限制性等特点。与广播电视网的单项传播相比，电信网所具有的互动性是它的明显优势。随着光纤技术、移动通信技术的发展，电信网的应用将越来越广泛。

（三）互联网

互联网作为先进技术的代表，是当前信息网络发展的重点，其普及程度更是信息化的主要标志。互联网具有信息容量大、交互性好、多点互联、信息传送及时、传输速度快、无时空限制、信息资源共享等优势，它有效地解决了信息传播问题，在信息的采集、处理、分析及存储方面具有不可替代的作用。

二、农村信息资源

农村信息资源作为农村信息化的数据支持，在整个过程中起着至关重要的作用。在中央的多份政策文件中明确提出，充分利用和整合农业信息资源，加强农业信息服务，农村信息资源的建设是农村信息化的基础和突破口。

（一）农村数据资源

农村信息资源的最基本要素是数据，数据作为客观事实的表现形式，被存储在数据库中。所以农村信息资源的建设主要是以数据库的形式体现出来。农村数据资源涉及社会主义新农村建设的科技数据资源、教育数据资源、农村基础设施资源、农村生产数据资源、农村人口资源、用工需求资源、产品需求及价格数据资源、农村土地资源、农村自然资源、农村经济数据资源等方面，上述数据库关乎农民的生存、发展，是农村发展的最真实的指标，能够反映我国经济发展最真实的面貌。

（二）农业信息系统

信息系统是指借助现代信息技术对信息进行采集、传递、存储、加工、维护和使用，以提供信息服务为主要目的的数据密集型、人机交互的计算机应用系统。农村信息系统是信息系统在农村信息管理中的应用，它是以现代信息技术为基础和手段，对农村各类信息资源进行收集、加工、整理，为农业生产经营、宏观管理、科学研究提供信息服务和支持的信息系统。我国农村信息系统的应用起步较晚，但发展速度较快，在对其探索开发过程中，针对农业信息采集处理的全过程，建成了一批性能良好的农业信息系统。

（三）农村信息平台

农村信息平台是指用来收集、处理、发布各种农村信息，为农村信息交换提供必要支持的信息系统。农村信息平台是解决信息"进村入户"和"最后一公里"问题必不可少的前提条件。基于我国农村现有的信息平台应用实践，总体而言可以划分为以下几类：农民电话热线服务系统，农村广播电视平台，农村网络信息网站，移动农业信息服务平台，村级和乡镇级无线局域网平台，农业综合服务集成信息平台。

三、农村信息服务体系

（一）信息服务机构

信息服务机构是指由政府牵头组织，网络运营商提供网络支持，社会力量参与运营，利用计算机、互联网、局域网及电话等信息技术手段，采取有偿经营和无偿服务相结合的方式，为农民提供信息浏览、查询、采集、发布和娱乐等信息服务的场所。包括农村综合信息服务站点以及农村专业信息服务站点。

（二）信息服务渠道

农村信息化服务渠道是建立在电信网、广播电视网、互联网基础上，并与各种信息源实行互联，最大限度地利用现有网络资源，为用户提供各种信息资源的通道。农村信息服务渠道是农村信息化建设与应用的重要环节之一，专门用来收集、整理、发布各种涉农信息，为农村信息交换提供所需的环境和条件。农村信息渠道是解决信息"进村入户"和"最后一公里"问题必不可少的前提条件。

（三）信息服务队伍

信息服务队伍是推进农村信息化的重要主体。广义的信息服务队伍涉及信息化建设的管理者、信息服务提供者和以从事农业生产经营各环节的农业从业人员为主体的信息服务消费者三大基本部分。当前具体参与农村信息服务的主要包括农村信息员队伍、农民专业合作社和农村经纪人等。

四、农村信息化应用

（一）农业生产经营信息化

农业生产信息化是指在微观尺度上，普遍应用通信技术、计算机技术和微电子技术等现代信息技术，对农业生产资源的利用和农业生产过程中各生产要素实行数字化设计、智能化控制、精准化运行、科学化管理的程度与过程，通俗地说是农业产前和产中的信息化。按照农业行业的划分，农业生产信息化主要包括大田种植信息化、设施园艺信息化、畜牧业生产信息化和渔业生产信息化。农业生产信息化的目标是指充分利用现代信息技术来装备农业生产过程，努力提高农业的生产效率，降低生产劳动成本，改变农业生产方式和发展方式，推进传统农业向现代农业的转变，确保农业高产、高效、优质、生态、安全、标准。农业生产信息化的主体是生产者，即农户、生产型农业公司（集团）、农垦生产系统。

农业经营信息化是指通信技术、计算机技术和微电子技术等现代信息技术在农产品加工、储运、交易、市场等环节实现普及与应用的程度与过程，通俗地讲就是农业产后的信息化。按照农业产后的环节，农业经营信息化主要包括：农产品电子商务、农产品市场与流通信息化。农业经营信息化的目标就是要提高农产品加工质量和效率，减少流通环节和交易环节，降低交易成本，增加市场透明度，保障农产品质量安全。农业经营信息化的主

体是经营者，即：农产品加工、仓储、物流、商务企业。

（二）农村社会管理及服务信息化

农村社会管理管理及服务信息化是指在宏观尺度上，普遍应用通信技术、计算机技术和微电子技术等现代信息技术对农村电子政务、农村医疗卫生、农村教育、农村文化生活等实行信息化、科学化、透明化管理的程度与过程。农村社会管理信息化的目标是提高政府的监督管理水平、工作效率以及农业相关部门对农民的服务能力和服务水平。

五、农村信息化发展环境

农村信息化发展环境是指农村信息化建设所必需的经济、社会、政治和人文环境。只有当农村经济发展到一定阶段，农民人均纯收入达到一定水平，才能够承担开展农村信息化的基础成本；农村社会具备了信息化意识，接受了信息化的理念；政府开始重视信息化建设，制定政策规划并承担信息化基础投入；农民文化素质得到普遍提高，具备了应用信息技术的知识和能力，农村信息化建设才能够得到正常推进。

参考文献

[1] 潘文君. 福建省农村信息化评价体系研究[D]. 福建农林大学,2013.
[2] 狄艳红. 北京市农村信息化发展与对策研究[D]. 中国农业科学院,2008.
[3] 毛静. 农村信息化建设绩效测评研究[D]. 湘潭大学,2013.
[4] 李雪. 黑龙江省农村信息化发展模式研究[D]. 中国农业科学院,2008.
[5] 吴吉义. 国内外农业信息化现状分析[J]. 信息化建设,2006,6:50-53.

第二章　农业 4.0 初探

随着信息通信技术和科技的进步，物联网和制造业服务化迎来了以智能制造为主导的第四次工业革命，2013 年的德国汉诺威工业博览会上，正式提出了"工业 4.0"的概念。这是德国政府《高技术战略 2020》确定的十大未来项目之一[1][2]，旨在支持工业领域新一代革命性技术的研发与创新。这一轮新的工业化，是以信息化带动工业化、制造业和信息业的深度融合，信息通信技术是全球新一轮产业变革中最具活力的技术，其突破打破了传统的行业界限，带来了跨行业的重组和融合，并产生技术模式、管理模式和理念的创新[3][4]，重要变革就是智能制造时代的来临。农业作为工业生产原材料的提供行业和工业制成品的使用行业，也必将融入这场时代的变革[1]，向农业智能化时代即农业 4.0 时代发展。作为农业 4.0 的重要内容之一，水产行业也将发生深刻的变革，智能化、网络化、精细化和便捷化的水产养殖时代即将到来。

第一节　农业变迁情况

一、农业 1.0 到 4.0 的变迁

农业 4.0 是以物联网、大数据、移动互联、云计算技术为支撑和手段的一种现代农业形态，即智能农业（Intelligent Agriculture），也是继传统农业、机械化农业、信息化（自动化）农业之后，进步到更高阶段的产物。纵观国内外现代农业发展历程，可以分为以下四个阶段。

（一）农业 1.0

农业 1.0 是依靠个人体力劳动及畜力劳动的农业经营模式，人们主要依靠经验来判断农时，利用简单的工具和畜力来耕种，主要以小规模的一家一户为单元从事生产，生产规模较小，经营管理和生产技术较为落后，抗御自然灾害能力差，农业生态系统功效低，商品经济较薄弱。农业 1.0 在我国延续的时间十分长久，传统农业技术的精华在我国农业生

产方面产生过积极的影响，但随着时代进步，这种小农体制逐渐制约了生产力的发展。

（二）农业 2.0

农业 2.0 即机械化农业，是以机械化生产为主的生产经营模式，运用先进的农业机械生产工具代替人力、畜力，改善了"面朝黄土背朝天"的农业生产条件，将落后低效的传统生产方式转变为先进高效的大规模生产方式，大幅度地提高了劳动生产率和农业生产力水平。

（三）农业 3.0

随着计算机、电子及通信等现代信息技术以及自动化装备在农业中的应用逐渐增多，农业将步入 3.0 模式。农业 3.0，即信息化（自动化）农业，是以现代信息技术的应用和局部生产作业自动化、智能化为主要特征的农业。通过加强农村广播电视网、电信网和计算机网等信息基础设施建设，充分开发和利用信息资源，构建信息服务体系促进信息交流和知识共享，使现代信息技术在农业生产、经营、管理、服务等各个方面实现普遍应用。

（四）农业 4.0

信息技术发展到新阶段即可产生新的农业发展模式。农业 4.0，即智能化农业，这是融合了物联网、云计算和大数据的高度智能化农业，其目的是要实现大范围大尺度的农业生产全局的最优化，以最高效率利用各种农业资源、最大程度地降低农业能耗和成本、最大限度地保护农业生态环境以及实现农业系统的整体最优为目标；以农业全链条、全产业、全过程、全区域智能的泛在化为特征，以全面感知、可靠传输和智能处理等物联网技术为支撑和手段；以自动化生产、最优化控制、智能化管理、系统化物流、电子化交易为主要生产方式的高产、高效、低耗、优质、生态、安全的现代农业发展模式与形态。

二、农业 4.0 的特征

由于物联网等信息技术的强力渗透，信息流的"无孔不入"以及智能化的快速发展，农业 4.0 的生产、流通、消费三大领域将相互衔接，而劳动者、劳动工具和劳动对象这生产力的三要素也将发生本质性变化。从事农业生产工作更多的是职业农民和农业企业家，他们具有互联网思维，具备现代农业经营理念，不仅可以通过分析市场信息提前做好产前规划，还可通过产中的精细管理减少农资施用和劳动力投入，还能在产后高效流通并形成完备的追溯机制。劳动工具不只是农业机械装备，还是将这些机械和自动化设备串联起来的无形的物联网技术，生产者可通过通信向机械传达如何采取正确操作。从劳动对象来看，分散状态的土地不适应于物联网技术生产的要求，集中的规模化经营将成为常态，以物联网全覆盖、无缝渗透、高效互联的优势，获得更多高质量、高产量的无公害产品。总的来说，农业 4.0 具备以下特征。

（一）农业 4.0 是有机互联的系统

农业 4.0 实现最核心的技术是物联网技术、农业物联网技术，使得物与物、物与人之间的联系成为了可能，使得各种农业要素可以被感知、被传输，进而实现智能处理与自动控制。运行在农业生产活动中的不再是传统的农具和机械，而是通过物联网技术连接起来的自动化设备，传感器、嵌入式终端系统、智能控制系统、通信设施，通过信息物理系统形成一个智能网络系统，可实现种植养殖环境信息的全面感知，种植养殖个体行为的实时监测，农业装备工作状态的实施监控，现场作业的自动化操作以及可追溯的农产品质量管理，使得农业装备、农业机械、农作物、农民与消费者之间实现互联。

（二）农业 4.0 是信息技术的集成

农业发展过程中的电脑农业是以农业专家系统为核心，精准农业是以 3S 技术为核心，数字农业是以电子技术和决策支持系统的应用为核心，但本质上都不是整个信息技术的集成应用，而农业 4.0 的实现靠单一的信息技术是完不成的，其实现是整个信息技术集成应用，包括更透彻的感知技术、更广泛的互联互通技术和更深入的智能化技术，实现农业全链条中信息流、资金流、物流的有机协同与无缝连接，农业系统更加有效和智能的运转，达到农产品竞争力强、农业可持续发展、有效利用农村能源和环境保护的目标。

（三）农业 4.0 是现代农业的转型

农业 4.0 中现代信息技术的应用不仅仅体现在农业生产环节中，它还会渗透到农业经营、管理及服务等农业产业链的各个环节，是整个农业产业链的智能化，农业生产与经营活动的全过程都将由信息流把控，形成高度融合、产业化和低成本化的新的农业形态，是现代农业的转型升级。实现规模化的畜禽养殖场建设，日光温室、批发市场、物流中心的转型升级，工业化生产线和大型制造商的介入使农业生产更加产业化，各类技术的高度融合使农业生产更加低成本化。土地生产的成果不再是化肥农药超标、普通的农产品，更多的是质量提高、产量提高，更接近自然的无公害产品。

三、我国农业的发展阶段

农业 1.0 在我国延续的时间很长，并在部分区域中仍然存在，在全国范围内主要占 30% 左右，主要位于我国西部四川、贵州、甘肃、青海、新疆、广西、内蒙古、云南和西藏等地，农业生产方式总体上还是人畜力手工作业居主导地位的发展阶段，只是在某些农作物的某些生产环节上，开始应用简单的农业机械装备。在这些区域的农业流通体系也不发达，从《舌尖上的中国》可以看到这样一个现象，越好的农产品，越在偏远的山村里，那里没有污染，但是没有多少销路；而越是畅销的，在农贸市场或超市里伸手就能买到的，多少都有化肥超标农药残留、过期变质等质量安全问题。农业 1.0 模式在一定程度上抑制了农业产业链的效率，农业的生产、销售、加工、运输等产业环节处于一种割据、分散的状态，降低了农业流通效率，抑制了农业增收潜力。

农业 2.0 在我国大部分区域中仍存在，在全国范围内主要占 60%左右，农业机械已在大多数农作物的主要生产环节上广泛应用，三大作物小麦、水稻和玉米的机械化水平较高，小麦生产基本实现了生产全过程机械化，大豆、马铃薯、油菜、花生、棉花、甘蔗等经济作物和设施农业、畜牧业、渔业、林果业生产机械化取得新进展。总体上说，我国大部分省市农业生产机械作业已逐步成长壮大起来，农业 2.0 是逐步成为居于主导地位的新生力量，主要农产品生产过程在向全面机械化发展，农机标准化作业程度明显提高。

农业 3.0 在全国范围内主要占 8%左右，部分区域已经在农业 2.0 的基础上迈入农业 3.0 阶段，由于信息技术的应用，农业信息化生产、经营、管理、服务水平都有显著提升，农业产业链发生了深刻变革。从农产品生产到培育龙头企业，从发展现代物流、电子商务到信息服务进村入户，无不依赖于农业互联网的发展。而在网络巨头企业的推动下，电商领域的表现最为抢眼，农产品电子商务为传统农产品营销注入了现代元素，目前全国农产品电商平台已逾 3000 家，农产品网上交易量迅猛增长，在减少农产品流通环节、促进产销衔接和公平交易、增加农民收入、倒逼农业生产标准化和农产品质量安全等方面显示出明显优势。

农业 4.0 在我国"小荷才露尖尖角"，尚处概念、理念、设计和试验示范阶段。北京市重点开展了农业物联网在农业用水管理、环境调控、设施农业等方面的应用示范，实现了农业用水精细管理和设施农业环境监测；黑龙江省侧重在大田作物生产中搭建无线传感器网络，借助互联网、移动通信网络等进行数据传输及数据集中处理和分析，支撑生产决策；江苏省开发了国内领先的基于物联网一体化的智能管理平台，侧重在水产养殖等方面进行探索；山东在设施温室和水产养殖的整体行业信息化推进进步明显；浙江省重点在设施花卉方面应用物联网技术，各项环境指标通过传感器无线传输到微电脑中，实现了花卉种植全过程自动监测、传输控制；安徽省小麦"四情"监测项目建设已经启动。此外，河南、重庆、辽宁和内蒙古等地也开展了一些探索工作。

现阶段，我国农业 4.0 主要以物联网技术在各领域各环节的示范推广应用为主，还未实现大规模、高阶化的应用。随着农业电商、农产品物流、农业市场化服务的快速发展，大数据、云计算、移动互联等也得到了广泛的应用，并与物联网技术进行了有效地融合。

四、"农业 4.0"在水产行业中的应用

（一）应用现状

"农业 4.0"的发展以物联网、大数据、云计算、移动互联等技术为关键，突破涉及农业物联网的核心技术和重大关键技术，迎合现代农业的发展需求是迈向"农业 4.0"的必经之路。现阶段，"农业 4.0"在水产行业的应用主要体现在以物联网为核心的关键技术应用上。

物联网等"农业 4.0"技术在水产领域的深化应用需要有大批懂技术、会应用的实用性人才。然而，水产养殖历来被视为艰苦、薪酬低、社会评价不高的职业，陈旧的社会偏见对农业院校特别是本身学水产养殖的学生及其亲人的心理产生了巨大冲击，这些学生毕业后，在自身有畏惧心理及其在家人劝阻之下，大部分转向了饲料营销等非养殖一线岗位，

还有相当大的一部分人员转向了跟水产风马牛不相及的行业，更不用说其它专业毕业生会投身这个行业。因此，在实用性人才不足的情况下，通过物联网等"农业 4.0"技术大力提升行业内技术装备，打"技术牌"，才能更好地缓解水产行业高素质劳动力紧缺的困境。挪威的大型养殖场在人力成本高昂的情况下，通过集成现代信息技术，构建养殖物联网平台，实现三文鱼饲料投喂、收获、洗网、加工的完全自动化，只要定期维护便可实现 1～2 人管理全场所有事务，这种良性运作的养殖业模式值得我们借鉴。

长久以来，作为我国传统的养殖方式，以低洼盐碱地和荒滩荒水等资源改造进行养殖，技术成熟、操作简便、投入适中，适合我国农村以农民承包经营的经济发展水平。但是其周期长、劳动强度大、生产效率低且养殖风险大、水体污染严重等问题。因此，减轻劳动强度，提高生产效率，降低养殖风险，实现生态养殖是渔民多年来的梦想，也是新时期对渔业现代化的必然要求。通过物联网等"农业 4.0"技术把人工智能系统和相关的仪器、仪表、装备相结合，通过计算机控制实现水体质量监控、增氧、投饵、捕捞等养殖作业和运输、加工、仓储、物流等自动化管理，减少了人力物力的投入，也减少了人为经验误差造成的损失。同时，通过水产养殖户走向联合，各种行业协会、水产组织孕育而生，形成集群效应和规模效应，这就转变了水产养殖的发展模式。

当前，我国水产养殖业发展正处于一个新的历史阶段，特别是深化水产养殖业结构调整，稳定增加农民收入，提高水产品市场竞争力，对推进水产养殖业信息化的要求比以往任何时候都显得更为紧迫。大力推进水产养殖信息化，以信息化带动我国的水产养殖业现代化，对于促进农业和水产养殖业的发展，提高渔民生活质量具有重要意义。

（二）面临问题

目前，以物联网为代表的"农业 4.0"技术涵盖了水产养殖行业的多个方面，并在政策扶持、技术研发、示范应用等方面积累了一定的经验，对水产行业形成了良好的促进作用。但农业物联网技术应用总体仍处于初级阶段，还有许多问题亟待解决，主要体现在以下几个方面。

首先，关键设备与核心技术储备不足。相对于其他领域，由于动植物的生命特征、系统环境的开放性和复杂性，加之应用对象经济条件的限制，农业对物联网技术产品提出了更高的要求。从总体上看，水产养殖的装备化程度低，自动化的基础条件有待进一步夯实。同时，我国农业物联网关键技术、产品、设备技术储备不足，集成体系成熟度较低，大面积推广应用的难度较大。比如在水产养殖业方面，由于我国水体富营养化程度高，稳定、可靠、耐用溶解氧、pH 值、叶绿素、氨氮、亚硝酸盐的传感器技术仍不过关，需要小型化、精确化、灵敏化、运行稳定的传感器，这方面，我国与国外相比仍有较大差距。

其次，水产物联网应用标准体系尚不完善。农业应用对象复杂、获取信息广泛，传感器的标准是否统一、采集的信息是否可以标准化应用，都成为影响水产物联网应用成败的重要因素。目前国内还没有建立完整的农业物联网技术标准体系，现有标准还很零散、缺失和不统一，标准制定与市场应用结合不够，导致物联网市场分割，制造和服务成本偏高，这已成为制约物联网技术在现代农业发展中推广应用的重要因素，具体到水产物联网更是如此。

再者，水产物联网应用商业模式亟待建立。包括水产物联网在内，我国整个水产物联网行业还处于发展初期，缺乏成熟的商业模式。目前水产物联网的市场需求仍然是以设备采购、网络接入为主，导致农业物联网的产出与预期的估计差别太大。从产业化发展角度来看，目前我国农业物联网技术应用总体处于试验示范阶段，规模小而分散，农业传感控制设备等物联网关键技术产品难于实现批量生产，导致产品价格高，用户难以接受。农业物联网技术产品投放市场前缺乏严格质量检测，当设备暴露在恶劣自然环境下，导致设备稳定性差，故障率高，维护成本高，后续技术服务落后，农业物联网应用系统不能持续正常运行，影响了用户的使用积极性，导致农业物联网产业发展缓慢。

最后，水产物联网技术专业人才缺乏。目前广大基层农户、农业技术人员对于水产物联网的概念还很模糊，对于水产物联网的技术、设备等知识的认识还不够全面，还不具备应用推广物联网技术的能力。同时，在水产物联网的传感器开发、运算评价模型的研究等方面缺少跨专业的复合型人才。水产物联网是整合了水产、通信、机械、计算机软件等多行业的一个综合产业。因此，就需要从事水产物联网的相关技术人员对农学、通信、软件编程等方面都要有较强的专业知识，这样才能研发出符合农产品生产者实际需要，真正智能化、自动化的农业物联网。

（三）如何融入

"互联网+"缩短了信息化与农民之间的距离，但是还没有很好的消除与养殖户之间的技术障碍。只有让互联网自然融入到传统水产行业中，才能让养殖户像打电话和看电视一样简易操作就可以进行智能水产养殖，才是真正的"互联网+水产"，这才是真正迈入水产行业"农业4.0"的第一步。

互联网尤其是移动互联网环境对于加速信息化在农业领域的应用、推进"农业4.0"发展优势明显：一是软硬件支出费用相对较低；二是可以随身携带、随时应用；三是交互方式相对优化，便于操作；四是易于附加个性化服务和实现精准推送，可加载更多智能化的应用。这些恰恰是长期以来困扰信息化在农业领域中深度、广度应用的关键难题。如今劣势变优势，意味着未来农业领域，特别是水产领域的移动互联网应用前景十分光明。

"互联网+水产"有利于实现生产智能化。移动互联网与水产物联网装备结合后，能够发挥全面感知、可靠传输、先进处理和智能控制等技术优势，实现水产养殖的全程控制，降低污染，减少疫病，提高养殖品质，达到科学养殖和智能养殖的目的。

"互联网+水产"有利于实现经营网络化。移动互联网有利于加快水产电子商务的应用，实现水产品流通扁平化、交易公平化、信息透明化，建立最快速度、最短距离、最少环节、最低费用的水产品流通网络，解决买卖难的问题，大大提高水产经营网络化水平。

"互联网+水产"有利于实现管理精细化。移动互联网的普及，能够加快大数据、云计算等先进技术的落地应用，通过对终端、用户及水产生产经营行为的跟踪服务，进行生产调度、应急指挥、质量监管，对上辅助宏观决策，对下优化生产经营行为，解决当前管理对象不明确、效率不高等问题。

"互联网+水产"有利于实现服务便捷化。移动互联网的便携、随身和实时交互等特点，很好地解决了农业信息服务"最后一公里"的问题，便捷服务的同时，为市场化、多元化信息服务提供了机遇，通过创新型应用等多种手段，使未来的水产信息服务将更加丰富便捷。

真正的信息化应该是"润物细无声"的，无需冗长的教程和繁难的培训，一看就会，一用就见效，自然能够受到农民追捧、赢得市场，这应该是互联网融入水产行业的最佳情境设想。因此，"互联网+水产"的发展，不能把重点全放在教育的一线养殖户上，而是应从一线养殖户的实际需求和思维出发，因势利导、潜移默化地进行适应性改变，这就是所谓的"引导"。那么，这个适应性改变应该如何进行呢？

一是要加快易用、实用 APP 的开发，建议模拟不同的养殖场景，按照养殖全过程设置重要节点和参数，按照农民的养殖习惯优化应用流程。

二是要打通生产和经营的通道，通过移动互联网实现"扁平化"，借助在线传输方式，让消费者与养殖现场建立关联，无论是水产品质量追溯，还是养殖现场视频调阅，甚至是水产养殖众筹，都可以大胆地尝试。

三是要充分利用政策资源，实施移动互联网示范工程，通过创建"互联网+"示范养殖场、养殖能手等活动，大力推广信息化养殖的理念和技术，加强用户体验，大规模提升水产养殖信息化水平。

四是要积极实践互联网思维，启动水产信息化服务市场，借用打车软件等先进的运营思维，合理配置盈利点，前端推广多采用免费、补贴等手段，让农民享受到实惠，再从水产养殖的其他环节找回企业收益。

五、步入农业 4.0 的政策建议

（一）加强统筹规划

农业 4.0 是一项系统工程，要明确农业 4.0 的发展理念。在流程上，包括农业生产、农业经营、农业管理以及农业服务；在技术上，包括信息通道建设、综合平台建设、关键技术研发等内容；在机制建设上，涉及到方方面面的因素。因此，农业 4.0 的发展只有在统一的框架和规划下分工合作，协同配合，重点突出，分层实施，逐步扩散，分阶段、有步骤地制定技术目标、产业化目标，有条不紊的展开各项工作，才能避免低级重复和资源浪费。

（二）注重政策引导

农业 4.0 是农业信息化发展到一定阶段的产物，对改造传统农业具有重要的战略意义，各级政府需围绕智能农业专项工程、行业区域试点、新业态培育、综合标准体系、管理体系推广等方面进行优先布局和综合考虑。出台相应政策鼓励发展农业 4.0，对重视发展农业 4.0 的地方给予一定的资金补助和政策支持；对研发物联网的企业给予一定的税收政策优惠，对采用农业物联网的企业、农民专业合作社和种养大户给予一定的补贴；对研发农业信息技术集成应用做出突出贡献的高校和科研机构，在科技项目申报指标和立项支持方面，给予重点倾斜。

（三）突破关键技术

农业 4.0 的发展以物联网技术为关键，集中力量促进创新，蹄疾步稳加强攻关，突破涉及农业物联网核心技术和重大关键技术，是农业 4.0 走向现实的必经之路。农业传感器和无线传感网是需要有限发展的领域，从农业传感器来说，农业可控因子的传感器放在优先研究。现实是我国农业专用传感器技术的研究相对还比较滞后，特别是在农业用智能传感器、RFID 等感知设备的研发和制造方面，许多应用项目还主要依赖进口感知设备。目前中国农业大学、国家农业信息化工程中心、中国农科院等单位已开始进行农用感知设备的研制工作，但大部分产品还停留在实验室阶段，国内产品和国外产品存在不少差距，离产业化推广还有一定的距离。

（四）坚持标准先行

农业 4.0 的发展要借鉴学习德国工业 4.0 标准化路线，以及美国互联网标准建设的工作思路和组织方式，加快智能农业标准化体系建设。要把制订农业物联网标准作为优先发展领域，把握农业物联网发展的特点和规律，以国家物联网标准为基础，开展农业物联网标准体系研究。重点包括农业传感器及标识设备的功能、性能、接口标准，田间数据传输通讯协议标准，农业多源数据融合分析处理标准、应用服务标准，农业物联网项目建设规范等，指导农业物联网技术应用发展，进一步向农业 4.0 迈进。

（五）示范工程带动

农业 4.0 是一个新兴事物，我国目前还处在"概念的界定、内涵的丰富"这一阶段，同时农业 4.0 是对现代信息技术的高度集成，投资大，风险大，因此，在农业 4.0 发展前期需要通过示范来带动。需要在地方政府较为重视，经济较为发达，农业信息化基础较好，辐射带动性较强的地区建立起全国性的示范基地，研发一批产品，制定一批标准，形成一套机制和模式，进而带动农业 4.0 的跨越式发展。

参考文献

[1] 姚媛.工业 4.0 呼唤农业协同发展[N].农民日报,2015,03-25003.

[2] 安筱鹏.工业 4.0:为什么?是什么?如何看?[J].中国信息化,2015,02:7-11.

[3] 安筱鹏.德国工业 4.0 的四个基本问题[J].信息化建设,2015,01:11-14.

[4] 安筱鹏.工业 4.0 与制造业的未来[J].浙江经济,2015,05:19-21.

第三章 "互联网+"引领农业发展方式变革

2015年3月5日,李克强总理在政府工作报告中提出要推动互联网产业发展,制定"互联网+"行动计划。"互联网+"与2007年提出的"互联网化"一脉相承,强调的是互联网与各传统行业的充分对接和深度融合。我国是农业大国,目前正处在工业化、信息化、城镇化、农业现代化同步推进的关键时期,互联网与农业融合发展空间广阔,潜力巨大,制定并实施"互联网+农业"行动计划,是推动农业现代化、促进农业转型升级的关键之举,是我国在世界范围内实现弯道超车的好机会。

第一节 恰逢其时——"互联网+农业"意义重大

舟楫相配,得水而行,"互联网+农业"正是运用这种新思维的产物。它的本质是创新,是物联网、电子商务、移动互联网、云计算、大数据等现代信息技术发展到一定阶段的产物,是互联网技术与农业生产、经营、管理、服务、农业组织和农民生活方式的生态融合和基因重组,是用互联网思维推动我国农业、农村、农民的变革。当前,农业物联网、大数据等信息技术的应用已经进入新的阶段,中央对农业发展也提出了更高的要求,在这种形势下推动"互联网+农业"恰逢其时、意义重大。

一、落实"四化同步"的重要抓手

近年来,党中央、国务院高度重视农业现代化和农业信息化工作,党的十八大提出了工业化、信息化、城镇化、农业现代化同步发展的战略部署,在这四化中,农业现代化是短腿,而农业信息化是农业现代化的关键。因此,通过农业信息化建设带动农业现代化发展,需要实施农业领域的"互联网+"行动计划,发展壮大农业新兴业态,打造新的农业增长点,为农业生产管理智能化提供支撑,增强农业作为第一产业的新经济发展动力。

二、转变农业发展方式的客观要求

当前，互联网正以前所未有的速度向零售、金融、工业等传统行业渗透，变革着这些行业的发展方式。"互联网+传统零售业"形成的电子商务是近年来全球经济中交易活跃、应用渐广、创新不断的重要新兴领域。"互联网+传统金融"形成的互联网金融进行得如火如荼，正在变革金融机构的经营思路，甚至会对人类金融模式产生根本性影响。"互联网+工业"形成的工业互联网正在引领制造业的升级，制造业服务化、柔性化生产、个性化定制正在成为新的生产方式。"互联网+农业"方兴未艾，农业物联网正在改变农业生产方式，农业大数据正在变革农业管理方式。

三、现代信息技术发展的必然结果

近年来，世界各国信息技术发展迅猛，我国信息技术创新和研发也取得了长足进步，物联网、云计算、大数据、移动互联网等现代信息技术的日渐成熟，使得农业信息化从单项技术应用转向综合技术集成、组装和配套应用成为可能。信息技术的不断进步为"互联网+农业"的快速发展提供了重要基础条件，也带来了难得的发展机遇。随着现代信息技术与农业发展加速融合，"互联网+农业"的发展路径也成为技术浪潮下的必然结果。

第二节　颠覆传统——"互联网+农业"引领变革

"三农"问题一直是国家致力解决的重大问题，中央"一号文件"更是连续 12 年聚焦"三农"问题。在传统模式无法解决农业面临的种种问题时，互联网却凭借其强大的流程再造能力，让农业获得了新的机会。通过互联网技术以及思想的应用，可以从金融、生产、营销、销售等环节彻底升级传统的农业产业链，提高效率，改变产业结构，最终发展成为克服传统农业种种弊端的新型"互联网+农业"。

一、"互联网+"让农业生产智能化

利用物联网技术提高现代农业生产设施装备的数字化、智能化水平，发展精准农业和智能农业。通过互联网，全面感知、可靠传输、先进处理和智能控制等技术的优势可以在农业中得到充分地发挥，能够实现农业生产过程中的全程控制，解决种植业和养殖业各方面的问题。基于互联网技术的大田种植业向精确、集约、可持续转变，基于互联网技术的设施农业向优质、自动、高效生产转变，基于互联网技术的畜禽水产养殖向科学化管理、智能化控制转变，最终可达到合理使用农业资源、提高农业投入品利用率、改善生态环境、提高农产品产量和品质的目的。

二、"互联网+"让农业经营网络化

利用电子商务提高农业经营的网络化水平，为从事涉农领域的生产经营主体，提供在互联网上完成产品或服务的销售、购买和电子支付等业务。通过现代互联网实现农产品流通扁平化、交易公平化、信息透明化，建立最快速度、最短距离、最少环节、最低费用的农产品流通网络。近几年，我国农产品电子商务逐步兴起，国家级大型农产品批发市场大部分实现了电子交易和结算，电商又进一步让农产品的市场销售形态得到了根本性改变，2013 年我国农产品电子商务交易额已超过 500 亿元，"互联网+农业经营"的方式颠覆了农产品买卖难的传统格局，掀起了一场农产品流通领域的革命。

三、"互联网+"让农业管理精细化

利用云计算和大数据等现代信息技术，来解决农业管理高效和透明的问题。从农民需要、政府关心、发展急需的问题入手，互联网和农业管理的有效结合，有助于推动农业资源管理，丰富农业信息资源内容；有助于推动种植业、畜牧业、农机农垦等各行业领域的生产调度；有助于推进农产品质量安全信用体系建设；有助于加强农业应急指挥，推进农业管理现代化，提高农业主管部门在生产决策、优化资源配置、指挥调度、上下协同、信息反馈等方面的水平和行政效能。

四、"互联网+"让农业服务便捷化

利用移动互联网、云计算和大数据技术提高农业服务的灵活便捷化，解决农村信息服务"最后一公里"的问题，让农民便捷灵活地享受到各种生产生活的信息服务。互联网是为广大农户提供实时互动的"扁平化"信息服务的主要载体，互联网的介入使得传统的农业服务模式，由公益服务为主向市场化、多元化服务转变。互联网时代的新农民不仅可以利用互联网获取先进的技术信息，也可以通过大数据掌握最新最快的农产品地理分布、价格走势，从而结合自己资源情况自主决策农业生产重点。

五、"互联网+"让农业组织规模化

互联网把现代农业组织整合成了一个环环相扣的整体，如果说传统的农业组织是分散、低利润和低效率的，那么互联网介入后的农业组织方式，从农民、农业合作社、农业企业到消费者都被互联网这个看不见的网络牢牢抓在了一起。信息与数据的自由流通和交换，大大削弱了农产品与服务供需双方的信息不对称，产销格局逐渐向以消费者为中心转变，生产者可以运用大数据分析，定位消费者的需求，按照需求去组织农产品的生产和销售，从而更好地提高生产效率和调整产业结构，进一步降低运营成本和库存运输损耗。

六、"互联网+"让农民生活便利化

互联网改变了传统农村落后的生活方式，在农村教育方面，农民可以利用远程教育享受到和城市居民相同的优质的教学资源以及先进的教学模式；在医疗卫生方面，互联网突破了传统医学模式的时空限制，促使医疗卫生相关信息系统互联互通，为农村医疗卫生信息资源的共享提供便利；在就业和社会保障方面，农民通过互联网可及时有效的获取务工信息，异地养老、跨区医疗也成为可能；在文化生活方面，现代精神文明信息的传播不仅可以满足广大农民多样化的文化需求，也有利于构建和谐文明的乡村文化形态。

第三节　多措并举——"互联网+农业"寻求突破

"互联网+"是催化行业、企业变革升级的加速器，但是，面对庞大而传统的农业体系，推进"互联网+"行动计划是一个复杂的系统工程，大部分"互联网+农业"的新模式都还处于产业融合的初级阶段，还需要政府、企业和公众悉心呵护、认真培育，通过大量的实践创新走出一条真正的互联网农业变革之路。

一、政府：统筹规划、宽容创新

一是要加强顶层设计。政府需要利用政策推动互联网与农业的融合，加快出台"互联网+农业"行动计划，绘制"互联网+"发展路线图，为政府、行业、企业提供具体指导，积极开展"互联网+"宣传，营造全社会共同参与的良好氛围，推动"互联网+"成为中国农业经济转型升级的新引擎。设立专项补贴，撬动社会投资，推进物联网、云计算、移动互联、3S等现代信息技术和农业智能装备在农业生产经营领域的研究与示范作用。进一步推进移动通信、宽带、电脑、智能手机等信息化基础设施的普及，同时加大对于农村物流基础设施的投入和改造。二是要宽容创新，对于农业电子商务等新业态首先要"积极推动"，允许其"野蛮生长"，然后再"适度规范"，促进农业电子商务等新业态、新模式下健康有序发展。三是成立重大工程专项，作为推动互联网和农业融合发展的引导资金，重点用于示范性项目建设，建设农业互联网应用示范园区，以点带面，促进"互联网+农业"的迅速发展。

二、企业：顺势而为、把握平衡

一是要准确地把握互联网发展趋势。小米之所以能够成功，首先是因为移动互联网这个大方向选对了。曾经"雄霸天下"的诺基亚和"呼风唤雨"的摩托罗拉因为与移动互联网发展趋势背道而驰，庞大的商业帝国瞬间便轰然倒塌，互联网企业在面向农户市场时，

也要把控信息化发展趋势,农村并不意味着需要信息技术的落后。二是准确把握技术创新和模式创新的平衡。没有核心技术支撑的商业模式创新终将会昙花一现,而一味追求技术领先,技术过于超前的,也会让农户难以"消化",农业信息化产品的研发、应用和推广一定要围绕"用得上、用得起、用得好"的思路开展。

三、公众:与时俱进、积极拥抱

网络通了还要会用,农民共享信息化杠杆红利的"最后一公里"问题,最终决定于农民对技术的掌握和运用能力。一是提高信息素养。联合国已经把"不能用计算机进行交流的人"确定为文盲,在"互联网+"时代,每个人要有终生抱有学习的态度,加强学习知识,提高信息素养。二是提高参与意识。鼓励大学生当村官,农村青年致富带头人,返乡创业人员和部分个体户成为农村电商带头人,带动新型职业化农民,家庭农场主,合作社成员广泛成为用于互联网思维,掌握信息化技术的市场主体。"互联网+"正在成为"大众创业、万众创新"的工具,不仅企业可以参与到互联网价值创造活动中,农民也可以参与其中,作为互联网时代的"创客",要少一分"等、靠、要"的思想,多一分"闯、冒、试"的劲头。目前,河北、浙江、江苏、山东等地就出现了各式各样的淘宝村共212家,农产品网络零售额达到1000多亿元,仅浙江省农村青年网上创业群体就达到100多万人。

第四章　智慧农业

所谓智慧农业就是充分应用现代信息技术成果，集成应用计算机与网络技术、物联网技术、音视频技术、3S技术、无线通信技术及专家智慧与知识，实现农业可视化远程诊断、远程控制、灾变预警等智能管理。

智慧农业是农业生产的高级阶段，是集新兴的互联网、移动互联网、云计算和物联网技术为一体，依托部署在农业生产现场的各种传感节点（环境温湿度、土壤水分、二氧化碳、图像等）和无线通信网络实现农业生产环境的智能感知、智能预警、智能决策、智能分析、专家在线指导等，为农业生产提供精准化种植、可视化管理、智能化决策。

第一节　智慧农业概览

目前农业信息技术在农业中的应用，已经从零散点的应用发展到全面应用，应用目标也从最初的提高产量发展到现在的有竞争力的农产品、农业可持续发展、和谐农村、农村能源地有效利用和环境保护。如何利用信息技术，促进信息的有效流通和高效利用，使得农业生产系统、农业管理系统、农业市场系统、农村生活系统等农业系统的运转更加有效、更加智慧，即智慧农业，已经成为当前农业信息技术研究的兴趣点和关注点，同时，智慧农业也是计算机在农业中全面应用的必然趋势。

智慧农业着眼的不是农业信息技术在农业中的单项应用，而是把农业看成一个有机联系的系统，信息技术综合、全面、系统地应用到农业系统的各个环节，是信息技术在农业中的全面应用，是以促进和实现农业系统的整体目标为己任的。

一、智慧农业内容

从应用领域分，智慧农业的内容大致分为：智慧管理、智慧生产、智慧组织、智慧科技、智慧生活五个方面。

智慧管理。现代农业要求组织集约化生产，并实现农业可持续发展，因而首先必须摸清农业资源与环境现状，监测并预测其发展，加强农业的宏观管理与预警，从而达到合理开发与利用农业资源，实现农业的可持续发展。但由于我国农业资源类型多，区域差异大，变化快，而传统调查手段和方法难以达到快速、准确的目的，严重制约着有关农业资源管理政策与措施的制订。若信息的获取达到实时、低成本、快速和高精度的效果，土地、土壤、气候、水、农作物品种、动植物类群、海洋渔类等资源信息的获取不再困难，数据管理及空间分析能力将极大提高，现代农业宏观管理和预警决策手段更加丰富，管理和决策过程更加科学和智慧。

智慧生产。农村、农场、农业企业通过计算机系统对农业生产进行经营和管理，通过更广泛的互联互通，及时了解国内外各种农产品的市场动向，以便做出其农业生产与经营的决策。大力发展农业电子商务，使得广大农民将有可能直接与国内外市场建立联系，以决定农业的生产与销售策略。深入的智能化技术使得人工智能技术在农业中的应用不仅限制在专家系统方面，机器学习、神经元网络等智能技术将得到全面的发展和应用，而且应用领域不断扩展。从应用范围看，智能技术不仅应用在传统的大宗农作物上，而且在经济作物、特种作物上开展应用。所开发的对象既包括作物全程管理的综合性系统，也包括农田施肥、栽培管理、病虫害预测预报、农田灌溉等专项管理系统。智能技术的应用也不再局限于示范区，有望较大面积的推广应用。从研究角度看，理论层面的研究将集中在专家知识的采集、存贮和表达模型、作物生长模型，形成智能技术的研究的核心和应用的基础。技术层面的开发将聚焦于集成开发平台、智能建模工具、智能信息采集工具和傻瓜化的人机接口生成工具。而且，智能应用系统的产品化水平将有质的飞跃，智能应用系统将像傻瓜相机一样，普通农民也能操作自如。

智慧组织。现代农业是以国内外市场为导向，以提高经济效益为中心，以科技进步为支撑，围绕支柱产业和主导产品，优化组合各种生产要素，对农业和农村经济实行区域化布局、专业化生产、一体化经营、社会化服务、企业化管理，形成以市场牵龙头、龙头带基地、基地连农户，集种养加、产供销、内外贸、农科教为一体的经济管理体制、运行机制和组织体系。"基地+农户""公司+农户"、农民经纪组织、农民合作社等各种组织将一家一户的小农业变成具有现代组织形式的现代农业，解决分散的农户适应市场、进入市场的问题。加入世贸组织后，国际农业竞争已经不是单项产品、单个生产者之间的竞争，而是包括农产品质量、品牌、价值和农业经营主体、经营方式在内的整个产业体系的综合性竞争。信息技术是使这类组织更加有效的重要手段之一，更透彻的感知技术，更广泛的互联互通技术，使得这类组织充满智慧，及时了解国内外的各种农产品的市场动向，与国内外市场建立联系，及时在组织间传递这些信息，组织中的成员联系和分享信息更加容易，组织的决策更能惠及每个组织成员的利益。

智慧科技。要解决"三农"问题，必须重视农业科技作用的发挥，农村发展、农业进步、农民生活改善，都依赖于农业科技，农业现代化是在现代科学的基础上，以现代科学技术和装备武装农业，用现代科学方法管理农业的农业发展新模式。过去的几十年，信息技术已经被广泛地应用到农业科学研究中，主要包括统计分析、模拟分析、文献数据库和科学数据库等几个方面。在田间统计分析研究工作中，提出了不少算法和实现程序，如作物数量性状遗传距离的计算方法、近交系数的计算方法等，并产生了一些有影响的农业应用软件，如遗传育种程序包、PC-1500 袖珍机常用统计程序包、鸡猪饲料配方软件包、农业结构系统分析包等。模拟分析是采用信息技术对农作物、畜禽的生长过程进行模拟，并可以在短短的几分钟内得出模拟结果，以制定最佳的农艺措施和喂养措施，还可以对作物及畜禽的物种起源、发展过程进行再现，因而成为农业科学研究的重要技术手段。如中国农业科学院农业信息研究所开发的"小麦管理实验系统"可以模拟小麦生长的全过程，能通过控制反馈机制，优化水、氮管理，按照产量目标选择适宜品种和管理措施，并实现了模拟结果可视化。

智慧生活。信息技术在新农村建设中大有可为，信息技术的应用将使得新农村的生活更加智慧。例如尽管半个世纪前世界卫生组织曾称赞过中国的三级医院系统和以农民为中心的农村医疗体系，中国的医疗保健体系远远不能满足经济和社会发展的需求，39%的农村居民和 36%的城市居民无法承担专业的医疗治疗。发展和完善新农村的医疗体系，必须采取智慧的方法进行信息共享管理。实时信息共享可以降低药品库存和成本并提高效率。有了综合准确的信息，以及远程医疗技术，医生就能参考患者之前的病历和治疗记录，增加对病人情况的了解，从而提高诊断质量和服务质量。

二、智慧农业涉及技术

物联网。物联网技术是指通过射频识别（RFID）、红外感应器、全球定位系统、激光扫描器等信息传感设备，按约定的协议，将任何物品与互联网相连接，进行信息交换和通信，以实现智能化识别、定位、追踪、监控和管理的一种网络技术。

大数据。大数据是以一种前所未有的方式，通过对海量数据进行分析，获得有巨大价值的产品和服务。大数据带来数据分析的两个转变：一是在大数据时代，我们可以分析更多数据，有时候甚至可以处理全量数据，而不再依赖随机采样；二是分析数据由因果关系向相关关系转变。

云计算。云计算是一种按使用量付费的模式，这种模式提供可用的、便捷的、按需的网络访问，进入可配置的计算资源共享池（资源包括网络、服务器、存储、应用软件、服务），这些资源能够被快速提供，只需投入很少的管理工作，或与服务供应商进行很少的交互。

第二节　智慧农业发展现状及问题

随着智慧农业发展和推广，"风里来，雨里去，一年四季离不开庄稼地"，这一传统农业的图景正悄然发生着变化。通过在田间地头加一些传感器，来探测土地的状况，如湿度、温度、病虫害、光照情况等，将采集到的信息通过中转中心传输到电脑里，然后对数据进行后期处理，当数据达到上限或下限时，自动启动控制系统进行相应的降温、浇水、补光照等动作，让植物在最适宜生长的环境下生长。通过手机、电脑等智能终端设备，越来越多的农民实现农业更智慧经营，成为了现代新农民。

一、智慧农业的发展现状

如今，智慧农业实现了实时定量"精确"把关的信息化种植管理，还实现了水肥一体化、蔬菜病虫害远程诊断等，立体化、多功能、全方位的数字化管理系统广泛应用于现代农业领域。在智慧农业管理平台上，不仅可以实时观测每个大棚的棚内空气温度、土壤湿度、光照强度、二氧化碳浓度，以及棚外温度、风速等详细数据，还可以通过安装在棚内的摄像头，清晰地观察每一株作物的生长情况。

智慧农业通过大量传感器采集信息，构成监控网络，帮助农民及时发现并解决问题。农业物联网使农业逐渐地从以人力为中心、依赖于孤立机械的生产模式转向以信息和软件为中心的生产模式，从而大量使用各种自动化、智能化、远程控制的生产设备。

大棚温控技术的应用。甘肃、河南、辽宁、陕西等不少地方利用温度、湿度、气敏、光照等多种传感器对蔬菜生长过程进行全程数据化管控，保证蔬菜生长过程绿色环保、有机生产。实现蔬菜反季节生产，充分保证市场供应，缓解我国季节性蔬菜供应紧张局面。

大田种植信息化建设应用。黑龙江、河南通过物联网技术，对农作物生长、土壤等进行监测，实时准确实现农田施药、施肥，作物远程诊断管理等。

农业用水灌溉应用。北京、天津等地，从 2008 年起就开展农业都市农业走廊综合节水示范工程，以及农业用水远程计费收费管理，共安装上千套农业用水智能计量管理系统，平均每亩地节水 50%，节约了农民用水成本和避免水资源的浪费。另外新疆、河南等地均建设了农业用水示范区，提升灌溉效益，加大节水力度。

农资监管应用。2008 年，农业部推行农药标签采集管理系统，2010 年由实行农药行政审批服务系统，加大农资监管力度和提升农资准入门槛，充分保证农民利益。

农超对接的现代农业物流应用。北京、甘肃兰州等地实现以"生产基地＋配送中心＋商超直销"的生产经营模式，保证农业产品质量和安全。分别对生产基地、运输中心等加以监控和控制，积极推行产品溯源建设，促进农业节本、安全、增效。

二、智慧农业的实践探索

在《全国农业农村信息化发展"十二五"规划》中，将推进现代信息技术在农业领域的应用作为重点任务，积极开展都市智慧农业的实践和探索。

一是推进以物联网技术为核心的都市智慧农业建设。农业部先后印发了《关于组织实施好国家物联网应用示范工程农业项目的通知》（农办市〔2011〕35 号）和《关于印发(农业物联网区域试验工程工作方案)的通知》（农办市〔2013〕8 号），组织北京、天津和上海根据各自经济、社会及农业发展水平和产业特点，分别以设施农业智能化全产业链、奶牛养殖与近海水产养殖、农产品质量安全全程监控和农业电子商务为重点领域开展试验示范，初步构建了都市智慧农业理论体系、技术体系、标准体系和政策体系，并在全国范围内分区分阶段推广应用。

二是探索搭建国家现代农业公共平台。依托已有的物联网平台，探索构建国家现代农业公共平台，形成农业大数据中心，实现分布式农业大数据的精细化管理、规模化整合、跨部门共享交换、跨领域综合分析及深层次开发利用，为各级政府、新型经营主体、IT 企业和科研院所等提供农业物联网应用软件、农业物联网大数据分析、农业专家知识模型、农业物联网运营等服务，支持政府决策、科研创新和市场主体生产经营活动。

三是与有关企业探讨合作事宜。农业部先后与中国电信、中国移动、中国联通签署了战略合作协议，合作推进物联网、云计算、移动互联网等现代信息技术在农业生产经营各环节中的应用，共同开展都市智慧农业领域的试点示范。近年来，农业部多次与阿里巴巴集团、京东商城举行专题会谈，就共同发展农产品电子商务、冷链物流等问题进行了深入讨论，并就联合开展战略研究、推动认证检验信息公开等方面达成了初步共识。

三、高效发展刻不容缓

近年来，我国耕地和草原的农药、化肥污染以及水域的富营养化问题十分突出，农业生态环境亟待改善。保护和修复生态环境，保障农业的可持续发展，最终实现低碳经济循环高效发展的智慧农业，已经刻不容缓。

智慧农业在低碳方面作用最为明显，智慧农业可以根据农作物的实际生长需求进行灌溉、施肥、施药、调温等作业，改变粗放型生产管理方式，尽量减少或者避免不必要的浪费，达到水、电、药、肥等资源的高效合理利用。智慧农业专用的新型传感设备，获取当前的条件与作物需求之间的差别，根据作物生长需求进行智能化的作业管理，为进行生产管理决策提供科学的依据。

另一方面，农产品质量安全问题频发，已成为影响社会和谐稳定及公共安全的重要问题。监测手段不足，信息技术应用不够是原因之一，迫切需要利用现代信息技术对农产品从生产到餐桌进行全产业链质量监管。农产品如何溯源，如何从源头上解决食品安全问题，已是智慧农业发展的重要课题。智慧农业可通过监测农产品种植环境（土壤条件、空气条件等）信息、生产管理信息（施肥、施药情况）、加工包装信息、流通销售信息等，建立全面的农产品安全信息标准体系，同时通过政府监管、商户自查、消费者监督等手段，建立一套健全的农产品安全信息获取监督管理机制，以此来保证农产品信息真实可靠，降低虚假信息流入市场的可能性，从制度上来保证消费者吃上真正放心的农产品。

四、技术应用存在的问题

虽然我国农业信息技术经过多年的研究，已有一定的基础，但与目前的应用需求差距较大。在生产过程中科学管理、农产品质量安全与溯源、农村政务公开、农业电子商务、农业远程技术服务、农民远程培训等方面研究刚刚起步；农业种植结构的调整，果树业、养殖业以及其他相关产业迅速发展，用于优质生产和标准化养殖的智能管理信息系统刚开始起步；面向农村快捷的网络接入服务和低成本智能化信息接入终端问题仍未取得重要突破。

目前，物联网技术在农业领域应用涵盖了农业资源利用、农业生态环境监测、农业生产经营管理和农产品质量安全监管，并在政策扶持、技术研发、示范应用、人才培养等方面积累了一定的经验。但农业物联网技术应用总体还处于初步应用阶段，存在关键技术产品及集成体系成熟度较低、农业物联网应用标准规范缺失、有效的运营机制和模式尚未建立、专业人才缺乏等问题，迫切需要国家开展农业物联网技术应用示范项目，加快建设应用示范基地，深入开展相关技术研发和集成创新，探索产业化应用模式，制定农业物联网应用标准规范，推进物联网技术在农业领域的规模化、标准化、产业化应用。

农业信息化基本设施建设进展缓慢。区域不同，产业不同，资金问题等困扰着农业生产的信息化建设步伐，原始的纸质载体信息资源已无法满足农业生产发展对信息资源的需求。这就使得农业的数字化、智慧化程度较低，农业信息的时效性、准确性、综合性达不到广大农民的要求。

农业应用缺乏统一的物联网技术标准。在农业应用中没有统一的物联网技术标准，制约着共享平台的应用和开发。农业信息资源杂乱、随意的方式制约着农业生产、科研、服务。规范化、标准化、科学化不能满足农业标准化生产对资源的需求，不能满足农业科研工作对信息全面、广泛的获取。

无法满足农民科学技术培训、应用需求。我国农业从业者目前受教育程度普遍较低，应用和接受现代信息化技术能力较弱，加强对从业者的各类知识培训、教育是解决农民的科学使用现代农业技术的必要前提。

规模化农业生产力度不够。我国大部分地区农业种植集约化程度不高，规模化农业生产力度不够。目前大多数地区的农业生产经营主要以单农户家庭为单位，不能形成集中管理、科学种植、按需种植，靠天吃饭的现象普遍存在。

取得广泛应用的技术条件还不成熟。目前物联网技术发展势头良好，但仍处于起步阶段，技术研发和标准均需突破。虽然随着宽带技术、3G技术、智能终端的普及，突破了物联网应用的瓶颈，物联网技术已在安防、电力、交通、物流、医疗、食品药品溯源、环境监控、大棚农业等方面得到应用。但真正实现物联网技术在智慧农业中的广泛应用中还有差距。

第三节　智慧农业发展思路与策略

智慧农业虽然未来发展前景广阔，但目前我国依旧处在农业智能化程度低、信息获取困难的境地。虽然智慧农业成本不高，但很多农民传统观念难改变，靠经验，凭感觉，并没有感受到两者之间的巨大差别，一些基础设施不完善，投入产出比不高，这也延缓了物联网智慧农业的推广。智慧农业重在农业而非智慧技术本身，也就是说要以解决农业问题甚至包括农村、农民的问题，作为智慧技术的动力根源，不能简单地将技术套在农业生产过程，而是有机融合。

一、智慧农业的发展思路

发展"智慧农业"，积极推进信息化和农业现代化的高度融合，优先选择国家关注和群众关切的方面发展信息化。

（一）大力加强农业信息化基础设施建设

信息化基础设施是发展农业信息化的基础和前提，智慧农业的发展对农业信息化基础设施提出了更高的要求。加大力度建设宽带、融合、安全、泛在的下一代国家信息基础设施，考虑到农业广覆盖的需求，特别是要加大力度建设 3G、4G 高带宽的移动网络。

（二）建设国家级、省级农业云平台

利用云计算技术，建设国家级、省级农业云平台，省级云平台承载农业分省数据，国家级云平台承载国家级数据和各省汇总数据，依托农业云平台实现原有农业信息资源汇聚整合、农业资源管理系统等，实现农业信息资源开放共享。

原有农业信息资源整合。基于农业云平台建设农业信息资源调度系统，实现海量农业数据、信息、知识等资源的动态迁移、存储镜像、统一调度，达到彻底解决农业信息资源信息孤岛问题，提升信息资源利用效率的目的。

农业资源管理系统。以耕地、草原、养殖水面的空间分布、面积、质量等自然属性信息以及使用权、承包权动态信息、耕地基础设施情况等经济属性信息为基础，建设农业资源管理信息系统。

（三）发展精确农业，助力农业可持续发展

利用物联网、移动互联网、大数据等现代信息技术，开展农情监测、精准施肥、节水灌溉、设施农业生产、病虫草害监测与防治等方面的信息化示范，实现种植业生产全程信息化监管与应用，提升农业生产信息化、标准化水平，提高农作物单位面积产量和农产品质量，促进农业可持续发展。

农业生产信息采集。种植行业：利用物联网、移动互联网对农业目标监测区内的空气温湿度、土壤温湿度、CO_2 浓度、土壤 pH 值、光照强度、土壤微量元素等农业环境信息进行实时采集至农业云平台，为发展精准农业提供了有效的量化决策依据。水产养殖：利用物联网、移动互联网对水体温度、pH 值、溶解氧、盐度、浊度、氨氮、COD 和 BOD 等对水产品生长环境有重大影响的水质及环境参数的实时采集至农业云平台，进而为水质控制提供量化依据。养殖：利用物联网、移动互联网对养殖环境的温度、湿度及动物的体温等数据进行实时采集至农业云平台进而为养殖环境调节提供量化依据。

农业生产智慧决策系统。传统农业种植的灌溉、喷药、施肥是靠农民根据生产经验进行操作，无法准备把握。为防止病虫害经常大量喷药，为促进作物生产经常大量施肥、浇水，最终导致土壤板结、河流污染、作物农药大量残留。农业云平台采集汇总了农业生产信息要素的实时数据，利用大数据技术对历史农业生产数据进行分析，对作物在当前气候

条件下如何灌溉、施肥进行智慧决策实现作物更高品质、更高产量。养殖、水产养殖智慧决策，也是利用大数据对历史养殖生产数据分析对实时生产数据进行调节决策。

种植项目决策。在农业云平台收集汇总全国各渠道农产品交易数据，利用大数据技术对农业历史交易数据进行分析，预测未来一年农产品走势，决策那种项目效益更高。

（四）建立农产品安全溯源制度

鉴于国内严重的食品安全问题，建立农产品安全溯源制度，对农产品的安全溯源贯穿生产、存储、加工、运输和销售环节。农产品出现安全生产事故后，政府可迅速召回问题产品，用户也可以对购买的农产品信息进行查询。

利用 RFID 电子标签或二维码标签对农产品进行唯一标示，对农产品进行建档。即生产过程建档，主要记录化肥、农药使用等情况；加工过程建档，主要记录加工产品名称、种类、来源基地、加工数量、包装规格和类型；运输过程建档，发件地、目的地、流转记录等；销售信息建档，销售渠道、销售价格、销售时间等。

二、智慧农业的发展策略

发展"智慧农业"，推广物联网技术在农业中的应用，加快转变农业发展方式，优先在农业生产经营管理、农产品质量安全、农业资源与生态环境监测等领域，推广农业物联网应用示范工程，推动物联网技术在现代农业中的集成应用，全面提高农业生产综合生产能力和可持续发展能力，推进农业技术和生产方式创新，提高农业产业综合竞争力。

（一）突破"智慧农业"物联网技术关键、标准

支持研发符合农业多种不同应用目标的高可靠、低成本、适应恶劣环境的农业物联网专用传感器，解决农业物联网自组织网络和农业物联网感知节点合理部署等共性问题，建立符合我国农业应用需求的农业物联网基础软件平台和应用服务系统，为农业物联网技术产品系统集成、批量生产、大规模应用提供技术支撑。

多部门联动，主要部门牵头组织物联网技术应用单位、科研院所、高等院校和相关企业，在国家物联网基础标准上，制定物联网农业行业应用标准，包括农业传感器及标识设备的功能、性能、接口标准，田间数据传输通信协议标准，农业多源数据融合分析处理标准、应用服务标准，农业物联网项目建设规范等，指导农业物联网技术应用发展。

建立"智慧农业"物联网技术运行机制和应用模式。鼓励科研院所、高等院校、电信运营商、信息技术企业等社会力量参与农业物联网项目建设，创建政府主导、政企联动、市场运作、合作共赢的农业物联网应用发展模式，按照需求牵引、技术驱动、因地制宜、突出实效的原则，在大田生产、设施园艺、畜禽水产养殖等领域开展规模化应用，完善农业物联网应用产业技术链，实现农业物联网全面发展。

大力提升农业核心竞争力，提高农业的高产、优质、高效、生态、安全的生产水平，推进现代农业示范园区建设，进一步提升水平、健全体系、完善机制，提升技术标准、服务标准、应用标准、推广标准。调整农业结构，促进农民增收，增加增收载体，使农民

"看得懂、学得会、带得走、用得上"，切实充实农民的实得利益。

（二）夯实"智慧农业"物联网技术应用基础

推进加快发展设施农业、现代种业、标准化养殖业等产业，加快发展农产品加工业及流通业，推进农业生产经营专业化、标准化、规模化、集约化和服务社会化。

完善土地流转制度，加快土地经营权依法自愿有偿流转。推进农村金融改革创新，探索建立涉农担保体系，扩大涉农有效担保品范围，探索农村土地流转金融业务。加快发展农民专业合作经济组织，大力引进和发展壮大龙头企业，培育知名品牌，延伸产业链条，促进产业融合，探索全产业链模式，构建集现代农业生产、循环农业、特色旅游、农产品深加工及农业社会化服务为一体的现代农业产业体系。

农业物联网技术作为农业高新技术具有基础薄弱、一次性投入大、受益面广、公益性强的特点，迫切需要政府加大投入力度，统筹规划、优先考虑、重点支持农业物联网技术发展。政府应在"智慧农业"物联网技术建设中发挥主导作用，发挥"人、财、物"投入的领头作用，这不仅仅是解决农业生产问题、农民增收问题，还是解决子孙万代的生存、国家安全等问题，因此农业基础设施的建设投入、信息化建设投入、基本用电用水、网络管理、人才培养等均需政府投入，同时鼓励社会力量参与农业物联网技术发展和建设工作，保证农业物联网技术健康发展。

（三）制定政策、加快人才培养、提高创新能力

加强农业物联网发展战略和政策研究，将支持农业物联网应用发展纳入到国家强农惠农政策中。制定农业物联网技术人才培养与培训计划，联合高等院校和科研院所和企业，加快对农业物联网专业技术人才的培养、培训，提高农业物联网技术创新能力、应用能力；建立人才激励机制，稳定和扩大人员队伍，满足农业物联网发展的人才需求。

集聚、研发科技成果，展示新品种、新技术，探索新模式、新平台。建立健全技术创新支撑、标准化生产、生态农业循环、科技信息服务和农产品销售市场等支撑体系。逐步实行农业标准化生产、土地流转、多元化投融资、产业链延伸、农民与龙头企业建立利益联结机制等，为干旱半干旱地区的现代农业发展探索经验、创造模式、提供服务。

（四）合理布局，平衡发展、生态发展

完善和提升现代农业企业孵化园、种苗产业园、标准化生产示范园、农产品加工园、物流园等，合理布局，平衡发展。提倡生态发展，绿色发展，节约发展。智慧农业物联网技术工作涉及面广，资源整合和共享问题突出，为了减少重复投资，必须强化顶层设计，大力推进农业物联网技术研发、转化、推广和应用过程中的重大问题研究，应做到协调统一，地域优势平衡发展。

第四节　智慧农业与智慧城市建设

随着物联网、云计算等高新技术的兴起，经济社会条件较好的城市郊区，正在迈入智慧农业的发展阶段。都市智慧农业依托于城市，服务于城市，以城市发展需求为导向，以农业全链条、全产业、全过程智能化的泛在化为特征，以全面感知、可靠传输和智能处理的现代信息技术为支撑手段，以自动化生产、最优化控制、智能化管理、系统化物流和电子化交易为主要生产方式，最高效率地利用各种农业资源，最大限度地减少农业能耗和成本，最大程度地减少农业对生态环境破坏，实现农业高产、优质、高效、生态、安全。

都市智慧农业融生产性、生态性和生活性于一体，依托智能化的生产体系，最大程度的减少化肥、农药、兽药等的投入，为都市提供安全的动植物产品；依托智能化的物流体系，第一时间将优质生鲜农产品送到消费者手中，创建最快速度、最短距离、最少环节的农产品流通方式；依托智能化的农田监测体系，最大程度地发挥农业"都市之肺"的生态涵养功能，减轻城市的热岛效应；依托智能化休闲农业管理体系，为都市居民提供与农村交流、与农业接触的场所和机会，满足都市居民休闲、度假、观光、体验、采摘、游乐、教育的需求。

都市智慧农业主要包括以下几个方面的建设内容。

一是建立智慧农业生产技术体系，促进城郊现代农业发展。重点推进物联网、云计算、移动互联、3S等现代信息技术和农业智能装备在城市郊区农业生产经营领域应用，引导规模生产经营主体在设施园艺、畜禽水产养殖、农产品产销衔接、农机作业服务等方面，探索信息技术应用模式及推进路径，加快推动农业产业升级。

二是发展农产品冷链物流与电子商务，促进城乡一体化发展。加快冷链物流信息化建设，实现冷链农产品全生命周期和全过程实时监管；开展农产品质量安全追溯平台建设，建立农产品产地准出、包装标识、索证索票等监管机制，切实保障农产品质量安全；开展电子商务试点，探索农产品电子商务运行模式和相关支持政策，逐步建立健全农产品电子商务标准规范体系，培育一批农业电子商务平台。

三是以信息化推动休闲旅游农业发展，促进城乡文化融合。面向城市人群的休闲、旅游和度假需求，对休闲农业进行数字化、智能化和网络化的改造，对休闲农业的产品开发和推广环节广泛，实现信息化管理与服务，让公众及时了解当地休闲农业资源情况、休闲特色项目所在和休闲农业的决策规划，使休闲农业的产品或服务得到更广泛、更快捷的传播。

四是建立都市农业生态环境监测预警系统，为城市发展提供生态保障。建立实用、高效、统一、安全的城市农业生态环境信息监测预警系统，实现对灌溉水、土壤、大气及对应农产品的重金属等主要污染物的定位监测，充分发挥农业的"自净"作用，切实保障都市生态环境质量。

第五节 加快都市智慧农业发展的建议

一是强化顶层设计，制定都市智慧农业发展战略规划。都市智慧农业建设是一个动态的、渐进的、长期的过程，不可能一蹴而就，需要顶层设计、分阶段推进。因此，必须从全国层面加强顶层设计，制定都市智慧农业发展战略规划，从基础设施、专项应用和服务体系等方面入手，对智慧农业的建设任务进行合理布局和优化配置，形成全国统筹布局、部门协同推进、省市分类指导的智慧型都市农业发展格局。

二是设立专项资金，推进都市智慧农业技术应用。设立都市智慧农业发展专项资金，将都市智慧农业建设和发展经费纳入财政资金预算，明确资金使用时各区县等财政配套比例，发挥专项资金的引导和放大效应；各省市应从实际出发，争取资金支持，并按比例配套投入，进行基础设施建设、系统部署、系统改造、技术开发、信息服务等，以保持智慧农业建设进度与全国协调一致。

三是完善体制机制，推进都市智慧农业建设市场化。建立政府引导、科技支撑、企业运营的参与机制，将国家公益性补贴和市场化运作有效结合，完善多元投融资渠道机制。通过鼓励金融机构开辟农业市场、降低涉农金融信贷门槛、设立科技投资风险基金、试行农业数据与服务资源有偿交易等方式，弥补政府供给主体的功能缺陷，实现智慧农业可持续发展。

四是加强培训和宣传，提高全社会对都市智慧农业的认识。利用广播、电视、网站等形式面向公众进行宣传，推广利用智慧农业应用的典型案例，使公众了解智慧农业的优势，提高公众对智慧农业的认识。同时，认真总结都市智慧农业建设的经验和做法，定期开展交流活动，提升都市智慧农业的建设水平。

基础建设篇

中国农村信息化发展报告（2014—2015）

第五章　农业农村信息化基础设施

农业信息化是现代农业的重要标志，是现代农业的制高点，它对于加快转变农业发展方式、建设现代农业具有重要的牵引和驱动作用。长期以来，我国积极发展农业和农村信息化，取得了较大成效。但是，当前我国农业信息化水平，无论与新农村建设标准，还是与农业现代化建设要求相比，仍有很多不相适应的地方，存在较突出的矛盾。

农村信息化是通信技术和计算机技术在农村生产、生活和社会管理中实现普遍应用和推广的过程。农村信息化基础设施建设是国家信息化建设的重中之重，是新农村建设的基础。我国农村信息化基础设施建设虽已取得巨大的成就，但仍然任重道远，既面临集成化、专业化、网络化、多媒体化、实用化、普及化、综合化、全程化等重大趋势，又面临广大农村由于市场经济不断发展和小康社会建设全面推进而日益增强的信息服务需求。

2014年中央"一号文件"在第十一条"推进农业科技创新"中提出"建设以农业物联网和精准装备为重的农业全程信息化和机械化技术体系"；在第十二条中提出"加快发展现代种业和农业机械化"；在第十三条中提出加强覆盖全国的市场流通网络建设，加快邮政系统服务"三农"综合平台建设，同时启动农村流通设施和农产品批发市场信息化提升工程，加强农产品电子商务平台建设。

第一节　农村广播、电视网情况

一、全国整体情况

（一）总体情况

农村信息化建设持续受到中央高度重视。依照党的十八大做出的"四化同步"重要战略部署，农村信息化在实现信息化、城镇化和农业现代化中具有特殊的突出意义，推进农村信息化建设与发展，是"四化同步"的现实选择、有效途径和必然要求。因此，中央强化对农村信息化基础建设的顶层设计，全面支撑现代农业和城乡一体化发展。

自2012年国家广电总局、发改委、财政部部署"十二五"期间广播电视"村村通"工程任务后，"村村通"工程取得了长足发展，广东等省份已经提前完成了"十二五"期间"村村通"工程的目标，完成省级验收。农村广播节目与电视节目人口覆盖率逐渐增加，截至2014年年底，全国广播节目综合人口覆盖率已经达到98%，农村广播人口覆盖率超过97%，全国电视节目综合人口覆盖率达到98.6%。为进一步推动重大文化惠民项目建设，提高农村信息化服务水平，中央实行顶层设计，对"村村通"工作提出了新的要求，2015年3月5日，第十二届全国人民代表大会第三次会议在北京人民大会堂开幕，李克强总理在政府工作报告中提出，广播电视"村村通"工程要向"户户通"升级。

2014年7月14日，农业部组织有关专家组成专家组，对2011年农业综合信息服务平台（12316中央平台）项目通过了竣工验收。该项目是"十二五"期间农业部重点农业信息化项目，是为了加强全国农业信息服务监管、为农业部门自身业务工作开展提供数据和信息技术支撑而实施的。部省信息数据的有效对接，将会明显提高信息资源共享程度，为构建全国"三农"服务云平台奠定了坚实基础。目前该项目围绕建设一个中央级的农业综合信息服务平台，完成了"一门户、五系统"的开发建设，包括12316农业综合信息服务门户、语音平台、短彩信平台、农民专业合作社经营管理系统、双向视频诊断系统、农业综合信息服务监管平台等应用系统。目前，12316服务已经基本覆盖全国农户，并在11个省（区、市）实现了数据对接和3个省（市）呼叫中心视频链接；短彩信平台已有65个司（局）和事业单位注册使用；"中国农民手机报（政务版）"通过该平台每周一、三、五向全国5万多农业行政管理者发送；农民专业合作社经营管理系统已有8700余家合作社注册使用；基于门户的实名注册用户系统已有22万人；语音平台集成了农业部所有面向社会服务的热线。

（二）农村广播电视覆盖情况

广播电视是城乡公共服务的重要组成部分，随着生活水平的提高，广大农民群众越来越迫切地要收听广播、收看电视节目，及时了解党和国家的方针政策，接受科普教育，提高自身素质，丰富文化、精神、娱乐生活。

我国已经形成了一个遍布城乡、覆盖全国、有规模、有实力的广播电视网络。农村广播节目与电视节目人口覆盖率逐渐增加，截至2014年年底，全国广播节目综合人口覆盖率97.99%，农村广播人口覆盖率超过98%，全国电视节目综合人口覆盖率达到98.60%，农村电视人口覆盖率（预计）达到98%。

针对有线广播电视未通达的广大农村地区，2011年4月中宣部、国家广电总局正式启动的"户户通"工程，从根本上解决中国广大农村家家户户、人人听广播、看电视的问题。这一举措有利于缩小城乡差距，加快推动城乡广播电视公共服务均等化，让农村群众共享我国改革开放成果。"户户通"工程使用直播卫星专用接收设施，服务区域范围内的群众，可通过自愿购买"户户通"接收设施，免费收看中央电视台第1～16套节目、本省1套卫视节目、中国教育电视台第1套和第7套少数民族电视节目，以及第13套中央人民广播电台节目、第3套中国国际广播电台节目和本省1套广播节目。截止2015年7月18日，全国直播卫星"户户通"用户突破3000万户。

2015年以来，在国家广电总局逐步关停清流节目信号的促进下，户户通零售市场迅速发展，日均开通用户数由年初的 3 万户，增长至年中的 10 万户。第二批整省推进地区也陆续启动工程建设，广西率先完成建设任务并通过验收；内蒙古、吉林、黑龙江、青海、新疆稳步推进，进入设备安装尾声；四川、山西、湖北、重庆陆续到货，启动设备安装工作。

当前，全国农村广播电视正处在由"村村通"向"户户通"升级、由"看得上听得上"向"看得好听得好"、由覆盖网络建设向服务网络建设升级的关键阶段。部分省区市结合当地需求，在"村村通"、"户户通"工程基础上，实施"村村响"、"渔船通"、"广电低保"等项目，使广播电视覆盖到所有用户。全国农村电影放映工程伴随国家城镇化战略进入新阶段，许多地区由流动放映向定点放映、由室外放映向室内放映、由服务农村居民到服务农村居民和进城务工人员升级。

与此同时，全国有线数字电视也取得进步。截至 2014 年年底，全国有线数字电视用户数接近 1.8 亿户，双向网络覆盖用户超过 1.08 亿户，实际开通双向业务的用户超过 3400 万户，高清电视用户超过 4000 万户。全民数字机顶盒普及率近 70%，数字化程度近 75%，在我国 31 个省级行政区中，有河北、新疆、贵州、山西、宁夏等 18 个省级行政区及直辖市的有线数字化程度超过全国平均水平。

二、各省市情况

（一）东部地区

2014 年年底，北京有线电视注册用户达到 551.6 万户，其中高清交互数字电视用户 420 万户。2014 年，北京市依据国家新闻出版广电总局于 2013 年 12 月印发的《推进国家应急广播体系建设工作方案》的通知，选定密云县作为应急广播农村大喇叭系统的示范地区，充分利用现有传输覆盖资源和已有设备，建设农村应急广播大喇叭系统，对外实现与国家应急广播系统、本地应急信息发布系统的互联，对内实现县、乡、村三级平台互联、以及终端的可管可控。北京市正探索一套既符合总局要求，又适合农村实际的农村有线广播系统，以示范带动建设、指导建设、规范建设，通过示范来出台、指导推动农村有线广播建设工作健康有序发展，为在全国普及推广应用做出贡献。

2014 年，天津市的 9 个农业区县和滨海新区共计 127 个乡镇、3700 个行政村，基本实现广播电视等基础网络的全覆盖。天津市加快推动农村广播电视网络的升级改造，重点推动"两区三县"（武清区、宝坻区、静海县、蓟县、宁河县）农村 70 万户有线电视的数字化、双向化、信息化工程建设，提供广播电视业务、互动电视业务，解决农村有线电视覆盖问题，提供高标清视频点播、时移电视、电视回看等功能的点播互动电视业务。搭建农村互动电视平台和农村社区管理服务平台，建立音视频会议系统，实现广播"户户响"，并要求此广播能收听多套广播节目，乡镇、村委会还可以利用此平台建立应急广播通道，向各家各户发布声音广播。

多年来，河北省认真贯彻落实工业和信息化部关于"通信村村通"工程的有关文件精神，坚持从服务社会、服务基层、服务群众的大局出发，克服种种困难，积极推进村通工程，持续推进电信普遍服务和农村信息化工作，河北省农村通信基础设施建设和农村信息服务能力不断得到加强和提升。在 2014 年工业和信息化部下达给河北省的 900 个村的村通任务分解上，河北省通信管理局综合考虑了各电信运营企业的实际情况，以燕山——太行山连片贫困片区为重点，河北联通负责 700 个行政村通宽带，其中包括燕太片区 395 个行政村。2014 年年底，广播节目综合人口覆盖率 99.34%，电视节目综合人口覆盖率 99.27%。

2013 年，山东省加大力度推进村村通建设，完成了全省 2299 个"盲村"、63272 户和国有林场"盲点"、5588 户的建设任务，使当地农民群众能够收程的实施，共投入资金 2972 万元，通过有线电视、直播卫星等方式完成了全省 33 个县区 3707 个广播电视盲村的建设任务，有效地解决了 7.9 万农户听广播、看电视的问题，完成了辽宁省政府工作报告提出的 7.8 万户群众听广播、看电视的任务。2015 年辽宁省组织实施好三项惠民工程：一是继续实施广播电视村村通工程。这项工程的实施，标志着辽宁全省无线广播电视数字化正式启动，全省广播电视步入无线数字时代。2014 年年底，辽宁省广播人口覆盖率为 98.81%，电视人口覆盖率 98.96%，有线电视用户 920.1 万户，其中数字电视用户 698.3 万户。

2014 年，黑龙江省政府印发《全省广播电视直播卫星"户户通"工程实施方案》（以下简称《方案》）。《方案》规定，2014—2016 年，在有线电视未通达地区完成 101.3 万户的"户户通"工程建设任务。截至 2014 年 12 月 31 日，经过全省共同努力，通过有线、微波等方式提前一年完成了"十二五"时期的 510 个广播电视"盲村""村村通"的建设任务，切实维护和保障了广大人民群众的收听收看权益。2014 年年底，黑龙江省广播综合人口覆盖率 98.6%，电视综合人口覆盖率 98.8%。

2015 年 3 月，吉林省政府印发《关于促进互联网经济发展的指导意见》，要求加快下一代广电网络建设。加大有线电视网络数字化和双向化改造力度，提高广电网络业务承载能力和对综合业务的支撑能力。加强县域和农村有线电视网络覆盖与升级改造，推进县级以上城市基本完成双向化改造，城镇有线电视数字化率达到 100%，基本完成广播电视"村村通"和农村有线电视数字化转换任务。2014 年年底，吉林省广播人口覆盖率达到 98.62%；电视人口覆盖率达到 98.75%。有线广播电视用户数为 574.8 万户，其中，数字电视用户数达到 512.9 万户。

（二）中部地区

2014 年，山西广播电视卫星"村村通"建设让山西 2232 个自然村的 40 多万群众看上了高品质的 51 套数字电视。这也标志着山西省"十二五"广播电视村村通建设任务提前一年完成，实际完成 13400 个村建设任务，超额 1118 个村。山西全省的广播电视人口综合覆盖率分别从 2011 年工程实施前的 93.12%（广播）和 97.53%（电视），提高到 2014 年的 98.04% 和 98.95%。2015 年，山西省将重 9 点解决已完成广播电视卫星"村村通"地区"入村不入户"的问题，组织实施 30 万户广播电视直播卫星户户通提质工程，力争达成 50 万户的整省建设目标，实现"村村通"向户户通、优质通、长期通的飞跃。

内蒙古"十个全覆盖"村村通广播电视工程中的广播电视"户户通"工程，2014 年建设任务为 50 万户，于当年 4 月份开工建设，截至 2014 年 12 月 25 日已完成全部建设任务。按照在农村牧区实施"十个全覆盖"要求，2015 年内蒙古 32 万户"户户通"广播电视工程建设任务的工程总投资 1.57 亿元，涉及 12 个盟市，约 110 万农牧民，计划在 2015 年年底前全部完成。2015 年内蒙古户户通广播电视工程建设主要工作是"补点"，即对偏远地区、新组建家庭及新完成的危房改造住户等进行补充性建设，工作分散，难度较大。同时，内蒙古还计划建设 58 个地面数字电视工程站点，加上 2014 年已经建设完成的 66 个站点，2015 年年底将建成 124 个。2015 年内蒙古户户通广播电视工程建设计划完成 32 万户，提前两年完成 202 万户的总任务。届时，加上"村村通"工程建设完成的 68 万户农牧民，将有 270 万户 860 万农牧民免费收听收看到优质的广播电视节目。2014 年年末全区广播综合人口覆盖率 98.4%，电视综合人口覆盖率 98.6%。年末全区有线电视用户 342 万户。

2014 年，安徽省提前三个月完成 9000 个 20 户以下的，已通电自然村"村村通"广播电视建设任务，11 月 30 日，安徽省完成 15 座高山无线发射台站基础设施建设任务，提前一个月全面完成 2014 年年度广播电视村村通工程建设任务。2014 年年底，安徽省共有广播电台 14 座，中波发射台和转播台 23 座，广播节目综合人口覆盖率 98.6%。电视台 14 座，有线电视用户 768.1 万户，电视节目综合人口覆盖率 98.7%。

（三）西部地区

2014 年，四川省继续推进村村通工程，2014 年，阿坝州将全面完成 5000 套广播电视"村村通"直播卫星工程建设任务。该项民生工程覆盖全州 10 个县的 151 个自然村，将切实解决 5000 户边远山区、贫困地区农牧民看电视、听广播难的问题，有力地提升广播电视节目在农村的覆盖水平，极大改善了边远山区、贫困地区农牧民群众的文化娱乐生活。2014 年年末，四川省无线广播电台 1 座，电视台 1 座，广播电视台 165 座，中短波发射台和转播台 36 座。广播综合覆盖率 97.0%；电视综合覆盖率 98.1%。有线电视用户 1473 万户。

2014 年，青海省组织省各电信运营公司加大农牧区信息通信网络基础设施建设力度，以"建设宽带青海促进信息消费"为中心，加强组织领导，强化监督检查，确保了 2014 年"通信村村通"任务目标全面完成。一是累计投入建设资金 5441 万元人民币，二是依据《关于创新机制扎实推进农村扶贫开发工作的意见》要求，完成 79 个国务院列入连片特困地区贫困县已通电的建制村通宽带任务。2014 年年底，青海公用广播电台 3 座，广播综合人口覆盖率 97.0%，比上年末提高 1.3 个百分点；电视台 8 座，有线电视用户 70 万户，电视综合人口覆盖率 97.5%，比 2013 年年底提高 0.6 个百分点。

"十二五"以来，新疆投资 2.12 亿元，采取直播卫星方式完成 1.53 万个村的广播电视"村村通"工程，使边远农牧区 50 多万户、200 多万群众能够收看 50 多套高清数字广播电视节目，提前完成了"十二五"广播电视"村村通"工程建设任务。根据新疆自治区"十二五"专项规划和《新疆户户通工程建设方案》，"十二五"期间新疆要完成 260 万户"户户通"工程建设任务，工程建设总投资约 15 亿元。2014 年年底，新疆自治区拥有广播电台 6 座，电视台 8 座，广播电视台 88 座，中、短波广播发射台和转播台 66 座。广播综合人口覆盖率 96.48%。电视综合人口覆盖率 96.94%。有线电视用户 219.92 万户，增长 10.2%，其中，有线数字电视用户 210.21 万户，增长 12.8%。广播电视农村直播卫星用户 301.72 万户。

2014 年，广西省展开"广播电视惠民工程"，通过"村村通""户户通"工程分别解决 100 万人和 200962 户边远山区群众听广播、看电视难的问题。对于偏远地区，如罗城仫佬族自治县，重点解决广播电视"村村通"地区"入村不入户"的问题，实施广播电视直播卫星覆盖工程，共安装直播卫星接收设备 46787 套，实现了从"村村通"到"户户通"的跨越，解决了该县农村地区广大群众收听收看不到电视的问题。2014 年年末，全区共有广播电台 8 座，电视台 7 座，广播电视台 83 座。有线广播电视用户 638.74 万户，有线数字电视用户 429.03 万户。广播综合人口覆盖率为 96.6%；电视综合人口覆盖率为 98.2%。

2008 年，直播卫星中星 9 号成功发射并投入使用，西藏的广播电视"村村通"工程进入了"户户通"建设阶段，从以通电的村采用无线发射方式建设（4+3）等类型站点，未通电的村采用太阳能供电方式建设集体收看点的建设方式，转变为通电村通过直播卫星设备实现"户户通"，未通电的村采用太阳能供电方式实现"户户通"的建设方式。截至 2014 年底，已为通电、未通电及新通电农牧民和乡（镇）干部职工发放广播电视直播卫星接收设备 49.66 万套。在广播电视"村村通"工程的带动下，全区广播电视综合覆盖率分别达到 94.78% 和 95.91%。农牧民群众从原有的只能收听收看几套广播电视节目，转变为通过直播卫星接收设备每家每户都能收听收看到 40～70 多套数字广播电视节目。

第二节　农村固定、移动电话情况

一、全国整体情况

村村通电话工程在"十一五"末期取得重大成就，完成行政村通电话项目，基本实现全国"村村通电话，乡乡能上网"的局面。村通工程在"十二五"期间由"行政村通"延展到"自然村通"，普遍服务内容逐渐从语音服务，扩展到互联网业务。2013 年，工信部围绕"宽带中国"战略，落实促进信息消费相关举措，大力推进农村信息通信基础设施建设和农村信息化，组织 3 家基础电信企业深入实施通信村村通工程，全行业累计直接投资逾 60 亿元。全年新增 8870 个自然村开通电话，通电话比例从 95.2% 提高到 95.6%；又有 5200 余个偏远农村中小学通宽带。2014 年，通信村村通深入推进农村地区通信设施建设，全年新增 1.4 万余个行政村开通宽带，行政村通宽带比例从年初的 91% 提高到 93.5%；新增 4500 余个自然村开通电话，20 户以上自然村通电话比例从年初的 95.6% 提高到 95.8%。

2014 年 2 月，我国电话用户总数突破 15 亿。2014 年年底，全国电话用户净增 3942.6 万户，总数达到 15.36 亿户，增长 2.6%，比 2013 年回落 5 个百分点。其中，移动电话用户净增 5698 万户，总数达 12.86 亿户，比 2013 年增长 4.64%，移动电话用户普及率达 94.5 部/百人，比上年提高 3.7 部/百人。2014 年，全国共有 10 个省市的移动电话普及率超过 100 部/百人，分别为北京、辽宁、上海、江苏、浙江、福建、广东、海南、内蒙古和宁夏，其中海南、宁夏首次突破 100 部/百人。固定电话用户总数 2.49 亿户，比 2013 年下降了 6.58%，减少 1755.5 万户，普及率下降至 18.3 部/百人。

二、各省市情况

（一）东部地区

2014 年，天津的 9 个农业区县和滨海新区共计 127 个乡镇、3700 个行政村，基本实现电话等基础网络的全覆盖，光纤覆盖率 90%以上，气象服务公众覆盖率超过 95%。

河北制定了通信村村通工程，"2014 年年底力争实现全省行政村通宽带率达 99%以上，2015 年全省所有行政村 100%通宽带"的发展目标，农村电话用户 265.2 万户。2014 年年底移动电话用户 6229.1 万户。其中，3G 移动电话用户 2431.7 万户。河北省 12316 "三农"热线和"千万农民短信服务工程"平台作用突显。与电信运营商共同打造全省 12316 "三农"热线中心和农业专家咨询团，通过专家坐席和热线值班人员转接方式，提供便捷、高效的农业信息咨询服务。

"12396"是山东省统一的农村科技信息公益性服务热线号码，构建了以省级信息服务中心为核心，以市级信息服务中心为骨干，以基层信息服务站为主体，上下联动的信息服务体系。12396 服务热线拥有庞大的专家库，涵盖了作物、蔬菜、果树、植保、畜牧、农产品加工等农业各领域，每天都有专家为农民解答问题。

2014 年，海南省固定电话用户合计 170 万户，比 2013 年减少 4 万户，固定电话普及率降低到 19.17 部/百人；移动电话用户合计 907 万户，比 2013 年增加 49 万户，移动电话普及率达 102.35 部/百人，比 2013 年增加 4.53 部/百人，其中 3G 移动电话用户 391 万户，比 2013 年增加 76 万户。对此，省通信管理部门工作人员认为，这与海南的经济社会发展水平相当。海南全省移动电话用户 907 万户，平均人手一部以上，从目前情况来看，除了儿童和农村部分老人没有手机外，几乎人手一部，还有不少人带两部甚至三部手机。

2014 年，黑龙江省全省实现电信业务总量 386 亿元，比 2013 年增长 14.3%。全省电话用户总数达到 4098.2 万户（含固定和移动用户），比 2013 年增加 330 万户，增长 8.8%；固定互联网用户总数达到 492.5 万户，增长 4.9%；移动互联网用户总数达到 2015.8 万户，增长 7.9%。固话用户继续调减，移动用户快速增长，电话普及率再创新高。2014 年年底，全省固定电话用户数为 640.5 万户，比 2013 年减少 107.3 万户，下降 14.3%（其中城市固定电话用户为 536.6 万户，下降 10.9%；农村固定电话用户为 103.9 万户，下降 28.7%）。全省移动电话用户总数达到 3457.8 万户，比 2013 年增加 437.4 万户，增长 14.5%。2014 年年底全省电话普及率达到 109.4 部/百人，2013 年为 98.3 部/百人，再创历史新高，其中固定电话普及率为 17.1 部/百人，2013 年为 19.5 部/百人，移动电话普及率达到 92.3 部/百人，2013 年为 78.8 部/百人。

截至 2014 年年底，吉林省全省电信业局用交换机容量 885.7 万门，比 2013 年年底减少 18.1 万门；固定电话用户 574.8 万户，其中，城市电话用户 439.0 万户，农村电话用户 135.7 万户，固定电话普及率 20.9 部/百人。移动电话用户 2612.3 万户，其中，3G 移动电话用户 852.6 万户，移动电话普及率为 94.9 部/百人，增长 8.0%。互联网络宽带接入用户 414.9 万户，增长 9.3%。移动互联网用户 1646.1 万户，其中手机上网用户 1580.5 万户。

2014 年，福建省电话用户总数为 5210 万户，本年累计减少 77 万户，其中：固定电话用户 933 万户，减少 51 万户；移动电话用户 4277 万户，减少 26 万户。全省 3G 电话用户 1512 万户，本年累计净增 186 万户，4G 电话用户 318 万户。全省互联网用户 3859 万户，净增 287 万户，其中，固定宽带用户 899 万户，净增 64 万户。移动电话基站 13.9 万个，增长 41.8%。全省电话普及率为 137.7%，互联网普及率为 102.3%。

（二）中部地区

2014 年，内蒙古自治区，全区电话普及率（包括固定和移动电话）达到 120.2 部/百人。2014 年年底全区互联网络用户 1991 万户，增长 8.7%。

截至 2015 年 2 月，山西省全省电话用户总数累计达 3862 万户，比 2014 年底减少 24.5 万户，本月减少 23 万户。固定电话用户和移动电话用户分别达 547 万户和 3315 万户，在电话用户总数中的占比分别为 14.2% 和 85.8%。全省移动电话用户数比 2014 年年底减少 17.3 万户，本月减少 19.4 万户。其中：2G 电话用户数达 1889.9 万户，比 2014 年底减少 123 万户，本月减少 46.7 万户；3G 电话用户数达 1178.2 万户，比 2014 年年底净增 38.6 万户，本月减少 6.1 万户，占全省移动电话用户数的比重为 35.5%；4G 电话用户数达 246.9 万户，比 2014 年底净增 67.1 万户，本月新增 33.4 万户，占全省移动电话用户数的比重为 7.4%。全省固定电话用户数比上年末减少 7.2 万户，本月减少 3.6 万户。其中：城市电话用户达 421.9 万户，比 2014 年年底减少 2.3 万户，本月减少 2.2 万户；农村电话用户达 125.1 万户，比 2014 年年底减少 4.9 万户，本月减少 1.4 万户。

河南移动联合农业部门打造的"农信通"服务，为全省广大农民搭建了信息化沟通及致富的平台。目前，"农信通"业务已覆盖河南省 400 多万农户，月均发布涉农信息 1.2 亿条，语音咨询服务 5 万多次。全省（固定）互联网宽带接入用户数达 576.6 万户，比 2013 年底净增 5.4 万户，本月新增 5.4 万户（不包含移动公司发展的用户）。其中：FTTH/0 用户达 232.9 万户，比 2013 年年底净增 12.6 万户，本月新增 8.1 万户，占宽带用户比重由 2013 年年底的 38.6% 提升至 40.4%，提高了 1.8 个百分点；8M 以上宽带用户达 102.7 万户，比 2013 年年底净增 21.1 万户，本月新增 9.2 万户，在宽带用户中占比达 17.8%，比 2013 年年底的 14.3% 提高了 3.5 个百分点。

湖北咸宁通过互联网智能技术、信息技术来实行农业技术的智能传递，咸宁加快解决服务农民"最后一公里"的问题。开通五年的 12316 服务，通过电话、短信、手机报等方式为农民提供信息咨询，成为惠农政策普及、农业科技推广的一个重要"窗口"。截止目前，共接听并解答电话超过 5 万个，发送公益短信 8 万条，手机报 4 万份，12316 网站访问量达 12 万多人次。

（三）西部地区

重庆市已建成农产品产销对接平台，承载着"基地展示、企业需求、价格行情、市场分析、品牌推介、产销对接"六大栏目便捷查询服务功能，通过平台采集并汇集一年一度的西部农交会企业与产品信息。目前，该平台已入库相关信息 280 余万条，特色基地、种植大户、家庭农场、龙头企业及农村经纪人等产销主体资源 10 万余条，成为永不落幕的"重庆网上农交会"。12316 农业服务热线自开通以来，现已累积接听 30 万余次，为农民增收节支 3000 余万元；建立"农企宝""特产宝"平台，20 多个省市的 3000 多个产品销售总额已达 1.5 亿元；通过手机微信平台，专家通过手机视频、照片等方式，为农民提供作物、畜禽的远程诊断。

2014 年年底，西藏地区固定电话用户 35.9 万户，其中：城市电话用户 35.2 万户，乡村电话用户 0.7 万户。移动电话交换机总容量达 393 万门。新增移动电话用户 36.3 万户，年末达到 291.8 万户。2014 年年末全区固定及移动电话用户总数达到 327.7 万户，比 2013 年年底增加 22 万户。电话普及率达到 106.6 部/百人。

第三节　农村互联网接入情况

一、全国整体情况

截至 2014 年 12 月，中国农村网民规模达 1.78 亿，年增长率为 1%。城镇网民规模为 4.7 亿，城镇网民增长幅度大于农村网民。网民中农村网民占比 27.5%，较 2013 年下降了 1.1 个百分点。随着整体网民规模增幅逐年收窄、城市化率不断提升的背景下，农村网民规模增长放缓，非网民的转化难度加大。

2014 年，互联网上网人数 6.49 亿人，增加 3117 万人，其中手机上网人数 5.57 亿人，增加 5672 万人。互联网普及率达到 47.9%。固定互联网宽带接入用户 20048 万户，比 2013 年增加 1157.5 万户，比 2013 年净增减少 748.1 万户。城乡宽带用户发展差距依然较大，城市宽带用户净增 1021 万户，是农村宽带用户净增数的 7.5 倍。

移动宽带用户 58254 万户，增加 18093 万户。在 4G 移动电话用户大幅增长、套餐中流量资费持续下降等影响下，2014 年移动互联网接入流量消费达 20.62 亿 G，同比增长 62.9%，比 2013 年提高 18.8 个百分点。月户均移动互联网接入流量突破 200M，达到 205M，同比增长 47.1%。手机上网流量达到 17.91 亿 G，同比增长 95.1%，在移动互联网总流量中的比重达到 86.8%，成为推动移动互联网流量高速增长的主要因素。固定互联网使用量同期保持较快增长，固定宽带接入时长达 41.44 万亿分钟，同比增长 29.6%。

2014 年，互联网宽带接入端口数量突破 4 亿个，比上年净增 4160.1 万个，同比增长 11.5%。互联网宽带接入端口"光进铜退"趋势更加明显，xDSL 端口比上年减少 968.7 万个，总数达到 1.38 亿个，占互联网接入端口的比重由上年的 41% 下降至 34.3%。光纤接入（FTTH/0）端口比 2013 年净增 4763.9 万个，达到 1.63 亿个，占互联网接入端口的比重由上年的 32% 提升至 40.6%。

2014 年，随着 4G 业务的发展，基础电信企业加快了移动网络建设，新增移动通信基站 98.8 万个，是 2013 年同期净增数的 2.9 倍，总数达 339.7 万个。其中 3G 基站新增 19.1 万个，总数达到 128.4 万个，移动网络服务质量和覆盖范围继续提升。WLAN 网络热点覆盖继续推进，新增 WLAN 公共运营接入点（AP）30.9 万个，总数达到 604.5 万个，WLAN 用户达到 1641.6 万户。

2014 年，"通信村村通"工程年度任务超额完成，电信普遍服务取得新进展，全国通宽带行政村比例达到 93.5%，20 户以上自然村通电话比例达到 95.8%，全国 86% 的乡镇开展信息下乡活动，三家基础电信企业分别开发建设了一批"农信通""信息田园""金农通"等全国农业综合信息服务平台；全年为集中连片特困地区 1.8 万余个行政村实现互联网覆盖和 1000 余个偏远贫困农村中小学开通宽带。

2014 年 5 月，农业部下发了《关于推进信息进村入户试点工作的通知》，在辽宁等 10 个试点省份开展信息进村入户试点工作。通过在行政村建立信息服务站点即益农信息社，搭建互联网超级服务平台，整合相关资源与村级服务基础，开展"公益服务、便民服务、电子商务、培训服务"等，为广大农民提供足不出户的生产、生活等便民综合服务，彻底打通服务"三农"的最后一公里。

2015 年 3 月 5 日，李克强总理在政府工作报告中提出"互联网+"行动计划，引发了互联网+农业、农业互联网、农业信息化等的热潮。目前，许多农民将"互联网+"运用于农产品种植、销售、流转等环节，助力于提高农业生产效率，拓宽农产品销售渠道。2014 年我国新增乡镇快递网点近 5 万个，农村快递网点覆盖率达 50%，圆满完成快递服务旺季保障工作。"互联网+"将对我国农业现代化产生深远影响。一方面，"互联网+"行动计划，结合"'宽带中国'2015 专项行动""国家农村信息化示范行动"等国家工程的推进，将加快农村信息化基础设施的扩大普及和信息化服务的升级，促进专业化分工，优化资源配置，降低交易成本，提高农业生产率，实现农民增产增收；另一方面，"互联网+"作为一种产业模式创新，将引发人、土地和生产方式等农业生产基本要素变革，倒逼我国农业经营的转型，消除农村信息不对称等问题，统筹市场和资源的深化改革，助力农业科技"大众创业、万众创新"，成为现代农业发展的新引擎。

二、各省市情况

（一）东部地区

2014 年工业和信息化部下达给河北省的 900 个村的村通任务分解上，河北省通信管理局综合考虑了各电信运营企业的实际情况，以燕山——太行山连片贫困片区为重点，河北联通负责 700 个行政村通宽带，其中包括燕太片区 395 个行政村。河北移动负责 201 个行政村通宽带，其中包括燕太片区 113 个行政村，各企业贫困片区任务占总体任务 56% 以上，促进连片特困地区通信基础设施水平得到进一步提升。截至 2014 年 12 月，河北省网民中农村网民占比 32.3%，规模达 1164 万人，较 2013 年底增加 12 万人。在我国整体网民规模增幅逐年收窄、城市化率稳步提高、农村非网民转化难度随之加大的背景下，河北省农村网民占比高于全国农村网民 4.8 个百分点。河北省互联网宽带接入用户数 1127.6 万户，互联网宽带接入端口 2202 万个。

天津农村已经实现了电信网络村村通宽带，但随着信息化在农业领域应用的不断深入，现有网络不能满足农民对宽带网络日益提高的需求。因此，天津将加快推进光纤入村，在有条件的地区，还要光纤入户。到 2016 年，实现村村通光纤。天津正在搭建农村有线电视互联网平台，提供农村互联网接入业务，有上网需求的用户可方便的通过有线电视网络实现互联网接入。作为全国三个"农业物联网区域实验工程"实验区之一，天津市农业物联网建设已投入近 1 亿元，建成了国内首家省级农业物联网综合应用平台，涵盖市场价格、遥感等领域的 17 个数据库。共建设核心实验基地 10 个，开展了节能温室、工厂化养殖车间、养殖水面、大型企业牧场及养殖场的示范应用。

2014 年江苏省利用网络营销农产品达 180 亿元以上的销售额，成为广大农民创业增收的重要渠道。仅睢宁县就有网商 9400 多名、网店 1.1 万多家，直接从业人员近 4 万人，带动就业 6 万多人。"'淘宝村'人均年收入 2 万多元，远高于全省农民人均收入水平。通过开展农产品电子商务，不仅提高了广大农民网络营销操作技能，还使广大农民与外部世界紧密的联系，让农民学到了许多知识，拓宽了视野，增强了参与市场的能力。"

浙江省自启动万村联网为主要内容的新农村网站建设以来，现已建设农村基层网站 38431 个，其中行政村 26517 个，发布各类农业信息 62.5 万条，有效地解决了新农村信息化落地难、信息发布滞后等问题，形成了具有较大影响力的新农村网站集群。另外，浙江省农业系统实行"政府购买+企业运营"的推进方式，政府以合同采购、定额补助、以奖代补等方式，向电商服务平台购买服务。比如遂昌县给每个服务站扶持资金 1 万元，建设农村电子商务服务站"赶街"网点。建立县级运营中心，搭建分销平台，提供农产品的统一仓储、监测、品控保鲜、配送、物流和售后，实行"供应商提供优质农产品产品包，网商销售产品包，分销平台统一配送"的模式。目前，遂昌已建成农村电子商务服务站 229 个，实现所有乡镇（街道）、行政村全覆盖。

山东省致力于打造农村农业信息化综合服务平台。该平台是高效采集、加工、整合各类涉农信息资源的重要平台，也是视频、语音、短彩信服务的支撑平台，高度集成各种先进的软件系统、硬件设备，拥有功能强大的省级农村农业信息资源数据中心，利用"三网融合"信息服务高速通道，满足涉农用户在任何时间、任何地点、通过任何终端都能享受平台提供的方便、快捷、准确信息服务的需求。平台包括:综合门户网站、12396 呼叫中心、视频互动系统、产业服务系统、远程培训系统、科技创业系统、电子商务系统、城乡互动系统、智慧农业系统等，同时支持手机、固定电话、电脑和电视 4 种使用终端，直接面向广大农民、企业、合作组织提供全方位方便快捷的信息服务。移动互联网接入流量累计达 764 万 G，同比增长 56.1%，当月接入流量 366 万 G，环比减少 8.1%；全省固定互联网宽带接入时长累计达 2425 亿分钟，同比增长 28.1%。当月接入时长 1154.7 亿分钟，环比减少 9.1%。

截至 2014 年 12 月，黑龙江省农村网民规模达 401 万人，农村网民占比由 2013 年的 23.0%提升至 25.1%。黑龙江省齐齐哈尔市农产品数字监管平台上，通过"互联网+"监管，对生鲜乳生产、收购、运输和加工前贮存等环节进行实时监控。固定互联网宽带用户增长平稳，8M 以上宽带接入用户增长迅速。2014 年年底，全省固定互联网宽带接入用户达到 492.5 万户，比上年增加 32.9 万户，增长 7.2%。4M 及以上固定互联网宽带接入用户总数达到 449.1 万户，比上年增加 51.4 万户，占宽带用户总数的 91.2%。其中，8M 以上宽带接入用户总数达到 203.5 万户，比上年增加 76.2 万户，占 41.3%；4M～8M 之间宽带接入用户总数达到 245.6 万户，下降 24.8 万户，占 49.9%。全省移动互联网用户 2015.8 万户，比上年增长 7.9%，占移动电话用户总数的 58.3%。在移动互联网用户中，无线上网卡用户为

39 万户，比 2013 年增加 11.1 万户；手机上网用户为 1947.4 万户，增加 131.6 万户，手机上网用户占移动互联网用户比重达到 96.6%。

2014 年年底，海南省每百户农村居民家庭中，计算机拥有量为 9.4 台，其中接入互联网的有 6.1 台，分别比 2013 年增长 25.2% 和 8.6%；接入互联网的移动电话拥有量为 58.7 部，比 2013 年大幅增长 30.4%。截至 2014 年年底，海南省网民规模达到 421 万，较 2013 年增长了 10 万人；互联网普及率为 47%，较 2013 年年底提升了 0.6 个百分点。

2014 年，福建省"数字福建·宽带工程"建设取得显著成效。在 2015 年福建省将持续推动互联网带宽扩容，把发展高带宽小区和商务楼宇作为今年实施"数字福建·宽带工程"的重点，大力发展 8M 及以上宽带，力争 8M 及以上宽带用户占比提升 10% 以上。福建南平市的农业"互联网+"发展已初具模样，经过近两年的发展，越来越多的人在互联网上销售农副产品，政和电商产业快速发展，成为当地经济发展的新引擎。截至 2015 年 2 月底，政和县注册登记的电子商务公司已有 77 家，个人网点 1950 家，电商从业人员约 3000 人，销售产品以竹木制品为主，扩展到手表、化妆品等领域。在南平市，除了政和县，目前武夷山、松溪、邵武也分别建立起了武夷绿色食品电商园、紫阳古城电子商务产业园、阿里巴巴邵武产业带。

广东移动 4G 网络已实现全省 1100 多个乡镇的 4G 信号 100% 覆盖。广东移动联合广东海纳农业有限公司创新打造了"4G 信息化农场"，实现对近千亩农田的全天候实时视频监控，既可保障农产品的安全性，也有利于推动传统产业商业模式的转变。

（二）中部地区

2014 年，山西省通信基础设施建设成果喜人，截至 2 月，全省电话用户总数累计达 3862 万户，比 2013 年年底减少 24.5 万户，本月减少 23 万户。固定电话用户和移动电话用户分别达 547 万户和 3315 万户，在电话用户总数中的占比分别为 14.2% 和 85.8%。

2015 年 1 月，河南省农业厅与中国移动河南分公司在郑州签署合作协议，双方将在农业综合信息平台建设、农业物联网建设、农业信息进村入户工程、农业应急信息化平台建设等八项惠农工程方面开展合作，共同推进农业农村信息化战略在省内的实施。河南移动积极利用自身优势，联合农业部门共同打造了"农业云"等众多信息化解决方案，为河南省广大农民搭建了信息化沟通及致富的平台。

湖北省宜昌市夷陵区鸦鹊岭镇新场村的生态农业园，蔬菜基地种植的黄秋葵已成熟上市，当地"玩转宜昌""魅力夷陵"的新媒体工作人员走进蔬菜基地，现场采编并发布微博、微信的图文消息，为当地蔬菜销售搭建平台，助推农产品走上"互联网+"的销售快车道。2014 年 4 月，恩施市将信息技术运用到"为民服务全程代理"工作中，建设"群众办事不出村"的信息化系统，实现"群众动嘴、数据跑路、干部跑腿"的方针。目前，该市完成了 133 个村（社区）便民服务室建设，在国道、省道沿线的 88 个村（社区）建成了"群众办事不出村"的信息化系统。

湖南省通信管理局组织中国电信湖南分公司、中国移动湖南公司、中国联通湖南省分公司三家基础电信运营企业，积极落实工业和信息化部和湖南省人民政府的有关要求，2014 年共投入建设资金近 9000 万元，于 11 月底提前完成今年的通信"村村通工程"预定任务，共新增 1012 个行政村通宽带，完成率 101.2%。此外，三家基础电信运营企业还完成了全省 37 个连片特困地区所有贫困县的行政村互联网覆盖任务。2014 年 9 月，长沙移动王城分公司开发的乔口镇八百里水产养殖物联网监控系统，该平台通过集合智能传感技术、无线传感网络技术、移动 4G 技术、智能处理与智能控制等物联网技术，对水产养殖环境、水质、鱼类生产状况、药物使用、废水处理等进行全方位管理和检测，具有数据实时采集分析、食品溯源、生产基地远程监控等功能。

江西省正在重点建设"123+N"智慧农业。"1"即建设"1 个云终端"——江西农业数据云；"2"即建设"2 个中心"——农业指挥调度中心、12316 咨询服务中心；"3"即建设"3 个平台"——农业物联网平台、农产品质量安全追溯监管平台、农产品电子商务平台；"N"即建设"N 个系统"——涉及种植业、养殖业及农业综合执法、农业技术服务等各部门子系统。

2014 年 3 月，山西省晋中市食品药品监督管理局，在全省率先试点肉制品质量安全可追溯体系建设，平遥县作为该市肉类原产地追溯制度实施的试点县，自主研发了肉制品生产加工质量安全可追溯系统。该系统将原料购进、生产流程、检验检测、市场销售各个环节的信息收集汇总，实现了加工原料、生产过程、检验检测和产品流向的可追溯。

2014 年，中国电信内蒙古分公司与内蒙古自治区农牧业厅签署战略合作协议，启动"农技宝"一期试点推广工作，具体包括信息交互平台、专家会诊平台、农技知识传播平台，实现农技专家与从业人员高效沟通、农牧业生产和销售的信息分享。"农技宝"的意义在于解决农技推广"最后一公里"的问题，方便政府掌握每个农机人员的工作状态，激发农技人员的创新热情，方便农技人员与农户沟通。中国电信内蒙古分公司将积极开展"信息进村入户"服务，以农技推广、物联网、质量追溯平台等为重点，注重互联网在基础设施、服务平台和服务内容、农民信息化素质提升三大方面的价值，切实推进"互联网+"行动在农业生产、经营、管理和服务领域的发展。中国电信在生产领域，重点发展"农机推广云"、物联网平台和病虫害远程监测；在经营领域，重点发展农机管理云、智慧粮仓和农产品电子商务；在管理领域，重点发展综合调度监控平台、质量追溯平台；在服务领域，重点发展信息进村"入户服务云"。

（三）西部地区

云南省积极推进与中国移动合作，建成连接省农业厅、16 个州市和 129 个县级农业部门的专线网络，建成连接国家农业部至全省到 16 个州市、129 个县的全高清双向视频会议系统。全省各级农业部门认真组织开展并积极参加农业电子商务培训，强化电子商务意识，支持电商企业及社会组织合作办学培养电子商务人才。2014 年 10 月，阿里巴巴公司启动了"千县万村计划"农村战略，将在 3～5 年内投资 100 亿元，建立 1000 个县级运营中心和 10 万个村级服务站"村淘"，突破信息和物流的瓶颈，实现"网货下乡"和"农产品进城"的双向流通功能。近日，云南省宾川县阿里巴巴农村电子商务"千县万村"项目正式启动，"高原水果之乡"宾川成为阿里巴巴农村淘宝项目的云南首个试点县，宾川地标性品牌朱苦拉咖啡、柳叶橙等将通过淘宝走上农村电商之路。

四川省叙永县自 2013 年开始实施"宽带农村"试点工程以来，目前已实现 159 个行政村通宽带，惠及7.4万户农村家庭。2015年该县计划投资3734.2万元，实现90%以上的行政村接通宽带，助推"宽带中国"建设进程，大力提升信息化水平。

2014年，陕西省农村居民家庭接入互联网的有45部，上网率达到19%；百户居民拥有计算机20台，13台接入互联网，入网率达到65%；人均上网费用达到17.4元。部分农村居民通过互联网开展经营和消费已成为常态。

贵州省作为农村信息化示范省，按照"平台上移、服务下延"原则，重点实施"133"工程，将建成集门户网站、数据交换中心和"三农"呼叫中心于一体的1个省级农村综合信息平台；完善信息传输通道、建设完善基层信息服务站点、建立健全农村信息服务队伍三大支撑体系；开展特色农产品电子商务运用、农业园区信息化运用、"四在农家·美丽乡村"乡村旅游信息应用三大示范工程。另外，贵州以云计算和农业大数据为核心，以农业产业体系应用为重点，整合各类农业信息资源，建立基于"云上贵州"覆盖全省各级农业部门的信息交换共享机制和综合业务调度机制。

在重庆市，2013年荣昌国家级生猪交易市场电子商务交易系统上线，成功实现100万头仔猪电子拍卖，2014年5月，该市场生猪活体现货挂牌交易正式上线。2013年黔江区启动了"智慧乡镇"建设，新建黔江农村信息平台，累计为群众办理农信通信息机67718台，农信通覆盖人数达20余万人，约占全区农业人口的50%。秀山以"商贸易"信息平台为依托，打造金银花、土鸡、高端猕猴桃等特色农业，51家涉及农企业和农业合作社运用了该商贸易信息平台销售产品至国内外。2014年江津双福市场通过信息化手段打造集价格信息、配送、检测、信息处理为一体的现代化物流中心。2014年重庆市研发运用的"1000万公斤梁平柚智慧流通系统"，带动1100农户实现户均增收8776元、人均增收2925元，已在3942个村建起村级农业信息服务点，明年将实现全市行政村全覆盖。

2014年新疆被科技部、中组部、工信部批准为国家农村信息化示范省区建设试点。新疆兴农网作为新疆的门户网站跻身示范省区试点项目建设中。将按照一个综合平台、三大支撑体系、四项示范工程总体框架推进实施。综合平台以新疆"天山云"平台为支撑，按照"平台上移"的思路和"共建共享"的原则，推进各级现有涉农信息平台全部向自治区级共享服务平台上移，自治区级各涉农信息工程平台全部向共享服务平台集中，建立新疆区级多语种农村信息化整合共享服务平台，包括涉农数据交换中心、为农服务门户网站和"三农呼叫中心"。

2014年西藏积极实施"宽带西藏2014"专项行动，宽带网络覆盖能力进一步加强，通光缆乡镇为668个，占全区乡镇总数的97%；加快农村通信基础设施建设，累计完成行政村通宽带3816个，村通宽带率达72%。西藏还消除了639个行政村的移动通信信号盲区。这标志着西藏所有行政村实现移动通信信号全覆盖。

第六章　农业农村信息资源建设

农业信息资源，是指人类社会中经过加工处理的大量有序化的农业信息集合。其含义有广义和狭义两种解释。广义的农业信息资源包括：农业信息内容、信息技术、信息设备、信息人员与信息机构；狭义的农业信息资源一般仅指信息内容本身。人们通常把狭义的农业信息资源同物质资源、能量资源相提并论，认为它们共同构成农业赖以存在和发展的基础。农业信息无处不在，无时不有，但杂乱无章的农业信息不能构成资源，必须经过开发、组织，将农业信息有序化，这样的信息集合才能成为农业信息资源。农业信息资源在现代农业信息化过程中的开发利用价值极高，涉及范围更加广泛，如农业生产原始信息资源有地域土壤、气候、光照、温度等各种检测数据和科学实验数据，利用光电传感网络采集信息，利用云计算服务快速对信息数据进行转换、分析、比对、分类、存贮和处理，快速产生决策信息，用于农业生产整个过程各个环节及时有效管理；又如对土壤成分做分析、对节水灌溉系统进行控制、优选作物品种及培育等信息数据进行采集，形成农业生产过程，使用的土壤资源数据库、气候资源数据库、作物品种资源数据库等，提供决策支持辅助农业生产；现代农业还利用计算机遥感技术、卫星监测等技术，能更好地进行农业信息预测，如预测农作物产量可控制生产品种和规模、预测农业病虫害可适时合理施用农药等、准确提供天气预报可有效地安排生产资料和劳动力等；又如采用现代计算机的图像技术对卫星图像进行陆地分析，鉴定农作物的生长状况，再利用数学理论和计算机信息处理技术建立的各种预测模型，可测定面积，估算水稻或小麦产量，不仅为农产品提供准确的市场分析，还可以为政府战略决策及时提供有效依据。由此可见，农村信息资源是农村信息化的基础，在我国农村信息化建设过程中起着极其重要的作用。

第一节　农业网站

农业是国民经济的基础产业，农业的发展关系到国计民生。在党的十八大报告中提出要大力发展新四化，即"工业化、信息化、城镇化、农业现代化"。在此背景下，农业产出将从"强调数量、解决温饱"向"强调质量、满足品位"转型。目前互联网迅猛发展，信息化是当今世界发展的大趋势，是推动经济社会变革的重要力量。与互联网的一日千里、千变万化相比，农业基于季节性的生产规律，难以形成市场化的迅速匹配。然而，农业网站作为一种桥梁，近年来不断促使农业与互联网在慢慢融合。从最早的互联网大佬"网易"创始人丁磊养猪，到近年联想推出佳沃开始布局农业，再到"京东"刘强东种大米、"口碑网"创始人及"天使投资人"李治国养鸡、以软件起家的"九城集团"办有机农场并成立生鲜电商平台"沱沱工社"等，IT类企业"务农"开始流行的同时，农业亦再不断融合互联网思维，加强农业网站平台的发展。"新希望集团"董事长刘永好就表示，要用互联网精神做现代农业，进行变革和创新。于是，"农业+互联网"成了继金融、地产热之后的又一个聚焦点，如何在两者之间找到平衡，如何借助网络的力量服务农业，能为互联网农业诸多网络平台突破的课题。

一、农业网站服务现状

与其他产业相比，农业发展机遇政策及历史、自身发展规律等原因，发展相对落后。而随着中央"一号文件"对农业政策的不断倾斜，工业反哺农业的号召，农业成为2010年后未来十年的蓝海。而互联网技术的发展应用普及，如何将互联网和农业更好的融合，成为农业产业自我改造自我发展的现实需要。截至2013年12月，农村网民规模达到1.77亿，比2012年增加2101万人，增长率为13.5%。2013年年底，我国网民中农村人口占比为28.6%，是近年来占比最高的一次。自2012年以来，农村网民的增速超越了城镇网民，城乡网民规模差距继续缩小。另据企业战略咨询顾问公司波士顿咨询集团（BCG）发布的《中国数字一代3.0：在线帝国》中国互联网发展的报告中指出，中国已经成为一个重要的互联网市场，每天上网时间达19亿小时。到2015年，中国互联网人口总数将突破7亿人。农村市场拥有26%的互联网人口，22%的互联网使用时间，作为一个尚未引起像城市和年轻人群体一样关注度的领域，这是相当了不起的数字。

互联网这一新生事物跨界农业及其相关产业的行动实际上早已开始。早在1999年，大北农集团就已经投资创立了农博网，可以说跟一线门户新浪、搜狐，包括现在的BAT诞生时间同步。不过，与其他行业不同的是，互联网技术的迅速应用以及产品形态的迅速升级，让同期创立的新闻门户、搜索类、社交类、电商类等迅速发展，很多发展成为巨型企业。而农业互联网受行业限制，发展整体缓慢。据统计，中国有近4万个农业网站，3000多个农业期刊，涉农类综合报纸或专业报纸也多达数百种，广播电视也都有农业类节目或栏目。但农业信息市场的巨大需求仍然得不到满足，大多数涉农企业、偏僻的农村、渴望致富的9亿农民对信息的需求有近90%得不到满足。

基于此，目前中国农业互联网网站在寻找各自的突破过程中，主要呈现农业行业咨询类网站、农产品电商类网站、农业信息媒体类网站、导航类网站等四类发展类型。

（一）农业行业咨询类网站

网站向规模化（门户）和专业化（特色）方向发展是网站发展的必然趋势。首先种植业和养殖业的技术与管理咨询是农业网站的重要内容，在各类农业网站中都占有重要的位置；其次是农产品加工工业；另外，休闲农业类网站近年来发展迅速。我国行业类网站在网站运营模式上做了很多探索，为农业网站可持续性发展提供了很好的参考。

种植业和养殖业技术管理是农业网站的重要内容，在各类农业网站中占有重要的位置。具体的农业种植业专门网站有水稻、小麦、棉花、油料、蔬菜、茶叶、烟草、果树和花卉苗木等专门网站，主要介绍新品种和名优品种、农药化肥新成果、种质资源和使用技术和市场信息等，但这些网站还是以成果介绍和科普性的内容为主，专业性不够，信息服务缺乏针对性。种植业网站数量较多，内容涉及畜牧兽药、饲料、水产种苗、水产加工等，目前这类网站在新品种宣传推荐、新技术宣传介绍和常规技术普及方面发挥了较好的作用，但信息的实时性和个性化服务方面还有很大差距。

目前，农产品加工类网站的主要内容包括：粮油产业、茶叶产业、乳业乳品、畜禽肉类、蔬菜产业、食品饮料、渔业水产、干鲜果品、饲料产业、糖酒烟草、食品包装、农业机械、加工技术、农产品贸易、食品安全等方面。网站提供地方特产和资源的加工技术、农产品加工机械和农产品市场信息服务。

行业类网站充分发挥市场引导作用，积极探索农业网站服务的运营活力，探索农业网站可操作性和可持续性运营模式。如中国辣椒网以专业网站为平台，积极开展多种服务，促进当地特色经济发展，带动农民利用信息技术致富，实现椒农、企业、网站和政府等方面的多赢，逐渐从开通初期的无偿服务转变为"微利保本"的运营模式。又如中国 e 养猪网为猪企、养猪产业相关企事业单位及从业人员提供一个展示自我、互动交流、快速全面获取行业资讯的多媒体网络平台，开发了新产品"吉祥三宝"——猪 e 手机报、猪 e 周刊、猪 e 短信。并采用广告、网上电子商城的模式和电子信息产品等盈利模式。

其他一些典型农业行业类网站信息如下所示。

1. 中国农牧网（http://www.nm18.com）

中国农牧网是集农牧科技信息、政策信息、供求信息为一体的大型综合农业网站，是中国通信管理局批准的正规网站。网站以传播农牧信息，架起致富桥梁为己任，力求打造海量、灵活、互动、准确、及时的农牧民需要的网站。

2. 中国畜牧业信息网（http://www.caaa.cn）

中国畜牧业信息网由中国畜牧业协会主办，旨在成为服务于畜牧行业的信息共享平台。中国畜牧业信息网是畜牧业人士及时了解行业发展的信息渠道。自 2003 年 5 月正式发布以来，网站内容不断丰富。

3. 三农直通车（http://www.gdcct.gov.cn）

中国三农第一网，三农领域最具影响力的综合门户。关注三农领域的科技与市场、时政与民生，为农村信息化建设提速。

4. 中国玉米网（http://www.yumi.com.cn）

主要面向大型粮食贸易企业、饲料企业、玉米深加工企业、粮食仓储企业和国家各大部委、国内外各大权威粮食信息机构、科研院校、各地区粮食部门，信息内容丰富、详实、准确。

5. 中华粮网（http://www.cngrain.com）

郑州华粮科技股份有限公司（中华粮网）是由中国储备粮管理总公司控股，集粮食 B2B

交易服务、信息服务、价格发布、企业上网服务等功能于一体的粮食行业综合性专业门户网站。

6. 中国水产养殖网（http://www.shuichan.cc）

水产行业门户网站，提供水产行业信息、水产养殖资料信息及水产贸易信息。

7. 鸡病专业网（http://www.jbzyw.com）

鸡病专业网正式运营于 2005 年 5 月，依托于多年畜牧网站运营经验和强大的专家团队支持。面向全国行业用户开放浏览，为国内领先的养鸡与鸡病防治领域互联网信息服务提供商。致力于不断提高用户体验，为客户创造价值。

8. 中国畜牧招商网（http://www.zgxmzs.com）

中国畜牧招商网是畜牧行业专业招商网站，网站提供企业、产品招商、最新资讯、新品预告、经销商库、企业动态、招商方略、政策法规、疾病防治、《今日畜牧兽医》电子版等。

9. 养殖商务网（http://www.yangzhi.com）

养殖商务网隶属于华夏信息服务有限公司，下属企业有唐山金江经济动物养殖场，是全国最早养殖芬兰狐狸并对国产狐狸进行人工受精技术改良的企业之一。

10. 淘牛网［中国牛业商务网（http://www.taoniu.com）］

中国最大最专业的牛业行业网站，是肉牛、奶牛、水牛、牦牛、牛肉、牛副、牛皮、饲料、兽药、畜牧机械、兽用医疗器械的网上交易市场。是牛业及牛产业链企业的资讯，人才，技术交流中心。

11. 中国种猪信息网（http://www.chinaswine.org.cn）

中国种猪信息网是北京飞天畜禽软件研究中心基础上组建的高新技术企业。主要业务为畜牧业应用软件开发研究、网络技术、畜牧场设计与施工、畜牧技术咨询、饲料及添加剂开发研究、畜牧机械设备开发研究等。

12. 农产品加工网（http://www.csh.gov.cn）

农产品加工网（通用网址：农产品加工；网络实名：农产品加工网）。每日 18 个小时发布信息，天天更新，是国内农业产业化和农产品加工资讯最全面、最权威的行业门户网站之一。该网是国内农业产业化和农产品加工行业的重要信息来源。

（二）农产品电商类类网站

一直以来，农产品销售是农业致富的一个关键环节。随着农产品生产的丰富以及市民需求的多样化，农产品生鲜电商随着电商的火热，自 2010 年后蓄势待发。2014 年中央"一号文件"首次提出"加强农产品电子商务平台建设"的论述，进一步推进了涉农电子商务的高速发展，这将是农产品电商从草莽向规范化、品牌化、平台化转型的重要时期。

由于我国是一个农业大国，现阶段我国农业正处于传统农业向现代农业的转变之中，农业发展的突出问题是农户小生产和市场大流通之间的矛盾，电子商务可以很好地解决"小农户"与"大市场"之间的矛盾，实现农业生产与市场需求之间的对接。对农业来说，由于农业生产的特点以及农业标准化程度较低等众多因素，开展农业电子商务存在一定的困难，但我国农业电子商务模式方面探索出了一些具有特色的成功模式。来自国家商务部电子商务和信息化司数据显示，目前全国涉农电子商务平台已超 3 万家，其中农产品电子商务平台达 3000 家。农产品电商网站主要有两大类型，一是如菜管家、本来生活网、顺丰优选、沱沱工社等垂直生鲜电商平台，这类平台一般拥有线下生产、仓储、物流等配套服务，并提供待售商品或服务的基本信息，即网上商城；二是天猫、京东、一号店等综合型电商平台"跨界"，其提供买卖上方网上浅谈、签订合同、电子支付等服务，即网上交易。

1. 网上商城

农业网上商城类似于现实世界当中的农产品商店，其差别是利用电子商务的各种手段，达成从买到卖的过程的虚拟商店，从而减少中间环节，消除运输成本和代理中间的差价，造就对普通消费和加大市场流通带来巨大的发展空间。尽可能地还给消费者最大利益，带动农业企业发展和腾飞，引导农业经济稳定快速发展，推动国内生产总值。

相比传统店铺经营模式，农业网上商城的优点在于以下几个方面。

（1）无时空限制：每天 24 小时，每周 7 天。都可以进行商品的浏览与购买，工作时间可以随时与客服进行交流，解决购物中遇到的困难。全球任何人都可以通过 Internet 访问网上商店，不受空间限制。

（2）服务优质：网上商店，不但可以完成普通商店可以进行的所有交易，同时它还可以通过多媒体技术为用户提供更加全面的商品信息。

（3）客户遍布世界各地：倘若仅仅做线下市场你会发现太过于局限，而网络可以为你带来强大的流量，拓展市场及用户群体，将业务开展到全国乃至世界。

（4）节约成本：这个成本从硬件和软件两方面体现，硬件包括店面、房租、装修、印刷、纸张等最必须用品，软件包括网上商城购物系统、网络信息、图片、视屏等，都可长期使用、良性循环、非常经济和环保。同时可以省去店面费用，总体的成本降低很多，所以表现在消费品上的价格也会相对传统店面便宜很多。

（5）营销推广经济、便捷：互联网营销与传统媒体相比，更加经济简捷。传统媒体广告费用高昂，更适合于进行品牌塑造；而网络营销主要是策略与定位把控的问题，实惠很多，费用与传统媒体相比微乎其微，并且流量与用户也更加精准，ROI（投资回报率）高出许多。

（6）信息更加立体、全面：通过互联网，企业的信息展示、品牌塑造和形象宣传可以通过文字、图片、音频、视频等多维度进行现实与虚拟相结合的展示，使用户对企业的了解更加立体和全面，有助于形成良好的形象与口碑。

（7）稳定、安全、可靠：网上商城购物系统由软件公司专业开发，系统相关的维护及运营工作都由他们负责，服务器对于信息的统计、归档都受 24×7 小时的全面监控与管理，企业自身不必费时费力费人进行维护，所以非常稳定、安全及可靠。

（8）管理高效、便捷：运用信息化的数据库管理，各类信息精准、清晰、无误的保存，再也不会出现人工操作出现低级错误的情况，可以随时查阅、核算、统计。

近年来，我国农业网上商城发展迅猛，各地出现了许多运营良好的农业网上商城。例如：陕西省周至县三湾神舟行绿色蔬菜专业合作社与西安市人人乐超市通过网络"联姻"，通过网上涉农平台，从未谋面的农商双方达成了西红柿、青瓜等 6 个品种的蔬菜交易，共计 20 吨，交易金额约 4 万元。据悉，农商对接服务平台建成 2 年多来，发布各类消息 6500余条，收录企业信息超过 1000 家，达成交易 4400 个，交易额突破 2.5 亿元。

2．网上交易

网上交易主要是在网络的虚拟环境上进行的交易，类似于现实世界当中的商店，差别是利用电子商务的各种手段，达成从买到卖的过程的虚拟交易过程。根据商务部 2007 年第 19 号所发布《关于网上交易的指导意见（暂行）》，"网上交易是买卖双方利用互联网进行的商品或服务交易。常见的网上交易主要有：企业间交易、企业和消费者间交易、个人间交易、企业和政府间交易等。"农业电子商务网上交易包括 B2B、B2C、C2C 等多种交易服务。其中，B2B 是企业之间通过商务网络平台进行交易，如农资企业、农业生产企业、农产品及其加工品销售商企业之间通过网络平台交易等；B2C 是企业与经销商，即农资企业与农户、生产企业与经纪人、销售企业与消费者之间进行的网络交易，它的交易方式以网络零售业为主，如经营各种农资、特色农产品等；C2C 是消费者之间的交易，即农户与农户、经纪人与经纪人之间的网络交易。网上交易的内容主要包括会员诚信认证、网上商谈、电子合同、网络支持等服务。

农业网上交易的特点如下。

（1）电子商务以现代信息技术服务作为支撑体系：现代社会对信息技术的依赖程度越来越高，现代信息技术服务业已经成为电子商务的技术支撑体系。首先，网络交易（电子商务）的进行需要依靠技术服务。即电子商务的实施要依靠国际互联网、企业内部网络等计算机网络技术来完成信息的交流和传输，这就需要计算机硬件与软件技术的支持。其次，网络交易（电子商务）的完善也要依靠技术服务。企业只有对电子商务所对应的软件和信息处理程序不断优化，才能更加适应市场的需要。在这个动态的发展过程中，信息技术服务成为电子商务发展完善的强有力支撑。

（2）以电子虚拟市场为运作空间：电子虚拟市场（Electronic Market Place）是指商务活动中的生产者、中间商和消费者，在某种程度上以数字方式进行交互式商业活动的市场。电子虚拟市场从广义上来讲就是电子商务的运作空间。近年来，西方学者给电子商务运作空间赋予了一个新的名词"Market Space"（市场空间或虚拟市场），在这种空间中，生产者、中间商与消费者用数字方式进行交互式的商业活动，创造数字化经济（The Digital Economy）。电子虚拟市场将市场经营主体、市场经营客体和市场经营活动的实现形式，全部或一部分地进行电子化、数字化或虚拟化。

（3）以全球市场为市场范围：网络交易（电子商务）的市场范围超越了传统意义上的市场范围，不再具有国内市场与国际市场之间的明显标志。其重要的技术基础——国际互联网，就是遍布全球的，因此世界正在形成虚拟的电子社区和电子社会，需求将在这样的虚拟的电子社会中形成。同时，个人将可以跨越国界进行交易，使得国际贸易进一步多样化。从企业的经营管理角度来看，国际互联网为企业提供了全球范围的商务空间。跨越时空，组织世界各地不同的人员参与同一项目的运作，或者向全世界消费者展示并销售刚刚诞生的产品已经成为企业现实的选择。

（4）以全球消费者为服务范围：网络交易（电子商务）的渗透范围包括全社会的参与，其参与者已不仅仅限于提供高科技产品的公司，如软件公司、娱乐和信息产业的工商企业等。当今信息时代，电子商务数字化的革命将影响到我们每一个人，并改变着人们的消费习惯与工作方式。BIMC 提出的"高新与传统相结合"的运作方式，生产消费管理结构的虚拟化的深入，世界经济的发展进入"创新中心、营运中心、加工中心、配送中心、结算中心"的分工，随之而来的发展是人们的数字化生存，因此网络交易（电子商务）实际是一种新的生产与生活方式。今天网络消费者已经实现了跨越时空界限在更大的范围内购物，不用离开家或办公室，人们就可以通过进入网络电子杂志、报纸获取新闻与信息，了解天下大事，并且可以购买到从日常用品到书籍、保险等一切商品或劳务。

（5）以迅速、互动的信息反馈方式为高效运营的保证：通过电子信箱、FTP、网站等媒介，网络交易（电子商务）中的信息传递告别了以往迟缓、单向的特点，迈向了通向信息时代、网络时代的重要步伐。在这样的情形下，原有的商业销售与消费模式正在发生变化。由于任何国家的机构或个人都可以浏览到上网企业的网址，并随时可以进行信息反馈与沟通，因此国际互联网为工商企业从事电子商务的高效运营提供了国际舞台。

（6）以新的商务规则为安全保证：由于结算中的信用瓶颈始终是网络交易（电子商务）发展进程中的障碍性问题，参与交易的双方、金融机构都应当维护电子商务的安全、通畅与便利，制订合适的"游戏规则"就成了十分重要的考虑。这涉及到各方之间的协议与基础设施的配合，才能保证资金与商品的转移。

目前，我国的农业网上交易平台技术日益成熟，用户群体不断扩大，对农产品的供销经营和流通发挥了极大的作用。涌现出"中华粮网""我买网""菜管家"等一批著名的农业网上交易平台。其中，"我买网"是中粮集团于 2009 年投资创办的食品类 B2C 电子商务网站，是中粮集团"从田间到餐桌"的"全产业链"战略的重要出口之一。"我买网"不仅经营中粮制造的所有食品类产品，还优选、精选国内外各种优质食品级酒水饮料，囊括全球美食和地方特产，是居家生活、办公室白领和年轻一族首选的"食品网购专家"。同时，"我买网"拥有完善的质量安全管理体系和高效的仓储配送团队，以奉献安全、放心、营养、健康的食品和高品质服务为己任，致力于打造全国领先的安全优质、独具特色的食品网上交易平台。

（三）农业信息媒体类网站

中国农业信息服务网站，自 20 世纪 90 年代开始兴起，经过近 20 年的发展，农业网站已由提供单纯信息内容服务，进入到多种类型、多种服务共同发展的局面，其服务内容基本上涵盖了农业领域的各个方面。

政府类农业网站作为农业信息媒体类网站类别的重要组成部分，其数量上占到农业信息媒体类网站总数的近半数以上。目前，政府类农业网站已经初具规模，农业部建成了以中国农业信息网为核心，集 30 多个专业网站为一体的国建农业门户网站；各省、自治区、直辖市农业行政主管部门、83%的地级和 60%以上的县级农业部门建立了农业信息网站。此外其他中央有关部门也纷纷建设或参与建设农村信息服务网站，商务部建设了信息农村商网，开展了农村商务信息服务。国家气象局建设了联通 33 个省、自治区、直辖市、270多个地级市、1300 多个县的中国兴农网，直接为"三农"提高农业气象和经济信息服务。

通过金农工程的多年资金支持，农业部网站按照统一规划、统一标准、统筹建设的原则，实现了一组信息标准（统一采编发规范、统一政务公开目录体系、统一子站建设标准等）、一个门户平台（统一内容管理、统一用户管理、统一权限管理、行业门户整合等）、一组服务功能（全文检索、统一消息、信息资产管理等）的建设目标。与此同时，农业部以用户为中心建设了中国农业信息网政务版（www.moa.gov.cn）、服务版（www.agri.gov.cn）及商务版（www.agri.org.cn）。政务版由领导子网站、司局子网站和直属事业单位子网站组成，是农业部对外发布权威信息、提供在线服务和政民互动的国家农业电子政务和信息服务平台，即"网上农业部"；服务版为社会提供最全面、是权威的新闻、政策、市场、科技、生活等信息服务，是国家农业综合信息服务门户网站和全国农业网站的旗舰；商务版引进社会力量参与，由北京华夏神农信息技术有限公司承办经营，在取得良好社会效益的前提下，谋求一定的经济效益，为实现持续经营创建为有利条件，培养农村市场信息服务主体，健全农村服务市场体系，促进农村信息服务产业发展。

2006 年商务部决定开展新农村商务信息服务体系建设（简称信福工程），大力开拓农村消费市场，加强农村流通体系和市场建设，使商务公共服务更大范围地覆盖农村，为农民增加消费提供信息服务和购销便利，全力支持新农村建设发展。信服工程以建设社会主义新农村为宗旨，全面推进新农村商务信息服务体系建设，提升农村信息化应用水平，为农民获取和发布信息服务，为政府采集信息服务，推动农村流通发展，拉动农村消费市场，帮助农民引福致富。此项工程目标在于逐步建立覆盖全国农村的公共商务信息服务网络，将商务信息服务推广到农村基层，提供商品、市场商务信息，提供商务信息化能力培训，促进农村流通工作，推动农村经济发展。在信福工程过程中充分考虑了信息化推广特点，扩大和规范信息源和建立健全信息传播渠道，并培育提高信息化应用能力，根据农村基层信息化实际情况，鼓励开展多种类型商务信息服务形式进行试点，降低试点进入门槛。在实施方式上，信福工程的以下述方式开展工作。

1. 建立农村商务信息服务站点

从新农村商务网、其他农业商务信息网等互联网上收集农副产品商务信息向农民提供，协助农民上网发布农副产品信息，为农民开展商务信息咨询服务。建立村级商务信息服务站。2006 年起在全国选择 1 万个村（按每省约 300 个村计）进行建立农村商务信息服务站的试点工作，与"万村千乡市场工程"相结合，依托龙头企业建立村级商务信息服务站。2006 年起结合"万村千乡市场工程"，选择 10 个龙头企业，鼓励其在农村点附近的行政村延伸建设村级商务信息服务站，支持已有大学生担任村官的村建立商务信息服务站。2006 年起在担任村官的大学生中选择 3000 名，支持其建立本村商务信息服务站。发挥高等院校的作用对口支援建立农村商务信息服务站。2006 年起商务部将会同教育部选择 10 所高等院校对口支援农村建立商务信息服务站，与省市商务主管部门开展信福工程相结合，开展商务信息服务。主要任务是：每所高校支援 100 个村建立商务信息服务站，并选派大学生到农村对口开展商务信息应用培训，每学期到农村对农民培训的时间不少于 3 天。

2. 完善体系建设的其他形式，支持兼职乡镇商务信息助理

2006 年起，在全国 2000 个商务信息服务站试点村的归属乡镇（按每个乡 5～10 个试点村计）中，聘任 1 名乡镇干部作兼职商务信息助理。主要任务是：负责本乡镇商务信息服务的组织实施，开展本乡镇直接面向农户的各项农业信息综合服务。组织培训和收集农民对生产和生活资料的需求信息，并利用网络媒体向农民发送生产、生活资料市场信息，组织本乡镇设立的村级商务信息服务站的工作。培训农户骨干基本商务信息应用能力。2006

年起在全国 10 个省市 20 个县培训 1 万名农户骨干，并为培训合格人员颁发"农村商务信息员培训合格证书"。主要任务是：培训农户骨干使用互联网，提高其掌握和利用农产品市场供求、信息开展经营的能力，更好地开展经营，带动其他农民致富。由市县一级具体组织农户骨干开展培训。建立信息资源体系，培育涉农网站的农产品专门数据库，为农民提供农村商务信息。2006 年起，在全国选择 10 个已有农村商务信息服务基础的涉农网站，建立农产品专业数据库。其主要任务是，扩大农村商务信息来源，增加服务方式，开辟面向"三农"的服务栏目，为农民提供更加便捷有效的信息查询和发布等服务。依托农副产品综合市场，开展公共信息服务。2006 年起，在全国选择 60 个县级以下的农副产品集散地进行试点。主要任务是：在大宗农副产品集散地，建立公共信息查询服务系统，通过信息发布栏、演示屏等形式，向广大农户提供实时农产品公共商情信息及综合信息服务。开展上述形式试点的地点应相对集中，建立村级商务信息服务站、支持兼职乡镇商务信息助理、培训农户骨干和农副产品综合市场商务信息服务建设等形式应在同一个市（地）、县试点，以利于形成体系，发挥综合作用。

（四）导航类网站

网址导航站的出现正是因为迎合了当时互联网的发展趋势，互联网的当时状况而迅速的被广大互联网用户所接受，成为继搜索引擎之后，最为方便的网站信息搜索的平台之一。分析用户上网习惯可以看出，通常情况下，用户会通过在搜索引擎中搜索自己需要的关键字来找到对应的信息，而这一类信息大部分来自于各种类型的网站，一旦用户形成习惯之后，他经常上的网站也就固定在几十个左右，而通常情况下，能记住或第一反应能想起的网站也不超过 30 个，而搜索引擎是没有办法为单个用户去订制他们经常或希望打开的那些网站列表。也是鉴于这种很简单的需求，网址导航应运而生，他将各个行业按照一种分类方法，将热门的网站经过简单的排列，以最简单的方式推荐给广大的互联网用户，让用户能够更快捷的定位到自己需要的网站，网址导航站的出现，恰好是满足了新生代互联网用户最直接的需求，并且以最简单的方式去满足，即"大道至简"的方式去提升用户的使用体验。

当前农业网址导航类网站比较著名的有：中国农业网站导航、中国农业网址大全、农业网址大全等。

综合分析目前市场上的农业导航网站可以发现，这些网站普遍影响力较小，网站域名注册时间不长，大部分属于新站范围，PR 值及搜索引擎收录量较差，再加上网站页面设计过于单调，各个网站看上去没有明显区别，致使网站不具备个性化，用户识别度、记忆度不高。

从网站架构以及内容上看，农业网址大全从形式上基本参考了 hao123、265 网址导航、114 啦等国内成立时间较早的，而市场占有率较大的，业内较为知名的互联网导航网站的形式。在网站内容上基本覆盖了农业产业链上游和下游的各大网站，尽可能满足广大互联网各种资源的需求。

此外，网址导航要多元化发展。目前的农业网址导航站多是以文字导航为主。如今已经进入到了移动互联网的时代，那么网址导航站也要同步前进才能合时宜。例如最近一两年比较流行的可视网址导航，将网站以 LOGO 的方式排列，同时提供良好的用户体验，用优秀的 AJAX 技术，让用户能自己定制自己的网址，更换网站的主题等。

最后还要关注移动互联网。从近两年苹果 iphone 和 ipad 的出现，亚马逊电子阅读器的流行，再到国内汉王阅读器，平板电脑，Andriod 智能手机的快速发展，网址导航站如何以客户端的形式，逐步占领这些移动终端的用户，成为各家农业网址导航需要突破的挑战。

总而言之，农业导航网站的发展需要不断挑战传统导航模式，随着 90 后互联网用户的渐趋主流化，而早期互联网用户现在大都成为了互联网的老兵，如何既满足又适应年轻化的 90 后对新应用的好奇，又兼顾互联网老兵们对于产品的挑剔，对导航站，他们更喜欢体验做的更好，导航信息更加精准，或能够更多的参与互动，能自己定制自己的网站等需求，所以，网址导航站，要有更好的发展，就应该与时俱进，而不能够停滞不前。

二、农业网站服务特点

农村信息网站是非常复杂的，对农村信息的获取、处理、管理和共享，是农业网站服务的主要内容，同时也对农业网站服务提出了更高的要求。由于农业同时是受着自然、社会条件的制约，种植业、畜牧管理、农田牧场管理、农村市场直至农业生产的每一环节都需要多门类、全方位的信息支持。我国农村人口众多，对农村信息需求量大而信息接受能力弱。以上这些特点决定了农业网站在服务内容上必须具有独特的特征才能满足实际需要。因此，农业网站不能满足于仅提供简单的初级信息的搜集，而是要把能掌握的信息资源整合加工，来提高信息的利用率和延长信息的有效时间。尤其是市场类信息可以通过对历年以及各地相关信息的收集，对市场信息进行时间上的纵向比较和不同地区同一时间方面的横向比较，通过提供整合后的信息，使农民在制定种养计划时做到有据可循，在种养之初就能预期到将来的收益，尽量避免种养时的跟风行为，降低农产品的价格波动。农民最需要的是能针对农业生产的农事做出指导、农业实用技术，农业网站在服务内容上就要提供更多的实用信息和针对农业生产中遇到问题的解决方案。农民对于农业网站科教性的需求，要求网站在种养技术指导版块加大投入，能够提供农业知识视频点播、网络远程诊断等技术含量高的内容。同时增设部分能够提供双向交流功能的农民论坛和在线交流的答疑等，吸引农民的注意力，从而提高网站服务内容的关注度。在农业网站的实际服务过程中，其服务内容涉及到政府类农业网站、行业类农业网站和农业电子商务类网站，这些网站互相结合，共同形成了完整的农业网站服务体系。

在网站建设者属性方面，主要分三类：一是政府部门建立的农业信息网站，二是农业科研和教育部门建立的网站，三是涉农企业以营利为目的的自身产品推销宣传网站。据有关机构统计的结果，农业企业成为网站建设的主力军。在所有农业信息服务网站中，企业公司类占 82.6%，政府部门类占 11.0%，教育科研类占 2.6%。而在农业网站信息内容的分类方面，科技、教育、气象、水利等涉农部门以电子政务为核心，积极推进各级各部门网站的建立和应用工作，许多部门都建立了面向农业农村提供信息服务及培训的网站。许多中介组织、大的涉农企业集团甚至民营企业结合自己的服务对象和业务，也开设了具有特色的面向农业农村的信息服务网站。在农业网站监管层面，随着农业网站建设工作地不断深入，农业部对于农业网站的发展极为重视。多年以来，不惜在各地各省市投入重金以加快整个农业行业的信息化、现代化发展。例如，农业部信息中心将从政府监管和政策颁布机构的角度，和CNZZ这样有作为，有实力的数据专业公司一起，共同开拓农业类站点的广阔市场。以具体的客观数据为依托，更为可观翔实地了解整个行业的关键数据。这非常有利于深化农业信息化改革的进程，非常有利于深入了解农业网络供求两端的具体需求。将大大加快规范和细化行业信息化政策的力度，进而优化整个农业行业的信息产业结构。

在农业网站服务用户方面来看，随着农业网站数目的增长，农村地区互联网基础设施的不断完善，以及农民收入水平的不断提高，使更多农民具备上网条件，整个农业类网站的站点流量也保持着一定的增长，据不完全统计，全国农业网站每天的独立访客和页面浏览数分别达到342626人和1206324次，这两项数据分别比2009年统计的结果增加了15.1%和19.4%。在这些访问者中，有24.9%的访客是通过直接输入网址和收藏夹进入网站的，而且这种类型的访客比例在有稳步提升的趋势，而通过网址站点和其他网站的链接方式访问农业类网站的访客比例均表现较为稳定，分别在36.50%和12.70%左右，与此形成对照的则是通过搜索引擎方式访问农业类站点的比例为25.51%，这种访客的比例有下降的趋势。从这些访客进入农业类网站从途径的分析可以看出，超过60%的访客是通过直接输入网址以及本地和网络收藏夹的方式进入站点，这部分访客对自己的访问目的很明确同时对网站的回访率较高，而访客比例的不断提高也意味着一部分农业网站在不断的成长，成为访客的固定访问对象。通过搜索引擎访问网址的访客有着明确的目的性，这部分访客比例的下降，也同样说明越来越多的访客在自己记录的网站上就可以找到自己所需的信息，同时也说明对农业类网站并不熟悉的新独立访客增长缓慢。在访客的来源方面，95%农业网站的访客来源于国内，这与全国其它网站的访客来源基本相同，而在农业类网站的国内访客的城乡分布中，来自农村的访客比例占29.5%，这与中国农村网民占全国网民的总比例相当，但随着农村信息化建设的加快发展和农村居民收入的不断提高，农村访客的比例在一直稳步提升。这表明农业网站的最大受众应该是农民，农业网站中农村访客就应当占据更大的比例，因此，在服务建设方面，就必须先提高农业行业整体站点的平均水准。特别是为数众多的、最为贴近广大网民的构建基础站点群，为农业网站服务于农业行业生产奠定坚实的基础。

由上述分析可见，无论从行业站点数还是行业流量来看，我国农业信息服务网站经过近几年的发展，取得了很大的进步，并已初步建立起省、地、县四级网站服务体系。同时，鉴于农业生产的复杂性和农业生产的实际需求，农业部正在会同其他相关部门对农业信息网站建立更复杂、更精细、更适合农业实际的体系架构。例如，对农业政策法规网站，需要从中央到地方建立条状网络体系；农产品供销信息网站，需要从客户角度出发，按照市场区域建立体系；而农业科技信息服务网站，则要在本地网络针对实际特点和需求，分门别类建设网站体系等。然而，在我国农业网站取得的巨大成就的背后，还存在这某些不足，具体表现在。

第一，农业类网站的绝对数量还是很少，仅占全国所有网站的3.8%，这与农业产值占国民生产总值的11.3%，这一水平并不匹配，与农业现代化的要求也相距甚远，同时农业类网站的主要服务对象农民也有6亿之多，农村网民接近1亿，农业类网站还有着非常广阔的发展空间，需要进一步加快发展。

第二，农业类网站的地域分布依然很不均衡，呈现了明显的地域差别，近半数以上的农业类站点都集中在北京、上海等整体经济对农业依存度不高的地区，而在农业占经济总量比重较大的中、西部地区，农业类网站只占总数的不到 3 成，尽管互联网的开放性和全局性能够在一定程度上弥补网站在地域分布上的问题，但随着农业产业结构的不断深化调整，不同地区的农业从业者所需求的农业信息各有不同，而本地网站在了解当地情况和提供相应信息方面更具优势，毕竟北京的网站很难了解贵州农村的确切信息。网站地域分布不均衡意味着中西部农业从业者很难在网上得到符合本地区实际情况的信息。

第三，农业网站的独立访客整体数量太小，与每日超过一亿的农业相关从业者的网民数量差距甚大，这说明大多数农业网民并不访问自己所在行业的网站。而平均每个站点每天只有 41.6 次的页面访问数，这远远低于全国的平均水平，农业类站点还需要进一步提升网站结构的合理性和内容的可读性。

第四，农业行业关注度还有待提高。行业搜索关键词是一个行业发展的重要标记，行业搜索关键词越多，被搜索引擎收录的概率也就越大，意味着该行业网站的内容越丰富(在同一类站点中，出现于超过 1%数量的行业站点之中的关键词，称为行业搜索关键词)。目前总数达到近 3 万农业类站点的行业搜索关键词数量仅为 7852 个，这与其它行业网站的平均水平有着较大的差距。说明整个农业网站的总体有效信息量还比较少。有竞价的关键词是指网站通过报价提升自己在该关键词上的搜索排名，整个行业的竞价关键词数则代表着该行业网站对于花钱提升自身在搜索引擎上排名的意愿。农业类行业有竞价的关键词数目为 385 个，这是一个很小的数据，说明整个农业类网站愿意花钱吸引流量的意愿还相当低，网站对流量不重视，其对网站内容建设也不会太重视。

第五，网站使用"黏性"不足。据统计，2009 年 8 月农业类网站访客的平均在线时间为 5.81 秒，比前期的 5.31 秒略有提高，但仍比较少，说明大多数访客在农业类网站停留时间很短，访客对网站提供的多数内容并不感兴趣。这与前面农业类网站访客较少，关键词较少等现象一同说明了农业类网站的吸引力较低。

由此可见，对于我国农业网站服务来说，在未来若干年中，还有相当的工作需要开展和改进。

三、农业网站存在问题和发展方向

（一）存在问题

随着我国农村信息化的深入，我国农业网站取得了巨大的成绩。然而，农业网站蓬勃发展的同时，应该看到，当前农业网站依然面临着很大挑战，自身也存在着很多问题，比如知名度不大、美誉度不高等，而且缺乏家喻户晓的农业信息类网站和专业网站，内容同质化，信息及时性和深度性不强；农业网站盈利模式尚不清晰；缺少相关政策监管。同时，其发展受到农村网络基础设施不完善、农民自身的文化水平不高的制约。从总体上看，农业网站发展还面临着诸多问题。

第一、农业网站建设仍匮乏，与增速迅猛的农村网民队伍不成正比。据统计，截至 2009 年 12 月，中国网站总数达 323 多万个，其中农村、农业类网站只有 4 万余个，占全国网站总数不足 1%。要解决好这个问题，就要注重吸引社会资金，鼓励多种形式办网。处理好宏观与微观的关系，政府重点在宏观，加强体系建设，鼓励社会力量和一切有志于农业信息化的人士，投身到这项事业中来，走商业化运作的道路。

第二、农业网站存在明显的发展不平衡的情况。在众多农业网站中，已经涌现出一批高水平的网站，无论是内容的丰富性，技术的领先性，还是功能的齐全性，都不亚于中国目前的综合性网站。但这样的网站数量不多，大多数网站还很简陋，属于初创阶段，有些较少更新、内容陈旧，也很少有人光顾，发挥的作用极其有限。这在政府网站中表现尤为突出。在信息化方面，在资源的整合方面，最有调配能力的是政府网站，但从目前看，显然还缺少有目的的规划和缺少资源的整合。其中，最关键的原因是缺乏大量高价值的信息资源。而要获得足够丰富的信息，必须依靠政府和涉农部门的强力支撑。我们国家在几十年的经济建设中，已经积累了大量的社会信息服务资源，但是由于条块分割、信息封锁，使用效率很低，而且效果也不好。比如大量的科技信息和科技成果，本来是面向农民的，但往往到不了农民手里，或者到了农民手里也看不懂、用不好。又比如农产品的价格和质量标准信息，一些大的经营主体与农民之间存在着明显的信息不对称，农民在交易中常常处于不利地位。要做好信息内容建设，必须建立在政府和涉农部门对大量信息资源开放的基础上。

第三、功能单调。目前农业网站最大的问题之一，就是资源分散、分割。网站雷同，千篇一律，互相转抄，服务性功能有限。首先是资金投入的限制和障碍，办一个功能齐全的网站，没有一定的资金投入，很难有较大的突破。其次是互联网最大特点在于互联，合作是其天生的需要，互联网企业领导者一定要有合作的意识，有合作的精神。专家指出，农业信息内容服务，具有基础性和公益性的特点，政府和涉农部门应当提供无偿的强力支持。农业信息化是一个持续不断的过程，是自然再生产和社会经济再生产相结合的过程。这一过程与生物、环境、经济、技术、管理等系统相互渗透、相互作用，形成内容上的广义性和信息建设上的复杂性。信息分散在农业生产、加工、贮运、销售、消费等众多环节，涉及自然、社会、经济三大系统。同时，农业信息内容主要服务于农民，具有典型的基础性和公益性。从做好社会公共服务的角度说，各级政府和相关部门必须开放资源，为信息内容建设提供支撑。

总之，要推动农业网站信息服务的长期持续发展，网站信息内容平台的建造者，一方面要加大合作力度，协调各方开放资源，通过整合向农民提供高度实用的信息；另一方面，也要探索合理的微利的商业模式，包括引入专业的 SP，以商业化的手段来运营农业信息服务。通过引入专业公司，能够建立完善的信息采集指标体系，开发通用的信息采集软件，推行统一的数据标准，采用公用模块的方式，实现一站式发布，全系统共享，全面提升农业系统信息资源开发水平。

（二）发展方向

虽然中国农业网站还处在一个新兴阶段，但它对于中国农业经济发展的重要作用却已经明显地表现出来了。未来，农业以及涉农网站在互联网金融、电商、移动端等领域有潜在商机。

1. 农业与电子商务

在中国，最先通过电商热卖的产品是图书。其后，从服装到电子产品，中国电商的主打商品几经变迁。在国内，农产品一直以来被认为不宜在电商平台上销售。因为，农产品属于体验性极高的商品，并且对基础物流配送要求较高，农产品标准化不够，再加上国人早已形成在农贸市场和超市购买农产品的消费观念，电商涉农一度不被看好。然而，中国传统农产品的产销方式有很多弊病，传统农产品销售供应链过于复杂，对生产者和消费者都不利。生产者没有定价权，农民收入始终难以提高；而在良莠不齐的市场中，消费者买到货真价实的商品也需要经验智慧，涉农电商未来将会是一片值得开拓的蓝海。

2. 农业与互联网金融

互联网金融的快速发展，为解决中小企业融资难打开了一条宽广的道路。众筹是当前互联网金融主要的发展模式。通过互联网方式发布筹款项目，并募集资金。对于众筹农业的未来发展前景如何？有分析人士认为，农业是大投资、长周期、高风险的行业。如果想真正实现农业的跨越式发展，增强农产品的品牌建设，创新农业发展形式，就要敢于突破，善于借助互联网平台寻求全新的突破口。然而农业众筹的发展也必然经历漫长、艰苦的市场培育阶段。《2014年中国众筹模式上半年运行统计分析报告》指出，目前火热的众筹模式，对于农产品来说，只能走高端小众的路线，用户一起凑钱买平时市场里难以窥见的产品，或者是一些精品蔬菜水果等。公众参与的众筹农业，未来要想进一步做大做强，还需要探索出一套适合中国国情的合作模式。

3. 农业网站与移动 APP

随着 4G 时代的来临，移动互联网凭着及时沟通，随时可获取所需的信息，携带方便等优点拥有了庞大的用户群体，前景一片大好。在目前移动端商城中，农业类的 APP 鲜有人关注。其主要原因在于目前农业类 APP 功能单一，基本以信息服务为主，与用户的生活没有契合点，缺少互动。然而移动互联与农业的融合一直在进行，移动互联网在传统的种业、农业机械、特种养殖、农田水利等细分领域，发挥空间相对有限。而通过手机 APP、移动互联网打造食品安全和现代农业品牌，进而通过品牌运作对种植、养殖、加工、物流、营销等产业链各环节进行垂直整合，再进一步向休闲农业、循环农业、高科技农业、有机农业、旅游农业甚至农业金融等方面进行横向拓展，这方面必然孕育着更大的市场价值机会。

第二节　农业数据库

农业是实践科学，尤其农业生产，不论是从土壤、栽培、植保到采收，还是从地域特色到气候变化，实践经验和农技普及至关重要。以往的农业数据库注重科研，忽视农业生产实践，农技普及和推广更缺乏非官方、非功利的第三方农技机构和服务。中国农技网第三方农技平台，根植于庞大的农业动态数据库和实战专家群组，围绕农业技术普及架构多媒体平台，利用互联网多媒体技术和应用软件等贯穿终端等各环节要素，站在第三方立场，公平公正提供农业技术。

随着农村信息化的推进，我国农村数据资源的挖掘、整合、管理工作取得了很大的进展，一些数据从无到有，从不完善到逐步完善，目前，我国已建成大型涉农数据库 100 多个，约占世界农业信息数据库总数的 10%。我国农业信息数据库建设也正朝着多元化、平民化、多媒体化、智能化、联合化和网络化的方向发展，涌现出一批学术界影响较大的农业共享平台以及提供农业数据资源的共享机构。

一、主要农业共享机构

（一）中国农业科学院北京畜牧兽医研究所

中国农业科学院北京畜牧兽医研究所成立于 1957 年，隶属于农业部。畜牧兽医研究所定位为国家级社会公益性畜牧兽医综合科技创新研究机构，以畜禽和牧草为主要研究对象，以资源研究和品种培育为基础，以生物技术为手段，以营养与饲养技术研究为保障，以生产优质安全畜禽产品为目标，开展动物遗传资源与育种、动物生物技术与繁殖、动物营养与饲料、草业科学、动物医学和畜产品质量与安全等学科的应用基础、应用和开发研究，着重解决国家全局性、关键性、方向性、基础性的重大科技问题。

1996 年畜牧兽医研究所被农业部评为，全国农业科研机构科研开发综合实力"百强研究所"和"基础研究十强所"；2006 年被中国畜牧兽医学会评为"感动中国畜牧兽医科技创新领军院所"；2011 年被科技部授予"十一五"国家科技计划执行优秀团队奖；2012 年在农业部组织开展的第四次全国农业科研机构科研综合能力评估中排名第五，专业、行业排名第一。

（二）中国农业科学院作物科学研究所

中国农业科学院作物科学研究所是按照国家科技体制改革的要求，于 2003 年 7 月由原作物育种栽培研究所、作物品种资源研究所和原子能利用研究所的作物育种部分经战略性重组，形成以作物种质资源、遗传育种、栽培生理和分子生物学为主要研究领域的国家非营利性、社会公益性研究机构，是我国作物科学领域的创新中心，国际合作中心和人才培养基地。

作物科学研究所的研究工作围绕"以种质资源研究为基础，以基因发掘为核心，以品种培育为目标，以栽培技术为保障，为解决我国农业发展中基础性、关键性、前瞻性重大科技问题提供技术支撑"的总体目标，加强学科交叉融合、队伍整合和科技人才资源共享。基本上形成从种质资源的收集保存、鉴定评价、基因发掘、遗传机理解析，到育种技术、种质创新、新品种培育、栽培生理、示范推广等一体化研究格局，并取得良好的进展。

（三）中国农业科学院植物保护研究所

中国农业科学院植物保护研究所创建于 1957 年 8 月，是以华北农业科学研究所植物病虫害系和农药系为基础，首批成立的中国农业科学院五个直属专业研究所之一，是专业从事农作物有害生物研究与防治的社会公益性国家级科学研究机构。2006 年，农业环境与可持续发展研究所原植物保护和生物防治学科划转至植物保护研究所。在农业部组织的"十一五"全国农业科研机构综合实力评估中排名第二，专业排名第一。中国农业科学院 2012 年度科研院所评估中人均发展实力第一。

研究所现设有植物病害、农业昆虫、农药、分子植病、有害生物天敌、农业有害生物监测预警、生物入侵、生物农药、杂草鼠害以及功能基因组与基因安全 10 个研究室，全面涵盖了当今植物保护学科的内容，基本形成了植物病理学、农业昆虫学、农药学、杂草鼠害科学、生物安全学以及功能基因组学等学科。

研究所构建了较为完善的植物保护科技平台体系。建成了由国家农业生物安全科学中心、植物病虫害生物学国家重点实验室、农业部作物有害生物综合治理重点实验室（学科群）、农业部外来入侵生物预防与控制研究中心、中美生物防治合作实验室、MOA-CABI 作物生物安全联合实验室等组成的植物保护科技创新平台体系；以依托我所建立的农业部转基因植物环境安全监督检验测试中心（北京）、农业部植物抗病虫性及农药质量监督检验测试中心（北京）为主体构成了科技服务平台。河北廊坊、内蒙古锡林格勒、河南新乡、甘肃天水、广西桂林、吉林公主岭、山东长岛和新疆库尔勒 8 个野外科学观测试验站（基地）的植物保护科技支撑平台体系已初具规模。

（四）中国水稻研究所

中国水稻研究所是一个以水稻为主要研究对象的多学科综合性国家级研究所。1981 年 6 月经国务院批准在杭州建立，1989 年 10 月落成，是建国以来我国一次性投资最大的农业科研机构。现隶属于中国农业科学院和浙江省人民政府双重领导。2003 年经科技部等部门批准为非营利性农业科研机构。现任所长为程式华博士。

研究所以应用基础研究和应用研究为主，着重解决稻作生产中的重大科技问题。具有从事水稻群体、个体、组织、细胞、分子等各层次的科研能力。主要任务包括以下几个方面。

1. 水稻种质资源的收集、保存、评价和种质创新与利用研究；
2. 研究有关提高稻米产量、品质、耐不良环境和经济效益的重大科学技术和理论问题；
3. 组织和协调全国有关水稻重点科技项目和综合发展研究；
4. 开展国内外水稻科学技术交流、合作研究与人员培训工作，编辑出版水稻学术刊物和理论著作。

现研究所内部科研机构设有国家水稻改良中心、稻作技术研究与发展中心、农业部稻米及制品质量监督检验测试中心、科技信息中心和水稻生物学国家重点实验室，简称为"四个中心、一个实验室"。

（五）农业部环境保护科研监测所

农业部环境保护科研监测所坐落于天津市高新技术产业园区，1979 年经国务院批准成立，编制 150 人，直属农业部领导，1997 年划归中国农业科学院。2002 年经科技部、财政部、中编办批准为非营利性科研机构，创新编制 110 人。

研究所以中国农业科学院资源环境学科群为主体，建设农业环境污染防治、农业环境与信息、农业环境工程与风险评估、产地环境控制与标准、生物多样性与生态农业五个二级学科。主要研究领域包括：土壤、水体和农产品污染防治，农业生态环境监测与风险评估，生物多样性与生态农业，农业废弃物资源化利用，转基因生物生态环境安全，农业环境相关标准，气候变化与农作物适应性等研究，以及建设项目和规划环境影响评价、农业环境及农产品质量委托检测、污染事故技术鉴定和仲裁、农业环境管理相关决策咨询与服务等。

近年来，紧密围绕提高农产品质量安全和农业生态环境质量，在重金属污染土壤修复研究、农业废弃物资源化再利用、农产品产地环境质量研究、转基因生物环境安全及生态农业研究等方面取得新进展，形成了相关集成技术与设备，在江苏、云南、天津、湖北、湖南、广西、安徽等地进行了示范推广，取得了良好的社会效益。

该研究所是我国最早从事农业环境科学研究、监测和信息交流的专门机构。经过30多年的建设与发展，已初步成为我国农业环境科研领域的科技创新中心、监测网络中心和信息交流中心，是全国农业科研机构综合实力百强研究所。

（六）中国科学院武汉病毒研究所

中国科学院武汉病毒研究所座落于武汉市风景秀丽的东湖之滨，始建于1956年，是专业从事病毒学基础研究及相关技术创新的综合性研究机构。

武汉病毒研究所的使命定位是针对人口健康、农业可持续发展和国家与公共安全的战略需求，依托高等级生物安全实验室团簇平台，重点开展病毒学、农业与环境微生物学及新兴生物技术等方面的基础和应用基础研究。着力突破重大传染病预防与控制、农业环境安全的前沿科学问题，显著提升在病毒性传染病的诊断、疫苗、药物以及农业微生物制剂等方面的技术创新、系统集成和技术转化能力，全面提升应对新发和突发传染病应急反应能力，为我国普惠健康保障体系、生态高值农业和生物产业体系、国家与公共安全体系的建设做出基础性、战略性、前瞻性贡献。按照"四个一流"的要求，建设具有国际先进水平的病毒学研究、人才培养和高技术产业研发基地，实现研究所科技创新的整体跨越，成为具有国际先进水平的综合性病毒学研究机构。

科研布局上设有分子病毒学研究室、分析生物技术研究室、应用与环境微生物研究中心、中国病毒资源与信息中心和新发传染病研究中心。共设有34个研究学科组。拥有病毒学国家重点实验室（与武汉大学共建）、中—荷—法无脊椎动物病毒学联合开放实验室、HIV初筛实验室、中科院农业环境微生物学重点实验室、湖北省病毒疾病工程技术研究中心和中国病毒资源科学数据库等研究技术平台。科技支撑中心由大型设备分析测试中心、单抗实验室、实验动物中心、《中国病毒学》编辑部、网络信息中心组成。管理系统设置综合办公室、组织人事处、科研计划处、财务处和研究生处等五个职能部门。

"中国病毒资源与信息中心"拥有亚洲最大的病毒保藏库，保藏有各类病毒1300余株。创建了具有现代化展示手段的我国唯一的"中国病毒标本馆"，集学科性、特色性和科普性于一体，是第一批"全国青少年走进科学世界科技活动示范基地"。

（七）陕西省微生物研究所

陕西省微生物研究所是西北地区专业从事微生物技术研究的科研机构，开展微生物研究已有 40 多年历史。该所的科研方向以应用微生物技术开发为主，主要从事微生物菌种资源保藏和利用、发酵技术研究及微生物生化药物等方面的研究。涉及范围主要有：淀粉及农副产品深加工、生物医药、微生物菌种筛选、选育、代谢产物研究、微生物农药和肥料的研制等方面，涵盖了轻工、医药、食品、酿造、农业、环保等诸多领域。

（八）上海生物信息技术研究中心

上海生物信息技术研究中心（Shanghai Center for Bioinformation Technology，SCBIT）成立于 2002 年 8 月，是国内第一个以推动我国生物信息学数据共享为目的，完全从事生命科学数据库建设、生物信息学软件开发的地方政府支持的、自收自支的独立事业法人单位。SCBIT 旨在开展和促进生物信息技术领域的原始性创新研究，建立具有广泛应用前景和国际先进水平的生物信息分析、数据挖掘和知识发现的技术体系，促进上海乃至全国生命科学、生物技术和生物医药产业的发展。SCBIT 主要任务包括生物信息资源的收集和管理服务、生物信息学研究、技术开发和人才培养等四个方面。

（九）中国科学院亚热带农业生态研究所

中国科学院亚热带农业生态研究所的前身是中国科学院桃源农业现代化研究所，1978年 6 月在湖南省桃源县成立，1979 年迁至长沙市并更名为中国科学院长沙农业现代化研究所，2002 年 5 月进入中国科学院知识创新工程试点序列，2003 年 10 月更为现名。现有职工 280 人，其中研究员 30 名、副高级专业技术人员 51 名。设有生态学博士、硕士学位授予点和动物营养与饲料科学以及环境工程硕士学位授予点，生态学博士后科研工作站、流动站。

研究所学科方向为亚热带复合农业生态系统生态学，重点开展农业生态系统格局与过程调控、畜禽健康养殖与农牧系统调控技术和作物耐逆境分子生态学机理及其品种选育等三个方面的研究，目前设有区域农业生态、畜禽健康养殖、作物耐逆境分子生态等三个研究中心，拥有中国科学院亚热带农业生态过程重点实验室、农业生态工程湖南省重点实验室和湖南省畜禽健康养殖与环境控制工程中心，设立有桃源农业生态系统观测研究站、环江喀斯特生态系统观测研究站、洞庭湖湿地生态系统观测研究站、长沙农业环境观测研究站等 4 个野外站。

（十）中国科学院微生物研究所

中国科学院微生物研究所是国内最大的综合性微生物学研究机构，从事微生物学基础和应用研究。微生物所成立于 1958 年 12 月 3 日，所址位于北京市海淀区中关村。2007 年，微生物所的大部分从中关村迁至朝阳区中国科学院奥运村生命科学园区。

微生物所是由戴芳澜先生领导的中国科学院应用真菌研究所和方心芳先生领导的中国科学院北京微生物研究室合并而成。微生物所的诞生，揭开了我国微生物学研究的新篇章。

1998 年 6 月，中国科学院知识创新工程正式启动。2001 年 8 月 15 日，微生物所整体进入中科院创新试点序列，翻开研究所发展史上又一崭新的篇章。微生物所确立了微生物资源、分子微生物学、微生物生物技术三个主要研究领域，并将科研机构相应调整为微生物资源研究中心、分子微生物学研究中心和微生物生物技术研究中心。2004 年，微生物所将研究领域进一步调整为微生物资源、工业微生物和病原微生物三大领域，并重组成立了分属三大领域的九个研究中心，分别是：微生物资源中心、微生物基因组学联合研究中心、极端微生物研究中心、能源与工业生物技术中心、微生物代谢工程研究中心、环境生物技术中心、农业生物技术中心、分子病毒中心和分子免疫中心。

2008 年以来，微生物所面向工业升级、农业发展、人口健康和环境保护等方面的国家重大需求，瞄准国际微生物学前沿，积极优化学科布局，努力构建高效联动的创新价值链，形成了以微生物资源中心、科学研究体系和技术转移转化中心为单元的"转化链"式科研布局。研究所以微生物资源、微生物生物技术、病原微生物与免疫为主要研究领域，开展基础性、战略性、前瞻性研究。

目前，微生物所的科学研究体系由五个研究室组成，它们是微生物资源前期开发国家重点实验室、植物基因组学国家重点实验室（与中国科学院遗传与发育生物学研究所共建）、真菌学国家重点实验室、中国科学院病原微生物与免疫学重点实验室、工业微生物与生物技术实验室。拥有亚洲最大的 48 万多份标本的菌物标本馆和国内最大的含 4 万 1 千余株菌种的微生物菌种保藏中心，建有微生物菌种与细胞保藏中心、微生物资源信息管理平台、大型仪器中心和生物安全三级实验室等技术支撑平台，拥有一个藏书（刊）5 万余册的专业性图书馆及拥有 2 万余册电子书、9000 多种中西文电子期刊的电子图书馆。目前挂靠微生物所的单位有中国微生物学会、中国菌物学会、中国生物工程学会 3 个国家级学会，微生物所与相关学会共同主持编辑出版的学术刊物有《微生物学报》《微生物学通报》《菌物系统》及《生物工程学报》（中英文版）。

经过 50 多年的不懈努力，微生物所已经发展成为一个具有雄厚基础、强大实力和广泛影响的综合性微生物学研究机构，也是国内学科最齐全的微生物学专业机构。

二、主要农业共享平台

随着互联网技术的发展，农业数据库必将向多元化、全球化、商品化和多媒体化发展。同时，各种农业共享平台作为实时提供行业研究和数据渠道，在梳理农业战略流程的同时，提供农业领域最广大的动态数据库资源，在农业生产和科研过程中发挥了越来越重要的作用。目前比较知名的涉农共享平台包括：国际上的 CABI、AGRIS、AORICOLA，以及国内的国家农业科学数据共享中心、中国农技网第三方农业技术平台等。

（一）CABI 的"农业和自然资源数据库"—— CAB ABSTRACTS

历史沿革：1928 年—1985 年 8 月，英联邦农业局，简称 CAB；1985 年 9 月—1993 年 5 月，英联邦国际农业局，简称 CAB International；1993 年 6 月起更名为国际农业和生物科学中心，简称 CABI；2000 年改为国际应用生物科学中心（CABI）。

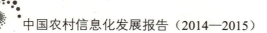
CABI 的宗旨：通过传播、应用和研究农业和生物科学，以信息产品支持农业、林业、人类健康、自然资源管理等领域，为人类健康服务。目前，加入该组织的成员国达 41 个，中国于 1995 年 8 月正式成为 CABI 成员国。

目前，CABI 出版编辑和维护着两个大型数据库：农业和自然资源数据库（CAB ABSTRACTS）和人类健康与营养数据库（GLOBAL HEALTH），而它的许多产品都是从这两个数据库衍生而成。

（二）FAO 的"国际农业科技情报系统"——AGRIS

AGRIS 光盘数据库，是由 AGRIS 协调中心和联合国粮农组织（FAO）所属的国际农业科技情报系统编辑的书目数据库。该数据库涉及的学科范围包括农业、林业、畜牧业、渔业、食品科学、地球科学、环境科学、农业工程、人口、经济、法律、教育等。其文献来源于 146 个 AGRIS 国家中心及 22 个国际组织提供的期刊论文、科技报告、会议文献，同时也收录少量的专利、技术标准等。

AGRIS 光盘数据库收录了 1975 年以来的有关文献，累计文献量达 320 余万条，每年新增记录 13 万条左右。1979 年起部分数据提供了文摘，文摘语种可能是英文，也可能为西班牙语、法语或其他西方语种。1986 年起，DE 字段包含了 AGRIS 主题词中的英文、法文和西班牙文主题词。所以，AGRIS 中不仅提供了英文主题词，同时还提供有西班牙语、法语等多语种主题词，这为利用非英语检索提供了检索途径。

AGRIS 对应的印刷本是《农业索引》（Agrindex）

（三）NAL 的"农业联机检索数据库"——AGRICOLA

AGRICOLA 数据库是由美国农业图书馆(NAL)、食品与营养信息中心（FNIC）、美国农业经济文献中心（AAEDC）等机构联合编辑的数据库。该数据库除光盘外，还可以通过 DIALOG 和 BRS 等联机系统检索该数据库文献。AGRICOLA 对应的印刷本是美国《农业文献题录》（Bibliography of Agriculture，简称 B of A），创刊于 1942 年月刊。

该数据库主题范围包括农、林、牧、水产、兽医、园艺、土壤等整个农业科学领域及动物、植物、微生物、昆虫、生态等生命基础科学及环境科学、食品科学。引用文献类型除期刊论文等连续出版物之外，还包括专著、学位论文、计算机软件、技术报告、专利、声像资料等。

该数据库收录了 1970 年以来的文献，累计文献量达 380 余万条，每年新增记录 11 万条左右。该数据库以题录为主，正在向全文数据库的方向发展。

（四）国家农业科学数据共享中心

农业科学数据共享中心（项目编号 2005DKA31800）是由科技部"国家科技基础条件平台建设"支持建设的数据中心之一。项目在"国家科学数据共享工程"总体框架下，立足于农业部门，应用现代信息技术，以满足国家和社会对农业科学数据共享服务需求为目的，以农业科学数据共享标准规范为依据，按作物科学、动物科学和动物医学、农业资源与环境、草地与草业科学、食品工程与农业质量标准等 12 大类对农业科学数据进行整合，为农业科技创新、农业科技管理决策提供数据信息资源支撑和保障。

农业科学数据共享中心以数据源单位为主体，以数据中心为依托，通过集成、整合、引进、交换等方式汇集国内外农业科技数据资源，并进行规范化加工处理，分类存储，最终形成覆盖全国，联结世界，可提供快速共享服务的网络体系，并采取边建设，边完善，边服务的原则逐步扩大建设范围和共享服务范围。

农业科学数据共享中心由中国农业科学院农业信息研究所主持，中国农业科学院部分专业研究所、中国水产科学研究院、中国热带农业科学院等单位参加。

鉴于农业科学数据类型多样，专业众多且跨度大，分散存在于科研院所和高等学校，如果全部以科研单位为依托来整合困难会非常大，为此，农业科学数据中心采用以学科为龙头的资源整合策略，建立了包括作物科学、动物科学和动物医学、农业资源与环境、草地与草业科学、食品工程与农业质量标准、农业生物技术与生物安全、农业信息与科技发展、农业微生物科学、水产科学、热作科学、农业科技基础数据等 12 大类学科的资源整合框架。截至 2012 年，已经整合了 60 个农业核心主体数据库，数据库（集）731 个，在线数据量 513.2GB。同时打造了一批精品数据库，如作物遗传资源数据库、作物育种数据库、动物遗传资源与育种参数数据库、动物营养与饲料数据库、鱼类生物资源野外观测调查数据库、水域资源与生态特征数据库、综合农业区划数据库、草地数据库等。成为国内农业科学数据的"蓄水池"和"聚集地"。

已整合的农业科学数据资源几乎涵盖了农业各个学科领域，部分重点学科领域，如作物科学、动物科学、渔业与水产科学、热作科学、草地与草业科学、农业区划科学等，其资源整合量占国内总量的 85% 以上，其余学科的资源整合量占国内总量的 60% 以上。这些数据有的是历史珍贵资料、有的来源于实地调查、有的直接源于科研成果，内容真实、可靠，有较大的科学价值。

（五）农作物种质资源平台

作物种质资源（又称品种资源、遗传资源或基因资源）作为生物资源的重要组成部分，是培育作物优质、高产、抗病（虫），抗逆新品种的物质基础，是人类社会生存与发展的战略性资源；是提高农业综合生产能力，维系国家食物安全的重要保证；是我国农业得以持续发展的重要基础。

作物种质资源不仅为人类的衣、食等方面提供原料，为人类的健康提供营养品和药物，而且为人类幸福生存提供了良好的环境，同时它为选育新品种，开展生物技术研究提供取之不尽，用之不竭的基因来源。保护、研究和利用好作物种质资源是我国农业科技创新和增强国力的需要，是争取国际市场参加国际竞争的需要。1992 年联合国在巴西召开环发大会签署国际性《生物多样性公约》，强调所有国家必须进一步充分认识所拥有遗传资源的重要性和潜在价值。信息已成为生产力发展的核心和国家的重要战略资源。作物种质资源数据在农业科学的长期发展和在我国农业持续发展中具有不可替代的重要作用，它是农业生产和农业科学的重要基础，既为农业生产提供直接服务，又是农业应用科学与技术发展的源泉，它对加强农业基础条件建设，增强农业科技发展后劲，解决农业前瞻性、长远性、全局性的问题是十分必要的。

中国作物种质资源信息系统的建立，对发展我国农业科学具有极高的实用价值和理论意义，可以实现国家对作物资源信息的集中管理，克服资源数据的个人或单位占有，互相保密封锁的状态，使分散在全国各地的种质资料变成可供迅速查询的种质信息，为农业科学工作者和生产者全面了解作物种质的特性，拓宽优异资源和遗传基因的使用范围，培育丰产、优质、抗病虫、抗不良环境新品种提供了新的手段，为作物遗传多样性的保护和持续利用提供了重要依据，使我国作物种质信息管理达到世界先进水平。通过国家"七五""八五""九五"科技攻关，我国已建成了拥有 200 种作物（隶属 78 个科、256 个属、810 个种或亚种）、41 万份种质信息、2400 万个数据项值、4000 兆字节的中国作物种质资源信息系统（CGRIS）。CGRIS 是目前世界上最大的植物遗传资源信息系统之一，包括国家种质库管理和动态监测、青海国家复份库管理、32 个国家多年生和野生近缘植物种质圃管理、中期库管理和种子繁种分发、农作物种质基本情况和特性评价鉴定、优异资源综合评价、国内外种质交换、品种区试和审定、指纹图谱管理等 9 个子系统，700 多个数据库，130 万条记录。中国作物种质资源信息系统用于管理粮、棉、油、菜、果、糖、烟、茶、桑、牧草、绿肥等作物的野生、地方、选育、引进种质资源和遗传材料信息，包括种质考察、引种、保存、监测、繁种、更新、分发、鉴定、评价和利用数据，作物品种系谱、区试、示范和审定数据，以及作物指纹图谱和 DNA 序列数据，为领导部门提供作物资源保护和持续利用的决策信息，为作物育种和农业生产提供优良品种资源信息，为社会公众提供作物品种及生物多样性方面的科普信息。中国作物种质资源信息系统的主要用户包括决策部门、新品种保护和品种审定机构、种质资源和生物技术研究人员、育种家、种质库管理、引种和考察人员、农民及种子、饲料、酿酒、制药、食品、饮料、烟草、轻纺和环保等企业。

中国作物种质资源数据采集网是在"七五"、"八五"、"九五"国家科技攻关项目的基础上组建的，由全国 400 多个科研单位、2600 多名科技人员组成，包括一个信息中心（中国农科院作物科学研究所），20 个作物分中心（中国农科院蔬菜所、果树所、油料所、麻类所、水稻所、棉花所、草原所、中国热带农业科学院等）、50 个一级数据源单位、近 400 个二级数据源单位。中国农作物种质资源数据采集是在国家统一规划下，有组织的在全国范围内进行的；鉴定的项目是依其重要性，经专家评审后确定的；鉴定的方法和技术是在对国内外多种鉴定方法对比分析的基础上，征求国内有关专家意见而统一的；数据采集表是在已制定的农作物种质资源信息处理规范的基础上制定的。

（六）中国农技网第三方农业技术平台

借鉴发达国家的农业管理经验，以农业相关领域的软件应用开发为先导，把互联网多媒体技术导入农业，引领中国农业战略流程的大变革。在立足国家骨干网构建的覆盖全国的分布式流媒体服务器的基础上，加强信息资源整合，强化农业信息技术顶层设计，围绕农技普及和农产品流通，运用多人互动视频，梳理农业"教育、服务、流通"体系，实现农业"产、供、销、管"的模式创新，让农业专家和种养大户面对面交流，让供应者和消费者面对面沟通。依据农业联盟完备的动态数据库，打造技术、信息、交易平台，实现农业战略体系再造。为消费者提供 24 小时互动视频的无间断展示农作、加工、流通的各个环节，实现从土地到餐桌的农产品生产可追溯体制；为生产者农民及种养大户实现订单农业，提供最新的生产技术和现货交易平台；帮助农企、连锁机构及渠道客户实现各个环节良性发展，为中国农业实现信息化、工业化、现代化服务。

（七）江苏省农业种质资源保护与利用平台

江苏省农业种质资源保护与利用平台于 2005 年经省科技厅批准建设，总投入 2690 万元，省拨款 900 万元。经过 5 年建设，该平台已建成 47 个专业种质资源库，其中国家级 24 个，保存了 81 个物种、近 12 万份种质资源，建立了 72 个数据库，共有 130 万个共性和特性描述数据，已然成为我省保存种质资源遗传密码的"诺亚方舟"。

该平台拥有我省目前建设规模最大、种质资源保存最多、配套设备最先进的现代化种质资源保存库——种质资源中期库。该中期库建筑面积总计 2800 m^2，建有中期冷藏库、短期库、入库前种质处理工作室、种质遗传鉴定与评价实验室、种质资源的信息控制、处理与发布用房、学术交流与成果展示用房、办公用房以及其它公共用房等。拥有 824 m^3 库容容积的冷藏库，共分 4 个子库，共配置 5 台进口制冷除湿机组。目前，该平台建成了省农业种质资源共享服务系统（http://jagis.jaas.ac.cn），实现了农业种质资源信息的远程查询和网上订购。近年来，育种单位利用平台提供的种质资源，选育出动植物新品种 21 个，累计推广种植 5000 多万亩，带动水产养殖 2 万多亩，帮助农民增收 2 亿多元。截止目前，平台服务系统访问总人次逾 2 万次，各类种质资源开展了 43453 份次共享服务，比上年增长了 4 倍，产生了较好的社会效益。

（八）玉米病虫草害诊断系统数据库系统

玉米病虫草害诊断系统数据库系统包括玉米无公害生产信息数据库、玉米专家人才数据库、玉米知识数据库、玉米病虫草害标准图像实例数据库等多个子数据库。玉米病虫草害标准图像实例数据库主要包括玉米病害（32 种）、虫害（44 种）、杂草（50 种）的典型形态特征文字描述知识库和彩色图像实例库，入库标准图谱 3800 余张，信息丰富、质量高。玉米无公害生产信息数据库，入库数据达到 23 万条；玉米专家人才数据库中包括有我国各地从事与玉米生产相关专业的 560 位专家。

主要是针对目前我国的农业科技推广、教育和科技服务过程中农业专家不足、农业信息传播周期长、技术支持到位率和时效性差等问题，以玉米生产过程中病虫草害诊断和防治信息化的实现为突破口，依托玉米综合植保最新研究成果，综合运用数字图像处理技术、模糊逻辑理论、模式识别等领域技术，研究开发了玉米病害自动诊断系统；运用专家系统、人工智能、网络信息技术，研究基于图像规则的玉米病虫草害诊断专家系统以及专家在线咨询等服务系统，构建了玉米病虫害诊断的信息化平台，实现了作物病虫草害诊断的信息化、智能化，并成为我国信息技术在植保精准监测技术方面的新突破，提高了我国植保监测的精准化水平，促进植保工作管理水平上一个新台阶。

（九）中国植物主题数据库

中国植物主题数据库是基础科学数据共享网资助下建成的，由植物学学科积累深厚和专业数据库资源丰富的中科院植物所和中科院昆明植物所联合建设。以 Species 2000 中国

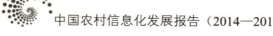

节点和中国植物志名录为基础，整合植物彩色照片、植物志文献记录、化石植物名录与标本以及药用植物数据库，强调数据标准化和规范化。

系统建成后的基本数据量包括以下几方面。

1. 植物名称数据库：155290 条（包括科、属、种及种下名称，Species 2000 中国节点有 110449 条，中国植物志有 44841 条）。

2. 植物图片数据库：18338 种，1009386 张（中国植物图像库 283317 张，中国自然标本馆 726069 张）。

3. 文献数据：共计 3652312 条名称——页码记录（BHL 中国节点数据 129105 条，BHL 美国节点 3523207 条）。

4. 药用植物数据库：11987 种，22562 条记录。

5. 化石名录数据库：1093 条，其中《中国化石蕨类植物》（2010）有 953 条，《中国煤核植物》（2009）有 140 条。

6. 化石标本数据库：312 个名称，662 份标本。

（十）中国植物物种信息数据库数据库

该数据库由植物学学科积累深厚和专业数据库资源丰富的昆明植物研究所、植物所、武汉植物园和华南植物园联合建设，面向国家重大资源战略需求和重大领域前沿研究需求，紧密围绕我院独具特色、有着长期积累的、成熟的植物学数据库，充分运用植物学、植物资源学和植物区系地理学等有关理论、方法和手段，在顶层设计的基础上，依靠植物学专家，通过重复验证，制定通用的标准、规范和数据质量保证措施，以中国高等植物为核心，采集、集成、整合现有的各相关数据库，打造一个符合国际和国家标准、有严格质量控制与管理、具有完整性和权威性、具国际领先地位的中国植物物种信息数据库（参考型数据库），共涉及高等植物约 300 余科、3400 余属、31000 余种，其数据内容主要包括：植物物种的标准名称、基本信息、系统分类学信息、生态信息、生理生化性状描述信息、生境与分布信息、文献信息、图谱图片、微结构和染色体等信息。在可持续发展的运行机制下，向植物学研究者、决策者、爱好者等不同用户提供便捷的网络服务。

此数据库的完成将是数百年来科学家宝贵知识积累的升华，将为我国的生物技术产业发展和生命科学研究，提供所需的植物资源基础信息和相关内容，促进我国生物技术产业和社会经济的可持续发展，为实现生物多样性的有效保护、合理利用和可持续发展战略奠定基础。

（十一）桃树病虫害数据库

由北京市农林科学院植物保护研究所、北京市农林科学院农业科技信息研究所和国家桃产业技术体系病虫害防治研究室共同建设，数据库内容包含五大部分：桃树病害、虫害、生理病害及其他有害生物生物、天敌昆虫、无公害药剂，为桃树的病虫害防治提供科学信息。

（十二）国家实验细胞资源共享平台

实验细胞资源共享平台是国家自然科技资源平台的重要组成部分。实验细胞资源共享平台的主要任务包括：资源系统调查、规范制定及检验完善、实验细胞标准化整理整合、实验细胞资源数据库建设整合、实验细胞资源评价、实验细胞资源信息共享、实验细胞实物共享和珍贵新建资源的收集整理保藏。

实验细胞平台建设的实施，稳定了一批从事实验细胞资源保藏的科技人员队伍，已标准化整理、数字化表达实验细胞 1150 株系，已实现实验细胞实物共享 10000 余株次。使用单位包括清华大学、北京大学、中国科学院、中国医学科学院所、国家疾病预防控制中心、军事医学科学院及各高校从事生命科学研究的分布在全国 30 余省市的机构，为国家 973、863、自然科学基金等国家项目、为省部级基金项目、新药开发基金项目、研究生培养项目等提供了实验研究细胞，起到了良好的技术平台作用。各成员单位为不计其数的科研人员提供了信息咨询和技术支持，平台单位良好规范起到了带头示范作用，为许多单位介绍、推广了细胞培养经验及操作规范。

（十三）中国科学院科学数据库生命科学网格

中国科学院生命科学数据网格旨在科学数据库数据资源的基础上，连接中国科学院分布在全国的多个研究所，通过先进的数据网格技术，实现对科学数据库中大量分布式、异构数据资源的有效共享，实现数据资源、存储资源、计算资源和学科领域知识资源的有机整合，使得科研工作者可以方便、透明地访问和使用资源，为科研工作者提供一个高效、易用、可靠的研究平台。

中国科学院生命科学数据网格由中国科学院微生物研究所、中国科学院计算机网络信息中心和中国科学院武汉病毒研究所联合开发。目前为止，收录了几十个常用的生物学数据库，是多个微生物和病毒主题数据库等。数据容量超过 1.8 TB，记录数目超过 3.8 亿。目前大多数数据库保证每日更新。生命科学数据网格中的数据库对外提供数据查询服务，用户通过关键字可以对几十个数据库进行异步查询。网格中整合了超过 150 个生物信息学应用程序，结合大规模计算资源，能够满足用户提交作业运算。

下面简介几个特色应用。

1. 生物数据库检索服务提供多数据库的联合检索，用户通过关键字的提交，可以获得几十个数据库的检索结果。

2. 灵芝数字标本馆数据网格应用提供灵芝数据库的数据与网格数据的交互查询，并实现部分生物信息学计算服务。

3. 微生物基因组数据的网格应用提供微生物基因组的查询和数据检索，并完成微生物基因组可视化。

（十四）黄土高原生态环境数据库

黄土高原是全球唯一完整的陆地沉积记录，深厚黄土所蕴藏的丰富的环境变化信息成为开展全球变化研究的"天然实验室"。黄土高原也是我国生态环境脆弱地区之一，其存在的生态环境修复、土壤侵蚀与水土保持、旱地农业发展等一直是科学研究的重点和热点。中国科学院于 20 世纪 50 年代和 80 年代进行了大规模的学科齐全的综合科学考察，中国科学院、水利部、农业部等部门开展了长期的定位观测研究，建立了生态研究观测站、水土流失试验观测站、农业综合试验站等；近年来，多项"973"项目、国家科技支撑计划重点项目、中国科学院西部行动计划项目等都将黄土高原或生态环境命题列为研究对象。

黄土高原生态环境数据库正是基于科技发展和国家需求而建立，并确立了以黄土高原地区为重点，面向西北干旱半干旱地区构建生态环境科学数据共享服务平台。瞄准区域和学科发展中的全球变化、环境演变、生态修复、区域发展等重大科学问题形成黄土高原地区生态环境数据资源存储仓库、数据汇集与集成加工基地、数据保护与共享和谐的服务体系的建设目标。

此数据库正在运行的数据库（集）有 20 余个，形成了野外站观测数据，大气边界层观测数据，多尺度、多专题、多时段的专题图形数据，黄河流域水文泥沙、水土流失试验观测数据，黄土的组成、性质和分布以及黄土高原土壤侵蚀、生态环境、农业发展领域的综合研究数据等一批特色数据集。

黄土高原科学数据的主要来源包括：（1）结题科研项目的历史数据，从档案、出版物、科学家个人手中整编；（2）收集整编社会上相关机构的数据；（3）汇交在研项目的数据。数据类型主要包括：专题图形、关系数据库、Word 和 Excel 数据表等。针对异构的数据类型提出了相应的数据整合和数据库建设策略，包括数据的组织方式、发布方式、共享政策、用户授权等。

参考文献

[1] 陈良玉，陈爱锋. 中国农村信息化建设现状及发展方向研究[J]. 中国农业科技导报，2005,7(2):67-76.

[2] 中国互联网发展报告（2013）[R]. 北京:中国互联网络信息中心,2013.

[3] 2012 年中国农村互联网发展状况调查报告[R]. 北京:中国互联网络信息中心,2013.

[4] 赵颖文，乐冬. 中国农业信息网站发展面临的困境及对策分析[J]. 农学学报，2011,(4):54-57.

[5] 张涛，吴洪. 涉农网站发展中的问题及解决措施[J]. 北京邮电大学学报(社会科学版),2010,12(3):9-14.

[6] 瞿晓静. 农业网站的比较研究[D]. 四川大学,2005.

[7] 中国农村网. 2014 年中国农业互联网行业分析报告[EB/OL]. http://www.nongcun5.com/news/20141010/32208.html, 2014-10-10.

应用进展篇

中国农村信息化发展报告（2014—2015）

第七章　农业生产信息化

第一节　种植业信息化

一、大田种植信息化

（一）发展现状

1. 农情监测和调度信息化覆盖更广，节水灌溉信息化效果显著

全国农情田间定点监测工作进一步提升。除农业部确定的 500 个农情田间定点监测试点县市外，我国农田信息管理系统开始在农场使用，内蒙古、新疆生产建设兵团、黑龙江农垦等使用农田信息管理系统对农田地块及土壤、作物、种植历史、生产等进行数字化管理，实现了信息的准确处理、系统分析和充分有效利用，并及时对电子地图进行不断地更新维护，确保农田一手数据的时效性和准确性。黑龙江垦区依托国家农业智能装备技术研究中心的技术支持，研制开发了基于多种技术的高精度植物信息获取设备、环境信息传感器 10 余种，研制了具有农田土壤三参数监测能力的田间无线传感器网络系统，开展了多源数据融合与管理分析技术、信息流模型、系统集成技术等研究，对于农田种植适宜性评价、区域施肥推荐、肥料资源区域分配、病虫害监测、病虫害危害程度及损失评估模型开展了研究，农田生态环境监测系统、农田生产视频监控系统等系统效果显著。

节水灌溉信息化效果显著，开发的农田环境参数信息采集与灌溉控制系统，可以实时自动监测土壤以及空间气象等各种参数信息，测算出灌溉的具体日期，将控制信号传输到自动灌溉系统，根据计算得出的灌溉需水量对农作物进行适度灌溉，大大节约了水资源。2013 年农业部建立了全国墒情与旱情监测平台，该平台以墒情和旱情信息自动采集系统为基础，建立了基于网络的信息管理系统，为全国农业节水、水资源优化配置和合理灌溉提供服务。目前已在四川、上海、湖北、山东、江苏、河北、河南、北京等 20 个省市开展应用，在全国建立了示范点 500 多处，覆盖 400 多个县。随着我国对节水灌溉技术研发和示范推广力度的加大，节水灌溉自动化控制系统已经在我国大面积推广应用。

2. 测土配方施肥信息化水平更高，支持力度更大

在测土配方施肥信息化方面，我国建成了测土配方数据汇总平台，收集了不同区域、不同层次的测土配方施肥数据，开发了县域的耕地资源管理信息系统，在粮、棉、油等大宗作物测土配方方面，向果树、蔬菜等经济作物拓展，农户持农业部门发放的测土配方施肥的 IC 卡，到指定的乡村智能化配肥供肥网点，根据种植作物种类、面积等信息，可以获得现场智能化配置的配方肥，做到施肥科学合理。

2015 年，中央财政继续投入资金 7 亿元，深入推进测土配方施肥，免费为 1.9 亿农户提供测土配方施肥技术服务，推广测土配方施肥技术 15 亿亩以上。在项目实施上因地制宜、统筹安排、取土化验、田间试验，不断完善粮食作物科学施肥技术体系，加大农企合作力度，推动配方肥进村入户到田，探索种粮大户、家庭农场、专业合作社等新型经营主体配方肥使用补贴试点，支持专业化、社会化配方施肥服务组织发展，应用信息化手段开展施肥技术服务。

3. 农业智能装备水平不断提高，3S、物联网和互联网等技术实现集成应用

我国在智能农业装备上已形成了农田信息采集、农业精准监测、农业自动控制、智能农机具、田间作业导航等系列产品，智能播种施肥、植保、收获机械等投入使用。2014 年全国农作物耕种收综合机械化水平已经突破 60%，实现由人力畜力为主向机械作业为主的历史性跨越。目前，精准农业在大型农场、农垦以及农业示范园区取得了良好的应用成效。大田农业物联网针对大田作物种植具有分布面积广、监测布点多、布线供电不方便等特点，采用多种大田环境传感器和作物生理信息传感器，对作物环境、土壤、作物等信息进行在线采集传输，并通过模型算法对采集的数据进行智能化处理，结合自动控制设备，进而实现精耕细作、合理灌溉、精准施肥等目的。

河南滑县开展了精准施肥应用示范，建设了面积 2 万亩的李营小麦精准作业示范区，采用土壤自动化采样系统获取了大量土壤的样本点，使用 GIS 软件对数据进行空间分析，获得土壤养分空间分布情况。在示范区配备了变量施肥机，建设了基于 WEB-GIS 技术的网络推荐施肥系统，可以在线实施处方图和养分分布的获取和下载，根据农田实际的养分空间差异实现自动化变量施肥，直观的指导田间作业生产，累计示范运行 3 年来，节省化肥投入约 30%，同时产量保持稳产状态。辽宁省锦州农业科学研究所通过现代精准农业技术体系中的精量播种、精准施肥、精准调控、精准喷洒、精准收获等技术的集成，在多点试验示范基础上，形成了辽西特色的精准农业模式，以玉米为例，精量播种可节约种子 22.5 千克/公顷，精量施肥、节水、病虫害防治等生产技术的应用，可提高产量 750 千克/公顷。安徽省形成了基于物联网的农机作业质量监控与调度指挥系统总体框架，建成了"农机通"远程信息服务系统、农机化生产调度平台、农机社会化服务平台（网站）。并与哈尔滨工业大学、国家农业智能装备研究中心合作，分别依托埇桥区、灵璧县农机合作社，开发了农机化生产指挥调度与作业质量监控系统，并在埇桥区、灵璧县分别安装 10 台、13 台 GPCS 农机管理终端和深松探测系统终端，进行试点运行。黑龙江垦区建立了北大荒精准农业农机中心，农机中心开发了精准农业控制系统，应用视频监测系统、"3S"系统和无线传输技术，实现了机车作业的远程监控、视频对话、自动控制，农机田间作业管理实现了智能化。

（二）存在的主要问题

1. 大田信息化发展基础设施投入不足，农情监测服务不完善

由于我国大田信息管理机制和运行机制不健全，部分地区还没有完整的信息收集、整

理、传播等体系，信息的采集、处理、加工、发布等手段落后，农作物生产中的苗情、灾情、墒情、病虫情监测中存在覆盖范围、监测周期和监测精度难以兼顾的问题，致使信息化技术不能深入田间乡村，不能面向广大农民开展有效的农业信息服务。此外，我国仍处于传统农业向现代农业的过渡阶段，大田农业种植大多还是依靠传统农民进行人工经验管理，农业部门从事大田信息管理的工作人员在专业知识层面不能满足大田信息化的管理需求，基层农情人员缺乏，技术和服务水平有限，农业信息服务能力有待提升。

2. 信息技术产品成熟度不够，农业智能装备滞后于大田种植发展

在人工智能系统、农田管理信息系统、作物长势模拟技术、3S 技术、精准农业、云计算、物联网等方面的研究与我国现在的大田种植发展实际情况不相称，取得的成果数量少、种类单一，关键技术和实用化产品研发有待进一步加强。我国生产的农业装备大多为中低端产品，传感器品种不够多，主要集中在对温度、湿度等环境监测，而动植物生命体系的监测传感器还比较缺乏。相关产品和系统的集成性差，稳定性不够，功能单一，致使我国大田信息化程度不高，不能全面满足现代农业发展需要。

与国外相比，我国目前的农田墒情监测技术还存在较大差距，监测方法与手段落后，大多数还是通过现场采集获取农田参数信息或者通过有线的方式来得到农田墒情信息，而像国外那样通过无线传输方式来获得农田墒情信息的方式还处于研究起步阶段。测土配方系统推广难度大，测土配方软件都是针对某一特定地区、特定作物的施肥系统，由于我国地域状况差异非常大，数据要根据各个地区的实际情况来定义，因此测土配方软件可移植性差，通用性不强，无法有效地大范围推广。

3. 农业物联网示范应用效果显著，但在农田实现大面积推广应用尚有一段距离

近年来，国家和地方高度重视农业物联网工作，国家发改委、农业部分别在黑龙江、北京、天津、安徽、上海、江苏以及新疆、内蒙古等地开展了一系列物联网应用示范工程，各级地方政府在中央的指导下也做了大量农业物联网推进工作，应用领域主要包括设施种植、设施养殖、大田作物、农产品物流追溯、农机监控和生态环境监控，初步形成了一批农业物联网技术软硬件产品、应用模式和一批应用典型，显现出我国农业物联网应用发展的强劲势头。大田农业物联网是农业物联网的一个重要分支，相比设施农业，大田生产农业物联网推广应用相对滞后。

目前我国农业物联网应用总体上处于试验示范阶段，尚未形成规模化应用，部分实施的农业物联网项目，具有较强的观光展示效果，但有感知无决策，有决策无控制（措施）情况很多，农业物联网应用没有形成"感知—传输—据侧—控制"的闭环，导致物联网技术投入没有很好的发挥实际作用；农业物联网基础设施建设具有一次性投入大、回报周期长的特点，大面积的农田，出网线或者建基站，不管通过有线还是无线的方式，成本都会很高。另外，传感器成本较高是难以突破的瓶颈。在农业整体比较效益低、以小农户分散经营为主的情况下，很多物联网设备因价格偏高很难大面积推广。据了解，一套物联网设备，因其核心传感器的不同，价格从一万元到几十万元不等。如果不是从事规模经营或者高效种养殖业，普通种植大田的农民是无力承担的。

（三）典型案例

案例一：黑龙江垦区七星农场

1. 总体概况

七星农场地处黑龙江省三江平原腹地，隶属建三江农场管理局，现有耕地面积122万亩，人均产粮4.9万斤，口粮品种的优质粳稻占93%以上，粮食商品率98%以上。其中2013年水田113万亩，总产达到15.5亿斤。七星农场是黑龙江垦区水稻种植面积最大的农场，是我国重要商品粮基地和国家粮食安全战略基地。2008年以来，七星农场开展了信息技术在农业上的示范应用，2009年建立了第43作业站寒地水稻高科技信息化园区，其中核心展示区面积为300亩、规模示范区面积为2700亩、示范区3000亩，建立了综合数据采集系统、水稻生长参数检测系统、智能灌溉控制系统、井水增温控制系统、水稻生长跟踪系统、气象环境监测系统、生物预警决策系统、水稻生长咨询系统、"4S"应用管理系统、数据终端显示系统的"十大系统"。近年来，七星农场从农业生产管理、农情预报、信息查询、专家咨询、远程培训等服务功能着手，累计投资4000万元建立了网络基础数据库，并完善了智能化芽种生产管理系统、智能化秧田管理系统、水稻智能化循环节水灌溉系统、水稻生长生态环境监测系统，建立了基于GIS（地理信息技术）的机车作业农田视频监控系统和精准农业管理系统，在大田农业生产全程信息化方面发挥了重要示范作用。

2. 主要做法

（1）农田生态环境监测。在水稻核心示范区，七星农场建立了大田墒情综合监测站，推广应用了墒情监控系统、农田气象监测系统，实现了对环境的实时定点采集，并将采集数据无线回传到生态环境监测系统。监测的环境内大气因子主要包括环境空气温度、相对湿度、光合有效辐射强度、大气压、风速、风向、降雨量等信息。土壤内的主要因子包括土壤温度、湿度、电导率等参数的精准获取。并通过布设地下水位监测网络，实时感知土壤地下水位变化，指导合理用水。

（2）农田生产视频监控。针对水稻长势过程中面临的主要病虫害、应急事件等，农场采用了基于GIS的农田视频监控系统，通过集成应用GIS、无线传输网络、视频监控等技术，开发了病虫害远程诊治与预警系统，对生产作业、作物生长、病虫草害的发生与防控、重大事故等重要视频信息通过GIS进行空间定位显示。根据这些实时、直观的视频信息，生产管理者可以及时的掌握生产进度、作物长势、灾害情况以及重大突发事件等具体情况，提高了农田生产决策指挥的准确性和灵活性。

（3）田间精准作业。七星农场在田间作业中，将物联网技术应用于水稻田间现代化管理、水肥一体化、循环水综合利用等方面起到了重要的示范引领作用，搭建了水稻本田全生育期间叶龄、水层、肥料、水温、防病、防虫、自动化、智能化、精细化的水稻田间现代化管理体系，促进了资源节约。

（4）农机作业自动导航驾驶。为实现农机调度的自动化控制，七星农场还建立精准农业农机中心，开发了精准农业管理系统，应用全球卫星定位技术、遥感技术、地理信息技术和无线传输技术，实现机车作业的远程监控、视频对话、自动控制。同时，农场建设了精准农业试验示范基地、精准农业示范区GPS差分站，应用并推广了基于GPS定位的大马力拖拉机装载系统，通过卫星导航实现播种、整地、收获等农机高精度导航作业全程自动化。此外，农场还应用农业航空播种、施肥和喷洒农药，有效提高了农药利用率（见图7-1）。

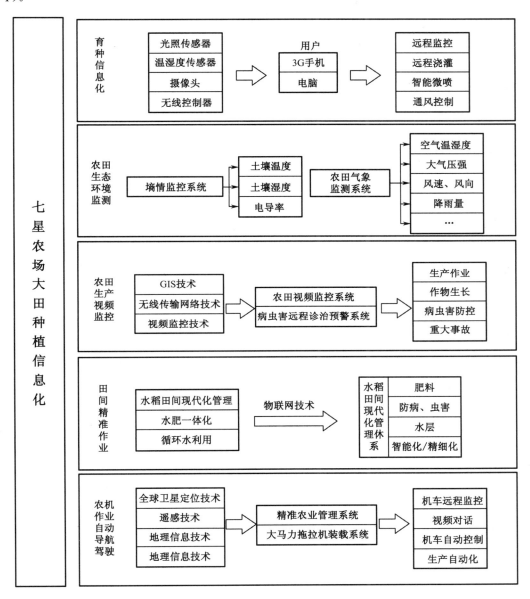

图 7-1　七星农场大田种植信息化

3. 取得成效

七星农场将物联网技术应用于农机作业过程中，通过卫星导航作业使得在播种、整地等农业作业往复接合垄均匀一致，误差小于 2 厘米，极大降低了驾驶员劳动强度，作业效率由过去的每天 650 亩提高到 1000 亩，机械化信息化水平不断提高。与一般大田相比，七星农场"种植业物联网应用示范园区"的农田亩均减少农药、化肥施用量 10%以上，单产提高 5%～10%，每亩可节约用水 150 立方米；通过大力引进国内外先进现代农机装备，水稻生产机械化率达 97%，百万亩水稻芽种生产、秧田播种、搅浆平地、机械插秧、机械收获和秋整地"六个"关键环节能在 10 天内完成，劳动力投入减少了 35%，单位面积土地水稻产出超 900 千克/亩，比黑龙江垦区平均单产 600 千克/亩提高到 33.33%，亩节本增效可达 95 元以上。

案例二：安徽大田种植"四情"监测物联网

1. 总体概况

2012 年，安徽被列入国家物联网试验区，重点进行大田生产物联网实验。目前，安徽已初步建成了集省农业生产指挥调度中心大田生产物联网省级平台框架，框架包括农作物"四情"监测系统、大田生产智能决策系统、农机作业质量监控与调度系统等三个子系统。全省农作物"四情"大田监测、农业精细化种植管理等系统应用面积达 326.5 万亩。

2. 主要做法

注重技术集成和研发应用。为促进农业物联网技术集成和研发，安徽坚持农科教、产学研结合，推进小麦精准生产物联网关键技术集成示范，建设了数据中心、基础数据库、农情信息监测点以及小麦精准生产物联网系统，完成了大气、土壤温/湿度等作物感知传感器的研制和集成。通过进一步开展设施农业物联网关键技术集成示范，完成了 4 种环境数据采集终端研制和设施农业土、水、气、环境等传感器集成应用。农业生产指挥调度中心初步实现了远程化、可视化、网络化。农作物"四情"监测调度系统可实时远程采集在地小麦长势长相视频和环境参数，并进行快速分析和诊断。农机作业质量监控与调度指挥系统已部署农机通——农业机械远程控制管理服务系统，在三夏农机作业中实现了跨区调度指挥。以种子身份证为核心的农作物种子物联网，已开发出农作物种子物联网综合信息服务平台、农作物种子监管平台和农作物种子溯源系统。

强化组织领导和制度建设。针对物联网建设中一度出现的重建轻用现象，安徽省自上而下建立了专人负责制度，明确各级农技站、土肥站、植保站是农作物"四情"监测系统应用主体，要求分管负责人和技术负责人在较短时间内熟悉系统，学会操作应用，去年以来共计培训大田物联网操作人员 300 多人次。并建立了调度制度和监测制度，帮助发现和解决监测点运行中存在的问题，及时完善系统软件。

3. 取得成效

目前，安徽大田生产物联网平台已在 4 个县（场）开展应用示范，在 20 个粮食主产县建立了监测点。安徽省龙亢农场已经尝到了物联网种田的"甜头"，农场已建成以高清影像、传感器、手机、集成软件为载体，以大田作物长势、病虫害发生、土壤墒情、肥力、仓库环境、农机管理为对象，以远程监控、监测和监管为手段的物联网体系，在农业生产、种子仓管、农机作业等方面发挥着作用。在这里，农场管理人员、家庭农场主、土地流转承包大户已经实现在电脑和手机上远程监管、监测农田作物的长势，病虫害发生、仓库环境和农机作业情况，通过实时监控，作出判断和应对。除了物联网监控系统，龙亢农场还装有物联网感知系统与农机监管系统。农场 9 台大马力收割机和 6 台大马力拖拉机安装了农机监管系统终端，实现对农机作业实时定位、视频远程监控、农机作业精确计算和费用的自动核算、农机作业进度自动汇报，提高了农机作业效率，也提升了农业生产管理的信息化、智能化和科学化水平。

案例三：新疆生产建设兵团第六师 105 团——棉花精准生产

1. 总体概况

新疆兵团是中国最重要的商品棉生产基地和优质棉花产区，2014 年新疆兵团棉花种植面积达 880 万亩左右，棉花年产量约占全国的 1/6，出口量占全国的 1/3，在全国棉花种植具有强大的示范带头作用。新疆生产建设兵团第六师 105 团位于新疆昌吉州呼图壁县枣园镇，土地总面积 35.6 万亩，可耕地 15.7 万亩，年种植 12 万亩。2014 年棉花种植面积 7 万亩，小麦 1.5 万亩，玉米 1 万亩。基地面积达到 10 万亩，100%推广滴灌节水技术。棉花精准生产农业物联网应用示范工程基地面积为 10000 亩，目前团场建设了自动化灌溉泵房 3 个，控制 10000 多亩农田的自动化灌溉，配备 GPS 导航设备的播种机 11 台，拥有车载终端 100 个，建设了占地 200 平米的监控中心 1 个，监控服务器 10 台，棉田监控视频 3 套、农田水分和温度采集点 20 个，棉花植株页面温湿度、茎秆变化传感器 6 套，灌溉管网压力水质监测点 6 个，机井能效监控点 6 个，大田水肥自动控制设备 6 套。

2. 主要做法

棉花精准灌溉自动化控制与智能化管理物联网系统。构建了万亩基于物联网技术的棉花精准灌溉自动化控制与智能化管理系统，结合首部控制器、阀门控制器、田间气象站等相关设备实现示范区内墒情信息感知、墒情预报、灌溉决策、气象信息发布和信息服务等功能，能够实时监测农田土壤墒情信息，展示土壤墒情动态变化特征；结合可测定的气象信息，根据土壤墒情预报模型，实现对棉花耕作层土壤水分的增长和消退规律的预报；基于土壤墒情预报和作物蒸腾信息，进行灌溉自动决策；同时，系统可基于农田生产管理信息，提供作物耗水量统计分析，为农业节水、水资源优化配置、合理灌溉提供科学指导与服务。

棉花苗情监测与专家远程诊断服务物联网系统。构建了基于农业物联网技术、地理信息技术和遥感技术于一体的棉花苗情实时监测与专家远程诊断服务系统。棉花苗情监测采集物联网终端系统提供棉花各个生长阶段的调查表单模板，方便快捷记录作物各生长阶段的苗情信息，并通过 GPRS 无线远程传输至后台管理系统。棉花苗情专家远程诊断服务系统实现苗情的移动巡查追踪、实时视频监控、农业专用遥感数据监测，构建完整物联网监测体系，有效提高农情信息采集管理的效率性、完整性、精确性和科学性。

棉花病虫害监测预警与专家远程诊断服务系统。制定适合采集感知终端与棉花病虫害监测预警管理系统传输的物联通讯协议，终端系统采集病虫害位置信息、图片信息和文字描述信息，并通过无线传输上传至管理系统，能够实时显示病虫害信息，并通过专家在线远程诊断反馈，及时把病虫害诊断结果下发到物联网终端；实现棉花病虫害信息获取、传输、识别、诊断、防治等一体的快速采集与智能诊断，结合遥感卫星数据，实时确定病虫害种类、发生程度和空间分布，为棉花病虫害预警、防治决策和灾害损失评估提供科学依据，达到"及时、准确、定位、防治"的目标。

棉花精准施肥决策管理与智能施肥装置物联网系统。构建了基于物联网技术的棉花滴灌施肥决策与自动调控系统，土壤采集终端系统支持基于标准数据规范的土样信息和施肥调查信息采集。通过 GPRS 无线传输模块实现现场土壤信息采集传输，为土壤信息综合管理和测土配方施肥推荐系统提供实时、标准化的数据源；土壤信息管理与施肥推荐系统对信息进行智能分析处理，通过设置目标产量法相应的参数，按照地块养分含量信息，基于目标产量法计算出地块所需养分数值，并根据化肥所含有效含量计算出所需的施肥量，提供一个完整的地块处方。同时，依据滴灌施肥特点及作物需肥规律，制定出棉花生育期滴灌水肥一体化方案，控制棉田滴灌控制模块，实现棉田变量控制施肥。开展物联网技术在棉花精准施肥过程中的实际应用，有利于提高化肥利用率，提高水肥联合精准管理水平，实现棉区水肥的高效合理利用，提高农业综合生产能力。

棉花精准作业农机智能装备与指挥调度物联网系统。结合新疆生产建设兵团棉花生产中农机装备情况，构建基于 GNSS 和物联网技术的棉花农机精准作业智能装备与指挥调度系统。主要包括棉田精细整地系统、棉花覆膜播种自动导航系统、棉花精量喷药系统和机采棉智能监控系统，实现物联网技术在棉田精细整地、棉花覆膜播种自动导航、精量喷药中及棉花机械采收过程中的应用，提高棉田机械作业效率和智能化水平，实现棉区肥、水、药的高效合理利用。棉花精准作业农机监控系统实现采棉机作业计量与工况监控，位置信息采集、作业面积计量与核算、作业任务管理、作业进度报送、作业和工况数据无线传输；调度系统主要实现调度运筹、故障预警、终端管理、指令收发、信息交互、信息发布等主要功能。棉花农机精准作业监控与指挥调度系统用于辅助农场管理人员进行农机作业调度，提高农机作业服务的效率，降低服务成本。

3. 取得成效

通过棉花精准生产物联网技术应用示范，采用节水灌溉技术每亩节约用水量按 40～60 立方米，核心区面积 1 万亩计算，基地每年可节水 40 万立方米，节约资金 2 万元。棉花膜下滴灌的人均管理定额从当前的 50 亩增加到 300 亩，平均单产提高 28 千克/亩，单位面积棉花膜下滴灌生产综合效益增加 260 元/亩。采用测土配方精准施肥，配合化肥变量深施应用技术，肥料利用率提高 10%以上，平均每亩节肥 10%以上。棉花防病虫害作业，每亩需农药 16 元，采用精量喷药技术，平均节省农药 40%以上。在棉花覆膜播种作业过程中应用示范拖拉机自动导航技术装备，能够大幅提高拖拉机功效和利用率，使每台拖拉机能增加作业量 30～50%。同时，采用自动导航技术，大幅度降低作业垄间重叠、遗漏，平均每亩直接效益在 32 元左右。通过定位监控、工况监测和农机信息化管理，可以有效提高采棉机作业效率，平均每台采棉机作业效率增加 20%。

二、设施园艺信息化

（一）发展现状

1. 无线传感网络技术广泛应用于设施园艺生产

无线传感网络作为当前设施园艺中核心技术之一，是采用不同类型的传感器，对植物生长环境因素（温/湿度、光照、化学、生物因子等）做出感应，通过传感网络将感应到的信号传输到上位机的管理平台中，平台通过建立的模型对设施作物环境做出最优控制。设施园艺中通常采用的传感器有温度传感器、湿度传感器、pH 传感器、光照传感器、离子传感器、生物传感器以及 CO_2 气体传感器等，目前我国已有传感器种类，共 10 大类、42 小类、近 6000 种产品，广泛应用于我国温室中，比如北京、山东、上海、江苏等地，能够对设施温室内环境进行实时监测。

在 2015 年 9 月，农业部召开的全国农业市场与信息化工作会议上，推广的全国 116 项农业物联网模式中，52 项设施园艺模式中全部采用无线传感网络，实时监测设施环境中的各个因素的变化，根据监测数据进行环境的管理与控制，使设施环境达到设施作物的最优生存环境，无线传感网络已然成为设施园艺的必然条件之一。

2．智能装备信息化推广力度加大

国家把设施农业设备列入全国农机购置补贴机具种类范围，有力地支持了设施园艺的发展，同时 2014 年 12 月科技部启动实施设施园艺装备重大项目"现代节能高效设施园艺装备研制与产业化示范"，投资 1.6 亿元，从关键技术、设施与装备研究、应用示范三个层次开展设施园艺智能装备的研发与示范。

目前我国各省机械化水平普遍超过 20%，新疆兵团最高达到了 44.17%[1]，在设施机耕、机播、机收、机灌施肥及环境控制方面有较大进步，无线网络化卷帘机、自动控制吹风机、移动式精量喷药机、果蔬嫁接机、设施作业采摘车、便携式微型耕耘机等各种设施作业机械的大量使用，既充分利用了温室设施空间，又减轻了人工劳动强度，提高了农产品产出效率。相关研究表明，设施园艺农业实现智能化装备后可使经济效益提高 20% 以上[2]。

3．设施温室水肥一体化技术进一步推广

水肥一体化技术在实际应用过程中能够省水、省肥、省工，提高水肥利用率，增加作物产量，减少环境污染，我国水肥一体化技术在引进国外先进技术的基础上加以改进，研发微灌设备，通过压力系统，将可溶性肥料按照作物种类和生长的需肥规律配对的肥液，随灌溉水通过可控管道提供水肥，目前应用较为广泛的水肥一体化技术有滴灌水肥一体化技术、微喷灌水肥一体化技术、膜下滴灌水肥一体化技术三类，通过水肥一体化技术应用，水分利用率提高 40%~60%[3]。较为成熟的应用于设施黄瓜、番茄、西瓜、草莓等设施作物，通过测土配方施肥，氮、磷、钾及微量元素合理配方施用，肥料利用率可提高 25% 左右，减少了土壤的硝酸盐的含量，可降低温室内相对湿度 18%~20%，有效减少病虫害的发生，降低了农药残留 18% 左右，减少农药使用量 35% 左右，通过示范区的记录，种植设施蔬菜，按照每年两茬计算，使用水肥一体化后，平均每栋温室可增收 4000 余元[4]，有效实现了节本增效的目的，在东北、华北、西北、南方等地区有较好的应用。

4．设施园艺管理信息平台应用到实际生产管理过程中

随着政府加大设施园艺建设的推广力度，涌现出了一批以农业信息化为核心的农业龙头企业，如北京派得伟业科技、北京农信通、北京奥科美、江苏中农物联网、浙江托普云农、安徽朗坤等，通过与政府、科研单位和大专院校的合作开发、联合示范以及成果转化等方式实现了设施装备产业在全国范围内的大范围推广应用，并根据实际要求开发了一系列的设施农业管理平台，综合应用传感器感知技术、物联网技术、云计算技术、大数据等技术，建设监测预警系统、网络传输系统、智能控制系统及综合管理平台，例如北京派得

伟业科技发展有限公司开发的"农业物联网系统集成与应用平台"、北京农信通科技有限责任公司开发的"农业物联网综合支撑服务平台"、浙江托普云农科技股份有限公司开发的"现代园区物联网应用平台"等，通过对监测区域的土壤资源、水资源、气候信息及农情信息（苗情、墒情、虫情、灾情）等进行统一化监控与管理，构建以标准体系、评价体系、预警体系和科学指导体系为主的网络化、一体化监管平台，以技术手段完成农业生产活动全程实时监测、危害状况及时预警、管理人员与专家指导人员多方面信息共享、农事生产过程管理远程化、经营管理标准化等过程，实现农作物逆环境因子生长，达到提高农作物产量、改善农作物品质、节约农资成本的目的。

（二）存在的主要问题

1. 我国设施园艺基础较弱、装备智能化发展缓慢，物联网技术推广处于初级阶段

我国设施园艺主要还是日光温室、塑料大棚及中小拱棚，科技含量较低，存在设施结构不合理的现象，造成了采光、保温、通风等性能不好，而科技含量较高的连栋温室发展较为缓慢；在设施智能化装备中，用于耕作、栽培和收获等环节的设施装备较少，机械化水平较低，劳动用工量大，生产成本增加，产品竞争力下降；在智能控制方面，由于目前设施环境控制水平较低，环境监控设备较少，并且与之配套的控制设备不足，难以对设施环境进行精准控制和营造适合作物生长的环境，造成设施作物产品品质和产量难以提高。

设施园艺环境信息主要包括温室内温、光、水、气等小气候信息，土壤温/湿度、EC值、pH值等环境信息和室外温、光、水、气、风、雪等气象信息，这些信息主要依靠传感器进行监测并传输，而我国目前的农业领域所用的传感器种类仅占到全世界的10%，而且价格较为昂贵仅适用于经济价值或者附加值高的作物，不适合普通农作物；同时目前我国自主研发的传感器中，部分产品的使用性能、寿命、维护成本等较高；种类主要包含温湿度、光照强度、气体等，缺少对植物生长信息、农药残留及作物生长环境综合检测的感知设备；同时缺乏稳定可靠、节能低成本、具有环境适应性和智能化的设备和产品。

我国设施园艺智能化装备使用率为32.45%，普遍低于40%，人、畜、力仍然占到主导地位[7]，目前欧洲、美国、日本等发达国家的设施园艺已经实现从育苗、定植、栽培、施肥、灌溉等过程的自动化、智能化和网络化，作业器具稳定、功能齐全，例如荷兰、以色列、日本、美国等温室大棚内作业机具的研究、开发、推广和应用都处于世界领先地位，在耕整地、播种、中耕、植保、收获和运输都已全部实现了机械化。这就要求我国需要加大在设施园艺装备的投入，加快设施园艺智能装备的发展，减小国内外设施园艺装备的差距，加快我国设施园艺信息化的发展。

2. 作物生长模型研究不足，温室专家系统缺乏

作物生长模型对农业生产和科学的管理决策起到了指导作用，专家系统根据综合监测信息和作物生长模型进行作物诊断并进行管理的过程，随着作物模型研究和专家系统的推出使用，一些不足之处也凸现出来，主要体现在：第一，目前所推出的系统中的终端用户不明确，只适用于专业人士使用，非专业人士及农民使用困难甚至难以操作；第二，目前的作物模型多数是集气候、作物、土壤、管理于一体，由于农业产量主要受天气条件影响较大，其模型模拟的成功与否还取决于对未来天气预报的准确性和长期有效性；第三，缺

乏统一的标准和方法，难以在不同地方使用同一个作物模型，空间差异性造成了作物模型的局限性；第四，当前作物模型大多数在实验室环境下模拟进行，操作环境过于理想化，在实践过程中，受到了自然、社会等诸多因素影响，使得作物模型的准确性难以达到实际需求。

3. 设施园艺信息化技术推广过程困难

设施园艺技术应用过程中效果显著，但是也存在一些问题使得信息化技术在推广过程中受阻，主要包含：第一，设施温室面积，目前应用效果好的基本上是农业园区、相关农业公司基地、科研基地等，采取的是大面积设施温室，一次性投资较大，效益较为明显，农户温室大棚存在面积小、基础设施差，导致推广应用困难加大，经济效益不明显；第二，设施装备存在缺陷，维修费用较高、使用寿命短、更换频率高，加大了温室成本投入；第三，政府宣传力度不够，农民意识不足，我国农业从业者多为老年男性及妇女，文化、专业素质较低，难以掌握现代化的设施园艺技术，造成目前农户温室设施园艺信息化难以提升；第四，设施园艺服务体系建设不健全，农业科技推广人才短缺、资金不足、技术人员知识老化等，服务体系建设落后于设施园艺的发展。

（三）典型案例

案例四：山东德清绿色阳光农业生态示范区

1. 总体概况

山东德清绿色阳光农业生态有限公司成立于 2007 年 7 月，是一家专业从事现代农业产业化开发的科技型企业；公司基地位于德清莫干山省级现代农业综合园区，规划总面积 1200 亩。现已累计投资 5000 余万元，建成 500 亩工厂化容器育苗项目和 300 亩精品花卉生产项目。公司旨在以科技农业、生态农业为发展基础，以现代农业示范、传统农业改造、生态环境建设、休闲观光开发和多元经营为长期发展战略，创建以实现"先进农业、生态农村、富裕农民"为宗旨的现代农业综合发展示范区。

公司一期工厂化容器育苗示范项目占地 500 亩，总投资 3000 余万元，已于 2006 年建成并投入生产运营。该项目立足以工厂化、规模化、标准化、品种化等现代设施容器育苗为导向，建成集品种选育生产、技术应用示范、科研培训推广为一体的景观苗木容器栽培示范基地。项目年规模化生产各类容器苗木 2300 万株（盆），产值超过 2500 万元；2012年项目实现销售收入 1826 万元。公司二期精品花卉园区项目占地 300 亩，于 2011 年初开工建设，截至目前已投资 2300 余万元，现已建成 4000 平方米的科技农业展示玻璃温室，15000 平方米的标准化花卉温室，1000 平方米的科技创新服务中心。项目于 2011 年 9 月正式启动生产，2012 年共出圃各类优质盆花 25 万盆，年产值超 800 万元，销售收入突破 570 万元。

基地拥有国内先进的生产设施和生产理念，在农业开发领域具有较强的示范效应，是省级现代农业园区建设示范点、浙江省农业科技企业、湖州市十佳农业龙头企业以及湖州市现代农业示范园区，连续多年评为县优秀农业龙头企业；公司还是德清县现代农业产学研联盟花卉苗木分联盟牵头单位，建有省级的农业科技研发中心。基地自建成以来，省、市、县各级领导、业内同行都曾专程参观考察，截至目前，基地已接待国内外友人 370 多批，4600 多人次（见图 7-2）。

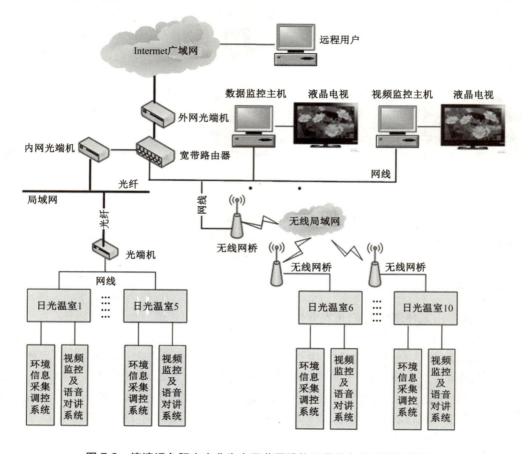

图 7-2　德清绿色阳光农业生态示范区设施园艺信息化技术路线图

2. 主要做法

德清绿色阳光农业生态有限公司花卉温室智能化控制系统完成泵站、管理房等基础设施的建设，完成对园区 9960 平方米的高档花卉生产温室实施智能化控制系统安装，配套26 台套温室环境因子监测、生长条件监控等设备和中央控制系统建设，并通过借助物联网软件管理系统，对花卉生产温室内光照、温度、湿度、CO_2 浓度等环境因子进行实时监测；初步实现了对花卉温室的智能化调控。

花卉温室智能化控制系统建设项目的实施，初步实现了以下几方面。

（1）温室内部环境因子的实时监测，通过布置在温室内部的 26 个无线传感器，自动采集温室的种植环境（空气温/湿度、土壤温/湿度、光照强度、室内二氧化碳）数据，并发送到电脑上为技术员提供及时的、准确的植物生长环境，从而准确的判断、调整温室内的即时环境条件，实现了相关技术参数的自动实时储存，初步估算节省了约 20%的劳动力。

（2）温室内部安全生产及作物生长监控，通过每个温室各安装 1 个视频监控系统，实时的监测植物的长势情况，以及发现病虫害。方便技术员针对实际情况开展水肥管理和病虫害防治，提高了管理效率和精准度。由于实现了可视化管理，创新了销售模式，公司能够实现客户在线订购，在方便客户选购的同时，公司的销售管理费用同比节省 15%。

（3）温室环境实时查询和自动控制，依托在园区内的生产管理中心，开辟 25 平米左右的房间建立智能化控制中心，配套一个中央控制平台和显示屏幕，通过控制柜的液晶显示屏，在工作现场查询温室的环境因素，并利用标准化参数设定控制温室风机、湿帘、外遮阳、内保温以及加温锅炉等设施，实现精准调控，大大减少了煤、电能耗，直接节省成本超过 20 万元。

（4）农业物联网的有效应用，通过设定作物的最佳生长环境因素，依托物联网软件系统根据设定的指标完成对温室设施设备的自动调控，支持报警功能，确保安全生产；而且还建立 Internet 访问系统的 IP 地址，通过授权用户可以在任何时间、任何地点来查看环境数据、视频系统和控制平台，便于开展专家网络会诊。大大提高了公司花卉产品的生产品质，销售价格也明显提高。

案例五：新疆兵团农四师七十三团——金琪珊万亩设施有机葡萄园

1. 总体概况

新疆兵团农四师七十三团成立于 1960 年，其前身是素有"红军团"之称的 359 旅 717团、中国人民解放军二军五师十三团二营机炮连，地处伊犁地区中部巩留境内。全团现有土地面积 43 万亩，法人代表冷畅勤，现有金琪珊万亩设施有机葡萄园一个，园区占地面积万亩，总投资 4000 余万元。现有温室葡萄现场语音报警及视频监控环境监测系统网络平台一个，投入 500 万元。

金琪珊万亩设施有机葡萄园现有葡萄地 4000 亩，标准葡萄棚 499 座，占地 1300 亩。温室环境信息的远程监测，建设一套以有线数据传输为基础的，日光温室群环境信息智能测控系统，整个系统拟树形结构，主要由 1 个综合控制中心、248 套高分辨率摄像头以及 196 套采集传感器组成。包括空气温湿度传感器、土壤水分传感器以及土壤温度传感器，同时预留接口，可扩展二氧化碳传感器、光照传感器等其他传感设备。

2. 主要做法

网络型视频服务器主要用以提供视频信号的转换和传输，并实现远程的网络视频服务。在已有的 Internet 上，只要能够上网就可以根据用户权限进行远程的图像访问、双向语音对讲，实现多点、在线、便捷的监测方式。网络摄像头通过无线网桥构建无线网络进行通信。

所有图像和控制信号都在控制中心集中显示和控制，显示系统配备液晶显示器，进行集中控制与显示。系统集成了多画面处理显示、视频运动检测、图像压缩编码/恢复解码、数字录像/即时回放、影像资料管理、资料备份/还原、云台/镜头控制、视频服务等多种功能。

（1）土壤信息感知：日光温室、连栋温室内安装土壤水分、土壤温度传感器，监测设施日光温室和部分连栋温室的土壤水分、土壤温度率情况，通过信息监测指导灌溉。采集数据通过本地数据采集器显示以及通过汇聚节点远程传输到监控中心。

（2）空气环境信息感知：日光温室由设施语音型无线采集终端和各种无线环境信息传感器及防护外壳组成，环境信息传感器监测空气温度、湿度、露点、光照强度、二氧化碳浓度等环境参数，通过无线采集终端以无线局域网方式将采集数据传输至园区监控中心，并能够以语音方式报警和指导生产。防护外壳安装排风风扇，可防止连续高温高湿环境对电子设备的侵蚀。该信息采集点主要布于示范基地日光温室。

（3）视频信息感知：作为数据信息的有效补充，基于网络技术和视频信号传输技术，对示范园区温室内部作物生长状况进行全天候视频监控。以监控中心、日光温室、连栋温室生产现场为中心，按照星网状结构架设安防监控设备，对整个生产过程包括种植、采摘、包装等环节进行安全视频监控；实现现场无人职守情况下农户对作物生长状况的远程在线监控、质量监督检验、检疫部门及上级主管部门，对生产过程的有效监督和及时干预以及信息技术管理人员，对现场数据信息和图像信息的获取、备份和分析处理。视频监控系统也为以后利用获取生物信息提供了必要的基础条件。

按设施绿色葡萄计算，实施后，年设施红提葡萄亩产鲜食葡萄 1500～2000 千克，价格按 25 元/千克计算，亩收入在 3.7～5 万元；有机葡萄园区亩产 1000～1200 千克，价格按 50 元/千克计算，亩收入在 5～6 万元。

案例六：广西博奇农业科技开发有限公司示范园区

1. 总体概况

广西博奇农业科技开发有限公司成立于 2012 年 7 月，目前主要业务：物联网智能农业系统研发与推广应用，香睡莲花种苗繁育、种植推广、花茶生产，优质水生蔬菜组培与种植推广，优质温克葡萄种植。基地位于柳州市北部，柳北区石碑坪镇石碑坪村新中屯，占地面积约 250 亩。自 2013 年以来，广西博奇农业科技开发有限公司已将茶叶生产物联网技术应用范围扩至柳州市下辖五县的 15 个茶叶企业，监测茶园种植环境面积 1 万亩。3 个果蔬生产基地、1 个水稻生产基地，总投资 300 万元，利用物联网技术中的传感、无线网络、二维码等关键技术，围绕国家农产品相关标准，构建了以物联网农业信息化建设为基础的农产品质量可溯源体系。进一步提高了农产品安全质量监管水平，尤其是在茶产业链方面的应用绩效突出，达到了示范应用的目标，也为下一步的推广打下了基础。

2. 主要做法

（1）在 250 亩的基地旁建设一个采集控制中心，由宽带网、数据采集服务器、监控服务器、通信网桥、UPS 电源、计算机终端、Window 2008、Window SQL Server 2008 系统、采集与控制软件系统组成。

（2）在公司本部建有计算中心和《柳州茶业》www.lzc.org.cn 的网站、《柳州诺立农业物联网》www.lznuoli.com 的网站平台；中心由 Web 服务器、数据库服务器、专用光纤接入、交换机、路由器、防火墙、UPS 电源、计算机终端、Window 2008、Window SQL Server 2008 系统、采集与控制软件系统组成。

（3）在 150 亩温克葡萄种植园区，范围安装 7 台（套）太阳能 ZigBee 采集器组成无线监测网络，分别对葡萄园区的光照度，空气温湿度，二氧化硫浓度，土壤水分，土壤温度进行实时监测。同时安装有灌溉电磁阀控制接收网络系统。

（4）在 70 亩的香睡莲花种苗繁育园区，安装 5 台（套）太阳能 ZigBee 采集器，组成无线监测网络，分别对香睡莲园区的光照度，空气温湿度，二氧化硫浓度，水位高度，水温、pH 值进行实时监测。同时安装有灌溉、喷淋电磁阀，大棚水帘通风，辅助光照控制接收网络系统。

（5）整个园区安装 6 台智能球型摄像机和 8 套固定摄像机。

（6）为柳州市辖内的融水县、三江县、鹿寨县、融安县、柳城县茶叶企业和茶园（茶园监测面积 1 万亩，茶业生产企业 15 家），共 20 多家农产品龙头企业安装了种植与生产环境监测与网络系统，产品溯源系统。所有数据均通过宽带网上传至公司网站平台，供市农业主管部门、市农业技术推广中心查询。

系统通过前端传感器数据、太阳能 ZigBee 无线数据采集嵌入式网络系统等物联网技术，应用于现代农业，通过种养殖环境监测系统、监控系统、灌溉通风控制系统、农产品质量追溯系统，通过网络实现对农作物灌溉情况、温度、湿度、风力、气压、降雨量、氮浓缩量和土壤 pH 值等方面的远程控制。进而实现农业生产的精细化、远程化和自动化，改变传统农业生产方式（见图 7-3）。

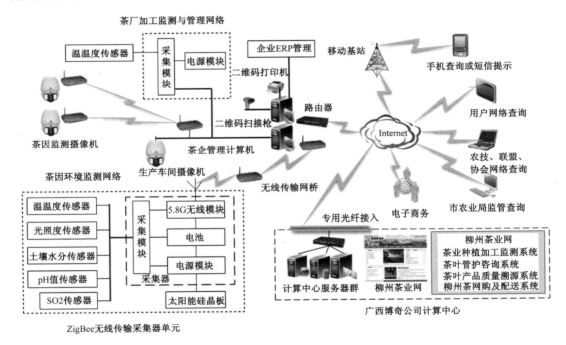

图 7-3 网络系统结构图

能够实现：能够实现以下几方面内容。

①环境监测系统：利用温湿度传感器、光照传感器、二氧化碳传感器、二氧化硫传感器、土壤水分传感器、土壤温度传感器、pH 值传感器实时获取环境数据，为灌溉、通风、补光控制系统和温湿度控制系统提供数据信息。

②水肥一体化灌溉控制系统：通过对种植土壤检测，根据农作物需要进行氮磷钾合理配比，进行滴浇灌和微喷雾系统的控制，实现远程自动灌溉和作物管护水肥记录。

③温/湿度监控系统：通过各类传感器，采集农作物生长环境信息，设定环境指标参数，

当环境指标超出参数范围时，自动启动风机降温系统、水暖加温系统、空气内循环系统、补光系统等进行环境温湿度、光照调节。

④远程监控系统：通过前端摄像设备、网站平台，对作物生长状态及病虫害进行观测，农业技术部门专家可进行病虫害远程技术指导，及时解决突发事件。消费者可通过网站视频，直观了解到清洁田园环境和管护、采收流程。

⑤农产品质量追溯系统：各园区通过 ERP 管理系统生成农产品二维码，并打印二维码标签粘贴在农产品包装盒（同时数据上传到网站平台），实现防伪和消费者通过手机扫描二维码或网站进行质量追溯查询功能。

三、果园种植信息化

（一）发展现状

我国是世界果品产量大国，据中国统计年鉴，2014 年我国果园面积 12371 千公顷，果品总产量达到 2.6 亿吨，同比增长 4.4%，其中园林水果产量 1.66 亿吨，稳居世界首位，连续 13 年产量增长，是 1978 年的 23 倍。我国果品生产呈现稳中有增的趋势，总的形势趋好。随着我国经济总量的提升，果品已经从享受品变成了生活必需品，对果品供应的需求，呈现量质双升的局面，大大促进了果业的发展，不仅带动了农民增收，还带动了产业链的发展。然而，在我国果业蓬勃发展的背后依然隐藏着种种矛盾。

果业自动化是目前果业信息化从业者奋斗的目标，智慧果业是果业信息化从业者的理想。

国外的果树标准化、机械化以及组织程度高，信息化程度相应地较高。而我国果园信息化较低，基本上处于起步阶段，应用比较简单，表现为应用规模小，应用水平低。从应用阶段看，目前信息化水平较高，从业者热情较高的主要原因是流通阶段，其次，是信息化较为简单，在管理上有迫切需要的灌溉系统等。应用形式主要以科研成果的展示为主，资金主要以以政府的投入为主。部分面向科研型果园引入了国外自动化设备，促进了果园信息化水平。缺乏信息化水平高的示范单位，特别是信息化水平很高的商业化水准很高的应用示范单位。利用信息化技术改造和提升果业信息化水平，要着眼于整个果业产业链的信息化，而不能仅仅着眼于开网店。在实现果品营销网络化的同时，不要忘记生产的自动化和智能化，果业信息服务的快捷化和人性化，通过互联网+果业，促进果业的快速升级。

总之，我国果业信息化的整体水平较低，处于起步阶段，未来还有很长的一段路要走，工作艰苦，任务繁重。

环境监控系统在果园管理中的得到初步应用。北京市 221 平台 2013 年开始从"监测"向"应用"发展。云南昆明市新型农业经营主体直通式气象服务驻进果园，安宁红梨基地，监测空气湿度、风力以及页面温度、土壤水分等，气象局将观测站设站果园，为病害防治，果园灌溉等提供服务。浙江慈溪市、温州惠山区阳山有机水蜜桃基地等利用物联网技术，快速采集种植信息和环境信息，实现了葡萄、梨和水蜜桃的智能化精细管理。浙江省农科院在嘉兴南湖区大桥镇在葡萄大棚内，用短信触发的方式，远程获取大棚内的空气温/湿度、土壤水分含量等。山东农业大学利用数码相机监测苹果生长发育的动态和病虫害发生情况。

清华同方融达公司开发的智慧果园系统，可以监控园区内的环境温/湿度、降雨量和土壤墒情以及病虫害发生。陕西洛川引入日本生产的自动防霜系统，通过监测低层气温监测果园霜冻，利用大的叶片搅动空气，增强空气的对流，防止霜冻发生。

中国农业科学院农业信息研究所研发了果园现场服务器，监控果园空气温湿度、土壤温湿度、光强、二氧化碳等参数，并可以动态监控果树生长动态和病虫害发生状况，为果园生产管理提供决策支持，该技术在北京、辽宁兴城、陕西洛川、河南新乡、四川、新疆阿拉尔等地得到应用。

生产过程监控融入信息化手段。福建省平和是中国蜜柚之乡，平和蜜柚协会利用二维码技术，监督果园施肥、灌溉、嫁接的各个环节，实现了生产有记录、产品能查询、质量可追溯。山东农业大学与国家农业信息化工程技术研究中心利用现代科技服务农业，在山东省肥城潮泉镇利用电子标签技术为果树编码，记录果树名称、品种、负责人等相关信息，并可记录施肥的时间、肥料的名称、施用量等生产信息。江苏临安愚公生态农庄，利用二维码技术记录水蜜桃的物候期和生产节点，为果树建立电子档案。联想控股旗下佳沃集团涉足蓝莓、猕猴桃、车厘子等高端水果生产，利用二维码技术，实现全产业链、全程可追溯，用IT业模式打造现代农业。湖北秭归县通过企业龙头和专业合作社合作项目促进果园信息化建设，实现果园高温、冻害、干旱、病虫等的监测和水肥的远程管理、智能决策和自动控制，发展优质脐橙4500多亩。

水肥一体化精准灌溉系统得到初步应用。山西省临猗县通过物联网技术，实现了水肥一体和果园信息监控，带动全县果园的科学化管理。河南仰韶奶业公司果园乡李家大杏基地成功引进智能精准灌溉施肥系统，建成了渑池县首家精准农业示范园，200亩地的施肥灌溉作业从原来的半个月缩短到现在的半小时，大大提高了工作效率。陕西省陕县二仙坡果园种植基地利用物联网技术，实现了智能节水灌溉和生产过程数据的自动记录、更新和修正，通过物联网建设带动建成了"二仙坡"牌苹果。中国农业科学院郑州果树研究所研究开发了柑橘信息化精准管理系统，系统实现了对高温、冻害、干旱的实时预警和水肥系统的远程管理、智能决策和自动控制。系统在浙江临海和重庆忠县等地得到了广泛应用。

果园生产辅助管理系统取得初步应用。中国农业科学院农业信息研究所研发了果园数字化生产管理系统，并在北京、辽宁、河北、陕西、四川、河南等开始试点应用。系统可以根据环境信息及果树长势的历史和现实数据，提出果园生产管理的建议。中国农业科学院郑州果树研究所，开发了基于 ArcGIS Engine 的重庆市柑橘果园管理系统，为果园的合理布局和科学管理提供科学依据。该系统在万州、忠县、江津和永州等地得到了应用。新建建设兵团十三师使用哈密瓜信息化管理系统对全师的产、供、销加工进行管理。基于微信平台的果园生产辅助支持系统得到较为广泛的应用，主要的功能是利用微信平台及时发布生产技术支持，病虫害发生情况预报等。电商平台参与了农业物资的派送活动，减少了假冒伪劣农资在农村的流通，如京东送种子下乡活动等。

（二）存在问题

尽管近几年果业种植信息化发展较快，特别是推进速度较为迅速。但是，信息化技术应用水平低，限制了果园种植信息化的进一步发展。具体表现为以下几个方面。

1. 果园基础设施落后。园内水电、通信、道路基础设施落后，不能支撑果业机械的使用和推广，不能支撑果业信息系统的应用，因而影响了果业信息化的实现。

2. 传感器种类少，技术落后。针对果园的专用传感器严重不足，土壤果树养分诊断传感器、果实成熟度传感器、果树生长模式传感器等，在国内基本上见不到。部分常用传感器质量较差，性能不稳定，同样影响了各类信息化应用系统的正常使用。

3. 缺乏模型支撑。由于信息化的应用平台缺乏相应的模型支撑，目前，信息化的应用系统基本上处于监测水平，系统缺乏自动控制功能，尽管很多系统部署了智能控制模块，例如果树生长模拟模型、果树生长与产量影响模拟模型、病害发生模拟预测模型等，但是，由于果园生产环境复杂性的影响，相关果树模型的鲁棒性较差，造成了模型的的应用性能差，在实际应用中的系统基本上处于利用手动进行控制的使用水平，难以应用系统的自我反馈（智能）系统进行智能控制。

4. 机械化程度低。我国大多数果园整体上是分散经营，大型的果园往往分布在山区，基础条件落后，再加上经营的果树树体大，品种落后，也不适应机械化作业，农机技术无法与园艺技术融合，因此造成目前果园的机械化程度很低的局面，信息化体系中缺乏相应的执行机构，不能完成采摘、喷药等日常果园的农事活动，因而信息化应用的实用性较差，难以激发企业实现信息化的热情。

5. 信息化投入高。果园单位面积的盈利能力较低，信息化前期投入高，回报低。果农接受信息化的热情不够，信息化的推广应用困难。

6. 信息不对称。果品供给与市场需求脱节，一方面是果农种植的果品难以出售，另一方面是市场需要的品种严重短缺。"全国果品价格监测与市场预警信息体系"项目经过3年努力，初步建成了覆盖我国果品主要产区的价格发布体系，填补了这方面的空白，但是，还不能满足果农的需要，仍有大量的工作要作。

7. 用工成本增加。随着我国经济发展和人口结构的变化，我国人工短缺现象越来越明显，人工成本明显上升。到2012年，我国人工成本已经占总成本的一半以上。2014年，我国农民工仅增加501万，增幅仅1%，从2010年起农民工增速连续4年下滑，而同期农民工月收入为2864元，增幅9.8%，人力成本上升不可逆转。

8. 组织化程度低。我国果品经营，主要以散户经营的形式出现，经营规模小，影响了生产经营、技术推广等的组织实施效果。尽管近几年，随着果业专业合作社的建立，但是，组织化程度依然不高，运作不规范，合作社规模偏小，对整体状况难有大的改观。随着社会资本不断进入果业，果品生产的规模化、专业化和品牌化程度正在不断提高。

9. 科技含量低。在主栽品种中，我国具有完全自主知识产权的品种极少，育种创新能力低。苹果、葡萄、草莓等都以国外品种为主栽品种。生产工艺落后，规范化技术差，优质果比例较低，先进果品生产果的优质果率可以达到70%，与之相比我国的优质果率不到总产量的10%。

果园种植信息化，是有效破解我国果园经营难题的主要途径，积极推广组织专业化、经营规模化，通过生产标准化、机械化、信息化，达成果园种植的流程简单化、工作省力化、效益最大化。

（三）推进果园种植信息化的建议

果园种植信息化是提升果业产业形态的重要手段。政府要加强果园种植信息化作为国家基础设施建设的意识，推动果园种植信息化向广度和深度两个方向的发展。

1. 尽快实现果园现代化。制定和实施果园现代化的标准，推进标准的实施，特别是注重果园机械化技术与园艺技术融合的标准来制定与实施。目前，果园建设不规范，极大地阻碍了果园现代化机械化进程，信息化就更加困难重重。

2. 加快果业规模化建设。必须加快果业大型企业建设，培育大型龙头企业，规模化经营是实现果业信息化的基础。没有规模的果园，缺乏必要的竞争力，缺乏长久发展的潜力，没有能力进行扩大再生产，根本就不可能实现机械化和信息化。

3. 加快机械化进程。果业信息化归根到底是果业机械的智能化，只有监测机构，而缺乏必要的执行机构，难以提高果园的生产效率，导致果园缺乏必要的盈利能力，最终会伤害到整个果业信息化的建设。

4. 加强果园基础设施的建设。由政府投资加强果园水电通信道路等基础设施的建设，为信息化建设奠定良好基础。强化政府投入主体的意识。树立先投入后受益的意识，信息化建设初期的投入大，见效慢。属于滚雪球效应，初期很难很慢，越到后期回报越大。因此，要坚定信心，持续投入，把果园种植信息化做强做大。

5. 加强科研投入。基于互联网+果业的果园信息化建设，归根到底，是依赖于智能网络的，其中传感器在果业智能网中扮演了重要的角色。目前，我国传感器的研发和生产相对滞后，在果业信息化的过程中，缺乏监测果树生长过程的各种专用传感器。因此，我国应该在果树基础研究方面加强投入，强化科研院所及其相关企业的研发生产能力，尽快研制生产一批果树专用的传感器，并研发果树生长与管理专有的各种模型。只有这样才能真正实现果业网络的智能化，实现果业的信息化。

6. 加强培养符合果园种植信息化发展的人才培养。果园种植信息化涉及众多学科交叉。目前，无论是在科研阶段还是应用阶段，均凸显复合型人才的不足，应加强培养。果业信息化，要有多方面的参与，相关法律、标准的制定，相关设备技术的研发，金融保险财务服务，相关标准技术的推广均需要专门的人才以支撑。果业信息化领域缺乏尖端人才，相关的科研人员尚未入选我国高端人才计划，如中组部千人计划、国家杰出青年计划、教育部长江学者计划以及科技部"万人计划"等主要人才计划，凸显行业缺乏生长点。因此，人才的培养迫在眉睫，刻不容缓。

第二节 畜牧业生产信息化

随着"互联网+"技术向传统产业的不断渗透，现代畜禽养殖业的发展标志之一，必然是与互联网技术进行深度融合，通过智能化设备装备，全面"感知"生产要素与生产环境，通过精准化生产控制，生产过程可跟踪与产品质量可溯源，畜产品的扁平化流通，以及通过信息技术的应用实施畜牧业产前、产中及产后的个性化服务，以期达到畜牧业生产的全透明化管理，最小化各种资源的投入，最大化畜产品的产出，包括数量与质量及环境的综合效益。以"互联网+"技术为基础的物联网技术逐步渗透到畜牧生产的各个领域，通过集成与自主开发，不断有研究报道畜禽养殖环境监测物联网、精细饲养物联网，畜产品质量安全溯源物联网等内容。信息技术已经成为畜牧业生产力的主要要素，为助推畜牧业产业升级、合理利用饲料资源、提高畜牧业数字化管理水平、提高畜禽经营者的收入发挥着不可或缺的作用。总之，建设以"互联网+"的现代畜牧业，也是新形势下促进新农村经济社会全面发展的重大战略部署，是践行新"四化"战略的重大举措，也是解决"三农"问题的新动力。

一、畜类养殖从环境到饲喂从管理信息化向物联网控制迈进

畜牧养殖的规模化、标准化与智能装备化的趋势越发明显，养殖方式也随之发生了深刻的变化。以自动化、数字化技术为平台，通过模拟生态和自动控制技术，每一个畜禽舍或养殖场都成为一个生态单元，能够通过迅猛发展的物联网技术，在感知环境数据的基础上，利用移动智能终端手机远程调控温度、湿度和空气质量，而且能够自动送料、饮水，甚至自动进行产品分检和运输等。

案例一：作为我国最大的畜禽养殖企业——温氏集团，用明锐的眼光，犹如"春江水暖鸭先知"物联网的巨大应用前景，率先开展企业畜牧业物联网的应用研究，建成了"广州温氏集团计算机数据中心"，其中包括畜牧养殖生产的监控中心，畜禽养殖环境监测物联网系统，畜禽体征与行为监测传感网系统等。主要采用物联网技术及视频编码压缩技术，将企业所属各地养殖户及加工厂的重要实时监控视频、主要位点的传感器检测数据（温度、湿度、空气质量、水质、冷库温度等）自动感知与收集，并在指挥中心的大屏幕上集中显示，管理者只要点击鼠标可获得相应养殖户或工厂的各项实时或历史数据、统计报表及视频等，方便地提出与当前关注问题相关的。重要信息，由此进行可视化的日常管理、巡查会应急指挥。在该企业的物联网系统的应用中，采用了大数据的理念，这就是建立不同类型数据之间的关联，远离数据孤岛，令人欣慰。其次，利用可视化技术，将企业运行最关键的过程数据，包括主要产品的销售数据及"公司+农户"模式下的毛收入数据，通过物联网系统内的计算模型，动态计算出来，数据出现的状态可达到几分几秒，既可满足高层决策的决策需求，又能让经营者及时掌握各自在不同区域及销售不同产品的赢利点（见图7-4）。

案例二：具有闭环控制的畜禽养殖环境物联网系统构建。中国农业科学院北京畜牧兽医研究所联合河南南商农牧科技有限公司，研究开发了最新一代畜禽养殖环境监控物联网，主要利用环境感知传感器，如温/湿度传感器、光照度传感器，CO_2 传感器等，对连续变化的环境参数进行远程监测的数据首先通过 2G 或 3G/4G SIM 卡传输到数据服务器中贮存，开发的手机客户端 APP 文件，则可在线查看连续变化的环境参数及历史数据，依据监测的数据及预设的环境参数的阈值，系统会提醒用户开启相应的控制设备，如水帘、电暖、风机的开启与关闭等。图 7-5 显示了手机客户端的处理结果。需要特别提到的是，对现场设备实现远程控制，首先需要事先对现场设备的控制开关进行集成，需追加可接受远程信息的控制端口。

图 7-4　温氏集团物联网数据采集与分析中心动态显示的肉鸡及肉猪不同时间点上的数据

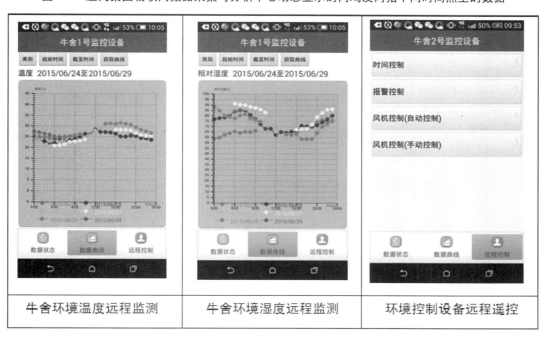

牛舍环境温度远程监测	牛舍环境湿度远程监测	环境控制设备远程遥控

图 7-5 畜禽场环境监测物联网系统中温度、湿度的连续监测及对环境设备的远程控制

（中国农业科学院北京畜牧兽医研究所、河南南商农牧科技公司，2015.8）

　　案例三：最新一代妊娠母猪电子饲喂站及哺乳母猪饲喂器研究取得显著进展。众所周知，我国是世界第一养猪大国，也是繁殖母猪的饲养大国，截至 2015 年 9 月份，全国生猪存栏数量达到了 38806 万头，其中，能繁母猪数为 3852 万头（国家统计局发布的）。但母猪的生产力水平仍然相对落后。就最能反映繁殖母猪生产力水平的 2 个指标分析，我国目前一头繁殖母猪每年可提供的断奶仔猪数和商品猪头数分别 18 头和 15 头，比 2 年前的平

均 16 头和 13.8 头相比，还是有所进步的。而欧洲发达的养猪国家，如荷兰、丹麦的水平为 26 头和 24 头，足见水平之间差距依然显著，意味着提高水平的潜力巨大。事实上，我国母猪的遗传潜力与国际比较不存在差异，关键在对于母猪的精细饲养管理。而智能化、无应激的与开放式的管理系统正是提高母猪生产力的关键。

母猪的生产力水平代表了一个国家养猪业的科技含量，不仅影响到商品猪饲养的成效，还最终影响一个地区甚至国家的价格指数。因此，近些年来，在国际上一直在智能电子饲喂母猪的设备装备（母猪电子饲喂站，简称 ESF）及控制软件上推陈出新，通过 ESF 的多年应用，证明了 ESF 的优点如下：（1）可以按个体做到精细饲喂；（2）一个小群体可共用一套设备，减少设备投资；（3）母猪可分组灵活；（4）使用数字化管理，从生理营养上满足个体需要，实现动物本身最大的福利；（5）母猪的繁殖生产力表现好。

就 ESF 系统本身而言，具有典型的物联网核心技术特征，包含了感知、数据采集与传输及饲喂控制的三个层面，可以称之为母猪精准饲喂物联网系统。

在国内从事母猪 ESF 研究的相关设备制造企业不多，主要有郑州九川自动化设备有限公司、河南河顺自动化设备公司及河南国商农牧科技责任公司等。上述公司在设备的研究与推广方面，由先期的模仿到目前的自主创新的过程，可谓屡战屡败、屡败屡战，才在目前取得巨大的突破，为我国母猪饲养物联网的设备自主创新做出了贡献。典型的物联网系统主要由河南国商农牧科技责任公司与中国农业科学院、北京畜牧兽医研究所联合研制的第 5 代妊娠母猪及哺乳母猪智能饲喂系统，均已经获得及申请发明专利及实用新型专利近 20 项，获得计算机软件登记登记 3 项。

图 7-6 所示为最新研制的妊娠母猪电子饲喂站，进入门采用传感器+电动门+中央控制器协同工作的方式，提高猪只有序进入饲喂器的效率；根据感知的母猪的标识信息，通过计算机提出其历史档案，决定饲喂的数量及次数，实施具有阈值设定下的自动饲喂，形成了基于感知、数据分析及饲喂控制的完整闭环控制生产，基本达到了在无人控制下按个体的体况精细化饲喂，是通过物联网技术应用提高畜牧业生产力的典型案例。

图 7-7 所示的哺乳母猪自动饲喂器，同样地通过采集母猪个体的体况数据，包括体重，哺乳胎次及抚养的仔猪头数，根据营养需要量模型，计算不同哺乳天数的采食量做为阈值，通过中央控制器或移动智能手机，控制饲喂次数及每次的饲喂量，实现基于物联网技术与阈值下的精细饲喂。特别是如果中央控制器中嵌入 SIM 卡，将手机端 APP 文件与 SIM 卡关联，再通过手机端可以实时查看每头母猪的采食数据，并对每头母猪的饲喂程序进行远程控制，也就是可以通过手机远程养猪了（图 7-8）。

案例四：奶牛精准饲喂系统的研究取得新的突破。奶牛作为大体型的家养动物，在不同的泌乳阶段、妊娠阶段，其生理变化较大，导致具有不同特征的体重变化曲线。泌乳曲线及采食量变化曲线。如何准确了解奶牛的采食量的变化规律，一直以来是从事奶牛营养需要量研究的重要内容。传统上，主要依靠人力记录全混合日粮（TMR）的投喂量及剩余料，当牛只头数较多时，工作量大且受人为因素的影响，使得连续获得个体或小群体的采食量记录较为困难。因此，采用物联网技术研究开展奶牛饲喂的精准自动计量系统是非常必要的，而且现有的电子标识识读技术、传感器技术及电子控制技术为该物联网应用系统的研制提供了可能。由中国农业科学院北京畜牧兽医兽医研究所联合河南南商农牧科技公司研究的第一代"智能化个体奶牛饲喂系统"基本成型（图7-9），并已将申报了4项专利，并有望在2015年年底投入测试使用。

图7-6　妊娠母猪电子饲喂站　　图7-7　哺乳母猪饲喂器　　图7-8　手机远程控制饲喂参数

图7-9　自主研发的"智能化个体奶牛饲喂系统"　　图7-10　荷兰奶牛精准饲喂自动计量系统

　　图7-10所示的智能化个体奶牛饲喂系统提供了一种奶牛自动饲喂及计量装置，包括料斗、支撑座、栏杆和阻挡单元；其料斗为上部开放的斗状容器，且可拆卸设置于支撑座上；支撑座有2个，对称设置于料斗两侧的地面上，用于支撑料斗，还用于称量料斗及其盛放的饲料的重量；此外配套的栏杆设置于所述料斗的一侧，栏杆中部设置有用于供奶牛头部通过的取食空间；阻挡单元设置于料斗和栏杆之间，用于阻挡不符合条件的奶牛进食，允许符合条件的奶牛进食。借助于电子耳标自动识别技术、近红外感知技术及重量传感器技术的协同作用，加上饲喂装置与现场控制器的联动，可以记录符合进食条件的奶牛每次进入采食的时间点、离开料槽的时间点，以及每次的采食量，依次可以计算得到每天的采食

时长及采食量。该系统既可以实现自由采食，也可以定量采食。因为每个采食的料槽上均带有一个控制器，每天奶牛的数据可单独记录，也可以在一个料槽上记录不同奶牛的采食量，前提是每个料头盛的饲料是相同的。

案例五：种畜生产的全过程数字化监管与云分析计算平台投入应用。畜牧业生产中，最为复杂的生物系统莫过于种畜的生产。例如，种猪及奶牛的生产周期中，从发情、配种、孕检、妊娠到分娩，到空怀或干奶，直到下一个繁殖周期或淘汰，不断地产生个体及群体的状态数据及周期性数据，周而复始，需要不断的记录和进行数据的模型分析，产生诸如繁殖性能参数、泌乳性能参数等，及时对繁殖或育种方案进行优化，以保持种畜的高效与稳定的生产。在国际上从 20 世纪 70 年代初，利用信息技术就开启了种畜禽场的全程计算机管理，为基于物联网技术的云计算及大数据分析奠定了数据基础。典型的有新西兰开发的种猪场用 Pigwin 系统，西班牙农业技术软件公司开发的 Porcitec 系列系统，尤其是与奶牛发情监测计步器及牛奶品质在线检测系统物理连接的阿菲牧管理软件系统。该系统是一个典型的牧业物联网软、硬件系统，在大型奶牛养殖企业得到广泛的应用。在国内，长期关注并研制开发的种畜场计算机管理网络系统有:北京飞天软件开发中心、中国农业科学院北京畜牧兽医研究所、南京丰顿科技有限公司等。其中，中国农业科学院北京畜牧兽医研究所、东北农业大学等一直结合物联网技术的快速发展，充分融合畜牧业的专业领域模型与种畜禽场的生产实际，主要研制了种猪场及奶牛场的全程生产过程与数据分析网络平台及出版多部专著，取得了一系列的计算机软件版权登记。在 2013 版的网络软件系统中，特别增强从已知数据派生与分析未知数据的数据挖掘分析功能，即从最少的已知数据中，通过数据的关联与模型的嵌入，挖掘出的最大量的繁殖与生产性能参数，为管理者提升数据的升值服务。图 7-11 为针对吉林精气神养殖场开发的规模化种猪场开发的种猪繁殖与管理数字化平台，以及基于平台采集或收集的数据展开的各种业务需求的数字化及可视化分析。

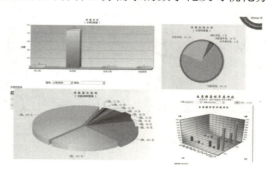

图 7-11   种猪生产管理网络数据库平台及数据挖掘分析结果

而从一个区域或者国家层面开展种猪生产性能比较的云计算平台，管理与分析的不是一个种猪场，而且通过网络数据库群将数以百计或千计的种猪场的基础数据，采用元数据规范进行物理的或虚拟的集中式管理与分析，实时云存贮与云计算。该项基础性工作已由中国农业科学院北京畜牧兽医研究所与养猪动力网在联合构建，且希望得到国家项目的立项持续支持。图 7-12 为种猪场场际间的生产过程数字化管理及云计算机平台界面。

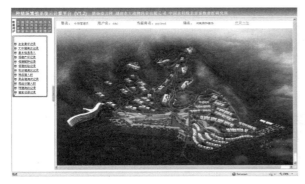

图 7-12　种猪场场际间的生产过程数字化管理及云计算平台

二、禽类养殖以过程信息化为主，基于个体标识的计算机育种平台开发完成

家禽养殖与家畜养殖的生产过程具有明显的差异，就是肉禽与蛋禽的养殖也有明显的差异，有群养、笼养、散养（网上、地上）等。基于个体的信息采集显然难度较大，因此不同于家畜，尚不存在基于个体的信息采集及精细饲喂，使得信息技术在本领域的应用不及种畜（猪、奶牛）的研究细致深入。从饲喂本身而言，尚无像母猪电子饲喂站的智能化养殖设备。信息技术主要应用在行业各种咨信的收集、分析与发布，促进家禽业的健康发展。其中全新改版的家禽行情资讯门户网站——禽联网，逐渐崭露头角，甘为家禽行业的引路者，做引领行业发展的风向标。

案例六：禽联网（http://www.qinlianwang.com）正建设成为禽业发展的风向标。禽联网创办于 2012 年 5 月，是目前国内最全面、最专业的以肉鸡、蛋鸡、肉鸭为主的家禽价格行情资讯类门户网站。该站致力于打造成为家禽价格行情分析师的角色。以家禽价格行情精确分析、实时行业资讯发布为核心，综合各种网络服务，以满足家禽养殖行业及周边相关产业的网络需求。网站已经积累了丰富的技术与人力资源，整合了海量的家禽行业资讯和价格行情信息采集源，形成了以精确市场价格行情分析、实时家禽行业资讯整合发布为主导，以综合提供专业的各类家禽养殖技术、市场供求信息、产品在线销售和论坛交流互动等为辅的格局。

对于生活在当今信息时代的我们来说，早已深刻的体会到了信息的重要性，有的时候，掌握信息就等于把握到了先机与商机。我国的家禽养殖行业所涉及的种类繁多，养殖地区跨度较大，如此海量的价格信息，自己想了解的话，不但难度大，信息的准确性也没有保证。能够随时随地的了解家鸡蛋价格行情，第一时间掌握肉鸡行情走势成为所有家禽养殖从业人员的期盼。

禽联网的手机短信报价服务不失为一个好的选择，网站为广大客户提供专业手机短信定制服务，涵盖了肉鸡，蛋鸡，肉鸭，玉米、豆粕及饲料的最新最及时的价格行情信息。对于广大家禽养殖从业人员来说，这无疑是最贴心的服务。不仅大大节约了自己的时间与成本，还可以获得最专业的行情分析和趋势预测。近期，该网站还推出了一款特价手机报价短信，每年只收取 18 元的短信费用，就可以订阅一条鸡蛋报价短信。区区 18 元，或可为千万养殖从业人员带来的获益将远远超出短信本身的价值。

除此之外，禽联网的商家供应和求购板块还为广大商家提供养殖设备，饲料添加剂，消毒剂以及各类禽苗、种蛋等等商品的发布平台。

案例七：蛋鸡育种计算机管理系统还在开发中。与商品蛋鸡的信息化管理不同的，蛋鸡育种的信息化除了生产过程的信息化管理外，需要记录种鸡个体的翅号，系谱等。由此设计的主要功能模块包括：种禽场管理、禽舍管理、鸡笼管理、耳标管理、品系编号管理、种蛋入孵管理、生产性能测定记录管理、种禽转群管理等。该系统的开发涉及的元数据项目复杂，需要进行顶层设计。例如，仅种蛋的孵化过程需要考虑的数据项目应包括：序号、父号、母号、留种期起始日期、留种期截止日期、留种期产蛋数、入孵种蛋数、入孵蛋重、一照检出数、二照检出数、落盘数、健雏数、弱雏数、活雏数、毛蛋数、种蛋入孵率、一照检出率、二照检出率、种蛋受精率、入孵蛋健雏率、受精蛋健雏率、入孵蛋孵化率、受精蛋孵化率、一照人员、二照人员、出雏人员、备注等（见图7-13）。

该系统正由中国农业科学院北京畜牧兽医研究所信息中心与家禽育种室专家协同开发，全部模块已经完成（图7-14），经测试后已经应用。

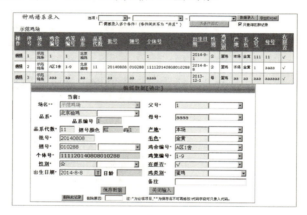

图 7-13　蛋种鸡计算机管理系统中的种鸡系谱管理

图 7-14　蛋种鸡计算机管理系统中的鸡舍鸡笼管理

三、基于二维码技术的畜产品溯源系统的开发与应用有新突破

案例八： 山东亿利源清真肉类有限公司的牛肉溯源系统，是在山东省 2013 年企业自主创新项目的资助下，联合中国农业科学院北京畜牧兽医研究所共同开发与运行的。系统在遵循农业部 67 号令的前提下，充分与近年来迅速发展的 RFID 技术，APP 技术、二维码技术与移动互联技术相结合，形成牛只养殖数据的桌面批量采集与移动数据采集、质量溯源移动查询相结合的新一代的无公害畜禽及其产品的溯源解决方案。

（一）不同环节溯源数据采集的项目设计

为实现牛肉质量安全可追溯，必须以牛只个体信息数据采集的基本规范为基础。为此，设计了多种数据表结构即数据标准，下面阐述核心基础数据表关键字段的设计。

在养殖环节中，肉牛基本信息表主要包括牛号、场名、品种、出生日期、入群日期、入栏体重、出栏日期、出栏体重、责任兽医等字段；牧场主基本信息表主要包括牧场主、牧场编号、牧场规模、牧场概况、牧场地址、饲养方式等字段；此外还包括饲料信息、免疫信息、疫病信息等数据表。

在屠宰环节中，肉牛屠宰信息表主要包括牛号、胴体号、屠宰日期、检疫员、检疫信息等字段；屠宰厂基本信息表主要包括屠宰厂名称、屠宰厂编号、屠宰厂地址、负责人、联系方式、官方兽医等字段；此外还包括待宰信息、胴体信息、销售信息等数据表。

（二）肉牛个体标识的编码规则设计

牛肉质量安全可追溯系统建立在牛只个体身份识别基础之上，因此，建立牛肉质量安全可追溯体系，实现牛肉产品从源头到餐桌的跟踪及可追溯性，需要按照一定编码规则，通过标识技术将牛肉生产过程中的物质流与信息流建立严格准确的关联。我国肉牛生产跨省份流动性较大，建立我国牛肉的质量可追溯体系有巨大的挑战。国际上动物识别代码总共由 64 位组成，对不同的代码位有着具体的规定。我国农业部早前发布的 67 号令，对牛的编码规则定义为 15 位数字，第 1 位为动物种类：种类为牛；第 2 到 7 位为养殖场所在地的县市行政区划代码，服从 GBT2260-1999，最后 8 位为指定的县市内相同类别动物个体的顺序号。

在本系统中，应用的肉牛个体编码既考虑了与农业部 67 号令的兼容性，又对后 8 位的编码赋予了新的定义（图 7-15），其中前 2 位为养殖场代码，后 6 位为年份及序号。该方法的优点在于纳入了养殖场编码，耳标在佩戴前由耳标生产者一次性编码印制成型，无需养殖场写入耳标的编码信息，不会出现耳标重复问题。

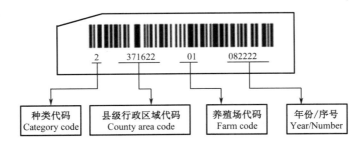

图 7-15 肉牛个体编码规则设计

其他编码规则建议：实际上是最简单的办法，目前在国内外有些养殖场也有这样处理的，就是按国际动物编码规则（ICAR）或者某一编码规则，事先产生统一的 15 位编码，编码是惟一的，但编码没有定义其含义，仅是编码而已，由专业的制标公司事先都打入耳标上或写入电子芯片如 RFID 的内存中，养殖场购入后按照一定的顺序给牛只佩带，并将牛只信息、耳标号及养殖场的信息录入计算机，养殖场及畜牧兽医主管部门均没有编码的主动权，牛只进入屠宰厂后，只有借助于计算机数据的管理才能查阅其来源。但该处理方法的优点是耳标在佩戴前的制作均有生产者一次性编码、印制成型，无须养殖场再写入耳标的编码信息，只有来自同一耳标场，也不会出现耳标重复的问题。图 7-16 为按此方法生产的并事先编码号的耳标产品，为亿利源清真肉类有限公司生产的。

图 7-16　牛肉物流产品的 EAN/UCC-128 的编码形式

（三）肉牛屠宰分割产品的编码设计

生猪屠宰与产品分割不同的是，目前我国大多数生猪屠宰厂在肉联厂屠宰生猪后，主要中间产品为一分为二的二分胴体，其他的头、腿及内脏直接在屠宰厂进行分割处理，能做到一头猪的屠宰厂副产品单独出厂，而且分类型混合包装出厂，对这类型的产品溯源是相当困难的。能做到溯源的就是对分割后的胴体产品进行溯源。每片胴体的编码与生猪的个体号做到了严格对应，而胴体进入终端销售站点后，对胴体分割后的每个产品的溯源码就是胴体的编码，这样就实现了终端产品与生猪个体的关联。但是，在目前绝大多数的、具有一定规模的肉牛屠宰厂，对肉牛屠宰后，直接带屠宰厂进行精细的分割及产品包装，而且分割得越细致，产品越多样化，加工升值的空间就越大，使得屠宰后产品的标识就得一步到位。根据牛肉产品的最终走向，即产品是否进入国际市场，应采取不同的编码规则。

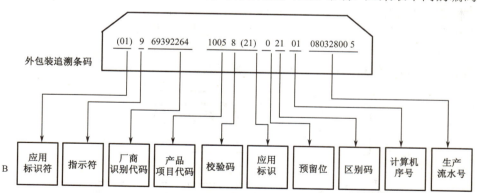

图 7-17　牛肉物流产品的 EAN/UCC-128 的编码规则定义

（引自：杨亮等，2015，中国农业科技导报）

进入国际市场的产品溯源编码规则设计。按国际上牛肉产品的通行编码规则即 EAN/UCC-128，对进入国际物流体系的产品进行编码。图 7-15 所示，该编码规由 32 为数字组成，不同部位上的数字及其组合分别定义了不同的含义，形成 32 为编码的要求还是相当严格。例如，6 位厂商识别代码（693922）是生产产品的企业必须取得的 EAN 国际组织的资格而获得的厂商编码，不是大型的国际性业务公司很难或者不必要去取得该编码的。其他编码的长度及含义（见图 7-17）。

国内销售的牛肉分割产品的溯源码即标识码设计。该编码的主要目的是要便于对产品的溯源，编码既要体现出屠宰厂责任主体、不同生产日期的不同生产批次，也需要反映分割产品的部位等。因此，建议将屠宰厂所属县市的行政代码（6 位）、屠宰厂编码（2 位）；生产批次即指定日期的不同屠宰批次（年、月、日用 6 位表示，不同批次用 2 位表示），例如，"14050603"代表 2014 年 5 月 6 日的第 3 批次；接着为分割的产品类型即不同分割部位的产品，用 2 位表示，牛肉的分割产品可以多达 60 种以上，对分割产品的二位定义由各个屠宰厂自行定义，不做统一要求；最后 4 位代表的同一屠宰厂、同一批次的相同分割产品的顺序号。因此，分割产品的编码即终端产品的溯源码由 22 位数字组成（图 7-18）。

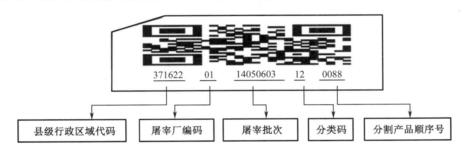

图 7-18　内销牛肉物流产品的 22 位编码规则定义

在图 7-18 所示的溯源编码方案中，主要有 2 个编码需要在形成编码前定义好。一是在同一县市不同的屠宰厂需要有上级主管部门主要质检局等进行同一编号，即屠宰厂编码。本规则设定为两位，意味着最大的屠宰企业数量为 99，一般能满足数量范围要求。二是分割产品的"分类码"。不同的屠宰厂生产不同类型的分割产品，一般应由屠宰厂自行定义。本研究研制的溯源系统中，阳信亿利源清真肉类有限公司的分类（表 7-1）。

有关"分割产品顺序号"是按当天具有相同的"分类码"产品，即前 18 位完全相同的产品，在系统内如果有新的包装产品需要标识，系统会自动在已有最大的顺序号的基础上加 1，形成新的产品的包装溯源码。如果生产所有的产品都产生了溯源码，那么通过不同分类产品的最大的顺序号，就能获得该类产品当天的生产数量。

（四）溯源系统的主要功能设计

牛肉质量安全可追溯系统主要包括三个环节：养殖、屠宰、销售查询。在养殖环节中，主要包括牛只入栏记录、牛只出栏记录、牧场主信息、检疫员信息、供货商信息、饲料管理、疫苗管理、兽药管理、饲料添加剂休药期预警、兽药休药期预警、在群牛信息、出栏牛信息、在群牛统计、出栏牛统计等功能模块。在屠宰环节中，主要包括待宰信息、屠宰信息、屠宰厂信息、检疫员信息、检疫信息、销售信息、屠宰统计等功能模块。在销售查询中，主要包括购入信息、检疫信息、胴体分割信息、标签打印信息等功能模块（图7-19）。

表 7-1 阳信亿利源牛肉分割产品种类及代码表

分类码	产品名称	分类码	产品名称	分类码	产品名称	分类码	产品名称
01	上脑	14	A 外脊	27	臀肉	40	罗肌肉
02	眼肉	15	美式小排	28	金钱展	41	牛尾
03	外脊	16	美式肥牛	29	小黄瓜条	42	牛舌
04	美式眼肉	17	去骨牛小排	30	辣椒条	43	牛肾
05	T 骨	18	F 外脊	31	肥牛 1 号	44	牛鞭
06	A 里脊	19	S 上脑	32	肥牛 2 号	45	牛宝
07	AA 里脊	20	S 眼肉	33	肥牛 3 号	46	撒撒米
08	AAA 里脊	21	S 外脊	34	肥牛 4 号	47	萨拉伯尔
09	里脊头	22	S 腹肉	35	腹肉条	48	三角肉
10	板腱	23	牛展	36	腹肉肥牛	49	B 带骨腹肉
11	A 板腱	24	黄瓜条	37	上脑边	50	贝肉
12	A 上脑	25	米龙	38	腱子芯		
13	A 眼肉	26	霖肉	39	窝骨		

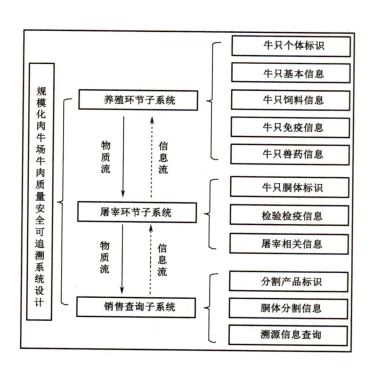

图 7-19 系统功能框架图

（五）系统开发软、硬件环境及相关技术选用

本研究选用的服务器操作平台为 Windows Server 2008，数据库操作系统为 Microsoft SQL Server 2008，系统开发采用 Microsoft 的.Net 技术，对统计分析数据的图形化处理采用 Fusion Charts 技术。销售查询环节采用基于 Android 系统的 Java 语言开发，及 SQL Lite 小型数据库。

（六）系统实施效果

实现对养殖环节肉牛个体信息采集与管理

养殖环节主要记录牛只进入养殖场后，耳标佩带记录、饲料使用记录、疫苗使用记录、兽药使用记录以及牛只的入栏、出栏记录等。信息涵盖肉牛的整个生命周期，实现对肉牛个体进行标识、管理与可追溯。如何确保养殖信息如实地采集并上传到服务器中，是养殖环节系统设计的重要目标。

饲料记录主要记录牛只养殖过程中是否使用饲料信息。其中，每种饲料分别对应着使用的饲料添加剂以及饲料来源等信息。当牛只准备出栏时，通过饲料中添加剂的休药期规定，进行相应的饲料使用，实现牛只安全出栏；若使用的饲料有问题，也可以根据记录的信息，追溯到饲料的生产厂家，保证饲料源头安全可靠。

免疫记录主要记录牛只饲养过程中按国家有关规定进行疫苗免疫的信息。其中，根据疫苗名称，可以追溯得知疫苗的批次、来源等详细信息。

兽药记录主要记录牛只在养殖过程中使用兽药的信息。其中，根据使用兽药名称及使用日期，通过系统提供的兽药休药期表，预判出牛只的安全出栏日期，形成有效的预警机制。

在牛只出栏方面，分为单只出栏和批量出栏两种方式（图 7-20、图 7-21），用户可以根据场内实际出栏情况进行选择。

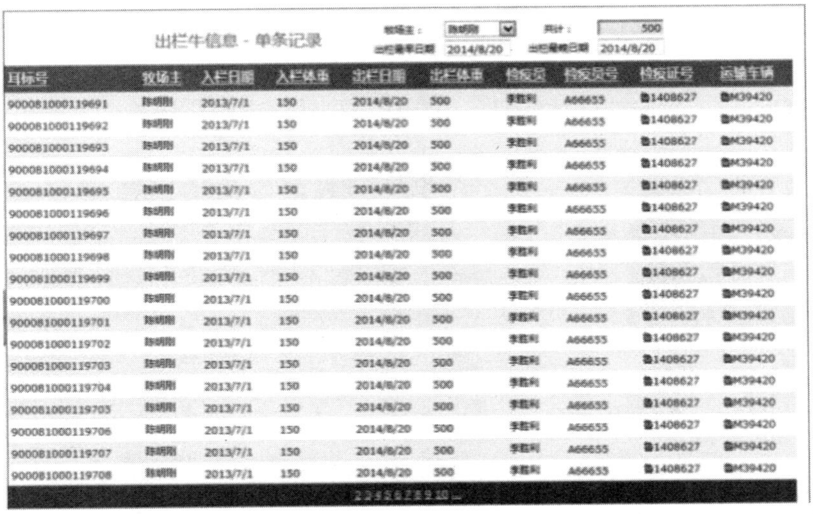

图 7-20　出栏牛信息图

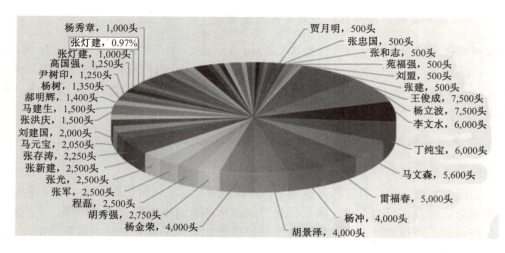

图 7-21　群牛统计表

（七）实现屠宰胴体的在线生产与标签的打印

　　肉牛胴体号是肉牛屠宰环节的核心和基础，每个胴体号都对应唯一的肉牛屠宰事件记录，同时也对应着唯一的牛只耳标号，实现牛只耳标号与胴体号的转换。在研究中，设计并生产了肉牛胴体标签（图 7-22）。胴体号由 20 位数字组成，其中第 1～6 位为屠宰厂所在区县行政代码，第 7～8 位为屠宰厂代码，第 9～14 位为屠宰当天日期，例如：140827 的屠宰日期为 2014 年 8 月 27 日；第 15 到第 16 位为当前屠宰牛只的产品部位编码，17～20 为当前部位的分割顺序号。

　　在胴体标签上，选用了一维条形码和二维码两种方式，标签选用的材质具有耐用、易识别等优点，能很好的适应屠宰厂的恶劣环境，为数据能够顺利的读取提供了保证。

　　肉牛分割标签根据各个厂家的不同而小有差异，主要设计了上脑、眼肉等 50 种分割部位（图 7-23），选用专业级的 ZEBRA 打印机进行标签打印。用户只需点击其中的某一部位按钮，系统将自动生成相应的胴体编码，由打印机自动打出胴体标签。

图 7-22　肉牛胴体标签设计　　　　　　图 7-23　标签打印按钮

（八）实现销售环节的数据可查询

　　保证消费者购买牛肉商品的知情权，确保牛肉产品的质量安全，是牛肉质量安全溯源体系建立的根本目的。为此，当消费者购买牛肉商品时，如何将养殖和屠宰环节信息如实地展现给用户，是销售查询环节设计的重点。本系统提供了多种查询方式，包括网络查询、超市查询机查询、手机查询、短信查询等。除了以上传统意义上的查询方式以外，本系统专门开发了基于 Android 手机扫描二维码的移动互联查询模式。消费者只需扫描在商品标签上的二维码，即可查询到所购买商品的详细信息，查询结果（图 7-24）。

　　此外，还在移动手机端上开发了溯源查询的 APP 系统，只要在智能手机端的 QQ 浏览器内，扫描如图 7-25 所示二维码，就能下载 APK 文件，释放后就可安装 APP 文件，用来扫描查询溯源二维码所反映的产品质量信息，甚至在 Wi-Fi 环境或有 3G/4G 的无线网络下，可流畅观看有关养殖或屠宰的现场视频。

图 7-24　手机查询图　　　　图 7-25　亿利源牛肉溯源 APP 下载二维码

第三节　渔业信息化

　　2014 年全国渔业经济保持较好势头，渔业经济较快发展产量产值持续增长。截至 11 月底，全国水产品总产量 5378.2 万吨，同比增长 2.4%。其中，养殖产量 4006.3 万吨，同比增长 4.4%，捕捞产量 1371.8 万吨，同比下降 3.2%。前三季度渔业产值 5773 亿元，增加值 3495 亿元，同比分别增长 8.9% 和 9.2%。远洋渔业快速发展，全年共投产远洋渔船 2470 艘，同比增加 311 艘，增长 14.4%，其中，新建投产渔船 285 艘，远洋渔业产量 190 万吨，同比增长 40%。水产品市场供应充足，水产品批发市场成交量同比增长 1.4%。水产品价格有涨有降，水产品批发市场综合平均价格同比增长 3.5%。其中，海水产品综合平均价格同比增长 3.8%，淡水产品综合平均价格同比增长 2.8%，部分高档水产品和大宗淡水鱼价格下降，海参下降 20.4%，大宗淡水鱼中鲫鱼价格降幅最大，下降 5.7%，产量最大的草鱼价格下降 2.6%，最便宜的鲢鱼价格下降 1.6%。水产品出口贸易平稳增长。1～11 月水产品进出口总量 765.3 万吨，进出口总额 278.9 亿美元，同比分别增长 3.1%和 6.7%。其中，出口 373.3 万吨、195.3 亿美元，同比分别增长 4.8%和 7.3%；进口 392 万吨、83.6 亿美元，同比分别增长 1.5%和 5.1%。贸易顺差 111.6 亿美元，同比增长 9%。渔民家庭人均纯收入保持较快增长，2014 年全国渔民家庭人均纯收入 14426.3 元，同比增长 10.6%。

2014 年，全国渔业系统以贯彻落实（国发〔2013〕11 号）文件和国务院现代渔业建设工作电视电话会议精神为要务，狠抓落实，锐意创新，团结拼搏。3 月 3 日，农业部渔业渔政管理局组织召开渔业可持续发展专家研讨会，会同国研室开展了渔业保险专题调研，向国务院上报两份报告，汪洋副总理两次做出重要批示。6 月 26 日，在国务院全国现代渔业建设工作视频会议召开一周年之际，农业部在福州市召开厅局长座谈会，对国务院《关于促进海洋渔业持续健康发展的若干意见》（国发〔2013〕11 号）和国务院视频会议精神贯彻落实情况进行了交流和督查，成效明显。国家发改委、财政部、住建部、国研室、中国工程院等部委都给予了大力支持和帮助，落实渔业基本建设中央资金 20 亿元，比上年增加 7 亿元，渔业资源养护、菜篮子生产专项转移支付、渔业油价补助资金，与上年基本持平。7 月 15 日，全国渔业科研院所建设工作会议在南京市召开，农业部副部长牛盾在会上强调，要紧紧围绕现代渔业产业发展所需的重大关键技术，加快科技创新和成果转化，不断提升科技支撑现代渔业发展的能力。8 月 26 日，"十三五"渔业科技发展战略研究工作启动暨院士专家研讨活动在江苏省苏州市进行。这次活动由农业部渔业渔政管理局组织，中国水产科学研究院、上海海洋大学共同承办，唐启升、曹文宣、林浩然、雷霁霖、麦康森和桂建芳院士，第九届农业部科学技术委员会渔业组委员，以及渔业各研究领域的专家代表参加研讨。农业部渔业渔政管理局赵兴武局长参加活动并做重要讲话。活动期间，听取了中国水产科学研究院张显良院长，关于"十三五"渔业科技发展战略研究工作方案介绍，审议通过了工作方案，并对工作方案提出了修改和完善意见；还听取了农业部渔业渔政管理局李书民副局长，关于我国渔业发展的基本情况和思路的介绍，并征询了各位院士、专家对渔业发展的意见和建议。这次活动的举办标志着"十三五"渔业科技发展战略研究工作正式启动。战略研究工作将分为战略研究和规划编制两个阶段进行，历时一年半时间，于 2015 年底全面完成。10 月 28 日，根据《中华人民共和国农业部中华人民共和国海关总署公告》（第 1696 号），对金枪鱼等 4 类水产品进口实施《合法捕捞产品通关证明》制度；根据《中华人民共和国农业部中华人民共和国海关总署公告》（第 2146 号），对从俄罗斯进口的狭鳕等水产品实施《合法捕捞产品通关证明》制度。为加强对合法捕捞产品进口监管，有效防范和打击非法捕鱼活动，提高通关效率，自 2014 年 11 月 1 日起，农业部、海关总署决定实施《合法捕捞产品通关证明》联网核查系统正式执行。12 月 9 日，李克强总理在《农业部关于贯彻落实（国发〔2013〕11 号）文件和国务院视频会议精神进一步推进现代渔业建设情况的报告》（农报〔2014〕38 号）上做出重要批示。12 月 19 日，韩长赋部长做出批示：近年来，我国渔业经济持续较快发展，渔业安全形势总体稳定，中央领导同志给予了充分肯定。

一、水产养殖信息化

（一）养殖生产信息化关键技术研究进展迅速

5月18日，受农业部科教司委托，中国水产科学研究院组织专家对渔机所承担完成的"海水工厂化循环水养殖关键装备技术与系统集成"成果进行鉴定。鉴定委员会由中国水产学会、全国水产技术推广总站、中国水产科学研究院黄海所、上海市水产所、福建水产所、上海海洋大学和上海市水产办等单位的专家组成。渔机所所长徐皓、副所长陈军以及相关科研人员等参加了会议，副所长倪琦研究员作为成果第一完成人代表项目组做汇报。该成果在海水鱼工厂化养殖系统微细悬浮颗粒物去除、低温高效生物过滤、气液高效混合等多项关键水质净化技术方面取得了重大突破，研发出多功能气体混合—增氧一体化装置、多功能机械气浮装置、移动床生物滤器、二氧化碳去除装置、鱼池双排水装置等具有自主知识产权的高效养殖水处理装备。通过优化集成，在国内创新设计构建了海水鱼半封闭循环水养殖系统模式，最高单产30千克/平方米，养殖成活率达90%以上，与流水养殖模式相比，每生产1千克鱼节约能耗24%，节水85%。构建设计的海水鱼设施化全封闭循环水养殖系统模式，实现水体循环利用率85%以上，养殖成活率95%。五年来，成果先后在山东、辽宁、天津等地建立了8个示范基地，合计推广面积达30000平方米。取得了良好的经济、社会、生态效益。鉴定委员会一致认为该成果总体达到国际先进水平，同意通过鉴定，并建议进一步加大该项成果的推广应用力度，推动海水养殖产业结构调整与生产方式转变，促进产业可持续发展。

9月9日，黄海水产研究所承担的国家鲆鲽类，产业技术体系池塘养殖工程岗位研究任务——"牙鲆工程化池塘循环水养殖技术开发与示范"在日照市水利养殖场通过了专家组现场验收。课题组利用自主设计构建的鲆鲽类工程化池塘循环水养殖系统开展牙鲆周年养殖示范，系统由6个4.5亩的小型护坡池塘联体组合而成，并配备了独立的进排水系统、高效增氧机、水质在线监测与预警系统，养殖用水在回水处理池经微生态调控后循环利用，系统整体运转情况良好。利用该系统放养平均全长14~16厘米的牙鲆苗种经周年养殖，平均全长达40.2厘米，平均体重达795.3克/尾，平均单产达到2304千克/亩，养殖成鱼体色正常率达100%，养殖效果良好。验收专家组对课题组开展的牙鲆工程化池塘循环水养殖技术示范给予了较高评价，一致认为该养殖模式具有养殖设施工程化、生产管理信息化等特点，达到了高效生产、节能减排的目的，今后应在我国沿海地区大力推广。

8月27日，中国农学会组织有关专家在上海，对中国水产科学研究院渔业机械仪器研究所完成的"池塘养殖小区三化合一技术研究与应用"成果进行了评价。评价委员会由中科院水生生物研究所、中国水科院东海水产研究所、中国海洋大学、中国农业大学、农业部南京农机化所、上海市水产研究所等单位的9位专家组成，由中科院水生生物研究所桂建芳院士担任组长，中国海洋大学副校长董双林教授和中国农业大学副校长李召虎教授担任副组长，中国农学会科技评价处处长边全乐主持了会议。"池塘养殖小区三化合一技术研究与应用"成果针对制约我国池塘养殖发展的污染严重、产品质量不高、生产效率低下等突出问题，从池塘设施规范化、养殖生态化、管理信息化方面，进行了相关技术研究、优化、集成和应用。该成果提出了池塘养殖生态化理念，研发了一批适合我国池塘养殖特点的生态化设施系统和水质调控设备，创立了池塘生态化养殖新模式，完善了池塘生态养殖技术，形成了池塘生态化养殖技术体系；开展了池塘养殖规划和养殖池塘设施结构优化研究，建立了完整的池塘工程化技术体系，制定了一批行业与地方标准，为全国养殖池塘标准化改造提供了技术支撑；建立了适合池塘养殖特点的数字化技术系统，研发了一批关键设备和软件，实现了池塘养殖智能增氧、精准投喂、预测预警、远程管理；集成生态化养殖、工程化设施、数字化管理，构建了现代化池塘养殖技术模式，形成了 6 种典型养殖小区的新模式；建成的池塘养殖小区，养殖节水 60% 以上，减少污染排放 50% 以上，生态效益显著；规划改造了池塘 50 余万亩，技术辐射 500 万亩，提高生产经济效益 20% 以上，取得了重大的经济效益。评价委员会审阅了相关材料，听取了项目组的工作汇报，经过质询和认真讨论，一致认为该成果总体技术水平达到国际领先水平。

11 月 21 日，我国首个深远海大型养殖平台启动构建。由农业部科技教育司主办，中国水产科学研究院、北车船舶与海洋工程发展有限公司、上海崇和实业有限公司、中国水产科学研究院渔业机械仪器研究所承办的"深远海大型养殖平台构建"启动会在北京召开。会上，中国水科院渔机所、北车海工、崇和实业三方签订深远海大型养殖平台战略框架协议，标志着我国首个深远海养殖平台项目进入实质性推进阶段。"深远海大型养殖平台"是以海洋工程装备、工业化养殖、海洋生物资源开发与加工应用技术为基础，通过系统集成与模式创新，形成集海上规模化养殖、名优苗种规模化繁育、渔获物扒载与物资补给、水产品分类贮藏等于一体的大型渔业生产综合平台。平台的研发、应用与推广将带动我国海上养殖业由近海走向深远海。首个深远海大型养殖平台由十万吨级阿芙拉型油船改装而成，型长 243.8 米，型宽 42 米，型深 21.4 米，吃水 14.8 米，能够提供养殖水体近 8 万立方米。该养殖平台主要包括整船平台、养殖系统、物流加工系统和管理控制系统，能满足 3000 米水深以内的海上养殖，并具备 12 级台风下安全生产、移动躲避超强台风等优越功能。中国工程院雷霁霖院士表示，走向深远海，开展海水养殖是满足日益增长的水产品供给需求的重要途径。"深远海大型养殖平台"的构建，充分显示我国深远海超大养殖平台设施装备的研发制造能力和战略布局的远见。该平台的构建有望实现与捕捞渔船、运输补给船只相结合，形成驰骋深远海和大洋、持续开展生产的渔业航母船队。

（二）水产养殖信息化技术应用不断加速

11 月 5 日，第四届水产工业化养殖技术暨封闭循环水养殖技术国际研讨会在天津召开，此次会议由中国农业工程学会特种水产工程分会主办，天津市水产研究所与中科院海洋所、浙江大学、上海海洋大学协办，此次研讨会汇聚了国内 250 余位从事水产工业化养殖研究、生产应用，以及水处理系统设施设备制造方面的专家、学者、企业家、生产管理人员、工程技术人员、在读研究生等，代表来自山东、浙江、福建、海南等 16 个省市地区，美国、瑞典、挪威、丹麦等国在工业化养殖方面的国际知名科学家和企业家参会，20 余家水处理设施设备、水质监测、饲料、水生态制剂生产企业参展，31 位报告人围绕"工业化养殖——变革与创新"这一主题，就工业化养殖高效水处理设备及其组装技术、水处理净化技术、养殖设施与水处理工艺的工程优化设计、工业化高效生产管理、低能耗控制技术等内容进行了交流和讨论。本次技术交流研讨会展示了我国工业化养殖方面的最新研究与应用状况，总结了我国水产工业化养殖的经验与存在的问题，提出了发展工业化循环水的途径和方法，将进一步促推天津市的工厂化养殖生产企业向高质高端高效方向转型升级。

2014 年 4 月，湖北省沙洋县引进"池塘鱼菜共生"这一新技术，在拾桥镇乔河村开展"池塘鱼菜共生"生态养殖技术试验示范面积 70 亩。主要品种是以四大家鱼与空心菜种养相结合，达到净化池塘水质，减少鱼病发生及用药，提高鱼产量，探索全县高产池塘生态立体种养新模式，不断提高池塘综合经济效益。目前，示范基地池塘人工浮架设施、空心菜移植工作已基本完成，鱼菜生长良好。2014 年 6 月份，湖北省安陆市水产技术推广中心引进了鱼菜共生生物浮床养殖技术，对棠棣蒋梅村碧涛水产养殖专业合作社富营养化水体的改善进行了试验示范。今年以 50 亩面积作为示范，搭建浮床 10 个，长 8 米、宽 2 米，总面积 160 平方米，投资成本 17000 元。浮床内种植空心菜，以吸收水体中过剩氮磷。经过两个月的试验证明，鱼池水质明显得到改善，病害减少，鱼类生长速度较快，试验示范较为成功。6 月也在湖北省应城市推广池塘鱼菜共生种养技术。应城市水产局、应城市水产技术推广站推广应用的池塘鱼菜共生种养技术，在养殖水体水面设置生物浮床（浮筏）、种植竹叶菜等水生植物，通过种植的植物吸收水体中的营养物，从而增强水体净化能力、达到养殖用水节水减排、减少鱼类病虫害发生、提高产品质量和增加效益的目的。

2014 年 9 月，山东省蒙阴县渔业局技术人员在海润现代渔业园区开展了"鱼菜共生"养殖实验。该园区自 5 月份开始，在 3 号池塘利用塑料筛网种植空心菜，塑料筛网自然漂浮在水面，两边用绳子固定，种植面积占池塘面积的 30%左右。实验中测得水质指标为：透明度由 10 厘米增加到 25 厘米，溶解氧由 4 毫克/升提高到 6 毫克/升，氨氮由 0.317 毫克/升降低到 0.15 毫克/升，亚硝酸盐由 0.246 毫克/升降低到 0.167 毫克/升。水质环境得到较大改变，提高了饵料的利用率，减少了鱼病的发生。下一步，园区将全面推行"鱼菜共生"养殖技术，实现生态健康渔业养殖，养殖废水全面达标排放。

蓬勃发展的 4G 网络已深入影响渔业生产。2014 年 9 月，在湖南省长沙市望城区乔口镇的八百里水产有限公司养殖基地，管理人员轻点手机，即实现对鱼塘实施增氧操作，鱼塘水面即时动态图像也立马跃至屏幕，且视频高度清晰、流畅，如同身在现场。利用移动 4G 网络数据容量大、传输速度快的特点，八百里水产公司在这个养殖基地装备了集增氧机控制系统、水质监测系统、远程鱼病诊断、高清视频监控等信息化系统于一体的智能农业应用平台。正在现场指导的中国移动望城区分公司信息化主管彭骁介绍，该平台运用智能传感技术、无线传感网络技术、移动 4G 技术、智能处理与智能控制等物联网技术，对水产养殖环境、水质、鱼类生长状况、药物使用、废水处理等进行全方位管理、监测，具有数据实时采集分析、食品溯源、生产基地远程监控等功能，养殖户只需拥有一台 4G 手机，就可以在任何有手机信号的地方实现远程监控。这也是 4G 技术在我省农业生产领域的首个示范应用点。望城区畜牧水产局负责人介绍，将用 3 年左右时间，在全区所有规模水产养殖基地普及这种基于移动 4G 网络的智能农业应用平台，提升渔业生产智能化水平八百里水产公司应用的这个平台，可对水体重金属、亚硝酸盐、氨氮等 12 种可能影响鱼质的因子进行自动取样、分析，并形成检测报告；可邀请专家通过 4G 视频对发病的鱼实施远程即时、在线诊断。周文辉介绍，以往监测水体营养成分，主要靠人工根据经验判断，现在有了科学分析依据，"省时、省成本、保质量"。

5月5日，江苏省苏州相城建渔业智能化管理平台。为全面提升渔业生产水平和改善养殖环境，江苏省苏州市相城区在开展渔业科技入户过程中，大力推进渔业管理信息化建设，建起了一个"六位一体"渔业智能化管理平台。目前，集水产品质量追溯、水生动物疫病远程会诊、水产品质量安全监管、水产品养殖智能控制、水产品养殖IC卡、电子商务等功能于一体的"六位一体"渔业智能化管理平台已在阳澄湖产业园开工建设，并以此为示范重点，以点扩面，逐步推广。项目建成后有望实现水产品质量可监控、可查询、可追溯，从而保障水产品质量安全。科技入户项目组还通过23个指导员、450户示范户和一批辐射户的传帮带，广泛应用优良品种、先进养殖模式等，提高良种良法的利用率，从而提升水产品质量及产量。通过技术和观念更新，养殖户减少渔药等投入品的使用量，提高了渔业资源利用效率，改善水产养殖生态环境。

9月9～10日，为充分发挥物联网技术对济宁市渔业经济发展的强大支撑作用，山东省济宁市渔业局邀请山东省渔业技术推广站黄树庆站长、中通联达（北京）信息科技有限公司唐卫经理考察指导渔业物联网技术服务与管理平台建设工作。黄树庆等先后到高新区、任城区、梁山县实地考察并召开座谈会，介绍了渔业物联网技术及设备的研究进展，强调渔业物联网是今后渔业经济发展提升的一个趋势和重要保障，要加快渔业物联网应用、示范、推广，重点建立精确饲料投喂、远程病害诊治、水产品质量追溯、水体水质监控四位一体的渔业物联网管理平台。

（三）水产养殖信息化技术推广成效显著

为有效发展本地区渔业产业经济，2014年4月，滕州市水产局高度重视渔业信息化建设工作，坚持以增加渔民收入为核心，以市场为导向，以科技为支撑，充分发挥组织带动与信息化的优势，服务于本地渔民。一是由渔业协会组织搭建交流平台。滕州市渔业协会派出入户技术指导员在渔业生产关键环节到每个示范户开展技术指导，起到技术的辐射带动作用。每名技术指导员负责20个示范户的技术指导与服务工作，每年下乡入户工作日不少于60天。同时，滕州市水产局参加省厅组织的渔业科技入户专项行动以及组织的科技下乡活动，结合有关活动开展针对示范户的技术培训、技术示范和现场交流等活动。二是利用现代化通信技术快捷服务渔民。滕州市水产局与省、市两级专家加强合作，构建信息平台，派出渔业技术指导人员与示范户建立经常性联系，为每一个技术指导员的手机开通渔业信息服务功能，通过电话、互联网等多种形式对示范户进行远程技术指导服务，通过移动信息平台发给渔业用户手机或农业信息机，及时帮助解决生产实际难题。滕州市水产局这两项举措为广大渔业生产者提供及时、准确、方便、高效的信息服务和技术指导，以适应市场多样化、服务优质化及健康安全的消费需求，实现了科技促发展、渔业增效益、渔民得实惠的目标。

2014年3月中旬，由青海省渔业环境监测站主办的渔业技术交流信息服务平台——"青海渔业技术推广网"（www.qhyyw.cn）正式开通。该网站是青海省宣传渔业政策法规和生态保护，发布和提供国内外渔业动态资讯，为广大农渔民提供实用技术信息、实现生产与市场对接，帮助和促进我省农渔民提高养鱼水平，生产增效增收。

8月19日，由全国水产技术推广总站承办，陕西省水产工作总站协办的全国水产技术推广体系信息统计培训班在西安举办。省水利厅副厅长薛建兴出席开班式并致辞。全国水产技术推广总站副站长李可心、农业部渔业渔政管理局科技处处长于秀娟出席开班式。培训主要对全国水产技术推广体系信息统计网站平台进行详细讲解，对统计数据指标进行逐项解释，对统计系统运行过程中存在的问题予以说明和纠正；系统学习了《农技推广法》及《国务院关于深化改革加强基层农业技术推广体系建设的意见》等法律法规文件，对其中涉及的"工作经费"概念进行详解，明确农技推广机构的"工作经费"为其履行公益性职能所需经费；对"全国基层农技推广体系改革与建设补助项目资金分配指导意见"等文件精神进行解读，就如何实现规范管理，用好补助项目资金进行了系统讲解。李可心指出，做好新时期渔技推广工作，一要不断提高水产技术推广统计工作的精细度和准确度，为推广工作发展提供可靠有力的支持依据。二要管好补助项目，用好补助资金，确保补助项目取得良好实效，确保资金使用合理、合法。三要进一步加强基层水产技术推广示范站和试验示范基地建设，切实发挥好示范、辐射、带动作用。四要建立健全信息化推广服务模式，充分利用各种现代化信息服务手段为渔业产业服务，有效解决渔技推广工作"最后一公里"的问题，促进技术推广工作效率不断提高。全国各省、市、自治区水产站主管体系工作负责人70余人参加培训。

2014年8月27日，山东省海洋与渔业厅在济南召开中国水产商务网上线视频会。会上，王守信厅长作了题为《依托信息网络，推动现代渔业经济发展》的讲话，并宣布中国水产商务网正式上线运行。中国水产商务网首批入驻的120余家企业代表，山东好当家集团公司和海之宝公司相关负责人先后介绍了企业网上商城运行情况。中国水产商务网正式上线运行，中国水产商务网的正式上线运行，是山东省海洋与渔业信息化建设的一个新的里程碑，是山东省渔业经济步入现代化渔业经济一个新起点，实现了企业产品传统展览、展示和宣传推介模式、企业原料采购供应和销售模式、质量监管和品牌打造等政府部门监管职能的三大转变，必将推动现代化渔业经济取得更长远发展。

近年来，福建省海洋与渔业部门依托科技部、国家海洋局、农业部、省数字办以及本部门数字海洋项目，按照集约建设、联通内外的建设思路，通过项目带动，形成了政务信息服务、行政业务管理、海洋防灾减灾、公众海洋信息服务等多种信息化应用的数字海洋大融合雏形。数字海洋建设管理体系逐步完善，初步搭建起全省海洋与渔业数字海洋基础网络，为"发展海洋经济，建设海洋强省"提供了信息服务支撑。2014年6月，国家海洋局发布《关于进一步支持福建海洋经济发展和生态省建设的若干意见》（以下简称《意见》），赋予福建海洋经济发展和生态省建设的16条支持政策。《意见》第八条政策为：支持福建省"数字海洋"节点建设和运行，支持福建省将"数字海洋"节点扩展连接到地级市、县级市，提高海洋综合信息服务能力，为福建海洋经济发展和生态省建设提供信息支撑。

福建省"数字海洋"已建成以省级信息中心为中枢，通过海洋专网、政务内网、外网、互联网形成连接国家、省直部门和市、县、乡镇各级海洋与渔业行政主管部门以及企事业单位、重要渔港、部分加工企业的多级信息网络，应用遍及业务管理、信息流转、视频会议、视频监控、语音呼叫等各类信息化网络应用。中心机房拥有100多台各类服务器、小型机，1 套浮点运算峰值能力达到 1.6 万亿次的高性能计算机，存储总容量达 70 多 TB。随着"数字海洋"建设不断深入，海洋与渔业政务服务平台、水产品质量与安全平台、海洋立体实时观测平台、海洋防灾减灾预警平台、海洋灾害信息发布平台、渔业安全应急指挥平台、视频监控与应急会商平台、海洋基础信息平台等信息应用平台相继建成；海洋经济运行监测与评估系统、渔业互保系统、渔船交易系统、远洋渔船管理系统、水质监测系统等业务系统也在按计划陆续建设实施中。"数字海洋"建设基本上涵盖了海洋渔业的关注的各主要领域，GPS 定位技术、3G 无线数据传输、卫星遥感技术、移动信息技术等新兴技术也陆续在各系统中发挥着重要作用，为全面推进海洋与渔业信息化建设打开了局面，"数字海洋"建设进程走在了全国海洋与渔业行业的前列。

二、渔业管理信息化建设步伐加快

（一）渔政指挥管理信息化不断完善

近年来，随着国家海洋与渔业信息化战略的实施，为提升海洋与渔业管理能力和公众服务水平，各省不断提高渔业信息化水平，促进渔业经济可持续发展，实现更高层次的渔业经济现代化。

2014 年 2 月 27 日，浙江绍兴"智慧渔政"管理平台进入试运行阶段。通过近一年的规划、建设，绍兴"智慧渔政"管理平台进入试运行阶段，浙江省绍兴市渔政支队各科室和各分站大队正安排专人进行数据的录入、更新和系统性能的测试，为下一步全市性应用奠定了基础。"智慧渔政"管理平台由执法监控平台，基础管理平台，政务服务平台三大平台组成，融合了计算机网络技术、远程实时监控技术、GIS 地理信息系统、GPS 技术、信息统计分析和网络通信技术等，着力构建起标准统一、资源共享、适应当前我市渔政管理要求的信息化平台。其中，"智慧渔政"基础管理平台由渔政队伍管理系统、渔政执法（远程视频监控系统）管理系统、人工资源增殖放流管理系统、水产品质量安全管理系统、渔船动态管理系统、渔业生态保护管理系统、报表管理系统、短信发送系统、统一技术管理平台九大平台构成，初步构建了"中心指挥、统一平台、重心下移、两级共推"的管理框架体系。

2014 年 10 月 19 日，农业部渔业船舶检验局及中国渔船标准化委员会在辽宁省大连市举行玻璃钢渔船产业技术发展联盟组建暨现场交流研讨会。农业部渔业渔政管理局副局长李书民、渔业船舶检验局副局长信德利、辽宁省海洋与渔业厅副厅长荆南进、大连海洋大学校长姚杰、中国水产科学研究院渔业机械仪器研究所所长徐皓参加会议并讲话。会议审议通过了《玻璃钢渔船产业技术发展联盟章程》，信德利代表局长李杰人宣布玻璃钢渔船产业技术发展联盟正式成立。会上选举产生了联盟理事会，确立了联盟的组织机构和职责以及联盟的宗旨。全国玻璃钢渔船设计、建造以及原材料生产、装备制造单位的 70 多位代表参加了会议。

2014 年 11 月 25 日，农业部在福建厦门召开《渔业船员管理办法》宣传贯彻暨渔业安全生产座谈会。会议部署了《中华人民共和国渔业船员管理办法》宣传贯彻实施工作，总结交流了各地渔业船员管理工作、渔业安全生产管理工作和"两个创建"开展情况，实地考察观摩了渔业船员实操评估，并分析了当前渔业安全生产工作面临的形势和任务，部署下一步工作安排和工作重点。农业部渔业渔政管理局副局长崔利锋出席会议并讲话，国家安全监管总局和农业部安委会办公室、渔业船舶检验局、长江流域渔政监督管理办公室、中国渔业互保协会、全国各省（区、市）渔业主管部门和渔政渔港监督机构、各海洋渔业船员一级培训机构派员参加会议。农业部组织各地有关专家，在深入调查研究、广泛听取意见、反复讨论修改的基础上，起草形成了《中华人民共和国渔业船员管理办法》（以下简称《办法》），经农业部 2014 年第 4 次常务会议审议通过，自 2015 年 1 月 1 日起施行。农业部同步推进《办法》实施和配套规定制定等相关工作，制定了新的《渔业船员考试大纲》，开发了全国渔业船员管理信息系统，建立统一的渔业船员数据库，对于提升渔业船员管理信息化现代化水平和增强渔业船员管理服务能力具有积极的促进作用。

2014 年 12 月 18 日，海洋渔船管理暨渔船交易试点专题研讨在山东省青岛市黄岛区举行。会议回顾总结了"十二五"期间海洋渔船控制制度实施情况，研讨了渔船控制制度和管理中存在的主要问题及原因，针对各地在实际管理中的做法和遇到的问题进行了交流讨论，部署启动了"十三五"海洋渔船控制制度研究工作。从全国来说，渔船管理制度进一步完善，根据国务院转变政府职能和简政放权要求修订了《渔业法》，下放了海洋捕捞大型拖网围网渔船捕捞许可证的核发权限。同时，修订完善了《渔业捕捞许可管理规定》和《渔业船舶登记办法》，制定了《海洋捕捞渔船拆解操作规程》《渔船用柴油机型谱和标识管理办法》和《南沙生产渔船专用船网工具指标管理办法》等一系列的制度。这些制度的完善，对渔船和捕捞许可管理、报废拆解，渔船用柴油机的规范管理，解决过去"大机小标"等相关问题起到一个很重要的作用。与此同时，在渔船信息化管理和渔船动态信息系统建设上，也取得了比较大的进展，全国统一的海洋渔船管理数据库基本建成，系统已经正式运转，实现了从船网工具指标审批、渔船检验、渔船登记，和捕捞许可证发放，以及渔船报废拆解这几个环节的相互衔接，这是一个比较大的进展，对于渔船的规范管理，信息化管理，提高工作效率等都起到了很好的作用，管理能力也得到了比较大的提高。

（二）水产品质量安全可追溯信息化建设取得突破

为深入贯彻落实 2014 年中央"一号文件"要求，强化水产品质量和食品安全监管，全国各省市必须着手建立严格的覆盖全过程的水产品安全监管制度，完善法律法规和标准体系，落实地方政府属地管理和生产经营主体责任。支持标准化生产、重点产品风险监测预警、水产养殖品追溯体系建设，加大批发市场质量安全检验检测费用补助力度，加快推进县乡水产品质量安全检测体系和监管能力建设，将水产品质量安全管控技术和措施落实到每个环节，强化全程监管。

2014 年 1 月 29 日，湖南省建立最严格的水产品质量安全监管制度。一是加强渔业生产环境条件监管。以环洞庭湖和四水流域现代渔业园区生产基地为重点，加强巡查监督，建立管理台账；加强对养殖生产水域环境质量和重金属污染的普查、监测，加强产地污染防控，推进修复治理。二是严格水产养殖投入品监管。全面落实水产养殖投入品经营制度，加强对经营门店及生产企业的监督检查和质量抽检，规范经营行为；公示禁限用渔兽药品种和安全使用规定，指导生产者合理购买使用渔兽药。三是强化渔业生产过程质量安全管控。大力推广控肥、控药、控添加剂等管控措施，发展绿色生产，推进水产养殖业标准化；加强生产巡查指导，严格监督合理使用水产养殖投入品，落实渔兽药安全间隔期休药期规定，健全生产档案和巡查记录；强化产地准出抽检，逐步做到每批次产品全覆盖，对检出不合格产品的生产基地实施重点监控；推进产品分级包装和依法标注标识，建立质量追溯信息平台，逐步实现上市水产品全链条可追溯管理。四是强化上市经营销售环节质量安全监管。对水产品经营销售主体和储运设施设备实行备案登记管理，建立交货查验、档案记录、自查自检和无害化处理等制度，加强质量安全检验检测和巡查监督，及时发现、纠正和惩处违规违法行为。

3月11日，济宁市召开水产品质量安全可追溯体系座谈会。济宁市渔业局党组书记、局长杜西平，市纪委派驻第八纪检组副组长赵义江，市渔业局副局长魏昌彦、张宏秋出席会议。济宁市广播电视台、济宁日报社、济宁电信、市食品药品监管局及市渔业局有关负责人参加会议。国家农业信息化工程技术研究中心副研究员孙传恒、广东省水生动物疫病预防控制中心工程师方伟、济宁市职业技术学院教授张西忠等专家学者受邀出席。会上，孙传恒副研究员作了《市场准入制度和可追溯体系建设》报告，阐述了基本理念和国内外经验做法，介绍了我国在水产品质量安全可追溯体系建设方面进展和试点案例，着重讲解了水产品质量安全可追溯体系的总体架构和关键问题。方伟工程师介绍了广东省水产品质量安全可追溯体系运行情况和经验做法。其他专家也分别从不同领域就水产品质量安全可追溯体系建设提出了观点和意见。杜西平对各位专家关心支持济宁渔业发展表示感谢。他强调，质量追溯体系工作责任重大，市渔业局分管同志要亲自牵头，会同市食品药品监管等部门做好调研论证、注重实际、充分准备，一定要把实事办实、好事办好。

3月12日，安徽省黄山市黄山区"两手抓"水产品质量安全保证体系建设。一直坚持通过一手抓标准化养殖，一手抓质量安全监管，努力打造水产品质量安全保证体系。从养殖水域到餐桌，水产品质量安全如何保障是人们普遍关心的大事。而保障水产品质量安全的关键环节是，建设标准化生态养殖区和建立一套完善的水产品质量追溯体系。从2001年起，该区不断创建水产品标准化健康养殖示范区。2006年，该区太平湖渔业标准化生态示范区被列入省级标准化生态养殖示范区，并制定了《黄山区标准化养鱼操作规程》《黄山区斑点叉尾鮰常见病防治技术操作规程》等标准，建立健全了放养规格、放养密度、品种搭配、鱼药使用、养殖日志等标准体系。该区通过"两手抓"水产品质量安全监管，生产出的水产品全部符合质量安全标准，让消费者"买得称心、吃得放心"，切实保障"舌尖上的安全"。

4月24日下午，江苏省南通市举办了水产品质量检测中心开放活动，20多名市民代表现场目睹了水产品检测的全过程。为从源头上确保"舌尖"上的安全，江苏省南通市海洋与渔业局承诺，强化水产品产地质量抽检，抽检合格率提升到98%以上。今年南通市海洋与渔业局制定了一系列保障水产品质量安全的措施。在普及渔业标准化生产方面，推广塘口生产记录电子化。继续大力实施无公害行动计划，无公害水产品产地面积占养殖总面积保持在90%以上。组织实施放心鱼建设示范工程，完善水产品质量追溯体系。加强育苗和养殖环节执法检查，实施从池塘到市场的全过程监管，确保产地水产品抽检合格率98%以上，不合格产品查处率100%。今年全市将抽检产地水产品259个，苗种3个，南通市场水产品 20 个。根据《市放心鱼品牌工程实施方案》，确定了 20 个市级水产品质量安全定点监控基地，在端平桥农贸市场设立放心鱼定点监测摊位。每月检测南通市场水产品 30 个样品，监测结果将向社会公布。

（三）推进渔情动态采集与分析信息化不断扩展

6 月 24～25 日，2014 年养殖渔情信息采集培训班在浙江省杭州市成功举办。全国水产技术推广总站李可心副站长、浙江省海洋与渔业局林东勇副局长、农业部渔业渔政管理局丁晓明处长出席培训班开幕式并讲话。李可心副站长指出，各采集省(区)要进一步加强对采集员能力的培训，加强数据的审核，加强数据分析和应用，不断提高养殖渔情信息采集工作水平。丁晓明处长充分肯定了近年来养殖渔情信息采集工作取得的显著成效，并指出今后要进一步提高养殖渔情信息采集工作的规范性和科学性，为行政决策提供可靠数据。培训班上，浙江、辽宁、山东、江苏、福建、广西、广东等采集省（区）代表以及各品种分析专家，做了重点地区和重点品种的上半年养殖渔情分析专题报告；开展了养殖渔情信息采集工作现状及发展展望、养殖渔情信息采集新系统报表说明及审核要求、养殖渔情信息分析方法及应用案例、养殖渔情信息采集手机平台建设思路、软件实操等专题的业务培训和答疑，并征求了对养殖渔情信息采集有关工作的意见和建议。另外，培训中，还组织有关专家对《2014 年上半年养殖渔情信息分析报告》进行审定，组织开展了甲鱼等重点品种的产销信息对接的交流研讨。

8 月 19 日，由全国水产技术推广总站承办，陕西省水产工作总站协办的全国水产技术推广体系信息统计培训班在西安举办，省水利厅副厅长薛建兴出席开班式并致辞。全国水产技术推广总站副站长李可心、农业部渔业渔政管理局科技处处长于秀娟出席开班式。培训主要对全国水产技术推广体系信息统计网站平台进行详细讲解，对统计数据指标进行逐项解释，对统计系统运行过程中存在的问题予以说明和纠正；系统学习了《农技推广法》及《国务院关于深化改革加强基层农业技术推广体系建设的意见》等法律法规文件，对其中涉及的"工作经费"概念进行详解，明确农技推广机构的"工作经费"为其履行公益性职能所需经费；对"全国基层农技推广体系改革与建设补助项目资金分配指导意见"等文件精神进行解读，就如何实现规范管理，用好补助项目资金进行了系统讲解。李可心指出，做好新时期渔技推广工作，一要不断提高水产技术推广统计工作的精细度和准确度，为推广工作发展提供可靠有力的支持依据。二要管好补助项目，用好补助资金，确保补助项目取得良好实效，确保资金使用合理、合法。三要进一步加强基层水产技术推广示范站和试验示范基地建设，切实发挥好示范、辐射、带动作用。四要建立健全信息化推广服务模式，充分利用各种现代化信息服务手段为渔业产业服务，有效解决渔技推广工作"最后一公里"的问题，促进技术推广工作效率不断提高。

9 月 25 日，基层水产技术推广示范站建设规范培训班在北京顺利举办，来自 15 个省（区）水产技术推广站（中心）体系建设工作负责人和我站有关人员参加了培训。我站李可心副站长、农业部科技教育司徐利群副处长出席培训并讲话。本次培训讲解了全国水产技术推广示范站建设标准及工作规范，介绍了水产技术推广发展战略研究活动进展和有关研究成果，交流各地基层水产技术推广示范站建设情况，审议了水产技术推广示范站建设标准和考核程序；研究讨论了 2014 年基层水产技术推广示范站建设和水产技术推广发展战略研究丛书编写的工作方案。

12 月 18～19 日，2014 年养殖渔情分析培训班在福建省福州市成功举办。来自各省(市、区)渔业主管部门养殖处负责人，各养殖渔情采集省（区）水产技术推广站分管养殖渔情工作的领导、省级审核员以及有关分析专家 80 多人参加了培训。培训班由我站李可心副站长主持，福建省海洋与渔业厅刘常标副巡视员致辞，农业部渔业渔政管理局丁晓明处长、袁晓初处长做讲话。培训中，各采集省区交流了各地 2014 年水产养殖的生产形势，福建、辽宁、山东、广东、浙江等典型发言；分析专家作大宗淡水鱼类、鲆鲽类、大黄鱼、罗非鱼、南美白对虾、河蟹、贝类、藻类、中华鳖、海参等重点品种的专题报告，培训了养殖渔情云服务平台的实施方案。同时，专家组还审定了《2014 年养殖渔情分析报告》。李可心副站长总结了 2014 年养殖渔情工作取得的显著成效，并强调要进一步加强养殖渔情的分析，为养殖生产和管理提供数据支撑。丁晓明处长充分肯定了养殖渔情信息采集在全年养殖生产形势分析研判中的重要作用，指出今后工作要更多关注养殖效益、渔民收入的分析，进一步提高采集数据的准确性。袁晓初处长指出今后养殖渔情信息采集要发挥了养殖生产调度、渔业经济监测、技术推广创新的"三个平台"作用，要着力提升数据的时效性、提升经济分析水平。

参考文献

[1] 李安渝，杨兴寿. 信息化背景下精准农业发展研究[J]. 宏观经济管理, 2013 (04):40-41.

[2] 刘丽娟. 物联网环境下农业信息化发展模式研究[J]. 华章,2014(11):69.

[3] 董薇. 新时期下农业信息化建设存在的若干问题和对策[J]. 北京农业, 2014(1): 275-276.

[4] 许萍. 农业信息化建设的探讨[J]. 农业网络信息, 2014(1):5-7.

[5] 李中华，丁小明，王国占. 北京市设施农业装备发展现状研究[J]. 中国农机化学报, 2014,35(5):300-302.

[6] 张鲁云，杨耀武，郑炫等. 新疆兵团设施园艺机械化发展现状及建议[J]. 农机化研究, 2015(05):264-268.

[7] 陈广锋，杜森，江荣风等. 我国水肥一体化技术应用及研究现状[J]. 中国农技推广, 2013(05):39-41.

[8] 贾英. 水肥一体化技术在温室蔬菜上的应用[J]. 中国农业信息, 2014(12):81-82.

[9] 杨林林，张海文，韩敏琦等. 水肥一体化技术要点及应用前景分析[J]. 安徽农业科学, 2015(16):23-25, 28.

[10] 梁静. 新疆水肥一体化技术应用现状与发展对策[J]. 新疆农垦科技, 2015(01):38-40.

[11] 李中华，孙少磊，丁小明等. 我国设施园艺机械化水平现状与评价研究[J]. 新疆农业科学, 2014,(06):1143-1148.

[12] http://bbs1.people.com.cn/post/129/0/0/139391836.html

[13] http://zhidao.baidu.com/question/207935420.html

[14] http://tech.qq.com/a/20140401/024022.htm

[15] http://news.xinhuanet.com/info/2014-06/11/c_133398669.htm

[16] http://szb.farmer.com.cn/nmrb/html/2014-06/13/nw.D110000nmrb_20140613_10-01.htm?div=-1

[17[http://peterxin.diytrade.com

[18] http://www.newland.com.cn/

[19] 严亚军，张运祝，赵冀. 动物防疫可追溯体系解析. 北京农业，2009(7).

[20] 陆昌华，王立方，胡肄农等. 动物及动物产品标识及可追溯体系研究进展. 江苏农业学报，2009,25(1):197-202.

[21] http://www.mofcom.gov.cn/aarticle/h/redht/201106/20110607602279.html

[22] 罗卫强，陆承平. 基于激光技术的生猪二分体检疫标识关键技术研究.中国动物检疫，2011(11):4-5.

[23] http://www.bio-tag.com.cn/

[24] http://www.fofia.com/

[25] http://www.icar.org/

[26] 国家信息中心. 农村信息化可持续发展模式研讨及经验交流会. 2014.(参阅资料).

[27] 傅衍. 国外母猪的繁殖性能及年生产力水平 .PIC 中国技术期刊.2010,16(3) : 32-34.

[28] 杨亮，潘晓花，熊本海. 畜舍环境控制系统开发与应用. 中国畜牧兽医学会信息技术分会第十届学术研讨会论文集. 中国农业大学出版社,2015:pp63-71.

[29] 熊本海，杨亮，曹沛. 哺乳母猪自动饲喂机电控制系统的优化设计及试验.农业工程学报，2014,30(20):28-33.

[30] Agrovision B.V.2012.http://www.pigwin.com/productline/.

[31] 禽联网网址 http://www.qinlianwang.com

[32] 熊本海，王文杰，宋维平. 中国畜牧兽医学会信息技术分会第十届学术研讨会论文集. 中国农业大学出版社，2015.

[33] 杨振刚，熊本海，王志勇. 肉牛场生产管理数字化及牛肉质量安全溯源网络平台.中国农业科技出版社，2015.

[34] 杨亮，熊本海，于福清. 奶牛场、种猪场生产过程数字化网络管理平台. 中国农业科技出版社，2014.

第八章　农业经营信息化

随着农村信息化的发展、互联网思维与传统农业生产经营思维的结合、信息技术与传统农业的深度融合，互联网、移动互联网、云计算、大数据、物联网、智慧化技术、3S空间技术等现代信息技术逐步，在农业经营领域得到广泛应用。信息化的技术手段与思维，正成为转变传统农业生产经营方式、提高农产品及农业生产经营组织市场竞争力、促进农民增收、改变农村社会环境风貌的有效途径，也为引导农业生产经营技术发展方向、市场决定农业生产经营资源配置、推动农业农村形成"大众创业、万众创新"新局面提供了重要支撑。

过去一年，中央政府积极推动农业信息化建设，以顶层设计的思维，发布了一系列政策措施，推动"互联网+"农业建设，为农业信息化的推进提供了良好环境和发展空间，农业经营信息化显著发展。

第一节　农业龙头企业信息化

农业龙头企业是我国农业生产的主力军之一，是推进农业产业化经营的关键。

当前，工业化、城镇化和信息化快速发展，深化农村改革全面推进，新型农业经营体系加快构建，对农业产业化发展提出了新要求，赋予了新内涵。发展农业产业化是实现家庭经营、集体经营、合作经营、企业经营等融合发展的现实选择，是引导工商资本带动现代农业发展的有效途径，是保障农产品有效供给和质量安全的必然趋势，是促进农民多元化增收致富的重要渠道。农业产业化龙头企业要继续发挥带动产业发展、农民增收的重要作用，创新完善利益联结关系，有效带动普通农户、家庭农场、农民合作社共同发展，成为农业转型升级和新型农业经营体系的引领者。

随着现代信息技术的发展与互联网的普及，农业龙头企业也趁机在"互联网+"的热潮中提高信息化建设水平，在生产、经营、管理、决策等环节中，结合现代信息技术，提高企业在原料采购、产品生产加工、销售、财务和企业管理等工作的信息化水平，提高效率。同时，农业龙头企业也将信息化的手段应用到农业信息化服务当中。农业龙头企业通过自身规模、实力、与农民和市场的对接关系，一方面向农民提供信息服务，是农民切实感受到农业信息化服务的便利，存进解决农业信息化服务 "最后一公里" 的问题，另一方面，也向市场提供农业及农产品的实时信息，促进农产品流入市场，平衡供求关系，辅助改善农业生产销售信息不对称的问题。

一、农业产业化龙头企业运行情况监管信息化

为了提高农业龙头企业经济运行调查工作质量，及时掌握农业龙头企业的经营发展状况，农业部牵头建立了相应的内部数据采集系统，要求龙头企业根据经济运行调查指标体系，通过调查系统定期汇总各季度数据。各地区、各有关部门抓住深化改革新机遇，找准农业产业化新定位，主动创新和完善龙头企业政策扶持方式和监督管理手段，不断加强对龙头企业的服务和指导。

过去一年，是我国对农业产业化龙头企业实施信息化监测的重要一年，也是各地农业产业化主管部门的监测系统快速发展的一年。2014 年 9 月，农业部发布，通知公布了第六次监测合格农业产业化国家重点龙头企业名单，基于各省初步监测与专家审核，审定了 1191 家检测合格的农业产业化国家重点龙头企业，取消了 56 家监测不合格的企业国家重点龙头企业的资格。

福建省是全国农业产业化龙头企业的重要省份，2014 年，福建省开发并启用了升级重点龙头企业动态监测管理系统，并开展了培训。2015 年 2 月，福建省农业厅办公室发布了《关于进一步做好福建省农业产业化省级重点龙头企业监测管理工作的通知》(以下简称《通知》)，完善重点龙头企业认定监测制度，实行动态管理，切实加强省级重点龙头企业的监测管理工作。《通知》也明确了动态信息的报送要求，明确实行动态考核奖罚制度。动态管理系统的启用，加强了对龙头企业运行状况的检测，为省级重点龙头企业可进可出、优胜劣汰提供重要依据，也对龙头企业享受有关优惠政策的资格提供依据，从而促进农业龙头企业整体良性发展。

二、农业产业化龙头企业生产信息化

信息技术在未来现代农业生产中发挥着越来越重要的作用，农业企业信息化建设的重要性不言而喻。龙头企业依托互联网手段，通过便捷的网络通信渠道将市场供求变化和先进的农业科技技术传输到田间地头，辅助农民进行科学的生产决策，并积极引导小农经营向规模化、集约化方向发展。龙头企业建设现代化农业生产基地，鼓励他们借助移动视频监控、二维码、物联网等技术，实现农产品溯源管理和全程监控，推动农产品标准化、专业化生产。推进龙头企业供应链信息化，有效提高了企业经营效益。龙头企业应用信息技术实现对原料采购、订单处理、产品加工、仓储运输、质量管控的一体化管理，实现企业内部生产加工流通各环节上信息的顺畅交流和资源的合理配置，促进企业管理科学化和高效化。

四川中新农业科技有限公司是联想佳沃旗下的，专业从事猕猴桃产业的四川省省级重

点龙头企业。2014 年 5 月以来，联想佳沃在盛产的猕猴桃果园里划出项目实验区，铺设节水灌溉管网，安装自动化物联管控设备，建立基于云端感知的果园环境感知检测系统，对果园土地、空气等环境和灌溉管理实现数字化管理。2015 年年初，这一系统正式建成，建立起猕猴桃果园现代农业物联网络感知、管控、呈现平台。轻点鼠标就能实时掌握果园里猕猴桃的长势，土壤湿度、温度、光照等一目了然；拿起手机或平板电脑就可以远程控制滴灌设备，实现精细化种植。目前，联想在蒲江的猕猴桃生产，已经建成全程质量可追溯系统。消费者用手机扫描果品二维码，可全年实时农事管理记录、树势树体生长动态、施肥浇水记录，乃至出产地块的负责人都一览无余，实现猕猴桃产品从田间生产到进入消费者手中的全程追溯。物联网技术走进果园，传统农业的浇水、施肥变得精确与科学。什么时候灌溉，灌溉多少，都是控制系统根据适时检测结果对比数据库标准数据说了算。通过物联网技术，不但节省了大量的人工成本，还提升了种植的精细化程度、自动化程度和产品品质，使得猕猴桃产业更具标准化。

三、农业产业化龙头企业销售信息化

在信息化时代，应用信息技术为了解决农产品流入市场时信息不对称等问题，也给农业龙头企业提供了一种新思路。龙头企业通过信息化的手段，建立并依靠产品溯源体系，控制产品质量；利用射频技术和传感技术，实现农产品流通信息的快速传递，减少物流损耗，提高流通效率；应用大数据思维，引入商业智能和数据仓库技术，龙头企业可以更加深入地开展数据分析，提供有效的市场决策，积极应对市场风险；通过打造电子商务和网络化营销模式，实现农产品销售不再受限于地域和时间的制约，促进农业生产要素的合理流动，构建高效低耗的流通产业链。这些技术手段，不仅能有效改善企业经营效益，也能从源头上缓解农产品"滞销、卖难、买贵"的问题。

嵊州市借助大数据助力精准农业。嵊州飞翼生态农业有限公司做为浙江省省级骨干农业龙头企业，借助大数据投资 4 亿多元构建有机产业链，在每个蔬菜包装盒上粘贴一张小标签，内容包括飞翼 LOGO、菜名、服务电话以及一串可以追溯蔬菜种植生产加工所有环节的编码，同时针对客户身体状况，量身配置"有机功能菜"。近三年来，"飞翼"会员数量年均增长 20% 以上，今年预计销售达 1.3 亿元，同比增长 30% 以上。

四、农业产业化龙头企业管理信息化

在农产品加工过程中，自动化、智能化技术大量应用，生产效率迅速提升，农产品加工信息化技术已形成了多层次农产品加工信息网络，建立了农产品加工国际标准跟踪平台、全国农产品加工技术推广对接平台、以及农产品加工市场信息预警服务体系。同时，信息技术在农产品加工领域推广步伐加快，部分农产品加工企业运用信息技术改造传统产业，开始建立资源规划（ERD）、客户关系管理（CRM）、供应链管理（SCM）等管理系统。一些农产品加工企业对农产品原料、生产过程、产品管理等信息进行广泛收集和处理，通过建立相关数据库和分析模型，为农产品的生产和质量管理提供了科学依据。

福建光阳蛋业股份有限公司是国家级重点龙头企业、全国农产品加工出口示范企业，2015 年入选了农业部组编的《农业产业化探索与实践》典型案例。为破除库存、应收反应速度慢、破损难以及时监控、与上下游客户、供应商之间明细不便观察的难题，光阳蛋业采用畅捷通管理软件进行生产管理，使可用量、现存量查询非常方便，实现了对企业不同存货、不同仓库按照不同的核算方式来进行核算，有品种法、分批法等，每到月底成本自动计算单总能非常快速的核算出企业成本项目里面的材料成本、人工费用、制造费用情况。

五、农业产业化龙头企业服务信息化

由于农业生产类型、产品结构等千变万化，农业生产者、经营者在信息需求上也多种多样。仅靠农民自己或政府很难满足农户与市场对信息多变的需求，要提高农业信息服务的针对性，促进信息完整、及时、有效地流通，就需要通过建立多元化的、适应能力强的、信息服务主体。农业龙头企业有着全产业链中最为丰富的信息，借助互联网，可以建立起以农业龙头企业为核心的农业信息服务平台。各农业信息服务主体与平台在服务内容、服务对象和群体上有所侧重，不同主体与平台之间形成良好的互补，才能提高农业信息服务的针对性、适用性和效率性。

过去一年中，随着农业产业化龙头企业与农村信息化的发展，以及国家出台了一系列政策推动物联网、互联网+、大数据、云计算、移动互联等现代信息技术应用于农业，围绕龙头企业为核心的农业信息服务平台也取得了快速进步，涌现了一批有实力的龙头企业，围绕自身特点打造信息服务平台，服务农村信息化与农村发展。其中，在传统生产经营中就兼备服务体系的农资企业，依旧走在前列。

大北农集团致力于打造高科技、互联网+、金融类的现代化农业综合服务企业。2014 年公司已初步构建猪管网、智农商场和农信网的三网平台，为农户提供养殖管理、网上交易和金融支持等全方位服务。具有渠道优势的复合肥龙头企业金正大生态工程集团股份有限公司、司尔特肥业股份有限公司、芭田生态工程股份有限公司也纷纷拥抱互联网。金正大目前手握近 10 万二级经销商渠道资源，并全面建设定位于大数据、信息化、展销商城、支付交易的农化服务中心，在全国布局 100 家区域农化服务中心，以测土配方、水肥一体化、农资服务等为主要业务。此外，农药龙头诺普信、辉丰股份自 2014 年以来也加快电商业布局。辉丰股份旗下农一网 2014 年 11 月上线以来，电商业务的开展远超预期。诺普信 2014 年 9 月与复合肥龙头企业金正大签署了战略合作协议，近期又获得浙江美之奥种业 20% 股权，实现了在农药、化肥、种子产品线的布局。在此之前，公司发布增发预案，拟募集 7.33 亿元投向两大新项目，基于 O2O 的农资大平台建设项目就是其中之一。

第二节　农民合作社信息化

2014 年，我国农民专业合作社延续了良好的发展势头，农民专业合作社总量迅速增长，

业务领域不断拓展，引领和服务农民增收的功能不断提升。截至 2014 年 12 月底，全国农民专业合作社 128.88 万户，比 2013 年底增长 31.18%，出资总额 2.73 万亿元，增长 44.15%。2014 年 1～12 月，全国新登记注册农民专业合作社 30.95 万户，增长 9.60%，出资总额 0.78 万亿元，增长 9.51%。

随着农村信息化的建设与发展，各地的农民专业合作社纷纷建立网站，通过网站发布合作社内部农产品供求信息，提供互联网线上交易、农产品新闻等功能，提供合作社内部管理信息，这些都促进了农民专业合作社自身建设的规范化和标准化。

一、农民专业合作社自身信息化建设不断得到加强

为了加强农业生产经营组织化程度，促进农产品产销衔接，鼓励建设合作社成员管理、社务管理、财务管理、市场管理等系统，提高合作社日常管理效能，规范合作社内部管理，一些有实力、效益好的合作社积极推广信息化建设。

2012 年安徽省蚌埠市启动信息化示范县工作以来，固镇、怀远、禹会等县区布点进行信息化试点建设，现在，蚌埠市试点合作社共开通网络销售平台 20 个，注册农产品销售商标 50 个，在合作社门户网站上传种植养殖信息 300 条，病虫害防治信息 200 条，农产品市场价格信息和市场供需信息 1000 条。其中，最早开展信息化生产的固镇玉鹏蔬菜专业合作社，已形成 3.5 万亩的种植规模，5000 平方米的加工车间，1100 平方米的农产品交易市场，年加工蔬菜 720 吨，年产值达 210 万元。

二、农民专业合作社加强信息化生产管理

随着信息技术的普及，尤其是物联网和信息管理软件的技术的发展，越来越多的合作社采取信息化的手段对生产的实时监测与管理控制，提高了对产品的标准化、质量化控制。

湖北秭归市王家桥柑橘专业合作社现有社员种植优质脐橙精品果园 1500 亩，其中合作社自有果园 50 亩，示范和带领全村农民发展优质脐橙 4500 亩，年产优质脐橙 8000 多吨，年产值达 1600 多万元。2015 年 5 月，该合作社与屈姑食品公司开展果园信息化建设，柑橘基地信息化管理项目现已通过经省、市、县联合验收，投入运营。

柑橘信息化精准管理系统结合传感器技术、计算机技术、自动控制技术及现代通信技术，建立了对象感测、数据采集、信息传输、分析决策、智能控制、视屏监控等多层次结构的监测预警测控技术平台，实现了对生产环节和市场信息的数字化、智能化精准管理。管理者足不出门即可知晓果园的土壤含水量、果叶叶面湿度、温度等数十项实时信息，实现了对高温、冻害、干旱等的实时预警和肥水系统远程管理、智能决策和自动控制。核心果园实行树编号、果编码，建立果品质量安全追溯体系。各地客商可通过王家桥柑橘专业合作社的视频客户端适时了解果园管理情况。

该基地通过建立精准化智能温室大棚控制系统、智能滴灌施肥系统、精准变量施肥系统、旱情冻害监测预警系统和远程技术指导系统，对基地进行灾害预警防范、精准肥水管理、精准病虫防控、精准优质采收，是集信息化、精准化、自动化于一体的先进管理系统。

云南马龙县双友云岭牛养殖农民专业合作社高度重视信息化建设，为加强对入社农户的管理，与深圳远望谷公司合作开发了合作社肉牛信息管理系统软件，系统一期建设已经完成并投入使用 10 个分社 320 户社员、10770 头能繁母牛信息已经录入。信息化管理系统的建成，极大地方便了合作社的管理。利用该系统，合作社工作人员可以随时随地进行社员和牛只信息录入，将进一步提高合作社的工作效率和管理水平。系统采用加强型 RFID 电子耳标技术，该耳标具有全球唯一性，信息一旦录入不可修改。为社员及其牛只信息管理、牛只档案的全程追踪提供了有利保障。

三、各地农民合作社重视打造网络平台

农民专业合作社通过建立经营信息管理平台，提升合作社经营管理的示范应用工作，充分发挥农民专业合作社在提高农民生产经营组织化程度、促进农产品产销衔接的作用、扩大专业合作社的宣传、推进电子商务、加速三资管理，实现生产在社、营销在网、业务交流、资源共享，不断提高农民专业合作社的综合能力，降低生产经营成本，抵御市场风险，促进农民增收等方面发挥重要作用。合作社农民通过合作社网站，加入合作社交流平台，通过网站平台，了解政策、市场、技术信息，实现生产在社、营销在网、业务交流、资源共享互通。合作社搭建门户网站或利用第三方涉农网站，提供通知通告、合作社介绍、产品展示、技术标准和留言板等功能模块，为合作社提供展示窗口。各地合作社还通过网站发布合作社内部农产品的信息，通过在线交易、发布农产品新闻等功能，形成了"网上联合社"，促进了农民专业合作社建设的规范化、标准化。

安徽省燕山草莓农民专业合作社在 2012 年建立了门户网站，社员可随时查询专业的草莓种植技术和病虫害防治信息。同时依托中国移动通信，向社员发送气象、时令、销售收购等信息，实现了草莓产前、产中、产后的全程信息化，保证合作社健康持续发展。2014年，合作社又与蚌埠市云计算信息服务平台合作签约，利用平台优势，了解到全国草莓市场的供需信息。目前，该合作社拥有社员 150 户，建有上千亩的草莓温室大棚，年产草莓 30 万公斤，年销售收入 600 万元。合作社有了信息化的武装，基本实现了"看菜下碟"，有效规避了市场风险。

四、充分利用信息化技术拓展销售

合作社充分利用信息化技术拓展销售。大批农民合作社在销售环节对信息化技术的利用，不再只是电子商务的应用。随着物联网、大数据、云计算等技术的发展，合作社不再只着眼于销售环节本身，而是提前分析市场，主动调整适应供求关系，提高产品质量，提供产品可追溯手段，提高产品销售时的价格。

北京北菜园农产品销售专业合作社，主要从事有机蔬菜和务工该蔬菜的种植、加工、销售、配送等业务，拥有种植基地 470 亩。由于种植与销售不匹配，因此出现过严重损失。合作社通过"农场云"智能系统，以销定产，2014 年实现了农产品销售额翻番，达 1180 万元。另外合作社成员通过环境监控系统与农事宝 APP，对种植的农产品进行质量和环境

监测，并将监测情况上传至网络，由专业技术员核查，最终再通过"农场云"的精准定制和营销计划，制定销售，并在产品包装上贴有二维码，记录了产品生长信息，成为"绿色履历"，提升品牌价值。

五、合作社与龙头企业、协会协作推进经营信息化跨入新阶段

大型龙头企业引领农民专业合作社跨入经营信息化新阶段。大型农业龙头企业有着先进的经营理念，具有品牌、技术优势和广阔的市场渠道，通过龙头企业整合带动农民专业合作社走信息化经营道路，发展连锁店、直营店、配送中心和电子商务，有利于发挥龙头企业的生产经营组织能力，实现农企双赢。

浙江省江山市是全国最大的蜂产品生产基地与原料集散地，利用互联网技术，江山蜂业正步入"大数据时代"，日益完善蜂产品质量安全追溯系统。江山同康蜂业有限公司在行业内率先建立蜂产品质量追溯系统，运用传感器与互联网技术，实时收集蜂蜜的海量养殖数据，使得蜂产品点对点双向精确可追溯，保障产品质量。为此，公司专为旗下蜂蜜养殖基地的 200 户蜂农，每人购置了一台智能手机，通过安装名为"蜜蜂E路通"的软件，蜜蜂的养殖信息就可实时掌控。有了依托于互联网的可追溯系统，蜂农只需点开软件，就可将记录养蜂日志发至终端，同时在这款软件中，蜂病防治、蜂产品生产、蜂器具消毒灯信息一目了然，蜂农间还能分享养殖经验。方便蜂农的同时，公司也能强化蜂农管理，以保障原料品质。

目前，江山有 2470 家养蜂规模专业户，为了规范管理这些蜂农，该市已建立了"协会+企业+合作社+蜂农"的监管模式，并大力推广"蜜蜂E路通"这一全程质量追溯平台。而检验监管部门也可以通过该平台，掌握从原料到半成品，再到商品的全程信息。

第三节　农产品电子商务信息化

农产品电子商务是在农产品的生产加工及配送销售过程中全面导入电子商务系统，利用信息网络技术，在网上进行信息的发布和收集，依托生产基地与物流配送系统，在网上完成产品或服务的购买、销售和电子支付等业务的过程。随着互联网的发展和移动互联的普及，越来越多的农业企业开始涉足电子商务，通过电子商务渠道，拓展销售，提升品牌知名度，农产品电子商务已经成为农业企业拓展销售渠道的必然趋势。农业电子商务也是实现小农户与大市场直接对接的有效途径，有效地将市场扁平化，对增加农民收入、解决农产品"卖难""买贵"的周期性问题、提高农产品质量追溯监管效率、培育新型农业经营主体具有重要意义。

一、政府、企业共同推动农产品电子商务发展

2014 年以来，中央政府站在顶层设计的高度推出多条政策促进农产品电子商务发展，在"互联网+"观点提出之后更是迎来罕见的发展契机。中央和一些地方政府对电子商务推动不仅着手于电子商务平台建设，也包括促进流通领域环境改善、农村电子交易服务体系支撑以及鼓励电商下沉等全方位、多领域的推动，2014 年 7 月，中央政府率先在湖北等 8 省市展开了"电子商务进农村"试点工作。政府利用大型电商平台也成为了发展农产品电子商务的新途径，已有 24 个省（市）、31 个地县在阿里巴巴平台上开设特色馆。

与此同时，大型电商平台积极布局农村电子商务。一些大型电子商务企业将农业农村市场做为"蓝海"来开拓，纷纷采取渠道下沉战略，大举布局乡村网点。2014 年下半年，以阿里巴巴、京东为首的电子商务平台和以顺丰为首物流企业，主动出击，大规模投资抢占中国农村预估规模千亿级的平台市场，形成了愈演愈烈的农村电商市场战略布局争夺，这种激烈的竞争甚至反映在了农村的墙面广告上。2014 年 10 月，马云宣布阿里巴巴将在 3～5 年内投资 100 亿元启动千县万村计划，建立 1000 个县级运营中心和 10 万个村级服务站，覆盖全国 1/3 县及 1/6 农村，并联通过与阿里的菜鸟与日日顺、邮政的战略合作，铺平道路。与此同时，京东也宣布在全国布点"京东帮"服务店，并迅速投入布点工作，目前"京东帮"服务店已超过 1000 家，提前完成 2015 年年初制定的农村电商全年发展计划。大举进入农村市场的不仅是电商平台，也包括传统农业企业，自中粮成立我买网后，雨润也宣布进军农产品电商，建设雨润果蔬网 B2B 平台。这种近乎白热化的竞争性布局，促使我国电子商务迅速下沉农村，并带动物流、金融支付等服务体系快速跟进，也促进了农产品通过电子商务的平台直接面向市场。

2014 年，中国电商交易总额达到 13.4 万亿元，同比增长 28.8%。其中，网络零售交易总额接近 2.8 万亿元，同比增长 49.7%。2015 年上半年，我国电子商务交易额为 7.14 万亿元，同比增长 25%。其中，B2B 交易额为 5.49 万亿元，同比增长 21%。网络零售交易额为 1.65 万亿元，同比增长 39.1%，其中 B2C、C2C 交易额分别为 0.82 万亿元和 0.83 万亿元。2014 年，全国各类涉农电子商务平台 3.1 万家，其中涉农交易类电商近 4000 家。阿里研究院公布的《阿里农产品电子商务白皮书（2014）》，显示阿里平台上的涉农网店数量继续增长，经营农产品的卖家数量为 76.21 万个，注册地在乡镇的农村卖家约为 76.98 万个。阿里平台上经营农产品的卖家数量为 39.40 万家。2014 年，阿里平台上万成农产品销售额达 483.02 亿元，较 2013 年增长 96.83%。农资产品销售 25.10 亿元，同比增长 188.46%。

2014 年，全国已发现淘宝村的数量从 2013 年的 20 个激增到 212 个，同时涌现了 19 个淘宝镇，涵盖农村网点 7 万家，极大地带动了周边物流、金融及上下游产业发展。

二、专业化涉农服务商初现

行业的火热带来更多的服务商进入农产品电子商务领域，其中包括传统服务商向涉农领域转型，也包括许多新服务商的出现。2013 年，许多具有传统农业资源的企业开始涉足

电商领域，也有许多在其他行业的电商服务商开始试水农业，他们共同构成了农产品电商的专业服务商，发挥各自优势，弥补不足短板，借助淘宝网等社会化大平台为农产品网商提供专业化的服务。在涉农服务商领域，相关服务提供商也由需求催生，如针对农村电商人才欠缺现状，专注于客服外包的电商服务商应运而生，集中的客服管理，高效的客服专业化训练，很好地解决了农村网商的客服需求。

针对合作社内部管理需求，市场上出现了多种面向专业合作社的信息化产品，包括磁卡会员管理系统、内部办公系统、财务管理系统和社员培训系统等。磁卡会员管理系统以磁卡为存储介质，通过给社员发放磁卡，对社员进行统一管理；内部办公系统遵循合作社日常生产、销售流程，实现合作社进、销、存环节的信息化管理；财务管理系统通过设立日常收支、日统计、月结存、投资贷款等功能模块，实现合作社资金流的自动化管理和查询；社员培训系统通过建立培训数据库或利用远程在线系统为社员提供生产技能培训服务。在农产品电子商务服务商中，物流、仓储、运营服务、金融等相关行业发展迅速。以物流为例，随着农民网贩的兴起，以及农村网商的大批涌现，物流企业在农村市场迅速铺开。伴随农产品电商平台的快速发展，作为物流行业中进入壁垒较高，且市场空间巨大的一个领域，冷链物流正日益成为电商、物流企业抢占的高地。

三、农产品电子商务扩展生鲜领域销售

生鲜农产品的储存、运输一直是农产品销售中的一大问题，因此，农产品电子商务发展多年，销售产品主要集中在容易保质储运的农产品及加工品，生鲜农产品发展缓慢。《阿里农产品电子商务白皮书（2014）》展示了 2014 年阿里零售平台涉农产品类目分布，销售占比最大的是零食坚果类占 32.28%，茶叶冲饮类占 17.89%，传统滋补类占 16.90%，粮油干货类占 10.51%，而肉类果蔬类与鲜花绿植类占比分别仅为 16.95%和 5.47%。但是，从增长趋势来看，鲜花绿植类日增长速度最快，达到 164.87%。全国来看，电子商务交易的农产品主要是地方名特优、"三品一标"的农产品，如干果、茶叶等占农产品电子商务交易总额的八成。生鲜产品增速迅猛，水果、蔬菜、水产品的增幅均超过300%，但基本以进口、高端产品为主。

生鲜农产品电子交易的另一突出表现是水果电商的大范围兴起。这种新的销售模式与传统水果商的销售模式有所不同，水果电商从采购到冷藏，再到配送，全程都提供一站式服务，在质量与服务上都有了很大的提升。水果电商仍然处于初期发展阶段，品牌众多，多数营业范围仅限于一个或几个大城市。

四、特色鲜明的专业化涉农电子商务平台发展迅速

在大型综合性电商平台发展的同时，越来越多的涉农电子商务平台开始寻求差异化生存之路，行业类垂直网站成为重要的平台，具备了特色鲜明的专业化特征。安徽省"邮乐农品"是安徽省政府与中国邮政集团合作建立的"立足安徽、辐射全国、走向世界""绿色、安全、可追溯"农产品电子商务平台。"邮乐农品"充分发挥邮政集团的资金流、信息流、

实物流的优势，结合安徽本省特色，将平台分为山珍菌类、天下名茶、健康养生、休闲食品、商品批发、粮油副类、农场等品类，主推"新鲜到家""家乡味道"，面向公众客户、农业企业、农业合作社等单位和个人提供农产品买卖交易、农业信息和产品溯源等服务。同时也整合多家厂商、合作社，提供在线产品订货平台，提供采购订购产品的服务平台以及可以信赖的农资、日化、农机等服务。

　　另外一些电子商务平台，限于自身发展不足，依托大型电商，进行农产品销售，促进偏远地区农产品流入市场，提高当地农民受益。蜂巢电商与淘宝网紧密合作，共同打造了淘宝网·特色中国·湖北馆，大力推广湖北特长，一方面从无到有，把大量产品上线，极大拓展销路，让农民致富，另一方面通过网络推广，打造品牌。通过这种方式，蜂巢网成功扶助了襄阳下店村的芝麻酱、土鸡蛋等农产品以及恩施百合等，突破产品道路不通、信息不畅的障碍，解决销售难问题。

五、多层次农产品电子商务体系见成效

　　我国初步形成涉农政府信息网、农产品电子交易网等多层次的电子商务网络体系。2014年政府部门组织农产品网上购销对接会交易额达到110.3亿元，包括商务部先后在夏季、冬季两次组织农产品网上购销对接会的交易额。其中，2014年夏季农产品网上购销对接会，全国共有27个省（自治区、直辖市）625个县（市、区）的商务主管部门上报农产品供求信息近149万条，涉及农产品品种1000多种，促成农产品成交近115万吨、金额55亿多元；2014年冬季农产品网上购销对接会，共有25个省（自治区、直辖市）的586个县（市、区）商务主管部门上报农产品供求信息161.9万条，涉及农产品品种1035种，促成农产品销售85万吨、成交金额55.3亿元。

　　大宗农产品电子交易市场发展迅速，现代流通行业总体呈现向规范化、专业化和规模化发展的良好态势，行业整体综合实力与市场主体质量有明显提升。2014年，我国农产品交易与流通模式持续创新，相继建立了多个大宗农产品网上交易中心，依托互联网组织全体交易商成员直接上网报价、配对，以网上订货、电子购物的方式实现买卖双方面对面的大宗农产品现货交易。截至2014年年底，我国有大宗商品交易市场739个，其中农产品网上交易市场有219家，林木产品类市场18家，渔产品类市场14家，畜禽类产品27家，酒类产品22家。

　　农资市场与服务接入电子商务。由于准入机制和服务体系等问题，电子商务农资市场一直以来发展十分缓慢，过去一年，电子商务农资市场取得发展。2014年，化肥、种子、农药等农资生产企业开始关注电商，60%的农资企业已进驻电商平台，专营农药的"农一网"已上线运行。大北农打造了基于互联网的现代农业综合服务企业。复合肥龙头金正大、司尔特、芭田股份、司尔特、农药龙头诺普信、辉丰股份也加快电商业步伐。辉丰股份旗下农一网2014年11月上线以来，电商业务的开展远超预期。诺普信布局农药、化肥、种子产品线的布局，拟募集巨资打造基于O2O的农资大平台。京东发布"星火试点"计划，借助自有物流体系的优势实现农村与城市商品的双向流动；苏宁则启动扩建易购服务站计划，预计今年将建设1500家服务站，未来5年内，苏宁易购服务站将超过10000家，并

以"物流云"全面建设新的农村物流体系。

此外，各地也纷纷探索利用信息化平台整合乡村旅游资源并对接消费者，有效促进了乡村旅游提档升级。

第四节　大型农产品批发市场信息化

20 世纪 80 年代初，我国出现了农产品批发市场，而后在政府引导和政策扶持下，发展迅速，已经成为我国农产品流通的主渠道。政府开始认识到农产品批发市场信息化对实现农业现代化的重要作用，采取了相应的措施逐步加大信息化建设力度，目的是为了加强市场业务管理与设备管理，提高市场管理工作的效率和质量，实现信息管理、设备管理、经营决策管理一体化服务，为领导提供完整的信息作为辅助决策的依据，最大限度地实现信息化、网络化管理。

一、大型农产品批发市场信息化系统建设成效显著

农产品批发市场是我国农产品流通的中心环节。我国 90% 以上的鲜活农产品、95% 以上蔬菜的流通由农产品批发市场承担，批发市场是农产品流通的主渠道。国家发改委从 2003 年开始连续十年支持农产品批发市场国债项目，每年约支持 100 家大型农产品批发市场物流园。"十一五"期间农业部在全国组织实施农产品批发市场"升级拓展 5520 工程"。2009 年，商务部开始通过"双百工程"支持建设和改造大型鲜活农产品批发市场，而近年来，逐步转向支持重点市场和专业市场。

农产品批发市场利用先进的信息化技术，结合各类农产品批发市场的现状和发展方向，充分考虑市场的实际需求，建立农产品批发市场信息平台，加强信息化基础设施的建设，建立农产品批发市场管、控、营一体化平台，实现信息管理、信息采集发布、电子结算、质量可追溯、电子监控、电子商务、数据交换、物流配送等应用系统的服务功能，最大限度地实现信息化、网络化管理。

成都市沙西农副产品批发市场作为成都市政府定点规划的大型综合农产品批发市场，是连接川西北数十个农副产品的主产地，市场未来的发展方向是立足成都，辐射西南。沙西农副产品批发市场信息覆盖完善，引入先进的信息管理，为商家提供从指挥、调度、监控、信息采集到商品走势分析的全程信息服务，并依托信息系统建立完善的农产品质量安全溯源管理体系，有效强化农产品质量安全保障。致力打造成为农产品质量安全溯源管理载体，使市民吃上安全放心、优质价廉的农产品。

福建省是我国的农业大省，拥有 6 个国家级标准化批发市场和 15 个升级标准农产品批发市场。近年来，福建省加快推进农产品交易市场建设的升级与改造，重点批发市场顺应信息化潮流，不断加强电子结算、电子交易、电子信息系统等软硬件基础配套设施的建设，健全信息体系，提高服务水平，加强农产品贮藏、包装、运输、代理结算等服务，实行产

加销一体化经营，为农业产业化、现代化经营提供了良好的配套服务，为福建的农业现代化、产供销一体化奠定市场前提条件。

二、农产品批发市场建成互联互通的信息化体系

针对当前农业生产与市场需求的信息不对称，建设农产品批发市场信息平台及农产品电子商务平台，及时、快捷地把农业经营信息传递给农业生产者和消费者，提高交易效率，降低交易成本成为迫切需求。重要农产品批发市场均建立了电子结算、电子监控、LED 显示屏与触摸屏信息布等系统，价格信息在网站等媒体循环播报，依托农产品批发市场及多种类型农产品流通主体，整合各类涉农信息服务资源，构建覆盖生产、流通、消费的全国公共信息服务平台和多层次的区域性信息服务平台，促进农产品流通节点交易数据的互联互通和信息共享。建立、编制、发布农产品交易指数、价格指数和统计数据，山东寿光农产品物流园的"中国寿光蔬菜指数"就是成功的示范。作为我国首个蔬菜指数，为政府了解价格走势信息、分析菜价波动原因提供参考，为经销商了解蔬菜价格行情提供帮助，对防范农产品价格大幅波动起到一定的作用，"寿光蔬菜指数"的发布已经充分体现出信息化工作的重要作用及意义。

三、批发市场内部管理信息化、交易信息化同步推进

一批经济实力较强的农产品批发市场充分利用现代信息技术，实行了客户管理、摊位管理、人事管理、财务管理和治安管理的信息化。一些农产品批发市场摒弃了延续多年的"一手交钱、一手交货"的现金交易方式，采用电子统一结算（含双方刷卡交易）方式，如山东寿光蔬菜批发市场设有电子银行、客户服务中心等配套服务设施，市场交易流程实行"一卡通"计算方式，蔬菜交易实现了全程电子化。少数农产品批发市场如深圳福田市场、山东寿光市场等尝试推行了电子拍卖交易，开通了电子商务交易平台。如河北省饶阳县瓜菜果品交易市场电子结算系统，采用的是中央电子结算与电子收费终端设备结算并用的方式，在保证交易速度、提高交易效率的基础上，增强了市场管理方对市场运营情况的全面了解；在保障商户资金安全、方便商户资金周转的基础上，提高了商户对市场的信赖程度；公开的交易统计信息促进了农产品的有效交易和流通，丰富了市场的交易功能。

四、农产品批发市场物流信息化程度明显提高

农产品批发市场电子商务快速发展，物流信息化程度明显提高。如郑州粮食批发市场、深圳布吉农产品批发市场等建立了电子结算系统、电子监控系统、LED 显示屏与触摸屏信息发布系统等。北京市农产品配送系统是北京市农村到城市农产品配送的运营平台。该平台以运营中心为核心企业，从农产品采购开始，到产品的数字化分拣、包装、物流配送，最后由销售渠道把农产品送到消费者手中的过程，通过对信息流、物流、资金流的控制，将供应商、制造商、分销商、零售商直到最终用户连接成一个整体的功能网链，使农产品

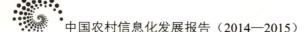

流通步入了高效、便捷的网络化高速路。"美通首府无公害农产品物流中心"是内蒙古食全食美（集团）股份有限公司所属的农副产品一级批发市场，是呼和浩特市政府"菜篮子、米袋子、果盘子"重点工程。2013 年，集团公司对美通市场进行了全方位的升级改造，市场七大类商品 1000 多个经销商全部进入全封闭的、环境一流的现代化经营交易大厅内进行交易，彻底改变了农产品批发市场脏、乱、差的面貌，全面建立起了食品安全可追溯体系、诚信体系，建立了公开、公正、透明的现代化管理体系，电子结算覆盖率达到 90%。

第九章　农业管理信息化

第一节　农业政务管理信息化

农业部 2011 年印发的关于《全国农业农村信息化发展"十二五"规划》中提出，"十二五"期间，我国农业管理信息化建设得到稳步推进。农业电子政务平台基本建成，农业资源管理、农业应急指挥、农业行政审批和农业综合执法等基本实现信息化，农产品质量安全监管信息化水平显著提升，农业行业管理信息化全面推进，农业管理信息化整体水平达到 60%。

各级农村信息化建设机构注重农业管理信息化建设，在推进农业电子政务、农业资源管理、农业行业管理、农业执法、农产品质量安全监管、农业应急指挥等方面信息化建设取得积极进展。推动农业政务管理信息化迈新台阶。

推进农业资源管理信息化建设，加强对耕地土壤质量、肥料肥效、农田土壤墒情等内容的监测，通过建立国家级草原固定监测点，实现对不同类型草地生态系统状况全方位的监测，加强渔业水域生态环境监测能力建设，提高渔业水域生态环境监测能力，为科学管理，提升地力提供决策支持。加强耕地、草原、水面等资源的管理和农村集体土地承包经营权流转平台建设，逐步实现农用地流转和经营管理规范化、信息化。

推进农情管理信息化建设，对农业各行业进行动态监测、趋势预测，提高农业主管部门在生产决策、优化资源配置、指挥调度、上下协同、信息反馈等方面的能力和水平。推进对渔业安全、农机安全、农产品贸易和国际农产品价格的监测与监管，推进农村集体资源管理信息化。

提高农业综合执法信息化水平，重点完善农药、种子、饲料、兽药等经营许可证审批流程，实现行政许可审批信息化，提高审批效率，建设执法信息管理系统，实现信息报送、投诉举报受理、监管工作记录、案件督察督办、档案管理等功能。

加快农产品质量安全监管信息化建设，建立覆盖部、省、地、县对农业重大灾害、重大植物疫病、草原生态、渔船事故、农机事故等的高效应急指挥，从通信指挥、数据共享、预测分析、指挥决策等多个方面协同全国展开农业突发事件的应急指挥，建立农产品质量安全监测信息管理平台，实现监测数据即时采集、加密上传、智能分析、质量安全状况分类查询、直观表达、风险分析和监测预警等功能，为政府加强有效监管，公众及时了解农产品质量安全权威信息、维护自身合法权益提供信息保障。

完善农业应急指挥信息化建设，建立和健全统一指挥、功能齐全、反应灵敏、运转高效的应急机制，及时掌握农业重大自然灾害、草原火灾、农业重大有害生物及外来生物入侵、渔业船舶水上安全、农业重大动植物疫情疫病、农产品质量安全事故等农业突发事件信息，进一步提高预防和处置突发农业公共事件的能力，减少突发公共事件对农业造成的损失，保障国家经济社会稳定。

在新形势下，农业部信息中心首次举办体系建设培训班，总结工作，交流经验，研究加强信息中心体系建设和推进农业农村信息化问题，旨在准确把握农业信息化内涵，明确职能定位，加强内设机构和工作目标建设，使全国农业信息中心体系牢固树立机遇意识、进取意识、责任意识，积极顺应新要求，主动迎接信息技术发展快、应用水平低、投入严重不足、基础条件薄弱带来的新挑战，奋发有为、攻坚克难、科学有效地推进各项工作，充分发挥好主力军的作用，为现代农业建设提供重要支撑，绝不辜负"三农"事业发展的新期待。农业部信息中心将打造电子政务运行保障中心、数据资源开发应用中心、信息安全监管中心、农产品市场监测分析中心、12316三农综合信息服务中心和农业信息化促进中心，面向全行业，以业务应用为重点、以公益服务为主线，加强农业信息化战略和前沿技术跟踪研究，利用自身技术和人才优势促进云计算、物联网等信息技术在政务领域、生产经营领域、公众服务领域的应用，为农业行政机关司局履行政府职责、依法行政和应急处置提供强有力的支撑。推进12316农业信息综合服务平台建设，重点做好平台对接和功能提升；推进农业应急管理信息系统平台体系建设，重点强化视频会议保障；进一步加大资源整合力度，加强农业网站群建设；充分发挥省级信息中心对监测预警工作的重要支持作用，加强部省协同监测预警分析工作，共同推进信息化事业大发展，不断实现农业信息工作新跨越。

在推进农业政务管理信息化的进程中，各地方农业信息化主管部门结合当地优势，取得了积极进展。

山东省海洋与渔业厅正式印发了《山东省海洋与渔业信息化规划（2014—2016年）》（以下简称《规划》），构建了"一个中心"（海洋与渔业数据中心）、"两大平台"（电子政务平台、电子商务平台）、"三级网络"（省、市、县三级专网）、"四套体系"（标准规范体系、公众服务体系、信息安全体系、运行体系）、多系统集成的总体架构，规划了基础环境、核心数据库、系统开发与集成、电子商务平台四大重点建设工程，明确了推进《规划》实施的保障措施。《规划》的印发实施，有力地推进山东省海洋与渔业信息化的统一规划、统一标准、统一建设和统一管理，实现基础设施集约化，应用系统集成化，数据管理集群化，技术规范标准化，提升管理与服务能力，促进海洋与渔业事业发展转型升级。

重庆市涪陵区全区使用农村道路交通安全管理信息系统，通过全区所有乡镇街道进行统一农村道路交通安全制度管理建设、台账建立、道路隐患动态监管、事故管理、基础能力建设、预警考核，以网络为载体实施农村道路安全的全方位信息监管，提升农村道路交通安全管理信息化水平，及时、全面掌握农村道路交通安全形势，有效遏制农村道路交通事故多发的态势。

湖北省襄阳市襄州区农村集体三资信息化监管服务平台正式开通运行，标志着该区农村三资管理系统升级工作顺利完成。该平台采用农村集体三资管理系统，在区级建立服务器，各镇三资中心可以直接系统进行记账等操作，数据同步上传服务器保存。升级版三资管理平台改过去的事后监管为现在的实时、全程监管，从源头上扎起一道防腐篱笆墙，降低廉政风险防控成本；与阳光农廉网链接，可对"三资"管理和使用情况做到适时查询、适时分析、适时监管，可随时点击查询，保障农民群众知情权和监督权；可以开辟农村产权交易、农民负担、农民专业合作社等服务项目，为农民群众随时掌握党的各项涉农政策提供极大的便利。

贵州省农委以大数据产业发展为契机，基于"云上贵州"平台建设贵州农业大数据中心、综合业务管理信息平台和综合公共服务信息平台，旨在建立贯通省、市、县、乡、村及农业各部门的信息共享交换机制、综合业务调度机制和综合信息服务机制。北京市通过更新乡镇服务器，四级联网工程全覆盖，提升和完善京郊农村管理信息化基层基础设施性能，让市、区县、乡镇、村四级信息化终端设备全部纳入政府专网统一管理，保障了农村管理信息化数据传输的及时性，而且提高了数据的安全性。

金农工程是国家电子政务"十二金"之一，于2005年11月正式立项，2007年8月启动实施，由农业部牵头，国家粮食局配合，中央和地方分别投资建设，先后投入5.8亿元，于2011年12月农业部本级项目完成工程初验。

项目主要内容是建设农业监测预警、农产品和农业生产资料市场监管、农村市场与科技信息服务三大应用系统，开发整合国内、国际两类农业信息资源，建设一个延伸到县乡的全国农村信息服务网络。

金农工程的实施使农业信息服务能力明显增强。金农工程建成了农业信息采集、分析、发布公共服务平台，农业系统各部门信息采集、处理和服务能力显著提升，对宏观决策的支撑能力明显增强；开发了农产品监测预警平台，数据分析能力和效率显著提升，农产品市场风险监测能力和先兆预警能力明显提高；建成了农产品批发市场价格信息服务系统，实现了每日农产品价格行情数据的在线填报和实时采集，覆盖了700多家农业部定点批发市场、共500余种农产品的交易价格；建成了农村市场供求信息全国联播服务系统，服务农产品产销对接，为农产品买难卖难提供技术支撑；拓宽了农业政策、科技、市场信息进村入户渠道，为引导农业生产、促进农民增收和现代农业建设提供了有力支持。

金农工程使农业行政管理水平明显提升。金农工程建成了行政审批、政务公开、市场监管网上办公平台，提高了农业部门依法行政、农产品质量监管水平和工作质量；建成了电子政务支撑平台，提高了各业务应用系统间的互连、互通、互操作和信息共享能力，初步具备了农业部门业务系统的定制开发、资源共享、业务协同及安全运行的能力；完善了应急响应系统，农业部门应对自然灾害、处置突发事件能力明显增强。

金农工程使农业部门信息化基础初步建立。金农工程建成了我国农业系统第一个国家级的农业数据中心，实现了不通单位部门的横向和纵向的互连、互通；建设了相对完善的安全保障体系，降低了应用系统的安全风险；建立了统一的金农工程标准规范体系，并分批发布实施。建立了适用于我国农村的大型公共信息服务系统，加强了农业部门内部信息整合，初步建立起一个素质较高的管理、研发、服务队伍，提高了农业部门电子政务应用管理水平。

金农工程带动农业部门政务信息化蓬勃发展，是农业部门承担的第一个大型电子政务工程，金农工程的实施不仅直接提升了农业部门工作效率，更重要的是它掀起了农业农村信息化建设的热潮，尤其是引领和推动了农业部门政务信息化建设。通过金农工程，各级农口部门对信息化认识水平明显提高，用信息技术改造农业管理方式积极性明显提高。

通过金农工程项目的建设实施，各级农业部门信息化基础设施水平明显提升，政务信息资源建设和共享水平明显提高，部省之间、行业之间业务协同能力明显增强，有效提高了农业行政管理效率，提升了服务三农的能力和水平，为农业和农村经济社会平稳健康发展提供了有力保障。

第二节　农村社会管理信息化

农村社会管理，是构建社会主义和谐社会和新农村建设所面临的的重要课题。随着农村社会的转型，农村的社会结构、组织、意识形态、价值观念、利益关系等方面都处于深刻的变化之中。农村互联网的普及也促进了农村居民对生活娱乐、科教文化的需求。这必然要求传统的农村社会管理做出与这种变革相匹配的调整，面对着传统管理方式无法适应的深度与广度，提高农村社会管理科学化水平，加强农村社会建设，创新农村社会方式，探索协调有效地新型农村社会管理模式和路径是亟需掌握的关键。运用信息化的手段和互联网思维，实现农村社会管理信息化，是为此破题的一种有效途径。

农村社会管理信息化改进了传统农村社会管理。构建农村社会管理信息化平台，提高农村社会管理能力，转变农村社会管理姿态，有利于促进农村社会管理信息资源整合、提供高效优质农村社会服务，改进农村社会管理。

加强农村社会管理信息化建设，完善信息管理平台，有利于实现县、乡、村三级扁平化的上下协同和联动，促进政府各级信息共享资源和互相配合，信息传递及时高效，助力从以往的静态管理向动态管理、从孤立单项管理向综合协动管理；加强农村社会管理信息化建设，完善信息网络，有利于推进网络问政走向常态化、制度化，融合互联网思维，转变农村社会管理者的姿态，推动农村公共事务决策者由"为民作主"和管理姿态向"由民作主"和服务姿态转变，真正做到了解民意，体察民情，及时知悉，及时沟通，及时解决，实现农村社会管理各级之间、管理部门与农村居民之间形成良性有效互动。

农村社会管理信息化能够加快农村社会管理信息资源整合。农村社会管理面临社会治安、农业补贴、就业服务、社会保障、计划生育、医疗卫生、文化教育等诸多挑战。农村社会管理信息化，可以破除当前农村社会管理中不同部门间的信息壁垒，联通各个信息孤岛，将社会管理各自为政、多头管理转变为多方联动、协同管理，实现信息"分头采集、关联使用"，推动"一次采集、集中交换、多方共享"的信息整合机制建立，从而有利于加快基础信息资源整合共享，建立"全面覆盖、动态跟踪、联通共享、功能齐全"的农村社会管理综合信息系统，构建应用范围广、解决问题深入的农村社会管理信息化应用平台。

2014年，湖北省初步建成了农村社会服务管理综合平台，建立了农村网格化管理信息系统。以县（市、区）为单位，按照统一信息格式、统一服务标准，重点采集并集成了省、市县、乡、村四级公共服务信息资源和县级行政服务中心的信息服务系统，逐步实现村级"党务、村务、财务、商务、服务"的"五务合一"。使农民在村委会就可以实现"网上办事"，使干部在办公室就能实现对农村居民的精准化管理和服务。目前，湖北省部分村委会已实现了农村补贴、证照办理、优抚安置、婚姻登记等的在线办理，提升了基层政务管理和服务的效率和能力。

贵州省剑河县利用网格信息化建设创新了社会管理方式。剑河县将村（居）合理划分三级网格，设置管理平台，把信息化植入网格管理，通过多种终端接入手段，依托电子政务外网，搭建县、乡（镇）、村（居）三级综治信息化平台，县、乡成立网格信息管理中心，并向县乡有关部门开设端口，让各部门掌握工作数据提供决策参考，村级设网格管理站，实现"人在格中走，事在网中办"的服务管理。同时大力推广"综治 E 通"手机终端。剑河县投入 50 多万元，在 13 个乡镇（社区）推进"综治 E 通"无线工程建设，开通手机终端 1814 个，为随访随录、即录即报、即拍即传提供了数据和影视支撑。剑河县打破过去社会事件多、部门分散管理、信息叠加、责任主体难落实的局面，按照"资源整合、高效实用"的原则，把信息化建设纳入网格化管理全过程，将原本分散存储在不同部门、行业的公共数据陆续汇集到信息化平台，共享部门信息，破除利益藩篱，建立"一次采集、及时受理、统一管理、多方使用"的共享机制，推进政府各部门数据共建共享，实现数据向上集中、服务向下延伸。目前，全县信息系统已覆盖 20 多个部门，实现 9 大类、25 项基础数据共享，为全县社会管理大数据分析提供了有力支撑。

推动农村社会管理信息化不指是信息技术、系统、平台的应用，更是思维的转变与智慧化转变。智慧乡村的发展，必然要求实现农村社会管理信息化。目前，我国智慧乡村建设与推进正在如火如荼地进行。国家信息中心与湖北智城规划设计院将联手在湖北省胡桥村打造产业发展、村容整治和精准扶贫三位一体的智慧乡村，具体建设内容包括智慧农业、智慧村务、智慧医疗、智慧家居、智慧安防、智慧电子商务和智慧旅游等七大模块。广西柳城塘进屯正在加紧建设智慧乡村，打造公共信息服务平台，在村中主干道建设公共区域Wi-Fi 覆盖点，解决基层干部与农业企业、广大农民之间沟通渠道不畅、政策信息宣传不到位的问题，并新建 13 个村级监控点并联入县公安社会技防网平台，记录相关数据。而山西大寨村，也以信息化助推发展，大力推进智慧乡村建设。大寨村以"互联网+""三网融合"为契机，整合资源，集便民服务、信息公开、社会管理、教育咨询等功能为一体，通过物联网、云计算、大数据等新技术，着力推动大寨"智慧村务""智慧农业""智慧教育""智慧医疗""智慧旅游""智慧家庭""平安农村"等项目建设，以信息化推动经济结构调整和产业转型升级，创新农村社会管理信息化，打造"智慧大寨"。

参考文献

[1] 李道亮. 中国农村信息化发展报告(2013) [R]. 电子工业出版社，2014

[2] 中华人民共和国农业部. 全国农业农村信息化发展"十二五"规划 [Z]. 2011

[3] 金腾大家庭. 信息意识提升之——农业管理信息化 [EB/OL]. http://mp.weixin.qq.com/s?__biz=MzA5MjkwNTMyMQ==&mid=209638434&idx=1&sn=42b079413705f7700eaf73fc2aac6905&3rd=MzA3MDU4NTYzMw==&scene=6#rd

[4] 熊春林,符少辉. 以信息化服务支撑农村"五位一体"建设 [J]. 科学与管理，2014.1

[5] 湖北省科技厅. 湖北"四轮"驱动推进国家农村信息化示范省建设 [EB/OL] http://www.most.gov.cn/dfkj/hub/zxdt/201411/t20141127_116773.htm

[6] 李晓雯. 昔阳县大寨村大力推进"智慧乡村"建设 [EB/OL] http://jjsx.china.com.cn/lm1077/2015/349724.htm

[7] 冯艳芳. 凤山镇打造"智慧乡村" [EB/OL]. http://news.xinhuanet.com/local/2015-08/26/c_128166083.htm

[8] 徐海波, 湖北：将打造全国首个"智慧乡村" [EB/OL]. http://dz.jjckb.cn/www/pages/webpage2009/html/2015-09/10/content_9929.htm

[9] 剑河县政府办公室, 剑河县抓好网格信息化建设创新社会管理 [EB/OL]. http://www.moa.gov.cn/fwllm/xxhjs/dtyw/201505/t20150526_4617930.htm

[10] 中国渔业报, 山东构建海洋与渔业信息化体系 [EB/OL]. http://www.moa.gov.cn/fwllm/xxhjs/nyxxh/201401/t20140106_3731639.htm

[11] 晋开学, 农村三资信息化监管平台升级, [N], 襄阳日报, 2015-06-08

[12] 巴渝都市报社, 农村道路交通安全管理信息系统启用 [EB/OL]. http://www.fl.gov.cn/Cn/Common/news_view.asp?lmdm=008005&id=6103831

[13] 农业部, 农业部全力打造农业农村信息化协同体系 [EB/Ol]. http://www.moa.gov.cn/fwllm/xxhjs/dtyw/201401/t20140121_3745108.htm

第十章　农业信息服务

第一节　信息进村入户总体进展

2014 年，农业部总结 12316 农业信息服务多年来的做法和经验，并以此为基础，认真谋划，精心组织，在北京、辽宁、吉林、黑龙江、江苏、浙江、福建、河南、湖南、甘肃等 10 省（市）22 个县（市、区）开展了信息进村入户试点工作。一年来，农业部制定印发了试点工作方案和指南，及时召开现场部署会，建立目标任务责任制，加强督促指导，推动试点工作有力有序开展。试点省（市）、县党委、政府以及农业部门高度重视试点工作，各级农业部门专门成立了由主要负责同志任组长的领导小组，切实把信息进村入户作为一项惠农工程来抓，积极落实配套资金，充分调动参与各方的积极性，大力督促各方落实上级措施，促使试点工作取得了重要阶段性进展。截至 2014 年年底，已建成村级信息服务站 2549 个，培训上岗信息员 3558 名，提供公益服务 645.8 万人次，开展便民服务 89.8 万人次、涉及金额 4530.3 万元，实现电子商务交易额 8828.3 万元，已有 6 省（市）初步建立起以企业为主体的市场化运营机制。

一、主要做法

按照"需求导向、因地制宜、政企合作、机制创新"的总体思路，以满足农民生产生活信息需求为出发点和落脚点，以打通信息服务"最后一公里"为着力点，统筹"农业公益服务和农村社会化服务"两类资源，着力构建"政府、服务商、运营商"三位一体的可持续发展机制，实现普通农户不出村、新型经营主体不出户就可享受便捷、经济、高效的信息服务。

扎实推进村级信息站建设。根据整县推进的原则，按照有场所、有人员、有设备、有宽带、有网页、有持续运营能力的"六有"标准和提供公益、便民、电子商务、培训体验等"四类"服务的要求，在农户集中、交通便利的地段，充分利用已有场所因地制宜建设三类村级信息服务站，即标准型、专业型和简易型。标准型主要依托村委会、已有村级服务站点新建或改建，为农民提供全方位的一站式服务。如浙江省遂昌县利用村级便民服务中心，采取官办民营的方式，整合涉农服务资源，为农民提供土地流转、新农合、宅基地登记等138项政务服务和农产品代销、小额提现等52项市场服务以及发布农业政策、村务公开、灾情预警等多种公益服务；专业型主要依托新型农业经营主体建设，为农户提供生产经营专业化服务。如北京市密云县、大兴区依托14家蔬菜专业合作社建站，开发"云农场"生产管理系统和电子商务平台，为社员免费提供从生产安排、农事管理、智能控制到冷链物流、社区配送、农产品质量安全追溯的全产业链服务；简易型主要依托农资店、便民超市建设，为农民提供农业生产资料和生活消费品代购服务。如吉林省双阳区通过电子商务平台已实现化肥、生活用品等销售额2500多万元。此外，在选建方式上，江苏省亭湖区采取自主申报、县级农业部门与运营商共同审定的办法，将"要他建"变为"他要建"，保证了建站的标准和质量。

切实抓好信息员培训配备工作。按照"有文化、懂信息、能服务、会经营"的标准，切实抓好信息员的选聘、培训、管理等工作。在选聘方面，重点从村干部、大学生村官、返乡农民工、农村青年、专业合作组织负责人、农村商超店主中遴选，目前每个村级信息站至少配备了1名信息员。在培训方面，依托农业部农村实用人才和市场信息系统业务培训项目，举办了11期信息进村入户专题班，共培训骨干信息员1100人次，试点省（市）、县累计培训信息员3558人次，为信息进村入户顺利推进提供了人才保障。在管理方面，制定完善了一批服务标准和管理办法，规范信息服务记录和留痕，严格考核奖惩，确保服务质量。黑龙江省方正县开展信息员"星级"评定活动，根据评定结果对信息员实行绩效奖励。

强力推动各类服务资源整合。试点省（市）各级农业部门坚持以满足农民的需求为出发点和落脚点，充分发挥组织协调作用，在整合农业部门服务资源的基础上，融合更多涉农部门服务资源，吸引优质社会服务资源，丰富了信息进村入户服务内容，最大程度满足了农民的多样化、个性化生产与生活需求。一是以12316服务热线为纽带，在强化政策、技术、市场行情、投诉受理服务的基础上，进一步整合农技推广、农产品质量安全监管、农机作业调度、动植物疫病防控、农村"三资"管理、政策法律咨询等服务资源，通过语音呼叫、双向视频、短彩信、微博、微信等全媒体手段，提供全面的农业专业服务。辽宁省将12316与基层农技推广体系融合，农民通过12316全媒体平台可以精准、就近找到农业专家，同时每个村级站均配备了12316直拨电话，农民咨询全免费。二是通过聚合有关涉农部门和公用企事业单位的资源，提供农业保险、新农合、救灾救济、义务教育等公共服务，开展水电、通讯缴费和医疗挂号、小额提现、代购车船票等便民服务，让村里人与城里人一样享受便捷服务。三是利用村级站实体网络巨大的潜力优势，吸引通信、物流、金融、电商和信息服务等企业参与村级站建设与运营，拓展农村市场空间，为信息员提供创业条件，增强站点自我造血能力。

积极探索可持续运营机制。按照充分发挥市场配置资源的决定性作用的要求，各级农业部门积极组织相关企业开展政府与企业、企业与企业的合作，创新村级站建设与运营机制，重点探索了"羊毛出在牛身上"的利益置换模式、政府补贴机制等，公益性服务与经营性服务相辅相成的可持续发展模式已初步显现。中国电信集团公司为每个村级站提供宽带接入、Wi-Fi环境、12316直拨电话等5项免费服务和5项优惠服务，以抢占拓展农村市场。浙江省遂昌县支持嘉言民生公司，通过收取服务佣金的方式，整合电力、通信、保险、银行和物流、旅游等 55 家国有和民营企业服务资源，在本村选聘员工进驻村级信息服务站，开展"打包"服务，向入驻企业收取佣金，实现了"不问政府要钱，不向群众收费"。河南省、甘肃省建设县级运营中心和乡镇分中心，管理村级加盟站，实行"麦当劳"式管理。福建省专门安排财政资金每站补贴 5000 元用于设备购置和更新；将信息员纳入农村公益岗位，每月补贴 800～1000 元，用于购买政府公益服务。

二、取得成效

信息进村入户可以改变农业农村生产生活方式，是推动现代农业发展、繁荣农村经济、促进城乡发展一体化的新力量，是引领经济发展新常态、推动农业农村经济转方式调结构的新动力，是转变农业行政管理方式、建设服务型政府、密切联系农民群众的新途径，深受农民欢迎，呈现出合力推进、多方共赢的良好发展态势。

从满足农民需求来看，信息进村入户将公益服务、便民服务、电子商务集聚到村级信息服务站，农民可以更加精准地得到政策、技术、市场行情、动植物疫病防治等方面的咨询服务，不再像过去凭经验、盲目跟风种养；农民可以就近缴纳电费、水费、电话费，可以就近购买车船票、预约就诊挂号，不再像过去要跑很多路到镇上网点去办理；农民可以在家里就能购买到物美价廉的生活消费品，享受到与城里人一样的消费服务。村级信息员和农民群众普遍反映，信息进村入户就是好，能够把世界带到村里，把村子推向世界，还可以让农民"买世界、卖世界"。

从帮助企业拓展市场看，信息进村入户为电信服务商、电商、服务提供商等企业提供了开拓农村市场的大平台。正因为这些企业一致认为农村是一片"蓝海"，在试点工作启动之时，就有 18 家相关企业联合发起倡议，愿与农业部门合作，共同开创"政府得民心、企业能盈利、农民享实惠"的发展格局。中国电信集团公司为所有的村级信息服务站提供免费 12316 拨打和免费 Wi-Fi 服务，让"三留守"人员可以不花钱就与在外地打工的家人视频通话，在为政府提供公益服务的过程中实现了自身业务的同步发展。许多运营企业广泛吸收银行、保险、电商、物流等企业参与，不仅帮助相关企业将业务延伸到乡村，拓展了农村市场，而且为农民提供了小额信贷、现金存取、灾害保险、代购代卖等服务。

从提升政府部门管理和服务能力看，信息进村入户不仅可以使党的农村政策迅速送到千家万户，而且可以快速地了解掌握农情、灾情、市场行情和社情民意，还可以改进政府部门的服务方式、拓宽服务范围、畅通服务渠道。通过信息进村入户，能够有效缩小城乡数字鸿沟，帮助农民实现弯道超车；能够将层层上报的传统统计调查方法改变为网上直报的方式，政府部门可以及时了解到最真实的基层情况；能够帮助农民有效对接市场，切实把"以产定销"转变为"以消定产"，减缓农产品价格波动；能够有效解决公益服务长期严重不足的问题，促进公益性服务与经营性服务相得益彰；能够将党的群众路线在广袤的农村甚至边远山区得到具体体现和落实。

三、存在的困难和问题

一是村级站规模尚未形成，政府投入显得不足。虽然 2014 年中央财政资金中安排了 3000 万元，部分试点省（市）、县也安排了一定的试点经费，但村级信息站的基本建设、必要的设施设备购置、信息员培训及基本收入保障都需要大量的资金投入，安排落实的财政资金只是杯水车薪。这是目前村级站建设相对较慢的重要原因。试点省（市）、县一致认为，没有规模就不能形成足够大的市场空间，就不能吸引企业的积极参与，只有加大政府引导性资金投入力度，加快形成规模，才能让企业看到商机，从观望转为真金白银的投入，才能最终走上政府引导、企业主体的市场化运行轨道。应当按照政府购买服务的方式，加大对村级站建设补助、信息员服务补贴的探索力度。

二是多数参与企业尚未盈利，政府和企业合作机制模式需要进一步探索。农村信息化基础设施建设滞后，物流体系亟待强化和完善，农村社会化服务只靠政府投入和管理是不可持续的，仅靠企业又不能保证公益性服务落地。这些都需要加强政府和企业的合作，吸引社会资本积极参与，探索建立市场换投资、以经营性收入弥补公益性支出的可持续运营机制。从试点情况看，地方政府和企业虽都有比较强烈的合作意愿，但如何从农民生产生活的实际需求出发，在合作内容、形式、边界及明确双方责权利等方面需要加大探索创新力度。

三是运行风险防控需要做到未雨绸缪。在试点工作中，要增强忧患意识，切实防范政治、市场和技术"三大风险"。从政治风险看，一旦信息进村入户平台出现反动标语等现象，必将损害党和政府的形象和公信力；从市场风险看，如果出现运营企业资金链断裂、假劣商品泛滥等问题，势必影响村级站正常运转；从技术风险看，当前网络信息安全和保密形势异常严峻，防攻击、防病毒、防篡改和保障国家秘密、商业秘密的任务十分艰巨。这些风险都需要加强教育培训，强化制度建设，严格落实责任，切实做到防患于未然。

四是全国平台亟需抓紧构建。目前，各试点省（市）基本依靠各自运营企业自选平台开展交易，标准不一致、监管难度大，只有尽快研发运行全国统一平台，才能实现资源聚合，村级站才能提供一站式全方位服务，也才能形成农村大数据中心，真正让数据变成重要的生产要素和社会财富。但在各地相关信息服务系统散乱的现状下，如何通过构建全国统一服务平台，整合地方农业部门、融合有关部门和企业信息资源，亟需加快形成互联互通、共建共享、协作协同的信息化运行机制和管理系统。

第二节　益农信息社的建设情况

12316 村级信息服务站是农业部信息进村入户工程，旨在统筹城乡均衡发展、缩小数字鸿沟，将农业信息资源服务延伸到乡村和农户，通过开展农业公益服务、便民服务、电子商务服务、培训体验服务提高农民的现代信息技术应用水平，为农民解决农业生产上的产前、产中、产后问题和日常健康生活等问题，实现普通农户不出村、新型农业经营主体不出户，就可享受到便捷、经济、高效的生活信息服务。

村级信息服务站统一使用"益农信息社"品牌，标牌及标识由农业部统一设计；工作开展依托网络平台，以服务"三农"为宗旨，以便民、惠民、利民、富民为目标，采取市场化运作，通过接入的网络授权平台，为农民免费提供网上农业专家咨询、技术培训、法律服务等；为周围农民代订、代购农业生产资料、日用生活用品、发布农产品供应信息、劳务信息等服务，引导农民利用信息化手段改变传统的生活方式，缩短城乡数字鸿沟，促进农村现代文明，助推农村经济和城乡一体化发展，逐步发展成为农村基层的公共服务统一平台。

一、北京市：试点先行，建设益农社

北京市目前已经完成大兴、密云两个区县的选址工作。在 857 个行政村先期建设 34 个示范性益农信息社，探索建设经验与经营模式，为全面推广和复制打下基础，在条件和时机成熟全面建设大兴、密云两个去区县 857 个标准型"益农信息社"；按照 20%的比例在合作社、基地建设 172 个专业型"益农信息社"；在商超基础上选建若干简易型"益农信息社"。信息员由大学生村官、全科农技员、村干部、合作社负责人、商超店主担任。村级站的硬件、办公设备由村委会、运营商协调解决。网络环境由中国电信提供保障。示范点已初步开展公益服务和社会服务，如结合镇农技推广体系开展技术培训、结合 12316 专家体系开展远程视频培训、开展水电费代缴业务、电信充值送话费送手机业务等，其他服务内容也在有序推出。

截至 2014 年年底，北京在大兴、密云两区县试点建设完成益农信息社 34 个，在延庆、昌平、通州、房山等区县完成益农信息社 20 个，目前正在建设益农信息社 50 个，依托区县特点初步建设 104 个示范性益农信息社，全部按照北京"有场地、有人员、有设备、有网络、有产业、有网页、有可持续发展能力"的标准，每个益农信息社投入 1 万元经费用于通信网络升级改造、管理系统安装维护、村域涉农资源整合等开支。

（一）标准型益农信息社

标准型益农信息社建在村民委员会，提供公益、便民、培训体验、电子四类服务。其中服务资源全面整合梳理了"公益、便民、培训体验、电子商务"四类服务资源，共计 1200 多万条。软硬件配置集中各方优势资源，配置房屋、网络、办公设备，信息员与大学生村官体系和全科农技员体系相结合，信息服务能力得到有效提升。在宣传方面，则配置了益农信息社大幅宣传广告牌，门牌，制度统一上墙。

（二）简易型益农信息社

简易型益农信息社建在商店、超市内，提供便民、电子服务。先期围绕大兴、密云两个试点区县，选择有积极性的 4 家商店、超市进行简易型试点，并给予配置电视大屏，现在可以提供水电费代缴、电子商务服务，观察运营情况，以求总结建设模式，为大规模推广打下了良好的基础。

（三）专业型益农信息社

按照农业部、北京市农委、农业局等相关要求，专业型益农信息社采取"智慧农场管理体系+农产品全程冷链直供+智能配送+质量安全溯源"的模式进行建设和运营，整合了IBM智慧城市团队、国电南京自动化公司、北京奥科美技术服务公司、北京周边规模化生产农场和农业专业合作社等多方力量，并将农业物联网、农场管理云平台、大数据分析、新能源电动冷藏车、智能控温配送柜、新型电子商务、二维码溯源等高新技术应用于农产品的生产、销售和配送环节，意在促进北京农业全产业链条的智能化升级。最终目标是通过这种智慧农业模式运营帮助农产品实现优质优价，提高农民收入，保障消费者健康品质生活，推动北京农业产业的高效可持续发展。

与密云县北京康顺达蔬菜种植专业合作社、北京元丰泰农业种植专业合作社；大兴区北京市乐平西甜瓜专业合作社、北京市李家场蘑菇专业合作社共四家合作社达成合作协议，建设益农专业型信息社。按照农业部要求实现有场地、有设备、有宽带、有人员、有产业、有持续运营能力等益农信息社建设目标。

专业型益农信息社加强信息化技术体系建设。一是建设农场云服务平台，在农业局信息中心部署云农场平台，实现对北京市所有农场的技术服务，包括：土地管理、设施管理、农资管理、农事自动化管理、环境监控、病虫害预测、成熟度预测、科学化排产、采收智能化管理、智能化配送管理。二是调试开通农场设施物联网设备，实现农场的透明化、智能化管控，实现农业生产的全程记录与监控，智能感知、智能预警、智能决策、智能分析、专家在线指导等。三是建设农场云履历平台，基于农场云服务平台的大数据生产"绿色履历"，为消费者还原农产品生长、采收、加工、配送的全过程，保障农产品质量安全。四是建设农产品采收管理平台，监管农产品的采收过程，提供农产品预冷服务；按照农产品等级标准，统一进行分等分级，确保同等级农产品的质量、规格一致，监管农产品加工、包装过程。五是开通益农信息社农产品电子商务交易平台，实现农产品线上销售，线下体验。六是建设农产品全冷链配送运输平台，采用新能源电动车，利用夜间交通波谷，在采收后24小时内完成全程冷链快速配送。

二、福建省：建体系强基础

村级信息服务点是信息采集和信息服务的基本单位，承担着向农民提供农业公益服务、便民服务、电子商务、培训体验服务等职能，是打通农业农村信息服务"最后一公里"的关键所在。各地普遍依托乡镇农业服务中心建立了乡镇信息服务站，具体负责本乡镇信息服务与管理，指导村级信息服务点建设；依托村部以及农家店、电信代办点、农资营销点等场所建立了1.2万多个村级信息服务点，覆盖了全省80%的建制村；从"村两委"、农村"六大员"、大学生村官和"世纪之村"农家网店店主中选聘了1.2万多名村级信息员，主要承担发布信息、收集农情、帮助联系专家和代办业务等职责。全省初步建立起省、市、县、乡、村五级农业信息化工作体系，夯实了信息进村入户的基础。

在建立完善的村级信息站前提下，按照制高点在云平台的目标，益农信息社要依托全国农业信息服务云平台开展服务，提供农业公益服务。利用 12316 短彩信等渠道精准推送农业生产经营、技术推广、政策法规、村务公开、就业等公益服务信息及现场咨询：开展农业技术推广、动植物疫病防治、农产品质量安全监管、农业综合执法、土地流转和相关涉农信息采集和发布等业务。提供便民服务；开展水电气、通信、金融、保险、票务、医疗挂号、惠农补贴查询、法律咨询等服务。提供电子商务经营服务；开展农产品营销、农资及生活用品代购、农村物流代办等经营服务。提供培训体验服务；开展农业新技术、新品种、新产品培训，提供信息技术和产品体验。

村级信息服务站是信息进村入户的落脚点。要建立和完善农村信息网络体系，优化农村信息服务模式。硬件上，使农民通过电脑、电视、互联网手机获得信息服务，软件上，农户使用 12316 农业服务热线手机农务通、使用"世纪之村"农村信息化平台、使用"福建三农服务网"、使用"八闽农村党风网"即可获取相应丰富的信息和生产应用。建立健全村级信息服务站达到三个高标准，一要高标准建站。按照有场所、有人员、有设备、有宽带、有网页、有持续运营能力的"六有"标准，选择地点方便、人流量相对集中，现有设施和条件较好的新型农业经营主体、各类农村商超和世纪之村、通信运营商等企业服务代办点作为站点，成立"益农信息社"。按照"活力点在电商"的村级信息社建设的理念和权利、义务对等的原则，将代缴话费、电费、水费等便民服务和具有盈利点的卷烟专卖、烟花爆竹专卖、彩票销售等业务进行打包，推进经营性服务与公益性服务有机结合，提升信息社自我造血功能、自我发展能力，促进信息社可持续运转。二要高标准选人。按照基本点在村级信息员的这一关键，在村组干部、大学生村官、农村经纪人、农业生产经营主体带头人、农村商超店主中，选初中以上文化、有互联网知识基础，能熟练操作计算机等办公设备、沟通能力强、服务态度好、有责任心的人员担任信息员。三要高标准要求。建立包括明确信息员应承担公益性服务职责、督促检查机制、奖惩激励机制等目标管理考核机制，促进建成一支高素质、能服务、永不走的信息服务队伍。

三、甘肃省：多方面运营，提升服务

甘肃省甘谷县、宁县两个试点县的标准站和专业站，主要开展的是公益性服务和自有的商业服务，新增的市场化服务还没有开展起来，运营商对新增市场化服务的整合、运营还不到位。主要在村级益农信息服务社示范站初步开展了以下六个方面的运营内容。

一是买：村级信息服务站依托授权的电子商务平台为本地村民、种养大户等主体代购农业生产资料和生活用品等物资，如种子、农药、化肥、农机、农具、家电、衣物等。

二是卖：培训和代替农村用户或种养大户等主体在电子商务平台上销售当地的大宗农产品、土特产、手工艺品等，出售休闲农业旅游预订服务，发布各类供应消息，解决当地农民渠道窄，销售难的问题。

三是推：开展便民公益服务，利用 12316、信息服务站、新农邦电商平台等，向农民精准推送农业生产经营、政策法规、村务公开、惠农补贴查询、法律咨询、就业等公益服务信息及现场咨询；协助政府部门开展农技推广、动植物疫病防治、农产品质量安全监管、土地流转、农业综合执法等业务；向农民提供农业新技术、新品种、新产品培训，提供信息技术和产品体验。帮助农民解决生产中的产前、产中、产后等技术和销售问题，促进农业、农村、农民与大市场的有效对接。

四是缴：为村民代缴话费，水电费，电视费，保险等交费项目，使村民不出村、大户不出户即可办理相关业务事项。

五是代：为农民提供各项代理业务；代理各种产品销售、婚庆、租车、旅游、火车订票等商业服务；代办邮政、彩票等机构的中介业务等。

六是取：村级信息服务站作为村级物流配送集散地，可代理各种物流配送站的包裹，信件等收取业务和金融部门的小额取款等业务方便村民的生活。

四、河南省：注重可持续性，探索市场化运营机制

为确保村级信息服务站能健康、持续发展，考虑在坚持政府引导、统筹资源、多方参与、市场运作的原则基础上，依托农村实体经营店现有条件，拓展服务功能，调动村级信息员积极性，委托专业信息服务商经营，推动村级信息站市场化运作。一是采取加盟方式开展业务。选取基础条件好、积极性高的农资店、小超市、农民专业合作社等，签加盟协议，本着互惠互利的原则，扩大其经营范围和影响力。村级信息服务站运营前两年不收取任何费用，以降低其成本。二是保障村级信息站一定收入。除了提供政策法规、农技推广等公益服务外，通过"买卖推缴代取"等收取一定服务费，调动村级信息员积极性。三是建立考核激励机制。定期或不定期对村级站站长和信息员进行培训，完善考核奖励制定，根据各村级信息站的运营状况，对信息员进行奖励和适当补贴。四是运营商的收益问题。运营商通过开发推广电子商务平台、信息服务移动终端等，根据业务量，与商家及电信运营商等沟通协商抽取利润。

五、黑龙江省：精筛站点，摸索多元机制

按照农业部"把公益性服务和经营性服务紧密结合起来，探索出市场化运作、有借鉴、能推广、可持续发展的机制和模式"要求，黑龙江省积极推进试点建设，确定了在方正县、双城区整县开展建设，在313个行政村全面建设村级信息站，站名统一为"益农信息社"。

黑龙江省依托新型农业经营主体、农资经销店、农村超市、电信服务代办点等，开展村级站建设。已建成的118个村级信息站都配备一台采取触摸屏控制、便于农民操作的40英寸智能平板电脑为信息终端设备，可提供种养技术、价格行情、农业热线等公益服务，小额贷款、农业保险等金融服务，三务公开、求医问药、用工信息等便民服务，农技培训、文化生活等体验服务，以及电子商务服务等20个功能板块，基本覆盖了农民生产生活需求。

六、湖南省：探索信息服务"三农"新模式

按照农业部"六有"标准，湖南省已在浏阳401个村完成400个信息站点建设，其中

100 家标准站点、50 家专业站点、250 家普通站点；衡南县建成 27 个乡镇农业信息站，230 个村级"益农信息社"。当前，村级信息站主要进行农业信息咨询、农业技术推广、电子商务、代办代买等便民服务。同时，湖南省农委牵头组织了电信、农业银行、邮政、农信通、龙讯村村通、惠农科技、湖南网上供销社等企业，共同参与"益农信息社"的建设与运营，逐步探索信息服务"三农"的新模式。

七、吉林省：服务与电商有机结合，探索可持续发展

按照部里关于村级信息服务站"六有"建设标准，在原有村级信息服务站基础上，目前，双阳区已经完成全部村级信息服务站建设，室内外标识牌匾制作完成正在安装过程中，区级三农综合服务资源平台已经建设完成，目前可提供四大类 52 项服务；伊通县已经完成标准化信息服务站建设 20 个，县级三农综合服务资源平台软件系统已经开发完成，到 2014 年 12 月 3 日，建设场地已经落实，硬件设备已经采购完毕，系统正在集成调试中，其余服务站力争在年底前完成。同时，还制定村级站管理办法和信息员管理办法及服务规范，制定建立相应的管理制度。

吉林省村级服务站开展的主要服务内容有公益信息服务、电子商务服务、便民服务。2014 年全省共发布各类供求信息 5000 多条，农业电子商务成交化肥 1.5 万吨，远程医疗挂号 120 多例，医疗咨询 15000 多例，动植物远程视频诊疗 1200 多例，目前村级站服务内容基本可以满足农民需求。在村级站运营上，为解决村级站长效发展机制和发展后劲问题，从 2011 年开始，吉林省把电子商务和便民服务引入村级站，其主要运营模式是，在电子商务方面，村级站通过为农民在省农委农业电子商务平台上为农民代购化肥等农业生产资料，生产厂家按照订购数量给予村级站一定的服务费和短途运输费，给村级站带来一定的收益，在便民服务上，村级站通过给农民提供小额提现、代缴话费和出售电话卡等方式由银信部门和运营商给予一定的代理费用来获取一定的收益，2014 年最多的一个村级站通过以上服务获得 5 万的收益。目前全省具备电子商务服务和便民服务的村级站平均每个站的收益在 3000 元左右。

八、江苏省：深化农业公益服务

江苏省信息进村入户试点工作取得了阶段性成果。截至 2014 年年底，全省 15 个试点县共争取各类投入 480 多万元，累计建成 349 个村级信息服务站，其中，标准站 211 个。建设符合"六有"标准的村级信息服务站，开展农业公益服务，有效解决了农业信息服务"最后一公里"的问题，农业公益服务得到进一步深化。试点县利用信息服务站，积极开展信息咨询、病虫害防治、科普宣传、12316 热线服务、农资价格查询、测土配方施肥、农产品质量安全、市场行情等各类公益服务，累计开展各类公益服务 11300 次，接听 12316 咨询电话 5340 个，发送 12316 惠农短信 419 万条。

便民服务内容进一步拓展。在村级信息服务站建设过程中，各试点县将话费充值、水电煤缴费、票务查询、医保社保、招工信息、代购代销、惠农补贴、宽带网络、快递代收

代发、金融服务等民生关系密切的功能整合到信息服务平台上来，大大拓展了便民服务内容，截至目前，试点县累计开展便民服务 10972 次，受到农民群众和相关企业的一致好评。

电子商务服务进一步延伸。以村级信息服务站为载体，积极与京东商城、1 号店、本地区农业龙头企业联系，帮助开设网店 100 多个，组织 400 多种本地特色优势农产品上网销售，累计实现销售额 500 多万元，有力促进了农产品市场流通。同时，为农民群众代购家电、电子产品、食品、生活服务用品等，促进消费金额达 200 多万元，使得农民群众也能分享电子商务带来的购物便利。

培训体验服务进一步增强。基于村级信息服务站，利用远程视频、12316 电话等新手段开展培训体验服务，为农民提供技术在线咨询、真假农资辨别、农业机械操作培训等服务。有效改变了传统会议培训方式，加快信息传播速度，节约了培训成本。试点县村级信息服务站累计开展农技知识、农资使用等培训体验服务 1.3 万人次，开展上网等网络操作培训 8806 人次，新型培训体验服务正受到越来越多农民群众的欢迎。

九、辽宁省：整合各方资源，成立工程推进联盟

以市场化理念，充分吸引电信运营商、平台电商、金融服务商、信息服务商等企业参与信息进村入户试点工作。一是与电信运营商的合作。辽宁省农委和省电信继南安会议期间签署协议后，2014 年 7 月 25 日，锦州的北镇市、阜新的阜蒙县分别与两市级电信运营商就"农技宝"推广应用正式签署了合作协议，并组织开展农技人员培训，配发手机，安装使用"农技宝"等新型服务工作。二是与金融服务商的合作。与省银联、省农行分别签署了战略合作协议。特别是与省农行的合作，实现了在益农信息社里嫁接入惠农卡金融服务，可使农业信息服务更有针对性和操作性，有效促进信息流和资金流有效融合，提升农产品和农资的电子交易水平。三是与供销、邮政等部门合作。供销部门和邮政部门是服务三农的传统行业，在信息化时代加强农业部门合作，共同推进益农信息社建设，让益农信息社承载供销社和邮政在农村基层的服务职能，可实现资源互补。经过多次沟通、交流与两个部门均达成合作意向。四是与信息服务商合作。加强与 12316 服务平台开发商和信息服务商合作，在南安会议上，分别与太谷雨田、沈阳金腾科技签署合作协议，将 12316 作为信息进村入户服务的基础。

十、浙江省：农业信息服务体系进一步完善

在试点中，浙江省以现有的农民信箱信息服务体系为基础，健全了县、乡、村三级协同的信息服务站点和信息员队伍，完善提升了县域农业信息服务体系。遂昌县整合资源新建县级 12316 为农服务中心，平湖市强化县级信息服务要素调配功能，为"三农"提供综合信息服务；两县乡镇农业公共服务中心在履行好基本职能的基础上，进一步明确信息服务岗位职责和服务内容，推进信息服务与农技推广深度融合；截至 2014 年年底，两试点县已建成 255 个村级信息服务站，占总村数的 87.9%，培训上岗信息员 255 人，举办信息员培训班 5 期共 331 人次，从而构建起以县级为核心、乡镇级为纽带、村级为节点，纵向覆

盖农业社会化服务组织和新型农业经营主体，横向联结涉农部门的农业信息化服务网络。

第三节 12316平台建设和应用情况

2006年以来，农业部以实施"三电合一"工程建设为抓手，积极探索信息服务进村入户的途径和办法，在全国范围内全力打造了公益性的"12316"三农信息服务平台。10多个省开设"专家会客厅"等专题热线广播电视节目，12316平台已惠及全国约1/3以上农户，帮助农民增收和为农民挽回直接经济损失超过100亿元，12316热线成为了农民与专家的直通线，与市场的中继线，与党和政府的连心线。

多年来，在社会各界的关心、帮助和大力支持下，各级农业部门本着"面向三农、有问必答、有难必帮、有诉必查、优质快捷"的宗旨，依托12316热线及时将农业生产技术、农产品市场营销、农资供求、防灾减灾和政策法规等信息送到千家万户，为实现农业增效、农民增收，密切党和政府与农民群众的联系发挥了重要的支撑作用。目前，12316服务已经基本覆盖全国农户，并在11个省（区、市）实现了数据对接和3个省（市）呼叫中心视频链接；短彩信平台已有65个司（局）和事业单位注册使用；"中国农民手机报（政务版）"通过该平台每周一、三、五向全国5万多农业行政管理者发送；农民专业合作社经营管理系统已有8700余家合作社注册使用；基于门户的实名注册用户系统已有22万实名用户注册使用；语音平台集成了农业部所有面向社会服务的热线。

一、12316平台建设成效

各级农业部门通过开展12316农业信息服务，汇聚了一批科研院校和企业参与农业信息化建设，带动了信息产业发展，营造了农业信息化发展的良好氛围，并取得以下六方面的工作成效。

一是基层服务体系逐步建立。农业部2014年建设完成了"三农综合信息服务平台"（12316中央平台），并已实现了对11个省的三农综合信息服务数据对接和支撑监管，目前以部级中央平台为支撑监管、省级平台为应用保障、县乡村级服务终端为延伸的全国12316农业综合信息服务平台体系已初步形成。12316中央平台是"十二五"期间农业部农业信息化重点项目，旨在打造契合农业行业需求的特色应用服务，为加强全国农业信息服务监管、为农业部门自身业务工作开展提供数据和信息技术支撑。随着部省信息数据的有效对接，信息资源共享程度将会明显提高，为构建全国"三农"服务云平台奠定了坚实基础。

二是信息资源日渐丰富。多年来，各地在农业信息服务工作中，面向基层、面向农业信息服务工作，积极整合相关部门信息资源，积累了一批宝贵的专业、特色及满足个性化需求的信息资源。如北京市221信息平台实现了全市信息资源的共建共享；浙江农民信箱固定用户已达260万，形成了稳定的用户资源。

三是服务模式日趋多元化。农业部2011年开通了农民手机报，为各级政府领导和农业部门干部推送农业发展情况。各地在实践中不断探索和创新，结合本地特点，形成了一批有实效、接地气的信息服务模式。如浙江"农民信箱"、上海"农民一点通"、福建的"世纪之村"、山西的"我爱我村"、甘肃的"金塔模式"、云南的"数字乡村"等，有效满足了广大农民的信息需求。

四是服务领域不断拓展。除为农民提供与生产生活息息相关的科技、市场、政策、价格、假劣农资投诉举报等信息外，12316 服务范围已延伸到法律咨询、民事调解、电子商务、文化节目点播等方方面面。同时，由于 12316 热线直达农村、直面农民，迅速感知"三农"焦点热点，在很多地方，已经成为政府和涉农部门了解村情民意的"千里眼"和"顺风耳"，为行业决策、应急指挥提供了有力支撑。

五是服务机制不断完善。与中国移动、中国联通、中国电信签署了战略合作协议，各地也与电信运营商和有关企业开展多种形式的合作，统筹利用各自工作体系和资源，共同打造为农服务平台。注重加强与畜牧、水产、农机、粮食、统计等涉农部门的沟通协调，充分发挥各自优势、共建平台、共享资源。如河南的"一键服务"，农民咨询电话可以通过 12316 转接到相关主管部门处理；新疆兵团信息服务平台与科技、商务、广电部门合作，共同制作各类农业节目 2000 多期，成为电视台"黄金节目"。

六是服务成效日益凸显。12316 已经成为农业信息服务的标志，并被喻为农民和专家的直通线、和市场的中继线、和政府的连心线，是最受农民欢迎、最能解决实际问题、最管用的快捷线。

二、各省 12316 平台建设亮点

（一）福建省：升级 12316 "三位一体"服务平台

2014 年，福建省 12316 工作跃上新台阶，建成了集"电话、电脑、手机"服务于一体的 12316 信息平台，电脑触摸屏终端机已在全省 32 个市县部署 347 套，开发的手机农务通系统注册用户 42908 个（三明、南平、龙岩居前，尤溪县达到 6243 个），开通了可供各级农业部门使用的 12316 短彩信系统。启动了全省农业系统的信息资源整合工作。目前 12316 服务平台采集到的信息数量达到 213853 条（土肥站、农机处、种管处居前，其中测土施肥卡 136207 份、涉及全省 1300 万亩耕地），集中全省在线服务专家 1190 名。

为了更好地运用电话、手机、网站、视频、短信等的服务手段，提高 12316 农业信息服务水平，福建省着重完善语音呼叫系统、电脑触摸屏自助服务系统和手机农务通系统，建设三大通信品牌的全省 12316 虚拟专网，全面推广电话、电脑、手机"三位一体"的服务模式。

一是建设 12316 电话服务呼叫中心。全省拨打 12316 电话全部接入呼叫中心平台，通过判断归属地就近接入当地县级 12316 服务中心坐席。上班时间由接线员或者全科专家接听，下班自动转接值班手机，实现 24 小时语音服务和 8 小时人工服务。来电先由乡镇农技员解决，乡镇农技员不能解决的逐级提交县、市、省专家服务团解决，最大程度方便群众，提高服务效率。

二是建设 12316 电话服务虚拟专网。落实与三大通讯运营商的合作协议，10 月份前完成电信、移动、联通三大品牌的全省 12316 电话服务虚拟专网建设。请各级农办、农业局按照规范要求收集农业服务人员手机或者固定电话号码加入相应品牌专网，实现全省网内互打免费。推广手机资费优惠套餐，落实三大运营商给予 12316 服务 1 元 1G 的专属流量优惠，促进信息服务低成本进村入户。

三是开通 12316 短彩信服务系统。省厅已建设开通了面向厅内各处室、各市（县、区）农业局的短彩信系统，服务账号统一使用"1231635…"编码规则。各级农业部门收集相应服务对象的手机号码进行分门别类，实现信息服务精准投放。

四是推动 12316 服务手段进村入户。将 12316 "三位一体"服务手段向所有农民开放，免费安装免费使用；按照"先易后难、点面结合"原则，逐步装备到村级信息点、农户。一是实现电话服务全覆盖，农民在任何地方使用电话、手机都直通 12316 服务呼叫中心，获得服务；在农业部试点县所有认定的村级信息站点装配 12316 专号电话，实现村级信息站免费拨打 12316 电话；二是争取改造视频咨询软件，力求村信息服务站或者农户特别是新型职业农民和新型经营主体均可免费安装使用，实现在家就可获得专家远程视频咨询，形成处处皆可获得信息服务的良好局面。

（二）黑龙江省：加快整合 12316 平台

通过精心筛选信息站点，选聘适合信息员，规范管理制度，为信息进村入户服务工作开展奠定了基础。2014 年在试点地区，发送 12316 短信 3 万多条次，便民服务系统访问 37 万人次，电子商务系统成交额 80 万元，终端服务设备浏览量达 150 万人次。

通过组织有关专家对 12316 服务模式和流程进行了专门研讨，确定了发挥哈尔滨市现有 12316 服务资源，依托农业部在建 12316 云平台开展服务的思路。与哈尔滨市农委协调配合，组建专家和农技人员服务队伍，推进公益性服务资源和电话、短信、网站等服务渠道整合。与通信运营商沟通，推进农技人员手机服务终端配备、村级站 12316 直拨电话接入和免费 Wi-Fi 环境提供等任务。

（三）吉林省：全面提升改造 12316 三农信息服务平台

目前，吉林省正在整合分布在不同地点、多个专家团队支撑、管理分散的为农服务平台资源，在省现代农业服务中心大楼集中建设一处集热线电话、手机短信、涉农网站、广播电视、APP 技术等多功能于一体、服务全覆盖崭新升级版的 12316 三农信息服务平台，上半年将投入使用。2014 年，吉林省 12316 热线电话呼入量达到 125 万个，主动群发各类短信 15 亿条次，制播五档广播电视专题节目平均每天播出时长达 3 小时 25 分钟，省市县三级农网和农村吉林乡镇网站群发布信息 50 多万条。特别是开发上线了"易农宝"手机客户端系统，通过与移动公司开展让利送手机等活动，目前已在部分地区推广用户达 4 万户。12316 已经成为吉林省信息服务农民一个响当当的品牌。

在服务下延上，结合进村入户工程，重点围绕村级信息服务站建设、村级信息员队伍建设、12316 标准化改造、组织管理与运营机制创新等方面，大力推进农业公益服务、电子商务、便民服务、培训体验服务等进村入户试点。目前试点各项工作已按计划全面展开并取得阶段性成效，已完成试点县县级信息服务平台建设，新建改造村级信息服务站 320 个，培训农村信息员 320 人。2014 年下半年，吉林省从包括两个试点县在内的 12 个县市选拔了 100 名村级信息员，分三期参加了由农业部在福建省兰田村、黑龙江省兴十四村和江苏省华西村组织举办的培训班，成效明显。

（四）辽宁省：全省加快推进 12316 向基层延伸步伐

通过组织召开 12316 延伸现场会，进一步促进 12316 向县乡延伸，实现信息服务与乡镇农业技术推广之间的融合。目前，省、市、县、乡、村五级 12316 话务座席总数达到了 85 个。2014 年，在丹东市、大连市已建设市级平台的基础上，分别完成本溪市、锦州市、阜新市、葫芦岛市平台的搭建工作。沈阳市苏家屯、大连市金州区、丹东市宽甸县、锦州市北镇市、阜新市阜蒙县正在组织推进乡镇农村综合信息站建设，在乡镇农技推广站加挂农村综合信息站牌子，每个乡镇建设一个 12316 远端话务座席，每个县区建设的远端话务座席不少于 10 个。特别是将北镇市和阜蒙县作为与电信公司合作试点，通过 12316 与"农技宝"应用的融合，深化 12316 应用服务。

三、12316 平台建设不足

虽然 12316 农业信息服务工作取得了一定成效，但与全面建成小康社会的要求相比，与农业现代化建设的需要相比，还有相当差距，缩小城乡数字鸿沟任务仍十分艰巨，具体体现在以下五个方面。一是服务体系下延不充分。信息服务体系还没有真正地延伸到最贴近农民的环节，与农技推广等基层农业服务机构的工作结合不紧密，与农业生产经营主体的活动结合不紧密，与乡村公共服务和社会管理结合不紧密，乡、村信息站点和农村信息员队伍严重缺乏，与农民紧密的互动联系还没有建立。二是服务方式不灵活。"等客上门"和"大水漫灌式"服务较多，在内容上没有紧扣农民基本需求，在渠道上没有满足互动要求，在时效性上没有实现快捷方便，导致农民用户体验不好、忠诚度不高。三是平台体系不协同。省际间、省内各级间服务平台在技术架构上不统一互连，在功能上不关联互动，在信息上不共享互换，在应用上不协同互助，12316 服务体系所汇集的庞大的农业部门服务资源优势不能实现统筹调度，是导致很多地方服务效果不明显的重要原因。四是专业区域性信息资源不充足。总体表现为宏观信息多专业信息少，统计信息多加工信息少，缺乏深度挖掘和有效整合。用户数据库还没有建立，缺乏实现精准服务的基础。五是可持续发展机制没建立。尤其是基层信息服务站点和农村信息员活力不够，缺乏服务农民的内生动力和自我发展的造血能力。

四、打造 12316 农业信息服务体系

以全面满足农民信息需求为目标，以完善提升 12316 农业信息服务为基础，以健全基层信息服务站点和提升农村信息员服务活力为重点，围绕"连、延、嵌、准、合"，加快平台协同、资源整合、队伍组建和机制完善，全面推动信息服务体系向行政村延伸，向基层

农技推广机构、新型生产经营主体渗透，服务内容向涉农领域拓展，服务手段向移动终端延伸，服务方式向精准投放转变，服务机制向整合多方资源发展，随时、随地满足农民个性化信息需求。

一是完善平台体系，打造信息资源集散通道。建设全国农业云服务平台。完善中央平台，设计开发农技推广、村务公开等业务系统及基于移动互联的信息服务产品支撑系统；推动虚拟平台向地县乡村延伸，最大限度地贴近农民，最大限度地统筹利用基层农业服务机构和生产经营主体服务资源，逐步构建全国技术同构、资源共享、业务协同平台体系，为农业大数据集散和优质服务资源汇聚提供通道。

二是健全村级信息服务站点，实现服务体系下延。充分利用原有农村信息服务站、农村党员远程教育站点、村委会、农家书屋、新型生产经营主体、农商店及各种服务代办点等现有设施发展村级信息服务点，并将12316服务体系延伸进去，利用平台资源就近解决农民对政策法规、生产经营、教育培训、村务公开、文化科技和便民服务信息需求。行政村至少每村一点，有条件的可一村多点。

三是推动服务体系嵌入基层农业服务机构，为服务农民提供支撑手段。以12316平台为依托，构建横向联接各行业业务部门、纵向贯穿部省地县各层级的闭合信息交互系统，推动12316成为农业部门内部纵向信息上传下达的通道，提高业务沟通效率；推动12316信息服务体系与农技推广等基层农业服务机构融合，为其提供服务农民的信息化手段，最大限度地发挥农业部门基层服务资源优势，建立在线横向沟通和互助机制，全面提升各级农业部门服务效率。

四是打造专业信息服务团队，为信息服务提供人员保障。配合站点延伸，按照"会收集、会分析、会传播"的基本要求，从村组干部、涉农服务系统村级管理员、经纪人、农商店主以及生产经营主体带头人中，选拔聘任有文化、懂技术、能服务的人员作为农村信息员。逐步培育以农技员为主体、以各类生产经营主体带头人为补充、以区域性行业专家为节点的专家团队。建立以农技员和生产经营主体技术员为核心、以市县农业信息中心工作人员为辅助、以省级呼叫中心话务为保障的话务团队。力争到2016年，打造一支"百万农村信息员驻站、百万专家支撑、百万话务互助"的服务团队。

五是加强信息资源开发利用，积极创新服务手段。强化信息资源整合，制定全国统一的涉农信息资源目录体系与交换标准，推动建立部门内外信息资源整合机制；强化对普通农户、专业种养大户、家庭农（牧）场、农民合作社、产业化龙头企业等用户及农技人员和专家基础信息采集并建立动态修正机制，逐步实现服务的精准投放；充分利用平台汇聚的生产经营主体资源、专家资源，鼓励与行业协会、信息服务企业平台对接，实现区域性、专业性和动态信息资源汇聚；建设农业"大数据"中心，对数据进行深度挖掘分析；建设开发基于移动互联终端的农业应用软件库，鼓励有关行业协会、专业信息服务企业开发专业的信息采集、信息发布、视频咨询、农业生产指导、农情监测、社交互动等应用软件，逐步实现信息服务的精准投放。

地方建设篇

▲ ▲ ▲ ▲ ▲

中国农村信息化发展报告（2014—2015）

第十一章　北京：紧抓发展机遇，强化示范引领，全面推进农业农村信息化建设

2014 年，按照中央"四化同步"发展战略及北京市信息化建设的总体部署，市级各相关单位、郊区各区县结合自身实际，按照年度北京市农业农村信息化工作指导意见及任务分工的要求，以北京"221 信息平台"为核心，按照"新三起来"的工作部署，围绕做好电子政务、做实信息服务、做强电子商务，推进信息化与农业现代化的融合，切实提高"三农"信息消费水平，突出重点，加强应用，全面推进全市农业农村信息化工作。

第一节　北京市农业农村信息化发展现状与特征

一、发展环境更加良好

（一）政策环境

2014 年中央"一号文件"更为鲜明地指出了工业化、信息化、城镇化发展对农业农村发展的新要求。农业部和北京市对农业农村信息化建设高度重视，在物联网示范应用、信息进村入户、智慧乡村建设等方面，都做出了具体工作部署，使得全市农业农村信息化发展环境更加良好。

从国家层面上看，2014 年，中共中央、国务院印发了《关于全面深化农村改革加快推进农业现代化的若干意见》。国务院办公厅发布了《关于加强政府网站信息内容建设的意见》。农业部印发了《关于切实做好 2014 年农业农村经济工作的意见》和《农业应急管理信息化建设总体规划（2014－2017 年）》。工信部等 14 个部委公布了《实施"宽带中国"2014 专项行动意见》，工信部发布了《关于加强电信和互联网行业网络安全工作的指导意见》。国家发展改革委发布了《关于加快实施信息惠民工程有关工作的通知》。从全面深化农村改革、推进农业现代化、加强政府网站建设管理、信息惠民等几个方面指导全国农业农村信息化工作。

从市级层面上看，2014 年，市政府发布了《北京市人民政府关于促进信息消费扩大内需的实施意见》及《推进两化融合促进首都经济发展若干意见及任务分工》，市经信委发布了《2014 年北京市两化融合重点工作任务计划》（京经信委发〔2014〕51 号），市农委印发了《关于扎实做好农业农村信息化工作的意见》（京政农发〔2014〕6 号），市城乡经济信息中心（市农委信息中心）制定了《2014 年北京市农业农村信息化重点工作任务分工》（京城乡信〔2014〕2 号），进一步推进全市农业农村信息化发展。

（二）技术环境

随着信息化上升为国家战略，一大批新技术、新产品迅猛发展，特别是以云计算、大数据、移动互联为代表的现代信息技术正在改变着我们的生产方式、生活方式和管理方式。大数据挖掘作为新一代信息技术的代表，已在气象、水利、农资、病虫害防治等诸多农业领域得以尝试，并产生了革命性的推动作用。以移动互联网及以微博、微信为代表的新媒体具有传播快、覆盖面广、操作简易等特点，公众接受度较强，可以第一时间实现资源共享，为信息服务、技术指导、产品营销提供新途径，可以有效地解决农业农村信息化建设的"最后一公里"问题。尤其这些新技术的不断发展为农业农村信息化提出了新的要求也指引了新的方向。

（三）认知程度

互联网思维更加推波助澜，消费群的购物体验成为涵盖品质、价格、个性化、物流、服务等各个环节的全流程体验。农产品电商逐步走向成熟，京东帮服站和淘宝村的模式都已出现。北京农产品电子商务快速发展，涌现出沱沱工社、顺丰优选等优质农产品电商平台，引领生鲜食品的网上购买新潮，尤其智能手机的普及以及移动互联技术的应用，为农业生产者提供了新的销售思路，通过与优秀电商平台对接，利用微博、微信等新媒体网络营销，极大地促进了农产品的销售，带动农民增收致富。

二、信息基础设施建设更加完善

（一）网络终端

2014 年《北京统计年鉴》数据显示，2013 年，京郊每百户农民家庭拥有彩色电视机132 台，有线广播电视入户率达到 103%，平均可接收电视节目 60 套，广播电视节目 59 套。北京市拥有电脑的农村家庭占到了 74%，能接入互联网的电脑占 57%。每百户农民家庭拥有固定电话 81 部、移动电话 221 部，移动电话已超越固定电话成为农村家庭最主要的信息获取终端。2014 年北京移动农网共有信息机 188 台，农信机 4902 台，手机用户 38 万余人。各涉农单位网络覆盖条件良好，网络体系日益健全。多数均已接入市电子政务专网，并在专网上运行多个重要业务系统。核心办公场所高速互联网全面接入，部分单位网络建设与管理向区县部门和直属单位进一步延伸。市农经办（农研中心）办公楼完成无线局域网建设；市园林绿化局应用虚拟化云平台，网络建设延伸至各区县、林场和自然保护区；市水务局 7 家局属单位完成互联网本地接入工作，提高了局机关及接入单位访问互联网的速度和视频会议、业务数据、图像传输的保障率。

（二）科研装备

借助首都科技、人才、资源优势，一些创新研发企业、电信运营商、科研单位继续加强新技术、新产品的研发与推广应用。在物联网应用方面，土壤信息传感器、环境监测传感器、水环境传感器及作物生理传感器等农业信息感知设备，无线温室娃娃、手持农业信息采集器以及无线网络设备等系列产品，实现了农业物联网信息采集与传输。远程墒情采集站实现了墒情信息综合、自动监测。在京郊设施、果园、大田等农业生产中得到了大面积推广应用。依托自主遥感卫星，开发的一系列遥感影像产品、信息产品、软件产品成功应用于国土资源、生态文明建设、城镇精细化管理、灾害应急等众多领域。基于大数据技术与服务的信息检索、内容管理、知识管理、互联网舆情分析等领域的软件产品也被广泛应用。智能化科普产品、多维互动展示产品应用于农业科技信息传播与推广。终端安全管理产品，覆盖准入控制、补丁分发、介质管理、数据安全、安全服务等全方位、多层次、立体化的网络空间终端安全各个层面。面向全科农技员、信息站点管理员的"U 农蔬菜通"、"U 农果树通"等系列便携式信息服务产品，满足了农业技术培训和技术交流的需求。基于移动终端的信息服务产品的研发也扩展到农业生产、农产品流通、农产品价格监测、城市休闲农业等多个领域。

三、信息资源建设更加深化

围绕服务"三农"发展的宗旨，全市涉农政务管理和农业资源管理信息资源建设进一步深化，涉农信息资源日益丰富，据统计，全市涉农单位建设形成了 80 余个信息资源类或数据库，存储量约 208.65 T，信息资源共享也取得了明显成效。

（一）全市涉农业务目录和信息资源目录

2014 年市农委系统继续深入开展和组织各单位《涉农业务目录》和《涉农信息资源目录》编制工作，共梳理全市涉农业务目录和信息资源目录 1.5 万余条。市农经办（市农研中心）结合新出台的《履职清单》，开展目录修订工作，增加了需求和共享两个目录，形成了业务目录 447 条，资源 683 条，需求目录 10 条，共享目录 56 条，加强了处室之间以及与其他委办局、区县之间的信息资源共建共享。

（二）农业生产信息资源

北京"221 信息平台"信息资源：拥有 2003—2013 年包括生产、市场、科技、经济、金融、社会、空间等内容在内的涉农信息资源，共 25 类、490 项数据、54 个农业专业图层。2014 年，优化完善系统模块 138 个，涉及到作物生产、三品基地、特色农产品、果园、苗圃、花卉基地、蛋鸡养殖场、奶牛养殖场、肉鸡养殖场、生猪养殖场、特色养殖场等 26 类业务数据，在原有数据的基础上，提供了各类统计分类数据。2014 年区县数据更新量达到

2 万余条，累计数据量 10 万余条。

北京市"菜篮子"工程信息资源：包括畜禽养殖场信息、水产养殖场信息、"菜篮子"生产数据分析、基本菜田信息，实现了全市 2000 多个规模化畜禽养殖场、4000 多个水产养殖场、7000 多个菜田地块的上网上图，使全市"菜篮子"生产空间分布和规模一目了然，整合了全市蔬菜、水产和畜牧行业生产数据，实现了全市"菜篮子"产品生产信息灵活的统计分析和农产品产销信息的集成分析。市农业局通过市共享交换平台对全市政务单位共享农机推广、鉴定和质量投诉机构以及服务组织，农资生产、销售企业，定点屠宰企业，动物诊疗机构等信息。

北京园林绿化信息资源：北京中心城区绿地、城市绿线、二道绿化隔离地区、平原造林等网格数据。2014 年完成数据的矢量化、整理入库、较正、发布成面图层等工作，共新增 15088 条记录。

北京水务信息资源：包括"来、蓄、供、用、排"各环节的水资源信息，全市水资源总量及城市河湖、密云怀柔供水系统实现水量平衡配置。旱情监测信息，共收集墒情数据41 万余条，实现 80 个监测站对土壤墒情数据和相关信息的实时动态查询，以及土壤墒情的分析和预报。市水资源配置信息基于 GIS 提供水资源管理业务的空间位置分析和决策支持。郊区水环境信息资源提供 14 个区县，六环内外共 321 条河道、517 处已建雨洪工程、953 处可利用坑塘、1952 处河道构筑物、45 座小二型水库、1094 个排污口的信息等。市水务局通过市级平台共享了雨量、地下水埋深、堤防（段）一般信息、河流一般信息、水库一般信息、湖泊一般信息等。

（三）农业农村管理信息资源

北京农村"三资"管理信息资源：市农经办（农研中心）北京农村"三资"监管平台建成了"农村集体资产管理系统""农村土地承包与经济合同管理系统"等 14 个子系统，将农村的人、财、物、党、政、权等所有的信息全部纳入平台，真正实现了农村业务的全覆盖，实现了农村管理的全面信息化。累计数据量达到 30 亿条。

（四）惠民服务信息资源

气象预报预警：北京移动农网与运营商合作，通过区、乡镇、村三级信息传递网络，以手机短信的形式，为京郊 30 多万用户提供郊区农业生产、防灾预警、气象信息等服务。2014 年共发送实用短信 2258.6 万条，同比增长 49.96%。各郊区县上报的 200 个基层示范单位全年累计发送短信 1060.5 万条，占全市的 46.95%。尤其是在汛期应用上发布数量更是逐年提高，在农业气象预报、防灾减灾预警等方面发挥着越来越重要的作用。据统计，6～9 月全市移动农网共发送信息 939.1 万条，同比增长 66.08%，月均发送量在 200 万条以上。其中，市气象局全年共发送气象预警预报信息 51.6 万条，市农科院信息所全年发送农情播报，种养殖技术等信息 15.9 万条（图 11-1）。

农产品市场监测预警：市农业局通过"农产品信息综合服务平台"采集、监测、发布农产品产地、批发、零售等环节农产品市场信息，包括北京市蔬菜、肉禽蛋、水产品、粮油、水果每日批发价格。最高价、最低价、中间价和本地上市量、外地上市量，定期进行农产品市场行情分析、预测等，年信息采集量 500 多万条。2014 年注重专题分析，撰写"主要叶类蔬菜市场运行报告""猪肉市场价格分解及未来走势分析""关于猪肉价格大幅上涨的分析""农产品优质优价专题报告"等农产品监测报告近 200 篇，专题分析报告 5 篇。完善了农产品产地信息监测指标，由原来单维的价格监测转为生产成本、产量变化、销售渠道等多维数据监测，优化确定了全市 110 余家农产品产地信息监测定点单位，完善监测预警数据采集体系。

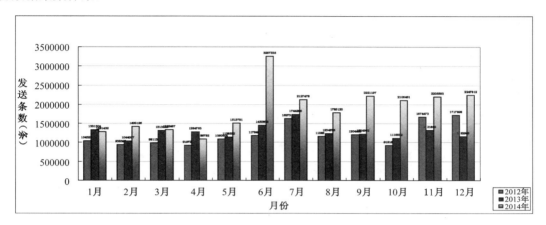

图 11-1　北京移动农网 2012—2014 年短信发送量比较

涉农舆情：市城乡经济信息中心北京涉农舆情管理系统，实现对各大新闻类网站及专业农业网站等新闻源的舆情采集、监测、分析、预警等。包括食品安全、土地问题、猪肉价格、动植物疫情、城乡发展一体化、农村集体管理、农村金融、产权制度改革等 30 个栏目的网络舆情信息。2014 年，联合市委农工委宣传处，重新梳理涉农舆情关键词 500 余个，采集抓取涉农舆情信息近 20 大类、41456 条，制作"每日三农舆情快报"225 期，收录涉农舆情信息 3137 条，其中敏感信息 183 条，发送手机短信提示 183 条，完成涉农舆情月度分析报告 11 期，并结合社会热点，撰写舆情专题分析报告 5 期，包括新型城镇化、智慧农村、新三起来、休闲农业与乡村旅游、北京最美乡村建设 5 个专题。市农业局信息中心结合农民反映的农情信息以及当前农业舆情，共编写简报、专报 7 期。分析农业相关舆情 13 篇。

农业休闲类信息资源。新改版的北京"221 信息平台"公众服务版——北京现代农业信息网利用 GIS 地图、电子书、视频、虚拟体验、视频等多媒体手段，为公众提供设施农业、休闲农业、会展农业、创意农业、农产品加工、籽种农业、智慧农业等 7 大类近 80 个栏目，反映北京都市型现代农业建设与应用成果的信息资源。全年发布信息 32292 条，其中资讯类 3815 条，科技服务类 3953 条，市场分析预测类 513 条，农产品价格类 14673 条，供求类 9338 条，供求信息主要以蔬菜和果品类为主。市农业局信息中心在市民主页开辟北京市休闲垂钓园专题页面，包括垂钓园地址、驾车路线、垂钓品种及价格、特色美食、重点推荐、餐饮人均消费、住宿情况、开放时间、安全保障、温馨提示、联系电话等。

（五）GIS地图信息资源

北京现代农业信息网建设完成了京郊凤凰乡村游、古村古镇、最美乡村、小城镇、星级园区、三品基地、森林公园、观光采摘园、特色农产品营销点、科技站点等16个专题。2014年，对地图数据进行了维护更新，包括对174个龙头企业、155个星级园区、52个古村风情等栏目地图内容的丰富，累计3800多条GIS地图展示与查询信息。同时，基于已有数据基础，以百度地图为底图，开展手机APP的开发。北京市党员干部现代远程教育市级平台开发了北京市党员干部远程教育地图系统，提供了6550余条地图数据信息，正在上线试运行。市水务局水务空间数据库将全市8万个水务普查对象标绘于GIS图上，形成全市水务公用共建共管的北京水务一张图，包括5套基础电子地图（数字线划图、航片、数字高程图、土地利用、行政区划）；4套水务基础图（425条河流、1087个小流域、水资源三级区及地下水分区）；N套水务专题图（水库、水闸、湖泊）等。

（六）专题信息

首都园林绿化政务网站建设了"保护湿地 建设绿色北京——聚焦《北京市湿地保护条例》""2013年北京森林文化节""绿水相融绘新城——新城滨河森林公园""集体林权制度改革政策解读""北京市林下经济建设"等15个特色专题，新增了生态工程—信息林木、生态工程—观赏石、城市绿地管理—绿地养护、社会参与绿化—林木绿地认养、野生动植物保护—自然保护区五个图层数据，共计540条数据记录；更新了公园风景区—风景名胜区、有害生物防治市级监测点、有害生物防治国家级监测点三个图层数据，共计1056条。为公众提供园林绿化最新政策解读，生态建设成果，以及休闲、郊游、采摘等相关服务信息，为推进城乡绿化建设、绿化产业发展和市民绿色出行搭建了信息桥梁，提升了公共服务水平。

（七）农业科技信息资源

市农林科学院农业科技信息研究所建成的农业科教数字资源中心，拥有近两个农业专题数据库和近6000个农业多媒体课件资源库，总数据量达200T。2014年，以"U农养鸡通""U农家禽通"为依托，构建了家禽品种数据库、家禽养殖技术库、家禽疾病防治数据库等养殖业数据库，并围绕优新品种技术、专家机构数字化信息采集等进行数据维护和更新，完善资源中心数据库集群建设。"U农蔬菜通"包含80种常见蔬菜、5000项新品种新技术、4200张高清图片。"U农果树通"包含8大类56种果树新品种、栽培技术、果树病虫害防治、果树栽培多媒体课件信息。"U农花卉通"包含9大类190种常见花卉信息，其中包括优良花卉品种、栽培技术和花卉病虫害防治技术等信息3000多条。"U农养鸡通"包含5大类278种鸡的优新品种，同时收录养鸡业所需养殖技术、疾病防治、养鸡视频、法规标准等知识。每年拍摄制作农业科教片300余部。2014年，以北京新型职业农民培养、多种生产经营主体培育、减煤低碳技术推广及社会主义核心价值观为主题，制作《农村大讲堂》等课程，重点拍摄制作了《减煤换煤、清洁空气行动》系列高清科普片和全国巾帼现代农业科技示范基地，及北京农业企业信息化典型系列宣传片。完成科研项目资源、党建资源、公共媒体资源等原创性多媒体科教视频节目 173 部，包装制作多媒体视频节目 338 部。

四、农业生产信息化提升现代农业水平

结合当前京郊农业产业结构调整的大趋势，做好现代农业与信息化的有效融合，利用信息化手段提升现代农业水平。

（一）农业物联网应用更具特色成效

从市级层面看：本着以点带面，促进信息化与农业现代化融合的原则，进一步深入开展"现代农业物联网应用"试点示范建设。在政府支持和企业自身需求的驱动下，物联网技术在北京农业领域应用得到较快发展。北京"221 物联网监控平台"进一步优化完善，利用"智慧农场云"的管理模式，丰富和扩展系统平台的使用与展示方式。现已完成了优化方案的调研与建设方案的设计。基于大数据处理的智能化"农场云"开发利用，在种养业、育种业、休闲农业、农产品流通等领域，提供了全过程智能监控信息化支撑。市农业局在大兴、顺义、通州、延庆、房山等 5 个区县八大生产规模大、基础条件好、辐射带动作用强的设施蔬菜生产基地、启动、北京八大生态农业物联网园建设。拟建设包括 5000 亩核心示范区、20000 亩直接带动区和 50000 亩辐射带动区在内的，总面积为 75000 亩的设施农业物联网技术应用示范区，开展设施农业物联网技术应用示范。通过应用示范，农业物联网技术应用已在设施农业、节水灌溉、农机作业、环境监测等方面取得突破性进展。顺义都市型现代农业万亩示范区，已将物联网、北斗导航、4G 通信等现代信息技术全面融入生产领域，亩均节水、节肥、节药、节能达 30%以上。根据金福艺农园区提供的数据，应用物联网技术改善了园区蔬菜生产环境，病虫害发生降低了 50%，人员投入减少 70%，水、肥等投入品使用减少 60%，产量增加 20%。

从区县层面看，各区县围绕主导、优势、特色产业的发展，物联网应用更加广泛。大兴区依托农业部"信息进村入户"项目，继续推进"现代农业物联网"建设工作，在乐平基地和李家场蘑菇种植基地建设试点。北京海舟慧霖农业发展有限公司，在实现了葡萄园区物联网全覆盖在基础上，2014 年，建成了生态蔬菜观光园"田村墨蔬院"，将 32 道温室大棚，安装了数据监控设备，同时加装了 23 个安防摄像机，实现整个园区无死角 24 小时监控及全园背景音乐系统，实现了全园无线网络全覆盖。平谷区大兴庄镇西柏店村"美丽智慧乡村"试点项目在 40 座普通大棚和 2 座示范大棚建成智能监控系统，实现数据采集、分析、自动控制、数据监控、视频监控，实现增产增收。朝阳区在金盏乡蟹岛蔬菜种植基地、十八里店乡高标菜田、黑庄户乡都市农汇园区、崔各庄乡中农国信蔬菜基地等四个植物疫情阻截带监测点，安装部署植物疫情智能监控与管理系统，运用物联网技术有效监控有害生物，做到对植物疫情早发现早控制。

（二）产品装备在农业领域集成应用

基于北斗导航技术，市农业局信息中心和市农机试验鉴定推广站联合推广研制的农机北斗终端，实现了农机供需匹配、农机作业调度、农机管理决策的全面解决方案。在全市

2000 多台农机上进行示范应用，为农机专业合作社提供了管理"机、地、人"的信息化手段，实现了高效作业与精确调度，提高了作业质量和作业效率。密云县冯家峪镇等京郊多个泥石流易发区域安装了地质灾害监测设备，包括摄像头、感应器，用于地质灾害的预警，村庄可根据预警情况提前安排村民转移。海淀区应用遥控田园管理机在果园、设施等低矮狭窄的空间干农活，遥控施肥松土。密云县太师屯镇城子村蔬菜绿控基地成功引进了韩国产半自动韭菜播种机、专用韭菜收割机，与国内企业联合试制出韭菜打捆机、韭菜自动清洗消毒生产线，不光是在收割环节引入"机器雇工"，在播、种和包装环节也全部实现了机械化。

（三）气象现代化助力"三农"

市气象局开展北京市标准化现代农业气象服务示范区县和标准化气象灾害防御示范乡镇创建。门头沟区气象局建立了农业气象监测预报技术服务系统，搭建网格化管理与服务一体化信息平台，以气象为中心，建成各决策部门（水务、国土、农业、旅游等和门头沟网格点），和街镇为中心的气象综合信息管理模式。进一步完善气象预警信息发布网络，将门头沟区网格化管理体系网格长（401 名）和网格社会管理员（2885 名）纳入到区气象预警信息统一发布平台，保证天气信息第一时间发布到基础网格点。顺义区赵全营镇北郎中村鲜切菊生产基地安装了气象数据采集仪，可实时采集空气中温度、湿度、光照强度、风速风向、降雨量等农业环境参数，预测未来数小时的天气变化趋势。鲜切菊由原来的一年两茬，变为花开四季，一亩地产量从 3 万枝增长到 12 万枝，10 个工作人员减少到 5 个，花期可持续 1 个月，甚至更长。

五、农业农村管理信息化提升"三农"行政管理效能

（一）大数据支撑核心业务

市城乡经济信息中心建设的北京"221 信息平台"实现了地图展示与数据分析同步，进一步增强数据统计分析功能，增加条件组合查询，统计结果输出等。为市园林绿化局信息中心提供 2010—2013 年果园、苗圃、花卉基地、花卉市场等数据共 4203 条。其中果园 2298 条，苗圃 1334 条，花卉基地 524 条，花卉市场 47 条，在信息资源共享方面取得突破。

市园林绿化局信息中心开发园林绿化资源移动监管小助手系统，实现园林绿化资源空间分布、面积等信息的实时查询与调阅，实现了 11 类空间数据、政策法规的快速查询与定位，并增加了 GPS 定位、经纬度查询功能，为领导和业务人员的政务交流、业务管理和决策分析提供便捷安全的信息服务。通过升级统计报表系统，进一步提升财务、果树产业、造林营林等大量上报数据指标的实时汇总、实时查询和实时分析等功能，实现了与国家林业局系统对接，形成具有统一标准、多种手段、科学扩展等特性的长效数据采集机制。

市水务局信息管理中心开展全市水务普查一张图的建设，实现了水务静态—空间—动态三类数据的一体化展示。市村镇供水管理信息系统实现了 14 个郊区县 144 个集中供水厂、950 个单村水厂的水质、水量信息采集。北京市水库移民信息化系统建设，实现了移民名单、基本信息等资源的统一管理，实现"一次发布，多处展示"，并建立地理信息管理，能

够快速、方便地对库区与移民安置区、移民人口分布、移民扶持项目分布等信息进行浏览定位、查询、统计、分析。节水管理信息系统实现了市局对区县水务局用水计划的下达、分配、核查、预警、考核，对用水数据实时监控，对用水单位用水计划执行情况的按月统计，对于超计划用水实时核算加价水费，实现了市局与 16 个区县的 23 个节水管理部门之间的信息共享。

市农林科学院农业科技信息研究所建设农业远程信息云服务平台，将北京农业信息网、北京农业数字信息资源中心、12396 北京新农村科技服务热线、北京农村现代远程教育平台等 20 多个应用系统和网站迁移到云平台，并充分利用云平台强大的底层运算及存储功能，对各个系统的稳定高效运行提供支撑，并面向京郊区县和京外省市地区开展农业科技远程咨询服务和农业远程科技培训。

（二）"智慧乡村"试点建设成效显著

"美丽智慧乡村"集成创新是市农经办（农研中心）与平谷区政府"农村经济发展创新研究试验区"建设内容的新尝试。2014 年"美丽智慧乡村"在平谷区大兴庄镇西柏店村正式启动，完成了生活污水景观化处理工程、农村生活垃圾分类处理资源化利用工程，搭建了美丽智慧西柏店综合服务平台（村级网站、手机 APP 网站、多系统管理平台）；设施大棚物联网智能监控系统、农产品溯源管理系统及数据采集终端 APP、村内视频监控系统、完成了覆盖村域的无线网络接入环境、村委会机房及局域网等建设，通过了专家验收。项目全面展示了信息技术在农业生产、农村管理、农民生活中的重要作用，使农户亲身体会到信息化带来的巨大变化，在为农服务、助农增收方面起到了示范引领作用。

六、农业经营信息化提升农业经营网络化水平

（一）社会企业创新农产品电商发展模式

社会企业已经成为北京鲜活农产品电商销售的主导力量，他们主要采用"产品+平台+配送"的方式，实现农产品优质优价销售，目前沉淀出以下几种模式：一是生鲜农产品宅配模式，如"沱沱工社"实现在北京六环内全程冷链配送，今年已经实现了 1.5 亿元的销售收入；二是社区体验店模式，如任我在线在郊区有近 100 家社区店；三是安全农产品直供模式，如京合农品开展"社社对接"等新探索。

（二）打造大宗农产品电子商务新模式

新发地 2010 年起启动农产品电子挂牌交易平台，构建了面向全国涵盖农业生产、农产品流通、农产品交流、农产品金融结算的农产品第三方电子商务服务平台。通过整合上游生产、种植基地的农业合作社、市场经销商、下游终端消费单位的资源，利用现货挂牌的交易方式，减少了流通环节、降低了损耗、提高了物流效率。通过挂牌系统，批发市场的年总交易量和总交易额逐年翻番，2013 年实现挂牌交易量 31.7 万吨，总交易额为 8.9 亿元，2014 年实现翻一番。

（三）拓展生产领域的电商直销渠道

目前全市已有 200 多家农业企业、农民专业合作社开展了电子商务实践。京郊农业生产经营主体通过自建电商平台，已有农产品销售平台和综合电子商务平台，微博、微信等自媒体、移动终端多渠道开展高端农产品销售。北菜园农产品产销专业合作社通过全网络、多方式拓展自产高端有机蔬菜销售渠道，合作社 95%以上的订单通过电子商务平台完成，销售额也取得了较快的增长，2014 年实现电子销售 1100 多万。门头沟区与北京奥思开源公司合作，开展特色农产品网上销售，通过绿小锄网站推出"我家果园"定制服务，网络平台实现销售收入 100 余万元。房山区在中粮集团"我买网"上开设了房山特产专栏，销售具有区域品牌的系列特色产品。利民恒华、京之源上品粮行、沃联福 3 家公司全年网络销售额达到 8000 万元以上。

七、公共信息服务渗透到生产生活多领域

（一）信息服务内容更加丰富

市城乡经济信息中心向中国农业信息网报送信息 5330 条，日均报送 23.6 条，同比增长 3.4%。其中地方频道（北京频道）发布信息 3521 条，信息联播 1809 条，被全国信息联播首页采用 285 条。中国农业信息网对全国 31 个地方频道综合评分，北京频道排名第十。向首都之窗报送涉农信息 2218 条，日均报送 9.8 条，同比增长 2.5%。市农委政务网站发布图文信息 9385 条次，其中图片信息 479 条。北京农经网发布信息 4198 条次，同比上升 29.2%。编制"每日三农舆情快报"248 期，收录涉农舆情信息 3449 条，其中敏感信息 242 条，发送手机短信提示信息 242 条。涉农舆情月度分析报告 12 期。

北京"221 信息平台"公众服务版——新版北京现代农业信息网依托通用版、农民版、市民版，为不同群体提供都市型现代农业特色资源与服务。2014 年 8～12 月，总页面浏览量 488.2 万次，日均页面浏览量 3.5 万次。注册会员 2408 家，新增会员 11 家。各区县也在不断完善"221 信息平台"的决策支持服务能力。平谷区开展北京"221 信息平台"分平台——平谷区农业信息网建设，重点开展了平谷鲜桃采摘季、金海湖红叶节、西柏店食用菊花节、平谷草莓采摘、平谷桃花音乐节五个专题及平谷特产和美食信息的宣传展示与推介。昌平区"221 信息平台"开展了昌平农业企业数据库建设工作，以便准确、全面地掌握全区农业企业数量、规模、主营业务等情况。怀柔区都市型现代农业"221 信息平台"建设了综合资源、种植产业、林业资源、养殖产业、农机服务、水务资源和新农村建设 7 个版块、39 个子栏目，信息 12 万余条。朝阳区利用"221 信息平台"，依托 12316、12396 农业服务热线，应用移动农网、朝阳农村数字科普馆，全方位、多元化、多渠道开展农业科技、政策法规、市场行情、气象灾害预警、科普知识宣传和技能培训等方面的信息服务与专家指导工作，全年发布各类信息 1500 余条，受益人群达到 4000 余人次。

（二）信息服务资源双向流动

市农业局信息中心进一步拓展信息服务形式，扎实推进"信息进村入户"工作。在大

兴区、密云县开展试点工作。通过需求调研，统筹公益服务和社会化服务两类资源，培训信息员队伍，已经完成 34 个村级"标准型"益农信息社建设，为村民提供涉农科技与政策查询、农业补贴发放、水电煤气费代缴、求医问药等便民服务；依托农业生产园区和专业合作社完成了 14 家"专业型"益农信息社建设，为生产基地和 20 余个高端社区、17 个消费合作社提供产销对接信息服务。在生产端开发利用"农场云"管理系统，实现了科学排产和智能控制，促进了全产业链的智能升级；在消费端配置智能配送柜，实现了远程可视化订购、履历查询，建立了良好的产销信任关系。

市农业局信息中心 12316"三农"服务热线提供农业信息咨询 4 万多次，现场解答各类技术咨询近 2000 次，热线受理投诉举报案件 300 多起。组织开展"五进"新农村活动 20 次，举办 12316 农业科普大讲堂等活动，出动专家 60 人次，发放宣传材料 3 万多份，解决问题 2000 余个。市农科院信息所 12396 北京新农村科技服务热线用户登录咨询和浏览人次总计达到 320 万次，解答咨询问题 4211 个。北京市党员干部现代远程教育市级平台实名注册用户 42032 个，视频课程 30168 个，时长 15366 小时，日均更新 27.5 个。教学网站访问总量累计超过 5524 万人次，交互性栏目月访问超过 120 万人次，网上课堂组织点播和直播培训达 1000 余万人次。

延庆县科协建设新农村双向视频诊断平台，为 110 个农村专业合作社和农业技术协会建立终端咨询系统，并配备计算机、摄像头、耳麦等。农民通过与市级专家远程对话，进行实时远程技术咨询、病虫害远程诊断、疫病远程监控，运用互联网传输技术为农户提供及时便捷的农业技术服务，解决本地区采购、生产、销售、技术开发等难题，对农民科普培训、科技推广、素质教育发挥积极作用。

（三）新媒体应用更受追捧

市级层面：2014 年 1～11 月，"首都农经"官微发布博文 841 篇，粉丝 29207 人，主动关注微博 229 个。涉及健康食谱、文化农业、工作动态、农经知识内容。"京合农品"微信公众号 1～6 月推送信息 48 期，软文 93 篇，图文阅读量已达到 8174 人次，分享转发总数达 799 次，关注人数达到 473 人。市农科院信息所"北京农科咨询热线"QQ 群已有成员 442 人，发布帖子 10000 多条，解决咨询问题 1500 余个。新开通的微信平台用户共达到 1158 人，累计咨询 679 人次，推送图文信息 141 条，阅读次数共 20363 次。市园林绿化局应用微信公众平台加强园林绿化信息发布、政务公开、政策解读力度，提高政府社会影响力，自 6 月 9 日试运行以来，共发布信息 78 条，累计用户 2122 人。

区县层面：各郊区县积极尝试与应用，为农产品的优质优价、农民增收开辟新渠道，拓展新空间。平谷区通过微信、微博等开展"醉桃园"活动宣传。活动期间微博吸引粉丝 5804 人，实现活动 1500 余次，微博转发 1.4 万余次。微信发布活动 20 条，吸引粉丝 2385 人。与北京移动平谷分公司合作，通过网信推送平谷大桃等农产品信息。密云县溪翁庄镇"云水溪翁庄"微信平台上线，并通过"密云 360"转发旅游信息。微信关注用户 512 人，利用微信发布旅游信息 49 条，"密云 360"转发信息 17 条，阅读量超过 32 万人次。北京诺亚农业发展有限公司通过短信、电话、微信，实现客户远程点菜，微信关注客户 800 余名，发送信息 150 余条；微博发布信息千余条，收到客户评论、建议 700 余条。大兴区采育镇通过"北京大兴采育葡萄文化节""大兴这些事""爱我大兴"微信平台宣传采育镇的葡萄。其中，喜山葡萄采摘基地接待 200 余名拿着手机微信提示来采摘的客户，共销售葡萄 2 万余斤。昌平区营坊昆利果品专业合作社开通了"北京乡土专家"微信公众平台，推介乡土专家的果园和果品，免费帮京郊果农发布果品采摘、销售信息。

（四）移动互联应用更加广泛

市农业局信息中心开发"菜篮子"APP，产销档案、市场行情、我的菜园、友情链接 4 个模块，服务蔬菜园区的生产经营管理。市气象局启动"北京天气（智能手机简易版）"研发工作，服务全市农业生产决策部门领导、气象协理员、气象信息员、农民专业合作社。密云县农民专业合作社服务中心"一品密云"电子商务门户系统正式上线运营。系统集成了密云县精品休闲民俗旅游和农特产品信息，并在新浪、搜狐、宜居密云政务微博、人人网、腾讯网发布。累计用户 1.4 万余人，日活跃用户平均 800 余人，直接成交量约 600 多单，直接成交金额 100 多万元。北京灵之秀生态农业专业合作社手机客户端 APP 成功上线。

第二节　北京农业农村信息化发展成效与亮点

一、完善工作机制，队伍建设进一步加强

市农委发布了《关于扎实做好农业农村信息化工作的意见》（京政农发〔2014〕6 号），市城乡经济信息中心（市农委信息中心）发布了《2014 年北京市农业农村信息化重点工作任务分工》（京城乡信〔2014〕2 号），明确了工作目标与任务，对市级各相关单位和区县进行了任务分解与责任分工。市城乡经济信息中心组织召开各种会议并利用多种形式进行工作部署与情况交流。按照市经信委要求，起草了《市农委系统单位信息化项目全流程管理办法》，统筹市农委系统单位信息化项目申报，市农委系统单位的 12 个信息化项目申报经费共 5219 万元。目前 4 个项目已经通过了经信委的评审，批复经费 1705.4 万元。市级各相关单位在各自工作领域，运用信息化手段，加强了部门间的合作，提高了系统的利用率，对业务的支撑与融合更加广泛深入。

市城乡经济信息中心组织召开了市农委系统信息员队伍建设工作交流座谈会，组织了网络与信息安全专题培训会，举办了北京市农业农村信息应用交流培训，在交流培训现场还设有信息化建设成果及应用展示专区，参会人员现场观看了信息化建设成果及应用展示活动。市农经办（农研中心）在平谷区举办了师资培训班，培训区县师资 80 余人。在房山区、顺义区、丰台区培训村级人员 1063 人。市农业局信息中心组织系统内部高层次专题培训五期，参训人数达到 330 余人次。市农职院成立了网络信息中心，全面负责学院信息化项目建设和规划。各区县强化工作体系建设，完善各级信息员队伍，加大信息化人才培养力度，构建稳定的信息人才队伍。大兴区联合中国网库为 100 余家农业企业、合作组织的负责人进行了电子商务培训，提高企业电子商务意识，助力农业企业、合作组织电子商务

发展。怀柔区为迎接 APEC 会议，重点对雁栖镇和怀北镇的镇村两级进行农村信息化知识基础培训。昌平区对气象信息员基本信息进行重新登记，在汛期到来前，启动了镇、村两级信息员的培训工作。昌平区园林绿化局开办果农技术培训班，向果农传授如何在网上开苹果铺，通过智能手机卖果儿。大兴区农委组织区、镇农产品质量安全监管人员及部分企业就"大兴区农产品质量安全监管系统"中生产基地信息化管理、手机执法终端的应用进行了培训。海淀区举办"海淀区 221 信息平台推广及电子商务培训班"，全区各镇信息化办公室、农服中心、观光采摘园、农民经济合作组织、樱桃协会、冬枣协会共计 60 余人参加培训。延庆县"2014 年农村管理信息化培训班"培训 15 个乡镇 376 个村的信息员 520 余人。

二、突出引领示范，促进信息技术应用提升

2013 年，农业部开展了全国农业农村信息化示范基地的认定工作。参照农业部的认定办法和相关要求，结合北京市实际情况，北京市首次开展了北京市农业农村信息化示范基地的认定工作。认定工作得到了市级各相关单位、各郊区县的高度重视。经过各区县、各相关单位的推荐和实地考察及专家评定，2014 年 4 月，23 家单位被市农委授予北京市农业农村信息化示范基地，包括整体推进、生产应用、经营应用、政务应用、服务创新、技术创新等 6 大类型，覆盖了郊区 13 个区县，包括农业管理部门、事业单位、教学科研单位、企业、农民专业合作社等生产经营主体。这些示范基地充分发挥典型带动作用，促进信息技术在农业生产、农业经营、农村管理、信息服务领域的全面应用和提升水平，引领和带动了全市农业农村信息化的快速发展。

三、推进"智慧乡村"建设，探索农村管理实现路径

市城乡经济信息中心（市农委信息中心）积极尝试推进"美丽智慧乡村"集成创新试点建设，选取平谷区西柏店村和顺义区北郎中村开展"智慧乡村"的试点示范建设，西柏店村完成了综合应用村级网站和移动应用手机 APP 网站、二维码农产品溯源管理系统、大棚智能监控系统、智能村内视频监控系统、覆盖全村的无线网络接入环境、综合信息服务站点等建设工作。完成北京"智慧农村"建设调研报告。通过对 80 多个村的问卷分析，15 个村的实地调研，对基础环境、产业经济、社会服务、信息化基础等方面的分析，形成了"智慧乡村"建设指导标准框架。梳理了北郎中村在村务管理、产业发展、村企业管理、园区管理、村民服务等方面的需求，开展"智慧北郎中"建设方案设计。朝阳区农经办集体"三资"在线监管平台由组织体系、资金管理、资产管理、资源管理、产权交易、农经统计 6 大系统组成。资源管理系统利用 GPS 定位测绘技术，采取了用合同基础卡片和台账对地块规划图、影像图和实景图的"一卡一账对三图"模式，加强对农村地区经济合同的监管。

四、拓展宣传渠道，加大成果推介

市城乡经济信息中心（市农委信息中心）结合农业农村信息化示范基地的认定工作，

利用刊物、媒体、交流培训等多种渠道，不同形式，广泛开展了农业农村信息化的建设成果宣传推介，提高影响力和公众的认知度，以先进经验和典型模式为引领，实现点连线、线成面，促进全市农业农村信息化再上新台阶。编撰年度《北京农业农村信息化发展报告》，利用《北京农村经济》"三农信息化"专栏刊载文章，编印《北京市农业农村信息化示范基地风采》宣传册，累计近 30 万字。组织拍摄制作《北京市农业农村信息化示范基地风采》宣传片，共计拍摄 27 部，成片时长 142 分钟。在《农民日报》进行了"物联网闪亮北京都市农业"专题报道。组织参加了农业部物联网、农业信息化专题展暨论坛等活动，开展了全市农业农村信息化应用交流等专题培训。昌平区农委与农业技术推广中心、区农广校等相关单位合作，与区电视台共同制作播出了《农民课堂》《走进三农》数百期节目，探索农业专题节目为政府分忧、为群众服务的新路径。

五、加强合作共赢，开展休闲农业信息化建设

市农委会同市旅游委、市城乡经济信息中心与百度在线网络技术(北京)有限公司开展战略合作，依托百度地图平台，共同建立权威的北京休闲农业与乡村旅游地图服务，对北京郊区休闲旅游资源、特色农业园区、名特优地标产品等信息进行采集和地图标注，实现与城市消费资源同平台融合，建立消费者与乡村旅游经营者的良性互动，满足消费者的个性化需求，促进休闲产业的提档升级。已完成信息采集培训工作。各区县积极尝试与应用，为农产品的优质优价、农民增收开辟新渠道，拓展新空间。如，大兴区启动东辛屯民俗旅游信息化提升二期项目建设，引入了移动终端、虚拟动漫技术，建立网上东辛屯 3D 虚拟数字村，东辛屯村动漫休闲旅游展厅，进一步提升信息化对民俗旅游的支撑作用，提升民俗旅游管理效率。平谷区与北京移动平谷分公司合作，开展手机市民主页建设，通过网信推送平谷大桃等农产品信息。密云县溪翁庄镇"云水溪翁庄"微信平台，通过"密云 360"转发旅游信息。平谷区马昌营镇北京诺亚农业发展有限公司，通过短信、电话、微信，实现客户远程点菜，有效的实现了农庄与客户的互动沟通。

第三节　北京农业农村信息化发展形势与问题

一、北京农业农村信息化发展面临的新形势

（一）国家层面

一是信息化发展新目标。"四化"同步发展，信息化提升到国家战略的高度。党的十八届三中全会和四中全会分别提出了全面深化改革和推进依法治国两大重要决定。2014 年中央成立了网络安全和信息化领导小组，习总书记亲自担任组长。并指出，没有网络安全就没有国家安全，没有信息化就没有现代化，同时提出了要努力把我国建设成为网络强国的目标。二是"三农"明确新任务。中央农村工作会议指出，2015 年重点任务之一是推进农

业现代化，要适应和把握经济发展新常态。中央经济工作会议指出要加快转变农业发展方式，使我国农业尽快转到数量质量效益并重、注重提高竞争力、注重农业技术创新、注重可持续的集约发展上来，走产出高效、产品安全、资源节约、环境友好的现代农业发展之路。突破当前我国农业发展面临的约束瓶颈，将信息化和农业现代化深度融合，把握农业信息化发展的新常态，使其为农业现代化提供强大驱动力。这为农业农村信息化工作带来了新的发展环境，同时也赋予了新的责任和使命。三是信息化工作提出新要求。2014 年 12 月，农业部召开全国农业信息中心主任会议，要求建设"左右协同、上下畅通、互联互动、共建共享"的农业信息中心体系，形成全国一盘棋，加快建立完善农业市场信息体系和农业信息中心体系的合作机制，全面提升整体效能，推进我国农业信息化事业快速健康发展。

（二）市级层面

近年来，北京始终坚持以"服务首都、富裕农民"为中心目标，围绕生产、生活、生态、示范四大功能，全面提升北京都市型现代农业发展水平。市政府认真贯彻落实中央"四化同步"发展战略，信息化为推动北京都市型现代农业发展提供了强大支撑。围绕农业调结构、转方式、发展高效节水农业的目标任务，信息化要在农业农村工作中主动作为，加强顶层设计，加大投入、深化应用、创新机制，加快推进农业农村信息化建设，为构建与首都功能定位相一致、与二三产业发展相融合、与京津冀协同发展相衔接的现代农业产业体系提供强大的驱动力，为建设国际一流的和谐宜居之都做好支撑服务。

（三）技术层面

当前，云计算、大数据、移动互联、物联网、4G 等现代信息技术革命日新月异，正在对经济、政治、社会、文化等领域的发展产生深刻影响。移动互联网正在超越 PC 互联网，引领发展新潮流。在新技术推动下，传统行业与互联网的融合正在呈现出新的特点。大数据已成为企业和社会关注的重要战略资源，成为各方关注的新焦点。2014 年 12 月 10 日，北京大数据交易服务平台正式发布上线。通过北京大数据交易服务平台的建设，通过制定数据交易相关的国家标准、行业规范等，北京市将逐步打破"数据割据"、"数据孤岛"的不良发展局面；建立可信的数据交易机制，为数据所有者提供大数据变现的渠道；为数据开发者提供统一的数据检索、开发平台；为数据使用者提供丰富的数据来源和数据应用。

二、北京农业农村信息化发展遇到的问题

（一）缺乏市级层面的总体协调与把控

由于农业农村信息化工作涉及领域广、部门多，无论是统筹发展，还是资源共享、集约建设，协调的广度和难度都较大，当前缺乏市级层面的联席会议或会商机制，建议定期召开由市委、市政府主管领导出席的工作会议，具体工作由市农委、市经信委牵头，郊区各区县、市级主要涉农部门参加，共同研究、指导、推动我市农业农村信息化有序健康发展。同时，在发展规划和顶层设计上，也存在规划设计有效性不高、发展路径和目标不够清晰，贯彻执行力度不足等问题。

（二）信息资源建设投入不足、共享困难

在信息化建设中存在重硬件重系统，而在数据资源建设上投入不足，信息资源积累缺乏有效基础。数据质量不高、覆盖不全、更新不及时、缺乏更新审核机制等问题，数据资源共享交换都存在困难，未建立起良好的机制和制度，造成信息资源建设各自为政、数据重复采集、漏采集、标准缺失等现象。

（三）全市农业农村信息化发展不均衡

从政策环境方面来看，各区县对农业农村信息化的重视力度、统一规划、有效管理等方面参差不齐。从经费保障方面来看，各单位、部分区县对农业农村信息化的投入尚缺乏合理的规划和机制，资金投入明显不足。从人员队伍方面来看，相对于农业农村信息化基础差、底子薄的情况，在人员的数量和专业技能水平上仍有较大差距。

（四）缺乏有效集聚信息资源的手段，社会力量参与度不高

尚未形成挖掘、加工、利用信息资源的应用技能，涉农信息资源统筹开发、部门间的协作程度和共享利用水平还不很高。积极调动各种资源、引导各种社会力量、合力推进农业农村信息化建设的相关政策缺乏，多方共赢的体制机制尚未形成。同时，大部分农民应用信息化来改变生产生活现状的意识和需求不高，获取信息的能力不强，导致一些有用的信息无法及时到达农民手上，客观上也减缓了信息进入农户的步伐。

第四节　北京农业农村信息化发展对策与建议

一、明确指导思想和总体要求

（一）指导思想

深入贯彻中央经济工作会议、中央农村工作会议和全国农业工作会议精神，坚持以"221信息平台"为核心，紧紧围绕"调结构，转方式，加快推进农业现代化"的总体目标，准确把握农业信息化发展的新常态，推进信息化与农业现代化的深度融合，激发农业农村经济发展活力。

（二）总体要求

一是依法履职，深化改革。在新形势下提高依法履职能力，坚持依法办事，落实深化改革任务，处理好"势和市""合与和"的关系，统筹推进北京农业农村信息化工作。二是解放思想，大胆创新。采用大平台思维，树立大服务意识，构建大分析能力，服务于开展"新三起来"、提高"三率"和推进"三化"，切实做好"三务"。三是夯实基础，提高水平。加强基础调研，服务顶层设计，加强协同工作机制的建立，统筹规划，统一步调，促进全市农业农村信息化整体推进。四是典型带动，加强宣传。重点围绕区域主导产业、优势产业发展，集中资源打造具有推广价值的典型样板，确定典型模式，带动全市发展。

二、确定重点工作领域

（一）统筹协调全市农业农村信息化工作

第一，摸清需求，做好规划，引领全市农业农村信息化今后的工作方向，围绕规划做好顶层设计制定可以形成多方共识的目标，划清为各部门认可的责、权、利；第二，制定政策，创造环境，努力营造良好的发展环境和鼓励保障措施，调动各方面力量，联络市级相关涉农单位，指导市农委系统各单位、各郊区县，引导社会力量和资源参与，加强分工合作，创建和谐关系。第三，把握角色，分类指导，明确信息化建设的投资主体、建设主体、应用主体和运营主体，找准政府、社会、市场的角色。

（二）创新探索农业农村信息化建设机制与运营模式

党的十八届三中全会中《中共中央关于全面深化改革若干重大问题的决定》（以下简称《决定》）。《决定》强调："经济体制改革是全面深化改革的重点，核心问题是处理好政府和市场的关系，使市场在资源配置中起决定性作用和更好发挥政府作用。"下一步工作中，在全市农业农村信息化建设方面也应抓住市场，不断积极探索如何在农业农村信息化建设与运营过程中吸引社会力量和市场机制广泛参与，集多方力量为合力，促进信息化建设的长效运作。

（三）完善涉农数据资源共建共享机制

在互联网思维的导引下，加强与横向各部门、各方面力量之间的分工合作和共建共享。建立涉农数据资源中心，实现基础设施、数据资源、应用服务等三个层次资源全面整合；加强标准规范制定，在建立涉农数据中心的基础上制定一系列的标准规范，为信息资源积累提供体系保障；加强基础数据的积累及其对研究工作的支撑。

（四）构建大数据分析能力挖掘数据价值

梳理和开发利用"三农"信息资源，按照大数据理念和规范建设有机融合的涉农综合信息资源，支撑各项涉农业务的开展和都市型现代农业的发展；运用新技术新思维，强化信息服务能力，加强数据分析能力，深度发掘数据内涵，开发数据综合利用价值。

（五）切实做好"三务"，即电子政务、信息服务、电子商务

在电子政务方面，不断促进业务与信息化深度融合，以应用促建设。不断找准定位，深入推进涉农业务与数据的紧密结合。在信息服务方面，运用大数据理念、云计算技术、互联网思维，开展信息的分析与加工，打造具有及时性、权威性、前瞻性的信息产品，为领导决策、涉农业务的开展以及社会公众提供全面准确的信息服务。在电子商务方面，拓展农业电子商务应用范围，做好规范管理、标准制定，探索农产品电子商务相关支持政策，积极推广宣传已成功电商平台模式，推动和保障全市农业电子商务的良性运作。

三、明确主要任务

（一）编制全市"十三五"农业农村信息化规划和顶层设计

在总结全市"十二五"工作的基础上，着手开展编制科学、可行的"十三五"农业农村信息化规划和顶层设计。正确处理好政府与市场的关系，积极推进体制改革，以规划明确各方认可的共同目标和职责分工，以顶层设计落实实现目标的实施路径，引导全市农业农村信息化建设进一步健康发展。

（二）完善体制机制，促进全市统筹协调发展

坚持把统筹做为根本方法，实现农业农村信息化科学发展、协调发展。建立起上下互通，左右互联、共建共享的工作体系，完善联席会议制度，进一步明确各方面职责和任务，建立协同工作机制，提升集约化建设水平，努力营造良好的发展环境和制度保障，形成统筹发展、部门联动、制度完善、体系健全、集约共享、安全可靠的工作格局，更好地发挥政府在农业农村信息化中的作用。同时，对于全市农业农村信息化建设项目申报需要进一步加强统筹把控，防止出现项目交叉、重复建设、资金浪费等现象。

（三）扎实推进"智慧乡村"建设

加强试点村的建设和应用水平，研究建立适应不同类型、不同发展水平的村庄智慧化建设标准；总结经验、加强宣传，树立具备全国领先水平的智慧村庄示范点；探索适应京郊发展的智慧村庄建设和运营模式。

（四）推广应用物联网技术

为适应不断增长的物联网建设需求，北京"221 物联网监控平台"进一步探索从"监控"平台向"应用服务"平台转变，拓展应用范围和规模，丰富系统平台的使用与展示方式，为平台用户提供更有效、更精准的农业指导，为农业合作社提供深入、丰富、便捷的应用，使其满足北京地区涉农物联网需求。

（五）加强农村公共信息服务体系建设

以"221 信息平台"为核心，扎实推进郊区农业农村信息化建设与应用工作，满足农村信息服务、信息公开和资金监管等需求，从基础条件，经济发展，信息资源，人口情况等方面选取试点村开展村级资源整合及信息化应用，为北京农民提供"一站式"服务，解决北京村级信息化建设信息服务"最后一公里"的瓶颈问题。

（六）积极探索农村电子商务应用

提高北京地产优质农产品的电商渗透率，组织开展针对农民专业合作社、农业企业的电子商务培训和辅导，搭建和整合公益性电商平台。并以此为契机，提升农业生产环节对信息化需求的主动性，促进信息化和农业现代化的融合发展，提高北京都市型现代农业的质量和效益。

第十二章 内蒙古：大力发展农村牧区信息化

第一节 发展现状

一、总体概况

（一）政策环境

内蒙古自治区党委、政府高度重视农村牧区和农牧业信息化建设。2014—2015 年上半年，先后出台了《内蒙古自治区人民政府关于实施创新驱动发展战略的意见》《内蒙古自治区人民政府关于加快推进品牌农牧业发展的意见》《自治区人民政府关于印发加快电子商务发展若干政策规定的通知》《内蒙古自治区人民政府办公厅转发国务院办公厅关于开展第一次全国政府网站普查的通知》《内蒙古自治区人民政府关于加快推进"互联网+"工作的指导意见》，从不同角度、不同层面上对大力发展农村牧区信息化、构建信息化服务体系、推进农牧业电子商务、开展政府网站普查、促进"互联网+农牧业"及相关配套政策落实等方面，做出了重要部署，为全区农牧业信息化发展提供了政策保障。

（二）基础设施

全区电话用户总数达到 2889.44 万户，普及率达到 116.05 部/百人。互联网普及率 79.3%，全区光纤用户达 664.8 万户，固定宽带用户达 327.97 万户。全区通宽带行政村总数达 5745 个，开通宽带率达到 51.18%。特别是 2014 年开始，自治区人民政府组织实施农村牧区"十个全覆盖"工程，即利用三年时间，实现农村牧区危房改造、安全饮水、嘎查村街巷硬化、村村通电、村村通广播、电视、通信、校舍建设及安全改造、嘎查村标准化卫生室、嘎查村文化活动室、便民连锁超市、农村牧区常住人口养老医疗低保等社会保障"十个全覆盖"工程，为农村牧区发展信息化打下了坚实的基础。同时，自治区启动了一批重点工程项目，加大了资金支持力度，重点建设、完善了自治区农牧业信息网、数据中心、内蒙古"12316"三农服务热线呼叫中心和全区农牧业指挥调度视频会议系统，为农牧业信息化建设和进一步做好农业、农村信息服务打下了坚实基础。

二、农牧业信息化进展

（一）基础设施不断完善，支撑能力显著提升

通过多渠道争取资金支持，继续完善建设自治区农牧业数据中心、12316 三农服务热线呼叫中心和农牧业视频会议系统。其中数据中心建设，重点以更新硬件、购置设备、加强维护为主要举措，进一步增强了数据中心的信息服务支撑能力和应急处理能力；12316 呼叫中心，重点进行了视频设备更新，专家库的补充更新，修订印发了《内蒙古"12316"三农服务热线工作管理制度》，进一步强化了三农服务热线的工作协同、业务融合和投诉受理联动机制的建设；三是建设完成了覆盖全区 13 个盟市的农牧业生产指挥调度系统，实现了农业部、自治区农牧业厅、各盟市的三级双向高清视频联接，显著提高了工作效率和农牧业应急指挥调度能力，极大地降低行政成本。据统计，全年共计召开部省和省市视频会议 15 场次，圆满完成了任务，达到了预期效果。

（二）组织体系不断健全，队伍建设逐步加强

继续加大各级农牧业信息体系建设和队伍建设。据统计，全区有 20 多个旗县成立了信息股或信息办，个别旗县已经建成了延伸到苏木乡镇、嘎查村的信息体系。已经初步建成了一支包括 600 人的信息管理服务人才、800 人的信息采集、报送人员、1000 多人的信息服务专家和近 6000 人的涉农信息相关人员的队伍。为全区农牧业信息化建设和信息服务工作提供了有力的组织保障。

（三）服务模式不断创新，服务能力持续提升

基本形成了以内蒙古农牧业信息网，内蒙古"12316"三农服务热线和内蒙古"农信通"手机短信服务为基础，以微信、微博和客户端为延伸的多元化的农牧业和农村牧区信息服务模式。

1. 完善了内蒙古农牧业信息网站群建设。进一步加强了网站的实时管理和动态服务，通过增设实用性栏目，创新服务模式，完善制度建设，强化内容保障，加强队伍建设等举措，增强网站服务功能。据统计，截至 2014 年年底，建成了一支覆盖各级农牧业系统的 780 人的信息员队伍。全年内蒙古农牧业信息网发布信息共计 22953 条，较上年度增加了 23%；浏览量 724.3 万人次，是 2013 年年度的一倍；网站总访问量突破 3600 万人次。向农业部信息联播信息库报送信息 4714 条，地方频道信息 13759 条。

2. 重点抓好"12316"三农服务热线建设。"12316"三农服务热线经过两年多的运行，已经成为全区农牧业信息服务的重要举措和主要抓手。据统计，截至 2014 年年底，热线全年共接听了 5784 个农牧民电话，总数量较上年度增加了 50%，月均近 500 个；专家解答"12316"热线专业问题共计 1872 个，是 2013 年年度解答数量的 2 倍；录入语音数据库信息 1.2 万多条，总信息量超过 5 万条；印发了《内蒙古"12316"三农服务热线工作简报》共 12 期，报送典型事例 50 条。

3. 着力推动"农信通"手机短信服务转型升级。积极推动"农信通"升级改版为"手

机短信平台"，并印发了《关于利用手机短信平台开展农牧业信息服务工作的通知》，编写了《三农服务指导方案》和《三农信息提供手册》，形成了一套有效的管理模式，据统计，2014 年报送信息共计 4442 条，月均用户数为 34.5 万户，累计向农牧民发送信息约 13 万条，已经建立完成订制号的专家达到 1282 人，实现了通过专属订制号为群组内的农牧民开展技术咨询服务。

4. 稳步开展农产品分析预警工作。继续组织对玉米、小麦和大豆等主要农作物以及农资产品市场动态进行监测。全年共发布《内蒙古主要农产品和农资价格动态》月度报告 12 期，累计发布 67 期，为相关部门、领导和地方提供决策参考。同时，为保障价格信息的及时、准确，我们积极建设全区统一的主要农产品及农资产品价格信息采集体系，并制定并印发了《关于增加农产品与农资产品价格分析预测信息采集点的通知》，要求在每个盟市均设立信息采集点，确定一名信息联络员，专门负责价格信息的采集和报送。

5. 积极探索微平台的开发建设。2014 年以来，开发、开通了内蒙古农牧业信息网手机版、内蒙古农牧业厅公众号、内蒙古"12316"微信公众号、内蒙古农牧业厅微博、"蒙农资讯"客户端和内蒙古"12316"手机综合服务平台。为进一步完善和拓展"12316"服务功能，特别是基于智能手机终端开发和利用，开展了"12316"移动应用软件平台的建设工作。2014 年，初步完成了平台的需求调研、建设方案的制定和项目招投标工作，建成后能够为农牧民提供手机一站式信息服务。

6. 建成了内蒙古农畜产品质量安全监管追溯信息平台。初步建成了内蒙古农畜水产品质量安全监管追溯信息平台，该平台主要包括了检验检测数据信息、生产档案实时化的生产记录、监督管理、质量追溯、分析预警、决策处置等综合功能。通过全产业链信息获取，给我区农畜产品带上"身份证"，做到"从农田到餐桌"的全程追溯，实现了我区农畜产品"生产有记录、信息可查询、流向可追踪、责任可追溯"的目标。消费者可以通过超市查询终端、手机扫描二维码，访问农畜产品质量安全监管追溯信息平台等方式，实时了解农畜产品质量安全信息，做到真正的放心消费。目前，已录入企业用户 50 家，各级检测机构 22 家。

7. 积极开展农业物联网试点示范。重点组织开展了设施农牧业物联网应用试点示范工作。在内蒙古农牧业信息网上建设了设施农牧业物联网频道，在全区 91 个示范基地，安装了 2000 多台大棚管家设备，可实时监测大棚内的温/湿度等各项数据，采集农民的种植信息和批发市场的价格信息，及时发送手机短信对蔬菜生产进行实时技术指导，实现蔬菜的错期上市和产销对接。

（四）扎实开展电子商务进村入户

通过入驻天猫、淘宝、京东等专业电商进行网上营销促销，提高了我区农畜产品的知名度和销量。2014 年 7 月 9 日，启动了内蒙古农牧业产业化龙头企业协会组建的电子商务平台——"蒙优汇"电商平台，以"电商平台+展示直销中心+零售体验店"为运营模式，截至目前，入驻商家达 120 家，商品总数约为 1000 个，线上销售收入已达到 280 多万元，是实现内蒙古农牧业企业快速"走出去"的重大创新尝试，示范效应明显。各盟市农牧业电商发展势头迅猛，涌现了诸如通辽可意网、赤峰百岁达、锡林郭勒盟草都等朝气蓬勃的农牧业电商企业。同时，国内诸如京东、淘宝等大型电商，也看准了我区绿色农畜产品潜力，积极与我区进行深入合作，开通了淘宝内蒙古、京东内蒙等地方特色馆，将大量的绿色农畜产品通过网上渠道卖到了全国，乃至世界各地。

第二节　主要经验

一、夯实工作思路。发展农牧业信息化，必须紧紧结合自治区农牧业发展实际，坚持问题导向，优化顶层设计，狠抓"平台建设、队伍建设、制度建设、资源开发和信息服务"五个着力点，积极稳妥地推进农牧业信息工作发展。

二、形成发展合力。农牧业信息化事关各级部门、系统内各行业，需要形成发展共识，必须做好工作协同、加快业务融合、推进受理联动，扎实做好农牧业信息化各项工作。

三、创新服务理念。信息化工作要不断学习和适应新技术发展趋势，不断创新服务手段，积极探索服务模式，牢牢抓住创新服务理念。

第三节　存在的问题

一、全区信息体系还不健全，基层信息机构仍不完善，基础条件较弱，人员技能水平和服务能力有所欠缺，各项制度建设有待加强。

二、农牧业信息化顶层设计还需加强，重大信息化项目的立项还不够，信息服务模式和手段还需进一步创新。特别是在信息进村入户、互联网+农牧业、大数据等方面需要积极探索和创新。

三、技能提升还需加强。从事信息工作的技术人员多年来没有参加过系统的业务培训，所掌握的技能水平明显跟不上发展需求，迫切需要进行素质提升和技能培训。

第四节　下一步打算

一、完善体系建设、强化自身建设。全面完成盟市信息中心机构成立工作，配备专业人才，开展具体业务，推进旗县级信息体系建设，在有条件的旗县率先完成苏木乡镇级和嘎查村级信息体系建设；组织完成自治区农牧业信息中心空编录入专业技术人才工作；加快相关工作制度的建立和完善；适时举办全区农牧业信息化工作会议和业务培训会议；加强信息体系专家、技术人员的业务培训，特别是抓好农牧民手机应用培训工作。

二、狠抓基础设施和平台建设。继续抓好自治区农牧业数据中心、"12316"三农服务热线、农牧业生产指挥调度系统的完善建设；推进内蒙古农牧业信息网升级改造和内容保障；完成农牧业厅内网建设，并正式开通启用，以及厅系统等保、分保任务。

三、扎实做好"十三五"自治区农牧业信息化规划工作。积极参与制定"十三五"农牧业信息化发展规划，注重工作实际，立足工作优势，强化顶层设计，谋划好下一个五年农牧业信息化发展思路及重点。

四、创新信息服务模式，提升信息服务能力。继续依托内蒙古农牧业信息网、"12316"热线、农信通、新媒体平台、农牧业物联网技术、农畜产品市场监测预警、网络舆情监测等具体抓手，努力创新，不断提升信息服务综合能力，为农牧民提供全方位的信息服务。

五、开创宣传局面。加大农牧业信息工作的宣传力度，有效利用新媒体平台、广播电视，结合农牧业系统各业务部门下乡进村入户，开展对农牧业信息网、"12316"热线、微博微信、手机客户端等的广泛宣传，实现农牧民通过手机等智能终端便捷、及时享受农牧业信息服务。

第十三章 辽宁："信息进村入户"助力互联网与农业农村深度融合

　　"十二五"以来，辽宁省贯彻落实党的十八提出的"四化同步"发展战略，结合我省农业农村特点，研究制定了辽宁省农业信息化工作的总体思路：遵循"协同、融合、发展"的指导思想，秉承"坚持政府主导，整合社会资源，注重农民体验，提升服务水平，创新工作机制，发挥市场作用"的总原则，按照现代农业高产、优质、高效、生态、安全的要求，深入推进信息化与农业现代化的融合。同时，在全球经济社会发展的总背景下，顺应信息化浪潮的发展趋势，根据全省"互联网+"行动的总体思路，提出要秉持大思维，构建大平台，挖掘大数据，提供大服务，发展大农业。通过与产业的深度融合，逐步建立互联网连接的新关系、孵化的新业态、支撑的新场景，激活存量资源，激发创新资源，实现辽宁农业由传统向现代的场景转变，定性向定量的方式转变，分散向集约的模式转变，小康向富裕的目标转变。

　　为了贯彻落实党的十八届三中全会精神和 2014 年中央"一号文件"，《国务院关于促进信息消费扩大内需的若干意见》《国务院关于大力推进信息化发展和切实保障信息安全的若干意见》有关要求，根据 2014 年中央"一号文件""推进信息进村入户"要求。2014 年 5 月，农业部启动了信息进村入户试点工作，辽宁省是全国 10 个试点省之一。按照农业部关于推进信息进村入户试点工作有关要求，辽宁省结合实际，加强组织领导，科学制定工作方案，积极整合各类资源，促进 12316 服务延伸，加快益农信息社建设步伐，探索市场化运营机制，全省进村入户试点工作取得了一定进展。目前，已经全省建设益农信息社 1400 多个，开始发挥积极的作用。

第一节 发展现状

一、辽宁省农业信息化发展历程

　　1988 年，辽宁省农牧业信息中心成立，之后近十年处于合署办公状态，信息工作仅限于一般简报、抄抄写写、数字统计等工作。

1997 年，辽宁农业信息网上线，1998 年开始改版。

2000 年，参与省党政信息网建设，并成为三大节点之一，支撑省政府十余个部门的网络接入与服务。

2001 年，探索市场化全新机制，尝试整合社会资源共同推进农业信息工作，全省第一批村级信息服务站诞生；全省信息采集与发布制度运行，基于报送系统大量信息的第一份信息产品——《省内动态》面世。

2002 年，辽宁省人民政府启动百万农民上网工程，辽宁农业信息网升级为辽宁金农信息资源平台（简称辽宁金农网），成为省政府农业门户；在全国率先并唯一开通农民上网特服号码 96116，实施农民上网资费减半等一系列惠农机制，全面推进网络进村入户。

2002 年 3 月 28 日，辽宁省农村经济委员会政务网启动，标志着省农委办公自动化水平显著提高，领先省直部门。

2003 年，信息中心由合署办公状态分立出来，成立十五年来首度独立运转，成为中心发展史上第一座时间里程碑；中心团队和文化建设正式推出，中心大家庭理念开始形成。

2004 年，信息服务走出国门，并于泰国设立海外第一个信息站，以东南亚为目标市场服务省内农业企业，使十余年后辽宁农产品重返东盟；中心第二份信息产品《三农述评》诞生。

2005 年，辽宁金农热线（最初号码为 16808080）正式开通，并于 2006 年在国家农业部的统一规划下，特服号码升级为 12316。辽宁 12316 为独立建设，三家运营商平行接入，以市场化的机制实现了可持续发展。

2006 年，金农网、金农热线运行良好，广受好评；中心开始尝试规划中长期发展，谋划建设农业信息大厦。

2007 年，国家农业部第三届农业网站论坛在沈阳召开；农业信息大厦已经党组会批准。

2008 年，全国"三电合一论坛"暨新农村信息服务模式发展论坛在辽宁沈阳召开，金农热线标准化建设成型；农业信息大厦开工建设。

2009 年，信息大厦落成，尽管因为周围限高而只盖了五层，依然成为中心发展史上的第二座时间里程碑。1 月 19 日，中心正式搬进新大楼办公。

2010 年，中心团队和文化建设高潮迭起，个人素质和集体创新能力显著提升；辽宁金农网被定为全省涉农单位信息公开官方窗口；中心获得省委省政府表彰。

2011 年，提出"智慧农业"发展思路，推进省市县"协同、融合、发展"；可视化技术应用到农业信息服务工作之中，有效提高了农业部门远程指挥、调度和应急处理能力；农业物联网试点示范。

2012 年，全新打造"12316"省级云平台，实现了"12316"平台无限下移和服务无限向基层延伸，努力创新信息服务模式，在全国率先将 12316 植入基层农业服务组织和农村生产经营主体之中。

2013 年，金农热线和辽宁金农网被定为农产品质量安全与农资打假投诉举报渠道，信息化横向拓展；全国 12316 现场会在辽宁召开；移动互联网农业应用开始起步。

2014 年，作为农业部试点省实施了"信息进村入户工程"，互联网再度落地，着眼于解决农村服务"最后一百米"的问题。

二、辽宁农业信息工作的主要做法

一是以提升信息化水平为目标，谋划建设大农业信息服务体系。注重顶层设计，加强规划实施，深入推进各类信息资源共享和各种信息技术推广应用，积极争取运营商与 IT 企业的支持，汇集涉农各个部门的服务性资源，打造省政府农业服务门户。

二是以 12316 热线为纽带，搭建农业信息公共服务平台。12316 热线开通以来，深受农民欢迎，被农民誉为"连心线、贴心线、致富线"。热线架起了农民与专家、市场、政府之间的桥梁，引来了广泛的社会资源奔向农村，打开了农村公共服务之门。

三是以项目为牵动，促进信息技术的广泛应用。十余年来，辽宁省通过组织实施"百万农民上网工程""三电合一""远程农业可视化""农产品电子商务""金农工程""信息进村入户工程"等信息化项目，加快了各类信息技术的应用步伐。

四是以农民需求为导向，确保信息服务的公益方向。十年前，辽宁就将农民作为主要的服务对象，并以农民的体验为工作标准，不断丰富服务内容和形式，满足农民日益增长的信息需求，始终保持农民满意的公益方向。

五是以协同融合为原则，省市县一体化发展。在全省工作推进中，我们确定了"协同融合发展"的理念，省市县共同完成同一件事，或者同一项任务由省市县分工负责完成。

三、辽宁省信息进村入户工作的主要做法

一是成立辽宁省信息进村入户领导小组。成立以副省长为组长，省农委主任为副组长，省农委、省发改委、省财政、省经信委、省供销社、省邮政、省银联、三家电信运营商等部门为成员单位的领导小组。为便于开展工作，设立日常联合工作办公室，领导小组相关单位派员参加，常设机构挂靠省农委信息中心。

二是成立进村入户项目推进联盟。由省农委牵头，所有投入资源和相关政策的部门参加。联盟的主要任务是协调推出或组建益农信息社运营主体，并对运营主体以监督和指导。运营主体负责村级信息站企业化管理和可持续运营。各级农业部门，特别是县乡农业部门负责组织益农信息社开展相应的公益服务。

三是以政府项目的名义争取运营商相关政策。随着宽带技术、移动互联网、4G 网络在农村的普及应用，农民群众具有越来越多的技术手段获取各种格式的信息服务。但考虑到普通农民群众信息消费能力毕竟有限，以政府名义与三家电信运营商谈判，使得运营商在农村宽带资费、短彩信资费、4G 资费等方面有较大程度地让利，支持农业信息化发展，让更多农民群众共享信息化带来的便利。

四是以政府项目的名义争取金融、保险等行业资源支持。金融、保险服务业是信息进村入户项目设计中的重要环节，在金融保障方面，让农民群众一卡（益农卡）在手，完成存取、转账、小额信贷、消费等服务。在保险服务业方面，随着农民群众产业规模和固定资产的增加，农民群众保险意识和保险需求日益高涨，让农民群众足不出户就能结合益农卡完成各类保险业务。以政府名义与金融和保险业务部门协商，有益于该项工作更好的组织和推进，并可为农民群众提供更加优惠的政策。

第二节　主要经验

一、充分发挥农业部门的主导作用，做好顶层设计组织工作

（一）加强领导，科学制定实施方案

辽宁省农委十分重视信息进村入户工作组织推进工作，2014 年 9 月，召开专题办公会研究辽宁省信息进村入户工作方案，为组织更多资源，搞好顶层设计，号召委内相关处（室）积极参与信息进村入户工作。为加强对信息进村入户工作的领导，成立以副省长为组长，省政府副秘书长和省农委主任为副组长的领导小组，做好信息进村入户顶层设计，统筹各方资源，加大信息进村入户推进力度。

（二）扎实推进，开展市县工作对接

按照农业部要求，辽宁省制定了《辽宁省信息进村入户试点工作实施方案》和《辽宁省信息进村入户试点工作指南》，分别下发 14 个地级市和 2 个省管县，同时积极组织各市结合当地制订方案，用以指导工作来开展。2015 年 3 月，在阜新市召开全省信息进村入户工程启动大会，会议就全面做好信息进村入户工程试点工作、共同打造信息进村入户工程综合服务平台、联合探索信息进村入户工程可持续发展机制等具体工作做出全面部署。为落实好全省信息进村入户工作的总体要求，由省农委分管领导亲自带队逐市就进村入户工作对接，明确工作任务，共同克服困难。目前，已完成沈阳、大连、鞍山、抚顺、丹东、锦州、阜新、铁岭、盘锦、朝阳 10 个市的对接工作。

（三）示范引领，发挥试点带动作用

辽宁省将沈阳、大连、丹东、锦州、阜新等五市做为信息进村入户先行试点市，其中阜新市作为整市推进试点，全面推进建设。目前，阜新市已建设益农信息社 600 余个，每个信息社里都安装 12316 免费咨询电话，发布农业公益信息触摸屏电脑，农行转账取款的 POS 机（在规模比较大的村还投放价值 1 万多元的壁挂机），农民群众来到益农信息社不仅可以利用 12316、触摸屏电脑免费咨询或查询发布农业信息，还可以缴纳水电费、手机固话费，实现农行及跨行存款转账、小额助农取款等，有的益农信息社还开展起了电子商务活动。这些益农信息社方便了当地农民群众，也成为他们关注的热点，引发多个地市前去学习考察，极大的发挥了试点带动作用。

二、充分发挥推进联盟的协助力量，融合更多公共服务资源

（一）组建推进联盟，共享服务资源

辽宁按照全省一盘棋顶层设计的思路，采取一体化发展战略，积极整合服务农村的多

方资源。力争改变过去分别建点、资源分散，难以可持续运营的问题。辽宁省农委联合省农行、省供销社、省邮政、省银联、省移动、省电信、省联通组成"信息进村入户推进联盟"，集中力量共同打造一个资源站点，共同接入各种公益便民服务，实现"进一家门，办多样事"，不仅方便广大农民群众，同时也可以让益农信息社自身创造更多的价值。

（二）深化利益机制，实现多方共赢

辽宁省农委同联盟单位，多次召开会议，商讨联合推进的工作事宜，深化利益机制，实现多方共赢。省农委分别与省银联、省农行签署战略合作协议，联合打造益农——惠农卡，解决益农信息社的金融服务问题。省农委还分别与移动、电信运营商的合作，积极促进"致富通"、"农技宝"推广应用。另外积极与供销、邮政等部门开展合作，让益农信息社承载相应在农村基层的服务职能，实现资源互补，多方盈利。

（三）加强交流沟通，营造合作氛围

为了加强信息交流，做到互通有无，就深入推进信息进村入户工作，先后多次组织召开与省农行、省移动等推进联盟成员单位参与会商会议，商讨资源共建、深入合作等，推动联盟工作更好开展。特别是在选择信息进村入户运营主体工作方面，推进联盟成员单位给予大力支持和配合，得以顺利推出运营主体，为信息进村入户工作的健康快速发展奠定了良好基础。通过编发《信息进村入户简报》定期互通有无，加强沟通，营造了良好的合作的氛围。

三、充分发挥运营企业的主体功能，实现益农信息社可持续发展

（一）征召运营企业，发挥市场机制作用

为培育有一定实力并有良好经营模式的运营主体，辽宁省做了大量的前期调研和论证，联合信息进村入户推进联盟，通过组织召开信息进村入户运营主体征召会，广泛发布运营主体征召信息，考察多家有意向企业。2015年5月，辽宁省农委组织召开"信息进村入户工程"运营主体审查与运营方案汇报会，经推进联盟单位代表审定，确定将辽宁新益农信息科技有限公司（以下简称新益农公司）作为全省信息进村入户运营主体。目前，新益农公司在团队建设、平台开发、设备购置、站点选择、资源对接均迈出重要步伐。

（二）共创合作模式，企业先期投入运营

坚持"政府引导、市场主体"推进原则，是为了充分发挥市场配置资源的决定性作用，探索"羊毛出在牛身上"的利益置换模式，运营主体根据益农信息社商务服务进行运营管理，逐步形成运营企业与益农信息社利益共享、风险共担的组织关系和运营机制。新益农公司注册成立后，一期投入资金5000万，用于益农信息社的先期牌匾、触摸屏电脑投入，2015年底前，计划完成3000个站点建设任务，并初步组织开展试运营。同时，省农委及各级农业部门积极争取财政资金支持，为后期益农信息社牌匾制作、培训工作等公益性服务提供支撑。

（三）开发运营平台，实现电商服务落地

组织益农信息社开展农村电商服务，是运营主体新益农公司的主要业务之一。新益农公司结合辽宁省农村实际，开发了农村生活日用品、农资下行和农产品上行的新益农电商平台，同时，平台结合与推进联盟合作，开发农行、移动、电信等业务接口，以便更好地开展便民服务。新益农电商平台将重点依托益农信息社加挂的触摸屏电脑，作为电商信息发布和电商交易载体，相信在不久将来，新益农必将成为我省农村电商的引领者。

四、充分依托 12316 公益服务基础，努力促进 12316 延伸拓展

（一）升级 12316 云平台，提供更全面的信息服务

在巩固现有省级"12316"服务平台基础上，实现了平台"云"架构的升级和开放，包括软件系统和硬件系统，全面支持全省性平台开放拓展。试点市、县虚拟呼叫中心通过接入省级"云"平台，就可开展话务咨询服务。进一步完善了"12316"云平台应用层服务系统，对已有的语音系统、短信系统、价格系统、案例系统等系统进行优化。结合信息进村入户试点工作新建村级信息点、信息员、农业专家、电子商务系统等应用系统。根据话务服务需求，强化对普通农户、种养大户、家庭农（牧）场、农民合作社、农技人员及专家等基础信息的采集并建立动态修正机制，逐步实现服务的精准投放。

（二）促进 12316 县乡延伸，服务益农信息社

2014 年，辽宁省先后下发了《关于加快 12316 试点延伸工作的通知》《关于在 12316 延伸试点县乡镇农科站加挂农村综合信息服务站牌子的通知》。目前，省市县乡村五级 12316 话务坐席总数达到 118 个，信息工作队伍达到 240 人。结合信息进村入户试点工作，我省加快推进 12316 向基层延伸步伐。在丹东、大连两市的基础上，分别完成沈阳、本溪、锦州、阜新、铁岭、营口、辽阳、葫芦岛 10 个市级平台搭建工作。苏家屯区、金州区、宽甸县、北镇市、阜蒙县分别完成县级话务中心建设工作，并组织开展了乡镇农村综合信息站建设工作，并在每个乡镇建设一个 12316 远端话务坐席。为下一步将 12316 服务资源引入益农信息社创造了条件。

（三）深化 12316 多媒体应用，真正实现信息进村入户

按照农业部推进信息进村入户总体思路是以 12316 服务基础为依托，以村级信息服务能力建设为着力点，以满足农民生产生活信息需求为落脚点，切实提高农民信息获取能力。辽宁省 12316 已是一套成熟的互动服务系统，在我省广大农民中有着很大的影响力，通过开发 12316"APP"服务资源、数据资源引入平台和益农信息社，将给农民群众提供良好的体验。以现有 12316 平台为公益信息服务主体，打造信息进村入户统一的综合服务平台，融合推进联盟各类服务资源自有平台及第三方电子商务平台，用以搭载信息进村入户各种应用和服务，为万村"益农信息社"提供管理和运营支撑。

第三节　存在问题

一、地方农业部门重视程度不够

目前，信息进村入户工作仍处于起步探索阶段，一些地方农业部门尚未认识到加快推进信息进村入户工程的重要性和紧迫性，尚未完全认识到发展信息化是转变农业发展方式，实现城乡统筹，促进农民增收的重要手段，导致个别一些地方对发展农业信息化的积极性不高，投入力度不够，措施不力。尽管大多数地方领导已具备了信息进村入户工程建设重要性、必要性的概念，但对具体实施方法和所需要的支撑体系不够了解。

二、推进联盟资源接入问题

信息进村入户推进联盟的建立，有效地整合了多方社会资源，从而进一步加快了信息进村入户工程的建设，但在资源接入的时候，也存在着一些实质性的问题。由于联通信号的不稳定，造成惠农通机器经常吞卡，开机器钥匙在农行工作人员手里，取卡不及时，给店主带来诸多不便；电信虽然提供了免费 Wi-Fi 环境，但其信息设备相对落后，维护相对不及时，从而导致有时无法正常使用。

三、益农信息社信息员培训问题

由于对农业信息技术和服务人才培养的投入不足，没有完善的培养机制，造成农村地区相对缺乏信息服务和管理的专业人员。同时，由于农民自身文化素质较低，缺乏信息意识，对农业信息应用能力不足，利用信息资源调整农业生产经营方式的积极性不足，严重制约着农业信息的传播和应用。由于农民整体文化水平较低，客观上阻碍了农业信息技术的学习效果和应用能力，制约了农业信息的传播和推广，在农村地区信息化功能的发挥受到了一定程度的限制。

四、建设资金投入问题

辽宁省各级政府虽然认识到信息进村入户工程是新世纪农业的出路，但仍有对农业信息化重视不够、认识不到位的问题。政府在制定农业发展战略、提供配套政策和完善法律体系等方面的工作进展速度，远远跟不上信息化发展的速度。有些农业政策和规章制度已不能够满足新的发展要求，急需进行重新补充、修改和完善。此外，虽然从一些市到县都制定出了信息进村入户工作方案，但真正列入财政投入计划的很少。

第四节　下一步打算

以 12316 服务热线服务为纽带，健全省、市、县、乡、村五级联动农业信息服务体系。升级完善省级云平台，建设市、县 12316 话务虚拟服务中心，实现乡镇农业信息服务与农技推广融合，将 12316 服务体系延伸至乡村，建立村级信息服务点—益农信息服务社，3 年时间实现全省 1 万多个行政村全覆盖，让普通农户不出村、新型农业经营主体不出户就可享受到便捷、经济、高效的生产生活信息服务。依托村级信息服务点整合"公益服务、便民服务、电子商务、培训体验服务"四类服务，构建需求导向、政府扶持、村企共建、市场运作的可持续发展机制，提升我省农业信息进村入户水平和信息化覆盖率。

一、加强组织领导，统筹协调推进

辽宁省政府信息进村入户领导小组文件已正式下发，下一步将成立辽宁省各市信息进村入户领导小组，协调各方资源，积极推进信息进村入户工作。与此同时，根据情况组建市级信息进村入户推进联盟，形成合力，共同推进。县一级将成立县级领导小组，制订工作方案。辽宁省各市将把信息进村入户工作纳入各地的"十三五"规划，便于争取政策和资金支持。已经开展信息进村入户工作的地区，下一步将根据整县推进的原则在县域范围内尽快形成规模，进而降低运营成本、发挥规模效应。同时，创新益农信息社和信息员的选建、选聘机制，严格标准和条件，真正实现由"要他建"变为"他要建"，确保建一个、成一个、运行一个。

二、加强资源对接，开展一站式服务

信息进村入户运营主体新益农公司在辽宁省农委的衔接下，积极推进与联盟单位资源的洽谈和对接，努力发挥各方在技术、人才、资金和服务等各方面的优势，下一步将把有关资源整合到省级平台中，让益农信息社的公益服务、便民服务、电子商务、体验服务、数据采集等服务实现良好运转。辽宁省各市要加强与联盟单位的对接，确保尽快植入各类便民服务。本着"共享、融合、变革、引领"的互联网理念，加强与电信、银行、保险、供销、交通、邮政、医院、水电气等单位的合作，根据试点县和农村社区的实际情况，有针对性地引入更多的服务资源，制定服务目标清单并向农民告知，让农民群众足不出村就能享受便捷服务。

三、开展培训服务，加强信息监测发布

根据辽宁省信息进村入户培训方案，力争在 2015 年 11 月全面启动益农信息社社长的

培训工作。将益农信息社建设成为现代信息产业新技术、新产品的发布推广平台，引导益农信息社社长依托运营商、服务商为农民群众提供免费 Wi-Fi、免费拨打 12316、免费信息查询、免费在线培训和阅读等服务，帮助村民查询信息、网上购物，让每一个农民群众都能分享到现代信息产业发展的成果。辽宁省各市要充分依托益农信息社，结合本市实际，探索采集监测农情、灾情、市场行情、社情民意等信息，同时加强分析预警，搞好信息发布与精准推送，切实发挥信息指导生产、引导市场、服务决策的作用，为农业大数据建设积累数据、探索路子、打好基础。

四、促进 12316 延伸，推进公益信息服务

按照农业部要求，信息进村入户工程要以 12316 服务为基础。借助 12316 热线畅通的信息渠道，打通信息服务"最后一公里"。依托乡镇 12316 话务员，开展信息进村入户工程中益农信息社选点、信息员培训、信息服务监督以及村级信息员考核等工作。辽宁省各市在启动信息进村入户工程时，要系统规划 12316 建设工作，确保两项服务的整体推进。全省没有建立市级平台的 4 个市及两个省管县（绥中、昌图）在年底前完成建设方案，2016年上半年完成建设任务。已建设市级平台的市要结合信息进村入户工程，争取再各建一个县级平台。

第十四章　上海："互联网+农业"
为上海都市现代农业发展注活力

上海围绕都市现代农业发展需求，积极推进信息技术在都市现代农业中的综合应用与示范推广，主动适应"互联网+"的发展趋势，拥抱互联网变革，推动互联网技术在农业经营模式创新、精准生产、信息服务和农产品安全追溯体系建设方面的应用。在推进"互联网+农业"方面进行了大量的探索与实践，采取了一系列创新举措，培育网络化、智能化、精细化的现代"种养加"生态农业新模式，构建以互联网为基础设施和创新要素的农业社会化服务新业态，形成多样化农业互联网管理服务新产业，引领了本市都市现代农业发展与国家现代农业示范区建设。

第一节　发展现状

一、总体概况

上海农业农村信息化在探索实践中发展，新一代信息技术在农业生产、经营、管理、服务领域渗透和应用日渐深入，对农业产业发展的促进作用逐步显现。政府推动、市场运作、多元参与、合作共赢的农业农村信息化发展机制初步形成，信息化与农业现代化融合发展取得明显成效。"十二五"以来，在农业部关于加快推进农业信息化发展的意见和国务院出台"互联网+"行动计划的推动下，信息技术成为都市现代农业创新发展的重要驱动力，农业产业发展中的新技术、新产业、新业态、新模式不断涌现。农业信息化基础条件不断夯实，农业生产向智能化发展，农业经营向网络化转型，农业管理向高效透明突破，农业服务向灵活便捷迈进，取得阶段性重要成效。

二、建设成果

（一）农业农村信息化基础设施夯实

本市九个郊区县实现政务外网宽带网络全覆盖，所有行政村都已接入 10M 光纤宽带。农业部视频会议系统向郊区县延伸，实现了部、省市、区县三级视频直播任务。已建成 200多平方米的现代化机房，有专用机柜 30 多个，有应用服务器、交换机、防火墙等设备 140多台，拥有互联网、政务外网、公务网等光纤接入，其中互联网出口总带宽 200M，向上能够连接到农业部实现召开双向高清视频会议，向下能为区县、镇、村等提供各类网络接入服务，同时为市农委机关及委内相关单位提供业务系统、门户网站等托管服务。农村网民逐年增加，农村计算机、移动电话已很普及。

（二）农业生产信息化广泛应用

本市在 200 多家蔬菜园艺场、80 多家标准化生猪养殖场、10 多家奶牛场建立信息管理系统，实现生产过程中各项操作档案电子化管理，基本建立了农产品质量安全可追溯系统。在光明米业集团长江、跃进和海丰 3 个，共 20 多万亩稻米生产基地推广精准农业生产技术，应用 3S 技术、电子标签、病虫草害预报专家系统等现代信息技术，提高水稻生产、仓储、加工、运输、销售等环节信息化管理水平。

在农业部支持下，上海作为全国农业物联网区域试验工程三个试点省市之一，取得阶段性重要成效。构建了具有上海特色的农业物联网云平台，平台基于云计算架构，已整合异构系统 60 多个，包括安全监管、产业应用、公共服务、大数据应用等八大子平台。研发了一批具有自主知识产权的核心技术与产品，在农业部发布《全国农业物联网产品展示与应用推介》310 项农业物联网成果中上海占 63 项。探索了一批农业物联网节本增效应用模式，如上海国兴农公司基于物联网技术的草莓水肥一体化自动灌溉模式，上海农业物联网工程技术研究中心水产养殖远程控制应用模式，上海多利农庄基于物联网技术的设施蔬菜节水、节肥、节药模式等。制定相关标准及编著农业物联网书籍，制定了《上海农业物联网云平台接口标准与规范》，编著了《上海农业物联网探索与实践》一书。

（三）农业电子政务管理成效明显

在市纪委、市监察局、市财政局和市经济信息化委的支持下，本市先后建立涉农补贴资金监管、农村集体"三资"监管和农村土地承包经营三个信息管理系统（简称三个涉农监管平台）。涉农补贴资金监管平台方面，从 2009—2014 年，6 年累计公开信息 530 多万条，涉及补贴资金 184.1 亿元。农村集体"三资"监管平台方面，截至 2014 年年底，公开总资产 4016 亿元，其中净资产 1279 亿元。农村土地承包经营管理平台方面，截至 2014年年底，建立 66.5 万份承包合同电子档案，承包地流转面积 106.7 万亩。

推进市农委网上政务大厅建设，截至 2014 年年底，市农委网上办事平台有 63 项行政许可事项在网上办理，网上办事平台共受理 3747 件，办结 3419 件，公开办事结果 1.3 万件。通过数据对接方式将审批事项统一接入上海市网上政务大厅，实现数据实时交互与信息共享。

构建了上海农产品价格监测平台，初步建成了农产品田头价、批发价、零售价的本市农产品价格信息监测机制，采集各类信息数据40多万条，撰写了122篇农产品价格分析报告。

开展政府信息资源梳理和目录编制工作，截至2015年8月底，完成政府数据资源服务平台资源编目的数据录入工作，其中信息中心所涉及资源编目一共是7大项，共计77个子项。

（四）农业信息服务体系逐步健全

按照农业部信息进村入户要求，本市已在9个郊区县1391个涉农行政村建成为农综合信息服务点，实现涉农行政村全覆盖。为方便农民生活服务，将智慧社区便民服务延伸到农村，在"农民一点通"上加载便民功能，实现水电煤缴付，交通卡查询及充值，信用卡查询与还款，市级三甲医院的专家预约挂号等便民服务。上海12316热线于2011年9月升级扩容为"上海三农服务热线"，目前已建成"一个中心、一套管理制度、十家联办单位、八个区县分中心"的运营模式，建立了一支300多名专家队伍。截至到2014年年底，热线服务总量75万多次。

（五）农业电子商务蓬勃发展

2014年以来，本市大力发展农产品电子商务，加快推动农业经营网络化，创新农产品流通方式，促进农产品产销对接，培育和支持B2C、B2B等多种形式农产品电子商务企业，涌现了一批各具特色的农业电子商务企业。

目前本市主要有以下三种模式：一是以"菜管家"、"海客乐"为代表的第三方交易平台模式快速发展。"菜管家"自2009年运行以来，已与国内600多家农民合作社及企业合作，提供1800多种农产品在线订购，实现注册客户12万人，活跃客户2万人。上海同脉食品公司（"海客乐"）以有机食品的研发、生产和销售为主要业务，已发展个人会员十几万人，上千家企业客户，连续三年平均销售年增长率为68.2%。二是以"都市生活"为代表"产加销"自有网店模式发展迅速。上海都市生活在市郊拥有近3万亩蔬菜生产基地，年销售蔬菜25万吨。从五年前开始围绕农产品B2B、B2C、B2G等形式网上运作，将实体店与网店相结合，建设线上农产品电商平台和线下物流配送支撑体系，农产品年配送能力12万吨以上。三是以农民合作社及龙头企业为代表"订单加会员"模式发展较快。本市农业企业、合作社从事农产品电子商务具有一定规模的已有10多家，如上海正义园艺、上海城市蔬菜、上海多利等。据不完全统计，这些从事电子商务的合作社及企业年销售额2亿多元，占其全部销售额的三分之一以上。

第二节 主要经验

一、把握机遇、顺势而为

党的十八大提出"工业化、信息化、城镇化、农业现代化同步发展"的战略部署，信息化首次被提升至国家发展战略的高度，为加快推进农业农村信息化指明了方向。2015年7月，国务院出台《关于积极推进"互联网+"行动的指导意见》，"互联网+现代"农业作为主要发展方向重点阐述；9月，国务院印发《促进大数据发展行动纲要》，将"现代农业大数据工程"列入其中；10月，李克强总理在国务院常务会议上提出，力争到2020年使宽带覆盖98%的行政村，并逐步实现无线宽带覆盖。这些政策的密集出台，表明农业农村信息化发展迎来了重要战略机遇期。

根据市委、市政府提出的建设上海智慧城市，整建制创建国家现代农业示范区，促进城乡发展一体化的总目标，上海农业农村信息化积极把握机遇，创新工作思路，探索发展路径与应用模式。2014年10月，上海市农业委员会与中国电信上海公司签订战略合作协议，2015年8月，与中国移动上海公司签订战略合作协议，提升上海农村信息化基础设施能级，推进上海智慧村庄建设。市农委信息中心积极谋划《上海农村农业信息化发展"十三五"规划》和《关于促进上海"互联网+农业"健康发展的指导意见》，为"互联网+农业"发展创造良好环境，鼓励互联网企业与社会资本积极参与，充分发挥互联网在农业生产要素配置中的优化和集成作用。

二、优势互补、合作共赢

上海从事农业信息化工作的核心力量来自大学、农业科研院所及企业。如华东师范大学软件学院在大数据分析方面有较好的研究基础、东华大学信息科学与技术学院在自动控制领域具有优势、上海市农业科学院农业科技信息研究所在农业模型及专家系统方面积累了丰富经验、上海农业信息有限公司在农业信息化软件开发处于国内领先水平、上海农业物联网工程技术研究中心在传感器集成创新方面有丰富的实践经验。

为整合上海农业信息化力量，推进优势资源整合、共性技术研发、核心技术攻关、大数据分析、标准规范制定，构建"产、学、研、用"相结合的农业信息化体系。本市先后成立了上海农业物联网产业技术创新联盟、"农业云"联合实验室、"互联网+农业"（上海）研究促进中心，组建了核心技术研发、技术应用示范、技术集成产业化开发三支队伍，基本形成"共同投入、联合开发、优势互补、利益共享、风险共担"的合作机制。通过集成优势资源，推动上海农业信息化技术创新，提升整体竞争力，实现优势互补，促进上海现代农业高速发展。

第三节　存在问题

一、农村信息化基础设施有待进一步提升

本市农村发展与城市发展相比相对滞后，农业基础依然比较薄弱，农民素质有待提高。城乡发展不协调，城乡数字鸿沟、信息孤岛仍然存在。农民信息获取能力较差、信息需求难以得到有效满足，成为制约农民增收的重要因素。根据上海市推进智慧城市建设行动计划2014—2016年的要求，与城市地区相比，农村家庭宽带网络接入、农村地区公共场所无线局域网（WLAN）、4G网络覆盖等信息基础设施服务能级差距较大，农村信息化基础设施有较大提升空间。

二、信息技术开发利用与成果转化需进一步加强

面对农业产业的迫切需求，农业信息技术的作用尚显不足，农业生产领域的信息技术应用和国外发达国家存在很大的差距。目前，农业信息化投入成本较高，农业信息化成果转化仍需进一步加强，中试产品较多，尚未形成品牌产品，农业信息化产品尚未纳入国家补贴目录，较高的成本是制约信息技术推广的一个难题。上海将大力培养农业信息人才，发挥"产、学、研、用"相结合的优势，提高农业科技创新水平和农业信息化成果转化能力，探索农业信息化产品补贴政策，促进以农业物联网为代表的新一代信息技术的推广应用。

三、涉农信息资源共建共享机制亟需建立

农业农村信息化是一个涉及多部门、多领域的一项系统工程，由于部门分工不同，市农委主管农业生产，市商务委主管农产品流通与销售，农业基础设施建设又涉及经信委，而目前尚未建立涉农信息资源共享机制，以致无法形成从农产品生产到销售及追溯"全程贯通"的信息流。要加强与市商委、市经信委、市发改委及气象、国土资源、水利等部门的联系，通过合作，互通有无，实现信息资源共享和业务协同，最大限度地提高信息资源使用效率，为农民提供更为全面、质优、及时的各类综合信息服务。

第四节　下一步打算

贯彻落实国务院"推进'互联网+'行动""发展电子商务""大数据发展行动纲要"等文件精神，顺应"互联网+"发展趋势，实现农业农村信息化的新发展、新提升、新跨越，打造都市现代农业升级版。

一、编制《上海农业农村信息化发展"十三五"规划》

组织编制《上海农业农村信息化发展"十三五"规划》，拟作为《上海现代农业发展"十三五"规划》的子规划。重点推进六大工程，包括智慧农业创新工程、农业电子商务促进工程、农业电子政务提升工程、农业信息服务推广工程、现代农业大数据建设工程、农产品价格监测分析预警工程。创新智慧农业关键技术，探索农产品网络经营模式，构建农民信息服务云、农业电子政务云，建设农业大数据应用云平台，探索农产品价格形成机制。

二、研究制定《关于本市促进"互联网+农业"健康发展的指导意见》

积极拥抱"互联网+"，为"互联网+农业"发展创造良好发展环境、人才保障和扶持政策。鼓励互联网企业与社会资本积极参与，充分发挥互联网在农业生产要素配置中的优化和集成作用。重点研究推进"互联网+农业经营"，构建新型农业生产经营体系；"互联网+农业生产"，提高劳动生产率和资源利用率；"互联网+信息服务"，提升农村信息服务网络化水平；"互联网+农产品质量追溯"，完善农产品质量安全追溯体系；"互联网+电子商务"，培育新型流通业态。

三、加快推进农业物联网区域试验工程

一是提升云平台大数据应用能力。梳理云平台数据资源目录，挖掘数据内在规律，提升现代农业大数据分析和利用能力。二是推广成熟的节本增效物联网应用模式。通过宣传、推介、示范和培训，引导新型农业经营主体主动应用物联网技术及产品。三是推进上海农业物联网产业技术体系建设。力争在传感器研发、大数据分析、专家系统等方面有所突破，推动云平台在系统架构、数据标准、接口规范等方面的提升与完善。

四、构建本市地产农产品质量安全追溯平台

根据《上海市食品安全信息追溯管理办法》（上海市人民政府 33 号令）要求，建立产地准出与市场准入衔接机制，采用国家统一标准，逐步构建本地食用农产品种植、养殖、

初级加工环节和畜禽屠宰环节的全程可追溯、互联共享的公共服务平台。鼓励有条件的生产经营者、行业协会、第三方机构建立食用农产品信息追溯系统，强化上下游追溯体系对接和信息互通共享，实现与市食品安全信息追溯平台对接，实现与国家追溯平台的对接和信息互通共享。开展"三品一标"农产品的全程可追溯，并与农业电商平台对接。

五、推进农业"四新"经济快速发展

"互联网+农业"为现代农业创新和新型职业农民创业打开空间、提供舞台，形成互联网技术渗透运用的智慧农业、互联网营销综合运用的电商平台、互联网与现代农业深度融合的产业链协同发展新格局。新技术、新产业、新业态和新模式在农业发展中将广泛应用，大力促进农业生产"智造"新技术、农业服务业新产业、"智造+服务"新业态、农业跨界融合新模式等农业"四新"经济发展。加快培育第六产业，在农业生产、加工、销售、服务等产业链中形成新的经济增长点。

第十五章　浙江：政府主导、社会参与、市场运作、多方共赢

在"十一五"和"十二五"农村信息化发展基础上，从 2013 年开始，在科技部和浙江省委省政府的正确领导和高度重视下，浙江省各级相关部门协同组织、合力推进农村信息化加速发展，在农村信息化综合信息服务平台、信息服务系统、专业系统建设、农村信息化示范应用和政策保障等方面进行了大量探索，为浙江省农村信息化的快速推进奠定了基础。

第一节　发展现状

一、发展现状

农村信息化建设是国家信息化发展战略的重要组成部分，是加快推进新农村建设和现代农业建设的迫切需求，是统筹城乡发展的必然选择，是培育新型农民的重要途径，是解决"三农"问题的重要举措。浙江省是典型的"四高"（农业经济总量高、农业产业化程度高、创新活力高、农民收入高）省份。当前，浙江省正处在建设社会主义新农村和由传统农业，向现代化农业转型的关键时期，现代信息技术逐步向农村农业渗透，大力开展农村农业信息化建设，以信息化带动浙江农村农业发展，是以科技支撑推动经济、社会发展的重要载体，在东部经济较发达地区乃至全国都具有鲜明的示范性和带动性。

浙江省地处中国东南沿海长江三角洲南翼，总人口近 5500 万，其中农村人口约 2100 万，是中国经济最发达、经济增长速度最快、最具活力的省份之一。浙江省素有"七山二水一分地"之称，耕地面积少，海域面积大，独特的地形地貌孕育了具有浙江特色的新农村和现代农业。一是浙江"美丽乡村"建设卓有成效。建设"美丽乡村"是浙江省委、省政府加快社会主义新农村建设的一项重要决策。三年来的实践表明，通过深化提升"千村示范、万村整治"工程，浙江在农村生态人居体系、农村生态环境体系、农村生态经济体

系和农村生态文化体系建设方面都取得了显著成效。二是浙江农业产业特色鲜明。依托独特的区位优势和资源条件，浙江形成了蔬菜、茶叶、畜牧、水果、食用菌、蚕桑、中药材、花卉苗木、淡水养殖、竹木等十大农业主导产业，以及若干颇具特色的农业优势产品生产基地。三是浙江农业经营机制灵活。全省农业市场化改革起步较早，农民专业合作社等新型主体发育较为快速，工商企业、民间资本投资农业活跃，产业化经营水平较高。农村居民人均纯收入近30年列各省区第1位。四是浙江农业新模式新业态创新活跃。以电子商务为代表的新的商业模式，正以超乎想象的速度推进传统农业的转型升级。依靠区域资源条件和特色，充分挖掘农业的生态价值、旅游价值、文化价值，释放农业资源，推动农产品增值，涌现出了一批诸如观光农业、休闲农业、采摘农业等新业态。浙江省目前已进入农业信息基础设施较为完备、服务体系逐步健全、模式持续创新、示范试点多管齐下、人才队伍不断壮大的新阶段。

二、农村信息化进一步发展的需求

浙江省在2013年确定开展国家农村信息化示范省建设试点工作，农村信息化的进一步发展和完备需求强烈。第一是浙江省建设新农村和统筹城乡发展的需求。浙江省农民人均收入较高，但仍存在城乡居民收入差距大的问题，要实现新农村建设的目标，统筹城乡发展，必须要加快农村信息化建设，实现资源的继承和整合。第二是发展现代农业的需求。浙江以山地和丘陵为主占70.4%，可耕地面积少，农业以特色农业为主，面临着人多地少、交通不便、社会化服务体系不完善、劳动者素质不高、自然灾害严重、现代化程度不高等突出问题，农产品供应保障与农民增收压力大，迫切需要提高农村信息化服务水平，提高浙江农业的综合生产能力和核心竞争力，推进浙江省农业现代化发展。第三是浙江省农业生产经营者和消费者的需求。建立快速、准确、实时的农业生产经营信息体系，提升农业生产技术咨询、农作物生长监测、农业生产决策、农产品交易、流通信息等全程信息化水平，对保障粮食安全和食品安全具有重要意义。第四是农村现代化管理和服务的需求。采用信息化手段进行农业、农村和农民信息采集、统计、管理，建立快捷便利的信息渠道，有助于提高农村管理服务的信息化和现代化水平。

第二节　主要经验

一、整合资源，顶层设计

根据"政府主导、社会参与、市场运作、多方共赢"原则，依托农村党员干部现代远程教育网络，以信息资源整合共享为抓手，按照集约化、一体化、智慧型要求，建设农村信息化综合信息云服务平台，推进"平台上移、服务下延"，实现"一网打尽"。

建立"三网融合"信息高速通道，整合浙江电信、广电、移动、联通、华数集团等运营商和企业资源，以国家实施"三网融合"大战略为契机，加快"光纤到村""信息网络入户"和广电有线网络数字化、双向化改造建设，努力实现光纤到户。

形成"三位一体"农村信息化综合服务体系。整合现有各部门各单位农村信息服务站，形成覆盖全省的综合信息服务站和专业信息服务站，实现农村综合信息服务站全省行政村全覆盖，构建公益化农村信息服务体系、社会化农村创业体系、多元化信息服务体系相互促进的"三位一体"浙江农村信息化综合服务体系。

加大云计算、物联网、移动互联网、无线网、GIS 等信息技术在农村信息化中的应用广度和深度。加大政府对农村信息消费的补贴力度，特别是加大欠发达地区农村和低收入农户的政策倾斜力度，逐步扩大受惠面，进一步降低农村整体信息消费成本，扩大农村信息消费。

把政府职能转变、创新政府管理服务模式与综合运用行政机制、公益机制和市场机制紧密结合起来，形成农村信息化发展与深化行政管理体制改革相互促进、共同发展的机制，形成可持续发展的农村信息化发展模式。

二、创新科技，点面突破

2014年，科技部立项实施了科技支撑计划项目《特色区域农村信息化集成技术与应用》，其中课题《发达地区省级农村信息服务平台构建与应用》由浙江大学牵头主持，联合中国电信股份有限公司浙江分公司、浙江省公众信息产业有限公司、华数传媒网络有限公司、浙江省农业信息中心、浙江省农业科学院、浙江农林大学、北京市农林科学院等单位共同实施。课题主要构建发达地区省级农村信息服务平台，实现合理优化资源配置、规范数据采集应用、提升平台服务能力等目标；部署地区特色优势专业系统应用示范，探索农村信息化综合服务机制和模式，完成农村区域特色优势资源开发与利用信息化技术集成示范。

浙江省根据《国务院印发关于深化中央财政科技计划（专项、基金等）管理改革方案的通知》（国发〔2014〕64 号）精神，改革重大科技专项项目的组织方式，进一步突出需求导向，加强顶层设计，超前部署，建立围绕重大任务推动科技创新的新机制，浙江省科技厅启动了 2015 年度省重点研发计划第一批项目申报，并专门设立农村信息化研究示范专项，依据《国家农村信息化示范省建设实施方案》，围绕农村信息化综合信息服务平台技术研发与应用、现代农业信息服务系统技术研发与应用、现代农业气象系统技术研发与应用、农村民生信息服务系统技术研发与应用、农产品电子商务平台技术研发与应用、农产品质量安全追溯系统技术研发与应用，通过科技创新，突破农村信息化建设技术瓶颈，加速信息化建设步伐。

（一）农村信息化综合信息服务平台技术研发与应用

项目主要内容：开发综合信息门户，采用网站群信息系统和分布式网站架构，建立 web门户以及移动客户终端门户，实现各个子系统集中管理、协同维护和分布式统一部署；开发数据处理中心，数据中心容量可达到 PB 级的数据规模；开发中央控制与管理中心，重点建设中心展示系统和硬件支撑系统，提供集中展示、信息控制及管理通道；集成开发呼叫中心，通过统一呼叫热线，为用户提供实时互动、方便快捷的集电话、短信为一体的服务；制定农业信息化标准体系，包括专业业务管理数据的指标设置、数据分类、采集规范、数据交换等相关标准体系，集成和对接行业市场上多类别的媒体渠道。

项目目标：实现农村信息化资源有效整合、数据有效传递、信息有效沟通，形成一站式服务、多部门联动、全覆盖应用的农村信息化数据中心和网络体系。

（二）现代农业信息服务系统技术研发与应用

项目主要内容：研发现代农业地理信息服务系统，建立基础地理信息平台、"土壤、耕地、养分"三位一体管理系统和农业"两区一田"业务管理平台；研发智慧农业管理系统，包括智慧农业生产信息化管理系统、农业应急指挥视频监控系统和测土配方施肥系统；研发并开展农业信息移动互联服务，包括掌上农民信箱、农业地理信息系统移动应用等；研发林业信息管理系统，建立浙江省林权信息服务和展示平台。

项目目标：实现农业"两区一田"数字化管理，建立各县（市、区）土壤数据库，在县（市、区）创建农业地理信息和农业物联网示范工程；建立新的林权管理服务模式，为森林资源资产评估和林权抵押贷款提供信息服务。

（三）现代农业气象系统技术研发与应用

项目主要内容：建立精细化农业气象灾害监测预警模型、农用天气预报模型；开展不同时间尺度农业气象条件和农业气象灾害的监测预警、预测预报和在线分析、影响评估；开发智慧气象—我的气象台手机客户端。

项目目标：构建包括实时气象信息、天气预报数据、农田小气候信息、农业气象指标等现代农业气象信息库；实现覆盖全省的气象信息服务；实现精细化农用天气预报。

（四）农村民生信息服务系统技术研发与应用

项目主要内容：研发和部署三务公开信息服务平台，包括便民服务门户系统、内容管理系统、互动支持系统、数据对接系统、数据库系统、用户管理支撑系统，建立村级便民服务平台；优化省远程办党员教育云平台和"时代先锋"门户网站，改进直播功能，优化移动客户端和互动电视功能，构建基于电脑、电视、手机"三屏互动"的农村党员教育信息化服务平台。

项目目标：面向全省农村用户提供远程教育、三务公开、办事指南、便民信息等综合信息服务；提升互联互通水平，实现智能化数据处理和个性化服务；在县（市、区）创建农村综合信息服务示范工程。

（五）农产品电子商务平台技术研发与应用

项目主要内容：开发构建农产品电子商务公共服务中心、农产品电子商务信息化系统、农产品电子商务流通支撑体系，建设浙江农产品电商平台。

项目目标：建成具备创业人员和电商创业孵化功能的农产品电子商务公共服务中心；建成具有大数据中心支撑的农产品电子商务信息化系统；形成生鲜农产品从田间到餐桌的

电子商务营销模式，建立标准化、品牌化、电商化的示范基地；并为相关市县创建示范工程提供指导与服务。

（六）农产品质量安全追溯系统技术研发与应用

项目主要内容：以浙江省优势特色农产品为核心，开发面向生产环境的数据采集系统、面向消费者的农产品质量安全信息查询系统、面向基层管理部门的农产品检测信息直报系统、面向省级监管部门的农产品质量安全监管系统和农产品质量安全数据交换中心。

项目目标：建立农产品质量安全数据中心和标准体系，实现高效、实时、便捷的农产品生产管理、监管控制和追溯查询；在县（市、区）创建农产品质量安全追溯示范工程。

三、因地制宜，示范引领

为务实推进浙江省国家信息化示范省建设，通过示范工程建设有利于各地深入探索与实践，找准工作切入点，因地制宜地加强农村信息化建设。突出重点，发挥示范工程的引领带动作用，在农业物联网、农产品质量安全追溯、农产品电子商务、农业地理信息应用、农村综合信息服务等五大领域开展示范工程建设。

2015 年，浙江省国家农村信息示范省建设领导小组办公室经组织各地申报、专家评审和主要成员单位会商，拟在 10 个市、县（市、区）试点开展农村信息化示范工程，包括丽水市农产品电子商务示范工程、武义县农产品电子商务示范工程、临安市农产品电子商务示范工程、安吉县农村综合信息服务示范工程、桐庐县农村综合信息服务示范工程、遂昌县农村综合信息服务示范工程、桐乡市农业物联网示范工程、衢江区农业物联网示范工程、德清县农产品质量安全追溯示范工程、浦江县农业地理信息应用示范工程。

第三节　存在问题

一、形成协同合作机制

农村信息化建设涉及部门单位较多，需进一步加强领导小组各成员单位间的交流沟通，共同商讨指导和监督产业关联度大、区域带动性强的重大工程建设进展，促进资源共享，形成多部门共同推进的协作机制。

二、创新资金投入模式

加快建立和完善以政府投入为引导、社会力量共同支持的多元化投融资体制，不断加大农村信息化示范工作的资金投入力度。创新机制，通过市场化运作，广泛吸引社会资金投入建设，鼓励和支持各类企业积极参与，加大投入信息化投入，培育、规范农村信息市场，形成社会力量广泛参与、多元化组合投入，多渠道争取和筹集建设资金，为农村信息化后续建设提供资金保障。

第四节　下一步打算

一、持续扩大建设成效

建设成具有浙江特色的稳定长效的农村信息化基本框架、建设模式和运营模式，不断推进全省农村信息化基础设施水平有效提升，发挥农村信息化综合信息云服务平台的聚集效应，实现信息资源整合、共享、融合和综合应用，缩小城乡数字鸿沟，扩大农村信息消费，强化信息化对发展现代农业、统筹城乡发展和建设社会主义新农村的作用。

二、探索长效发展模式

农村信息化工作要与政府职能转变和创新管理服务紧密结合起来，形成政府推动、各方协力、全社会参与的良好氛围。在资金渠道上，加大财政引导性资金投入，加快完善以政府投入为引导、社会力量共同支持的多元化投融资体制，鼓励和支持各类企业加大投入、积极参与，逐步形成政府和企业共同支撑农村信息化的投入机制。在投资领域上，基础建设与创新服务内容并重。一方面，要提高农村一体化信息基础设施装备水平，增强信息化对现代农业、农村公共服务和社会管理的支撑能力；另一方面，要围绕发展"现代农业、培育新型农民、加快建设新农村"的重点，有针对性地开展农村信息服务。

三、强化示范宣传交流

各地各相关部门要通过各种宣传方式，宣传信息技术在农村经济发展和社会主义新农村建设中的重要地位和作用，展示信息技术和信息化助农惠农的新成果，开展农村信息化优秀成果展示和经验交流等各种活动，推广成功做法和典型经验，形成全社会关心和支持农村信息化工作的良好氛围。各级领导要深刻领会农村信息化对当地经济发展的意义和作用，认真细致做好工作，调动各级干部群众的工作积极性，确保农村信息化建设的有效实施。

第十六章　安徽：物联网、电子商务支撑现代农业

安徽省认真落实省委一号文件精神，围绕农业物联网应用、农产品电子商务营销两个重点，发挥有关部门、单位和示范县积极性，加强产学研用联动、建管用结合、监测调度、宣传培训，加大投入，保持了农业物联网良好的发展势头，为安徽省农业转型升级、加快发展现代农业提供有力支撑。

第一节　发展现状

一、工作开展情况

（一）大田生产物联网省级平台体系框架初步建成

该体系由七个部分组成：安徽省大田农业物联网综合服务平台、安徽省农业生产指挥调度中心、农作物"四情"监测调度系统、大田生产智能决策系统、农机作业质量监控与调度指挥系统、农作物种子物联网、12316 平台。其中，安徽省大田农业物联网综合服务平台新版已运行，并接入农田小气候站自动观测数据；安徽省农业生产指挥调度中心已建成运行，初步实现农业生产决策指挥调度的远程化、可视化、网络化；大田作物农情监测系统进一步巩固提高，一期项目趋于完善，二期项目和遥感监测已经启动实施；大田生产智能决策系统项目已经启动，实施方案已经委主任办公会审议；农机作业质量监控与调度指挥系统总体框架初步形成，建成了"农机通"远程信息服务系统、农机化生产调度平台、农机社会化服务平台；12316 平台初步建成。

（二）大田生产物联网技术应用示范区、农业物联网示范县建设步伐加快

示范区中，龙亢农场依托中科院合肥智能机械研究所，在 3000 亩核心区建立基于网络的数字化监控系统，以及大田环境信息采集、设施大棚环境监控和智能控制系统；埇桥区、南陵县完成了农业物联网综合服务平台、决策指挥中心、在主导产业进行农业物联网技术示范应用等一期项目建设，二期项目已完成招标程序，正在抓紧实施。在 2012—2013 年确定的 23 个农业物联网示范县中，项目已建成的有 17 个。各示范县主要建设县级农业物联

网综合服务平台，围绕主导农业产业建设一批农业物联网应用示范点。

（三）新型农业经营主体应用农业物联网成效明显

安徽省共有 265 家龙头企业、农民合作社建成并应用物联网，比 2013 年年底增加 153 家。主要应用在农作物"四情"大田监测、农业精细化种植管理（包括设施蔬菜、水果、名贵药材等特色产品生产）、加工车间生产管理、畜禽养殖和水产养殖、农产品质量安全追溯等方面。据监测，用于种植业 130 家，应用面积 326.5 万亩；畜牧养殖业 61 家，养殖牲畜 46.3 万头，家禽 119.2 万只；加工车间生产管理 26 家；水产养殖 6 家，应用水面 1264 亩；其他 11 家。开展了农业物联网技术培训，参培人员 1000 人。

（四）农业物联网建设资金投入加大

2014 年，各市县对农业物联网投入到位资金为 18157.68 万元，其中，财政资金 3141.4 万元，占总投入的 17.30%；开展农业物联网建设的农业新型经营主体 265 家，比 2013 年年底增加 153 家，应用物联网技术后，经济效益平均提高 21%。

（五）农产品电子商务发展迅速

2014 年开展农产品电子商务营销的 583 家，比 2013 年年底增加 408 家，实现交易额达 62.94 亿元，比 2013 年年底增加 197%。邮乐农品网、聚农 e 购、网上供销社、淘宝特色中国安徽馆等，涉农电子商务平台相继建成并得到快速发展。其中，邮乐农品网于 2014 年 5 月底正式上线，入驻商家 683 家，上线商品 10320 件，完成交易额 5.05 亿元。淘宝特色中国宁国馆、含山馆、宣城馆、芜湖馆等相继上线，涌现出谢裕大、三只松鼠、绩溪逍遥村、金寨三个农民等一批特色农产品网商。在全省范围内开展农产品电子商务"1112"示范工程，举办四次电商与新型农业经营主体对接会，推介宣传邮乐农品网、聚农 e 购等电商平台。对 2000 名基层农业技术员、新型农业经营主体相关人员，进行了农产品电子商务知识培训。

第二节　存在问题

一是对农业物联网建设的重要意义认识不足。在大数据、云平台的基础上，要充分发挥省级平台的作用，避免重复建站（平台）。二是对农业物联网建设平台建设的最终目标是农产品质量安全认识不足。在农产品生产检测、分析、决策、指挥和调度的各个环节，在农产品生产、加工、物流和消费的各个层面的物联网技术应用，都是围绕农产品质量安全这根主线。三是关键设备和核心技术成熟度低。农业物联网的传感器技术、短距离无线通信技术、农业生产建模技术、物联网的系统集成技术等，还没有挖掘出其应有的应用潜力。四是人才队伍缺乏、实际应用水平有待提升。存在着懂物联网技术的不懂农业，懂农业的不懂物联网技术现象，另外基层的农业技术人员对物联网技术认识程度不高，影响和阻碍了物联网技术应用的实际成效。

第三节　下一步打算

当前，我国经济发展进入新常态，农业发展步入新阶段，迫切需要通过信息技术改造传统农业。物联网和农产品电子商务是农业信息化的重要抓手。我们将抓住国家实施"互联网+"行动计划的战略机遇，推进农业智能化、自动化、信息化水平，努力打造"智慧农业"。

一、继续推进大田生产物联网试验区建设

加快推进二期项目建设，增加移动手机终端监测、空间遥感监测和水稻、玉米、油菜物联网应用开发，完善农情监测系统建设，拓展应用范围，提高应用功能。加快大田生产智能决策系统、农机作业质量监控与调度指挥系统、大田应用示范区建设，力争年底前完成农业部大田物联网试验区建设任务，顺利通过项目验收。

二、推进物联网示范建设

按照"产学研""建管用"相结合的思路，政府引导，服务先行，发挥种植、养殖、农机等行业部门的主体作用，调动新型农业经营主体应用农业物联网技术的积极性。完善提高已建成的示范县和示范点，推动农业物联网技术应用，并新增后续项目建设，扩大应用范围。指导和督促尚未建成的示范县和示范点抓紧建设，力争年底前全部建成运行。

三、加强农业物联网技术和应用模式创新

围绕现代农业发展需要，依托相关科研院所，发挥技术研发、标准制订作用，开展物联网共性技术、关键技术攻关和标准制订。以成本低、简便实用为原则，熟化一批农业物联网技术、设备，筛选一批性能相对稳定、质量相对可靠的农业物联网产品，加快制订大田物联网标准。发挥理论研究专家组作用，在各级、各地实践基础上，总结、推广一批可持续的农业物联网应用模式。

四、加快发展农产品电子商务

引导市场主体利用各类平台，大力发展农产品电子商务，重点打造邮乐农品网，推进10个示范县、100个电商示范企业建设，鼓励有条件的市、县利用第三方平台建设区域性农产品电子商务平台，力争农产品网上交易达到100亿元。

五、抓好农业信息进村入户试点工作

以农业信息网站改造提升为重点，在整合已有资源的基础上，打造集政策宣传、技术推广、指挥调度、生产指导、法律咨询等服务功能于一体的 12316 综合信息服务平台。开展农业信息入户到企业活动试点，指导肥东、灵璧、石台三个益农信息社试点，引领带动全省农业信息进村入户到企业的活动。加强农业信息服务，利用各级农业信息网站、12316平台、安徽农村手机报以及手机、电视、电话、短信等多种形式，面向广大生产经营主体和其他社会公众，全方位提供各类农业信息服务。

六、牵头抓好产学研用结合

牵头协调技术研发、标准制订、推广应用、理论研究四个专家组及省有关单位，围绕大田物联网建设，做好农业生产建模研究，制定一批物联网建设标准，促进产学研结合，建管用并举，确保我省农业物联网可持续发展。

第十七章 湖北:"一元导向、四轮驱动"[①], 稳步推进农村信息化示范省建设

2014 年,湖北省按照"国家农村信息化示范省"建设的目标要求和进度安排,结合国家科技部和省委省政府的重点工作部署,以服务"百企、千村、万户"为目标,以"四化同步"试点乡镇示范建设为切入点,遵循"一元导向,四轮驱动"的总体思路,大力推进农村信息化示范省建设,一手抓省级中心平台的建设与完善,加强资源整合力度,实现"平台上移";一手抓站点建设与示范应用,开展信息服务推广,实现"服务下延";积极探索"可复制、可推广的'湖北模式'",资源整合工作取得了新突破,示范应用取得了新进展。目前,示范省各项工作有序推进,形成了多部门、多行业"大合唱"的工作格局,得到各级领导的肯定,赢得了广大农民和农企的普遍认同。

第一节 发展现状

2014 年是湖北国家农村信息化示范省建设应用服务的元年,湖北省坚持"服务三农、以用为本"的根本导向,以农民、农企的信息化需求为"一元",以"农村公共服务信息化、农业科技服务信息化、农村商务服务信息化、农村政务服务信息化"为"四轮",全面推进示范省建设。

一、农业信息化基础设施进一步完善

目前,全省 86%的村已通 4M 以上宽带网络,其中 31%以上的村以光纤方式接入,带

---

① "一元导向,四轮驱动"即以农民、农企的信息化需求为"一元",以"服务三农,以用为本"为根本导向;以"农村公共服务信息化、农业科技服务信息化、农村商务服务信息化、农村政务服务信息化"为"四轮",以农村公共服务信息化驱动农村幸福民生、农业科技服务信息化驱动农业科技创新、以农村商务服务信息化驱动农村经济发展、以农村政务服务信息化驱动农村社会管理创新。

宽达到 10M 以上，部分市、县实现了全覆盖；推动移动投资 52 亿元，在湖北农村地区共建 2G 基站 16000 个、3G 基站 3000 个、4G 基站 7000 个。在村通宽带站点建设方面，共投入 3.75 亿元资金，在丹江口等偏远农村建设基站 2251 个，解决了多个偏远地区通信信号覆盖的问题，目前移动信号已全面覆盖全省所有行政村和 98.5%的自然村；我省农村智能广播网已建成 23 个县（区）级播控平台，建成村级广播室 4245 个，安装音柱和喇叭 40828 只，推进广播电视由"村村通"向"户户通"延伸。全省已建立各类村级信息服务站 2.5 万个，基本实现了农村信息化全覆盖，进一步夯实了农村信息化基础。

二、构建"1+N"农村综合信息服务平台

湖北国家农村信息化示范省建设积极转变思路，在门户网站——湖北智慧农村网建设上转变了以往涉农网站大多以资讯传播为主的服务方式，将功能定位为"以应用帮助服务为主，以资讯传播为辅"。打造"湖北智慧农村网"和三类服务系统、三大监控中心，构建"1+N"农村综合信息服务平台。

在物理平台建设方面。建成了总面积约 1200 平米的省中心平台场地。完成了机房建设工作，新增了服务器七台，配备核心交换机、防火墙、KVM 机房控制系统各两套，并配备 UPS 电源；增添了机房强电专线容量、专线接地等外围设施，新增接入电信 100M 光纤和 50M 光纤各一根，基本满足面向全省开展信息服务的平台硬件要求。2014 年，全年图文资讯更新 25855 篇，推广 23698 篇；湖北智慧农村网日 PV 达到 11000，日 UV 为 1131，日 IP 为 1114，百度权重达到 2，PR 值达到 4，综合排名在全省近 200 家涉农门户网站中进入前三名，国内农村信息服务网站排名快速提升。2014 年，示范省各类信息平台共采集全省所有村居信息数据达到 7.5 亿条，其中民生诉求信息 44 万多条。

湖北智慧农村"产业通"综合信息服务平台，是以 3G 手机为服务终端，面向全省广大种养专业户、农技人员、农业企业及合作社等对象，具有农业生产监管、经营账务管理、市场行情查询等六大主要功能。目前，"产业通"正在全省开展应用服务示范。产业通目前服务覆盖蔬菜、水产、家禽家畜等近 200 家农业专业合作社，发展注册用户近 10 万户。

三、资源整合工作获得新突破

通过与省、市、县三级涉农相关部门开展紧密协作，示范省省级中心平台全年共整合省直 26 个厅局委办、17 个市州、35 个县市区相关部门的各类涉农公共办事流程信息 16000 多项；在示范省各类平台上注册农业企业 6210 家、专业合作社 13664 家、农业生产基地 5440 个、种养专业户 81672 名；平台整合的图文信息库容量达 8.2G、视频资源库容量达 2.5T。通过与人社厅、综治委等单位整合信息资源，全省所有村居都完成了信息采集录入，数据达到 7.5 亿条。公共服务信息化的城乡居民社保管理系统共收录 2200 多万条城乡居民社保基础信息和业务信息，全省 103 个县（市、区）县级城乡居民社保机构及所辖 942 个乡镇、279 个街道信息平台已 100%完成网络连通，向农村参保对象发行社保卡 1543.8 万张，

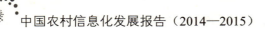

为提供远程金融服务，全省已设转账电话 3.6 万部，覆盖 94%的行政村，约 24500 个村，信息资源的进一步整合服务能力进一步加强。

四、资金投入协同推进进一步加强

为推动示范省工作落地，2014 年省科技厅投入专项经费 800 万元，引导全省科技系统各地配套投入建设经费近 2000 多万元，带动其他厅局投资 15 亿元。以"资源整合、站点建设"为切入点，通过目标设计、明确任务分工、细化考核办法，充分调动了省直多部门和各地市州参与示范省建设的积极性和主动性。与省委省政府"三万"活动、省政法委网格化管理等活动紧密结合，联合相关部门、单位共同推进，形成了多部门、多行业"大合唱"的工作格局。

五、示范区应用推广成效显著

2014 年主要面向三大示范区开展信息化应用示范，按照"四轮驱动"的模式，大力推进农村公共服务信息化、农业科技服务信息化、农村商务服务信息化、农村政务服务信息化。不断加大人员培训规模，推广多种信息服务产品和服务，探索信息化推进的模式，努力实现信息产品和信息服务"进村、联企、入户、上手"，17 个县市区经过远程抽查和专家评审通过验收，其中 12 个获得优秀等级。通过"农村信息化乡镇"建设专项行动，建成了全省新型农村合作医疗专网，实现了省、市、县、乡四级 2.8 万家定点医疗机构全部接入到"新农合"专网。全省已有约 51 万户农民使用"十户联防"平台提供的短信提醒、报警等应用。

六、社会影响力逐步增强

（一）获得了部、省领导肯定

示范省建设工作也得到了国家科技部和省委、省政府领导的充分肯定，成为湖北科技工作的一张新名片。在 2013 年 11 月召开的秦巴山片区国家扶贫工作会议上，湖北省示范省"四轮驱动"模式成为"信息扶贫"的鲜活成功案例，科技部张来武副部长评价其为"精准扶贫"乃至"精妙扶贫"提供了很好的思路和手段，十分具有示范推广价值。省委张昌尔副书记要求总结经验，探索模式。

（二）深受农户农企欢迎

2014 年通过开展农村信息化应用示范，发展湖北智慧农村各类用户近 100 万户，对农民开展信息服务培训近 35 万人次，使农户和农企感受了信息化带来的便利生活，促进了生产管理效率的提高，深受农户农企欢迎。

（三）倍受权威媒体关注

继 2014 年年初示范省建设被荆楚网评选为全省 2013 年"十大科技事件"之一后，一年来，科技部网站、湖北日报、湖北电视台、湖北电视垄上频道、农村新报等媒体从不同的角度，对示范省建设成效进行了多次专题报道，其中湖北电视台在湖北新闻联播中为头条新闻报道。据不完全统计，各类媒体报道达 600 多次，反响强烈。

第二节　主要经验

一、坚持一元导向，整合信息资源，优化省级农村信息网络综合服务平台

（一）不断完善省级中心平台建设

重点集成建设一个示范省门户网站——湖北智慧农村网，包括资讯、农技、民生、产业、商务五大板块的资源更新及建设维护，成立专门的管理、推广运营团队，不断提高网站在点击率，增强在百度、谷歌的权重，提高综合影响力。并通过建设三类系统（农技、产业、民生）、三大中心（云数据中心、多媒体呼叫中心、监控中心），实现对门户网站的服务支撑。

（二）大力开展资源整合

为进一步加强资源整合力度，提高效率，示范省领导小组办公室成立了工作专班，按照"明确对接联络人、取得信息发布确认函、提供信息资源或系统链接、反馈信息资源应用和服务情况"等四个步骤，积极上门开展联络对接，全面开展资源整合工作。通过与省委组织部、省经信委、省发改委、省农业厅、省教育厅等省内有关厅局、单位开展紧密合作，开展省内政府部门资源的整合工作。同时，与省内三大通信运营商、新华社湖北分社等企业和部门，开展社会资源整合。

二、坚持服务三农，创新服务手段，打造"四轮驱动"信息惠农直通车

（一）以农业科技服务信息化增强创新驱动力

围绕农业企业降耗和农民增收，不断提升全省农业科技信息化的能力和水平。一方面以湖北农业 GIS 信息服务平台为依托，采集入库农业经济组织和农业从业人员信息 12.4 万条（其中企业 3.2 万家、合作社 2.4 万家、种养基地 4000 个、种养专业户 6.3 万个），在组织和人员间，按照区域和产业类别归属，全面实现"声讯、短信、彩信、视讯"的个性化、精准化的互动服务。同时，依托种养基地和合作社，重点建设农技信息服务示范站点，选聘并组建农技信息服务专家团队。

另一方面，以湖北农业产业物联网管控平台为依托，围绕农业企业信息化需求，按照

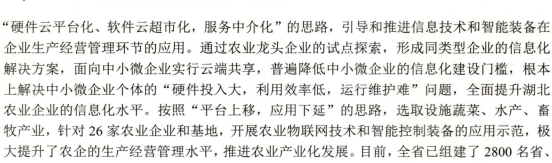
"硬件云平台化、软件云超市化，服务中介化"的思路，引导和推进信息技术和智能装备在企业生产经营管理环节的应用。通过农业龙头企业的试点探索，形成同类型企业的信息化解决方案，面向中小微企业实行云端共享，普遍降低中小微企业的信息化建设门槛，根本上解决中小微企业个体的"硬件投入大，利用效率低，运行维护难"问题，全面提升湖北农业企业的信息化水平。按照"平台上移，应用下延"的思路，选取设施蔬菜、水产、畜牧产业，针对26家农业企业和基地，开展农业物联网技术和智能控制装备的应用示范，极大提升了农企的生产经营管理水平，推进农业产业化发展。目前，全省已组建了2800名省、市、县三级农业信息服务专家队伍；全省2000多家农业产业化龙头企业、5万多个专业合作社、近10万个农业生产经营大户、10多万个农村经纪人及2万多个行政村通过各种途径获得农业信息服务。

（二）以农村商务服务信息化增强市场经济驱动力

通过农村信息化示范县市区建设，发挥农村信息员、大学生村官等信息服务优势，不断整合农村电子商务信息等资源，以"淘宝村"建设为着力点，重点打造鄂西、鄂北现代农业电子商务创新示范区，增强农村市场经济驱动力。探索建立健全适应农村商务发展需要的信息服务支撑体系，加强农村信息化商务示范站点建设、改造，打通农村商务"最后一公里"；建立有利于商务发展的财政、金融、土地、收费等政策体系，制定适应商务发展需要的标准、统计、信用制度等，改善农村商务发展环境；开展系统的电商信息员培训，切实建立培训保障机制，提高农村商务应用能力。目前，湖北农业电子商务发展初具规模，平台建设步伐加快、企业快速成长、发展环境不断优化。安琪酵母等企业被商务部认定为"国家电子商务示范企业"，稻花香集团被评为"中国电子商务百强暨传统企业应用十强"，武汉"家事易"等10家企业成为首批省级电子商务示范企业，2014年农村电商消费市场规模约为263.8亿元。十堰市郧县洞池乡下营村339户村民，开了32家淘宝店，被誉为"淘宝村"。2014年前三季度该村网上农副产品交易量达到3000万元，使该村户均年纯收入净增3万元以上。该村1989年出生的小伙子蒋家明，网上年销售收入突破300万，成为当地致富的典范。

（三）以农村公共服务信息化增强幸福民生驱动力

注重民生服务信息化。围绕农村居民"业、教、保、医"等方面的信息服务需求，通过村级信息服务站信息屏、电脑、手机（党群通手机客户端）、IPTV（幸福新农村电视平台）等多元服务终端的应用普及，推进农村公共信息服务"进村入户"。全省新建农村公共信息服务示范站182个，联合多个部门选培村级信息员217名，结合农村科技特派员、"三区"人才工作，深入农民生活，开展"业、教、保、医"等方面的信息服务，推进信息化精准扶贫。

另外，村级信息服务示范站点正在政府的引导投入下，充分发挥站点的阵地优势和信息员联结优势，为农村居民提供代购代销服务，探索"前向公益服务，后向增值服务"的"信、技、物"一体化公共服务模式。宜昌市龙泉镇等乡镇实现村民在家门口领取养老金、缴纳电费等，极大方便了农民办事。并积极发展农村手机用户、ITV 电视用户和农村公共信息服务示范站，联合多个部门选培村级信息员。共服务群众 170 万人次，为群众服务办事近 200 万件。帮扶特殊人群 20 多万人，关爱"三留守"人员 60 多万人。全省共享的数字资源总量达到 165TB，以镜像服务、网络传送、光盘硬盘拷贝、授权访问等方式面向全省提供数字资源服务，年均服务人次达到 45 万人。

（四）以农村政务服务信息化增强社会管理驱动力

为增强为农民服务能力，通过农村信息化与农村网格化管理的深度融合，全面提升基层组织为农民办事、开展乡村综治管理的水平和能力，以政务服务信息化强农村基层管理驱动力。目前，湖北省已初步建成了农村社会服务管理综合平台，建立了农村网格化管理信息系统。以县（市、区）为单位，按照统一信息格式、统一服务标准，重点采集并集成了省直、市县、乡、村四级公共服务信息资源和县级行政服务中心的信息服务系统，逐步实现村级"党务、村务、财务、商务、服务"的"五务合一"。使农民在村委会就可以实现"网上办事"，使干部在办公室就能实现对农村居民的精准化管理和服务。目前，湖北省部分村委会已实现了农村补贴、证照办理、优抚安置、婚姻登记等的在线办理，提升了基层政务管理和服务的效率和能力。依托网格信息化建设，全省共建立县市信息服务管理平台 139 个，乡镇（街道）平台 1242 个，社区（村）平台 24576 个，并统一配备了电脑、电子触屏、E 通和视频监控系统，全省市、县、乡、村四级综治信息化综合平台基本全覆盖。

三、坚持以用为本，开展区域示范，探索"一元导向，四轮驱动"服务模式

示范省建设坚持"以用为本"，注重服务推广，以服务推广增强发展后劲，以需求增强自身发展动力，积极开展信息的示范应用。重点在全省"四化同步"试点和基础较好的乡镇，建设农村信息服务创新示范区；在以十堰为代表的边远山区建设信息技术集成应用示范区；在以武汉为代表的农业较发达区域建设城郊农业物联网技术应用示范区。形成以试点乡镇为"点"，农业产业发展为"线"，区域示范建设为"面"的农村信息服务示范体系。探索形成以电脑、手机、电视为终端，以农业产业 GIS、远程视频诊断、农业产业物联网监控系统、多媒体呼叫系统等为枢纽的信息传播体系。

在示范省建设试点工作的推动下，2014 年以来，全省已建成村级公共信息服务示范站点 182 个，农技信息服务示范站点 185 个，农业物联网技术应用示范企业 26 家、种养示范基地 20 个，选聘并组建农技信息服务专家团队 822 人，选聘并培训乡村信息服务员 430 名。全省共发展湖北智慧农村手机（党群通、产业通）用户逼近 50 万户，幸福新农村 ITV 电视用户近 2 万户，建设农副产品电子商务示范店铺 118 个。目前，全省有 2.7 万个基层站点、1100 多家农业企业、1500 多家农业协会和专业合作组织、600 多位农技专家成为湖北智慧农村网平台的日常用户。

四、示范省建设工作的组织管理情况

（一）领导重视，组织体系不断完善

为进一步加强领导工作，示范省建设领导小组办公室召开推进会，加强督导。示范省建设领导小组办公室印发了《关于调整湖北国家农村信息化示范省建设领导小组组成人员的通知》，省委副书记、省长王国生任示范省建设领导小组组长，省委副书记张昌尔任示范省常务副组长，郭生练副省长和省政协副主席、科技厅厅长郭跃进任副组长，省内28个委办厅局为成员单位，省科技厅副厅长刘望清兼任示范省建设领导小组办公室主任，省委组织部远程办副主任蔡方胜、省经信委副主任卜江戎兼任办公室副主任，增补省综治办副主任翟忠明为办公室副主任。依托湖北省农村信息化促进中心统筹推进示范省各项建设工作，成立专门的推进机构，明确了责任领导和具体工作、考核事项，确保各项工作有序推进。

（二）改革创新，科学制定年度实施方案

在示范省建设工作中，湖北注重方案规划的制定和编写，用科学、合理、可行的方案来指导工作、配置资源，"谋定而后动"做到了先制定规划、后建设实施。为保障各项工作落到实处，根据示范省建设情况变化，实时调整工作重点，在调研和征集需求的基础上，湖北制定了《湖北"国家农村信息化示范省"建设2014年度实施方案》，并印发各市、州人民政府，各领导小组成员单位，明确了指导思想和基本原则，确定了年度工作目标，明细了各类站点建设标准、服务内容，明确了各示范区年度考核目标及经费安排，规定了建设进度，制定了完善的保障措施。

（三）加强管理，适时督导落实

为加强示范省建设工作的服务落地，根据示范县市区建设推进情况，示范省建设领导小组办公室向有关市、州、县人民政府，省农村信息化示范省建设领导小组各成员单位印发了《关于2014年湖北农村信息化示范省建设进展情况的通报》。通报总结了农村信息化建设进展情况，指出了存在的问题，对下一阶段工作提出了要求。该通报的发布有效激励了示范县市区工作的积极性，加快了建设推进步伐。

（四）做好沟通联络，完善管理服务机制

为进一步完善管理服务机制，示范省建设领导小组办公室向有关市、州农村信息化建设领导小组办公室印发了《关于印发农村信息化建设有关考核办法及建设标准的通知》。包括《湖北国家农村信息化示范省两大示范区建设考核办法》《湖北农村信息服务创新示范区建设考核办法》等，使示范县市清楚明白建设的目标、做法、标准等。根据示范县市区建设过程中出现的难点和关键点，示范省领导小组办公室为相关县市区在方案制定、站点选择、布局规划、建设标准等方面提供全方位的咨询与帮助，明确具体的帮助服务人员，"一对一，手把手"推进示范建设。

第三节　存在问题

一、存在问题

（一）资源整合难度较大

根据示范省"资源整合，统一接入"的建设要求，湖北通过集成建设多功能的省级农村信息服务中心平台，利用信息技术手段，希望实现省内相关部门间涉农信息资源的整合和共建共享，避免重复投入和重复建设，提升资源的利用效率。此项工作需要示范省领导小组各成员单位将其公众信息服务的系统端口和涉农信息资源向示范省中心平台——"湖北智慧农村网"开放，实现信息资源的远端调用和共建共享。但目前在省内各相关部门间开展资源整合与协调工作难度较大，任务艰巨。

（二）资金投入存在瓶颈

目前湖北示范省中心平台建设工作已经初见成效，各项试点示范工作正在逐步建设或启动过程中，需要一定的资金投入作为支撑和启动经费。但是，省级中心平台建设等费用仅仅通过省内科技项目立项支持还远远不够。基层信息服务站的基本软硬件设备设施配置，需要省内相关部门设立专项资金解决。平台和系统的后期运维及信息员、专家的考核补贴、信息服务推广及示范应用等方面的经费存在较大的缺口。

（三）信息员队伍建设明显滞后

我国现阶段的农村信息化工作仍处于"半自动化"阶段，村级信息员的作用不容忽视，离开了村级信息员这张"人网"，再多的信息网络的作用都难以充分发挥。同大多数省份一样，目前我省信息员的培训工作主要由各级科技部门分阶段性、按地区小范围在推进，工作经费和信息员补贴费用主要从我省每年度极其有限的平台运维经费中挤出一点经费在支持，捉襟见肘。

二、几点建议

建议科技部、中组部、工信部三部委进一步加强对国家农村信息化示范省各项宏观工作的指导，定期组织参与创建的省市开展交流与合作，分享和借鉴各省试点示范过程中的好做法、好经验，结合各省实际情况，对出现的问题进行改进和完善，共同将国家农村信息化示范省这项工作做好、做实，做出成效，做出样板，为"四化同步"发展打下坚实基础。

建议在工作开展过程中，三部委进一步强化对试点省市农村信息化建设的政策引导，并通过设立农村信息化专项经费或者以科技项目立项的形式，对各省建设进一步加大资金支持力度，重点支持农村信息化基础平台建设、涉农资源整合、信息员队伍建设，并设立专项，保障各省试点示范过程中的经费投入。

建议科技部在现有工作基础上，组建国家农村信息化建设工作联盟，集成全国各示范省所在地区的政府、高校院所、企业、社会组织等主体的力量，合力推进，实现各省市之间平台、资源、技术的互通，顺应"互联网+"的时代潮流。

建议科技部加大对湖北农村信息化建设成果的推介和推广。经过近几年的持续的探索和实践，各省市已形成了各具特色的建设及服务模式，涌现了大量的建设和服务成果。建议科技部加大对湖北等示范省农村信息化成果的推介和推广，促进省域间的共享和融合，更好地引导全国农村信息化的深入。

第四节　下一步打算

下一步，湖北将继续联合省内各部门、各行业力量，遵循"一元导向，四轮驱动"的工作思路，继续做好乡镇"信息广场"及农副产品网上市场、农业产业信息服务示范站、村级公共信息服务示范站建设，选聘本土农技及公共信息服务专家，大力发展湖北智慧农村"党群通""产业通"等手机客户端服务用户和智慧农村网络电视用户，积极开展信息员培训和农民信息知识培训。坚持以用为本，深入推进信息"进村、入户、入企、上手"，最终实现"农民办事不出村、政策宣传能到户、联系专家可到人、产品买卖在田间、生产管理在掌上"的基本目标。

一、进一步加大资源整合力度，不断优化完善平台和终端

进一步加大省内各部门资源整合力度，优化完善"湖北智慧农村"省级综合平台建设，实现平台"信息权威、资源丰富、功能强大、使用方便"的目标；进一步加大湖北智慧农村 IPTV 电视终端，湖北智慧农村（党群通、产业通）手机客户端，湖北智慧农村"村务通"信息终端，湖北智慧农业传感控制终端等的优化完善，确保各类终端"好用、易用、管用"的低成本。

二、进一步推进信息服务示范区建设和农业企业信息技术及智能装备的应用示范

进一步推进以"农村专业信息服务站和综合信息服务站"建设为主线的信息服务示范区建设，并按照"前项免费、后项增值"的思路，探索并建立基层信息服务站长效运行机制；进一步推进农业企业信息技术和智能装备的应用示范。围绕农业产业的价值链，集成供应链，打造信息链，构建"信、技、物"一体化的商业服务模式。逐步扩大物联网技术应用和覆盖范围，选取1～2条产业链建立农产品质量追溯信息系统，探索农产品质量安全管控办法。

三、推进"一村四站"信息化建设与应用示范

按照全省区域发展战略，面向武汉城郊、江汉平原、鄂西北、鄂东南四大农村信息化示范区，通过与农村党员远程教育和基层网格化管理工作结合，引导社会力量参与，大力推进农村"一村四站"（因地制宜，每村选择性建设公共服务信息站、科技服务信息站、商务服务信息站、政务服务信息站）信息化建设与应用示范工作。站点可通过各类平台、终端开展农技、产业、民生、政务等信息服务，提升农村基层信息化服务水平。

四、实施"一业一平台"农业科技服务信息化示范工程

按照"技产金贸"融合的产业信息服务模式，大力推进农业产业信息化建设，实施"一业一平台"农业信息化工程，实现农业科技创新智库、农业技术支撑、技术转移及成果转化、生产管理、科技金融服务、市场交易等产业链上的信息共用、资源共享。重点在生猪、水产、设施蔬菜三大产业开展"一业一平台"建设，助力农业产业高效发展。

第十八章　湖南：深入推动农业信息化发展

2013 年以来，湖南省农村农业信息化示范省搭建的"一体两翼"的构架和"公益+市场"的模式初步实现省级平台与以及各种涉农专业平台、国家平台的对接，强化基层站点的共建共享，与农村科技特派员结合起来，深入推动农业农村科技服务体系建设。

第一节　发展现状

为进一步推广湖南省农村农业信息化示范省综合服务平台，促进信息化与现代农业产业的融合，2014 年湖南省以望城农业科技园等国家、省级农业科技园为重点，推进示范省综合平台、物联网、移动互联、电子货柜等农业信息平台在农业生产经营领域应用，实现产业链、创新链、信息链的高效融合，加快信息化和农业产业的融合升级。2014 年 5 月 22 日，湖南省科技厅和望城国家农业科技园举行了示范省综合服务平台与园区对接会，省科技厅农村处、长沙市科技局、望城国家农业科技园、省科技信息研究所、腾农科技公司相关人员及望城科技园区内的 18 家重点农业企业负责人参加了交流会，详细介绍了"一体两翼"信息服务平台、相关信息终端及示范省基层服务站点运转情况。

为了顺应信息时代发展趋势，创新"两型社会"发展模式，湖南省经济与信息化委员会于 2015 年 5 月 6 日发布湖南"十三五"数字湖南建设及信息化发展战略研究，计划到"十三五"末，覆盖城乡的新一代信息基础设施全面提升，信息资源有效整合，电子政务体系完备且应用深化普及，社会管理和民生服务信息化程度显著提高，城乡信息鸿沟明显缩小，实现城乡发展一体化，信息化与工业化深度融合，信息产业成为先导性支柱产业，信息安全保障水平大幅提高，信息化发展水平总指数达到 0.90，数字湖南对全省经济发展和"两型社会"建设支撑和推动作用持续增强。

为了促进"互联网+"在湖南落地，提升互联网技术在农业生产经营各环节中的应用，实现人与智能机器交互，重构农业生产经营模式，2015 年 8 月 5 日湖南省人民政府办公厅发布"关于加快农业互联网发展的指导意见"，提出构建新型农业经营体系、发展新兴业态、提高农业现代化水平，推进新型工业化、信息化、城镇化、农业现代化等同步发展。

不仅湖南省政府及相应职能部门积极支持农业信息化建设，而且许多科技公司与县级政府将农业信息化放在优先发展的位置。

以湖南腾农科技股份有限公司为主开发的湖南农村农业信息化综合服务平台，支持"语音、短信、视频、网络、广播"等多方式接入，集成"远程呼叫、双向可视、产业交流、专业服务"等多功能，为广大基层农业生产组织提供理论与实践指导。

湖南烟村生态农牧科技股份有限公司以功能性猪肉为品牌，开展生猪饲养到屠宰过程的全产业的物联网监控与以电子商务为主的产品溯源。

永州市江永县为了宣传其独特的"香柚、香芋、香米、香姜"等农业产品，以家庭农场作为突破口，打造具有本地特色的电子商务示范县综合服务平台。

同时近两年经过湖南省政府的统筹规划，各地政府部门的积极配合，农业信息化的观念正在湖南深入人心，食品安全、美丽乡村、农业物联网的成果遍布全省各个角落。

第二节 主要经验

一是省政府的规划指导，各职能部门的大力配合。为了促进农村经济的发展，首先建设了农业专家与人才库，完善决策咨询机制；其次加强对重点项目工程、重点环节和重大问题的指导力度，省科技部门根据农业信息化建设需要，有针对性立项科技研究与示范项目；再次是每年组织 400 名科技特派员深入农村企业，进行一对一科技指导；最后是实施专业人才培养计划，各地市每年均有农业信息员培养计划。

二是省内农业龙头企业看好农业信息化的发展，对农业信息化的发展更注重资金与人才的投入，2014 年全省根据涉农企业业绩评选出湖南省合格农业产业化国家重点龙头企业41 个。

三是湖南农大作为湖南省唯一的农业高校，为适应社会的需求，不仅注重学历教育，而且也注重农村科技人员的专业理论与实践培训，每年均组织农村大户、龙头企业技术人员等到学校参加集体培训，通过湖南农业大学新农村发展院和 2011 南方粮油作物协同创新中心不断完善农业高校的社会服务职责。

第三节 存在问题

湖南农业信息化建设起步较早，在全国也产生了较大的影响力，各县市农业行政主管部门都建立了农业信息网，搭建了农业信息服务平台，推动了农业信息服务多元化的发展，促进了农业信息化和农业科技园区对接，但与统筹城乡经济一体化发展的要求相比还存在较大差距。

一是企业造血功能不强。由于部分企业位于偏远地区，信息化科技复合人才缺失或流失严重，部分企业政策扶持维持才能维持相应的信息示范和服务功能，服务示范能力不强。

二是政策限制，资源整合难。农业信息资源分布在各个职能部门，缺乏整体的统筹协调，加之国家没有出台资源整合的具体政策，基于部门利益，常常出现 1+1<2 的低效整合的情况。

三是农业信息推广难、传播难。一方面，农村网络基础仍然相对薄弱，宽带进得了村，入不了户，很多农户家没有信息化技术应用的基础条件；另一方面，大量青壮年都在城市工作，留在农村的农民素质相对偏低，接收能力有限，农业信息化应用普遍不高，导致农业信息化的推广应用困难。

四是企业化运营难。农业信息化消费市场潜力巨大，目前一些有远见的企业已经进入农业信息化领域，但要深入推进其应用还很艰难，企业迫切希望政府加大购买公益服务的力度，并为其打通资源通道提供政策保障。

五是农村企业经营规模小，农业信息化应用推广成本高。农业生产由于受地域、人才限制，农业生产集约化程度低，针对分散的小农户经营状态推广农业信息化新技术增大了推广成本和难度。

第四节　下一步打算

当前湖南省农业信息化发展仍然面临资源整合难、农业信息技术推广难、农业信息化技术应用发展缓慢的问题，这些问题，既有政策方面的，又有自身层面的，综合考虑，主要从如下方面共同推动。

一是完善农业企业科技创新体系。为了适应农业互联网+发展新趋势，围绕产业需求，采取政府与社会资本合作、产学研用与科技特派员协同创新等模式，形成创新资源配置合理，能响应市场需求快速化、整体化、协作化的农业企业科技创新体系。加快农业物联网基础应用平台中传感器网络、智能终端、大数据处理、智能分析、服务集成等核心关键技术的实施，让科技创新服务具体化、接地气。

二是农业企业基础设施与互联网+深度融合。继续关注家庭农场、美丽乡村建设对经济的促进作用，特别是在搭建的湖南农村物联网基础平台基础上，完善温室大棚物联网管理系统、生猪养殖物联网管理系统、大田气象监测系统、重点农产品电子商务系统、农作物病虫害与生长状况预测防控等系统功能，在更多企业进行推广示范。注重依托国家级、省级农业科技平台完善农业互联网+在融资、信息、品牌服务的能力。

三是强化农业科技服务品牌功能。积极推进湖南省国家农村农业信息化示范省和信息进村入户试点省建设，构建公益化的农村服务体系、社会化的农村创业体系和多元化的农村科技服务体系"三位一体"的服务体系外，利用"互联网+"加大洞庭湖区域经济中有特色农产品品牌的宣传与推广，为现代农业发展提供信息化支撑。

四是大力发展农村电子商务云平台。顺应我国经营模式和消费方式变化，利用云数据中心，通过农村电子商务网络形成网上交易、仓储物流、终端配送一体化经营，实现线上线下电子商务服务新模式。加强"千乡万村"农家店、农家乐、农村超市的信息化建设，引导地方性特色农产品开展网上交易，通过"基地+合作社+网络营销"联动模式，实现产销一条龙经营服务模式。

五是开展农业知识可视化与图谱化研究。主要针对当前农业知识推广与传播难等问题，借助当前已收集的农业知识条目，利用农业知识分类规则，结合可视化三维重建技术、农业大数据的簇结构挖掘算法、农业信息分离的高维多目标进化算法、知识协同推荐算法、并行图数据分析等，根据农业知识的不同数据特征和计算特征，结合用户偏好进行娱乐性、个性化推荐，实现农业信息推广与农业灾害的预测或预报。

第十九章 广东：信息技术助力"三农"发展

农村信息化是发展现代农业、建设新农村的重要内容。广东省委省政府高度重视农业农村信息化建设，近年来，通过"金农工程""农村信息化工程""农村科技信息直通车工程"等重大项目的实施，广东省农村信息化建设取得了长足的发展，信息技术在发展现代农业、建设新农村、改善农民生活等方面发挥了重要作用。

第一节 发展现状

一、信息化基础条件优越

广东省信息化基础设施的多项指标在全国均名列前茅。根据中国互联网络信息中心发布《中国互联网络发展状况统计报告》，截至 2014 年年底，广东网民人数达到 7286 万人，互联网普及率达到 68.5%，在全国居于第三位（仅低于北京的 75.3%、上海的 71.1%）。广东农村居民家庭平均每百户拥有固定电话 63.75 部、移动电话 247.05 部、家用计算机数量为 40.35 台。截至目前，广东已建成并向农民开放 1500 多个县（镇）信息服务中心、2 万个村级信息服务站点，建立了 500 多人的农业信息专家队伍和 15000 人的基层信息服务队伍；初步构建了省、市、县、镇、村多级农村信息服务体系，基本实现"网络到镇、信息进村、应用入户"。

二、农业信息技术应用初见成效

信息技术改造传统农业成效明显，人工智能、移动互联网、虚拟仿真、无线传感、自动控制等信息技术逐步应用于农业经营、管理和服务中。涉农企业和科研院所开发了农产品质量安全溯源系统、农作物灾害监测系统、病虫害防治专家系统等一批应用系统，一些大型农业龙头企业也在积极探索智能化技术在生产经营上的应用。在省、市农业龙头企业中，企业网站拥有率、视频监控系统覆盖率、农产品溯源系统应用率、农产品电子商务上线率分别达 59.04%、50.98%、58.73%、12.02%。

广东温氏食品集团股份有限公司是目前国内规模最大的养殖企业，2014 年，温氏集团上市肉猪 1218 万头，肉鸡 6.97 亿只，肉鸭 1699 万只，销售收入 380 亿元。温氏集团高度重视企业生产经营信息化建设，已经建立了现代化的企业数据中心，以及完整覆盖整个产业链的 ERP 管理系统，全面实现对企业各项生产经营业务的信息化管理。为适应产业转型升级要求，温氏集团将物联网技术应用作为企业信息化建设的重点方向，大力推进养殖栏舍的实时监控和智能控制系统、基于 GPS 监控的饲料供应链管理系统和奶牛发情特征监测系统等物联网技术的应用，在引领农业信息化技术在农业生产精准管理方面发挥着重要的作用。

三、基本建成覆盖全省的农村信息网络体系

省、市、县各级农业信息平台建设初具规模，形成多系统、宽领域的农业信息网站群。广东省涉农网站数量超过 1500 个，广东农业信息网覆盖了全部 21 个地市，并开通了广东农产品交易网、广东乡村网、广东省名牌产品（农业类）网等专业服务平台，一些市、县、镇也开通了当地的农业信息网站或者含有农业栏目的综合性网站，有效解决了农村信息渠道不畅、市场和技术信息缺乏的难题，推动农业生产经营、农产品商贸、农村旅游走出一条发展新路子。惠州、广州、梅州、阳江等市，农业信息化平台建设和服务成效突出，惠州市农业信息网多次被评为"全国农业百强网站"。

四、农村公共服务信息化水平不断提升

信息技术服务农村社会民生步伐加快。各地以信息化推动医疗卫生、教育文化、就业保障等基本公共服务向农村和欠发达地区延伸覆盖，县、镇、村网站拥有量分别达 58.4%、57%、7.7%，有效促进了城乡公共服务一体化。以信息化提高农村人口素质成效明显。通过实施"农村中青年信息能力培训"工程、"百万农民学电脑"、信息化大篷车下乡巡回培训活动等，让 27 万农民得到直接培训，约 350 万人次的农民有机会接触和使用电脑，有效提高了全省农村人口信息化素质。

案例一：江门市共享工程农业信息资源建设及服务工程

江门市共享工程农业信息资源建设及服务工程以"五邑数字文化网"（www.jmlib.com）为信息服务平台、以农业科技信息资源建设和农村基础信息服务站点建设为重点，建立起覆盖广泛、服务高效的农村信息服务体系。通过对各种涉农信息资源进行收集整理，实现了农业专题数据库资源、农业科技文献资源及多媒体课件资源的整合开发，为农村建设和农业生产提供智力支持。目前平台已在江门市四市三区（蓬江区、江海区、新会区、鹤山市、台山市、开平市、恩平市）广泛应用，广大农民利用手机等移动终端设备可以在任何时间、任何地点登录"手机图书馆"网页，检索阅读 135 万册图书、90000 多万篇报刊的

相关信息。平台深化对农民的信息服务，完善农业科技支撑体系，实现文化惠农支农政策，同时为广大农民提供喜闻乐见的文化资源，引领农民健康文化生活，不断充实农民的精神生活空间。

案例二：广东省农村党员干部现代远程教育系统

广东省农村党员干部现代远程教育系统运用现代远程教育手段，通过建立统一的教学资源管理平台和宽带终端接收系统，把党建理论和农业科技知识直接传播到基层，提供了一种快速有效的学习方式，解决了广大党员群众学习难、受教育难的问题。该系统应用由中共广东省委组织部牵头组织建设和推广，依托中国电信丰富的宽带网络资源、采用先进的 IPTV 技术手段，通过建设省、市、县三级平台以及全省集中的图文电视和辅助教学网站，省农科院等 21 个成员单位提供的丰富的教学课件资源，满足收看和互动需求，实现各部门教学资源的共建共享，广大基层党员和农民从中获取远程教育服务。"村村通电话""村村通宽带"工程彻底解决了农村信息化"最后一公里"问题，实现网络到镇，信息化到村，应用入户。系统从 2007 年建设并投入使用，目前已建成近 3 万个室内站点和 21 个省级大型户外站点，在全国率先实现农村、街道、社区站点全覆盖。该平台现已成为夯实党的执政基础的重要阵地，是党员经常受教育、农民群众长期得实惠的一项民心工程。

五、农村电子商务快速发展

（一）农产品电子商务平台建设异军突起

广东 85%左右的县（区）通过挖掘地方特色资源形成了当地的特色产业，具备了农产品电子商务产业基础。近年来，广东农产品电子商务不断发展，交易平台建设数量不断增多，覆盖范围也在逐步拓宽，有力的推进了广东农产品电子商务的发展。在政府组织的网站建设方面，各县（区）组织具有网上交易功能的网站总数为 172 个。如华南农产品交易网、广东农产品交易网、梅州穗梅农业电商联盟、揭阳一镇一品网、翁源兰花电子商务平台、揭阳香蕉网等将传统农业信息服务与电子商务服务相结合，发布供求信息，推广农村产品。

（二）农产品电子商务交易开始被接受

广东农村电子商务以民营企业为主，占总数的 70%左右，大多数企业涉足电子商务领域尚不足 5 年，起步较晚，但发展电子商务的意识较强，电子商务领域的相关投入也逐年增长。随着广东电子商务的快速发展，农产品电商交易额也普遍增长，据调查，2014 年广东省电子商务交易总额达到 2.63 万亿元。据阿里巴巴有关统计，2014 年通过淘宝面向全国卖出的广货超过 5200 亿元。广东农业电子商务企业伴随着新业态也得以迅速成长，网上交易额保持较快增长，通过电子商务在生产经营领域的应用，提高了企业的经济效益。

案例三：梅州客天下电商产业园

梅州市客天下电商产业园占地超 10000 平方米，是广东省最大的"线上+线下"一体化农电商平台。该平台具有"线上、线下、合作、延伸"资源整合优势，线下集逾千家涉农经营主体、近万种产品集中展销、展示，线上多终端无缝衔接，设置查询、交易、维护协调终端，实现供、销、研多方合作，并建立外源挂靠的"大学生创业基地"及内部近地挂靠的"草根创业基地"等延伸平台。

案例四：阳山县电子商务物流产业园

阳山县电子商务物流产业园有电子商务综合服务中心、农产品检测、分拣、配送中心，物流企业仓储基地，农村青年创业孵化基地，农业开发公司、农民专业合作社办公区五大功能，利用当地丰富的农副产品优势资源，集辐射周边电子商务、实体商贸、物流配送为联动一体的大型农村综合性电子商务中心，打造以区域农产品为特色，多品类协同发展的电子商务产业聚集区。依托阳山县现有的县镇村三级社会综合服务网络平台，与阿里巴巴农村淘宝、物流公司、超市、生鲜农资配送中心、通信服务商、农村金融服务、农民专业合作社等合作，提供网上发布信息、农产品销售和农民上网购物等，打造惠民、便民、利民的农村电子商务综合服务站。

案例五：揭阳军埔电子商务村

揭阳市军埔村是全国闻名的"淘宝电商村"，2014年，军埔村人口2695人，淘宝店超过3000家，实体店300多家，月成交额1.36亿元。揭阳市顺应市场规律、顺势而为，出台了一揽子扶持措施发展电子商务，目前，以军埔为中心的揭东集聚区、以粤东快递物流为中心的空港集聚区、以服装医药产业为重点的普宁集聚区等六大电商集聚区正加快成型。迅速发展的军埔村电商，已形成了可复制推广的模式，在当地产生了"电商高地"的示范效应。

第二节　主要经验

一、政府重视，工程引导

农村信息化是整个国民经济和社会信息化的重要组成部分，广东省委省政府高度重视农村信息化建设。近年来，先后制定实施了一系列措施，在农村信息基础设施建设、农村综合信息服务体系建设、信息资源建设和服务模式创新等方面取得了显著成绩。政策法规方面，为实现信息化促进社会经济全方位发展，近三年来，广东省委省政府发布了《广东省信息化促进条例》《广东省农村信息化行动计划（2013—2015年）》《广东省"互联网+"行动计划》等法规、规划文件，用于指导全省农业农村信息化发展。组织建设方面，广东省联合农业、科技、经信、发改、药监等部门成立了信息化工作领导小组和农村信息化建设联席会议办公室，并制定了工作制度，统筹协调农业农村信息化发展。重大工程引导方面，近年来，广东先后组织实施了"信息兴农"工程、农村信息直通车工程、农业信息工程、党员干部远程教育等一批重大项目，有力的提升了广东农业农村信息化水平。

二、多方参与，共建共赢

在信息化浪潮的强力推动下，各行各业相互倚重、相互融合的倾向越来越明显，要想实现快速发展，就需要找到一条多方参与、共建共赢的发展途径。同样，广东省农村信息化建设的顺利推进离不开社会各界的广泛参与和支持。信息化建设是"一把手"工程，政府发挥着主导性作用，广东省农村信息化建设实现了农业、科技、经信、发改、文化、气象、药监、人社、教育等10多个政府的部门共同参与，形成了全方位覆盖的服务格局。同时，联通、移动、电信等网络运营商、涉农企业以及科研院所的积极参与，也为广东农村信息化建设提供了坚实的后盾和保障。中国电信与广东省政府签署战略合作框架协议，在"十二五"期间投入500亿，加快广东信息服务业的发展；广东电信集中在粤东西北地区投资100亿元，加快实现"家家通电话，村村通宽带，信息进村入户"的目标。广东电信以农村远程教育平台为基础，嵌入农村党风廉政信息公开平台、号百农村服务系统、"信息田园"、农村手机报、"12396热线"等平台及系统，建成农村综合服务平台，整合推进农村信息服务全面开展。

三、创新机制，做好支撑

农业农村信息化工作一头连着政府，一头连着企业、行业和广大的农民。因此，农业农村信息化工作既要做好政府决策的支撑，又要实现广泛服务、公益服务的社会价值。广东省在推动农业农村信息化进程中，不断探索农业信息服务的新机制、新模式。在当前全球经济一体化的大背景下，农产品生产、价格波动将长期存在，甚至愈演愈烈。广东作为外向型农业大省，通过建立快速反馈机制，与市场主体有效联动，做好农业农村信息服务工作，一方面不断提高科学预警水平，使政府决策走在前面，变被动为主动，另一方面通过网络化平台、博览会、展会等多样化手段和载体，传递市场及服务信息，帮助行业走出困境，充分体现了其社会影响和价值。

第三节　存在问题

虽然广东农村信息化工作取得了明显成效，但与发达国家和沿海发达省份相比，广东农业农村信息化发展总体上仍处于初级阶段，与信息时代的新农村建设要求还不相适应，农村信息化工作还存在不少问题和薄弱环节。

一、农村信息化发展不均衡

农村信息化是社会信息化不可或缺的重要部分，同时又是社会信息化的瓶颈和短板。

广东农村信息化发展不平衡突出表现在两个方面：一是区域发展不平衡，珠三角地区信息化水平远远高于东西两翼和粤北地区；二是城乡发展不平衡，中心城市和都市带信息化水平高，县（区）、乡镇信息化建设仍显滞后。尽管农村地区网民规模、互联网普及率不断增长，但城乡互联网普及率差异仍有扩大趋势，部分原因在于城镇化进程在一定程度上掩盖了农村互联网普及推进工作的成果，根本的原因则是地区经济发展不平衡，如何有效缩小城乡数字鸿沟仍需要进一步探索创新。

二、农业产业化水平不高

广东农业生产仍以小规模分散经营为主，农业组织化程度低。截至 2014 年，全省共有 54 家农业产业化国家重点龙头企业，仅占全国的 4.5%。农业小生产与大市场的矛盾突出，制约着农业设施化建设、规模化经营、标准化生产、专业化分工、产业化经营，在一定程度上阻碍了农业信息技术的应用和推广。

三、农村"空心化"问题

农村"空心化"问题是广东农业农村经济面临的重大问题，也是大力推进农村信息化建设的"瓶颈"之一。随着城镇化、工业化的快速发展，广东农村常住人口持续减少，造成了农村"人走房空"的现象，广东农业人口有 4100 多万，但真正在农村的人口仅占 1/3 左右。年轻劳动力外出务工，老人和儿童留守在村。留守农民普遍对信息化认识不足，观念落后，限制了农民对信息技术和网络知识的学习能力，导致农民信息素质整体不高。

四、资源整合困难、利用率不高

有关涉农部门高度重视农业农村信息化建设，但由于缺乏统一的规划和顶层设计，也导致了农业农村信息化建设在资金投入、资源管理等方面存在重复建设、职能交叉、各自为政等问题。此外，涉农信息资源分散，缺乏统一的信息标准和支撑数据平台，导致农业信息服务出现信息重叠、信息差异、信息滞后、难以共享等情况，综合利用率不高。

第四节　对策与建议

一、积极推进农业信息化创新发展

（一）提升农业生产信息化水平，加快实现农业现代化

集成地理信息系统（GIS）和全球卫星定位系统（GPS）等信息技术，开发数字化配肥供肥系统，加强物联网等新兴技术在种植业生产环境信息的采集、设施园艺环境设备的智

能调节等领域的应用。研究与推广适合华南地区的智能化养殖设施与系统，运用感知、自动化控制等现代信息技术，实现集约、健康养殖的智能化管理。加快渔场管理、渔情监测、精准养殖等信息化应用和推广，充分利用信息技术对农业生产过程要素进行数字化设计、智能化控制、精准化运行、科学化管理。

（二）加强农业经营信息化，推动农业产业跨越发展

推动农业电子商务发展，支持农业龙头企业、专业户、农村经纪人、农民专业合作社等生产经营主体建立"农家网店"，发展壮大一批特色农产品电子交易平台，进一步推动农产品生产、销售网上衔接，扩大网上交易规模。加大信息技术在涉农企业生产过程控制、农产品档案管理、经营数据管理及电子商务等方面的综合应用。完善大型农产品批发市场LED大屏幕、触摸屏等信息发布查询设施，建设实时交易系统，加速批发市场信息化。推进农民专业合作社信息化，建立和完善农民专业合作社基础数据库，构建面向农民专业合作社的信息服务平台，普及应用信息技术，提升农民专业合作社对农户的辐射带动能力。

（三）加强农业政务信息化，提高农业监管水平

加强农产品市场监测信息化，合理布局农产品市场监测信息采集点，形成覆盖大型农产品生产基地、农产品批发市场、农产品物流和仓储中心的网络化信息采集体系。构建技术领先、监测面广、数据权威、发布及时、功能多样的省级农产品综合信息服务平台。推进农产品可追溯体系建设，健全农产品质量安全监管信息化。进一步完善省、市、县三级动物疫情测报体系，建设动物疫病防控信息管理系统。提高农情信息采集规范化、传输网络化、管理自动化水平。在农情基点县布局建设一批农情信息田间定点监测点，扩大农情调度网络覆盖面，逐步构建省、市、县三级联网的农情调度体系。加强农业应急指挥信息化，重点建设省、地市两级农业应急指挥平台，健全农业突发事件综合预警系统，形成统一指挥、反应灵敏、运作高效的应急机制。

二、建立农村信息化发展长效机制

（一）创新工作体制机制，促进农村信息化可持续发展

通过政府与市场相结合，形成公益与市场互为补充、相辅相成、共建共享、合作共赢的长效机制。充分发挥政府主导作用，加大对农村信息化建设的统筹协调力度，同时，引导和鼓励社会化力量多方参与，调动农村龙头企业、信息技术服务商、农产品批发市场、农民经纪人、种养大户等民间力量推动农村信息化建设。通过增加农民收入、提高农民信息能力等措施，启发广大农民的信息需求，从源头上促进农村信息化的发展。努力形成政府统筹推进、市场运作反哺、公益商业协同的农村信息化新格局。对农村信息化公益性、基础性的建设和服务，遵从政府负责建设或"购买服务"原则，对"公益性服务"坚持以财政投入为主体，对"市场化服务"遵从市场推进原则，是社会经济全部转入市场化轨道。

（二）加大资金投入力度，拓宽农村信息化融资渠道

农村信息化的基础性、公益性和服务对象的弱势性决定了在现阶段政府对农村信息化投入的主体性、先导性角色定位。加大农业农村信息化投入，认真做好组织协调与统筹规划，打破部门分割，加强资源的整合与共享，提高资源综合利用水平和资金使用效率。有条件的地区可在财政转移支付中单列农村信息化专项资金，加大对农村信息化关键共性技术研发与推广、公共服务平台、重大示范工程建设等的支持力度。积极拓展农村信息化建设投融资渠道，鼓励和引导软硬件制造商、电信运营商等社会力量投入农村信息化建设，形成政府、企业和各界社会力量共同参与的多元化投入机制。

（三）加强规范与管理，提高农村信息化工作效率

信息化建设的生命力在于信息设施能够方便、快捷地位农业生产经营主体提供丰富而准确的信息服务。在推进农村信息化工作过程中，要坚持硬件建设和软件建设并举，进一步完善农村信息化发展和网络与信息安全法律法规，落实各级各部门责任，保障信息运行安全。制定和完善农业农村信息化项目建设事前评估、工程建设、运行维护、信息资源服务、应用绩效等管理和评估规范，加强对农业农村信息化项目的管理，定期开展农业农村信息化绩效评估。及时更新网上信息，丰富信息内容，提高信息服务的时效性，真正使信息起到指导农业生产和提供决策参考的作用。

三、完善农村信息化服务体系

（一）凝聚科技创新力量，构建农村信息化创新体系

以整合资源、联合攻关和创新机制为手段，凝聚全省农业农村信息技术领域专家和创新团队，形成支撑全省农业农村信息化发展的产业技术体系和人才梯队。针对广东现代农业发展需求，加强农业农村信息化顶层设计，推动农业产业信息技术集成与创新，面向设施园艺、集约化畜禽与水产等生产经营全产业链，推进农业生产经营的信息化、数字化、精准化，组织技术研发与攻关，立足智慧农业、全息农业、农业云服务发展等开展前瞻性技术研究。

（二）完善信息化服务网络，解决"最后一百米"的问题

完善省、市、县、镇、村五级"三农"信息化管理及服务机构，建立全面覆盖、多级联通、有效运行的农村信息服务体系，规范信息服务点建设，加强信息员培训，推进信息服务向基层延伸。充分发挥农村综合信息服务体系的作用，拓展信息服务站点"村务公开窗口""便民服务窗口""培训体验窗口"的功能。鼓励工艺想服务和盈利性服务相结合，加强基层信息服务站点与区域信息服务平台的高校对接，实现基层站点公共服务化、村民服务便捷化、村务管理一体化，提升信息服务站点推广与普及信息化应用的能力。重点建设与完善省、市、县三级农业综合信息服务平台，制定统一的运行管理标准规范，强化资源整合。

（三）提升服务能力，关注农民生产生活问题

结合农业农村经济发展的关键环节和农民的实际需求，切实提升农村信息化服务能力。充分了解农民信息化需求，开发农民用得上、用得起、用得好的信息化应用终端。以解决农民生产生活中的热点难点问题为抓手，推进信息技术在农业生产经营领域的深入应用，积极建设"国家农村信息化示范省"，加强信息化新技术、新产品和科技成果在农村的推广应用。

（四）加强资源整合，构建农村大数据

从农村、农民和农业的需求出发，推进政务、商务、科技、教育和文化等农村基础信息资源交换与共享。推动"三网融合"，建设"信息乡村"形成覆盖面广、功能丰富、形式多样、高效便民、运转协调的信息网络支撑体系，提高农村公共信息网络基础设施的利用效率和共享水平。强化政府部门对信息的主动采集，加大对有效信息的采集力度、提高对有效信息的分析和挖掘能力，构建可制成农村社会建设决策与农村生产生活服务的农村大数据资源库和大数据应用服务系统。

四、继续推进农村信息化示范工程

突出"以点带面"效应，重点开展农业产业信息化建设工程、农业信息技术应用示范工程等。建立农产品供给安全、农产品质量安全、农业资源利用与管理等信息系统等；开展农业产业信息化工程，积极推进种养殖业信息化、农业经营信息化、农产品质量追溯信息化、农业安全生产信息化、农民专业合作社信息化、农技推广服务信息化；加快"农超对接""农批对接"等"五农对接"信息化示范工程，推动农产品供应链全程信息化服务，不断提升农业现代化水平；开展农业信息技术应用示范工程，如开展农业资源环境监测云服务示范工程、农业物联网重点企业应用示范工程、移动终端农业科技服务示范工程，推动信息新技术应用，带动农业信息化发展。

第二十章　云南：立足特色、持续发展信息化建设

第一节　发展现状

云南省近年来重视农业农村信息化建设，从上世纪的电脑农业到近年来的金农工程和数字乡村，再到当前正在开展的云南省国家农村信息化示范省建设，都在促进农村信息化建设和服务中发挥了重大作用。通过持续的发展建设，云南省在信息网络方面，建成了由电视、广播、互联网组成的三大传播媒介已基本成熟，实现了电视村村通，广播覆盖面积不断扩大，计算机网络则渐渐地被更多人重视和利用。目前，云南省已建立起覆盖省、州（市）、县（市/区）、乡（镇）、村的"数字乡村"网络，共 1495 个网站，其中省级网站 1 个，地州网站 16 个，县级网站 130 个，乡级网站 1348 个。在信息化建设和推广中，云南的农村网民也有很大程度的增长，据 2010 年底的统计云南全省网民总数达 1021 万人，网民普及率 22.3%，网民增长速度全国排名为 17，云南农村的网络硬件设备也更加完备，农村互联网接入条件得以不断改善，这极大推动了云南农村地区网民规模的持续增长。云南已建立了多个与农产品相关的网站，以云南农业信息网为龙头，建成了省、地州和县市各级具有特色的农业信息平台，还有企业建立的云南农业网、云南蔬菜网、云南特色网、云南水果批发网、云南花卉网等。

一、农村信息化示范省建设成效显著

2013 年云南省成为国家农村信息化示范省建设试点，在省委省政府的指导下，云南省科技厅、组织部、云南农业大学协力开展信息化建设，目前已经完成省级综合信息服务平台、信息资源中心和一批专业信息服务系统的建设，并在云南省初步建成了信息服务体系。在资源整合和数据中心建设方面，云南省科技厅和省委组织部联合全省 27 个涉农部门召开了多次专门会议，形成了部门协同工作机制，重点开展涉农信息资源整合与共享，推进互联网、电信网、广电网在农村地区的融合，推进了省级农村综合资源中心建设工作。云南农业大学承担的省级农村综合信息资源中心，现已初步建设完成，总投资 2000 万。该中心

采用 Hadoop 技术框架构建，支持 PB 级别数据的存储及运算，可并行处理结构化和非结构化数据，实现了万级每秒查询。中心现已开发完成"农业基础数据库""特色产业数据库""村务管理数据库"等 8 个数据库；编制完成了《云南省涉农信息资源共享标准规范》；并配套开发了"农业大数据分析管理平台""云南省农产品价格调查系统"和"农情直报与分析系统"等一系列基于大数据挖掘分析的软件产品。

省级综合平台和基层服务站建设方面，云南省委组织部作为示范省省级农村综合信息服务平台和服务体系建设的主体承担单位，多次召开全省综合服务平台建设和业务培训会议。截至 2015 年 12 月 7 日，已完成 10000 个站点建设目标，建成县、乡、村、组服务站点 10971 个。其中：县级站点 310 个，乡（镇、街道）站点 1240 个，村（社区）站点 9376 个，其他站点 45 个。建成免费 Wi-Fi 热点 10971 个，使用移动客户端"服务通"软件用户 55330 人，安装 POS 机 12956 台，监控摄像点 900 个。全省有 91 个县（市、区）开展平台试运行，各地全力整合为民服务事项进平台。目前可通过综合信息服务平台办理为民服务事项近 500 项，已累计办理结算服务事项 23.75 万件，群发便民短信通知 23.98 万次、1052.16 万条；政务公开 8.16 万条；公文收发 1.55 万件；发布民情速递 7.48 万条、党务信息 4.62 万条。

通过信息化示范省建设，2015 年云南省农村信息资源中心、云南省农业大数据中心、云南省级农村综合信息服务平台等均已上线运行。

云南省以云南农业大学为主，开展了系列农业物联网的技术研发和应用研究，在无线传感技术、移动互联技术、质量追溯技术的集成研究方面进展迅速，目前已经在云南省红河州和源商贸有限公司、华曦牧业集团、红河天第绿色产业有限公司、以及云南农业大学大河桥农业科技示范园区进行了示范应用，实现了农产品基地环境信息的实时采集、加工车间的视频监控、基于手机终端和二维码的质量追溯等，在推动云南省农业标准化和产业化方面发挥了重要作用。

二、"三农通"服务农业农村成效凸显

新华社云南分社、中国移动云南公司和云南省农科院携手，2005 年推出"三农通"涉农信息服务（早期名为"聚焦三农"）。这种模式是通过手机，向农民传递最新的三农政策、种植养殖技术、病虫害防治、农资供应、农产品价格、外出务工等实用信息。通过十年发展，云南"三农通"构建了包括 1 个省级服务中心、16 个州市联络站、129 个县级联络站和 1300 余个乡镇信息采集点的"四级采集、三级发布"管理体系；从省级到乡镇发展了 2013 名信息员，涵盖各个涉农部门和行业领域。目前"三农通"实现了云南全面覆盖，服务全省 700 多万农户。

在实践探索中各部门联手将"三农通"打造成信息惠农的四大平台：政策宣传平台，利用"三农通"向农民传播各项政策信息、劳动技能培训等信息；科技支撑平台，根据不同区域的农民需求，"三农通"及时发布种植养殖技术、病虫害防治、农药化肥施用等信息；产销对接平台，发布农产品市场行情、价格信息、供求信息等；就业信息平台，发布何处招工、工资水平、上岗条件等信息。十年来，"三农通"累计发布涉农实用信息 53 万余条次，解答农民群众各类问题 8 万余条次，出版"三农通"丛书 11 册。

三、农产品电子商务蓬勃发展

云南省农产品的电子商务已经形成了一定规模，农产品通过淘宝等综合电商平台进行线上交易，微商模式也初步形成规模，部分有特色的品牌不仅建立了自己的电商平台，而且在产品销售商已经形成一定规模，如云南糖网、花卉拍卖、鲜花饼等。

云南省在 2006 年开通了新农村商网，是一个非常有特色的农产品电子商务平台，云南省 16 个州市都覆盖其中，包括元谋葡萄、蒙自石榴等许多云南省特色农产品品牌借此进入东盟市场。很多国内知名商务平台也在云南设立分站点，宣威火腿、昆明鲜花、蒙自石榴、弥勒葡萄、迪庆松茸等特色农产品实现了线上交易。云南的农产品电子商务已经初具规模，涌现出一大批电子商务网站，目前云南省有一半大型企业运用电子商务进行原料或者零件采购以及产品销售：云南烟草、旅游、花卉等行业和大宗农产品交易基本实现信息化。2013 年云南省政府确定的由云南农业大学牵头与阿里巴巴集团合力推进的淘宝特色，中国美丽云南馆已经持续运营，先后开展了花卉、松茸、石榴、茶叶等多次网上专题营销活动，并借此开通了专业的农产品网站"七彩高原网"，为云南农产品走出去、品牌更有影响力打下坚实基础。2010 年 11 月，总投资达 6.6 亿元的云南农产品电子信息交易中心在昆明投入运行，成为国内西南地区最大、功能最先进的农产品果蔬专营市场交易中心。利用现代化高科技电子信息平台，以新兴的农产品拍卖、中远期现货交易、互联网挂牌交易为主导交易模式，使商户能在第一时间获取农产品最新交易信息。

第二节　主要经验

一、在"特色"上做文章

云南省在农业资源、文化资源、生物资源上更加丰富，生态环境较好，因此不仅具有丰富的特有农产品，而且其质量安全在国内得到更多认可，云南省在电子商务建设中，紧抓这一优势。一方面，借助淘宝等国内电商品牌打造云南省特色商品展销馆，另一方面，加紧建立自己的电商平台，目前也已经出现了很多成功案例。

二、多部门联合开展信息化建设

云南省在确定为信息化示范省建设试点以来，迅速理清思路，完善机制，确定了省委组织部、科技厅、云南农业大学、新华社云南分社联合的建设机制。科技厅和云南农业大学在科技信息资源上具有优势，而省委组织部则已经构筑了强大的信息服务体系和流畅的信息采集和推广渠道，新华社云南分社在建设"三农通"过程中积累了丰富的经验。因此云南省多部门联合的示范省建设机制，保障了云南省农村信息化示范省的顺利建设。

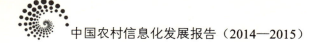

三、发挥面向南亚东南亚的优势

云南省立足于地处南亚东南亚的地缘优势，在农产品经营、农产品物流、跨境金融方面持续努力，目前已经将多种云南特色农产品推向了国家，进入了东盟市场。

第三节　存在问题

一、农村基础网络设施建设不完善

云南省基层农业信息服务网络建设，还远远不能满足农业农村发展的实际需要，目前云南省农村宽带网络的行政村覆盖率不足 50%，部分沿边地区和山区仍缺少有效上网方式，成为该类地区农业农村信息化发展的制约因素。目前乡镇和村一级农业农村信息基础设施建设有待加强，农业农村信息服务的推广应用及其普遍进村入户仍然不足，"最后一公里"的问题相对突出。

二、农业农村信息资源分散、利用率不高

云南省多个部门和单位已经建成了一系列，服务于不同农业领域的信息资源库和信息服务平台，但是在实际应用和服务"三农"方面存在一定不足，主要表现在：平台数量不足，特别是缺少专业性农业生产信息服务平台，难以满足现代农业产业需求；自身服务内容有较大局限，部分平台信息资源开发不足；不同来源的信息服务平台零散，良莠不齐、鱼龙混杂，使用者难以区分；各信息服务平台在农村的示范应用不足、推广宣传有限，农村对其认知不足。

三、地域特色农业信息化技术研究不足

针对产业特点，研发适合地方发展、行之有效的农业信息化技术和软硬件服务系统，是以信息化促进农业现代化发展的前提和保障。云南省地形地貌复杂，具有典型的立体气候特点，有丰富的自然资源和生物多样性资源，产生了多种特色产业，包括烟草、花卉、中药材、水果、良种畜禽养殖等种养殖行业，还包括旅游、民族文化、对外商贸文化交流等方面。针对上述特色产业的地域性信息服务软硬件系统，无论在数量还是质量方面均有待于加强。

第四节　对策与建议

一、加强信息基础设施建设

　　坚持以城带乡、多予少取，坚持政府引导、社会参与、市场运作、多方共赢，坚持统筹规划、协同推进的原则，进行云南省"十二五"期间农业农村信息基础设施建设。一方面，发挥国有大型通信企业的优势，继续实施"村村通工程"，出台相关政策激励国有大型通信企业加快农业农村基础设施建设，特别是对于边远山区、少数民族地区采取政府补一点、企业投一点、地方筹一点的方式，实现这部分地区的通信基础设施跨越式发展。另一方面，围绕农民使用通信和宽带等，制定类似家电下乡的信息服务下乡政策，政府补贴一点、通信企业优惠一点，鼓励农民使用通信设施。

二、加快涉农信息资源整合

　　针对云南省涉农信息资源较为分散且缺乏系统性、权威性服务平台的现状，应进一步加强涉农信息资源的整合，建设农村信息资源中心，实现对农业基础信息、农业生产技术、社会服务、市场信息、农业政策信息等的信息整合、共享。在进行涉农信息资源整合时，应按照政策指导、经济手段引导、分步实施的原则，首先出台相应的信息整合政策指导，鼓励已有的涉农信息平台和单位实现信息的共享，进行涉农信息的初步整合。然后在相关主管部门的指导下，按照逻辑统一、分布有序、服务到位的要求，建设省级农业农村综合信息资源门户平台。最后通过逻辑接口共享各级服务平台的信息资源，实现涉农信息资源的高度整合和利用，逐步形成信息资源和服务平台统筹规划、协调发展的长效机制。此外开发有地域性和针对性的农业信息服务系统也是丰富农业农村信息资源的重要内容。

三、提升农村信息使用者素质

　　随着农业科技和现代信息技术的发展，农业信息使用能力已经成为适应现代社会、推动农业农村发展必不可少的素质，因此需要以政府为引导，科研院所和社会服务机构为主导，广泛开展针对农民信息能力的培训。开发和建设农村信息化培训教材和课件，形成专通用结合、内容丰富多彩、形式多样的农村信息化教学资源库。充分利用现有培训条件、组织、实施一系列农村信息化人才培训工程，对各级领导干部、信息技术骨干和专兼职农村信息员进行培训，提高农民在认识信息、处理信息和使用信息的能力。

四、完善农村信息服务体系

建立和完善省、市、县、乡、村农业农村信息服务体系是推动农村信息服务的保障，云南省农业农村信息服务体系的建设，与日益扩大的农业农村发展需要还有一定的差距，需要整体规划，加大政策引导作用，创造良好的社会和政策环境，发挥农业龙头企业、专业合作组织、农业院校、科研院所等各自优势，让更多的企业能够参与到农业农村信息服务领域中来，提高农业信息服务的多样化和高效率。

五、提高农业信息服务水平

针对云南省农业农村信息化服务缺乏、服务水平较低的现状，在丰富的信息资源、完善的信息服务体系基础上，努力扩大农业农村信息服务范围，不断提高农业技术推广、文化教育、医疗卫生、就业保险、电子商务等公共信息服务水平。在农业领域，充分发挥信息化技术在信息量、传输速度、精确性、智能化等方面的优势，应用于农产品的生产、加工、运输等环节，实现农产品和农资的数字化配送、电子交易等，利用信息技术促进现代科学技术在农业生产中应用，提高企业及农户的信息化使用能力，逐步扩大生产经营规模，实现农业产业化发展。

企业推进篇

中国农村信息化发展报告（2014—2015）

第二十一章　中国移动：助力"互联网+"现代农业建设

　　随着国务院发布《关于积极推进"互联网+"行动的指导意见》，农业信息化领域的创新拓展也迎来了一些新的机会，各项工作的开展也得到了方向指引。中国移动作为拥有全球最大移动通信网络和全球最大用户群的主导通信运营商，通过自身 TD-LTE 宽带无线网络和云计算平台能力，多年来为中国的农业信息化建设，提供了众多的通信管道和链路资源服务。同时，在"互联网+"浪潮下，我们的服务内容正向着综合信息服务迁移，中国移动正通过开拓农业物联网应用，打造农业数据云平台，强化 12582 农信通平台的信息交互和电子商务等渠道优势，强化自身在农业信息化领域的重要作用，按照"指导意见"要求，促进"互联网+"时代下以移动互联网、云计算、大数据、物联网为代表的新一代信息技术与制造、能源、服务、农业等领域的不断融合和创新。

　　新时代的互联网企业在农业信息化，尤其是农业电子商务等领域正在持续发力，而顺应市场发展的中国移动，也一直通过自身的庞大平台和服务能力，进行产业转型，在"互联网+"现代农业发展中借助自身通信网络和技术优势，将致力于以下几方面重点工作。

　　利用 12582 农资电商平台，提升农资流通效率；利用互联网、手机等渠道搭建农业技术培训平台，提升农业生产者农业技术水平；建设农业信息发布云平台，解决农业信息不对称问题；利用物联网技术和大数据技术，对农业生产进行管理、监控和优化，提高农业生产效率，降低生产成本，减少病虫灾害影响，保障农产品质量和安全，提升农产品的附加值；利用线上渠道和物流配送平台，减少农产品流通环节，提高流通效率、降低物流、仓储和交易成本，并及时反馈市场信息；利用农产品溯源平台对农产品质量进行监控和把关。

　　以上这些工作的推进，无不依托于中国移动在农业信息化领域的核心能力优势。

　　1. 网络及服务优势：拥有覆盖广大农村的网络资源，"村村通工程"累计为 11.8 万个偏远村庄开通电话服务，为 2 万个行政村开通宽带服务，农村服务网点达到 70 万个。

　　2. 农信通业务先发优势：通过打造 12582 农信通平台，满足了农村市场的农产品产供销、农村政务管理和农民关注的民生问题等信息化需求，并积累了丰富的用户资源、渠道资源和运营经验。截至目前农信通用户数量已超过 6000 万。

　　3. 农业物联网技术优势：中国移动积极推广物联网技术在农业中的应用，已经在多个省区应用自动灌溉、农产品质量安全追溯、温室大棚无线监控、动植物疫病防控等技术。

4. 云计算和大数据能力优势：依托中国移动云计算和大数据优势能力，为构建"互联网+农业"平台打下了坚实的基础。

下文将从中国移动在农业信息化方面的工作、各地典型成功实践，以及"互联网+"时代中国移动下一步助力农业信息化工作思路等几个方面展开介绍。中国移动希望在"互联网+"时代的智慧农业、现代农业信息化建设过程中，扮演更重要的角色。

第一节　农业信息化工作稳步推进

中国移动作为国有重要骨干企业，近年来非常重视落实"服务三农"的指导思想，以助力政府落实农村信息化建设为己任，发挥自身优势，提出了"三网惠三农，助建新农村"的工作目标——即利用信息通信技术优势，构建"农村通信网""农村信息网""农村营销网"为广大农业、农村、农民提供服务，助力社会主义新农村建设。

农业部《关于扎实做好 2015 年农业农村经济工作的意见》指出，我国经济发展进入新常态，农业农村发展正经历深刻变革，要积极适应新常态，迎接新挑战，坚定不移地加快转变农业发展方式，大力推进农业结构调整，加快推进农业现代化，努力开创农业农村经济工作的新局面。

一、继续推进"进村入户"

中国移动不断扩大偏远农村地区的移动通信接入，普及并完善通信基础设施，提高农村通信网络质量，保证农村地区用户"用的上"，同时也为农村信息化开展奠定了网络基础，更为促进农村社会经济发展发挥了重要作用。

中国移动"村村通工程"累计投入超过 340 亿元，累计建设基站 4.2 万个，解决约 9.8 万个村通电话。据工业和信息化部《关于下达 2013 年"通信村村通"工程任务的通知》（工信部电管〔2013〕116 号）文件精神，中国移动积极承担了西藏、新疆、四川等 17 个省的通电话和通宽带任务，在 2013 年完成 7129 个自然村（含寺庙）通电话、9331 个行政村通宽带、1767 个农村学校通宽带，随着中国移动在西藏自治区尼玛县央龙曲帕村开通移动基站，我国已实现 100%的行政村通电话，进一步提升我国的农村信息化水平。中国移动还加大农村实体营业厅建设力度，大力拓展乡村服务网点，改善农村地区客户入网难、交费难的问题，已建设农村营销网点超过 70 万个。

二、推广"12582"农信通应用

12582"农信通"搭建了全国规模的三农信息服务平台，提供农业专家语音咨询、农业专家远程视频诊疗、农业电子商务直购直销等近 10 项农业综合信息服务。例如，"百事易"提供价格行情、农业科技、惠民政策、新闻资讯、创业致富、生活娱乐等信息，与广大农户手牵手、心连心，助推合作社和种养大户生产销售；"农情气象"整合天气预报、农情提醒、生活指数、空气质量、黄历等信息，为城乡居民提供量身定制的气象信息服务；"农技专家"权威解答涉农技术问题，一通电话将农业科技送至田间地头；"政务易"打通"县—镇—村"信息化通道，为基层政府提供信息发布、政务办公、基层党建等服务，实现对内办公、对外宣传以及服务群众，推进阳光政务，解民难，暖民心；此外，每月定期发布市场行情监测报告并开展社会热点专题解读，提供专业化的信息服务。"商贸易"服务立足于农产品的产、供、销环节，切实帮助解决农产品卖难买贵问题。

12582 农信通业务是通过中国移动覆盖农村地区的网络资源，基于手机、PC 等终端，通过语音热线、短彩信、WEB/WAP、APP 等方式，将政府农业部门、农业科研机构、农业院校、涉农企业、信息服务站提供的农业信息及时传递到涉农客户，满足农村市场的农产品产供销、农村政务管理和农民关注的民生问题，等信息化需求的一项中国移动自有业务。

中国移动 12582 农信通平台，已经在部分省份实现农村合作社等产供销一体化对接，实现在线的农产品销售推广，通过"12582 农信通"服务，提升农产品流通性，提高农民收入的同时，也降低了因供销不畅造成的食品原材料价格上涨，影响民生的风险。同时 12582 还开展农业气象、惠农政策等一系列应用频道。

此外，中国移动还积极配合 12316 农业信息综合服务平台的建设工作，在农业部"共同推进农村信息化战略合作协议"的指导下，还在各省启动了 12316 三农信息服务、农机调度信息服务、农情信息采集、现代化农业示范基地及农商对接平台等多项合作。

三、物联网等新模式助力现代农业生产

中国移动在全国专门建立了一张用户物联网应用的核心专网，能够实现基于无线网络的定位、调度、状态监控等综合服务，通过在农机机载监控终端内嵌物联网专网 USIM 卡，即可便捷实现管理调度，例如在农机调度领域建立类似"滴滴打车"的"农机宝"服务，打造区域性乃至全国跨省 O2O 服务平台，在农机所有者和农机使用者、需求人之间促成直接联络沟通。

基于物联网专网平台，中国移动已在全国推出一系列惠农物联网应用，实现了生产中的自动化控制、监测、预报等功能，极大提升了农业生产的现代化水平。中国移动已经在安徽、山东、甘肃、新疆等多个省区的应用温室大棚安装了无线监控技术，农产品质量安全追溯平台、物联网总控平台和农产品二维码扫描技术应用。并在智能化滴灌、水利信息化等方面进行创新，加速推进传统农业向现代农业转变，助力农村现代化的发展。

第二节　中国移动农村信息化经验分享

中国移动在农村信息化建设领域也取得了一些阶段性成果，通过各地一些试点性应用形成优秀实践，进而通过全国推广，减少东西部差异，拉动全国各地区农业信息化的均衡发展。

一、测土配方应用范围不断扩大

中国移动在吉林、沈阳等省份与当地农委联合提供农村"测土配方"应用，成功的将最有价值的种植科技信息推广到一线农民身边，形成全国亮点性应用，目前已在多个省份上线运转。该项目整合移动 4G，LTE 无线通信网络资源、移动网络专线资源、位置基地GIS 资源、物联网基地物联网感知资源等多种内部自有资源，为农业部量身打造全国统一的测土配方施肥登记、查询系统。

测土、配方、施肥手机定位指导服务平台，帮助农民站在自家地块往 12582 农信通平台拨打电话，通过语音引导选择自家地块的种类和所要种植的品种，测土、配方、施肥指导意见将会以短信的形式发到农民手机。极大方便了农民选肥、配肥、购肥。在这个过程中，农户不需要购买额外设备，也不需要安装任何软件，即可享受到施肥指导信息，可以减少化肥的盲目投入，提高粮食产品，可以得到节本、增效、保护环境等多方面收益。

测土、配方、施肥手机短信专家，指导服务实现了"测土、配方、配肥、施肥指导"四个方面服务功能。通过手机定位、语音短信服务等方式向咨询的农户提供该农户家的土地现有测土数据，并根据农户种植品种给出科学施肥配方指导。移动手机用户只需站在自家地块，拨打电话→进入测土配方施肥指导服务→选择作物种类→选择地块地力等级→确认定位→定位成功→收到平台下发的农户家当前地块的测土配方指导信息。

在实施测土、配方、施肥技术推广工作过程中，一方面，向农民宣传讲解测土配方施肥的科学知识，另一方面，向农民传授了科学种田的其他实用技术，比如大垄双行覆膜技术、优良品种引用、病虫草害防治技术等实用技术受到农民的欢迎，在一定程度上起到了传播科学实用技术的作用，农民在生产中学到了技术，在种田中提高了素质，调动了科学种田的积极性，也辅助了农村地区信息进村入户工作的进行。

目前中国移动吉林公司 12582 平台提供的测土配方施肥定位服务，已被农业部确认为"北方五省区测土配方数据中心"，现针对辽宁、黑龙江、黑龙江农垦、内蒙古、吉林五省区用户服务，2015 年用户使用量 30 万人次以上。

二、农机跨区作业调度提高生产效率

中国移动率先在陕西省联合省农业厅、省农业机械管理局合作开发了农业机械跨区作业远程服务系统平台，包括农机定位系统、信息交互系统、服务网点标注系统、农机呼叫中心四大模块。

该系统平台作为全省农业信息化的集中管理平台，由省调度中心、车载终端等部分组成，支持分级管理，包括省、市、县及农机经理人等不同级别权限划分，系统管理人员通过人员身份配置来管理系统内的各种角色，并分配给角色所能操作的菜单。角色对应了某一类工作队伍可以操作的功能菜单，例如各县农机部门只能监测到所在县的农机情况，省调度中心可以监测到全省农机信息。平台实现农机作业全程监控指挥，对农机手进行点对面、点对点信息服务。

农业机械跨区作业远程服务系统平台的开通，在方便农机手间联系的同时，也会为农机手节省大量的通信费用。平台充分发挥农机系统和移动公司的资源优势，架起了农机管理部门与农机手沟通的桥梁。农机手可以及时获取农机政策及优惠信息，方便快捷地查询农机法规、购机补贴政策、跨区作业、新农具推广等各类农机信息，提高农机操作水平和经营能力，促进农民增收，节约农机手之间通信费用。

中国通过将 12582 农信通平台与各省农委农机局合作，通过 12582 语音平台、易农宝APP 实现农机对接及农机作业补贴服务，结合 GIS 地图应用的搭建，已经在部分省份实现农业机械上开展农耕深松作业的自动化对接测试。

三、大棚温室监控典型物联网应用

为解决西部地区干旱频繁水资源缺乏等问题，农田灌溉的有效管理对于智能灌溉系统和农田物联网监测应用的迫切程度远高于其他地区，但恰恰西部地区信息化水平相对滞后，在这样的大背景下，中国移动将东南省份成熟的物联应用，拓展复制到西部省份，更加凸显信息化对当地的扶植作用。

以新疆为例，新疆地区严重缺水，从水资源总量来看，新疆居全国第 12 位，约占全国水资源总量的 3%，而国土面积却占 17.3%。粗放的农业生产方式和过度开采，地下水位在逐年下降，用水紧张的问题日益突出。治区政府以大力推进设施农业发展为突破，投资建成了大批温室大棚，并借助中国移动温室监控物联网应用，加强了对大棚温室的高效管理，仅在吐鲁番地区的 1.3 万多座温室大棚，通过信息化管控，每年可节约相当于 1 万多亩大田的用水量。

农业大棚的生产种植，与传统农户耕作的大田不同，大棚是一种封闭的人造小环境，作物生长环境是人为创造的一种生产环境，需要对空气的温/湿度、土壤温度和含水率进行监测，如这些监测项目的变量突然发生超过阀值 40% 的变化，时间长于 4 小时，最轻的损失将直接影响 4 个月的收获。随着旱情的不断恶化，对与大棚节水要求也有着严格的要求。因此大棚生产中，需要对生产环境数化，对与大棚节水要求也已有严格要求。因此大棚生产中，需要对生产环境数据进行实时监测，并根据需求对环境参数进行实时控制。

中国移动配合地方政府和地方农委在温室大棚开展了物联网农业自动化应用项目，实现了农业生产环境远程自动监测、自动化灌溉无线控制和自动施肥管理。作为新一代的物联网技术应用，既帮助了农民满足了温室大棚远程监控、方便管理需求，又依靠先进的物

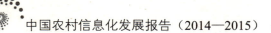

联网技术、无线通信、传感器技术综合集成，节约用水，科学施肥，提高生产力，为农业种植户带来了理想的收益，取得了良好的经济效益和社会效益。

四、推动基层农技推广服务云平台

为了进一步深化基层农技推广体系改革与建设，提升基层农技推广体系信息化水平，创新基层农技推广方式方法，加强农技推广机构管理，利用互联网、3G、4G、云服务，大数据等现代化信息技术，武装基层农技推广人员，全面提升服务能力，让农业技术人员插上信息化的翅膀，中国移动积极配合各区农机农技推广应用的开发和推广。通过基层农技推广服务平台"种植宝"的应用，以互联网、智能手机等现代化信息终端为平台，满足农技服务、工作管理、日志上报、在线交流、信息查询等应用，实现农业技术推广网络管理、智能化服务、专业化培训、个性化指导应用。

以广西省为例，为推动广西贺州地区种植业大市场的发展，改善当前种植业的供销结构。中国移动贺州分公司推出"种植通"平台，此平台是针对种植行业"农业局+农户"模式推出的行业信息化服务平台。通过"种植通"平台，可以加强农业局和农户之间前的信息传递。通过"种植通"平台，农户们还可以方便地了解到农产品等的病虫害防治技术、种植技巧等，用农户的话说，"坐在家里就能学到种植知识，不用跑到镇上去，省事多了"。通过中国移动提供的 MAS 产品，拟建设"种植通"平台，为农业局建立短信、手机客户端服务平台，配合农业局与农户管理系统为农业局内部及农户户之间提供了方便、快捷、多渠道的服务。

第三节　中国移动农村信息化工作方向

一、持续完善农村网络覆盖

网络是信息服务的基础，农村信息站的有线互联网接入，村镇田间的 4G 无线网络覆盖，都是"互联网+"时代各项物联网服务和信息应用开展的前提和基础。中国移动在农村信息进村入户、信息点建设方面，将继续发挥基础网络强大能力，在农村网络建设、全国农业信息化数据大集中平台建设方面，提供骨干网建设支撑服务，基于 MSTP/PTN /OTN 等先进传输技术传输业务，建设农业骨干数据专网，为全国统筹发展农村信息化、大数据决策分析等建立良好的基础通信通道保障。

农业信息化、农技推广首先得有互联网，现在无论是性能、平台等都不够，无论是对农业，还是农村，网络要成为更高性能、更广泛普及的基础设施，大家都要能用得起。基于中国移动当地覆盖的有线网络资源，提供宽带、无线固话、电脑（根据规模，可以采用目前应用广泛的"瘦客户机""云终端"等模式），通过当地农业主管部门或政府统一建设安排和经费拨款，实现面向农民的普惠化信息服务。

在有条件的相对发达地区，基于 4G 智能手机或信息点 Wi-FI 网络建设，将信息点信息资源的使用习惯向个人移动终端迁移，更好的实现农业云平台、12582 农信通服务科目的进一步落地。

二、推动农民智能机使用门槛降低

智能手机已经开始替代传统 PC 终端，越来越多的成为农民信息获取的工具，基于 12582 的农业电子商务、农技专家咨询热线、农业信息知识库查询等通过智能手机 APP 能够为更多农民所用，田间地头分秒之间即可通过无线互联网获取一手知识。培育懂技术、会经营、懂移动互联网的新型农民。

中国移动一直致力于推动国内手机终端产业链的健康发展，拉动低成本千元智能终端的上市，支持 TD-LTE 的全新 5 模 10 频终端价格不断降低，同时为了响应国家提速降费政策号召，中国移动手机业务资费也在不断优化调整，尤其在农村地区提供着非常适合广大农民使用的优惠套餐。

下一步在基本的村级虚拟网方面继续推广，组建村级或农技人员虚拟网，实现对村委、农业大户、农技员之间的便捷通信渠道，同时开展更多优惠的智能手机销售推广政策，并建立更多"互联网+"时代的农业农技 APP 应用，通过在基层营业厅、农村信息站等设立手机应用和培训专员，提升广大农户对智能手机和农业 APP 使用的接受程度，真正让农民也体验到移动互联网的优势和便捷。如基于农民信箱开发的掌上农民信箱，主要为农民用户、全省农业专家、各级农技管理员提供一个通过手机了解政策和技术信息、发布买卖信息、提供技术咨询、问题交流、信息分享平台，是让农技专家与农民更紧密联系，促进农业生产和管理的一款 APP 应用。另有如部分省份试点的掌上农家乐、移动农机 110 等，帮助农民生活信息交互更便捷，农业技术信息获取更快捷。

三、探索"互联网+"时代农业创新应用

（一）建设农业信息云平台

农业云、农村电子商务的进一步发展，大数据在电子商务领域的应用不断强化，未来在农业信息化方面的重要性必将不断提升。中国移动目前大力发展云计算应用，已经助力教育、医疗行业打造了行业云平台，而在农业大数据、农业云平台应用方面也在部分省市有所试点，移动以云计算能力，大数据能力，位置基地 GIS 服务能力，物联网感知能力，4G LTE 专线传输能力等移动优势能力有效整合，以土地资源信息平台为基础和核心，打造"农机指挥调度""农产品溯源""测土配方施肥""农业信息发布"和"智慧农业云"等多领域的应用服务。

加强对农业大数据的研究和利用，从农作物生产到运输收购、下游销售等各个环节，化肥、农机、农药，每个人、每个农户，各个环节、各个元素的信息海量汇聚，分析提炼成为有价值的工作指导和决策依据。

（二）构建农村电子商务应用平台

要充分认识到农村电子政务对打破信息不对称、加速农产品流通的重要意义，基于中国移动已经具备的 12582 全国农信通服务平台，并与地方各领域农业电子商务平台进行整合互通，在加强农业电子商务大数据互通互享、打破信息孤岛的大环境下，树立鲜活农产品、优质农产品的品牌效应，通过电子商务和现代物流体系打通生产者与消费者之间的关系，提升农民直接收入，从而引导广大农民重视和投入到精品农业工程。

利用先进的在线支付、手机钱包等业务服务，帮助广大农民快速回笼资金，在电子商务一买一卖之间缩短现金流循环周期，利用中国移动强大的手机支付和金融服务新模式，搭建农村电子商务安全支付平台。

（三）打造农药化肥等专项防伪验证应用

针对假冒种子、有毒农药、失效化肥等影响农民生计的重大危害，基于中国移动物联网集成服务能力，帮助农业部在全国打造统一的一个农业物资防伪溯源管理云平台，种子、农药和化肥等企业，通过平台进行产品的二维码管理、验证和进销存管理、安全追溯服务。各个农业企业可通过账号登陆等方式，实现种子、化肥和农药等领域农业生产物资的生产资质申请、农业物资登记、种子农药溯源认证等各类服务申请、审批、查询。还可以结合物流配送实现相关领域的电子化进销存管理，帮助对口企业提高业务效率。

以各类农产品的可追溯标识为主线，利用物联网技术把农产品生产、流通和消费环节中的养殖、种植、防疫、检疫、物流和监督各个环节贯穿起来，全程记录并跟踪农产品主要业务和监管数据的信息系统，为农业部或各地农委建立统一的农产品信息追溯云平台。

（四）继续探索农业物联网应用

农业物联网类应用目前已经广泛开展，如大棚监控、自动化滴灌、智能生产、农产品溯源等应用不断复制推广：如浙江省金华市浦江葡萄园物联网示范基地，通过手机能够精确自动监测控制葡萄园大棚的温度、湿度、光照等数据，自动开启或关闭水泵等设备，实现自动浇灌，并通过手机上网，实时对大棚内的变化进行高清视频监控，防止葡萄被盗或被毁。如宁波滕头村的大棚温度控制，无线技术传递灌溉、温度状态到农民手机上，使农民掌握大棚温度、湿度，及时调节，保证蔬菜良好生长。

然而在"互联网+"时代，以上这些应用只是农业物联网应用群的冰山一角，在万众创新大潮下，按照现代农业发展和指导方向，结合物联网定位能力和 GIS 地理信息系统，实现地块精细化管理，探索智能灌溉、精准播种等全自动、智能化现代农业，正是中国移动正在努力的方向。

农村信息化建设是一项长远而有意义的工作，中国移动将作为重点工作持续推进和发展；让我们一起努力，高效而务实地做好信息化服务三农的各项工作，为构建和谐社会主义"新农村"贡献力量，为打造"互联网+"创新农业提供有力的技术和网络、业务支撑保障。

第二十二章 中国电信：全力推进"互联网+"现代农业

为贯彻落实《国务院关于积极推进"互联网+"行动的指导意见》有关要求，大力推进互联网技术在农业农村工作中的应用，中国电信在农业部的指导和支持下，积极实施"互联网+"现代农业专项行动，在加强农村网络基础设施建设的同时，重点打造了"农技宝"和"益农服务"等系列应用平台，在网络惠农、科技智农、信息益农等方面取得了一些成效，以强烈的社会责任感，推动农业农村信息化发展。

第一节 与农业部门积极合作推进农业信息化

在中国农业信息化发展势头良好的大趋势下，为全面落实《国务院关于积极推进"互联网+"行动的指导意见》和与农业部签署的《共同推进农业信息化战略合作框架协议》，中国电信积极利用云计算、物联网、3G等通信技术运用于农业，落实投资，加快农村信息基础设施建设，并整合资源，做好基层农技推广服务云和信息进村入户平台的集约运营，服务全国，真正让创新开花结果，由"盆景"转化为成片的"风景"，助力信息普惠"三农"。

2014年5月29日，全国信息进村入户启动，中国电信全面参与，牵头发起倡议，作出5项承诺、提供5项免费服务。会议现场中国电信与试点10省签约合作协议。

五项承诺：一是履行国有企业社会责任，担当"农业信息进村入户"服务主力军。二是秉承用户至上、用心服务的理念服务于广大农民朋友。三是发扬务实创新的优良传统，为"农业信息进村入户"提供支撑。四是坚持开放合作模式创新，以更开放的心态、更包容的胸怀、更有效的机制与产业链上的合作伙伴共谋发展。五是整合中国电信各方资源，响应政府少花钱、农民不花钱的号召，努力提供五项免费服务。

五项免费服务：免费提供农技宝平台、12316云呼叫平台、益农社免费提供Wi-Fi、提供12316免费热线电话、农民拨打12316免收长话费。

2014年7月31日，在农业部指导下，与中国农业科学院成立了"国家农业科技服务云平台联合实验室"，共同将"农技宝"平台升级优化。这次成立联合实验室是在战略合作框架下，更加深入的一次合作与实践。中国电信作为国有重要骨干企业、国家信息化建设的主力军，一定积极发挥在互联网转型发展中，积累和形成的信息化应用、云计算、服务等方面的优势，扎实推进联合实验室建设、项目实施和成果转化，突出研企合作的价值与带动作用，让信息化建设得到发展、农业科技得到创新、广大农民得到实惠。

2014年10月，中国电信积极参加山东省青岛市的2014农业信息化专题展，同期高同庆副总经理在农业信息化高峰论坛上进行了"智惠新三农·共筑中国梦"专题发言，获得陈晓华副部长和全场嘉宾高度肯定。

2015年1月23日，为全面加强农业科技服务云平台建设，认真规划2015年农业科技服务云平台联合实验室工作及今后发展战略，在中国农业科学院举行了农业科技服务云平台联合实验室2015工作计划暨"农技云V1.0"发布会。

2015年3月27日，农业部副部长余欣荣到中国电信调研农业信息化工作，召开座谈会听取落实战略合作框架协议，推进信息惠农工作进展。余部长指出为便于更好的服务与管理，要大力开发全国信息进村入户总平台。

2015年5月，中国电信发布"互联网+"行动白皮书，将"互联网+现代农业"作为中国电信"互联网+"四大重大行动之首。

为进一步落实与农业部的合作协议，中国电信集团公司成立了，以集团公司副总经理高同庆为领导小组组长的，农业信息化专项工作团队，工作团队由集团政企客户事业部和市场部牵头，并在政企客户事业部成立了专门的农业部门——现代农业营销拓展部，北京研究院、浙江省公众信息产业有限公司、四川天虎云商、广东亿迅科技有限公司、江苏智恒信息科技服务有限公司等单位主力支撑。

第二节　积极做好网络与服务保障，为农业信息化奠定基础

一、农村基础信息网络建设

中国电信2014—2015年持续实施"宽带中国·光网城市"战略，推进"百年电信百兆中国"光宽带发展战略。扩大光网覆盖，2015年计划新建FTTH光端口4200万个。

1. 发达地区，农村光纤已全覆盖。

2. 欠发达地区，将持续投入，补充覆盖。

（1）响应国家号召，开展"宽带乡村"试点，2014－2016年在四川偏远乡村投资6.5亿元。

（2）落实农村宽带应用和网络建设示范工程，2014－2015年10月，在广西、甘肃、陕西、宁夏4省投资2.6亿元。

在农村地区，根据用户的不同需求和公司的资源情况，因地制宜地采用光纤、ADSL、3G等多种技术手段相结合，为用户提供差异化的宽带业务。截至2015年6月底，农村地区3G（EVDO）平均覆盖率达到94%，明显优于其他运营商。

二、落实宽带提速降费服务保障

宽带速率保障主要通过演示体验、速率明示、速率高配、上行提速、现场测速、速率达标六个方面，确保用户对宽带速率的感知。

百兆宽带差异化服务主要通过快装、快修、贴近服务、停机复开、延伸服务优惠五个方面体现百兆宽带差异化服务。

通过互联网手段解决宽带的服务问题，在线上受理、透明查询、自助测速与排障、服务提醒、网上续约 5 个方面提升宽带业务服务效率。

三、做好 4G "五优" 服务

实施 4G "五优" 服务，加快提升 4G 在网络、业务、渠道、终端、关怀 5 方面服务能力提升。

1. 网络方面，开展 4G 网络 "建设大提速、质量大提升" 大会战，采用同步优化模式，滚动开展基础覆盖优化、专项场景优化、系统优化，全面提高覆盖质量。

2. 业务方面，积极响应国家要求，降低流量价格及国漫资费；优化服务提醒，实现提醒可定制可取消。

3. 渠道方面，实现线上渠道方便快捷，实体渠道尊贵体验，10000 号快速响应。

4. 终端服务，突出终端特色，做好售后服务保障，同时加快推动了智能机在农村的普及，农村区域智能机年度销售超 1000 万部，为农村信息应用的普及奠定坚实的基础。

5. 关怀服务，整合客户权益资源，推广 "星级" 服务。

四、信息惠农、关注民生

1. 全面参与新农合建设：中国电信在甘肃、山东、河北等 21 个省市，通过建设新农合、中小医院 HIS、社区卫生服务等平台，已覆盖约 77 万基层医疗机构。

2. 健康心翼助力农村医疗：中国电信在安徽省芜湖市、山西省吕梁市、西藏、江苏省徐州市、山东省徽山市、湖南省澧县市等区域全面开展 "健康心翼" 项目，帮助农村地区提升医疗诊疗水平。

3. 点亮村小改善教育条件：中国电信通过重点支持校校通网络接入和班班通教育资源云平台打造，改善农村中小学基本办学条件，缩小城乡教育差距，实现优质教育资源共享。

4. 亲情小屋关爱留守儿童：中国电信免费提供亲情电话终端、免费提供翼校通软件平台，搭建留守儿童与家长沟通的桥梁，搭建留守儿童与家长沟通的桥梁。

第三节　积极创新特色农业农村信息化应用

为进一步落实与农业部合作协议，中国电信利用基础通信资源、云资源、大数据分析能力、服务体系、农村用户基础、渠道等优势，会同农业部加快推进全国农业农村信息化建设，让农业发展搭上信息化快车，用信息技术武装农业，用现代科技推动农业转型升级，缩小乡村与城镇之间的数字鸿沟，重点打造了基层农技推广云平台和信息进村入户总平台。

一、基层农技推广云平台

中国电信本着"政府主导、社会参与、市场运作、农民受益"的基本思路，充分利用网络、技术、人才等优势，围绕转变农业和农村经济发展方式的战略任务，积极探索利用现代信息技术改造传统农业、服务现代农业的途径和方式，为农牧系统提供多功能、全方位的综合信息服务。努力推广农业技术，推动农业创新，以信息化指导农业生产，助力农业系统进一步提升科学化管理、系统化运作能力，共同促进"智慧农业"的实施进程，全面提升农业农村信息化水平。

（一）基层农技推广云平台概况

基层农技推广云平台（简称"农技云"）是在农业部的指导下，由中国农科院和中国电信联合开发、为基层农技推广提供全方位服务的综合信息服务云平台，是国家农业科技服务总平台的一朵"云"。"农技宝"应用是"农技云"平台的客户端应用，依托于中国电信的宽带、移动通信网络，提供一套满足农技推广交流互动、推广服务管理等应用需求的综合信息服务。通过农技云平台，可以实现利用手机、互联网等手段，方便快捷地实现通知公告、日志管理、农户圈、通信录、农技知识、12316移动坐席等农技推广信息的服务。

"农技宝"应用的目标是覆盖全国58.5万农技推广人员，通过农技人员带动176万种养殖大户和示范户，服务对象分为三种角色群体：管理员、农技员和农户。不同的对象有自己相应的业务模块，管理员通过"农技宝"管理平台进行管控，农技员使用农技员版的手机客户端应用，农户使用农户版手机客户端应用。相互独立又相互依存，形成一套整体的联动的信息化管理平台。

"农技宝"管理平台根据行政区域的划分为农业部门设置多级管理员，各级管理员分权分域管理，上级管理员可以管理查看下级管理员的各项工作、下级管理员只能管理自己职权范围内的相关工作，同级行政区域管理员之间相互独立、互不干扰。管理员负责发布各种政策信息、公告信息、工作任务以及负责管理日志系统、数据的统计分析、系统管理等各项日常工作。农业部门管理人员可以随时查看具体农技人员的工作情况，所在位置，工作统计分析报表等，达到精细化的管理效益。

管理部门无需投资建设"农技宝"信息化管理平台，无需承担平台的维护扩容费用，无需进行信息系统的规划，通过订购"农技宝"手机终端应用服务套餐，即可即拿即用，操作简单，使得农业部门以最小的投资，达到最大的经济效应。

（二）基层农技推广平台成效

"农技云"平台部署于中国电信的云资源上，可按需快速扩容，及时满足基层农技推广的需要。2014 年 4 月 29 日，中国电信与农业部共同召开了"农技宝"启动会，率先在安徽省蚌埠市试点。

"农技宝"经过一年多的试点和试用，拉近了农户与农技员的服务距离，使得农技员、农户能在第一时间获取自己所急需的政策信息、农技知识、农资产品信息、价格信息等，对推广新的产品、新技术起到极大的促进作用。在出现大面积病虫害、自然灾害时，使得农业管理部门能第一时间了解病情、灾情，为农业管理部门做出快速正确的响应和部署提供参考依据，具有良好的社会效应。

截至目前，"农技宝"覆盖 29 省、1046 县、80.4 万农民，农技员与农户互动 1300 万余次，发送农事提醒 21 万次，农技员下乡服务 54 万余次，深受广大农民群众的喜爱。

（三）基层农技推广服务典型案例

案例一：百嘉"农技宝"拓展农民致富路

"赣州市场的萝卜比吉安的每斤贵 0.2 元"，1 月 11 日清早，万安县百嘉镇农技站农情信息员郭明的手机上收到了一条最新信息，他马上把这条消息告诉了蔬菜大户张飞，刚装好车的张飞调转车发往赣州。就这一条小小的信息，让张飞的一万斤萝卜多赚了 2000 元。这是该镇"农技宝"拓展农民致富的一个缩影。

为帮助农民增产增收，及时掌握农业信息，推进科技入户工程，百嘉镇农技部门与电信部门合作，通过电信平台，为广大农户提供高效便捷的"农技宝"推广服务，涉及专家会诊、农技知识、价格信息等多个板块，实现农业技术推广网络化管理、智能化服务和个性化指导。"以前遇上这么冷的天，想找人到大棚里帮着看看要到农业服务站去，现在专家们用网络登门，送的不仅仅是科学技术与指导，是给我们送来了财富呀！"郭明高兴地说道。

案例二：四川南充举办"农技宝"培训

四川新闻网南充 9 月 11 日讯（周亮）"假如你家黄瓜叶子有点发白，你不知道怎么解决，你就可以用手机拍了下来，用手机登录"农技宝"，通过发送图片、查看相关信息、询问在线专家，那么一切问题都解决了"9 月 2 日上午，由蓬安县农牧业局科技教育站与电信公司联合举办的"农技宝"网络平台应用培训会在县在农牧业局二楼培训室召开。

培训会上，电信公司技术人员现场演示"农技宝"开展技术服务和手机互动的流程，从登录、查看任务、通知公告、上报工作日志、田园相册、建立农户圈、咨询专家、农产品买卖等方面进行了逐一讲解，并针对现场提出的问题进行了疑难解答。

据了解，"农技宝"是蓬安县推出的一个农技推广综合服务平台。该平台是由国家农业科技服务云平台，依托于宽带、移动通信网络、呼叫中心、云计算等技术手段提供一套满足农技推广交流互动、农技服务管理等应用需求的综合信息服务。提供农技员、农技专家的服务考核管理，农技知识学习与普及宣传，农技一对一服务，农产品（农资）价格、农产品（农资）供需信息交互及 12316 热线移动延伸等信息化服务。该县自 2014 年开始建设以来，截至目前，该县域网群达到了 140 人，试运行效果良好。

"有了'农技宝'，我们工作更方便，可以更好地帮助农民科技种养，真是我们的好帮手！"一位参训的农技人员高兴地说。

二、信息进村入户

（一）信息进村入户五免费完成情况

2014 年 5 月农业部召开信息进村入户启动会，中国电信与 10 个试点省、多家企业签署合作协议。助力信息进村入户提供五项免费服务的承诺，均已落实。

1. 完成了 12316 云呼叫平台的部署和上线，现湖南、陕西、江苏 3 省已割接使用。

2. 与中国农科院联合开发的"农技云"平台已上线并全国推广，现已覆盖全国 26 个省、1143 个县，为 89.7 万人提供信息服务（其中农技员 10.5 万、农户 79.2 万），农技员与农户在线互动、诊断 1300 万余次。

3. 3000 多家益农信息社均已开通 12316 免费热线直拨电话。

4. 已割接使用的湖南、陕西、江苏 3 省，拨打全国集中的 12316 云呼叫总平台，指需支付市话费，总平台能自动记录统计 3 省呼叫情况。

5. 为 22 个试点县的标准益农信息社均免费提供了 Wi-Fi 服务。

（二）信息进村入户平台建设

2015 年 5 月 7 日，农业部组织的全国信息进村入户试点工作推进会上，中国电信承诺：在"把世界带进村里、把村子推向世界"指引下和各级农业部门指导下，将继续发挥技术、网络和服务优势，倾注感情，勇担信息进村入户的"新三者"，即平台的提供者、服务的聚合者、运营的参与者。

中国电信将根据农业部和相关方的需求，正在建设全国信息进村入户总平台，共同建设信息服务"进村入户"工程，通过益农信息社实现农民身边的信息采集与服务，不仅要方便服务农民，及时了解信息需求，而且能实现线上与线下服务的互动，努力解决信息服务"最后一公里"的问题，探索创新服务模式，拓宽服务渠道，贯通省、市、县、镇、村的信息服务体系。让广大农民朋友得以平等享受信息价值，转变农业发展方式，推动农村的繁荣进步。

全国信息进村入户总平台预计 2015 年 9 月上线，10～11 月试点，并全国复制推广。

（三）信息进村入户平台推进下一步计划

2015 年 10 月底，完成产品功能改版和升级，确保平台系统支持 200 万用户，支持与各类运营、服务商对接。

2015 年 11 月中旬，完成安全评估工作，并规划异地灾备中心，同时将四川天虎现有 500 个农村电商服务社改造成益农社。

2015 年 12 月底，发布 iOS 版本，平台覆盖至少 50 县 6000 社，用户 60 万的发展目标，同时进行年终总结及为千名优秀社颁奖。

第四节　中国电信对农业农村信息化的建议

一、加大政府宣传与推广力度

（一）为加快推广，建议农业部及各级农业部门定期通报各地农业农村信息化进展情况。

（二）建议农业部组织相关运营商、服务商召开全国信息进村入户平台上线发布会。

（三）建议农业部及各级农业部门下发文件，开展全国信息进村入户千名优秀益农社评比。

二、构建农业信息化推进体系

（一）成立全国信息进村入户推进联盟。

（二）促进农业信息化有效共享与传播机制。

三、加强农村信息化宣传与培训

（一）针对农民获取和利用信息能力弱的现状，应加大多渠道信息化知识培训。

（二）支持电信运营商、各种农业合作社与协会组织召开网络、广播或现场信息化培训会。

第二十三章　大北农：猪联网，快乐养猪生态圈

当前，我国生猪养殖业主要以散户为主，规模化程度较低，据不完全统计，我国现有6000万个养猪主体，组织形式十分分散。养猪业在猪病、食品安全、环保、饲料成本等方面还存在较大问题，制约着我国养猪业持续健康发展。而且，由于普遍缺乏科学的管理思想和方法，以致规模化推进困难，技术难以推广，管理难以规范，猪只生产效率低下。另外，随着劳动力成本优势逐渐消失，原料成本、环保成本等逐渐升高，制约养猪业的进一步发展。大北农集团的"猪联网"致力于通过互联网手段来提高养猪的生产、交易、金融利用效率，汇万家猪场及各方主体聚一个互联网平台，探索智慧养猪新模式，打造全国养猪人的快乐生态圈。

第一节　智慧大北农

一、大北农集团总体概况

北京大北农科技集团股份有限公司于1993年创建，秉承"报国兴农、争创第一、共同发展"的企业理念，致力于创建世界级农业高科技企业。大北农集团以饲料、动保、种业、植保、生物饲料、种猪六大产业的研发、生产、推广为主业务，现有28000多名员工，在全国25个省份的养殖密集区建有130多个生产基地，2000多个养猪服务中心，乡镇基层技术服务人员1.8万名，服务养猪户8万多户，年服务出栏生猪5000万头。在怀柔建有亚洲最大的预混料生产基地，连续5年预混料销量全国领先，市场占有率达4.5%。大北农种业（金色农华）为全国种业十强，水稻种子市场占有率居全国第二。2014年集团营业总收入达到184.4亿元，净利润8.1亿元，总资产105亿元。

二、智慧大北农战略

大北农的农业信息化起源于1998年，在公司内部实行的"供产销"信息化项目，之后逐步推出集团型企业的"协同工作系统（OA网）"、中间商在线业务管理系统"进销财"、为中间商和农户提供线上服务的平台"客服网"，为目前全面开展"互联网+猪业"工作奠

定了坚实的基础。2013年大北农提出了"智慧大北农"战略，宣布向高科技的互联网类金融企业转型。2014年，公司加快实施移动互联网与智慧大北农战略，针对种养殖户和中间商重点推出了农信云、农信商城、农信金融及智农通等"三网一通"的新产品体系，其中猪联网就是"三网一通"在基础平台上，发展起来的养猪行业"互联网+"解决方案。2015年年初，为加快智慧大北农战略的实施，公司启动了非公开发行股票计划，成立北京农信互联科技有限公司，以"用互联网改变农业"为使命，专注于农业互联网金融生态圈建设，致力于成为全球最大农业互联网平台的运营商，推动中国农业智慧化转型升级（图23-1）。

图 23-1　大北农集团转型历程

资料来源：农信研究院

三、商业模式

大北农以打造世界一流农业高科技企业为目标，在传统的农业基础上培植一个依托于互联网的新商业模式，力图通过原有线下渠道和目前线上平台的O2O融合，在彻底改造升级传统业务的同时，孵化出一个服务于整个农业行业的互联网与金融服务平台，将公司打造成为一个高科技、互联网化和类金融的现代农业综合服务商。

大北农在围绕农业"数据+电商+金融"三大基础服务，并以"农信网"为互联网总入口，"智农通"APP为移动端总入口，构成了从PC到手机端的快乐生态圈，实现对猪产业全链条的平台服务。逐步开发并推广了"猪联网""田联网"和"企联网"等落地平台体系，力图通过养猪人、种植户及涉农企业为入口，构建养猪人、种田人与涉农企业的闭环生态圈（图23-2）。

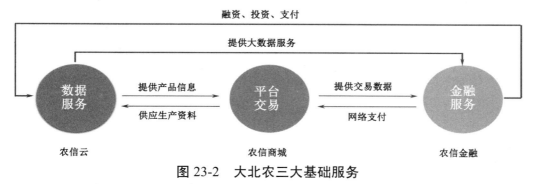

图 23-2　大北农三大基础服务

资料来源：农信互联

其中猪联网以猪为核心，通过构建猪管理、猪交易、猪金融三大核心技术平台，将猪产业相关的养猪户、屠宰场、饲料兽药厂商、中间商、金融机构各产业链主体联接起来，变外部产业链为内部生态链，形成猪友圈，构建智慧养猪生态圈，开创了"互联网+"时代的智慧养猪新模式。

在盈利模式上，大北农基于互联网平台为养殖户提供了全方位的服务，但并不对这些服务进行收费。公司主要将"猪管理"作为信息流的入口，利用"猪交易"增加流量，收集猪场生产经营数据和交易数据，通过对海量数据的挖掘和分析，建立生猪养殖大数据和养殖户信用风险评估体系，最终通过"猪金融"实现盈利。

四、产品体系

为满足养殖户、屠宰场、农资企业、中间商需求，大北农在农业"数据+电商+金融"三大基础服务之上，重点发展"猪联网"，为猪场提供猪场管理、市场信息、物资管理、财务管理、技术培训、猪病智能诊断、交易撮合、金融借贷等一系列服务，为养猪户打造一个360°的智能化服务体系。

以移动端应用——智农通作为主要载体，将大北农各种互联网产品和服务完美融合，在不同使用场景及时为用户提供相应的服务，帮助用户随时随地、便捷、轻松地进行猪场管理、生猪交易、市场资讯获取、行业交流等，实现快乐养猪（图23-3）。

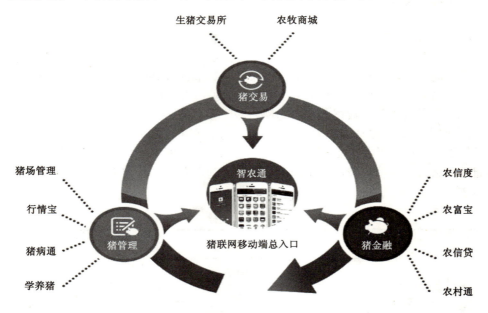

图23-3 大北农猪产业"互联网+"产品体系

资料来源：农信互联产品运营中心

第二节 猪管理：猪场综合管理平台

一、平台简介

猪管理是利用互联网、物联网、大数据、云计算等先进技术，为养殖户量身打造的集采购、饲喂、生产、物流、销售、财务与日常管理为一体的智能养猪管理平台，包括猪场管理、进销财、猪病通、行情宝、学养猪等专业化产品。

（一）猪场管理系统

猪场管理系统以猪养殖周期为基础，同时融入 ERP（企业资源计划管理）理念，并依托农信云的数据和分析模型，帮助猪场轻松实现量化管理和精细化生产，为每位养殖户提供个性化的日常管理决策支持（图 23-4）。

图 23-4　猪场游戏化管理界面

资料来源：农信互联

猪场管理系统为每头猪建立档案，记录每头猪从购买、出生到售卖的整个养殖过程，例如，记录母猪的配种情况、产仔情况、断奶情况等。采用分类管理，为每类猪在各个生长阶段提供喂养方案、免疫管理、母猪淘汰方案等，形成一套完整的生产管理方案。构建生产预警模型对个体猪养殖关键节点进行生产提示，和对异常情况进行发出警告。以母猪为例，系统会适时推送配种、妊娠、分娩、断奶、产仔等提示信息，以智能化工作任务单形式推动养殖户按计划进行生产和管理（图 23-5）。

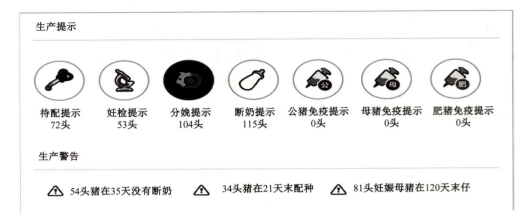

图 23-5　猪场管理示例

资料来源：农信互联猪联网事业部

猪场管理系统可实时对各个指标进行分析，并自动生成专业化的生产报表、存栏报表、绩效报表等多种报表。报表形式多样、简单直观，如数据报表、柱状图、饼图、折线图等，让用户一目了然洞察猪场动态和生产绩效，轻松安排下一步工作计划。

（二）进销财管理

进销财系统用于进货和销货统一管理，涵盖采购、销售、库存、费用、成本五大板块内容。当猪场业务发生时，从凭证管理、账务处理、费用控制、资金管理、成本核算到专业化的帐表生成、经营绩效分析，即可同步实现，大大提升了养殖户的财务管理水平（图23-6）。

图 23-6　进销财管理示例

资料来源：农信互联猪联网事业部

（三）行情宝

行情宝是一款以农信云数据资源为背景，为养殖户提供生猪价格跟踪和行情分析的应用。用户通过该软件不仅能随时随地了解全国各个地区生猪及猪粮价格动态、行情资讯、每日猪评和行情预测，还可以参与报价、行情调查等进行互动，据此合理安排采购、生产和销售计划，减少盲目性（图23-7）。

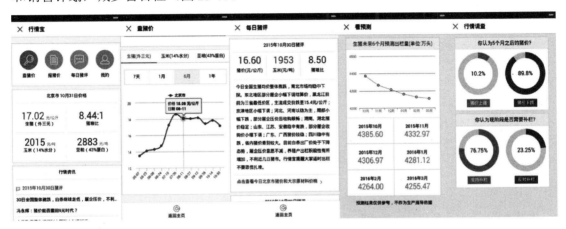

图23-7　行情宝使用界面

资料来源：农信互联智农通事业部

（四）猪病通

猪病通是利用大数据分析和建模技术，实现猪病多终端自动和远程诊断的应用。用户只要输入猪只类型和症状，就可以自动获得可能的疾病诊断结果，以及疾病的详细介绍和防治措施；用户也可以上传猪病照片、猪只类型和症状，请专业兽医进行诊断；同时，用户可以通过微信、QQ等社交软件与兽医进行直接疾病问询和诊断。同时，利用用户的使用情况，收集建立全国猪病病征库及疾病图谱，统计和分析全国各地区疫情发生情况及发病趋势，形成疾病流行分布和传播地图，形成疾病防控预警报告，及时提醒相关地区的养猪户（图23-8）。

（五）学养猪

学养猪通过期刊、文库、视频、音频等多种形式，提供猪场建设、繁殖管理、饲养管理、猪病防治等多方面专业知识，为猪场经营者提供自我充电平台，帮助其提高经营、管理、养殖技术水平。目前，学养猪提供的文章数达17900多条，文档1100多条，视频990条，图片200多条，音频80多条，为养猪人提供了搭建了专业化的知识文库平台（图23-9）。

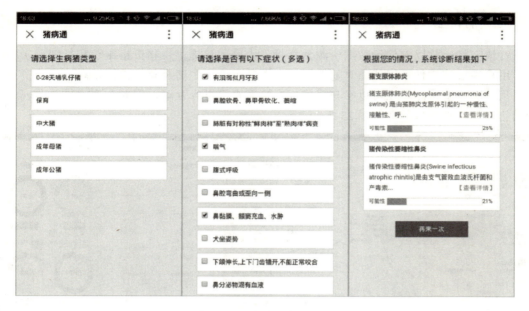

图 23-8　猪病通使用界面

资料来源：农信互联猪联网事业部

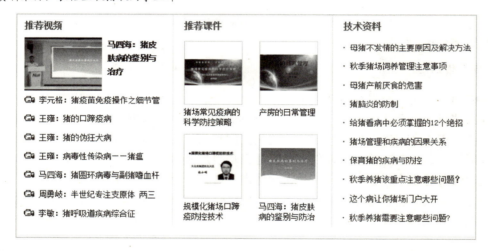

图 23-9　学养猪内容示例

资料来源：农信互联猪联网事业部

二、运营成效

由于猪场经营者普遍存在文化水平参差不齐，缺乏互联网使用习惯，因此要实现猪场的数字化管理，需要服务人员现场指导，帮助其掌握如何通过猪联网工具进行日常生产、管理、分析，如何充分利用猪联网获取各种服务。

截至 2015 年 10 月，猪联网管理的母猪存栏总数 169.68 万头，活跃母猪数量 91.98 万头，约占 10 月份全国母猪存栏数的 2.39%，商品猪存栏量 1461.93 万头，猪场总数达 8592个，猪友圈服务的养猪人群达 28 万（图 23-10，图 23-11）。

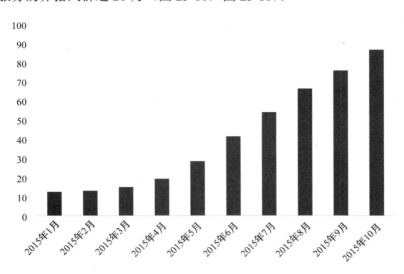

图 23-10　2015 年猪联网活跃能繁母猪存栏情况（万头）

资料来源：农信云大数据平台

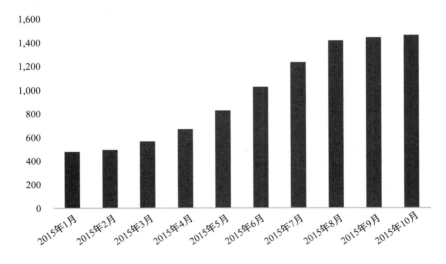

图 23-11　2015 年猪联网生猪存栏情况（万头）

资料来源：农信云大数据平台

第三节　猪交易：养猪行业电子商务交易平台

一、平台简介

猪交易是农信商城的重要组成部分，是面向养殖户、屠宰场、农资企业、中间商提供的交易平台，解决交易信息不对称、交易链条过长、产品品质无法保证、交易成本居高不下、交易体验差等问题。猪交易目前包括两大板块：连接猪场与屠宰场的网上商城"生猪交易所"，为养殖户提供饲料、动保、疫苗等生产资料的"农牧商城"（图23-12）。

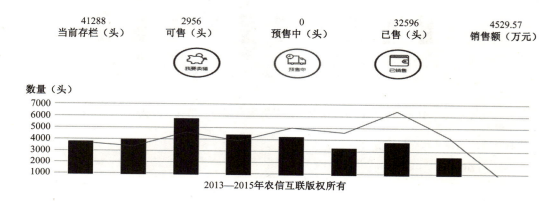

图23-12　猪联网"一键卖猪"

资料来源：农信互联农信商城事业部

（一）生猪交易所

生猪交易所直接连接养猪户和屠宰场，进行生猪信息撮合，开创生猪流通新模式。生猪交易所绕过猪经纪等中间环节，让利于养殖户，增加养殖户售猪收益。养殖户通过猪联网上的"我要卖猪"功能，自动将达到出栏条件的生猪发布到"生猪交易所"，屠宰场通过生猪地图实现在线收猪；同时引入评价体系，交易信息公开透明，增加双方了解和信任。生猪交易所将生猪流通电子化记录，建立生猪交易和流通大数据，有助于生猪全程追溯和疫情传播路径追踪，为我国食品安全保驾护航（图23-13）。

（二）农牧商城

农牧商城汇集了饲料、疫苗、动保产品、种猪等千余种优质商品，为养殖户提供一站式服务，让生产资料采购不再复杂。养殖户线上下单，厂家线下配送，省去了多余环节，打造高性价比优势的农牧交易平台。

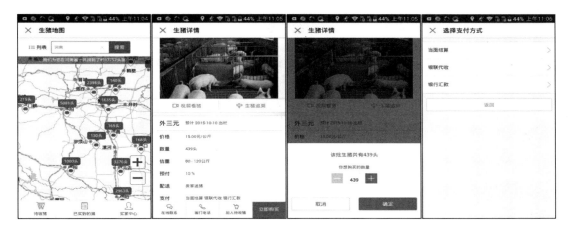

图 23-13　屠宰场四步收猪

资料来源：农信互联农信商城事业部

当猪场需要饲料、兽药、疫苗等生产资料的时候，你还可以通过猪联网点击"我要买料"功能，系统依托猪联网收集的生产数据和商城过往交易数据，结合专家推荐系统，通过数据挖掘技术为猪场提供最合适的产品购买方案（图 23-14）。

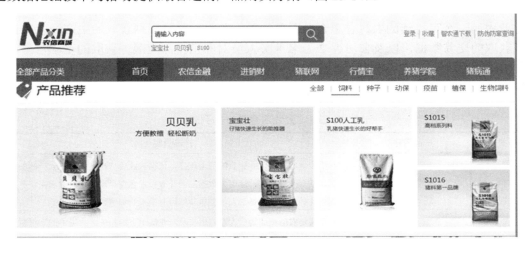

图 23-14　农牧商城界面

资料来源：农信互联农信商城事业部

二、运营效果

截至 2015 年 10 月，累计线上交易总额达 566.69 亿元，今年以来，月均交易额达 1.3 亿元。其中，移动端交易占比达 35.13%（图 23-15）。

图 23-15　2015 年不同终端交易额占比

资料来源：农信云大数据平台

第四节　猪金融：猪场互联网金融服务平台

一、平台简介

公司金融业务发展战略目标是基于互联网平台，利用养殖户、经销商积累的经营、信用数据，形成一个既不同于商业银行，也不同于传统资本市场的第三种农村融资模式，建立行业内第一个可持续的农村普惠金融服务体系。公司通过猪联网获取的生产经营数据和商城获取的交易数据，以及公司近 2 万名业务人员对养殖户深度服务获取的基础信息，利用大数据技术建立农信资信模型，形成较强的信贷风险控制力，为符合条件的用户提供不同层次的金融产品（表 23-1）。

表 23-1　大北农金融产品列表

业务类型	产品名称			产品说明
征信	农信度			农信度是农户或农业企业的信用程度，依据农业用户在使用农信云产品的行为特征，结合外部数据，运用大数据及云计算技术客观呈现产用户的信用状况。通过连接各种服务，让每个人都能体验信用所带来的价值。
支付	农付通			农付通是农信集团为广大农村用户及产业链上下游相关客户提供的支付服务，致力于为农业产业链生态圈提供安全便捷、经济高效的综合支付解决方案。
理财	农富宝			由农信互联与银华基金管理有限公司共同推出的一款现金理财产品，资金存入农富宝等同于购买银华货币基金。
借贷	农信贷	农富贷	养猪贷	是农信互联旗下北京农信小额贷款有限公司向使用猪联网或进销财的用户提供的小额贷款服务，用于满足养殖用户及经销商向供应商支付采购货款等短期资金需求。基于对用户资信情况的分析，安排贷款期限和利率水平，同时提供灵活的还款方式。
			经销贷	
			售猪贷	
			农销贷	

业务类型	产品名称	产品说明
	农银贷	农银贷是以用户的交易数据及积累的自身信用为依据，协调银行等金融机构为客户提供的贷款支持。 目前农银贷有光大银行、广发银行、招商银行、北京银行、邮储银行、平安银行、建设银行等多家银行提供的多款产品。
	扶持金	扶持金是农信互联旗下为供应商量身打造的一种"先拉货、后付款"的赊销购货体验，完成农信金融认证并获得资信评估的用户，即可获得一定额度、一定账期的赊销。在满足供应商所提出的相关条件下，账期内相当于无息用款。超出账期的，按照一定比例收取资金占用费。
	农农贷	农农贷为满足养殖户以及产业链上下游的相关用户的资金需求提供的 P2P 贷款。

资料来源：农信研究院

目前，公司金融服务体系涵盖了征信、支付、理财、借贷等产品。猪联网中的"猪交易"系统将结合猪场本身的经营、财务及信用情况，为养猪户量身定做个性化的金融解决方案，实现简单、直接、适时的理财、贷款和结算业务。

二、运营成效

截至 2015 年 10 月，农信贷（包括农富贷、农银贷、扶持金）贷款总规模达 26.7 亿元，贷款户数达 7152 户；农富宝充值总金额为 68.59 亿元，用户总数为 27776 个（图 23-16）。

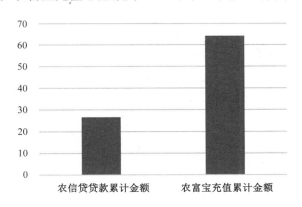

图 23-16　农信贷贷款及农富宝充值金额（亿元）

资料来源：农信云大数据平台

第五节　猪业大数据管理平台

随着互联网、物联网、电子商务、社交网络等新一代信息技术在猪产业中的大量应用，将不断积累和产生大量的产业数据。农信云为这些海量、多样化的大数据提供存储和分析平台。通过对不同来源数据的管理、处理、分析与优化，将结果反馈到猪产业生产、管理、营销、电子商务、金融服务等环节中，使农信互联网平台各方使用者实时掌握市场、经营动态并迅速做出应对，为其提供精准、有效的决策支持。

一、生猪生产大数据

通过猪联网、农信商城和农信金融平台，可搜集到大量的生猪养殖等数据，这些数据经过分析、匹配后对生猪养殖技术具有促进作用（图23-17）。

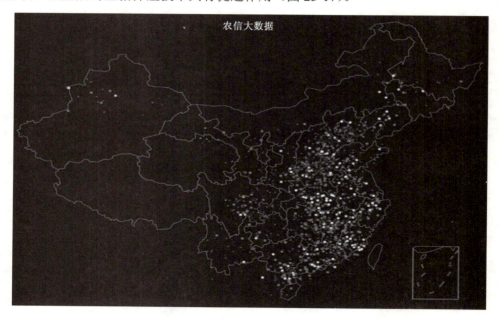

图 23-17　不同规模猪场分布视图

资料来源：农信云大数据平台

猪联网不仅进行了生猪的自动化智能管理，同时也记录了每头猪从购买出生到售卖的整个养殖过程（图23-18），例如，记录母猪的配种情况、产仔情况、断奶情况以及物料的投入情况，经过数据筛选和处理对猪场资产进行精确统计包括猪联网运营情况、猪只存栏及分布情况、状态情况，建立标准模型，对单一猪场的纵向分析，发现猪场生产的薄弱环节，促进猪场生产管理提高，通过猪场之间的横向对比建立标准基线，指导各猪场发现与同行业水平的差距，相互促进养殖方式的改进，提升行业养殖水平（图23-19）。

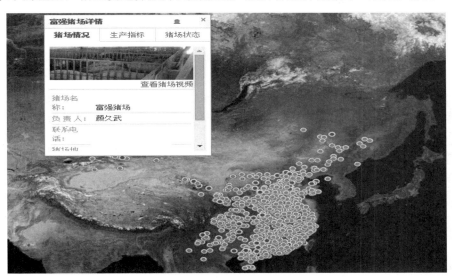

图 23-18　猪场监控视图

资料来源：农信云大数据平台

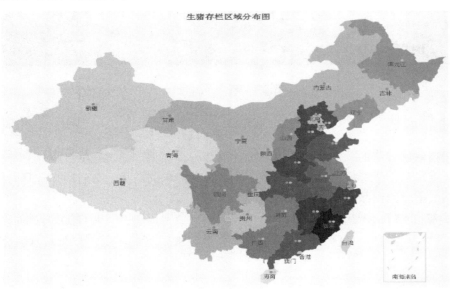

图 23-19　生猪存栏分布图

资料来源：农信云大数据平台

二、生猪交易大数据

通过猪联网、农信商城和农信金融平台，可搜集到大量的生猪供应需求、相关产品消费以及价格情况等数据，这些数据经过整理、挖掘后对农资购买、生猪销售等环节具有重大意义。

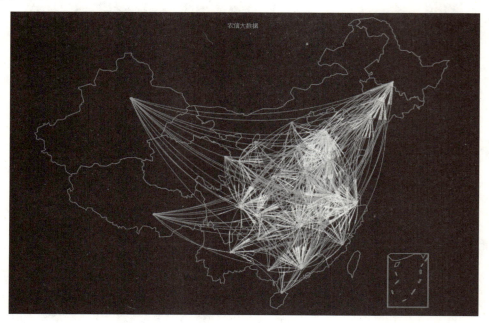

图 23-20　生猪流动图

资料来源：农信云大数据平台

依托猪联网收集的生产数据和商城过往消费行为数据，通过数据挖掘技术分析预测客户需求，推出农信优选服务，向客户智能推荐符合需求的商品，节省用户选择时间和帮助用户选购最适合的商品。

通过大北农数据采集站和线上采集工具，形成全国范围内的即时生猪价格和生产资料行情，通过模型分析进行行情预测，合理安排采购、生产和销售计划，减少盲目性（图 23-20）。

三、猪金融大数据

通过猪联网、农信商城和农信金融平台，可搜集到大量的生猪数量、购买销售记录和财务状况等数据，这些数据经过整理、整合、综合处理形成用户画像，对养殖户、经销商和屠宰场等环节提供的金融服务打下坚实的基础。

四、总结

现阶段，大北农集团已经初步完成"数据+电商+金融"三大基础服务的建设，猪联网业务已经在全国范围了展开推广，并取得了一定的成绩；未来将采用多种形式开发更多的入口，如田联网、企联网、机联网、禽联网、渔联网等，扩大服务内容；公司计划在 2020 年猪联网服务母猪头数 1000 万，市场占有率达到 42.8%；田联网服务 2 亿亩耕地，覆盖全国播种面积的 10%；企联网服务 10 万家涉农中小微企业，间接服务 1.5 农民。

大北农集团作为国内最大的预混料生产公司之一，身处"互联网+"农业的风口浪尖，立志成为全国乃至全球最大的农业互联网服务商。大北农希望利用自身强大的研发能力、品牌信任度及广泛覆盖的服务体系，促进传统猪业乃至农业转型升级。集信息化平台及传统农资业务于一身，利用自身饲料、种子、植保、动保、信息化平台以及经济基础，提供面向农村和农民的公共服务，提升农业，服务农村，造福农民。

第二十四章 上农信：四新技术，助推"上农信"发展转型

"上农信"品牌始于 1999 年，公司以服务"三农"为己任，"服务农业，e 化农业"。业务包括软硬件研发生产、信息咨询服务、规划标准制定等于一体的服务全国的农业信息化综合性企业集团。经过多年积累，公司已取得了 21 项专利，105 项软件著作权，7 项上海市科技成果转化项目（A 级），1 项部市级科技进步一等奖，4 项部市级科技进步二等奖，1 项部市级技术发明二等奖。并先后通过了 ISO9001、CMMI3 和国家信息系统集成三级等资质认定，被评为国家规划布局内重点软件企业、全国农业农村信息化示范基地（技术创新型）、上海市高新技术企业等众多荣誉。"上农信"还荣获了"上海市著名商标"称号，并荣膺"上海名牌"。

第一节 抓住机遇 抢占"蓝海"

发展现代农业既是全面建成小康社会的需要，也是加快农业发展方式转变的关键所在。当前，国际经济形势复杂严峻，全球气候变化影响不断加深，现代农业发展面临着资源、环境、市场等多重约束。大力发展农业信息化，推动信息技术与传统农业深度融合，不断提高农业生产经营的标准化、智能化、集约化、产业化和组织化水平，努力提升资源利用率、劳动生产率和经营管理效率，是我国农业突破约束、实现产业升级的根本出路。

农业信息化的新常态，主要体现为信息化和农业现代化之间正呈现全面深度融合、信息化为农业现代化提供强大驱动力的发展态势。

一是农业政务信息化开始进入提档升级的新阶段，农业生产经营信息化正在从示范应用上寻求新突破，农业服务的信息化开始新起步。

二是电子商务正在从城市向农村下沉，农村正在成为电子商务拓展的"蓝海"，正在开始形成生活消费品、农业生产资料、农产品三位一体的农村电子商务发展的新格局。

三是移动互联网、大数据、物联网在农业领域的示范应用，将成为推动农业农村现代

化的支撑力量，尤其是通过这些技术，农业数据信息作为重要的生产要素和社会财富正在由愿景变为现实，进而向农业信息经济迈进。

四是"互联网+"的合作、竞争、融合、共赢这些理念和精髓，在农业领域也开始体现，众创众筹、共享共治这些理念也在引领农业现代化的发展，这也意味着我们的农民也即将成为农业产业的创新主体，由过去单纯的信息接收者变成信息的生产者。

农业部陈晓华副部长强调，当前和今后的一个时期，农业信息化重点要做好五项工作：一是加快推进信息进村入户，并逐步覆盖到全国更多的村；二是继续抓好农业物联网试验示范工程，力求在研发和应用方面取得突破；三是推动信息资源开放共享，促进农业信息资源创新应用，充分挖掘数据价值；四是大力发展农业电子商务，形成线上与线下相结合、农产品进城与农业生产资料和农村消费品下乡双向流动的模式；五是加强基础设施和条件建设，让农民公平享受信息化发展成果。

近期国家政策的大力支持将为公司的发展奠定良好的政策基础。农业为本，科技为矛，这样的优势使我公司的产品具有很强的社会效应，利于产品宣传和销售。

农业信息化和农业物联网的持续快速发展，为公司发展提供了广阔的市场前景。2014年是企业的重大转折之年，为了企业能够快速的做大做强，公司在业务和资本方面都进行了较大调整。

第二节　四新技术　转型升级

业务转型方面，公司紧盯业界动向，利用"四新"技术推动企业经营转型，深入研究开展"从制造到智造"的新技术模式，推动应用"从服务到服务"的跨界融合服务新形态，大力发展农村金融创新服务、加强农村社会化服务能力建设，打造农业信息化平台经济新模式。

一、发展新型农业经营主体金融创新服务

上农信根据中央"一号文件"和《金融支持新型农业经营主体共同行动计划》文件精神，积极布局农村金融信息服务，重点"完善对新型农业经营主体的金融服务"，发挥金融服务"三农"的杠杆作用，满足农业信贷日益增长的需求，帮助新型农业经营主体向集约化、规模化、现代化和品牌化的方向发展。上农信已经与黑龙江当地农业部门、金融机构合作，在当地参股成立黑龙江佳木斯金成农村金融服务有限公司，开展相关农村金融服务，截至2014年年底已累计发放涉农贷款12亿元。

目前上农信也已经针对上海农业新型经营主体（龙头企业）借贷担保业务特征，与上海市农业发展促进中心合作，共同打造"基于互联网，建设上海新型农业经营主体（龙头企业）的'互联网+'品牌贷款保险征信平台"。上农信首先建设面向农业新型经营主体（龙头企业）的诚信数据库，实现与多职能机构（如：工商、税务、司法、公共事业单位、银

行等）诚信数据库相关数据的对接。然后针对不同类型的农业新型经营主体（如：龙头企业、合作社、家庭农场等），建立有针对性的诚信评价指标，进一步形成科学的诚信评价体系。此外，平台也将提供完善的贷前信用分析、贷中控制管理、还款后信息统计的借贷资金担保业务流程。最后，通过将平台部署应用，综合为上海农业新型经营主体（龙头企业）、农业保险公司、银行、政府机构等平台用户提供全方位、多层次的服务。

二、加强农村社会化服务能力建设

上农信近阶段将以信息基础设施泛在化、农村公共服务便利化、村庄治理信息化为重点，以"便民、利民、惠民"为目标，开展智慧村庄综合服务平台建设，探索建立公益性服务政府主导，非公益性服务市场运作的信息服务机制；挖掘信息技术在乡村建设、农业旅游、农村生活、农产品营销中的服务潜力，提升农村的社会化服务能力。积极探索智慧村庄建设内容和智慧村庄长效运行机制，形成可复制、可推广的智慧村庄建设和发展模式。

在上海，上农信以上海农村信息服务站、农民一点通、12316"三农"服务热线为依托，拓展上海农业新媒体移动服务渠道，整合各类政府信息资源、社交媒体的社会信息资源，研发和推广网上办事大厅 APP、电子商务 APP、12316 三农热线 APP 和社区服务等涉农移动应用 APP，由普惠式服务向精准投放转变，做到信息服务到人，推动信息服务体系与基层农业服务体系融合。

继续推进"农民一点通"升级，推动农业云与市民云的信息资源整合，实现基于交通卡、银联卡、社保卡、二代身份证等业务的应用整合，在"新版"农民一点通上为农民提供农产品产销对接、优质农资订购、水电煤缴付，交通卡查询及充值，信用卡查询与还款，电信业务查询与充值，公积金、养老金查询，火车票、飞机票在线预订，市级三甲医院的专家预约挂号，电影票或演出票预订等与农民生活密切相关的社会服务，使广大郊区县农民不出户就可享受到便捷、经济、高效的生产生活信息服务。进一步丰富信息服务内容、延伸信息服务范围，创新服务手段，提高农业信息服务成效。

开展农村电子商务试点，与"村淘"等大型电商平台建立战略合作，打造农村电子商务"百镇千村"工程，推动建立农业企业与电商平台对接机制，支持名特优、"三品一标""一村一品"和乡村旅游资源入驻电商平台，让更多农业企业和农户试水电子商务，扩大企业影响力，拓宽农产品销售途径，增加农民收入。

建立美丽乡村服务与管理平台，为美丽乡村旅游、特色农产品电子商务提供服务手段，推介美丽乡村旅游景点，为游客提供休闲农业与乡村旅游产品网上预定、网上销售、网上付款及旅游线路规划、交通、住宿、购物等一站式特色服务。

三、打造农业信息化平台经济新模式

发挥上农信在农机管理、农民专业合作社管理、农产品安全追溯等领域的行业和技术优势，推动新技术、新业态、新设备、新工艺在农业现代化中的应用，打造农业平台经济新模式，以产业平台为载体，通过整合力量，沟通上下游产业链或者厂商和消费者，与关联方一起组成一个新的经济生态系统，形成核心竞争力，实现彼此增值。

上农信农机物联网解决方案荣获工信部 2014 年年度物联网解决方案称号，并荣获物流采购联合会的科技进步一等奖，通过与智慧农业（原江淮动力，000816）的合作，打通农机供应、维修、管理、服务、培训等环节一条龙产业链，建立以农机化技术推广、培训和农机维修、配件供应、信息服务、投诉监督等为支撑的现代农机社会化服务体系，形成一条以农机共同利用为主要特征的农业机械化发展道路，最终形成立足上海、服务全国的农机平台，有力地支持、促进农业和农村经济的快速发展。

上农信正在与农业部合作建立服务全国的农民专业合作社平台、农产品安全监管平台，研发农用二维码使用技术规范，编写农业移动互联网应用研究报告。

上农信积极研究可装备于农业机械的中央处理器、各类传感器和无线通信等技术，开发智能农机技术产品，对农机的各种功能进行智能化控制，实现整地、施肥、播种、灌溉与收获等田间农机作业的自动化、精准化；利用无线传感、定位导航与地理信息系统等技术，研发和部署农机作业质量监控终端与调度指挥系统，实现农机资源管理和跨区作业调度指挥；建立地产农产品安全监管和服务平台，建立农产品统一编码系统，确保进入市场的地产农产品有唯一追溯码，在统一的平台上能够对农产品生产企业、基地、生产管理等信息进行查询，实现农产品质量安全可追溯；平台纳入农残检测机构检测和安全评价数据，成为农产品安全监管部门、监测机构、监管对象及消费者四方联动和信息互通的安全监管和服务平台，在统一的平台上按照统一的标准和规范进行农情实时监测、农业投入品监管、农残检测、动物及动物产品监管、冷链物流管理等服务；利用平台建立安全农资营销服务渠道，形成农产品安全信息的共享与发布机制和农业企业信用管理机制，保障地产农产品质量安全。

第三节　借力使力　多源合作

一、明确目标，快速发展

资本合作方面，公司引入了多轮战略投资，并于 2014 年正式成为江苏农华智慧农业科技股份有限公司（证券简称智慧农业，原江淮动力，证券代码 000816）旗下企业。智慧农业（原江淮动力）是国内机械制造龙头企业。公司利用智慧农业的资本优势和渠道优势，快速打开全国市场，在全国多省市设立分支机构，通过重点打造农业信息化的核心竞争力，占领行业高地，打响"上农信"品牌。智慧农业则通过对公司的收购，迅速切入到农业信息化和物联网应用领域，并把农业物联网产业化培育成公司新的利润中心，公司业务领域得到了拓展，产品链条得以延伸，由机械制造企业加速转型为提供农业机械和农业信息化、农业物联网综合科技服务的企业。经过一年的磨合，公司在管理、制度、业务上得到了显著的成长，确立了 2017 年赴港上市相关工作。

二、部委合作，共谋发展

公司与农业部信息中心建立了战略合作关系，在农民专业合作社平台、物联网应用、农业标准制定、移动互联网等多领域开展合作。深入研究二维码信息技术及其在农业领域的应用现状，结合农产品分类标准、农业领域 OID 编码体系、农产品质量追溯和农产品电子商务应用特点及需求，研究形成统一、规范的农业二维码使用技术标准；围绕移动互联在现代农业发展中的作用确定研究重点，形成《2015 年农业信息化战略研究移动互联在现代农业发展中的作用分析专题研究报告》，提出移动互联促进现代农业发展的建议。

公司与农业部农产品质量安全中心合作，参与《国家农产品质量安全追溯管理信息平台》的方案设计和论证。

三、加强产学研，加码自主研发

公司坚持创新驱动战略，相继成立了上海农业信息化工程技术研究中心、上海农业物联网工程技术研究中心，与工信部软件与集成电路促进中心合作成立了国家产业公共服务平台农业物联网创新推广中心，与上海海洋大学、上海理工大学、华东师范大学、东华大学等高校院所联合成立多个重点实验室，并聘请院士挂帅建立了上海农业云联合实验室，专门从事农业云与农业大数据前沿技术研究。

四、立足长三角，服务全中国

（一）走出去

公司与以色列国家农业研究开发总院（ARO）机构建立战略合作伙伴关系。以色列加强生态环境治理，积极发展特色农业，走出了一条现代农业发展的新路子，在世界农业发展上具有前瞻性和指导性，对我国农业发展有很多积极的、值得借鉴的经验。其中，科研、推广和服务是以色列农业高度发达的源动力，以色列国家农业研究开发总院是以色列中央政府的农业研究开发机构，长期致力于农业技术和环境保护技术的推广应用，技术力量雄厚，承担了以色列 70%以上的农业研究开发任务。与 ARO 建立并强化合作伙伴关系，带来的不仅仅是技术上的创新，更是理念上的创新（图 24-1）。

农业物联网的大范围应用示范与推广，使得农业数据资源大量积累。大数据技术在农业中逐渐显现出更大的价值，公司提早察觉到了大数据技术的作用与价值，与欧洲荷兰阿姆斯特丹大学开展合作。

目前，欧盟及其成员国已经制定大数据发展战略，数据价值链不同阶段产生的价值将成为未来知识经济的核心，利用好数据可以为运输、健康或制造业等传统行业带来新的机遇。欧盟在大数据方面的活动主要涉及 4 方面内容：（1）研究数据价值链战略因素；（2）资助"大数据"和"开放数据"领域的研究和创新活动；（3）实施开放数据政策；（4）促进公共资助科研实验成果和数据的使用及再利用。其中，欧洲荷兰阿姆斯特丹大学在环境大数据分析领域的研究成果对我国农业大数据分析有借鉴意义。2015 年 6 月，由中国北京市和荷兰阿姆斯特丹市联合主办的，第二届中荷智慧城市高峰论坛在阿姆斯特丹举行。公司携农业物联网公共服务平台亮相国际展会，获得与会官员、专家、学者和企业家的高度关注和认可。

图 24-1　以色列考察

（二）请进来

来而不往非礼也。公司还邀请了国内外的领导、专家、学者到公司考察、交流（图 24-2）。

图 24-2　领导参观影集

第四节　厚积薄发 奋勇向前

一、业务发展战略规划

农业信息化和农业物联网的持续快速发展，为公司发展提供了广阔的市场前景。公司近期（2015—2020 年）的业务发展将主要依托农业物联网、云计算、大数据、移动互联网等新技术，围绕服务农业新型经营主体、农业管理部门、职业农民，构建农产品生产、加工、销售全产业链的安全体系，重点建立包含 4 个方向的业务发展战略规划。

（一）完善农业生产管理信息化产品线

公司将以提高农业生产智能化水平为目标，推动信息技术在农业生产各领域的广泛应用，引领农业产业升级；

研究传感器、数据挖掘、农业专家系统等农业生产管理关键技术；在全国范围开展建设示范基地，继续推进农业物联网在种植业、养殖业、农机调度领域的示范和应用；结合12316 三农服务热线，探索信息技术服务生产的商业模式，完善农业物联网云平台功能；优化农产品安全追溯平台，简化操作，增加覆盖面。

（二）完善农业经营管理信息化产品线

促进农业经营网络化，大力发展电子商务，创新农产品流通方式，促进农产品产销衔接。

为家庭农场、农民合作社等新型农业经营主体提供高效管理服务的平台；整合科研院校合作伙伴资源研究农产品价格形成机制，为农业经营提供农产品价格行情、监测预警等服务。创新农村金融服务，整合金融、保险资源，建立相关服务和评估平台；推进农产品电子商务平台建设，为企业、基地、批发市场、农户提供农产品展示、销售、配送等在线服务，创新农产品流通方式，促进农产品产销衔接。

（三）完善农业政务管理信息化产品线

促进农业行政管理高效透明，推动"三农"管理方式创新，切实提升农业部门的行政效能。

优化和升级土地资源、耕地资源信息管理系统，推进农业资源管理信息化建设；加速三资管理、农业补贴管理等系统开发和集成，实现农村政务服务和监管的便捷、高效、公开和透明；在上海等有基础的地区推动建立农业应急指挥系统，对农业重大自然灾害、动植物疫情疫病、农产品质量安全事故等突发事件及时反应、统一指挥和快速决策。

（四）提升农业信息服务能力和服务水平

提供灵活便捷的信息服务，构建农业综合信息服务体系，拓宽信息服务领域，提升农民信息获取能力。

以农村信息服务站、12316 三农服务热线为依托，丰富本地化信息服务内容、延伸信息服务范围，创新服务手段，提高农业信息服务成效；探索建立公益性服务政府主导，非公益性服务市场运作的信息服务机制；挖掘信息技术在乡村建设、农业旅游、农村生活中的服务潜力，开展智慧村庄试点示范，推进信息进村入户和美丽乡村建设。

二、业务发展方向

围绕公司近期发展目标，制定 2015—2016 年度的重点业务方向，主要内容包括以下几方面内容。

（一）农业物联网

进一步深化物联网技术与农业生产、经营、管理、服务的融合，加快公司的农业物联网研发成果推广，推动农业物联网公共服务云平台应用。

同时，重点推进农业生产及农情信息采集报送系统、地产农品安全监管信息服务平台、农机综合调度管理系统农业物联网云平台等项目和产品的研发，继续推进上海本地的农业物联网应用示范点的建设。

（二）农业电子政务

积极稳健地推进电子政务相关产品线的研发，以网上政府协同办公、政务公开和公共服务为重点，重点开展农业电子政务运行模式探索、技术系统建设和行政管理创新研究。继续完善和推广涉农监管平台应用，重点研发农业视频应急指挥平台、农用地综合管理平台、农业财政项目及资金管理平台等解决方案。

（三）信息服务进村入户

参考上海相关文件精神《农业部关于开展信息进村入户试点工作的通知》（农市发〔2014〕2 号）《关于本市推进美丽乡村建设工作的意见》（沪府办〔2014〕17 号），联合农业部信息中心、上海市农委，共同推进上海信息进村入户示范建设。

重点推进上海农村综合信息服务站分类、美丽乡村、上海 12316 农业云平台、智慧村庄试点等项目。

（四）农业经营及农产品电子商务

为促进农产品电子商务发展，增加农民收入，提高地产农产品竞争力，服务新型农业经营主体，开展农业经营及农产品电子商务产品线建设，促进农产品电子商务快速健康发展。

同时，公司在上海将重点推进农村电子商务"百镇千村"项目、新型农业经营主体信息管理平台、农业信贷公共服务平台等项目建设。

（五）农业信息技术创新战略研究

针对农业生产、经营、管理和服务信息化涉及的前沿技术、共性技术和关键技术进行探索性创新研究和开发，为信息技术在"三农"服务中示范和应用提供研究基础和技术支撑。

第五节　"互联网+"机不可失

李克强总理在政府工作报告中提出"'互联网+'行动计划"，全国上下正在谋划推动新一代信息技术与现代产业跨界融合，打造新引擎，培育和催生经济社会发展新动力，形成一批具有重大引领、支撑作用的新业态、新产业。

一、"互联网+"农业，农业现代化的新契机

什么是"互联网+"国家发展改革委办公厅在《关于做好制定"互联网+"行动计划有关工作的通知》（发改办高技〔2015〕610号）中，对"互联网+"下了一个官方定义，"互联网+"就是要充分发挥互联网在生产要素配置中的优化和集成作用，把互联网的创新成果与经济社会各领域深度融合，产生化学反应、放大效应，大力提升实体经济的创新力和生产力，形成更广泛的以互联网为基础设施和实现工具的经济发展新形态。

多年来，我国农业的现代化取得了不俗的佳绩，但多年的发展，也不可避免地产生一定的困惑与瓶颈。党的十八大指出了"四化"同步战略部署。"四化"在同步发展，齐头并进的同时，还必须相互融合，信息化与工业化深度融合，工业化和城镇化良性互动，城镇化和农业现代化相互协调，工业化和农业现代化相互辅助。信息化已经成为国民经济发展的重要手段。"互联网+农业"将成为农业现代化的制高点。以农业信息化产业、农业物联网、农业大数据、农业云计算等相关产业，将迎来快速发展的新契机。

二、五大机遇

（一）农村土地流转

在产业升级的道路中农业当然也不能缺失，小农经济向现代化农业转变是发达国家普遍发展趋势。现有土地国有的制度下土地经营权流转是发展农业现代化的最重要道路。

党的十八届三中全会《中共中央关于全面深化改革若干重大问题的决定》鼓励农地经营权流转，之后政府强有力推动、政策持续呵护以及外围环境基础相继形成，借助"互联网+"的东风，土地流转已然风起云涌。参与土地流转的主体逐渐增加，如中信土地流转信托、大禹节水土地流转以开展种植项目、阿里聚土地模式等。参与主体多、形式多样化不仅提高行业活跃度，构建出了不同商业模式，将加速行业发展。

（二）农村电子商务

"十二五"以来，农村社会消费品零售总额的名义增速连续三年超过城镇，实际增速连续两年超过城镇。截至 2014 年 12 月，农村网民规模达 1.78 亿，占全国网民比重为 27.5%。相比于农村网络消费仅占全国网络消费一成左右的比例，这个比重也预示着农村电商发展的巨大潜力。近期几项出台的关于发展电子商务的文件都不约而同地把重点聚焦在了农村电子商务。

如今阿里巴巴、京东、腾讯等互联网公司均推出了"下乡"政策，积极参与农产品电子商务建设，构建基于"互联网+"的农产品冷链物流、信息流、资金流的网络化运营体系。中粮、中化等大型农业企业积极谋求"触网"，自建电子商务平台，推动农产品网上期货交易、大宗农产品电子交易、粮食网上交易等。

发展农村物流配送是"互联网+农村电子商务"的关键。完善农村电子商务配送及综合服务网络，深入开展电子商务与物流快递协同试点，探索推动体制机制创新，突破制约农村电子商务发展的瓶颈障碍。

（三）农业物联网

农业物联网的发展已经从技术试点阶段发展到推广应用阶段。规模经营应是互联网农业进一步发展的途径之一，规模化可以为互联网技术的运用奠定基础，反过来也可以提高农业的管理水平和作业效率。适应规模农业的"互联网+农业物联网"的技术在我国部分地区已经开始被应用。特别是在精准农业领域，我国已经在新疆、黑龙江、吉林等 7 个省份建立了 26 个农业数字化综合应用示范基地。农业物联网区域试验工程也在全国陆续进行。在黑龙江某示范基地进行的一场试验显示：示范区内的大田作物产量提高 15%～20%，经济效益提高了 10%。但不可否认的是，传统小农经营距离"互联网+农业物联网"的生产模式仍有距离。

在"互联网+"的产业、应用、理念的带动下，破解农业物联网发展的魔咒。加快农业传感器、北斗卫星农业应用、农业精准作业、农业智能机器人、全自动智能化植物工厂等前沿和重大关键技术的应用；在大田种植、设施园艺、畜禽养殖、水产养殖等领域广泛应用。

（四）农产品质量安全

《农业部关于加强农产品质量安全全程监管的意见》要求推进农产品质量安全管控全程信息化，提高农产品监管水平；构建基于"互联网+"的产品认证、产地准出等信息化管理平台，推动农业生产标准化建设；积极推动农产品风险评估预警，加强农产品质量安全应急处理能力建设。

近年来，我国高度关注农产品安全监管工作，但农产品质量安全问题仍然存在，重要原因还是在于我国农产品安全保障体系不够完善。农产品生产环节多、链条长，很难按照统一的技术标准来生产和经营，亟需健全和完善农产品质量安全信息化体系。

以"互联网+"为抓手，充分利用"大数据""物联网"等现代信息技术，为推动农产

品产供销标准化、农产品质量安全信用建设，构建全国农产品质量安全监测信息系统、质量追溯信息系统、风险预警评估信息系统，保障农产品质量安全，创造了条件与基础。

（五）农村金融

《中国农村金融服务报告 2014》指出，下一步要健全公平准入和监管、鼓励创新、完善政策支撑和金融基础设施等措施，不断增强金融体系活力，利用移动通信等先进技术，构建充分竞争、广泛包容的普惠金融体系。互联网金融为农村普惠金融体系的构建提供了新的方向。

从 2003 年启动农村信用社改革到 2006 年开始设立村镇银行，金融支持"三农"的主力军作用得到持续发挥。经过多年努力，农村地区已形成银行业金融机构、非银行业金融机构和其他微型金融组织共同组成的多层次、广覆盖、适度竞争的农村金融服务体系。但是城乡之间的差距还是明显的。

随着互联网金融发展迅猛，众筹融资、网络销售金融产品、手机银行、移动支付等互联网金融业态也在快速涌现，部分互联网金融组织还在支持"三农"领域开展了有益探索。通过大数据、云计算等技术，将分散的农民和农企的各类信息进行整合处理，解决信息不对称问题，创新信用模式并扩大贷款抵质押担保物范围。

在我国经济进入新常态、转型与改革进入攻坚期的特定背景下，"互联网+"将搅动近 10 万亿规模新兴市场。信息化与农业会在更大程度、更广范围、更多层次进行渗透、再造、融合与创新，为我国的农业现代化发展带来新生机、新契机。

第二十五章　派得伟业：以农业信息技术集成应用推动农业现代化进程

农业信息技术是传统农业向现代农业转型升级的重要手段。从农业科研到农业生产、经营和管理，再到农业的社会化组织形式，从农业的产前、产中、产后，到农业全链条的质量安全与追溯，无一不受到信息技术的渗透和融合。派得伟业从成立之初，以"立足农业、面向农村、服务农民"为宗旨，面对"三农"发展不同阶段的需求，坚持引进、吸收、创新的精神，以农业业务和数据知识为基础，融合农业信息技术和智能工具，创新农业服务手段和服务模式，因地制宜地开展新技术、新产品的研发和推广工作。当前，我国"三农"信息化已经发展到一定水平，在部分地区农业生产机械化、管理信息化、农产品安全追溯全程化等已基本实现。随着我国土地流转的加快、农业新型经营组织的涌现，以及现实生产管理的需要，农业信息技术集成应用和全产业链信息服务将会迎来快速发展期。派得伟业以农业部农业物联网系统集成重点实验室为平台，面向大田生产、设施农业、畜禽养殖、物流配送等领域，开展相关软硬件技术开发与集成，形成了不同类型的农业信息化解决方案，并成功实施完成了一批典型应用案例，为推动我国农业农村信息化建设做出了重要贡献。

第一节　企业发展概况

北京派得伟业科技发展有限公司（以下简称派得伟业公司）是由北京市农林科学院和北京农业信息技术研究中心，于 2001 年 6 月共同投资组建，致力于农业与农村信息化技术产品创新、研发、系统集成以及农业综合信息服务。同时，紧紧围绕首都农业经济发展方向，致力于城市农业技术产品开发、规划设计和工程实施。

派得伟业公司依托北京市农林科学院和北京农业信息技术研究中心，汇聚了一批国内农业信息化建设领域资深专家，自身培养了一大批经验丰富的一线技术人才，长期以来坚持以先进实用的科技提高农业生产效率，增强农村科学管理，增加农民收入为目标，从事农业信息技术研究和成果转化。先后主持承担了国家级、省部级重点项目 40 余项、市场产业化项目 200 余项，获得国家科学技术进步奖、北京市科学技术进步奖、市场金桥奖等奖励 14 项，自主创新产品奖励 28 项，专利 21 项，软件著作权 105 项。现为农业部农业物联网系统集成重点实验室、首都科技条件平台北京市农林科学院研发实验服务基地、北京市农委农业农村信息化示范基地。

派得伟业公司建立了完善的管理制度、成熟的项目实施和管理方法，具备了国家高新技术企业、双软企业、ISO 9001、系统集成等高级别资质 15 项。同时荣获了中国信息化贡献企业、北京市"守信企业"、中国软件行业农业信息化领军企业、中国中小企业 100 强、中关村最具发展潜力十佳中小高新技术企业奖、中关村国家自主创新示范区百家创新型企业试点、海淀区创新企业、中关村瞪羚企业、中关村海帆企业、诚信长城杯企业等称号，2013 年荣获中国金服务农业信息化领域成就企业、全国质量信得过单位，2014 年荣获十佳智慧农业方案商，2015 年荣获中关村高成长企业 TOP100 等荣誉。

派得伟业公司产品及服务已经遍布全国 30 多个省市和地区，在推动我国农业信息化领域建设方面做出卓越贡献，先后成为首都农业农村信息化服务联盟、北京市设施农业产业技术创新战略联盟、中国农业技术推广协会高新技术专业委员会副理事长单位，北京农业信息化学会、高科技与产业化理事、北京现代农业科技创新服务联盟、中国产学研合作促进会、北京智慧农业物联网产业技术创新战略联盟、北京节水农业科技创新服务联盟、农业物联网产业技术创新战略联盟等理事单位。

派得伟业公司将继续围绕我国"三农"信息化发展内涵，大力发展设施农业、大田节水农业、健康养殖、农产品安全以及都市型农业等信息技术和产品。在提高农业经济效益和社会效益的同时，以科技兴农为信仰，以积极推进农业现代化为己任，以全面建设"互联网+农业"为方向，兢兢业业、坚持到底、永不放弃，全面缔造"科技服务农业，信息创造价值"的崭新局面。

第二节　技术集成与应用成果

一、大田"四情"信息监测管理系统

大田农业生产是我国重要粮食作物的主要生产方式，在传统农业向现代农业转变过程中，面临粮食安全问题日益严重，农产品价格不断上升，农业用地红线逼近，农业资源环境日益恶化等问题，研究大田"四情"信息监测管理系统，是提高农业高产高效高质生产的重要途径，对保证我国粮食安全、生态环境保护等方面具有重要意义。

当前，派得伟业公司针对不同作物，包括水稻、小麦、棉花等集成大田"四情"信息监测管理系统（图 25-1）。系统基本实现了远程在线采集作物生理生态、田间小气候、土壤墒情、酸碱度、养分、作物病虫害等数据，达到了大田墒情（旱情）自动预报、灌溉用水量智能决策、远程自动控制灌溉设备、病虫害预防、精准施肥施药等目的，解决了大田种植分布广、耕作信息不宜采集、系统不易控制等问题。同时，基于农业生产数据进行批量采集、建模处理、模糊推理和智能决策，将栽培、施肥、病虫害诊断、水利管理和质量监管等方面的决策支持系统应用于生产管理的各个环节，全面提高农业生产效率，提升农业生产作业水平。

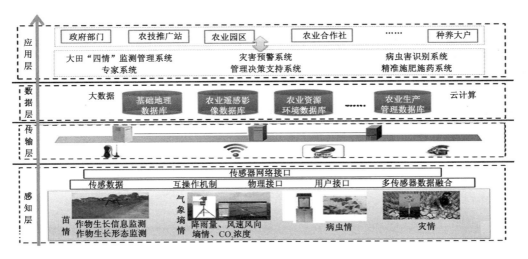

图 25-1　大田"四情"信息监测管理系统

二、设施农业信息监测管理系统

设施农业信息化的建设代表了一个国家农业现代化的实现程度。当前，设施农业物联网解决方案已经实现了智能监控、数据采集（土壤温/湿度、空气温/湿度、CO_2 浓度、pH 值等）、远程传输、智能分析和自动化控制（卷帘、遮阳网、风机、水帘等）功能。派得伟业公司设施农业物联网监控系统（图 25-2）基于农作物生长所需信息的采集、发送、处理、决策和执行的循环过程，利用于不同的传感器节点和视频监控设施，将传感器和视频采集的信息传输到中控室远程无线智能终端，以直观的图表、曲线和图像形式显示给管理者和用户，通过对数据的分析和模型决策以及控制设备实现作物生长环境的自动化控制。

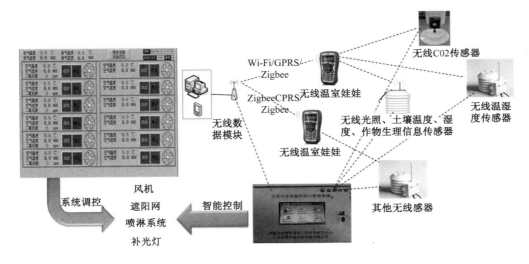

图 25-2　设施农业物联网监控系统

三、健康养殖信息化建设

人民生活水平的提高对禽畜产品需求量日益增长。派得伟业公司健康养殖自动化管理系统（图 25-3）以物联网技术为基础，通过 GPS 传感器、温度传感器、呼吸传感器和环境温度传感器等多种传感器、视频监控设备，以及电子标签技术和 RFID 技术等，通过监控平台对动物体生理特征进行监测，依据健康养殖配方进行精准喂养，同时对禽畜产品生产、水产品的养殖过程中的畜舍环境、养殖环境和动物体活动特征进行全面环境监测和调控，提高动物疾病预警防治水平，减少抗生素的使用；为农产品追溯提供养殖档案。

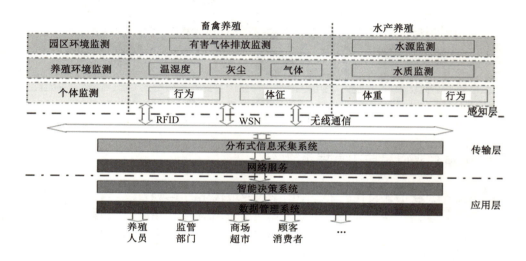

图 25-3　健康养殖自动化管理系统

四、农产品安全溯源和管理信息化建设

提高农产品附加值、技术含量，建立品牌农产品，打造特色农业龙头企业，带动农村周边地区经济发展，是增加农民收入的主要途径，是农业产业结构调整的主要内容。派得伟业公司农产品安全溯源和管理信息系统平台（图 25-4）实现了农产品从生产基地到加工基地到消费者手中的全程信息溯源和安全监管。以传感器技术、电子标签技术、RFID 技术、3S 技术等为基础，通过为农产品配置身份标识，实时监测农产品品质。基于路径优化算法，并与货架期结合，实现了订单管理、车辆管理、环境监测、路径规划、配送通知等功能。在运输过程中，基于车厢温度场分布模型，实现不同堆栈方式、不同风速条件下车厢温度场的三维分布实时监测。

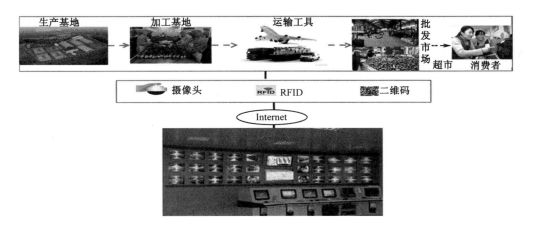

图 25-4　农产品安全溯源和管理信息系统平台

第三节　农业信息技术应用示范进程

2014 年到 2015 年上半年，在农业部、科技部、北京市有关部门及市农林科学院和信息中心的支持下，派得伟业以农业部农业网系统集成重点实验室为平台，以首都科技条件平台北京市农林科学院研发实验服务基地和北京市农委农业农村信息化示范基地为对外合作窗口，以北京为中心，以天津、河北、山东、黑龙江为重点，辐射带动全国其他多个省份地区，成功示范推广了多项农业信息化建设方案，合作单位包括农业科技园区、合作社、农技推广站、农业示范基地以及科研院所信息化示范基地等。同时，派得伟业积极围绕首都都市型现代农业发展方向，将农业信息技术与都市型农业发展结合，以科技的手段推动首都农业快速发展，充分发挥首都农业对全国农业发展的引领作用。

一、农业园区信息化建设案例

农业科技园区信息化建设以设施农业信息化建设为主，实现了农业高科技生产、农业高效率管理、农产品质量安全保证、农业产业链建设等融合为一体的目的。

（一）昌吉国家农业科技园区信息化建设案例

昌吉国家农业科技园区是全国 38 家农业科技园区之一，园区信息化建设以新疆农业博览园 4 座智能温室和园区现代农业示范园 4 座日光温室为载体，根据设施农业的不同类型和生产管理要求，结合温室作物种植特点、分布特点，运用物联网技术实时采集农业生产过程中的温度、湿度、光照、二氧化碳、土壤墒情等环境因子信息，全面掌握温室作物种植过程信息，为温室智能化监控提供辅助决策指导，实现农业生产的精细化管理、精准化作业。实现了园区发挥农业科技示范与辐射功能、现代农业科技的孵化功能和新型农业科技人才的培训功能，促进传统农业的改造与升级，为加快昌吉州乃至新疆现代农业的发展起到积极的示范和带动作用。

（二）满洲里市万康绿色生态农业示范园区信息化建设案例

满洲里市万康绿色生态农业示范园区基地，是满洲里市东湖区重点建设的农业生产园区，园区农业信息化建设实现了设施农业智能监控和农产品安全质量溯源。实现了温室中环境信息采集、视频信息采集，将采集信息通过无线通信方式传回到综合控制中心，并对采集数据进行存储、分析和大屏幕实时显示；实现了对温室内保温被、卷帘机、温控设备（通风、加热）以及灌溉设备的智能控制；实现了对温室环境信息以及调控设备的远程监控；实现了园区发挥龙头企业的示范带动作用，发展建设起来的无公害标准化蔬菜种植基地，并逐渐发展成集旅游观光、休闲采摘、技术推广为一体的"农家游"基地。

二、都市型现代农业信息化建设案例

案例一：世界葡萄大会品种展示基地设施农业智能化控制系统

世界葡萄大会品种展示基地日光温室占地 4 亩左右，分为内环温室和外环温室，展示基地作为未来农业科技展示平台，以概念区、栽培区、科技区和地缘区为主体展示区。栽培区展示了葡萄组培技术为主，通过智能嫁接机，利用砧木、接穗、嫁接技术，自主完成繁育脱毒葡萄苗技术。日光温室智能化控制系统总体实现了内外温室内环境因子、土壤因子和作物生态数据的实时监测，以及温室视频监控，数据通过内嵌的无线传输设备实时传输到中央处理器，以实现对物体的智能化识别、定位、跟踪、监控和管理。中央处理器将接收到的数据不间断的以多种可视化方式显示给用户，并通过内嵌的智能控制算法、温湿环境预测模型及病害预测模型对数据进行分析，向控制系统发出指令。控制系统包括可移动天窗、遮阳系统、保温系统、升温系统、湿窗帘、风扇降温系统、喷滴灌系统或滴灌系统、移动苗床等自动化设施，通过接收到的指令自动控制开窗、卷膜、风机湿帘、生物补光、灌溉施肥等环境控制设备，自动调控温室内环境，达到适宜葡萄生长的范围，为葡萄生长提供最佳环境。同时，根据种植作物的需求提供各种声光报警信息，实现对葡萄设施农业综合生态信息自动监测。通过数据总线传到监控中心；中控室，实现内外环温室环境信息和视频图像信息的实时汇总、数据图像处理，并实现对日光温室内外环温室的智能节水灌溉控制。概念区、栽培区、科技区和地缘区为参观者提供了农业信息技术在农业生产中应用的近距离体验，是科普知识到产业实践的亲身体验，是未来农业科技展示平台。

案例二：平谷美丽智慧乡村信息化建设

"美丽智慧乡村"是落实党十八大提出的"四化同步"战略具体部署，依托先进的信息化技术，用智慧的手段打造乡村农业产业、促进农村管理、提升农民生活、改善生存环境，并通过对农业、农村、农民全方位的管理与服务和对生产、生活、生态的全链条的监测与控制，建设"山美水美环境美、吃美住美生活美、穿美话美心灵美"的魅力新农村，将一二三产完美融合，实现三农的可持续发展。派得伟业在平谷区西柏店"美丽智慧西柏店项目"中，重点建设了"131 工程"，即一个门户，三个系统，一套无线局域网络覆盖环境，形成了智慧农业展示大棚及综合宣传门户网站。该项目通过系列农业农村信息化应用小工程实现了现代"智慧乡村"；统筹兼顾了农业生产子系统、农民生活子系统、农村生态子系统和农村社会子系统的协调发展；通过研究设计和规范实施，尝试建设首都"社会主义新农村"发展示范典型。

综合信息服务门户网站，综合实现了观光指导、特色农产品推介、农业信息发布和农产品溯源等功能；设施农业智能监控系统、智能警务视频监控系统，全面提升西柏店村的管理和服务效能。设施农业智能监控系统实现了 40 座普通大棚和 2 座高端大棚数据采集、分析、跟踪、控制。有了这个智慧系统，我们村的农民干活儿轻松多了；而且，在村子生态环境建设、村民生活方面，智慧系统这个"大管家"也都帮我们统筹安排得井井有条。西柏店村党支书赵谦说。基于 37 个监控点构成覆盖全村主要街道及展示大棚的视频监控网络，实现全天候街道、园区、智慧农业大棚实景监控，智能预警，减少治安案件 32.9%。

在 2014 年第三届智慧北京大赛中，"平谷区美丽智慧乡村集成创新试点建设"项目，荣获了本届大赛的优秀示范工程奖。

案例三：北京丰台国际种子大会科技展示中心信息化建设

世界种子大会科技创新服务工程以大会服务管理和大会科技成果创意展示为主题，包括：世界种子大会"游品购"服务系统、世界种子大会品种技术创意展示系统、种业发展创意展示系统、世界种子大会虚拟漫游体验系统、种业人物大事信息展示系统、世界种子大会国家农业科技城互动示范系统和服务简介。

派得伟业公司面向北京市发展会展农业对先进数字化展示展览技术产品的现实需求，通过对先进数字化展示技术及装备的综合集成，包括三维模型和动画技术，三维虚拟模拟技术、仿真技术、智能目标导向技术，以及动态网页和 Web3D 技术构建了面向现代种业会展的数字化展示与互动体验技术体系。品种技术创意展示系统展示了品种的特性、长相长势、生理生化变化过程、育种操作方式、基因表达形状、技术等关键步骤以及新品种育繁推过程中展示了杂交育种技术、转基因育种技术、种子纯度检测技术、克隆技术等 10 种先进技术；虚拟漫游体验系统实现了场馆内外及自然景观的规划演示、管理、辅助决策、体验的数字化工程服务，形成具有高精度三维模型实时展示、典型动画互动体验、虚拟场景高自然度漫游体验等；种子大会科技展示中心信息化建设有力的提高展会内容的形象性、生动性和观众现场感，拓展种子大会的信息传播手段和辐射面，以全新的技术手段和方式推进农业科技新产品展示、成果转化和科技推广工作。

第四节　下一步工作重点

一、提升研发能力，加大核心技术储备

（一）对现有产品进行功能、性能完善，提高产品稳定性、实用性、适用性，降低产品成本、操作难度和入市门槛；公司将把农业专家系统及相关产品作为重点进行开发和完善，特别是领域业务模型的建立和应用。

（二）针对行业内信息化技术快速更新、产品生命周期不断缩短、新产品推出速度不断加快的问题，着眼于市场需求，以公司现有的技术为基础，通过自主研发、技术引进和联合研发，不断开发适应市场需求、具有前瞻性的农业信息技术产品，做好科研成果转化工作。

（三）加强产学研平台打造，针对农业部农业物联网系统集成重点实验室，不断增加研发投入，更新科研仪器设备，建立核心研发团队，围绕市场需要和业务方向，逐渐开展共性和关键性技术研发，不断强化研发能力和系统集成能力，加大核心技术储备，提升原始创新能力和核心竞争力，重视标准规范研究，为把实验室打造成农业物联网产业发展的产学研合作平台奠定坚实的基础。

二、探索创新农业信息技术服务三农新模式，推进农业产业化发展

农业信息技术服务三农的模式和机制决定着农业信息服务的水平和质量。农村土地制度的变革、新型经营主体的出现、农业经营管理方式的改变等决定着农业信息服务模式需要不断创新以适应新的发展方式。今后重点将从以下几个方面开展工作，探索创新服务模式，使企业真正成为技术创新和服务的主体。

（一）加强市场调研工作，可以增强服务的针对性。建立技术产品应用效果评价体系，有利于技术产品的改进和新的需求的产生，可以使服务产生的经济社会效益倍增。

（二）延长服务价值链，将"规划设计"和"运营服务"逐渐纳入到服务体系中，建立一体化产业链服务，有利于消除服务环节断裂、使信息服务内容更加丰富、增强准确性、反映更加及时；更有利于推进农产品经营管理，提升农业附加值，增加农民收入。

（三）细化服务领域，形成多样化服务，以大田作物、设施农业、健康养殖、农产品质量安全、农资物流为核心，逐渐向农资管理、农业生态环境管理、农产品流通体系建设延伸的同时，以信息技术为核心技术，融合多媒体技术、3S技术、虚拟模拟技术、三维动画技术等，从核心产品的开发、技术产品的集成、物联网平台的搭建、系统测试运行、标准规范制订等方面开展研发工作，使服务多样化。

（四）改善服务环境，增强服务意识、树立责任理念，树立优质服务的品牌形象。

第二十六章　中农宸熙：以推动
我国智能农业发展为己任

北京中农宸熙科技有限公司，是专注于农业信息化领域的国家高新技术企业。以"物联网+自动化+新硬件+智能信息处理"立足于智能农业行业市场，为广大农业生产企业、养殖种植户、创业者、农村合作社提供基于农业信息化的全方位技术支持、智能硬件设备销售、智能农业解决方案等软硬一体化服务。

第一节　发展现状

一、总体概况

北京中农宸熙科技有限公司是中国农业大学农业物联网工程技术研究中心、中欧农业信息技术研究中心、北京市农业物联网工程技术研究中心和先进农业传感技术北京市工程研究中心的建设单位，是国内最早涉足农业物联网领域并一直保持领先地位的智能农业整体解决方案提供商。公司以智能农业设备为技术核心，重点推进物联网、云计算、移动互联等现代信息技术和农业智能装备在农业生产经营领域应用，为农业龙头企业、农民合作社等规模生产经营主体在设施园艺、畜禽水产养殖、大田种植、农产品质量追溯、农机作业服务等方面提供智能设备和信息技术支撑，加快推动智能农业产业升级。

公司技术产品线贯通感知层、传输层和平台应用层，覆盖农业物联网全领域。已形成系统的农业物联网解决方案，包括水质在线监控系统、生态型数字化鱼菜共生系统、智慧温室系统、畜禽智能环境监测、大田种植物联网系统、农业病虫害诊断系统、健康养殖精细管理系统、农产品质量安全追溯系统、农产品冷链物流与远程保鲜运输监控系统、渔情信息采集系统等模块，在山东、天津、江苏、湖北、广东、海南等十多个省市建立有应用示范基地，始终引领着我国农业物联网技术的发展方向。

公司业务经营优势聚焦于智能设备自主研发、一体化智能养殖体系（如生态型数字化鱼菜共生智能系统等）、农业物联网智能云服务、农业信息化整体解决方案等几大版块。形成了从智能设备装备、农业数据模型分析、云计算及软件智能平台的整条技术价值链，来帮助农户、生产企业达到高效高产、增产增收实现向农业现代化转型。

当前，公司在面向智慧农业的全产业链条及其商业循环生态系统的自主科研力量和整体解决方案的基础上，已率先倡导并致力创造"物联网+自动化+新硬件+智能平台软件"的智能农业 4.0 新业态。

二、解决方案

（一）鱼菜共生系统

鱼菜共生是一种新型的复合耕作体系，它把水产养殖与水耕栽培这两种原本完全不同的农耕技术，通过巧妙的生态设计，达到科学的协同共生，从而实现养鱼不换水而无水质忧患，种菜不施肥而正常成长的生态共生效应。在传统的水产养殖中，随着鱼的排泄物积累，水体的氨氮增加，毒性逐步增大。而在鱼菜共生系统中，水产养殖的水被输送到水耕栽培系统，由微生物细菌将水中的氨氮分解成亚硝酸盐和硝酸碱，进而被植物作为营养吸收利用。由于水耕和水产养殖技术是鱼菜共生技术的基石，鱼菜共生可以通过组合不同模式的水耕和水产养殖技术而产生多种类型的系统。鱼菜共生让动物、植物、微生物三者之间达到一种和谐的生态平衡关系，是未来可持续循环型零排放的低碳生产模式，更是有效解决农业生态危机的最有效方法。

中农宸熙生态型数字化鱼菜共生系统，是全球第一个将"数字化养殖循环水系统"与"鱼菜共生智能系统"融合于一体的复合耕作智能系统，是将水产养殖与水耕栽培这两种原本完全不同的农耕技术，通过巧妙的生态智能设计，达到科学的协同共生，从而实现养鱼不换水而无水质忧患，种菜不施肥而正常成长的生态共生效应。鱼菜共生让动物、植物、微生物三者之间达到一种和谐的生态平衡关系，是未来可持续循环型无污染、无公害、零排放的低碳生产模式，更是有效解决农业生态危机的最有效的方案系统（图 26-1）。

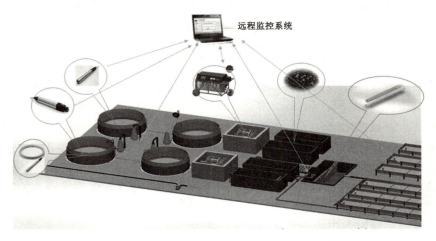

图 26-1　鱼菜共生系统

（二）水产养殖环境智能监控系统

该系统集成智能水质传感器、无线传感网、无线通信、嵌入式系统、自动控制等技术，可自动采集养殖水质信息（温度、溶解氧、pH、深度、盐度、浊度、叶绿素等对水产品生长有重大影响的水质参数），并通过 Zigbee、GPRS、3G 等无线传输方式将水质参数信息上报到监控中心或网络服务器（图 26-2）。

用户可以通过手机、PAD、电脑等终端实时查看养殖水质环境信息，及时获取异常报警信息及水质预警信息，并可以根据水质监测结果，实时调整控制设备，实现科学养殖与管理，最终实现节能降耗、绿色环保、增产增收的目标。

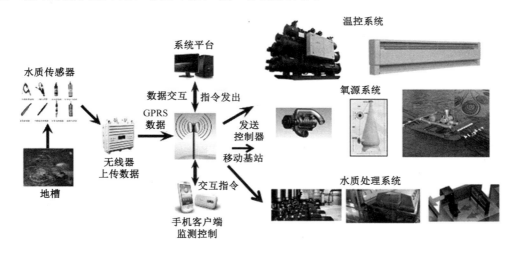

图 26-2　水产养殖环境监控系统

（三）畜禽养殖环境智能监控系统

该系统利用物联网技术，围绕设施化畜禽养殖场生产和管理环节，通过智能传感器在线采集养殖场环境信息（空气温/湿度、二氧化碳、氨气、硫化氢等），同时集成改造现有的养殖场环境控制设备、饲料投喂控制设备等，实现畜禽养殖场的智能生产与科学管理（图 26-3）。

养殖户可以通过手机、PDA、计算机等信息终端，实时掌握养殖厂环境信息，及时获取异常报警信息，并可以根据监测结果，远程控制相应设备，实现健康养殖、节能降耗的目标。

（四）设施农业（温室大棚）环境智能监控系统

该系统利用物联网技术，可实时远程获取温室大棚内部的空气温湿度、土壤水分温度、二氧化碳浓度、光照强度及视频图像，通过模型分析，自动控制湿帘风机、喷淋滴灌、内外遮阳、顶窗侧窗、加温补光等设备，保证温室大棚环境最适宜作物生长，为农作物优质、高产、高效、安全创造条件（图 26-4）。

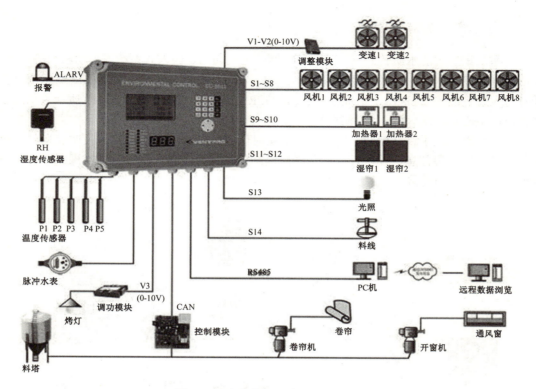

图 26-3　畜禽养殖环境智能监控系统

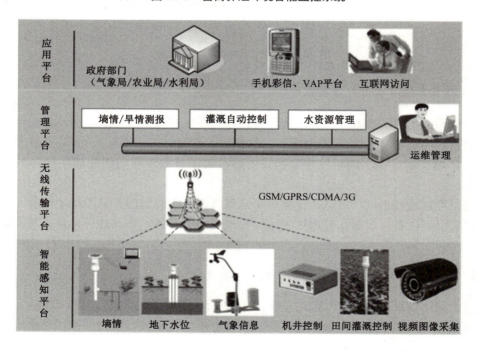

图 26-4　农业（温室大棚）环境智能监控系统

用户可以通过手机、PDA、计算机等信息终端发布实时监测信息、预警信息等，实现温室大棚集约化、网络化远程管理，充分发挥物联网技术在设施农业生产中的作用。

（五）UNI 循环水养殖系统

UNI 循环水系统的一个最主要优势是能够以最低的成本保持最理想的水质环境。所有重要的水质参数都可进行在线监控并作出相应的调整，以确保最佳的鱼健康和生长。这就是为所有品种的可预测性水产养殖的优等捕获质量奠定了基础。水产养殖循环水处理系统包括饲料槽、喂饲系统、生物过滤器、拆分回路设计、溶氧控制、主泵、机械过滤器、UV过滤器、二氧化碳剥离器、死鱼收集器（见图 26-5）。

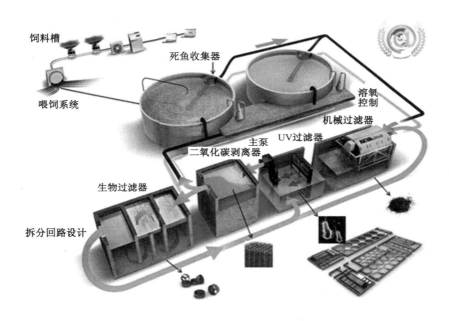

图 26-5　UNI 循环水养殖系统

1. 微滤机

该产品是一种可清除 50 微米以上颗粒的高效机械颗粒过滤器，它对于能否实现生物过滤器最佳性能和对常见病原体的最优控制至关重要。微滤机是采用尼龙材质的网拦阻水中的有机固体颗粒，以重力排水或水泵抽水的方式将循环水引入过滤系统，不停转动的轮鼓上部有尼龙的微细网以筛除悬浮固体。当滤网阻塞，水位上升触动液位控制器时，会驱动圆筒滚动装置及高压冲水水泵，直到滤网畅通为止。冲刷下来的固体，由收集管导入集污槽。

2. UV 过滤器（或 AOP 杀菌）

UV 过滤器能以更经济方式利用紫外线对水进行有效消毒。设计采用选择性光照波长，保留有益菌，消灭病原体，配合集成软件系统实现电脑智能控制。

3. 二氧化碳剥离器

二氧化碳剥离器可在低能耗的情况下有效消除二氧化碳、其中包括有效剥离氮气，是有复合聚乙烯材料建造，配合疏水涂层保证耐腐蚀性能优越。

4. 生物过滤器

固定式流化床生物过滤器兼具高性能、保养简便和操作成本低等多项优势。该款生物过滤器采用多阶设计概念，具备极佳的稳定性。

5. 拆分回路设计

为了得到最佳的稳定性和生物过滤器效率，必须使经过生物过滤器的流量少于经过二氧化碳剥离器的流量。另一种方法是在更高的二氧化碳含量下完成作业，这种方式可能会导致生长率降低和饲料需求量增加。

6. 喂饲系统

Akvasmart CCS 喂饲系统集成于 UNI 循环水系统。无论是配有转头式撒料机的集中式喂饲系统，还是独立式鱼池喂饲装置，都能连接至 Akva 控制软件。为确保饲料品质，所有系统均已经过饲料保证标准认证。

7. 溶氧控制

稳定的溶氧含量对于所有水产养殖系统而言至关重要，因为溶氧含量周期性下降会导致鱼类食欲不振、胁迫感和死亡率上升。同时还设计了过量供氧阻断气头装置，防止过度充氧，节约能源，整合入智能控制系统的溶氧监控探头，实时及长期监控水体溶氧。

8. 软件系统

控制软件可对养殖过程进行精确控制，并详细记录饲料类型、饲料批次和喂饲时间，完整记录所有处理过程和重要数据。此外该软件能够将所有流程生成归档文件，并保证对环境无害和食品安全。可通过包装、标签和销售系统从渔场到客户端的整个过程中对鱼类实施全程追踪。

第二十七章 软通动力：智慧农业驱动农业信息化持续创新

第一节 软通驱动农业信息化持续创新

十八大以来，党中央、国务院对农业、农村经济给予了高度重视，作出了"四化"同步战略部署，信息化与工业化深度融合，工业化和城镇化良性互动，城镇化和农业现代化相互协调，信息化则是现代农业的制高点。现代信息技术可以有效提高农业产出率、劳动生产率、资源利用率。强化以"互联网+"为代表的现代信息技术的应用，对确保粮食安全、农民增收、食品安全和资源的可持续利用，意义十分重大，是"互联网+农业"能够成为创新驱动力的理论与技术基础。习近平总书记在 2013 年中央农村工作会上提出，把信息服务作为支持国家粮食安全的七大惠农政策之一，李克强总理把信息化、水利化、机械化并列，作为推动农业基础设施建设的重要手段提出要求。在新的形势下，我国农业信息化发展面临新的机遇和挑战，必须抓住农业发展的先机，大力推进农业信息化的跨越发展，使现代农业在信息化快速发展过程中提质增效，实现"四化同步"顺利平稳发展。

软通动力信息技术（集团）有限公司（以下简称"软通动力"）作为智慧城市与产业互联网建设的领导者，创新型技术服务提供商。高度重视农业信息化建设，致力打造全国，乃至国际领先的智慧农业云平台，提供农业大数据服务，进一步推动农业信息化发展进程。软通动力在全面分析农业现状、国家政策、市场情况、发展趋势基础上，立足于对智慧农业与大数据产业的深刻理解和持续创新动力，发挥创新技术及方案能力和实施运营能力，把"互联网+"技术平台及商业模式融入农业产业升级服务之中，发挥自身在创新服务领域的技术、资源优势和龙头带动作用，以各个城市为切入点，先期安置能够引导本地特色产业快速转型的项目落地城市，重点围绕新型农业的创新创业、"互联网+现代农业"大数据平台的建设与运营、高端科技创新资源引入等方面进行项目落地，在营造新型现代化农业发展环境、打造农业大数据产业集群、促进城市产业优化升级及培育新兴业态、服务管理水平提升及群众便利等方面开展紧密合作，全面提升城市自主创新能力和产业竞争能力，推动互联网技术与本地特色产业的深度融合，发挥优势产业的集聚效应，加快创新型经济发展，共绘城市发展宏伟蓝图。

2004 年以来，中央"一号文件"连续 12 次聚焦"三农"问题，软通动力以解决"三农"问题为核心设计思想，依据《中华人民共和国国民经济和社会发展第十二个五年规划纲要》《2006—2020 年国家信息化发展战略》《国家重大信息化工程建设规划（2011—2015）》（征求意见稿）《全国农业和农村经济发展第十二个五年规划》《全国现代农业发展规划（2011—2015 年）》《全国农业农村信息化发展"十二五"规划》等政策文件，通过农业产业升级改造将传统农业转变为现代产业，促进农业产业化进程，形成完整的产业链；通过提供社会管理服务，对农村人口、土地、政策及农业信息进行发布与监测；通过改善民生为农民提供便捷的日常劳动生产和生活活动信息资源。

软通动力通过建设智慧农业云平台和农业大数据服务平台，促进现代农业的产业互联与提质增效，打造中国农业大数据产业高地，让信息化融入到传统产业之中，带动城市支柱产业向高端发展，走相互促进、融合发展之路，推动互联网技术与本地特色产业的深度融合，助力城市实现农业提升、工业突破、三产繁荣的美丽愿景。

一、智慧农业云平台

软通动力智慧农业云平台通过信息化手段实现农业现代化，将实现从田间种植，到生产加工，再到交易物流，直至消费服务的信息串联，协同完成农与非农的多角色协作，形成现代农业产业链融合产业链各环节的要素，打造以农业为中心，一二三产业联合发展的产业创新模式。

（一）智能生产

在生产阶段导入智能种植和智能养殖的标准化生产管理系统，让整个生产过程实现标准化生产和精准化管理，做到种苗标准化，农作标准化，采收标准化，整个种养殖过程全部通过物联网设备实现精准的数字化控制。标准化的生产将可以保证产品的品质。

（二）产能管理

配合城市发展农产品精深加工的总体规划，通过产能管理和加工生产线管理等系统，通过农业生产计划管理系统指定生产计划，指导业务线在计划内备种，合理采购和调配农资农机，实现产能预测，同时通过农业云平台的数据共享，加工企业的加工生产计划紧密配合，完成高效的产业链协同作业。

（三）电子商务

打造具有当地城市特色农产品交易平台，将当地城市的农产品与全国乃至国际大市场充分对接，用互联网营销模式为城市建立起优质农产品的品牌形象。以市场带动生产，以品质形成品牌。同时解决农产品因交易期短和流通环节过长造成的价值分配不合理的局面。

（四）信息发布

搭建城市政府、企业及农民所需的农业信息发布、众筹众创空间及在线培训认证平台，便于政府对农情、农经、市场、产业化的监测，便于解决企业资金短缺、资源共享难的问题，便于农民随时掌握日常劳动生产专业知识和技能，体现了城市以人为本的管理理念。

（五）食品溯源

利用以上四点应用环节的数据积累，建立城市食品溯源平台，将城市的产品在众多的同种类产品当中甄别出来。把整个产业链上的生产信息全部透明给市场消费者，提高品牌信任度，提升产品的附加价值。

二、农业大数据服务

软通动力农业大数据平台利用互联网提升农业生产、经营、管理和服务水平，融合产业链各环节的要素，建设典型的网络化、智能化、精细化的现代"种养加"生态农业大数据服务平台，形成示范带动效应，打造以农业为中心，一二三产业联合发展的产业创新模式。

（一）农业大数据采集服务

选择基础较好的区域作为示范基地，建立基于环境感知、实时监测、自动控制的网络化农业环境监测系统，在生产阶段导入智能种植和智能养殖的标准化生产管理系统，让整个生产过程实现标准化生产和精准化管理，做到种苗标准化、农作标准化、采收标准化，整个种养殖过程全部通过物联网设备实现精准的数字化控制，通过标准化的生产将可以保证产品的品质，推动城市农业的智能化。

（二）农业大数据融合服务

配合城市发展农产品精深加工的总体规划，建立产能管理和加工生产线管理等系统，指导业务线在计划内备种，合理采购和调配农资农机，实现产能预测，同时通过农业大数据平台的数据共享，和加工企业的加工生产计划紧密配合，完成高效的产业链协同作业，实现城市农业的集约化。

（三）农业大数据流通服务

建立城市优质农产品的溯源平台，将城市的产品在众多的同种类产品当中甄别出来，把整个产业链上的生产信息全部透明给市场消费者，实现上下游追溯体系对接和信息互通共享，提高品牌信任度，提升产品的附加价值，并不断扩大追溯体系覆盖面，实现农副产品"从农田到餐桌"全过程可追溯，实现城市农业的品牌化。

（四）农业大数据交易服务

打造城市的特色农产品交易平台，将城市的农产品与全国乃至国际大市场充分对接，用互联网营销模式为城市建立起优质农产品的品牌形象。以市场带动生产，以品质形成品牌，同时解决农产品因交易期短和流通环节过长造成的价值分配不合理的局面。同时，在城市主导建设现代农业大数据交易中心，汇聚国内的农业交易、生产数据及农产品购买、物流、质量、产量等关联性数据，形成农业大数据聚合机制，通过数据汇聚和数据挖掘来引导农业生产和销售的信息化升级，推动农业生产的信息化和标准化，打通农业信息交流的壁垒，帮助全国农民进行订单式农业生产和销售，实现城市农业的规模化聚集效应，将城市打造为全国农业大数据高地。

第二节　软通助力新苑阳光打造"智慧大棚"

国家全国农业和从村经济发展"十二五"规划中强调了以推进农业科学发展为主题，以转变农业发展方式为主线。河北省廊坊市按照"培育龙头、壮大规模、建立基地、带动农户"的思路，积极推进农业产加销一体化发展，引导农业龙头企业与合作社、农户有效对接，推广"企业+合作社+农户"等经营模式，建立紧密型利益联结机制。新苑阳光作为河北省廊坊市的龙头企业，由"全球清洁能源企业"新奥集团投资组建。公司主要以高新农业技术为导向，利用"互联网农业"思维，为战略指引，以大数据、云平台等前沿技术为手段，通过与业内合作伙伴的战略联盟，整合并合理配置产业链资源，构建创新性"前向一体化"农业社会化服务体系、标准化种植体系、冷链物流配送及安全监测可追溯体系，打造最具公信力的农产品供应平台，致力于成为京津冀安全餐桌食材服务商，为京津冀企业级会员及家庭会员提供高品质、定制化的安全健康餐桌食材。

随着京津冀常住人口的不断增长，日蔬菜需求量也随之加大，但是近年来食品安全问题却日益严峻，更多人要求高品质的绿色有机食品，人们对食品的需求正在发生由数量到品质的转变。为了更好的为京津冀地区提供高品质的安全健康餐桌食材，新苑阳光于2014年联手软通动力启动"智慧大棚"建设项目，实现全产业链的科学化、信息化管理。

新苑阳光"智慧大棚"项目，集合了10多个应用子系统，利用物联网、云计算、移动服务、数据融合等先进技术用于对农业生产管理、加工配送、精确营销等信息统筹管理，通过农业云平台的信息共享与集中处理，完成全产业链多角色的高效协同工作，针对农业生产的每一个环节进行跟踪，监控与管理，通过大数据分析反哺生产，实现种苗、技术、农资、回收、销售的五统一管理。

新苑阳光"智慧大棚"项目创新了农业种植方式，降低了生产运营成本，提高了运营效率，使整个生产管理更加便捷和规范，使新苑阳光为京津冀地区提供的餐桌食材更加安全。

科研创新篇

中国农村信息化发展报告（2014—2015）

第二十八章　农业部信息中心

农业部信息中心是农业部直属事业单位。在部党组及主管司局的领导下，信息中心以农业部系统和全国农业系统为服务对象，为农业行政机关司局履行政府职责、依法行政和应急处置提供有力支撑，协助推进全行业、全产业链条三农信息化工作，同时实现信息中心自身的健康发展。

第一节　处室设置与职责

一、处室设置

2014年，信息中心适应新形势要求，经部主管司局同意，人事劳动司批准，对处室设置和工作职责进行了改革调整。调整后，信息中心共设置了12个处室：办公室、计划财务处、研究与规划处、通讯与网络处、技术服务处、信息安全处、系统开发处、数据资源处、网站运行处、舆情监测处、信息分析处、信息服务处。

二、处室职责

（一）办公室

（1）负责中心日常运转工作，负责综合文秘工作，承担督察督办工作，协助中心领导处理日常行政事务。

（2）负责人力资源开发及管理工作。

（3）负责文化建设及宣传工作。

（4）负责保密和安全保卫工作。

（5）负责外事管理工作。

（6）负责国有资产实物管理，提出中心资产配置计划并统筹开展资产配置工作。

（7）负责中心档案的统一管理工作。

（8）负责党办工作。

（9）负责职工住房、后勤服务、员工福利、劳动保障和计划生育工作。

（10）负责退休人员管理与服务工作。

（11）负责劳务派遣人员的综合管理工作。

（12）承担中心领导交办的其它任务。

（二）计划财务处

（1）负责组织编制中心基本建设计划，统筹会计核算和财务管理工作。

（2）负责组织起草中心财务管理规章制度，并监督执行。

（3）负责提出中心预决算编制、执行和日常资金统筹调剂使用计划及建议。

（4）负责中心基本建设项目和财政项目的财务管理工作。

（5）负责中心政府采购预算、政府采购计划的审核、汇总、申报，监督政府采购的执行。

（6）负责组织中心的审计和财务检查工作。

（7）负责中心国有资产账务管理，参与研究国有资产购置、处置工作。

（8）负责中心对外签订合同的财务审核。

（9）负责中心创收的组织管理和年终绩效工资的测算工作。

（10）承担中心领导交办的其它任务。

（三）研究与规划处

（1）组织开展农业农村信息化发展战略研究工作，承担有关司局农业农村信息化研究课题，组织开展农业农村信息化重大专题调研工作。

（2）协助开展农业农村信息化发展规划编制及其实施的组织管理工作，组织开展农业农村信息化有效需求研究，谋划重大工程项目。

（3）开展全国农业农村信息化典型经验和推进模式的调查研究并组织宣传推广；承担全国农业农村信息化示范基地评选和后期评估工作。

（4）组织开展信息化前沿技术跟踪研究，协助开展新技术在农业生产、经营、管理和服务中的试点示范工作。

（5）开展农业农村信息化标准体系建设研究，负责组织重大工程项目规范制订，承担农业农村信息化相关标准起草编制的管理工作。

（6）负责全国农业信息中心体系建设工作，承担信息化基础条件监测与分析工作，围绕信息化人才队伍建设开展综合性培训，组织开展信息化技术研讨和成果（产品）展示工作。

（7）负责组织中心重大业务及技术发展规划工作，承担中心技术委员会日常事务组织工作，负责组织中心系统运行维护和技术服务的重大技术问题协调工作。

（8）负责中心科研与技术创新的相关管理工作。

（9）承担农业部农业信息化领导小组办公室技术支撑组和专家委员会日常工作。

（10）承担中心领导交办的其它任务。

（四）通讯与网络处

（1）负责农业部通信系统、计算机网络系统的规划、建设、运维和管理工作。

（2）负责国家农业数据中心基础设施、网络系统的运维和管理，对国家农业数据中心提供运行平台、技术支持服务，承担国家农业数据中心所属机房安全工作。

（3）负责农业部和信息中心网站域名管理工作，开展农业部网站系统的备案和域名解析工作。

（4）负责农业部视频会议地面链路专网和农业部数据传输专网的运维和管理，承担有关部门与农业部网络联接的技术支持和服务工作。

（5）承担部直属单位服务器托管工作，并对托管单位提供技术支持和服务。

（6）参与处理有关网络信息安全应急事件；负责主机房至楼层交换机间的传输线路管理工作。

（7）负责农业部通信专网管理，协调与电信运营商的业务关系，承担部通信系统和网络系统的计费管理工作。

（8）负责农业部电子政务系统运行监控平台的建设、运维和监测管理工作。

（9）承担中心领导交办的其它任务。

（五）技术服务处

（1）负责农业部机关、直属单位等用户端的网络系统、通信系统和农业部办公业务系统的技术支持和服务工作。

（2）负责农业电子政务系统和信息服务系统咨询服务工作。

（3）负责农业部应急指挥系统技术支持工作，负责农业部应急指挥场所网络系统、音视频系统、通信系统等的运维和管理工作，承担视频会议的技术支持工作。

（4）负责国办视频点名系统、农业部视频会议系统的运维和管理工作；负责各省区市视频会议系统建设技术指导工作；负责全国农业视频会议系统运行的组织协调等技术保障工作。

（5）负责农业部机关、直属单位及家属区通信网络系统等用户端的线务管理和维护工作。

（6）负责农业部电话总机值班、传真等相关服务工作，负责农业部机关、直属单位及家属区网络与通信业务的收费管理工作。

（7）承担农业部机关统一配置的办公自动化桌面设备的采购工作。

（8）承担农业部电子政务内网、电子政务外网用户端的终端网络安全监管及技术支持工作。

（9）承担中心领导交办的其它任务。

（六）信息安全处

（1）承担农业部网络与信息安全的技术管理工作；负责信息中心网络与信息安全的归

口管理工作。

（2）承担全国农业系统信息安全等级保护、分级保护的指导工作；承担重要信息系统安全测试、评估工作。

（3）负责农业部电子政务内网、电子政务外网的安全监测、风险评估、预警分析及安全监测平台的建设、运维及管理工作。

（4）负责全国农业系统信息安全技术指导工作，承担信息网络安全管理制度、标准、规范和策略的编制工作。

（5）开展网络与信息安全知识及技能的培训工作。

（6）负责农业部电子政务内网、电子政务外网中安全设备的日常运维和管理工作。

（7）协助开展信息安全攻击事件的应急响应和调查取证工作，参与处理有关网络信息安全应急事件。

（8）协助开展网络安全检查及信息安全保密检查工作。

（9）承担中心领导交办的其它任务。

（七）系统开发处

（1）承担信息化重大项目建设工作及全国农业系统信息化项目建设技术指导工作。

（2）负责组织中心承担的金农工程等信息化重大项目的建设实施工作。协助谋划信息化重大项目，组织需求分析、项目立项、可研编报等工作。

（3）承担农业部办公业务系统建设规划工作，负责农业部办公业务系统的开发、运维和管理工作。

（4）协助开展农业信息系统建设规划工作，承担农业信息系统的系统设计、软件开发等项目建设工作。

（5）负责起草农业信息系统应用软件开发和应用支撑平台建设的标准规范。

（6）承担农业部农业信息应用系统开发和运行维护相关的技术、培训和咨询等服务工作。

（7）承担中心领导交办的其它任务。

（八）数据资源处

（1）协助开展农业部及全国农业系统数据资源建设规划工作，协助开展有关农业数据资源开发项目的调研、设计和实施工作。

（2）负责国家农业数据中心电子政务内网及电子政务外网数据库和数据仓库的规划、建设和运维管理工作。

（3）协助开展农业部及全国农业系统数据资源整合工作；承担数据交换和共享标准规范的制定工作；承担全国农业系统数据库和数据仓库建设技术指导工作。

（4）负责数据库、数据仓库及数据产品的开发、利用及服务工作。

（5）负责农业数据资源的购置，参与相关信息采集工作。

（6）承担信息采集系统的运维保障和内容维护工作。

（7）承担农业部农产品监测预警分析平台的数据库维护工作。

（8）负责全国农产品批发市场价格信息系统建设、运维管理和分析工作。

（9）承担中国农业信息网数据服务频道的信息维护及服务咨询工作。

（10）承担中心领导交办的其它任务。

（九）网站运行处

（1）负责农业部门户网站（即：政务版、服务版、外文版）及网站群的发展研究、规划设计、建设实施和运维管理工作。

（2）承担农业网络信息宣传工作。

（3）负责农业部门户网站信息采编发的组织管理工作。

（4）负责农业部门户网站内容管理平台的运行维护和管理工作，开展网站运行监测分析工作。

（5）承担农业部信息资源网的规划设计、建设实施和运维管理工作。

（6）承担中国政府网涉农信息报送和联络工作。

（7）负责中国农业信息网商务版发展规划、建设、运维管理和相关合作管理工作。

（8）承担全国农业系统网站建设技术指导和绩效评估工作，负责信息联播运行管理、联动宣传和信息员队伍建设工作，组织协调网站信息资源整合。

（9）承担中心领导交办的其它任务。

（十）舆情监测处

（1）负责农业系统"三农"舆情监测工作的发展研究、规划设计、组织管理等工作。

（2）承担"三农"舆情监测和分析研判工作，负责编报舆情监测分析报告。

（3）承担与农业部职能密切相关的舆情动态监测工作，负责编报相关舆情监测分析报告。

（4）承担"三农"重大事件、热点言论和涉农领域热点问题的舆情监测和分析研判工作，负责编报专题分析报告。

（5）承担涉农舆论舆情信息月度数据监测、统计和分析工作，负责编报月度舆情分析报告。

（6）承担农产品质量安全等专题舆情监测和分析研判工作，负责编报专题舆情分析报告。

（7）负责农业部舆情监测管理平台建设、运维和管理工作。

（8）承担组织开展网络舆情的评论和引导工作。

（9）负责全国农业系统舆情监测分析的技术指导工作，开展舆情监测体系建设工作。

（10）协助开展农业部政务微博等运维管理工作。

（11）承担中心领导交办的其它任务。

（十一）信息分析处

（1）承担主要农产品市场监测预警分析工作。

（2）承担主要农产品国际贸易形势监测分析工作。

（3）承担重要农产品价格周度监测分析工作。

（4）承担农业农村经济、农产品市场热点问题分析及专题调查研究工作。

（5）负责农业部农产品监测预警分析平台的运行及内容维护工作。

（6）负责重要农产品监测预警政务信息的报送工作。

（7）承担全国农业系统农产品市场监测预警分析的技术指导和分析师队伍建设工作。

（8）承担有关农产品分析咨询服务工作。

（9）承担中心领导交办的其它任务。

（十二）信息服务处

（1）承担全国 12316 三农综合信息服务平台规划、建设、运维管理和服务工作；承担全国 12316 平台体系建设技术指导和运维管理工作。

（2）承担 12316 三农综合信息服务标准规范的制修订与实施工作。

（3）负责农业部 12316 三农综合信息服务平台的管理及维护工作，承担对省级平台的监测、数据汇总与分析工作。

（4）负责组织开展农业部 12316 三农综合信息服务工作。

（5）协助开展有关进村入户信息服务项目实施工作，负责有关系统建设、运维管理和服务工作。

（6）协助开展农产品网络营销促销、展会促销工作规划，负责相关平台系统的规划、建设、运维管理及应用推广工作。

（7）承担农产品网络应急促销和网上网下产销对接工作；承担农产品供求信息全国联播系统、网上展厅、农产品网络营销促销平台和中国国际农产品交易会网站等网站日常信息采编发、运维管理和服务工作。

（8）参与促进农产品连锁经营、电子商务、物流配送等新型流通方式发展研究和试点应用工作。

（9）利用网络平台组织开展信息服务需求监测分析和调查研究工作。

（10）承担中心领导交办的其它任务。

第二节　　2014 年的主要工作

一、信息化能力监测研究初见成效

为探求信息化发展规律，深入研究我国农业信息化发展的战略方向、发展目标、标准规范、技术路径、应用模式和信息系统建设中的重大问题，归纳总结信息化能力对促进现代化发展的方式方法和重大举措，为国家制定农业信息化发展战略和谋划信息化重大项目，提供决策支撑和政策建议，信息中心经认真研究、仔细谋划，确定了农业物联网、农业云计算、农业大数据、农产品电子商务、全国农业信息中心体系建设情况监测和农业信息化标准体系总体框架，等六项农业信息化能力监测与研究的专题内容。专题研究在充分利用信息中心现有人力资源的同时，发掘外脑资源，以信息中心为主导，协同多个省级农业信息中心力量，联合科研院所、产业联盟、领先企业等社会力量共同开展研究工作。针对每项专题，各团队在制定详细工作计划和研究方案的基础上，分赴上海、安徽、河北、山东、辽宁、吉林、山东、浙江等省（市）开展了针对性的调查研究，并形成调研简报和专题研究报告初稿，通过进一步的交流研讨、补充调研和修改完善，年底前形成了2014年信息化能力监测与研究成果报告。

二、通信网络系统与国家农业数据中心安全运行

（一）严格落实农业部网络系统安全的各项措施

认真贯彻落实国家和农业部相关文件精神，按照"谁主管谁负责、谁运行谁负责、谁使用谁负责"和属地化管理的原则，认真履行网络信息安全职责，加强管理。2014年上半年严格按照中央网信办"一号文件"要求，分别对我单位网站域名及备案情况、农业部邮件系统、互联网域名系统（DNS）进行了全面梳理和检查。保障了农业部网站、邮件系统和互联网域名安全稳定运行。

（二）强化国家农业数据中心基础运行环境建设

1. 完成农业部政务外网关键网络设备更新替换。

2014年11月完成政务外网南区2台汇聚层交换机购置项目的实施工作。购置2台华为S7706交换机，顺利完成农业部政务外网汇聚层2台思科6509交换机的更新替换工作，保证农业部政务外网网络的安全稳定运行，提升农业部电子政务外网网络性能。

2. 完成重要基础配套设施更新工作。

2014年11月完成国家农业数据中心机房UPS蓄电池组更新项目的实施工作。更换3台UPS设备后备蓄电池组，共计8组，每组33块，共计264块。该项目顺利实施为我部机房计算机设备、存储设备、网络设备、程控交换机设备、照明设备、弱电系统及其他附属设备安全稳定运行提供重要的电力运行保障。

3. 引入国产小型机提高小型机安全保障能力。

目前我部有4台IBM小型机，2014年，完成1台IBM小型机核心数据库系统，迁移到国产浪潮K1小型机上，初步实现核心重要系统设备国产化目标，提高了农业部小型机的安全保障能力。同时利用替换的IBM小型机建立核心存储系统备份恢复验证环境，并制定备份恢复演练的预案。

（三）开展了农业行业标准制定工作

根据农业部2014年农业行业标准修订计划，负责组织制定《农业电子政务广域网建设标准》《农业电子政务局域网建设标准》。上述2项标准的制定，将更好的整合、指导各级农业部门（单位）电子政务网络建设，夯实整个农业电子政务网络建设的基础。

三、应用支撑平台与业务应用系统稳定运行

（一）应用支撑平台

2014 年，应用支撑平台更加深入地发挥了"农业电子政务支撑平台"特色，为农业信息采集系统、农产品与生产资料监管系统以及农业综合门户网站提供底层技术支撑。同时，实现了为金农工程与其他应用系统整合保驾护航，如实现农药监管系统与行政审批系统的对接，本着最大限度地利用、整合现有的信息系统资源，统筹考虑、统一规划、整体设计的原则，利用应用支撑平台实现了两个系统间的业务对接、实现了用户的统一管理。

（二）业务应用系统

1. 农业信息采集系统

2014 年，进一步加大了农业信息采集系统的运维力度，完成了农产品成本调查子系统、物价监测信息采集子系统与成本采集子系统向新采集平台迁移工作。同时，对经管子系统、农情子系统、外经子系统、统计物价成本子系统、农业产业损害监测预警信息采集子系统等，进行了功能优化与性能优化。截至到 2014 年 11 月，农业信息采集系统业务单位主要包括用户已近 4 万（其中经管采集系统用户接近 2 万余，用户延伸至乡镇一级）。实现各级报表 400 余万张，抓取国外农业信息 750 余万条。

2. 农产品和生产资料市场监管系统

针对农药、兽药、饲料、农机等农业投入品的生产、经营许可和登记管理，"三品一标"的审定、验证登记，以及质检机构等有关市场主体的认证、管理等事务，通过门户网站为社会提供"一站式"服务，使农产品和生产资料市场监管透明化、规范化，打击制售假冒伪劣产品行为，保障产品安全、社会经济秩序，是提高监督管理工作公开化、透明化和办事效率的最有效的现代化手段。2014 年，通过农药网上审批子系统，实现农药网上审批受理 403477 件，办结 378473 件；与海关总署建立了信息共享机制，农业部已给海关电子口岸发送放行通知单 356256 条，其中，出口放行通知单 342418 份，进口放行通知单 13838 份，并收到约 80%的通知单已用回执。

3. 农产品批发市场价格信息服务系统

农产品批发市场价格信息服务系统实现了农产品批发市场信息上报系统、全国农产品批发市场价格信息网和批发市场电子结算系统。目前已联网农业部定点批发市场 700 余家，每日监测采集 550 余种农产品交易价格，日电子结算交易数据达 8 万多条。

4. 农村市场供求信息全国联播服务系统

供求系统为农业生产、经营者、农业相关主管部门、基层信息服务站等提供了一个互动平台，并为农村市场供求双方提供及时、准确、可靠的信息服务，从而降低交易成本，保障农村市场秩序，成为促进农业生产流通和农民增收的一个重要网络渠道。目前，该系统累计实现会员注册数 64 万，发布供求信息 17.2 万条；网上展厅发布企业信息 12000 余条、农产品信息 19000 余条，访问用户已覆盖 50 多个国家和地区。

5. 国家农业综合门户

系统采用国内外先进的门户概念和技术，以电子政务系统为核心，整合农业部现有网站资源和外部系统、增加新功能、增强信息发布管理、强化公众互动参与，将农业部网站群信息发布系统建设成为一套面向社会公众和企业，提供"一站式"服务的对外综合信息服务平台。国家农业综合门户系统包括了政务版、服务版、外文版等 57 个站点，19000 个网站栏目及 2755 个模板，信息编辑发布用户 1381 名，累计发布文章 343 万余篇。

6. 农业部行政审批系统

系统实现了全流程网上审批，极大提高了审批效能；强化了电子监察功能，确保各环节审批行为规范高效运行；促进了行政审批过程及结果公开，为建立统一的行政审批结果查询平台奠定了基础。2014 年，实现了 54 项审批事项在新系统运行，与 3 个业务管理系统实现了数据对接，建立了行政许可综合信息查询专栏，建设了与新系统同步运行的文件智能交换系统，完善了依申请公开、投诉举报系统功能。

四、信息资源建设稳步推进

（一）稳固和丰富数据采集渠道及数据资源

2014 年进一步加强了信息资源建设，稳固和丰富数据采集渠道及数据资源，做好信息资源开发利用。完成了农业宏观经济、农产品价格、农产品贸易、国际农产品供求以及全国粮食、蔬菜等生产者价格的数据采集、整理和入库工作。结合信息技术发展和用户需求，不断创新思路，加强农业数据资源整合和共享，积极开展信息服务，形成了客户端/服务器、浏览器/服务器、查询光盘以及移动智能终端等多种形式的信息服务产品。

（二）初步建成国家农业数据平台

为加强涉农信息资源的整合与开发利用，在部市场与经济信息司的指导下，初步建成了国家农业数据平台，形成了"一个数据中心、一个展示窗口、一个管理平台、一个数据仓库"的基本架构，实现了数据资源的集中管理和分类展示。平台以粮食、稻米、小麦、玉米、大豆、棉花、油料、糖料、肉类、猪肉、牛肉、羊肉、禽肉、蛋类、奶类、水产品、蔬菜、水果等 18 种重点农产品和农药、化肥等两种农业投入品为基本对象，按照生产及消费、进出口、市场价格、国际供求等环节进行整理和集中管理，实现了数据标准化处理、数据共享权限管理、存储备份和信息安全，为充分发挥政府在指导农业生产、引导农产品市场、服务国家宏观决策方面的积极作用提供了数据支撑。

（三）形成多种信息服务模式

依托国家农业数据中心，加强数据资源开发利用，积极利用多种模式开展数据服务。一是在中国农业信息网发布标准化、周期性的基础数据报表，包括粮食、棉花、油料、糖类、肉类、蛋类、奶类、水产品、蔬菜、水果等品种，为决策部门和用户提供标准化数据服务；二是完善提升在线数据分析服务，数据展现更加灵活便捷，满足用户在多种网络条件下的数据需求；三是推出了基于移动智能终端的数据查询、填报以及分析等产品，如农

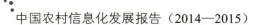

中国农村信息化发展报告（2014—2015）

情速递、农贸速递、菜价速报等，为数据服务拓展了新的方法和途径。

五、监测预警平台作用突出

农产品监测预警系统为提高监测预警工作效率、工作质量水平发挥了重要作用，是分析师开展分析业务的工作平台，也是领导及时了解主要农产品生产、供需、贸易以及市场价格动态等信息的服务平台。该平台针对粮食、棉花、油料、水果、蔬菜、肉类、牛奶、蛋类、水产品等农产品，从生产、供需、价格、成本收益、贸易等方面开展监测分析；及时更新维护上述产品预警分析信息及数据报表图表；维护预警分析工具：包括警情警线修正、指标管理、模型管理、平衡表管理；应用并维护问卷调查、在线会商、短信服务等功能组件。借助该平台能够及时为分析师提供农产品多方面信息和数据服务，提高分析工作效率；同时，也利于领导部门准确把握农产品市场脉搏和进行宏观调控，更好地履行政府公共服务职能，提高了政府对农产品市场风险的监测能力和先兆预警能力，增强了对农业农村经济调控的科学性、及时性和有效性。

六、三农舆情监测扎实有效

2014年，一是加快推进舆情平台建设，着力提升舆情监测能力。毕美家总经济师专题听取汇报并给予充分肯定。目前，该平台主体建设已基本完成，2015年将抓紧开展试运行和应用推广工作。二是扎实做好日常和应急监测工作，确保日常监测全面到位、应急监测及时高效，实现全年无误报无漏报目标。三是强化舆情分析工作，努力打造拳头产品。目前，《月度"三农"网络热点舆情监测分析》《"三农"网络舆情年度报告》、农产品质量安全舆情周报、农地与农业经营舆情周报等已经成为我处品牌产品，影响力日益提升，受到各方高度肯定。四是提高舆情工作服务能力，积极探索体系建设工作。目前，已与质监局、畜牧业司、经管司、市场司等部门开展了密切合作，并向河北、河南、甘肃等10个省发送了舆情信息产品，初步搭建了业务交流平台，舆情服务能力和水平有了较大幅度提升。五是开展了移动客户端"12316信息通"建设工作。主要包括组织撰写建设报告、策划产品构架，并制定相应管理办法等。目前，该客户端资讯版和互动版均已开发完毕并已试运行。"12316信息通"是农业系统首款综合性移动客户端，其建设目标是成为宣传"三农"工作的新媒体、舆情监测和舆论引导的新手段、"三农"信息服务的新载体。

七、网站宣传与影响不断扩大

（一）网站影响力和传播力不断增强

网站群日均点击数620万次，日均页面浏览量440万次，日均独立IP访问者数达14万个，同比分别增长33.6%、51.9%和20.6%。2014年，农业部门户网站在线办事栏目，被电子政务理事会评为2014年政府网站网上办事精品栏目奖；信息公开栏目被评为2014年政府网站信息公开精品栏目奖。在中国社会科学院"2014年中国政府网站绩效评估活动"

中荣获"政府透明度领先奖"。"2014 中国特色政府网站评选活动"中荣获"新媒体融合发展领先奖"。

（二）网站内容不断丰富

一是充分发挥网站正面舆论宣传引导作用，进一步完善部网站信息发布审核制度和应急响应保障机制，第一时间发布我部重要信息。农业部网站政务版累计发布信息 15.9 万条，服务版发布 45.6 万条，同比分别增长 10.2%和 25.6%。协助办公厅和有关单位开展重大新闻采访 221 多次；制作 3 期在线访谈、7 期网上直播。二是围绕我部重点热点工作精心打造专题专栏。开设了农业信息化专题展、大兴安岭南麓片区品牌展、市场信息系统全国农业先进集团和先进个人风采录、全国农业市场信息系统业务知识培训、农业部中青年干部学习交流活动、第二批中国重要农业文化遗产、农业部召开纪念中国共产党成立 93 周年暨表彰大会、农业部厉行节约反对浪费关键词、信息进村入户试点工作、挂职与培训交流、青年干部"接地气、察民情"实践锻炼活动、两会农业聚焦、2014 年春耕、2014 年三夏等 16 个专题，与中国气象局、中央国际机关工委、国家粮食局等合作开展有关专题宣传，得到部办公厅和各有关业务司局的高度肯定。三是强化信息资源建设。与气象局、文化部、农广校、央视网、各省农业信息中心合作，整合共享信息资源。今年以来，"视频三农"频道共发布农业新闻、科技知识、农村文化生活等方面的视频节目近 1400 条。

（三）网站群集约化建设规模不断扩大

政务版网站新建了国际交流服务中心、绿色食品协会网站、信息化专题展网站，对农垦局网站、贸促中心网站、外文版等网站进行了改版优化，完成了在线访谈功能开发。服务版网站新建了 31 个地方频道，新建了茶叶网、花卉网两个专题子站，规划设计了水稻网、玉米网、小麦网、大豆网、糖料网、生猪网、羊网、花生网、香蕉网等 11 个品种子站。此外，完成了中国农业信息网改版研究工作，完成了信息资源梳理、栏目规划，形成了按照信息主题、行业、品种和区域的栏目分类。

八、综合信息服务能力明显增强

中央农业综合信息服务平台"一门户、五系统"包括：12316 农业综合信息服务门户、12316 语音平台、12316 短彩信平台、农民专业合作社经营管理系统、双向视频诊断系统和 12316 农业综合信息服务监管平台，形成了集 12316 热线电话、网站、电视节目、手机短彩信、移动客户端等于一体，多渠道、多形式、多媒体相结合的 12316 中央平台，开辟了服务"三农"的现代化信息渠道，提升了信息服务质量，实现了信息服务的灵活便捷，取得了良好的经济和社会效益。进一步改善了农业信息化基础设施条件，有效拓宽了"三农"信息服务的领域和手段，促进了农业生产经营管理水平的提高，为农技推广和创新提供了有效支撑，促进了全国农业系统信息资源的共建共享，为加快推进国家农业信息服务体系建设打下了良好基础。

目前，12316 中央平台已实现了 11 个省（区、市）和部分试点单位的数据对接；12316

语音平台集成了农业部所有面向社会服务的热线，并与 3 个省（市）呼叫中心实现了视频直连；12316 短彩信平台已有 65 个司局和事业单位注册使用，其中"中国农民手机报（政务版）"通过该平台，每周一、三、五向全国 5 万多农业行政管理者发送；农民专业合作社经营管理系统已注册备案合作社 8700 余家，注册实名用户 22 万余人。为有力支撑信息进村入户工程，提升 12316 中央平台的功能与应用，完成了短彩信平台向手机端的延伸，开发了"短信通"《中国农民手机报》等手机客户端软件；举办了面向部行政机关及事业单位以及各省（区、市）农业部门的 12316 短彩信使用培训班、农民专业合作社管理系统培训班等，扩大了平台使用范围，提高了人员使用水平。

第三节 2015 年上半年主要工作

一、为部系统提供有力技术支持与服务

（一）保通信网络平稳运行

上半年，实现对政务内网、外网、视频专网、中办信息专网等九大网络 220 台网络设备、390 台服务器和存储备份系统及 3 个数据中心机房的安全运维管理，为部系统 4131 部电话、4000 多台计算机提供可靠的通信网络服务。此外，通过互联网带宽升级扩容，出口带宽由 300 兆比特/秒升至 400 兆比特/秒，增幅 33.3%，为部系统用户提供了更优良的网络服务；为改善机房运维环境，正在开展机房空调系统升级改造工程，拟于 8 月底前完成设备验收及安装调试。

（二）保电话、计算机用户端和应急指挥视频会议系统有效运行

2015 年上半年，完成 5919 局电话技术服务 544 次，计算机用户端故障处理 1800 多次，继续保持各类服务零投诉；利用应急指挥系统为 211 次日常会议、24 次国办视频会议、8 次全国农业视频会议提供技术支持与服务，直接参会人数 8.8 万人次，估计为部系统节省会议经费 1.76 亿元。2015 年下半年将继续做好 1000 号一站式技术支持与服务管理，针对部领导对视频会议提出的更高技术要求，拟重点强化突发事故现场处置能力。

（三）保重要业务系统平稳运行

2015 年上半年，有效运维管理 Notes 办公系统、行政审批、绩效管理等 35 个重要应用系统，持续做好金农工程 8 个监管子系统的优化推广。下半年拟利用 ITSM 运维服务管理系统，进一步提升应用支撑平台及重要应用系统安全平稳运行管理能力。

（四）保数据库系统稳定运行

2015 年上半年，完成对 14 个数据库及 2 个数据仓库系统的 23 次定期巡检和 120 余次日常检查，系统稳定运行率在 99% 以上。定期备份数据，保障数据存储和使用安全。持续

更新数据，数据更新量 5400 余万条，其中农产品批发价格数据 120 余万条、电子交易结算数据 730 余万条，增加 200 多种采集品种图片，编写市场分析报告、动态等 1627 篇。

（五）保网络信息安全

2015 年上半年，累计完成政务内网、外网安全设备技术升级 106 次，扫描修补安全漏洞 505 个，处理网络攻击 11.2 万次，保障我部政务系统不发生重大运行安全、失密窃密等问题；"两会"期间，采取技术手段 24 小时实时监测我部门户网站和重要系统，共监测抵御网络攻击事件 6261 起，有效保障了部网络及网站系统安全；针对我部发生的特种木马等安全事件，配合国家安全部门开展现场检查及组织整改落实；积极协助办公厅、市场司开展了各类保密安全专项检查。下半年，将重点配合做好保密会议室建设及特种木马安全检测平台部署，协助完成网站域名与标识审核、推进部网络安全通报机制建设和办好农业信息安全培训。

（六）稳定提升农业部网站影响力

2015 年上半年，农业部网站政务版累计发布信息 16.9 万条、服务版发布 45.6 万条，同比分别增长 10.2%和 25.6%。在确保网上信息发布安全和网站平台运行安全前提下，加强网站内容建设，打造专题专栏，新建聚焦中央"一号文件"等 10 个专题专栏；强化网站群建设和维护，对 60 多个子站群开展运维管理。目前独立 IP 访问者数日均达 15 万个，同比增加 15.7%，网站影响力明显增强。下半年拟抓紧开展网站后台内容管理平台的升级改造，减少网站运维故障隐患，同时进一步加强网站信息发布管理制度建设。

（七）稳定提升"三农"网络舆情监测能力

上半年围绕 2015 年我部主要工作和"三农"热点问题，共完成 16 次重大应急监测任务，短信通报重大舆情信息 13 次，为我部第一时间了解舆情事件、掌握舆论引导主动权发挥了积极作用；积极推进舆情平台和移动客户端建设，目前平台和移动客户端试用平稳；扎实做好日常热点监测和行业监测等，编报《网情择要》95 期，编写农产品质量安全、农业经营与农地管理和菜篮子市场价格等行业周报，月度舆情报告以及土地流转价格监测分析季报等总计 85 期，完成"三农"网络舆情 2014 年报编写工作，4 月份韩部长分别对"福建 2000 多吨病死猪肉流入餐桌"和"问题西瓜"事件做了重要批示。下半年将继续不折不扣地做好应急性工作；全力推进三农舆情监测管理平台建设，做好移动客户端运维和上线发布等相关工作。

（八）稳定提升农业信息分析能力

持续开展主要品种的月度监测预警分析、小麦稻谷等粮食品种周度价格监测分析及农产品贸易情况月度监测分析，形成监测分析报告 130 多篇，发挥了决策参考作用。汪洋副总理对其中的"我国油菜籽生产面临萎缩风险"一文做了重要批示。专项课题研究领域拓宽到农产品市场运行、市场调控政策、农业补贴政策和农业结构调整等多个方面。部省联动取得突破性成果，4 月份联合河北、辽宁等十省（区）农业信息中心开展了春耕生产及农资市场调研，农民日报 5 月 19 日以"农资价格稳中有降农民种地还关心啥"为题整版刊发。下半年继续做好常规产品监测分析和课题研究的基础上，重点做好全产业链农业信息分析预警试点工作。

二、努力确保重大项目及任务稳步推进

（一）扎实开展农业信息化促进工作

一是承担农业信息化顶层设计有关任务。按要求开展《"十三五"农业部电子政务工程建设规划》编制，计划下半年组织专家评审并上报；起草了《金农工程二期项目建设框架建议》，认真谋划近两年农业信息化工程建设内容，下半年将开展相关申报材料编制；协同农科院信息所起草国家大数据应用示范项目《农业信息监测预警体系项目建议书》并报国家发改委高技术司；参与起草了《"互联网+农业"行动计划实施方案》等。二是承担全国农业农村信息化示范基地评审认定工作。下半年将组织和建立评审专家团队，开展全国农业农村信息化示范基地申报、专家团队评审认定、新认定信息化示范基地授牌及宣传工作，拟组织筛选编写《互联网+现代农业案例精选》，充分发挥典型示范和引导作用。三是筹办 2015 农业信息化高峰论坛及系列网络宣传活动。以"互联网+农业"为主题，创新市场化运作机制，坚持互利共赢原则，力争办成更有影响力和水准的农业信息化年度盛会。上半年已成立筹备工作组，完成策划方案，开展了与相关合作单位的协商洽谈。经下半年细化落实各环节工作，将使本届高峰论坛及系列网络宣传活动，成为第十三届中国国际农产品交易会的亮点。

（二）积极参与信息进村入户并提升 12316 中央平台

按要求认真完成农业部信息进村入户风险防控调研评估等具体工作任务。大力推进12316 中央平台建设，为信息进村入户提供有力支持。截至 6 月底，12316 中央平台运行平稳，共汇集 12 省 200 多万条数据，为 81 个司局和事业单位等用户提供服务。2015 年上半年共发送短信 600 多万条、彩信 200 万条，服务对象近 40 万人，这是 2015 年农业部为农民办实事的工作任务之一。编制了《全国 12316 制度与规范》。下半年将继续积极参与信息进村入户有关工作，进一步完善 12316 监管中心的功能，提升为基层提供信息服务的水平。

（三）全力推进部系统电子政务重大业务系统建设项目

2015 年上半年，全力推进部新办公自动化 OA 系统（简称新 OA）、应急管理信息系统、应用支撑平台及分析与决策系统等项目建设。目前，新 OA 系统已投入试运行，计划 8 月底前完成与其他系统的对接并在逐步加载多个业务功能模块后开展第二阶段试运行，力争年底前系统正式上线；其他系统建设均按计划有序进行，预计下半年开展招标及合同签订并全面实施项目建设。

（四）积极推动农业数据资源共享

2015 年上半年，按照办公厅、市场司部署和要求，重点建设了农业部信息资源共享服

务平台和基本农情动态数据库。目前已梳理、收集454个核心业务系统，初步形成了农业部应用系统资源目录，并完成平台项目建设方案。下半年将开展项目招投标及建设，逐步实现系统内数据互联互通和共享资源集中管理。同时，启动了国家农业数据中心综合运行监控平台建设工作。通过建设大屏显示系统，集中监控和管理国家农业数据中心的基础环境、网络系统、业务应用系统等运行状态，整合信息中心内部现有数据资源，打造国家农业数据中心运维和管理的开放平台。目前已完成项目调研、方案编写、招投标技术需求等前期准备工作，下半年将抓紧实施并在年底前投入运行。

（五）认真开展农业部网站普查工作

根据国办有关文件精神，在办公厅领导下，统筹协调各方面力量，圆满完成统计摸底、自查整改两个阶段的各项任务，完成了对部系统所有网站的筛查及对30个司局、直属单位的网站域名更改，对无效链接及22个司局子站600多个栏目开展自查与督促整改，解决了"公众互动"在网站上没有回应、网站错误链接等问题，普查工作取得了初步成效。下半年将重点完成普查的整改情况核查、评分及上报等后续工作，并以此为契机完成农业部网站和中国农业信息网的改版规划。

（六）探索促进农业电子商务及促销平台升级

按照市场司的要求，积极打造农业电子商务管理团队，改造开发农业促销平台。5月份已成功举办贵州农业电子商务论坛，参会代表近300人，业界反响良好；下半年的2015全国农业信息化论坛也将持续关注农业电子商务问题。上半年完成了农业电子商务重点工作实施方案及促销平台页面的原型初步设计，经审定后将于下半年具体实施，努力打造功能强大的权威网上促销平台。

三、主动出台各领域贴心服务措施

为落实部领导"要增强服务意识、提高服务能力"等有关指示精神，围绕职能定位、顺应内外期待，信息中心于4月成立了由副总工程师牵头的三个加强和改进服务工作组，分别研究面向部机关和直属单位、面向地方系统以及面向中心内部的服务问题。在广泛征求意见的基础上，经信息中心班子研究，提出了面向部机关和直属单位加强和改进服务的"五件套"措施、面向中心内部的"两件套"措施，并拟就全面加强部省互动采取若干措施。

（一）面向部机关和直属单位服务的"五件套"

截至2015年4月，信息中心共为69家相关业务单位（包括机关司局、直属单位、主管社团及驻外机构等）提供技术支撑与信息服务。将通过赠送电脑、电话、清洁工具及鼠标垫、整理通信线缆、开展信息安全及计算机使用知识培训、开展服务器托管单位意见征询回访及为ADSL用户提供联网带宽倍增扩容服务等5项具体工作，进一步改进服务、提高用户满意度。截至6月底，ADSL用户联网带宽倍增扩容实质性工作已完成，为南北区共172个职工家庭提供了更优质快捷的免费带宽倍增扩容体验，其他工作正按计划稳步推

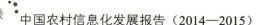

进，预计将于 11 月底完成全部工作。

（二）面向中心内部的"两件套"

通过组织开展装修、调整办公用房、优化净化美化办公环境的系列服务，及"一站式"财务报销服务工作，创造舒适整洁的环境，为职工提供工作便利，营造"以人为本、服务为先"的工作氛围。

四、积极开拓事业发展空间

（一）酝酿成立全国农业信息联盟

这是加强和改进系统建设及服务的新载体。4 月以来，信息中心分赴东北、西北、华东和西南等地开展联合调研，并广泛征求省农业信息中心、高等教育学校、农业科研机构、农业信息化企业等方面意见，得到积极热情的支持与响应。成立全国农业信息联盟（AIO），通过建立全国农业信息化智库、30 人论坛、培训基地、12316 研究院等务实的平台，加强和密切农业信息化组织间的联系，构建部省信息化联动方式，有利于发挥我部在信息化全局中的聚合和主导作用。目前各项筹备工作正在稳步推进，拟于 7 月底前发出全国农业信息联盟成立倡议书，并在 11 月的农交会"2015 农业信息化高峰论坛"期间举行全国农业信息联盟成立仪式及相关活动。

（二）探索部省和政企联动新模式

这是探索部里与地方及社会力量开展合作、拓展信息中心业务增长点的积极尝试。应贵州省农委、成都市农委、中航安盟保险公司请求，拟分别就贵州农业云建设、成都市农业信息化建设、互联网+"三农"保险签订战略合作协议，探索与省市级农业部门、涉农企业的合作模式。目前，战略合作框架协议正在修改完善中，拟于近期分别签订战略合作协议并逐步落实相关内容。

（三）筹建农业部农业信息化标准委员会

这是农业信息化建设的重要基础性工作。在市场司的关心支持下，信息中心正在制定筹备工作方案，开展相关调研，明确工作任务，抓紧进行各项相关工作，争取尽快正式成立，组织开展农业信息化标准规范制修订工作，为农业信息化提供技术标准支撑和保障。

（四）开展农业信息化领域重大问题研究

着眼于农业信息化学科发展与建设，以物联网、大数据、移动互联网、电子商务等为重点，研究现代信息技术在我国农业领域应用特点、经验和趋势，提出推进我国农业信息化发展的思路、对策和建议，做好信息化决策辅助支撑工作。同时，拟于下半年编制完成《农用二维码使用技术规范》，同时积极推进农业 OID（对象标识符）注册中心建立，推动OID 在农业领域的应用。

此外，上半年还启动了国家农业数据中心异地灾备中心建设选址调研、数据中心云平台基础设施建设筹备、农业地理信息公共服务平台建设等工作，为积极探索新技术应用、提升信息化基础设施和运维保障能力、打造部里信息化未来发展核心竞争力奠定基础。

五、全面加强信息中心自身建设

（一）强化"两手抓"

加强政治理论学习，以"三严三实"专题教育为重点，坚持党建工作与促进中心履职尽责、全面加强和改进各领域服务工作相结合。通过开展书记讲党课、处级干部专题学习研讨、树一线职工服务榜样，明确加强和改进各领域服务措施等系列工作，扎实完成专题教育第一阶段任务。坚持把班子团结和坚持民主集中制放在首位，把加强廉政建设、履行"两个责任"放在首位。坚持集体决策、重大事项集体研究审议，发挥班子成员在落实"八项规定"、严守廉洁自律各项规定、遵守单位规章制度等方面的表率作用。通过开展签订廉政责任书、修订廉政风险防控手册、讲廉政党课、接受"两个责任"督查等工作，带动各级干部层层抓好职责范围内的党风廉政建设工作，巩固党的群众路线教育活动成果，增强党员领导干部的责任意识和担当精神。下半年将开展好"三严三实"后两个阶段的工作，开好班子民主生活会和党支部组织生活会。

（二）强化内部统筹

注重运用系统思维、全局眼光统筹中心各项事业发展。一是强化政务统筹。今年信息中心首次被纳入部绩效管理范围，全年须完成 28 项三级指标、75 项具体任务并接受考核。从 6 月底统计的情况看，上半年绩效工作进度与效果良好。下半年将继续加强工作的督察督办，确保全年评估取得好成绩。二是强化业务统筹。建立健全各处室间的信息交流与共享机制，优化配置内部资源，推动跨处室协作分工，围绕重点项目及任务组建业务单元。着眼于农业信息化全局需要，培植信息中心核心竞争力。三是强化财务统筹。加强财务工作的计划性，研究编制 2016—2018 年中期财务规划。上半年配合完成了国家审计署、部计划司组织的预算审计和基建项目专项检查；为加强财务资金的规范使用，组织开展了财务培训，编制了《财务管理制度实用手册》。下半年要进一步强化资金的统筹管理，保证资金使用效率和效果，同时继续依法依规组织好创收工作，为弥补财政补助不足及下半年执行工资结构调整和纳入养老保险做好必要的资金保障。

（三）强化团队建设

研究制定加强信息工程技术和信息分析采编两支队伍建设的工作方案及措施。积极拓宽各类培训渠道，创建"中心讲堂"开阔职工视野。加强对派遣及驻场人员的服务与管理，实现管理服务全覆盖。上半年指导工会顺利改选，充分发挥群团组织作用，通过开展"走进党校、走进党史"主题党日活动、"4.23 世界读书日"主题活动、"春天里"摄影比赛等形式多样、内容丰富的活动，强化了"积极、专业、尊重、服务"的文化导向，营造团结和谐、健康向上的团队氛围。

第二十九章　北京农业信息技术研究中心

第一节　中心概况

北京农业信息技术研究中心（国家农业信息化工程技术研究中心）是一所专门从事农业及农村信息化工程技术研究开发的科研机构。中心的主要任务是针对我国农业和农村信息化建设的重大需求，重点围绕农业智能信息处理技术、农业遥感技术与地理信息系统、精准农业与智能装备技术、农业生物环境控制工程与自动化技术、食品质量安全与物流技术等五大方向，进行源头技术创新、技术平台构建和重大产品研发，为我国农业现代化和新农村建设提供有力的技术支撑。

2015年是"十二五"收官之年，也是"十三五"谋划之年，在这个重要节点上，中心围绕北京都市型现代农业的功能定位，按照京津冀协同发展的工作思路，以成为我国农业信息技术研发创新中心、成果应用转化中心、咨询服务中心，人才培训中心和国内外展示交流窗口为目标，针对农业和农村信息技术的热点、难点和重点问题，进一步调结构、转方式，强化服务支撑，加强产品熟化和产业化。在项目申请、科研产出、成果转化、人才队伍建设等方面均取得了显著进展，进一步提升了中心的创新能力和科技服务能力。

第二节　科研工作与成果

一、年度承担课题情况

2015年中心共申报各类项目147项，其中科技支撑子课题1项，国家自然科学基金32项，国家社科基金2项，国家博士后基金1项，国家级星火计划项目1项，农业部项目15项，科技部项目2项，北京市自然科学基金42项，北京市科技新星计划5项，优秀人才项目1项，北京市科技计划项目8项，北京市农业科技项目2项，北京市社会科学基金2项，北京市博士后项目4项，其他项目29项。

2015年中心新上项目62项，合同金额5913.53万元。其中科技支撑子课题1项，国家自然科学基金 6 项，国家社科基金 1 项，国家博士后基金 1 项，科技部项目 2 项，农业部项目 9 项，北京市自然科学基金项目 4 项（其中重点项目 1 项），北京市社会科学基金 1 项，北京市优秀人才计划 1 项，北京市科技新星计划 2 项，北京市科委项目 4 项，北京市农业科技项目 1 项，北京市博士后项目 3 项，其他项目 26 项，拟落实项目 85 项，合同金额 7055.6127 万元。

二、本年度研究工作的主要进展

（一）国家 863 计划项目——微小型无人机遥感数据特征信息的快速提取与解析（2013 年 1 月—2017 年 12 月）

针对课题研究任务，2015 年主要开展了以下工作：①优化无地面控制点条件下的无人机遥感数据几何精校正模型，利用连续观测低精度的 GPS/INS 导航定位数据与解析的高精度离散的数码图像外方位元素，通过卡尔曼时间滤波方法进行数据融合，生成连续高精度位姿数据，建立 POS 辅助的成像光谱几何精校正模型。②开展针对无人机影像的辐射一致性方法研究与验证，利用 SIFT 算法匹配同名点，基于同名点灰度值的相关关系建立校正模型，开展整幅影像的辐射一致性校正。③优化无人机遥感数据处理与解析软件，系统已能够实现多数据格式、多波段的无人机遥感影像几何与辐射校正。系统内置专家知识模型，可以根据用户需求选择自动解析叶面积指数、生物量等作物参数。④分别在小汤山国家精准农业示范基地、沈阳农业大学水稻种植基地等开展小麦、玉米及水稻等作物氮素、生物量、叶面积指数等作物养分信息提取模型及方法研究。建立基于潜在产量的冬小麦养分信息解析与基于叶面积指数的水稻养分解析模型，并结合无人机遥感实验开展卫星遥感同步协同的作物养分信息提取模型。目前，已申报国内发明专利 9 项，其中国际发明专利 2 项，均进入实审阶段，发表相关 SCI/EI 学术论文 5 篇，获得国家软件著作权登记 2 项，培养硕士博士研究生 5 名。

（二）国家 863 计划项目——基于网络管理的植物工厂智能控制关键技术研究（2013 年 1 月—2017 年 12 月）

本年度，根据课题的总体研究目标和具体考核指标，课题各参与团队继续在植物工厂作物环境信息网络化感知技术、植物工厂执行设备网络化控制技术、植物工厂环境/水肥智能控制技术、植物工厂网络化智能综合管控一体化平台技术方面开展了研究工作。具体包括：无线二氧化碳传感器、无线水温传感器的开发、光合有效辐射传感器、设施环境云感知终端研发、基于 Zigbee Mesh 网络环境通用数据采集器、网络化可编程逻辑控制器、植物工厂网络化监测系统、植物工厂环境因子监测系统硬件搭建、光环境调控技术、LED 植物生长光源设计、智能升降灯架设计、生菜需光特征研究、营养液单株占有量对生菜生长的影响、植物工厂用环境综合调控系统的软硬件开发、植物工厂生产环境网络智能化控制终端系统的开发、微型植物工厂验证平台、小型植物工厂样机的开发等。本年度重点在集装箱的基础上开发网络型植物工厂环境控制系统，小型植物工厂智能温/湿度、二氧化碳等环境监测与智能控制，实现工厂能源、水肥、环境、视频高效管理，为植物提供适宜环境，为项目进一步开展提供验证平台。课题总共形成样机 7 种；实验设备 5 种；获得重要研究结论 10 项；发表/录用论文 16 篇，其中 SCI/EI 检索论文 15 篇；申报/授权专利 13 项，其中发明专利 10 项；获得软件著作权 4 项。

（三）国家 863 计划项目——农机变量作业控制物联技术研究（2013 年 1 月—2015 年 12 月）

本年度主要开展了以下五方面的研究工作：24 行小麦播种监控物联装置、6 行玉米播种监控物联装置、变量施肥精密播种机物联装置、全要素变量施肥物联装置、变量作业远程服务子系统。研究了小麦播种作业过程中的种管状态、排种轴转速等关键作业信息的精确感知技术，研制了小麦播种监控物联装置；研究玉米精量播种作业过程中的播种量精确计量、种管状态精确感知技术，研制了玉米精量播种监控装置；研究实际种肥播施量、排肥/种轴转速、作业速度等作业参数的精确感知技术，研制了变量施肥精密播种物联装置；研究变量施肥处方图生成与远程获取技术，研制了全要素变量施肥物联装置；开发变量作业控制远程服务子系统，在黑龙江农垦七星农场、赵光农场、红星农场进行应用示范，取得了较好的示范效果。在此基础上发表论文 6 篇（其中 EI 3 篇），申报发明专利 3 项（其中发明专利 2 项），获得软件著作权 3 项。

（四）国家 863 计划项目——苹果结构模型构建与应用（2013 年 1 月—2017 年 12 月）

根据课题的年度工作任务，本年度主要围绕苹果树结构模型改进、果园管理知识收集、果树管理技术虚拟培训系统研发等主题开展工作。

为进行苹果树形态结构模型的验证工作，在北京和辽宁选取了 3 个实验点，本年度累计获取了苹果树 5 个品种多个不同树龄不同季节的形态和纹理图像数据，以及主要器官的形态特征参数，为构建几何和外观形态准确度高的苹果树结构模型提供了良好的数据支撑。采用 ANOVA、LSD、S-N-K、Dunnett 等统计分析方法，对实测得到的苹果树冠层叶片形态特征数据进行了分析，初步建立了苹果树不同类型枝条上，主要器官的形态特征之间的关系模型。针对快速构建不同树形、不同树龄的苹果树三维模型的需要，对已开发的"苹果树形态结构三维重建软件"进行了功能完善，增加了"草图设计"模块和"枝干骨架三维交互设计"模块，改进果树枝干的三维网格生成算法，较好地提高了苹果树形态结构三维模型的构建效率和效果。

选取北京的几个苹果种植园，开展了果园管理过程及技术咨询和需求调研，了解果园、果农在果园生产中对应生产管理技术的需求，以及果树栽培专家、政府管理部门在果树生产技术推广中的工作方式、存在问题及对信息技术的需求。

在此基础上，制定了果树管理技术虚拟培训系统的的内容大纲、运行框架和实现路线。该系统将利用数字动漫和虚拟互动技术手段，以苹果树为对象，选取育苗、建园、肥水管理、疏花疏果、树形修整、病虫害防治、衰老树管理等 7 个苹果生产管理中的关键技术环节进行动画设计和开发，通过直观、形象、生动有趣的方式将苹果栽培管理的主要知识点展示给受众。基于以上系统框架，采用 Unity3D 游戏引擎开发了苹果树果树修剪互动游戏模块，初步实现了苹果树幼树期、初果期和盛果期树形的交互修剪体验及修剪后树形变化模拟等功能。项目进展顺利。

（五）国家 863 计划项目——粮食作物规模化生产精准作业技术与装备（2012 年 1 月—2015 年 12 月）

课题按照 2015 年度任务目标和计划，各研究团队在基于无线传感器网络的大田作物精准监测技术、"手持设备—服务器"交互式作物信息采集诊断关键技术、粮食作物规模化农场精准生产管理智能决策技术、一体化精准作业集成控制技术、精准播种监控技术和肥药精准施用控制等方面，按步骤继续开展相关关键技术的研究工作和设备研发。本年度主要在叶片温度、湿度和茎秆生长无线传感器网络感知节点的研制、便携式农田多源信息快速采集终端研制和软件系统开发、玉米播期决策和大斑病预警研究、农田作业机械智能转向操控技术装置研究、基于激光扫描技术的农业机械导航避障误差来源和路径规划方法研究、基于机器视觉的农业车辆—农具组合导航系统开发、玉米精量播种控制技术研究、水田高效侧深施肥研究和水田高效变量喷药机改进设计等方面取得了进展。2015 年年度课题成果分别在黑龙江农垦红星农场、赵光农场、建三江七星农场和山东桓台进行了集成应用示范。围绕课题本年度的研究内容，2015 年年度共发表研究论文 13 篇，其中 SCI/EI 收录 13 篇，申请专利 7 项，其中发明专利 5 项，软件著作登记 4 项，培养博士研究生 1 人，硕士研究生 5 人。

（六）国家 863 计划项目——作物生产智能控制关键技术与系统研究（2012 年 1 月—2015 年 12 月）

课题于 2012 年 1 月立项，在前期工作的基础上，2015 年重点开展了如下工作：在作物生理生态信息检测传感器研究方面，研制了麦穗光合速率检测仪：麦类作物穗器官的光合作用对籽粒的产量具有重要贡献，对研究麦类作物的抗旱性也有重要意义。穗部光合作用的检测，需要在田间对处于生长期的穗部进行实时无损检测，因此研究作物光合速率测量原理，针对麦穗外观形态特点，设计麦穗专用的无损检测腔体，集成光照、温湿度、二氧化碳等传感器，建立光合速率检测模型，研制了麦穗光合速率检测仪。该仪器通过实时检测腔体里面穗部生长的光照、温湿度、二氧化碳等环境信息，结合光合速率检测模型，实时准确的测量穗部的光合效率。

在水稻芽种生产智能程控技术与装备研究方面，重点基于核磁检测技术，研究了水稻种子在不同浸种条件下的影响：水稻种子在浸种催芽过程中，对水分的吸收速率直接影响整体的工作时间以及种子的发芽率，因此合适浸种方式，最佳浸种溶液及浸种温度，可以加速单位时间种子的吸水率，对提高种子的萌发率和成苗率均具有重要的意义。传统的吸水率检测采用烘干法或者称重法，检测时间长且无法获知种子吸水过程中各水分状态的变化情况。课题组利用核磁共振技术，研究间歇浸种、连续浸种、药剂浸种及温汤浸种等处理方法中，种子的脉冲 CPMG 序列信号，动态检测其测定样品自旋——自旋弛豫时间（即横向弛豫时间 T2），根据 T2 弛豫时间的反演图谱，揭示水稻种子浸泡过程中不同相态水分的变化过程，明确水稻品种及浸种温度对种子吸水量的影响情况，寻求种子的最佳浸泡条件从而提高种子的萌发率及成苗率，为水稻种子浸种过程中的吸水量研究提供新的实验方法和理论依据。

（七）国家 863 计划项目——智能控制灌溉设备（2011 年 12 月—2015 年 12 月）

本年度主要开展了以下研究工作：针对量产和样机研发中遇到的问题，对研发的设备进行了改进，实现了 5 种设备（IC 卡水电双重计量设备、无线自组网灌溉调度预付费水表、无线自组网控制器、无线电磁阀控制器、可编程灌溉控制开发平台）的批量生产，并进行了应用与推广。改进的重点在于提高了 IC 卡水电双重计量设备的集成度，将用户交互与通信、读卡模块集成到一个设备中，提高了设备的可用性。改进了无线电磁阀控制器的频段分配和发射功率调节功能，延长了设备的待机时间。2 种设备（自动反冲洗过滤器控制器、精准灌溉施肥机）的定型，对自动反冲洗过滤器和精准灌溉施肥机的内置智能算法进行了研究，提高了设备控制的精度。在软件开发方面，准对实际应用进行改进，将平台在自动化灌溉系统中进行了示范应用。取得了较好的应用效果。经过该课题的研究，本年度发表核心论文 3 篇，获得发明专利 1 个。

（八）国家 863 计划项目——水产养殖精准装备与便携式管理系统研究与开发（2012年 1 月—2015 年 12 月）

2015 年主要针对水产品养殖过程中精细化水平低、品质控制能力弱等问题，集成 Wi-FI 模块、GPRS/GSM 模块、GPS 模块与环境传感器终端，突破 Android 系统环境下的嵌入式 GIS 技术及 WebService 架构上的的水产品精细管理决策模型，研制能实时采集微环境信息和视频图像的便携式移动精准管理终端设备，开发基于嵌入式 GIS 的移动精准管理系统，实现对养殖水质监控、饲料投喂、药物使用等的动态视频监控、实时分析和预警处理。课题已经初步完成设备主控制板的和原理图和 PCB 的绘制，目前，智能化暂培箱相关硬件已经部署完成，传感器及无线传输设备都已经开发完成。

针对水产品养殖过程中精细化水平低、品质控制能力弱等问题，设计移动精准管理终端的系统方案，实现对养殖水质监控、饲料投喂、药物使用等的动态视频监控、实时分析和预警处理。课题已经完成设备原型机研制，下一步将进行完善。此外，还开发了基于安卓系统的精准管理软件，包括生产单位基础信息、投入品控制信息、生产过程信息、质检管理信息、收获、贮存、运输和销售信息的采集等。在此基础上发表论文 2 篇，申报发明专利 1 项。

（九）国家自然科学基金项目——面向大规模农田生境监测的无线传感器网络信号传播特性与供电策略研究（2013 年 1 月—2016 年 12 月）

按项目研究计划开展了相关实验与研究，在混合供电网络节点协同工作、路由算法、网络覆盖优化、网络数据融合以及网络频谱接入等方面进行了相关研究，重点围绕大规模农田无线传感器网络在覆盖、路由与休眠调度方面的性能优化进行了研究，具体进展如下。

①针对农田无线传感器网络可再生能源混合供电中能耗不均的问题，通过建立基于随机博弈论的节点成簇方法，对成簇簇内收益进行评估计算，通过收益函数计算出博弈模型的纳什均衡点，向收益更高的策略空间进行跳转。实现提高可再生能源利用率、均衡非可

再生能源节点能耗的目标。②针对农田无线传感器网络覆盖中存在较多冗余节点问题，依据节点间感知的概率，结合节点覆盖情况，对冗余节点进行剔除操作，建立最优工作节点集，求解最佳的工作节点数目，形成基于概率动态模型的覆盖算法，提高了网络覆盖率的同时还提高了网络质量和有效的延长了网络生存期，实现了网络覆盖控制优化。③以能耗感知优化为目标，对无线传感器网络覆盖策略进行优化，以网络路径损耗、剩余能量及侦测区域作为约束条件，根据节点感应能力的差异，调整侦测区域，进行网络空洞修复和覆盖冗余剔除，从而有效地减少网络工作节点个数，提高网络覆盖率，在保证无线传感器网络的覆盖性和网络连通性，同时降低了网络能量消耗，实现了网络能耗负载均衡。④针对农田无线传感器网络节点分布不均、能量约束严格等特点，在以剩余能量进行簇头选择的基础上根据节点拓扑位置、拓扑密度等进行加权，使距离 sink 较近的节点与密集区节点大概率成为簇头，提高成簇能量使用效率。针对现有成簇算法频繁进行簇头选举，研究提出能量逼近式簇头轮换算法，节点连续担任簇头并以某一目标进行能量逼近，在达到逼近目标后进行根据簇内信息指定新簇头，减少簇头选择的次数与协议开销。⑤农田恶劣环境容易造成传感设备的不稳定，产生异常数据；且农田环境参数在时间、空间上存在变化的连续与相关性。通过时域平滑滤波的方法对异常数据进行过滤，通过对历史数据的学习挖掘提取参数间的相关耦合系数，并在相关耦合系数的基础上对数据压缩矩阵进行动态优化。实现农田恶劣环境下的无线传感器网络监测数据检测融合，提高数据的质量与传输效率。⑥针对农田无线传感器网络频谱资源受限问题，将传统冲突避免机制与动态频谱接入机制相结合，对频谱资源从时域、空域、频域进行利用。采用簇间差异化功率控制的方法，以达到某时刻各簇竞争区域重叠最小，将节点间竞争降至最低，实现不同簇间节点并行接入的目的。通过在超帧结构中设计动态频谱接入时隙，实现干扰簇的频谱无等待切换。采用信道检测与统计学习的方法，对接入频谱进行选择与学习。实现在网络频谱利用、数据通信率和网络能耗、生存周期之间寻求节点数量与位置的博弈均衡。项目本年度共计申请发明专利 2 项，发表录用论文 4 篇（图 29-1，图 29-2，图 29-3，图 29-4，图 29-5）。

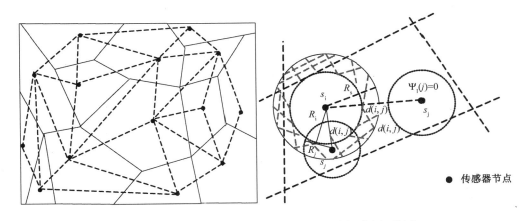

图 29-1　无线传感器网络 Voronoi 划分与能量关联空间侦测

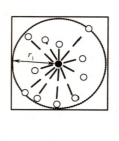 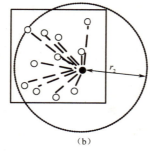

（a）　　　　　　　　　　（b）

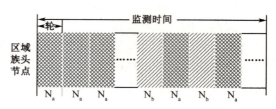

图 29-2　拓扑位置对网络通信能量关系示意图　　图 29-3　能量逼近式簇头轮换时间分配示意图

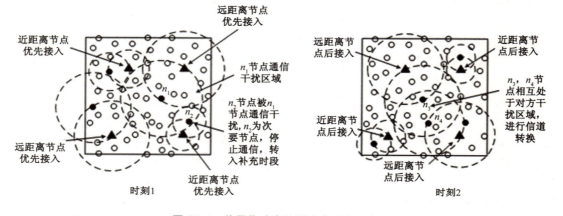

图 29-4　差异化功率控制冲突避免示意图

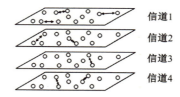

图 29-5　基于频谱感知转换的信道分配示意图

　　中心承担农业部农业信息化行业标准归口单位工作，对农业信息化标准体系框架进行了研究，组织编写并提交了《"十三五"农业各行业标准体系规划—信息化标准子规划》；承担了农业行业标准制定和修订（农产品质量安全）项目的申报管理和审查工作，2015 年年度组织申报 28 项，管理在研标准项目 18 项。中心参加国家传感器网络标准工作组的标准化研究工作，并担任该组织行业应用项目组副组长；参与国家物联网基础标准工作组的标准化研究工作；主持农业物联网行业应用标准工作组副组长和秘书处工作。中心目前承担国家标准制定工作 7 项，行业标准制定工作 5 项，全部处于起草阶段；另外参与国家标准制定工作 3 项，行业标准制定工作 1 项。

（十）国家自然科学基金项目——蔬菜叶片重金属的 LIBS 定量化快速测量机理与模型研究（2013 年 1 月—2016 年 12 月）

针对蔬菜重金属的激光诱导击穿光谱测量方法，本年度主要开展了蔬菜中重金属的激光诱导击穿光谱特性的深入研究，谱线的预处理方法研究，并对实验系统进行了进一步改造。主要包括以下几方面内容。

1. 通过理论模型、实验数据分析并结合 NIST 标准谱库，研究蔬菜中 Cr、Cd、As、Hg、Zn、Pb 在 300～1100 纳米波段内的 LIBS 特征谱线峰位，利用大量实验数据对谱线相关性进行分析，建立信号强度分布曲线；研究特征峰的重叠现象，分析蔬菜中其他元素对所检测重金属元素特征谱线的影响；通过精密延时实验，研究上述蔬菜叶片重金属元素 LIBS 特征谱线的时间演化特性，分析谱线强度、背景强度、信噪比等参数随时间的变化规律；在 LTE 模型和实验基础上，研究激光功率、聚焦能量、聚焦面积、入射距离、入射角等参数对 LIBS 特征谱线的影响并定量描述；通过上述分析研究测量过程中的激光器、光谱采集系统最优参数。

2. 在物理机制研究的基础上，结合实测数据，分析激光击穿过程中的自吸收效应对重金属 LIBS 信号造成的抖动，并研究消减方法；分析蔬菜叶片导热率、颗粒物、平整度、元素含量和分布等因素引起的基体效应对重金属 LIBS 信号造成的差异，并研究消减方法；分析激光器功率抖动对 LIBS 信号的影响，并研究其弱化方法；分析田间、温室、菜场、家庭等不同应用环境的缓冲气体对重金属 LIBS 信号造成的差异，并研究归一化方法。在上述噪声源和噪声特性分析基础上，以提高定量化计量模型预测能力为目标，结合化学计量学手段，研究蔬菜叶片背景下的重金属 LIBS 谱线的基线校正、去趋势、归一化等预处理方法。撰写论文 2 篇。

（十一）国家自然科学基金项目——多源数据小麦病害遥感识别与监测方法研究（2013 年 1 月—2016 年 12 月）

按照项目年度计划安排，2015 年主要完成了以下工作：1. 基于已开展工作，在田块尺度上，将叶片、冠层尺度的光谱特征进行由点到面的扩展，研究利用多时相环境小卫星影像对小麦白粉病进行大面积监测的模型和方法。以北京周边的通州、顺义部分区域为研究区，基于地面训练和验证数据，从光谱维和时间维提出单时相和多时相的光谱特征选择方法。2.在此基础上，分别采用光谱信息散度分析 SID、光谱角度制图 SAM、偏最小二乘回归分析 PLSR 以及一种混合像元分解算法—混合调谐滤波算法 MTMF 分别进行病害信息提取，并采用验证样本数据对四种方法的监测精度和特点进行评价。根据 MTMF 和 PLSR 两种算法的特点和各自优势，提出一种结合 MTMF 和 PLSR 的病害监测方法，进一步提高模型的精度。模型的总体精度、平均精度 kappa 系数分别达到 0.78，0.71 和 0.59；3. 在田块尺度的病害预测方面，基于环境星的光学数据 HJ-CCD 和红外数据 HJ-IRS，通过提取表征小麦的生长信息及生境信息，提出一种采用 Logistic 回归进行小麦白粉病发病概率预测的模型构建方法。病害预测的输入变量包括，用于反映小麦前期生长状况的光谱特征，用于反映小麦生境特征的地表温度 LST 及土壤水分反演结果。经地面实测验证样本数据检验，模型得出的预测概率与小麦白粉病实际发生概率总体一致，样点和地块的预测精度分别为72.22%和71%。4. 项目主持人及课题组骨干人员2015年，共计参加国际学术会议2次。课题2015年资助发表论文3篇，其中SCI2篇；培养在读博士、硕士研究士生4人。

（十二）国家自然科学基金项目——农田土壤氮素信息现场快速获取方法与实现技术（2012年1月—2016年12月）

本年度主要完成了以下工作：在机理研究基础上，重点开展测量中的噪声分析和噪声消减方法研究，离子选择性电极方法、激光诱导击穿光谱方法、近红外光谱方法各自探索了其测量中的噪声消减问题；深入开展了多种定量化计量模型研究，三种方法分别研究了适用于各自方法的单变量、多元变量回归模型并进行评价分析；初步开展了针对三种氮素测量传感技术的实现方法研究。

在土壤氮素的激光诱导击穿光谱测量方法方面：研究了多种激光光谱的信号增强方法，如等离子体共振、光程增加等；开展了土壤氮素LIBS光谱传感的实现方法研究。研究了用于等离子态信号收集的光纤制备和耦合方法，实现光学信号的高通量收集。设计了皮秒级激光光谱触发延时装置。初步研制了小型化激光诱导击穿光谱系统，包括其中的光学模块、电子学模块等。采用驱动电流调制方法获得不同激发态的光束，实现信息源激励；采用狭缝—凹面光栅的光学结构，对土壤的发射光信号进行波段分离，实现光学信号的收集；对微弱光学信号进行放大和滤波，实现LIBS信息的采集；通过分析系统实现过程与实验中的传递函数差异，研究定量化模型的嵌入和传递方法，实现信息的智能处理；通过激光器自身发射系数拟合、外置参照装置的方法，实现传感器的实时定标；研究土壤氮素探测感知过程中噪声的消减方法。通过对氮素谱线进行校正，消减水分造成的噪声；利用太赫兹分析、X射线荧光光谱等方法，分析土壤中金属、重金属离子含量和形态对离子敏电极和激光诱导击穿光谱的影响机理，建立消减金属、重金属离子影响的校正模型。发表论文3篇，申请发明专利2项。

（十三）国家重大科学仪器设备开发专项——便携式植物微观动态离子流检测设备研发与应用（2011年1月—2016年9月）

项目于2011年10月立项，2012年成功搭建了原理样机，2013年完成了第一代便携式样机的设计和加工。2014年完成了便携式样机和台式样机的工业设计及加工。在此基础上，2015年主要进行了样机集成调试及模块的优化工作。包括如下内容：①优化供电方案，由12V和15V供电改为统一12V供电，减小电池体积和数量，充电更高效安全。②增加电池电量显示模块，方便用户合理安排实验时间。③增加温湿度采集模块，实现测试区域的温湿度实时监控。④通过独立电路连接板，集成了各模块线路连接，提高系统可靠性。⑤增加了网络通信模块，可远程服务与支持。⑥软件增加了检测环境温湿度显示功能，增加了设备自检功能，整合了各个模块的功能，改进了模块布局，增加了多语言版本，实现样品名称等多参数保存且可提供更多信息，在人机交互方面更符合用户操作习惯。

在应用研究方面，①2015年开展了向日葵耐盐育种材料筛选工作。以59个食用向日葵品种为试验材料，前期在盐碱地上筛选得到了耐盐碱品种14个，中度耐盐碱品种26种，盐碱敏感型 19 种，研究了根系 K+流速与耐盐性的关系。②获得耐盐小麦品系 49 株。③筛选了 m7 和 m49 水稻氮素营养突变体。2015 年项目共申请发明专利 2 项，获得发明专利授权 1 项，申报软件著作权 2 项，获得软件著作权 2 项。

（十四）国家科技支撑项目——苹果产地分级处理及储运品质监测装备研发与示范（2014 年 1 月—2016 年 12 月）

2015 年主要完成的任务为：1. 近红外结构光投射装置的设计与实现。通过分析投射在物体表面上光斑的成像规律，提出将光斑的位置变化作为编码基元，利用编码基元生成 M 阵列，将其作为近红外点阵结构光的编码模式。设计并实现了近红外点阵结构光投射器的原型，该原型采用大功率近红外 LED 作为光源。在该原型的基础上，对近红外投射器予以改进，改进后的投射器采用半导体激光器作为近红外光源，投射出亮度较高且均匀的近红外点阵结构光。通过在在线检测分选装备上的测试，该投射器完全满足在线条件下检测苹果图像中果梗/花萼区域的需要。2. 类球形水果分级传输单元的设计。该传输单元包括果杯座、旋臂和滚轮体组成，其中滚轮体由滚轮和滚轴构成。该果杯座下部两侧设置有链条安装孔和弧形翼型托板，分别用于实现与输送链条的连接和果杯倒挂时的输送减重。该传输单元结构简单、安装方便、安装后整体传输单元链结构紧凑，可以实现水果输送、旋转、卸果各功能位置的无缝平稳过渡，避免水果损伤。在实际工作时，该传输单元能够实现分级装备相邻两通道朝不同侧进行卸果，大大降低水果分级装备的开发成本，易于推广。3. 控制系统的设计。该控制系统通过果杯的位置为上位机发送触发信号，使上位机通过触发信号采集水果图像并进行处理。控制系统进一步通过上位机发送的分级结果，控制电磁阀在相应等级处对水果进行卸料操作。同时，分选系统中输送单元、返果单元、卸果单元以及单果化单元的传输速度均由控制系统进行控制。共发表学术论文 6 篇，其中 SCI 收录论文 5 篇，EI 收录论文 1 篇。申请发明专利 3 项，实用新型 1 项。

（十五）国家科技支撑项目——农村农资电子商务平台关键技术研究与应用（2014 年 1 月—2016 年 12 月）

本课题针对农资需求分散、季节性强，销售模式单一、物流链条长的特点，以创新农资交易模式、构建多业态农资营销平台、拓宽农资销售渠道、降低农民农资购买成本、从源头保障农产品安全为主要目标。本年度主要研究内容包括：研制基于 Android 平台的农资终端销控设备、农资电子商务垂直搜索引擎研发、首都农资连锁（O2O 模式）电子商务平台技术集成与示范、农资电子商务数据集成算法研究、农资电子商务模型研究、个性化知识服务与推送系统、农资区域订购与智能配送信息终端—电子货柜的研制、农资区域订购与智能配送电子商务平台系统研发与集成、农资电子支付系统集成应用、农资区域订购与智能配送电子商务平台构建、农资区域订购与智能配送电子商务示范推广及模式探索。本年度发表论文 2 篇，申请获得软件著作权 2 项，并在湖南省供销社、北京农资电子商务中心、上海农资电子商务有限公司等地开展了应用示范。

（十六）国家科技支撑项目——城镇化发展用地时空监管数据综合处理与管理技术研究技术（2013 年 1 月—2016 年 12 月）

研究制定了能保持城镇化发展用地全程监管数据的，多环节和多层次关联关系的网络数据服务方案，设计并开发完成了，支持城镇化发展用地全程监管数据增、删、改、查、追溯和指标数据访问等操作的，城镇化发展用地监管过程时空数据共享平台；提出了省市县多级网络环境下在线监管功能和数据访问权限模型"基于角色和空间范围的用户访问控制模型"，制定了系统资源访问控制方法，设计并开发了"城镇化发展用地监管时空数据访问安全控制系统"，申请 2 项专利和 2 项软件著作权，完成 7 篇学术论文，其中 1 篇 SSCI。

（十七）国家科技支撑项目——村镇宜居社区与小康住宅信息交流服务平台研发与示范（2013 年 1 月—2016 年 12 月）

2015 年课题组根据前期的调研结果，在与课题主持单位充分沟通、交换意见的基础上，结合其他子任务的研究成果，充分考量村镇宜居社区建设的信息化服务方向，对交流服务平台的框架功能进行了进一步梳理细化，调整设计，并根据设计内容进行软件的功能开发，面向村镇社区管理机构，开发了国家村镇宜居社区与小康住宅数字化管理系统，面向社区居民，开发了村镇宜居社区与小康住宅可视化公众参与系统，从而实现了集信息管理与参与交互为一体的村镇宜居社区与小康住宅信息交流服务平台（图 29-6）。

图 29-6　国家村镇宜居社区与小康住宅数字化管理系统和可视化公众参与系统

国家村镇宜居社区与小康住宅数字化管理系统实现了社区的政务管理，包括社区的基本信息，居民基本信息的高效管理，社区布局规划，区位交通的可视化展示；实现了社区卫生服务资讯的动态管理，健康知识的搜集，医疗服务信息，医疗服务机构信息的数字化管理。实现了社区文体活动的详实记录，为社区文化生活的组织开展提供信息化手段。构建了教育培训资源的上载共享机制，实现社区教育培训的发布和在线学习。针对课题研究的小康住宅的户型特征，建造技术以及相关的适用设备，实现了小康住宅实用技术的管理。

村镇宜居社区与小康住宅可视化公众参与系统实现了社区资源的可视化展示，社区话题的自由交流，以及问题意见反馈，构建了居民与居民，居民与社区管理者之间有效的信息沟通渠道。

（十八）国家科技支撑项目——物流过程产品与质量安全跟踪技术与设备（2013 年 1 月—2015 年 12 月）

2015 年分别进行了便携式品质信息预警、嵌入式物流单元标识转换与在线生成、移动式装卸货信息采集和交易过程产品责任主体信息现场采集，这四种设备及相关系统的现场应用与调试，以物流主体识别、产品信息跟踪、品质信息感知、质量安全预警为总体目标，完善了设备与上位机软件之间、上位机软件与物流仓储信息汇聚与管理系统、配送车辆信息汇聚与管理系统和商户交易信息汇聚与管理系统之间的业务关联与数据对接，建立了集生产、物流、仓储、交易过程多方位环境监控与信息管理的综合系统，实现了物流过程农产品品质实时预警、产品装卸货过程自动信息采集与单据核查、库存自动盘点与库存预警、交易过程实时监控与统计等功能；设备与系统在江西赣西物流有限公司、北京格林万德农产品企业、北京志广富庶农产品企业、华南农大等企业和单位进行了应用和示范。该项目目前已申请发明专利 12 项，其中获得授权发明专利 1 项，申请实用新型专利 18 项，其中获得授权实用新型专利 14 项，发表核心以上论文 32 篇，其中 SCI/EI 文章 19 篇，获得软件著作登记权 7 项。

（十九）国家科技支撑项目——农村土地多时态数据匹配与规则化重建技术研究（2012 年 1 月—2015 年 12 月）

城镇化发展、土地管理、耕地保护等应用领域通常需要长历史维度土地变化规律支撑，而历史土地调查数据中存在大量的属性和空间上的伪变化，无法为土地数据的分析提供可靠依据，为此，课题组开展了不同时相间、不同图幅/区域间地类图斑、线状地物、零星地物伪变化发现与消解方法研究，建立了图幅/区域接边处同名实体伪变化实例集，提出了基于趋势增强和距离匹配的同名实体发现和拟合方法，伪变化自动消解率可达到 80% 以上；构建了一调、过渡期、二调 3 个时期属性语义差异本体库和语义整合规则库，可消除不同时期间土地利用数据属性语义伪变化；针对不同时相间同名实体伪变化发现方法计算效率低下的问题，提出了属性与几何分类匹配策略，通过整合邻近排序算法和 R 树算法的基本思想，实现不同时相间同名实体的快速准确匹配，伪变化发现率可达到 90% 以上，通过以上方法减少同名实体不同时期属性和空间上的伪变化，拟合图幅/区域间同名实体"缝隙"，实现了时间和空间 2 个维度同名实体的伪变化消解；提出了一种适用于土地调查数据管理的基态修正模型和基于时空多级分区和 HR 树的混合时空索引，构建了要素实体完整的时态链，形成了可承载多版本历史数据的土地利用时空数据库，实现历年现状数据、变更增量数据的快速入库和时态信息提取，历史回溯，土地利用变化分析及趋势预测，以及土地变化热点区域探测。提出了基于上一轮农用地评价数据、成果的二调耕地评价因素提取方法，依据两期评价因素变化状况、评价因素类型，采用面插值、克里金插值等插值技术，实现二调耕地图斑评价因素赋值；实现了基于局部 Moran's I 自相关指数的评价结果异常图斑检查，开发了农用地与二调耕地数据整合处理系统和年度更新评价系统。

基于已有课题研发成果，课题组面向武汉市汉南区、海南省琼海市、湖南省长沙县开展了应用示范，在武汉市汉南区完成了 1996 年（一调）土地利用数据库、1997—2001 年变更图斑、2002 年土地利用更新数据库、2003—2008 年土地变更数据库、2009 年（二调）土地利用数据库、2010—2014 年土地变更数据库（1：10000），海南省琼海市土地利用现状数据 2001 年、2008 年、2010—2012 年变更增量包数据，湖南省长沙县土地利用现状数据 2003 年、2009—2012 年等历史数据的优化改造，解决了一调、过渡期数据与二调数据差异，在二调数据库框架下延伸了一调和过渡期数据内容，为历史状态的回溯查询提供基础。实现了现行变更调查数据库的优化，对碎图斑、狭长图斑、短线等问题的快速查找与处理提供支撑。

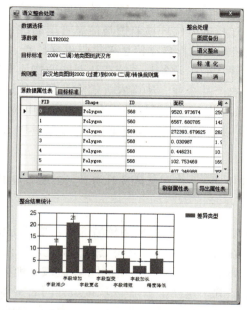

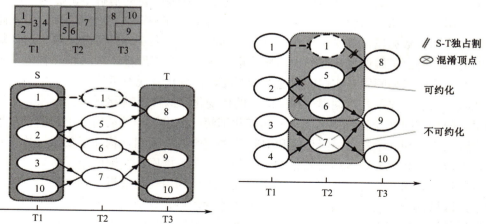

图 29-7　长时序土地利用变化统计优化方法

（二十）公益性行业专项——作物育种材料农艺性状信息高通量获取与辅助筛分技术（2012 年 1 月—2016 年 12 月）

项目执行期 2012—2016 年，在前期工作基础上，2015 年主要开展了作物田间性状采集设备、考种设备、田间综合信息监测平台的开发与优化工作，主要进展如下：1. 在田间性状无损检测装备方面，研发了机载轻量化高光谱成像仪器，同时对水稻剑叶夹角测量仪、油菜分支角度测量仪的内嵌测量模型进行改进优化；构建了高通量作物田间信息综合获取平台。2. 在室内快速考种方面，对便携式作物考种系统进行优化，优化其结构并进行外观设计及加工。3. 在作物育种材料考种流水线方面，针对玉米构建了高通量自动考种流水线平台，搭建了多相集玉米穗信息获取装置、单穗籽粒信息获取装置及籽粒自动封装装置。4. 在育种软件方面，开发了作物田间综合信息监测平台。

在示范应用方面及推广，2014 年 12 月，在北京永兴花园饭店召开项目年度总结会暨种业信息化交流会，展示作物形态、组分、抗倒伏测量仪器、自动化考种系统等系列研究成果，获与会专家的好评。2015 年 4 月，在中国农业科学院油料作物研究所对油菜分枝角度测量设备、油菜茎秆强度测量设备进行试用推广。2015 年 5 月，赴俄罗斯参加第 36 届 CIOSTA 国际会议，向国际同行专家展示所开发的田间性状采集设备及考种装备，引起各国专家极大兴趣。2015 年已撰写并录用论文 5 篇，授权发明专利 3 项，获软件著作权 4 项。

三、本年度中心重大成果及其水平和影响

2015 年，中心共获得成果奖励 7 项，其中中华农业科技奖三等奖 1 项、获北京市科学技术奖三等奖 2 项、获湖北省科学技术奖三等奖 1 项、获测绘科技进步奖一等奖 1 项、获北京市优秀工程咨询成果奖一等奖 1 项、获 2015 年全国科技活动周暨北京科技周主场最受公众喜爱的科普项目 1 项。2015 年，中心申报成果奖励 15 项，其中北京市科学技术奖 2 项、第九届大北农科技奖 3 项、江苏省科学技术奖 1 项、甘肃省科学技术奖 1 项、农业节水科技奖 1 项、2015 年卫星导航定位技术奖 1 项、2015 年度中国产学研合作创新与促进奖 1 项、2013—2014 年度市科协系统优秀调研成果 1 项、2015 年中国质量评价协会科技创新奖 3 项、全国现代物理农业工程技术创新示范奖 1 项。

在成果产出等方面，2015 年中心发表论文 171 篇，其中 SCI 收录 36 篇，EI 收录 60 篇，核心期刊 75 篇。撰写专著 1 本，获得专利 150 项，其中美国专利（PCT）1 项，发明专利 92 项，实用新型专利 56 项，外观设计专利 1 项，申请专利 183 项，发明专利 110 项，实用新型专利 72 项，外观设计专利 1 项。获得软件著作权登记 118 项；参与制定标准共计 5 项，其中"物联网标识体系物品编码 Ecode"国家标准 1 项，由中国国家标准化管理委员会批准、"农作物病害遥感监测技术规范第 1 部分：小麦条锈病"等农业部行业标准 3 项，均由农业部批准、制定"机井水电计量控制器"企业标准 1 项，由北京市海淀区质量监督局审核备案。中心申报各类标准 18 项，包括"农产品产地环境数据库标准"等农业部种植业领域农业行业标准 12 项；申报"公共电网供电的农业电气设备的电磁骚扰限值与测量方法"等农业部部门预算项目农产品质量安全标准 4 项；申报"小麦、玉米产量遥感估测规程"等陕西省地方标准 2 项。

2015 年主要成果介绍如下。

（一）无人机遥感监测应用技术取得突破

1. 无人机遥感技术实现种业科技支撑

在"北京学者计划"首席专家赵春江研究员指导下，依托北京学者计划"基于轻型无人机载遥感的规模化作物育种与养分管理研究"、国家 863 计划课题"微小型无人机遥感数据特征信息的快速提取与解析"、北京市自然科学基金项目—重点项目"微小型无人机载的近地成像高光谱作物氮素探测方法研究"等项目，针对作物育种过程中大规模小区育种材料表型信息快速高通量获取问题，研发了作物育种表型信息无人机快速获取与分析技术，重点取得了以下成果：构建了适合多传感器搭载的多旋翼无人机平台，平台整体性能优异，操控简便，作业效率高，适合育种小区复杂环境条件作业；围绕作物育种过程中重点性状参量，研发了系列专用传感器。其中重点自主研发了适合无人机搭载的微型全反射式成像高光谱仪，与国内外同类高光谱仪进行对比分析，其光谱分辨率、波长及辐射定标精度，以及信噪比等相关技术指标达到或超过国外同类大型成像光谱仪，具有较强的技术、经济综合竞争力；提出了无地面控制点条件下的无人机遥感数据几何精校正模型，利用连续观测的 GPS/INS 导航定位数据及解析的高精度数码图像外方位元素，通过卡尔曼时间滤波方法进行数据融合，生成连续高精度姿态与位置信息，最终实现遥感数据几何精确校正；针对小麦、玉米、大豆等作物，分别建立了基于高清数码相机、多光谱相机、高光谱及热红外的生物量、叶面积指数、叶绿素、株高及冠层温度等重点农学参量解析模型。

目前，在无人机遥感辅助作物育种信息获取方面，中心在国内走在了前列，申报国内发明专利 9 项，申报国际发明专利 2 项，均进入实审阶段，发表相关 SCI/EI 学术论文 8 篇，软件著作权 2 项，相关技术获得北京市新技术新产品"作物育种表型信息无人机快速获取与分析系统"证书。

2015 年重点在江苏农科院里下河农科所（国家小麦改良中心扬州分中心）、山东圣丰大豆育种基地（国家大豆改良中心圣丰试验站）、北京农科院玉米育种基地及沈阳农业大学水稻育种基地开展应用示范，共完成了近 200 架次的飞行工作，覆盖面积超过 1 万亩。应用过程中，与程顺和院士、盖钧镒院士等多位专家多次交流了无人机遥感技术辅助育种信息获取的各项工作情况，得到了院士及所在团队的一致认可。后续中心无人机遥感团队将继续与院士团队紧密合作，推动此项技术更大范围的服务于我国大规模商业化育种企业，为育种专家高效快捷提供决策信息。目前，已经推广无人机遥感及传感器软硬件产品 14 套，无人机遥感技术推广过程中也得到了农业部、科技部及院、中心领导的关注与支持。

2. 无人机遥感监测应用系统推广示范应用

本年度通过与武汉大学、中国农业大学和北京师范大学等高校，以及中华联合财产保险公司、河南滑县农业技术推广站等农业需要部门开展合作，根据相关部门的实际农业应用需求，通过产品硬件更新、系统参数调试、试飞应用改良等细心环节，中心的无人机遥感监测系统获得了用户认可与青睐，并与之签订了订购合同，2015 年度累计签订订购合同金额近 260 万元，表明中心研发的无人机遥感监测应用系统成果，取得较为显著的成效。

（二）农业源环境污染的光学监测技术获得重要进展

农业生产和生态中的环境监测是实现调控、增产增效的重要手段。更为重要的是，农业源污染已成为环境污染的重要来源，严重威胁人居和生态环境，造成农产品安全隐患。为了实现农业源环境污染的实时监测，团队以"物理机制研究—传感机理研究—技术实现研究"为主线，开展了农业源气体、水质、农业作业过程等精细化含量的监测技术研究和设备研制。1. 农业源气体监测方面：本年度创建了畜舍有害气体遥测系统、实现了 200 米外甲烷等气体 ppm 量级监测，结合激光光谱和 CT 重构方法、首次实现了畜禽舍气体浓度空间分布在线监测；创建了专用于农业中痕量气体监测的抽取式长光程 FTIR 方法。2. 农业水质监测方面：浑浊度的介电频谱和光学透过率传感方法、亚硝酸盐的光纤倏逝波传感方法，研制了传感器，传感器主要性能达到国外同类产品水平；研制了自动水质寻污机器人，实现了湖泊、水库等大面积水域水质的立体监测、污染源的探查和定位。3. 农业施药作业过程监测方面：首创了基于扫描成像傅立叶变换红外光谱的药雾探测系统，实现了远距离药雾空间浓度的实时监测；提出了农药残留的红外光谱、LIBS 光谱快速检测方法，实现 1000 倍稀释农药残留的快速检测。本年度在相关技术领域申请发表专利 12 项，发表 SCI 论文 10 篇。

（三）智能节水灌溉决策方法与灌溉控制设备研究进展顺利

近年来，我国在水资源缺乏地区大力推广节水灌溉技术，滴灌、微喷等节水灌溉方法得到广泛应用。以北京市为例，节水灌溉面积已经超过 90%。然而，水资源可用总量短缺依然是制约我国干旱缺水地区农业发展的第一瓶颈。在现有的节水灌溉设施基础上，利用自动控制技术实现精准的灌溉量控制，使灌溉总量、灌溉时间与作物需水紧密结合，从根本上实现智能化节水灌溉。为了提高自动化化灌溉系统的适用性，北京农业智能装备技术研究中心，根据近十年来，在自动化节水灌溉领域的科研与应用示范积累提出了利用作物蒸腾量，作为灌溉决策依据的智能节水灌溉方法。以此理论为基础，装备中心研发了一系列适于应用推广的智能节水灌溉控制产品，包括 WS1800 墒情监测站、ASE300 灌溉控制器、EP100 无线电磁阀、EP300 无线电磁阀基站。经过几年的改进完善和推广，目前全国建立自动墒情监测站 800 余个，覆盖全国各省。建设自动化灌溉农田 1 万亩。在北京顺义、新疆五家渠、陕西神木等地建设的节水灌溉示范工程取得了良好的应用效果。

（四）设施农业水肥一体化施肥决策与智能装备技术推广示范效果良好

日光温室主栽蔬菜水肥需求规律的研究、基于水肥管理特征指数的单体日光温室小型低成本智能水肥一体化装备研制及示范、日光温室集群分布式大型智能施肥装备的研制与示范、日光温室主栽蔬菜水肥一体化专用肥料的筛选及肥料配方研究与应用。明确了日光温室黄瓜与番茄的耗水规律及养分需求特征，建立了以蔬菜生育期水肥需求规律为基础、以土壤水分和光照强度辅助决策的水肥一体化控制策略 2 种；对单体水肥一体化装备进行了完善与系统升级，可以根据作物种类实施智能化精细灌溉施肥，并在北京大兴设施园区示范单体水肥一体化装备 12 套；研发了用于集群日光温室水肥管控的多通道施肥装备，实现了对肥液浓度及灌溉量的自动检测和控制，可借助压力系统将适宜浓度的营养液均匀、定时、定量地直接供应给作物，并在北京顺义设施园区示范应用，可对园区内的 15 栋日光温室实施全自动灌溉施肥；开展了基于水肥一体化装备的主栽蔬菜可溶性肥料筛选及肥料配方的应用研究，筛选出了高氮和高钾 2 种可溶性肥料，建立了 1 种基于肥料配方的全养分管理策略，并在北京昌平小汤山精准农业基地示范应用。在此基础上已发表 SCI 论文 1 篇，EI 论文 2 篇，中文核心论文 2 篇，申报发明专利 3 项，实用新型专利 5 项。与传统栽培模式相比，利用本部门开发的水肥一体化装备及配套技术可以减少肥料投入 30%以上，增产 20%以上，取得了良好的经济效益。

（五）金种子云平台研发与应用获得突破

在自主研发的"金种子育种软件平台"的基础上，研发了国内首个育种云平台，启动了育种大数据中心建设，并构建了可盈利、可持续发展的商业运营模式。该项成果打破国外产品垄断，填补了国内企业级育种软件产品的空白。著名国际种业公司孟山都、杜邦先锋、先正达等都将育种软件作为其核心竞争力之一，目前国内大型企业级育种软件市场完全被 PRISM、Labkey、Agrobase 等国外软件产品垄断。中心在农业部行业科技专项、北京市科技计划项目的支持下，深入种业龙头企业、育种科研单位深挖行业需求，突破育种专用电子标签、田间性状自动化采集等多项关键技术，研发了"金种子育种软件平台"，打破了国外育种软件产品在国内市场的垄断，填补了国内企业级育种软件产品的空白。在此基础上，2015 年重点研发了国内首个育种云平台，启动了育种大数据中心建设，并构建了可盈利、可持续发展的商业运营模式。该云平台面向中小型育种企业和育种团队，以前 2 年免费应用，第 3 年开始收费 1～3 万元/年的商业模式运营，得到了中小型育种企业的积极响应。系统践行大规模商业化育种技术体系与管理体系的信息化解决方案，实现了育种材料管理、亲本组配、品种筛选、品种评比鉴定、性状数据采集、系谱档案管理、试验数据分析和角色权限管理等功能。通过将物联网等现代信息技术与商业化育种关键环节的紧密结合，实现育种全过程的信息化管理，为商业化育种提供便捷、高效、全面的技术服务手段。为实现民族种业的跨越式发展，提高种业企业核心竞争力做出了贡献。该系统目前已经在袁隆平农业高科技有限公司、山东圣丰种业科技有限公司等企业成功应用，销售育种电子标签 20 余万个，经济社会效益显著。

（六）绿云格平台在全国推广应用情况良好

针对农业生产中光、气、温、湿、水、营养等因子调控能力弱的问题，开发了系列低成本、低功耗的无线环境感知传感器，研制了温室环境信息采集器、绿云格小型气象站、自组网网关设备等技术产品，提出了适应于多种农业生产环境的灵活的组网传输模式。推广小型气象站、无线网关等小型终端设备 2000 余套。与 20 余名农业专家和基层技术员合作，整合设施蔬菜、食用菌、瓜果、花卉等领域 3000 余万条有效信息，892 名基层农业专家资源，建立了网联京郊 7 个区县、辐射全国 12 个省市 560 余个农民专业合作社、农业企业、农业生产基地的设施农业绿云格平台，平台接入气象环境感知、灌溉/风机/卷帘等执行控制、数据传输等各类设备 8710 多套，为生产管理部门提供了翔实的生产经营基础数据与分析资料，为生产者提供气候环境监测、生产计划优化、生产档案管理、成本动态跟踪等个性化服务，覆盖 5.8 万亩设施农业产业区，通过节支、质量提升等手段产生间接经济效益 4500 余万元，形成了"低成本、零门槛、可租用"的物联网云服务应用模式。

（七）采摘机器人系统集成创新研究取得突破

针对设施番茄生产过程中劳动力短缺的特点，设施作业机器人系统在发达国家近年来得到快速发展，连栋温室番茄采摘由于跨度大运输距离远，人工采摘劳动强度很大，发达国家连栋温室番茄的采摘都开始使用机器人进行采摘，利用机器人采摘可以不受作业时间的限制，生产采集的劳动强度显著降低。国外公司生产的采摘产品价格通常都在 100 万元以上，我们国家若是引进采用，农户生产成本极高，实际生产中难以承受。为了促进我国机器人采摘技术发展，打破国外公司在该领域的垄断，北京农业信息技术研究中心通过集成现有的机器人技术，通过运动控制及电子识别技术的再创新，形成了具有独立知识产权的番茄机器人采摘产品。开发的采摘机器人产品提出一种基于视觉伺服技术的激光对靶测量方法，实时获取目标果串内果粒的图像坐标，执行部件动态调整视觉单元姿态，以对边缘果粒进行多目标动态对靶测量。果粒识别率为 79% 以上，果串长宽测量误差小于 11 毫米。达到了国外同类产品的相同技术水平，但产品的整体成本为国外产品的 20%。产品在北京连栋番茄温室测试使用，取得了满意的应用效果。该产品对于缓解今后设施生产劳动力短缺的矛盾，具有较大的促进作用。

（八）《"十三五"加快推进农业全程信息化的对策建议》获农业部优秀课题

中心首次提出了农业全程信息化的内涵、特点及应用逻辑，并对农业信息产业进行阶段划分及研判，丰富了中国特色农业现代化理论；提出的六大农业信息化发展模式国别模式，为不同国家或地区发展农业信息化提供了参考；首次结合农业信息技术的应用现状，提出了规模农场应用型的大田种植信息化模式、都市近郊应用型的设施园艺信息化模式、特色区域应用型的设施养殖信息化模式、综合服务平台型的农业电子商务模式，四大农业信息技术应用模式的内涵、特点及适用性，对不同经营主体、不同地区选择农业信息技术应用模式具有十分重要的实际运用价值；提出的"十三五"加快推进农业全程信息化的发展思路与对策建议，获农业部"十三五"农业农村经济发展规划编制前期研究重大课题优秀课题，为国家制定农业信息化发展规划提供支撑。

四、2015 年科研亮点

（一）育种信息化关键技术及装备研发取得多项新进展

当前中国农业的发展面临着资源与环境的双重约束，粮食供给安全受到威胁。2014 年中央"一号文件"确立了以我为主、立足国内、确保产能、适度进口、科技支撑的国家粮食安全战略，"国以农为本，农以种为先"，培育优良品种，是实现粮食增产、确保粮食安全、挖掘提高粮食生产潜能的重要途径。针对当前作物育种过程中田间性状采集难度大、育种材料数量多、试验基地分布区域广的特点，深入分析育种全产业链的关键技术节点，开展了作物育种株型设计、育种田间信息获取和育种信息管理与展示平台等技术的研究与应用。在作物育种株型设计方面，设计开发了玉米三维株型设计系统，实现了基于三维模型的冠层结构、光辐射环境和作物光合生产潜力的准确计算分析，使传统的株型设计与分析从定性分析与评价向系统化、定量化方向转变。在育种田间信息获取方面，研发了便携式作物茎秆强度测定仪、小麦/水稻叶片形态测量仪、小麦、水稻、玉米、大豆、油菜等便携式考种仪、高通量玉米考种流水线等技术装备；综合应用立体视觉、图像处理、机电一体化和多传感器信息融合等技术研发了玉米自动考种系统，能够快速、无损地获取颜色、形状、纹理、重量等 4 大类 32 个指标；通过无人机遥感辅助作物育种技术的研究，初步形成了以旋翼机和固定翼机为一体的综合无人机遥感信息获取平台。在育种信息管理与展示方面，重点研发了国内首个育种云平台，启动了育种大数据中心建设，实现了亲本配组、试验规划、数据采集、分析决策和系代追溯等全过程的信息化管理；依托国家农科城种业科技成果托管平台搭建了蔬菜良种展示与推介平台，是国内首个蔬菜新品种网络信息平台。目前已推广各种育种性状采集设备 67 台（套）；借助无人机遥感平台采集北京、江苏等地育种农田数据 200 余次，覆盖面积 1 万余亩，获取多/高光谱数据超过 200GB；国家农科城蔬菜良种展示与推介平台汇集了来自全国各大科研院所和种业企业的 8997 个蔬菜新品种及重要材料的性状、照片、适宜种植区域等信息，累计网络访问超 80000 人次。相关研究成果在中国农业大学、华中农业大学、河北农业大学、中国农业科学院、广西农业科学院、山东圣丰种业科技有限公司、袁隆平农业高科技股份有限公司等高校、科研院所和大型育种企业得到成功应用，取得了显著的经济效益，为育种产业发展提供了强有力的科技支撑。

（二）多遥感平台成功用于精确按图服务农业保险承保理赔业务

将卫星遥感，无人机航拍等遥感技术应用于农业保险，将有助于避免信息不对称导致的逆选择和道德风险问题，解决农业保险赔付时效低及成本高的问题，是农业保险可持续发展的一项积极有效的技术措施。国家农业信息化工程技术研究中心与中华联合财产保险股份有限公司战略合作，共建农业保险地理信息技术联合实验室，通过"产学研"合作创新，将无人机、卫星遥感等高科技产业化应用拓展到金融保险领域，深入打造农业保险科学发展的技术根基，在应对农业重大自然灾害方面，探索出一套"按图作业、按地管理、服务到户"的农业保险多遥感平台精确按图服务技术。自主研发的无人机已经覆盖中华联合财产保险公司旗下的 14 家分公司，培训人员超过 100 名技术骨干。自主研发了保险查勘地面调查终端，110 套设备装备了 17 家分公司。无人机和高精度的地面调查终端的装备，极大提高了查勘定损的效率和精度。连续 4 年在新疆、内蒙古、辽宁、北京、山东、河北、河南、甘肃等省（直辖市、自治区）开展县乡镇村或地块尺度级的农业保险承保、查勘定损及理赔等流程的遥感技术集成和示范，无人机飞行超过 80 个架次，遥感监测超过 200 次，有效应对了 2012 年山东洪涝灾害、2013 年四川芦山地震、2014 年新疆特大风灾、2014 年北方旱灾、2015 年辽宁、河北旱灾等重大自然灾害。多遥感平台精确按图服务减少查勘人员 30%以上的工作量、查勘定损的精度提高 20%，全面推动了国家惠农强农财政补贴政策贯彻落实，经济和社会效益显著，在国内外具有较强的示范效应。相关的媒体报道包括：

新华网"农业保险地理信息技术联合实验室揭牌"，中国网"加快理赔 中华保险多平台遥感技术服务震灾查勘"，中国德州官网"中华保险利用高科技破解农险查勘理赔难题"，大连日报"卫星遥感技术助力我市旱灾理赔"，辽宁保险网"引入新技术积极应对特大旱灾"等。

（三）土壤氮素激光诱导击穿光谱测量技术取得阶段性新进展

农田土壤氮素是作物生长最重要的营养元素，快速、准确掌握土壤中氮素含量信息对合理施肥具有重大意义。传统测土过程复杂、周期长、成本高，不能实现土壤养分信息的动态、连续监测。本年度研究以农田土壤中不同形态的氮素含量为对象，以激光诱导击穿光谱为研究手段，通过土壤不同形态氮的等离子态发射光谱及其激发机理的分析，研究了土壤氮素的激光诱导击穿光谱检测方法，并在方法机理探索的基础上，进一步研究并解决了技术实现中的关键科学问题。在前期的研究基础上，本年度重点开展了土壤氮素激光光谱测量中的空气氮素消减方法研究工作。在深入分析 742.346 纳米和 744.27 纳米的两个氮素谱峰的跃迁几率、能级、谱线展宽等特性基础上，提出了氩气吹扫、化学计量学解析、激光能量调谐和空气预定标等四种空气氮素消减方法；除常规的可见光光谱外，研究了在高能量激光诱导下的土壤氮素红外光谱特征；设计了同步红外光学测量系统，同时获得土壤的衰减全反射、漫反射光谱，并解析了土壤全氮、硝态氮、氨态氮在红外光谱中的表现形式，本年度土壤氮素激光诱导击穿光谱测量技术取得了阶段性新进展，该技术相关研究结果发表在 Analyst 等杂志。目前课题组共发表和录用 SCI 检索论文 6 篇，申请发明专利4 项。

（四）农用机井用水计量控制设备开发与多级用水管理平台成功构建

京发〔2014〕16 号文件指出要发展高效节水农业，提出推进农业节水的重点任务，全面推进设施节水、农艺节水、机制节水、科技节水，提高农业用水效率。北京市农业用水占总水量比重大，同时又存在浪费严重、灌溉水利用效率低下的问题，特别是农用机井，缺乏水量精确计量设备，价格组成机制不合理、统计方式落后，管理粗放，针对北京市农用机井用水管理现状，围绕北京 3 万眼农用机井管理，建立了北京农业用水管理平台，通过区县、乡镇、村在内的多级用水管理子系统搭建，实现全市农业机井用水的多层次授权管理；同时实现基于地块面积、种植作物类型、灌溉方式的用户及机井用水总量分配、定额管理；通过超额付费与节水补偿的方式实现对农户的节水监管。根据农用水总量、定额信息以及农户种植作物与灌溉方式等背景信息，对用水采集数据自动进行分级分主题分周期统计与分析，结合专题地图和统计图表展示统计分析结果，提供"月统月报"功能；实现基于 WebGIS 的农用机井分布、用水用户分布的信息和机井用水信息的动态监测管理。在实际用水端，开展农用机井用水的计量管理装备研究开发，研制了基于 IC 卡的农用机井水电双重计量控制器，实现用户刷卡用水、水量电量同步计量和动态折算计费以及用水记录的远程传输。通过安装机械水表、水电估算、水电转换、超声波智能计量等多种模式，对农户灌溉用水远程计量与 IC 卡控制，实时采集用水信息，自动进行分析、统计。通过上述管理平台和终端设备的开发，为北京市农业节水和农业用水管理提供了重要的技术支撑，是对 16 号文件"细定地、严管井、统收费 、节有奖"工作思路的有效落实，对农业用水实现从源头到地头的全程信息化管理，提升农业节水技术水平，变革农业用水管理方式，提高现有节水设施利用率具有重要意义。

（五）自主研发的多项自动化装备有效支撑设施育苗产业发展

近年来设施育苗在我国各地形成规模化发展趋势，全国蔬菜育苗需求量约 6800 亿株，其中集约化育苗供苗量 800 亿株，种苗生产效益逐年上升，然而蔬菜育苗生产过程涉及播种、催芽、嫁接和苗期管理等多个劳动密集型作业环节，单纯依靠人工作业效率低、人力成本高，同时人工主观经验无法保证育苗生产管理的标准化、精细化实施，不利于培育高品质的蔬菜秧苗。面对当前农业人口流失以及集约育苗模式不断发展的趋势，针对工厂化育苗播种、嫁接和分选移栽三个劳动密集型环节的实际需要，研发了相应的自动化作业装备，并通过了中国机械工业联合会科技成果鉴定：①设计了机械式自清洁防堵播种吸嘴，用于防止蔬菜播种过程中种粒杂质堵塞造成的漏播，并在此基础上集成开发了 2BSZ-120 型穴盘播种流水线，可满足对番茄、辣椒和黄瓜等种粒（长轴≤6mm），在穴孔数 128 穴以下规格的穴盘内播种，无需种粒丸化。用自清洁播种头试验的单粒率、空穴率、重播率，与传统吸嘴相比分别提高了 7.81%、6.25%、1.56%，秧苗产量增产约 5% 左右，每 1 万株秧苗播种节约人力 10 人/小时，节省投入 50 元；②研制了具有双工位取苗装置的 2TJ-800 型蔬菜嫁接机，采用旋转切削方式，作业效率达到了 807 株/小时，苗茎杆 1.5～3 毫米，采用嫁接夹固定砧木和接穗，需要人工上苗。每生产 1 万株嫁接苗，节约人力 40 人/小时，节省投入 200 元；3、研制了具有无线控制移栽手爪和气动缓冲移栽定位机构，在此基础上集成开发了 2ZF-800 型穴盘苗分选移栽机，可用于对株高小于 50 毫米的 72 穴孔以下穴盘蔬菜苗和花卉苗的分选移栽，用以筛选优质秧苗，确保穴盘苗标准一致。每 1 万株秧苗节约人力 45 人/小时，节省投入 225 元。目前，研发的自动化育苗装备已在全国多地开展了应用示范和技术培训，为我国设施育苗产业的快速发展提供了强有力的技术支撑。

（六）便携式植物微观动态离子流检测装备研发工作进展顺利

植物微观动态离子流检测对于从微观层面认识植物离子交互具有重要研究意义，开发相应的便携式检测设备施一项重要的科研课题任务。在国家重大科学仪器开发专项支持下，中心开展了便携式植物微观动态离子流检测设备的样机集成调试及模块的优化工作，增强了设备的稳定性和可靠性。硬件模块改进方面：增加温湿度采集模块，提供给用户温湿度信息用于评估设备运行环境；主控单元由集成的硬盘和主板优化为 BOX 一体机；供电方面由 12V 和 15V 供电改为统一 12V 供电，将电控模块集成到优化后的供电单元内部统一管理；信号采集模块将信号调理板集成到信号采集盒内部减少外部连接，降低环境干扰；优化了三维运动控制板的元器件布局及改变了安装位置方便与机械手的连接；将显微镜的电源线合并到通信线内部减少线路连接数量；CCD 的网口传输改为 USB 传输统一用电管理、减少连接线数量。软件模块升级方面：软件增加了检测环境温湿度显示功能，增加了设备自检功能，整合了各个模块的功能，改进了模块布局，增加了多语言版本，实现样品名称等多参数保存且可提供更多信息，在人机交互方面更符合用户操作习惯。应用研究进展方面：2015 年开展了向日葵耐盐育种材料筛选工作。以 59 个食用向日葵品种为试验材料，前期在盐碱地上筛选得到了耐盐碱品种 14 个，中度耐盐碱品种 26 种，盐碱敏感型 19 种，研究了根系 K+流速与耐盐性的关系；获得耐盐小麦品系 49 株；筛选了 m7 和 m49 水稻氮素营养突变体，推动了仪器的结构、功能的改进和优化，进一步增强了设备的稳定性和可靠性。

（七）农机作业质量物联网监控研究示范与推广工作取得明显成效

2015 年中国务院印发《关于积极推进"互联网+"行动的指导意见》，提出互联网与十一大领域的结合应用。在现代农业领域重点提出，要利用互联网提升农业生产、经营、管理和服务水平，培育一批网络化、智能化、精细化的现代"种养加"生态农业新模式，形成示范带动效应，加快完善新型农业生产经营体系，培育多样化农业互联网管理服务模式，逐步建立农副产品、农资质量安全追溯体系，促进农业现代化水平明显提升。"互联网+农机"结合，主要体现在：互联网+农机精准作业，互联网+农机制造，互联网+智能农机装备，互联网+农机管理与服务。

本年度中心研究开发了农机深松作业监管系统，采用卫星定位、无线通信技术，实现对农机深松作业过程、面积等参数实时准确监测，支持深松作业数据统计分析、图形化显示、作业视频监控等功能。该深松监管系统由深松作业监测终端与深松作业管理服务客户端软件两部分组成：深松作业管理服务客户端软件包括农机作业实时定位跟踪、作业面积统计、视频监控、农机专业合作社管理、农机管理、农机作业历史轨迹回放、权限管理、用户管理、地图操作等功能模块。深松作业监测终端采用高性能微处理器，集成卫星定位、无线通信等技术，实现面积测量和数据实时回传。根据用户需要，可扩展深松作业视频监控模块，实现作业过程实时视频监控。为适应农机作业环境，深松作业终端具有良好的防水、防尘和抗振性能。

截至 2015 年年底，该套深松监管系统在安徽、山东、新疆、河南、黑龙江、宁夏、天津、陕西、河北、广东、辽宁、江苏等 12 省市共布设近 6000 套，取得了良好的应用示范效果。通过生产考核试验及应用示范，充分验证了该深松农机作业监管软硬件系统的运行精度高、稳定性好、可靠性强，能有效满足农机和农田作业环境要求，推动了"互联网+农机"的示范和推广应用工作。

第三节　学术交流与合作

一、国际国内合作交流情况

（一）聘请专家为中心客座研究员

2015 年 7 月 19 日，聘请农业部原农机推广（监理）总站站长刘宪为中心客座研究员，主要研究方向为农机装备方向。

（二）邀请国外专家到做学术报告并进行学术交流

2015 年中心邀请国外专家做学术报告并进行学术交流 15 人。

美国堪萨斯州立大学林小毛博士到中心交流并做学术报告

2015 年 1 月 16 日，美国堪萨斯州立大学林小毛博士到国家农业信息化工程技术研究中心，做了关于"天气变化与卫星影像数据""基于涡相关测量的甲烷排放通量估算模型""基于光谱技术的地表作物生长指数监测技术与仪器"三个主题的学术报告，详细讲述了每个主题的研究热点、技术难点和目前主流的研究方法。陈立平研究员主持了报告会，40 多位职工和研究生聆听了报告，并就相关问题与林博士进行了深入讨论。会后，林博士在陈立平副主任的陪同下参观了生物仪器部离子流检测实验室和遥感技术部遥感无人机实验室。

林小毛博士目前是美国堪萨斯州气象中心主任、美国堪萨斯州特聘气象科学家（Climatologist）、堪萨斯州立大学副教授，并曾在 Campbell Scientific Inc.、LI-COR Biosciences 等知名仪器公司担任 Senior Instrumentation Scientist。林博士长期从事涡度测量技术、农业气象监测网络系统及产品、大范围复杂气象数据的分析和可视化等研究，特别在风场监测、环境多维数据处理等方面有着很深的造诣。

2014 年林博士作为北京市海外高层次引进人才，在中心开展合作研究，此次与中心农业航空应用技术部人员就超声波风场测量技术、基于超声波的风场测量解析技术在航空喷洒中的应用等进行了交流。

希腊雅典农业大学 Kosmas Pousoulidis 先生到中心进行学术交流

2015 年 4 月 21 日，希腊 Geomations SA Company 工程师 Kosmas Pousoulidis 先生应邀到做了题为"Smart MACQU Systems for Web Assisted Sustainable Production"的学术报告，介绍了国际著名农业信息和温室管理专家 Nick Sigrimis 教授代表性研究成果 MACQU（MAnagement and Control for Quality in Greenhouse）、FLOW AID 等系统的原理和应用情况，包括在温室环境控制、水肥一体化管理、水产养殖、畜禽舍管理等方面的应用，并现场进行了系统演示。

美国华盛顿州立大学张勤教授做学术报告

2015 年 5 月 22 日，美国华盛顿州立大学精细农业研究中心主任、智能农业机械研究著名专家张勤教授到中心做学术报告。张勤教授在上、下午分别做了题为"How about Ag Automation Research at CPAAS"和"学术论文写作指导"的学术报告。上午张勤教授就其近期在美国华盛顿州立大学精细与自动化农业系统研究中心开展的相关研究进展进行了介绍。主要涉及果园种植管理、果实采收、运输和品质检测等系列自动生产装备、基于三维视觉信息的农田自动导航技术、无人机平台信息获取和服务、用于自动化除草的苗草识别方法等四个方面，重点从经济技术和农机结合的角度，探讨如何通过改变传统农业生产模式，对果树、枝条和花簇进行规范化处理，以提高自动化作业设备的可靠性。并就科研团队学科建设、人员流动管理和科研项目执行等方面内容与参会人员进行了讨论。下午张勤教授针对研究生关注的学术论文写作进行了指导，介绍如何撰写学术论文，提出撰写论文的三步曲："撰写论文的目的、怎么做研究以及何时停止研究"，并分别详细地阐述如何获取论文目的、使用合适方法、数据如何展现与分析、数据与论文目的的相关性、结论需要有根据等内容，并给出论文中容易出现几大问题的实例。

（三）赴国（境）外开展考察及学术交流

2014年中心赴国（境）外开展考察及学术交流活动共26人次。

赵春江主任等赴英国参加中英"牛顿基金"国际合作项目学术研讨会

2015年3月10～12日，由国家农业信息化工程技术研究中心承办的，中英牛顿基金项目研讨会暨第一期项目评审研讨会在北京召开，经评审由中心与英国纽开斯尔大学共同申请的"Exploring the potential for precision nutrient management in China"获得资助，经费37.5万英镑，研究期限2015年3月～2016年3月。中心赵春江研究员及纽卡斯尔大学ZHENHONG LI教授作为共同PI。为了更好的完成国际合作项目年度任务，双方共同商定于2015年9月举行研讨会，讨论项目进展情况及下一步申请后续资助项目。

2015年9月2～5日，中英"牛顿基金国际合作项目——Exploring the potential for precision nutrient management in China"项目学术研讨会在英国约克召开，中心赵春江研究员、杨贵军博士应邀参加了会议。2015年，为推动英方农业领域优势技术在中国应用示范，牛顿农业专项基金资助英国卢瑟福·阿普尔顿中心在农业科技领域开展国际合作。主要资助气候变化智慧型农业、可持续集约发展、农业病虫害、精准农业与信息技术及共性支撑技术等五个方向研究应用。

陈立平主任等赴英国及爱尔兰进行精准农业技术与装备考察

2015年6月19～28日，应英国哈珀亚当斯大学（Harper Adams University）和爱尔兰都柏林学院大学（University College Dublin）邀请，中心主任陈立平研究员和王秀研究员随中国农业机械化科学研究院团组赴英国和爱尔兰，进行精准农业技术及装备考察。代表团参观了农业及食品科学中心，孙大文院士团队的研究人员及代表团成员，分别就双方近年来的研究成果做了报告和技术研讨，并就农产品品质安全无损检测技术发展方向进行了讨论，达成初步的技术合作意向。

陈立平主任等赴新加坡参加The Commercial UAV Show Asia 2015

2015年6月30日～7月1日，The Commercial UAV Show Asia 2015大会在新加坡会展中心举行，受大会组委会邀请，中心主任陈立平、农业航空应用技术部张瑞瑞、徐旻赴新加坡参加大会。该会议由国际无人机系统协会Unmanned Vehicle Society International发起，今年为第一届会议，大会分为商业无人机展示和主题学术报告两大部分，旨在探讨无人系统发展的最新趋势和应用热点，并重点对无人机领域的技术创新进行交流和探讨。

本次大会报告共有超过100名学者、政府机构代表、制造商、用户等参加，25位代表就无人机前沿技术创新和发展前景进行了主题报告，从国际视角探讨了无人系统在人类社会发展中的角色定位，并就无人机遥感测绘、无人机安全技术、无人机物流平台技术、无人机防灾救灾应用技术、无人机农业应用技术、无人机安全监控技术等6个主要技术领域和研究方向进行了深入探讨。陈立平研究员在会上做了主题为"Adopting UAV for Precision

Agriculture in China"的报告，就农业无人机遥感影像领域的关键技术问题同与会代表进行了交流。会议期间，近百家无人机系统公司展示了商用无人机领域发展的最新成果，涉及控制导航、遥感应用、新型太阳能电池技术、新型航空发动机等多个技术领域。

中心科研人员赴加拿大参加农业高效节水与水肥一体化技术培训

2015年11月1~21日，郑文刚研究员、田宏武工程师参加北京市农业局组织的赴加拿大"农业高效节水与水肥一体化技术培训"，培训以理论学习、实地参观和农场实践操作的形式，了解加拿大现代农业发展的理念和先进经验，学习和掌握先进的节水灌溉设备和旱作农业设施、水肥一体化技术模式，并尝试引进和吸收。

通过培训学习，对加拿大水资源情况以及根据其水资源情况和河流分布情况建立的农业种植区域划分方式进行了深入学习，对其在农业发展中的基础设施建设、科学研究、机械化与信息化生产、土壤分析与检测的社会化服务、废弃物处理与环境保护、水资源管理与补贴制度等方面形成的系统化模式印象深刻，其实践经验对于北京市贯彻"调、转、节"方针，转变农业生产方式和经营方式，构建社会化服务体系具有良好的指导作用，同时也为我们今后的科研与开发工作指明了方向。

（四）主办国内外学术会议

中心主办"2015智能农业国际学术会议"

2015年9月27~30日，"智能农业国际学术会议"在京举办，会议由国家农业信息化工程技术研究中心、中国农业大学、中国农业科学院信息研究所、国家农业智能装备工程技术研究中心等单位联合发起，得到了GFAR/FAO、国际信息处理联合会等国际组织，以及科学技术部、农业部、北京市科协等单位的大力支持。本次智能农业国际学术大会，是第八届智能化农业信息技术国际学术会议，第九届国际计算机及计算技术在农业中的应用研讨会和农业未来2015年国际学术会议的联合大会。

9月28日，大会开幕式在北京西郊宾馆隆重召开，中心主任赵春江研究员主持了开幕式，北京市农林科学院高华书记和中国农业大学李召虎副校长，分别代表主办单位致欢迎词，农业部市场与经济信息司王小兵副司长、科技部国际合作司蔡佳宁巡视员分别致词，美国科罗拉多州立大学教授，原国际精准农业协会主席Raj·Khosla先生致辞。参加开幕式的领导和专家还包括中国农业大学汪懋华院士、华南农业大学罗锡文院士、国家自然科学基金委国际合作局冯锋局长、中国农业科学院信息研究所梅方权教授、北京市科学技术协会田文副主席、北京市科学技术委员会国际合作处郭睿处长。

共有来自中国、美国、加拿大、德国、英国、西班牙、土耳其、澳大利亚、匈牙利、波兰、日本、韩国等国家的专家学者350余人参加了会议，与会专家农业大数据与云计算、农业动植物表型信息获取、精准农业与农业航空、农产品质量监控与溯源、农村信息化与信息服务进行了交流研讨，28日共进行大会特邀报告19个，29日分为五个专题进行专题报告59个，30日部分与会代表参观了小汤山国家精准农业研究示范基地。

智能农业国际学术会议ICIA2015为全球学者提供一个交流技术、思想、理念和友谊的平台，是全球智能农业领域专家、学者、相关组织团体的一次盛会，也是来自世界各国的专家和学者共同分享智能农业创新研究与应用发展实践经验的平台。

（五）国际合作项目进展

北京市农林科学院国际合作基金项目——植保无人机作业风场测量及雾滴漂移控制技术研究

北京市农林科学院国际合作基金项目"植保无人机作业风场测量及雾滴漂移控制技术研究"立项实施以来，课题组已开展的工作如下：①项目实施所依托的低速风洞平台已于2015年7月调试完成，风洞各项测试指标均已达到设计品质要求，并已通过相关专家验收。针对风洞平台所开展的调试和校测工作的相关论文"IEA-I型航空植保高速风洞的设计与校测"已被农业工程学报接收。实审发明专利一项"风洞阻尼网拆卸安装装置和拆卸、安装阻尼网的方法"。②项目测试所需设备如三维PDI系统，高速PIV系统，以及激光粒度仪系统已在风洞开启过程中和喷雾系统进行了联调，测量结果准确度达到仪器设计指标。调试结果已形成关于喷雾分布测量的相关文章"两种农业航空喷头雾滴粒径分布的高速风洞实验"投稿农业工程学报，正在审稿中。③直升机悬停及巡航状态测量平台已搭建完成。目前正在开展直升机巡航状态和悬停状态下洗风场的PIV瞬时速度场测量实验。由于仪器及光路架设难度较大，该项进展略微落后计划进度。④已开展针对作物冠层末端风速风向对模型植株内部农药沉积影响规律的实验研究。实验采用AF-25B无人直升机，利用风速传感器测量巡航状态下直升机下洗气流的瞬时风速。最后利用水敏纸收集沉积雾滴，分析雾滴沉积规律。该项工作已形成论文"Aerial spray penetration and deposition into a canopy model"投稿IJABE杂志，正在审稿中。另外获批实用新型专利一项"一种药液的冠层穿透率测量装置"专利号ZL 201420838230.0，实审发明专利一项"一种植株药液冠层穿透性的评估方法"。

中欧"龙计划"国际合作项目

中心联合意大利国家研究委员会环境分析方法研究所（CNR IMAA）和意大利图西亚大学承担一项"龙计划"国际合作项目"Farmland Drought Monitoring and Prediction Based on Multi-source Remote Sensing data"（2012—2016年）。

项目2015年度重点围绕利用多源遥感数据和AquaCrop作物生长模型进行农田干旱产量损失评估等方面开展了研究，并进行了如下主要工作：①协同利用光学/雷达遥感数据，结合作物模型估计了陕西杨凌半干旱区的水分利用效率；②开展了通过同化AquaCrop作物模型和遥感反演参量方法估计研究区小麦产量的研究等；③项目主持人杨贵军研究员和项目骨干杨浩博士赴瑞士开展了学术交流，参加了项目第4次学术交流大会，汇报了2014—2015年度研究工作进展与成果，与意大利国家研究委员会环境分析方法研究所（CNR IMAA）和意大利图西亚大学合作伙伴就下一阶段数据共享、人员互访、论文合作以及项目验收工作安排等事宜进行了磋商；④以次项目为基础，联合意方合作伙伴积极申报中欧"龙计划"四期合作项目，并申告国家外专局组织的引智项目等；⑤11月底将邀请项目合作方意大利国家研究委员会环境分析方法研究所StefanoPignatti研究员来中心访问交流，深化合作；⑥中意双方开展了数据共享，在卫星影像、气象数据、野外数据、模型算法等方面进行了合作共享，共享数据 2T 以上；⑦中意合作发表 SCI 论文 3 篇，EI 论文 3 篇，提交英文项目总结报告 1 份。

欧盟 FP7 "农产品供应链中的溯源和预警系统：欧盟和中国的互补性"项目

2015 年为 TEAP 项目执行的第 3 年，主要执行专题三、专题四和专题五，中欧双方在互访基础上，开展实质性合作研究，中心作为中方协调人，与瓦赫宁根大学、阿尔梅里亚大学等联合申报了欧盟地平线 2020 计划之 "可持续食物安全" 主题下的 "小农场—全球市场：小的或家庭农场在食物和营养安全领域的角色" 项目，题目为 "家庭农场的解释、评估和能力"，已通过第一轮评审，并于 6 月 11 日提交了第二轮材料。上述工作促进了欧盟和中国学者之间在农产品供应链中的溯源和预警系统方面的创新研究与学术交流。

中英 "牛顿基金国际合作项目——Exploring the potential for precision nutrient management in China" 项目

2015 年为推动英方农业领域优势技术在中国应用示范，牛顿农业专项基金资助英国卢瑟福.阿普尔顿实验室在农业科技领域开展国际合作。主要资助气候变化智慧型农业、可持续集约发展、农业病虫害、精准农业与信息技术及共性支撑技术等五个方向研究应用。

2015 年 3 月 10～12 日，由中心承办的中英牛顿基金项目研讨会暨第一期项目评审研讨会在北京召开，经评审由中心与英国纽开斯尔大学共同申请的 "Exploring the potential for precision nutrient management in China" 获得资助，经费 37.5 万英镑，研究期限 2015 年 3 月—2016 年 3 月。中心赵春江研究员及纽卡斯尔大学 ZHENHONG LI 教授作为共同 PI。2015 年 9 月 2～5 日，中英 "牛顿基金国际合作项目——Exploring the potential for precision nutrient management in China" 项目学术研讨会在英国约克召开，中心赵春江研究员、杨贵军士应邀参加了会议。会议期间，双方分别介绍了相关研究进展及工作建设，双方就下一阶段数据共享、人员互访、论文合作以及项目申请等进行了详细磋商。同时与英国国家农产品及食物科技园（National Agri-Food Innovation Campus）负责人进行了交流，双方一致同意签署合作备忘录，共同推动中英农业及食品安全等方面的科技合作。

2015 年引进国外技术、管理人才项目（示范推广项目）：农业机械自动导航系统关键技术研究与推广

通过引智工作重点解决自动导航控制器的设计、优化和提高导航精度等问题。根据国外智能农业装备的发展经验和我国国情，帮助开展农田作业拖拉机自动导航系统研究。

2015 年审批类出国（境）培训项目计划——基于拉曼化学成像技术的农产品和食品安全快速无损检测方法研究，资助境外 100%。

2015 年获批派 1 人赴美国进行 "基于拉曼化学成像技术的农产品和食品安全快速无损检测方法研究" 的技术培训，目前已与培训单位达成合作目标，办理赴美访问手续。

2015 年执行出国（境）培训项目计划——农产品品质劣变成像光谱技术在线检测培训，资助境外 80%。

2015 年 4 月 10 日—2016 年 4 月 9 日，罗斌博士赴美国俄克拉荷马州立大学（Oklahoma State University）Ning Wang 副教授研究团队，合作开展农产品品质劣变成像光谱技术在线检测及相关内容的研究。重点开展成像光谱信息、作物表型信息、作物生长信息检测相关

理论、技术及方法的学习，了解国外先进经验。

参与相关实验，并进行相关检测设备的学习及操作培训，与美国学者一起，按照实验方案搭建实验环境，开展检测预实验，并根据实验结果对系统进行校正及优化。

2015 年国家公派高级研究学者及访问学者项目

2015 年中心宋晓宇、肖伯祥博士分别获得国家留学基金资助。宋晓宇博士拟于年底赴美国农业部农业研究服务署南部平原农业研究中心进行"航空技术在可持续作物生产中的应用研究"项目关键技术——基于生物条件的精准航空施肥及病虫害管理决策技术的合作研究。

肖伯祥博士于 2015 年 8 月 25 日—2016 年 8 月 24 日赴美国纽约州立大学石溪分校开展"计算机图形学植物动态虚拟仿真及动画合成方法研究"。重点开展数字玉米的几何形态学建模—物理建模—功能建模方法学习研究，了解国外图形学领域的先进经验及其在数字植物虚拟方针领域的应用。

二、中心作为本科研领域公共研究平台共享交流情况

在资源共享方面，中心现有设备中提供院内共享设备共计 77 件，提供社会共享设备共计 51 件。同时继续实施开放课题制度，开展合作研究。2015 年中心支持开放课题"基于动态的机载 3D 激光扫描测距方法研究"1 项，经费共计 5 万元。

发展政策篇

中国农村信息化发展报告（2014—2015）

第三十章　政策法规

2014 年 1 月发改委、工信部等 12 个部委发布《关于加快实施信息惠民工程有关工作的通知》（以下简称《通知》）

《通知》由工业和信息化部牵头会同人力资源社会保障部、公安部等部门组织实施。以进一步丰富家庭信息服务，促进和引导居民信息消费为目标。建设智慧家庭综合应用平台，整合生活服务信息、公共安全服务信息和新农村综合服务信息等，面向城乡个人和家庭，提供优质、多样、便捷的信息服务。先期在 10 个城市开展智慧家庭信息服务试点，选择 100 万家庭，提供超过 100 项家庭信息服务。《通知》将在社保、医疗、教育、农业、养老等公共服务领域加强协同合作、资源共享，推进基本公共服务向基层延伸，切实支撑农村的民生发展。

2014 年 1 月中央"一号文件"发布《关于全面深化农村改革加快推进农业现代化的若干意见》（以下简称《意见》）。《意见》指出，我国经济社会发展正处在转型期，农村改革发展面临的环境更加复杂、困难挑战增多。工业化、信息化、城镇化快速发展对同步推进农业现代化的要求更为紧迫，保障粮食等重要农产品供给与资源环境承载能力的矛盾日益尖锐，经济社会结构深刻变化对创新农村社会管理提出了亟待破解的课题。中央"一号文件"共 8 个部分 33 条，包括：完善国家粮食安全保障体系；强化农业支持保护制度；建立农业可持续发展长效机制；深化农村土地制度改革；构建新型农业经营体系；加快农村金融制度创新；健全城乡发展一体化体制机制；改善乡村治理机制。

中央"一号文件"指出，要推进农业科技创新，建设以农业物联网和精准装备为重点的农业全程信息化和机械化技术体系。要加强农产品市场体系建设，启动农村流通设施和农产品批发市场信息化提升工程，加强农产品电子商务平台建设。要开展村庄人居环境整治，加快农村互联网基础设施建设，推进信息进村入户。

2014 年 1 月农业部发布《关于切实做好 2014 年农业农村经济工作的意见》

当前，我国农业农村经济发展站在了新的历史起点上，工业化、信息化、城镇化深入发展，对加快推进农业现代化提出了新的要求。

加强农产品质量安全监管，加快推进农业标准化生产，推行农产品质量标识制度，强化产地准出与市场准入的衔接。强化农业防灾减灾，加强灾害监测预警体系建设，继续实施农情信息田间定点监测试点，实现灾情数据实时发布。推进农业安全生产，完善农业突发公共事件应急管理机制，加强农业应急管理和安全生产监管，建立健全农业安全生产隐患排查治理体系和安全预防控制体系，全面推进农业应急管理信息化建设。

加快推进农业信息化建设，统筹农业信息化资源，启动信息服务进村入户工程，完善12316农业信息综合服务体系，直接面向农民开展政策咨询、法律服务、市场信息、生产技术、病虫害防治、配方施肥、种养过程监控等全方位信息服务。开展农业物联网技术集成组装与试验示范，提升农作物良种繁育、种苗培育、水肥控制、环境监控、畜禽水产养殖及疫病追溯等生产环节信息化水平。强化农业信息监测预警，加快建立农产品信息权威发布平台，对农产品生产、贸易、库存、加工、消费、价格等进行全方位监测、预警和发布。

2014年1月国务院印发《关于创新机制扎实推进农村扶贫开发工作的意见》（以下简称《意见》）

《意见》指出，要创新社会参与机制，建立信息交流共享平台，形成有效协调协作和监管机制。针对制约贫困地区发展的瓶颈，以集中连片特殊困难地区为主战场，因地制宜，分类指导，突出重点，注重实效。将贫困村信息化工作列为实施扶贫开发10项重点工作之一：推进贫困地区建制村接通符合国家标准的互联网，努力消除"数字鸿沟"带来的差距。整合开放各类信息资源，为农民提供信息服务。每个村至少确定1名有文化、懂信息、能服务的信息员，加大培训力度，充分利用有关部门现有培训项目，着力提高其信息获取和服务能力。到2015年，连片特困地区已通电的建制村，互联网覆盖率达到100%，基本解决连片特困地区内义务教育学校和普通高中、职业院校的宽带接入问题。到2020年，自然村基本实现通宽带。《意见》明确，贫困村信息化工作需工业和信息化部、农业部、科技部、教育部、国务院扶贫办等单位推进。

2014年1月国务院发布《国务院关于促进云计算创新发展培育信息产业新业态的意见》（以下简称《意见》）

《意见》提出发展目标：到2017年，云计算在重点领域的应用得到深化，产业链条基本健全，初步形成安全保障有力，服务创新、技术创新和管理创新协同推进的云计算发展格局，带动相关产业快速发展。到2020年，云计算应用基本普及，云计算服务能力达到国际先进水平，掌握云计算关键技术，形成若干具有较强国际竞争力的云计算骨干企业。云计算信息安全监管体系和法规体系健全。大数据挖掘分析能力显著提升。云计算成为我国信息化重要形态和建设网络强国的重要支撑，推动经济社会各领域信息化水平大幅提高。

《意见》制定主要任务：要增强云计算服务能力，提升云计算自主创新能力，探索电子政务云计算发展新模式，加强大数据开发与利用，统筹布局云计算基础设施，提升安全保障能力。

《意见》制定保障措施，提出完善市场环境，建立健全相关法规制度，加大财税政策扶持力度，完善投融资政策，建立健全标准规范体系，加强人才队伍建设，积极开展国际合作。

2014年5月国办发布《关于改善农村人居环境的指导意见》（以下简称《意见》）

为了推进农村基础设施建设和城乡基本公共服务均等化，农村人居环境逐步得到改善，使我国农村人居环境在居住条件、公共设施和环境卫生等方面与全面建成小康社会的目标要求，为进一步改善农村人居环境，国务院办公厅发布《关于改善农村人居环境的指导意见》。《意见》指出，要稳步推进宜居乡村建设。继续实施"宽带中国"战略，加快农村互联网基础设施建设，推进宽带网络全面覆盖。利用小城镇基础设施以及商业服务设施，整体带动提升农村人居环境质量。

2014 年 7 月国务院发布《关于进一步推进户籍制度改革的意见》（以下简称《意见》）

《意见》指出，将进一步推进户籍制度改革，落实放宽户口迁移政策。人口管理上要建立城乡统一的户口登记制度，取消农业户口与非农业户口性质区分和由此衍生的蓝印户口等户口类型，统一登记为居民户口，体现户籍制度的人口登记管理功能。

《意见》明确规定，全面放开建制镇和小城市落户限制，有序放开中等城市落户限制，合理确定大城市落户条件，严格控制特大城市人口规模。城区人口 500 万以上的城市将改进落户政策，建立完善积分落户制度。

2014 年 12 月《国务院办公厅关于进一步动员社会各方面力量参与扶贫开发的意见》（以下简称《意见》）

《意见》指出，要创新扶贫参与方式，构建信息服务平台。以贫困村、贫困户建档立卡信息为基础，结合集中连片特殊困难地区区域发展与扶贫攻坚规划，按照科学扶贫、精准扶贫的要求，制定不同层次、不同类别的社会扶贫项目规划，为社会扶贫提供准确的需求信息，推进扶贫资源供给与扶贫需求的有效对接，进一步提高社会扶贫资源配置与使用效率。

2015 年 1 月国务院印发《关于促进云计算创新发展培育信息产业新业态的意见》（以下简称《意见》）

《意见》提出，到 2017 年，云计算在重点领域的应用得到深化，产业链条基本健全，初步形成安全保障有力，服务创新、技术创新和管理创新协同推进的云计算发展格局，带动相关产业快速发展。服务能力大幅提升。形成若干具有较强创新能力的公共云计算骨干服务企业。面向中小微企业和个人的云计算服务种类丰富，实现规模化运营。云计算系统集成能力显著提升。

2015 年 2 月农业部公布《农业部关于扎实做好 2015 年农业农村经济工作的意见》（以下简称《意见》）

《意见》提出，要稳定发展粮食生产，加快推进灾害监测预警体系信息化建设，加强灾情监测调度预警，完善重大灾害应急预案，健全防灾减灾机制，强化技术指导服务，全面落实农业防灾减灾稳产增产关键技术补助政策。

《意见》提出，要推进农业标准化生产，加强重点农产品质量安全风险评估和监测预警，建设国家农产品质量安全追溯管理信息平台，实现农产品生产全过程安全可控和流通过程可追溯。

《意见》提出，要加快农业信息化步伐。切实抓好信息进村入户试点工作，确保试点地区村级信息服务站建设基本实现全覆盖，集成运行全国统一信息平台，力争在政企合作、市场化运营机制上取得突破。继续实施国家物联网应用示范和农业物联网区域试验工程，研发运行国家物联网公共服务平台，强化设施园艺、规模养殖、农业资源环境监测、农产品质量安全追溯、节本增效等示范应用。加强信息资源共建共享，强化基础设施和条件建设，提升网络安全防护能力和水平。

《意见》提出，要强化农业安全生产和应急处置。健全完善农业应急预案体系，加快应急管理信息化建设。

《意见》提出，要推进农村集体产权制度改革。充分利用并有效整合县乡农村集体"三资"信息化管理平台和农村土地承包经营权流转服务平台，引导农村产权流转交易市场健康发展。

2015 年 3 月交通部等 4 部门印发《关于协同推进农村物流健康发展、加快服务农业现代化的若干意见》（以下简称《意见》）

交通运输部、农业部、供销合作总社、国家邮政局印发《关于协同推进农村物流健康发展加快服务农业现代化的若干意见》。《意见》指出，要提升农村物流信息化水平。

加快县级农村物流信息平台建设。以县级交通运输运政信息管理系统为基础，整合农业、供销、邮政管理等相关部门信息资源，有效融合广大农资农产品经销企业、物流企业及中介机构的自有信息系统，搭建县级农村物流信息平台，提供农村物流供需信息的收集、整理、发布，实现各方信息的互联互通、集约共享和有效联动，及时高效组织调配各类物流资源。加强与乡、村物流信息点的有效对接，强化信息的采集与审核，形成上下联动、广泛覆盖、及时准确的农村物流信息网络。

完善乡村农村物流信息点服务功能。对乡村信息服务站、农村综合服务社、超市、邮政"三农"服务站、村邮站、快递网点等基层农村物流节点的信息系统进行整合和升级改造，推进农村物流信息终端和设备标准化，实现与县级农村物流信息平台的互联互通。培养和发展农村物流信息员，及时采集农村地区供需信息，并通过网络、电话、短信等多种形式，实现信息的交互和共享。

提升农村物流企业的信息化水平。加快农村物流企业与商贸流通企业、农资经营企业、邮政和快递企业信息资源的整合，鼓励相关企业加强信息化建设，推广利用条形码和射频识别等信息技术，逐步推进对货物交易、受理、运输、仓储、配送全过程的监控与追踪，并加快企业与农村物流公共信息平台的有效对接。鼓励农村物流企业积极对接电子商务，创新 O2O 服务模式。

2015 年 4 月农业部发布《2015 年国家深化农村改革、发展现代农业、促进农民增收政策措施》（以下简称《措施》）

《措施》中提出，要应用信息化手段开展施肥技术服务，推动测土配方施肥补助政策；要推进农产品追溯体系建设支持政策，构建农产品生产、收购、贮藏、运输等各个节点信息的互联互通，实现农产品从生产源头到产品上市前的全程质量追溯。2015 年及今后一段时期，将重点加快制定质量追溯制度、管理规范和技术标准，推动国家追溯信息平台建设，进一步健全农产品质量安全可追溯体系。同时，加大农产品质量安全追溯体系建设投入，不断完善基层可追溯体系运行所需的装备条件，强化基层信息采集、监督抽查、检验检测、执法监管、宣传培训等能力建设。按照先试点再全面推进的原则，对"三品一标"获证主体及产品先行试点，在总结试点经验的基础上，逐步实现覆盖我国主要农产品质量安全的可追溯管理目标。

2015 年 5 月国务院办公厅《关于加快高速宽带网络建设推进网络提速降费的指导意见》

（以下简称《意见》）

《意见》明确，建设高速畅通、覆盖城乡、质优价廉、服务便捷的宽带网络基础设施和服务体系一举多得，既有利于壮大信息消费、拉动有效投资，促进新型工业化、信息化、城镇化和农业现代化同步发展，又可以降低创业成本，为打造大众创业、万众创新和增加公共产品、公共服务"双引擎"，推动"互联网+"发展提供有力支撑，对于稳增长、促改革、调结构、惠民生具有重要意义。

《意见》提出，要加快基础设施建设，大幅提高网络速率。加快高速网络建设，完善电信普遍服务，开展宽带乡村工程，加大农村和中西部地区宽带网络建设力度，2015 年新增 1.4 万个行政村通宽带，在 1 万个行政村实施光纤到村建设，着力缩小"数字鸿沟"。到 2017 年年底，80%以上的行政村实现光纤到村，农村宽带家庭普及率大幅提升；4G 网络全面覆盖城市和农村，移动宽带人口普及率接近中等发达国家水平。

《意见》提出，要完善配套支持政府，强化组织落实。要完善配套支持政策。工业和信息化部、发展改革委、财政部等要加快完善以宽带为重点内容的电信普遍服务补偿机制，加快农村宽带基础设施建设。结合无线电频率占用费统筹使用，发挥中央财政资金引导作用，持续支持农村及偏远地区宽带网络建设和运行维护，推进电信普遍服务工作。利用中央预算内投资，结合新型城镇化、"一带一路"、长江经济带等国家战略，支持基础薄弱区域宽带基础设施升级改造。

2015 年 6 月国务院办公厅《关于促进跨境电子商务健康快速发展的指导意见》（以下简称《意见》）

《意见》指出，支持跨境电子商务发展，有利于用"互联网＋外贸"实现优进优出，发挥我国制造业大国优势，扩大海外营销渠道，合理增加进口，扩大国内消费，促进企业和外贸转型升级；有利于增加就业，推进大众创业、万众创新，打造新的经济增长点；有利于加快实施共建"一带一路"等国家战略，推动开放型经济发展升级。

《意见》提出 12 点意见：支持国内企业更好地利用电子商务开展对外贸易、鼓励有实力的企业做大做强、优化配套的海关监管措施、完善检验检疫监管政策措施、明确规范进出口税收政策、完善电子商务支付结算管理、提供积极财政金融支持、建设综合服务体系、规范跨境电子商务经营行为、充分发挥行业组织作用、加强多双边国际合作、加强组织实施。

2015 年 6 月国务院关于《大力推进大众创业万众创新若干政策措施的意见》（以下简称《意见》）

《意见》充分认识推进大众创业、万众创新的重要意义；总体思路；创新体制机制，实现创业便利化；优化财税政策，强化创业扶持；搞活金融市场，实现便捷融资；扩大创业投资，支持创业起步成长；发展创业服务，构建创业生态；建设创业创新平台，增强支撑作用；激发创造活力，发展创新型创业；拓展城乡创业渠道，实现创业带动就业；加强统筹协调，完善协同机制 9 大领域、30 个方面，明确了 96 条政策措施。

《意见》指出要坚持开放共享，推动模式创新的原则。加强创业创新公共服务资源开放共享，整合利用全球创业创新资源，实现人才等创业创新要素跨地区、跨行业自由流动。依托"互联网+"、大数据等，推动各行业创新商业模式，建立和完善线上与线下、境内与境外、政府与市场开放合作等创业创新机制。

《意见》指出要优化资本市场。积极研究尚未盈利的互联网和高新技术企业到创业板发行上市制度，推动在上海证券交易所建立战略新兴产业板；要丰富创业融资新模式。支持互联网金融发展，引导和鼓励众筹融资平台规范发展，开展公开、小额股权众筹融资试点，加强风险控制和规范管理。

《意见》指出，要发展"互联网+"创业服务。加快发展"互联网+"创业网络体系，建设一批小微企业创业创新基地，促进创业与创新、创业与就业、线上与线下相结合，降低全社会创业门槛和成本。加强政府数据开放共享，推动大型互联网企业和基础电信企业向创业者开放计算、存储和数据资源。积极推广众包、用户参与设计、云设计等新型研发组织模式和创业创新模式。

《意见》指出，支持电子商务向基层延伸。引导和鼓励集办公服务、投融资支持、创业辅导、渠道开拓于一体的市场化网商创业平台发展。鼓励龙头企业结合乡村特点建立电子商务交易服务平台、商品集散平台和物流中心，推动农村依托互联网创业。鼓励电子商务第三方交易平台渠道下沉，带动城乡基层创业人员依托其平台和经营网络开展创业。完善有利于中小网商发展的相关措施，在风险可控、商业可持续的前提下支持发展面向中小网商的融资贷款业务。

2015 年 6 月国务院常务会议部署推进"互联网+"行动

6 月 24 日李克强总理主持召开，国务院常务会议，会议部署推进"互联网+"行动，促进形成经济发展新动能。会议认为，推动互联网与各行业深度融合，对促进大众创业、万众创新，加快形成经济发展新动能，意义重大。根据《政府工作报告》要求，会议通过《"互联网+"行动指导意见》，明确了推进"互联网+"，促进创业创新、协同制造、现代农业、智慧能源、普惠金融、公共服务、高效物流、电子商务、便捷交通、绿色生态、人工智能等若干能形成新产业模式的重点领域发展目标任务，并确定了相关支持措施。一是清理阻碍"互联网+"发展的不合理制度政策，放宽融合性产品和服务市场准入，促进创业创新，让产业融合发展拥有广阔空间。二是实施支撑保障"互联网+"的新硬件工程，加强新一代信息基础设施建设，加快核心芯片、高端服务器等研发和云计算、大数据等应用。三是搭建"互联网+"开放共享平台，加强公共服务，开展政务等公共数据开放利用试点，鼓励国家创新平台向企业特别是中小企业在线开放。四是适应"互联网+"特点，加大政府部门采购云计算服务力度，创新信贷产品和服务，开展股权众筹等试点，支持互联网企业上市。五是注重安全规范，加强风险监测，完善市场监管和社会管理，保障网络和信息安全，保护公平竞争。用"互联网+"助推经济保持中高速增长、迈向中高端水平。

2015 年 7 月国务院办公厅《关于运用大数据加强对市场主体服务和监管的若干意见》（以下简称《意见》）

《意见》提出四项主要目标。一是提高政府运用大数据能力，增强政府服务和监管的有效性；二是推动简政放权和政府职能转变，促进市场主体依法诚信经营；三是提高政府服务水平和监管效率，降低服务和监管成本；四是实现政府监管和社会监督有机结合，构建全方位的市场监管体系。

《意见》明确了五个方面重点任务。一要提高对市场主体服务水平。二要加强和改进市场监管。三要推进政府和社会信息资源开放共享。四要提高政府运用大数据的能力。五要积极培育和发展社会化征信服务。

《意见》提出了七个方面保障措施提升产业支撑能力、建立完善管理制度、完善标准规范、加强网络和信息安全保护、加强人才队伍建设、明确任务分工、重点领域试点示范等。

2015 年 7 月《国务院关于积极推进"互联网+"行动的指导意见》（以下简称《意见》）

《意见》提出，要坚持开放共享、融合创新、变革转型、引领跨越、安全有序的基本原则，充分发挥我国互联网的规模优势和应用优势，坚持改革创新和市场需求导向，大力拓展互联网与经济社会各领域融合的广度和深度。

《意见》围绕转型升级任务迫切、融合创新特点明显、人民群众最关心的领域，提出了十一个具体行动：一是"互联网+"创业创新，充分发挥互联网对创业创新的支撑作用，推动各类要素资源集聚、开放和共享，形成大众创业、万众创新的浓厚氛围。二是"互联网+"协同制造，积极发展智能制造和大规模个性化定制，提升网络化协同制造水平，加速制造业服务化转型。三是"互联网+"现代农业，构建依托互联网的新型农业生产经营体系，发展精准化生产方式，培育多样化网络化服务模式。四是"互联网+"智慧能源，推进能源生产和消费智能化，建设分布式能源网络，发展基于电网的通信设施和新型业务。五是"互联网+"普惠金融，探索推进互联网金融云服务平台建设，鼓励金融机构利用互联网拓宽服务覆盖面，拓展互联网金融服务创新的深度和广度。六是"互联网+"益民服务，创新政府网络化管理和服务，大力发展线上线下新兴消费和基于互联网的医疗、健康、养老、教育、旅游、社会保障等新兴服务。七是"互联网+"高效物流，构建物流信息共享互通体系，建设智能仓储系统，完善智能物流配送调配体系。八是"互联网+"电子商务，大力发展农村电商、行业电商和跨境电商，推动电子商务应用创新。九是"互联网+"便捷交通，提升交通基础设施、运输工具、运行信息的互联网化水平，创新便捷化交通运输服务。十是"互联网+"绿色生态，推动互联网与生态文明建设深度融合，加强资源环境动态监测，实现生态环境数据互联互通和开放共享。十一是"互联网+"人工智能，加快人工智能核心技术突破，培育发展人工智能新兴产业，推进智能产品创新，提升终端产品智能化水平。

《意见》提出了推进"互联网+"的七个方面保障措施：一是夯实发展基础，二是强化创新驱动，三是营造宽松环境，四是拓展海外合作，五是加强智力建设，六是加强引导支持，七是做好组织实施。

2015 年 9 月国务院印发《三网融合推广方案》（以下简称《方案》）

《方案》确定工作目标：一是三网融合全面推进。二是网络承载和技术创新能力进一步提升。三是融合业务和网络产业加快发展。四是科学有效的监管体制机制基本建立。五是安全保障能力显著提高。六是信息消费快速增长。

《方案》布置主要任务：一是在全国范围推动广电、电信业务双向进入。确定开展双向进入业务的地区；开展双向进入业务许可审批；加快推动 IPTV 集成播控平台与 IPTV 传输系统对接；加强行业监管。二是加快宽带网络建设改造和统筹规划。加快下一代广播电视网建设；加快推动电信宽带网络建设；加强网络统筹规划和共建共享。三是强化网络信息安全和文化安全监管。完善网络信息安全和文化安全管理体系；加强技术管理系统建设；加强动态管理。四是切实推动相关产业发展。加快推进新兴业务发展；促进三网融合关键信息技术产品研发制造；营造健康有序的市场环境；建立适应三网融合的标准体系。

《方案》提出四个方面保障措施：一是建立健全法律法规。二是落实相关扶持政策。三是提高信息网络基础设施建设保障水平。四是完善安全保障体系。

2015 年 9 月国务院印发《关于促进大数据发展的行动纲要》（以下简称《纲要》）

《纲要》强调，一要推动政府信息系统和公共数据互联共享，消除信息孤岛，加快整合各类政府信息平台，避免重复建设和数据"打架"，增强政府公信力，促进社会信用体系建设。优先推动交通、医疗、就业、社保等民生领域政府数据向社会开放，在城市建设、社会救助、质量安全、社区服务等方面开展大数据应用示范，提高社会治理水平。二要顺应潮流引导支持大数据产业发展，以企业为主体、以市场为导向，加大政策支持，着力营造宽松公平环境，建立市场化应用机制，深化大数据在各行业创新应用，催生新业态、新模式，形成与需求紧密结合的大数据产品体系，使开放的大数据成为促进创业创新的新动力。三要强化信息安全保障，完善产业标准体系，依法依规打击数据滥用、侵犯隐私等行为。让各类主体公平分享大数据带来的技术、制度和创新红利。

2015 年 9 月农业部、发改委、商务部出台《推进农业电子商务发展行动计划》（以下简称《计划》）

《计划》指出，推进农业电子商务发展具有重要意义，同时，《计划》提出了推进农业电子商务的指导思想和基本原则。

《计划》明确了未来 3 年的总体目标，提出到 2018 年，农业电子商务基础设施条件明显改善，制度体系和政策环境基本健全，培育出一批具有重要影响力的农业电子商务企业和品牌，电子商务在农产品和农业生产资料流通中的比重明显上升，对完善农产品和农业生产资料市场流通体系、提升消费需求、繁荣城乡经济的作用显著增强。

《计划》围绕五个方面的重点任务，制定了 20 项具体行动计划。一是积极培育农业电子商务市场主体，实施能力提升、平台对接、电商拓展 3 项行动；二是构建农业电子商务公共服务平台，实施网络集货、产品推介、信息共享、质量监管、运行保障 5 项行动；三是大力疏通农业电子商务渠道，实施渠道延伸、市场转型、模式创新、基础支撑 4 项行动；四是加大农业电子商务技术创新及其应用力度，实施技术创新、示范推广、标准推进、政策研究、智库应用 5 项行动；五是加快完善农业电子商务政策体系，实施政策支撑、硬件支撑、运营支撑 3 项行动。

为确保《计划》顺利实施，提出了三个方面保障措施，一是强化组织领导，狠抓任务落实，形成工作合力，为农业电子商务发展提供组织保障。二是强化制度建设，加快完善法律法规，严格执法与监督，引导行业组织制定行业规范和服务要求，推进农业电子商务发展规模化、制度化。三是强化示范宣传，培育和树立一批具有引领示范作用的农业电子商务企业，加强先进典型宣传和推广，努力营造良好发展环境。

2015 年 11 月国务院办公厅《关于促进农村电子商务加快发展的指导意见》（以下简称《意见》）

《意见》明确了培育农村电子商务市场主体，扩大电子商务在农业农村的应用，改善农村电子商务发展环境等三方面的重点任务。

《意见》提出七方面政策措施：加强政策扶持力度；鼓励和支持开拓创新；大力培养农

村电商人才；加快完善农村物流体系；加强农村基础设施建设；加大金融支持力度；营造规范有序的市场环境。到 2020 年，初步建成统一开放、竞争有序、绿色环保的农村电子商务市场体系。

2015 年 12 月农业部部署休闲农业与乡村旅游宣传推介工作（以下简称《通知》）

农业部印发通知，部署休闲农业与乡村旅游宣传推介工作。《通知》明确，2016 年将根据季节特点，有步骤、有重点、分时段推出休闲农业与乡村旅游精品景点线路，多媒体、多形式、多渠道宣传，扩大知名度和吸引力，营造促进农民就业增收、拉动城乡居民休闲消费氛围。

《通知》提出，宣传推介工作要按照系列化、易读化、快捷化、个性化原则开展，依托电子商务网站、微信、报纸、杂志等平台，构建稳定的网络、报纸、杂志、广播宣传推介渠道，创新发布模式和搜索模式，满足消费者在线购买、线下消费的需求，形成报纸有文章、网络有专题、广播有声音的格局，提升行业经济效益和社会效益，确保宣传效果最大化。

第三十一章　政策解读

第一节　完善市场体系推进信息化和现代农业深度融合

党的十八大作出了"四化"同步发展的战略部署，十八届三中全会作出了全面深化改革的重大决定，2014年中央"一号文件"要求全面深化农村改革、加快推进农业现代化。如何认识现代农业的特征和发展规律？对当前和今后一个时期我国现代农业建设面临的形势怎么判断，目标任务怎么把握，深化改革怎么推进？这些问题既是关乎现代农业建设全局性、根本性的问题，也是我们农业系统在实践中遇到的重大现实问题，需要我们认真思考，深化认识。

关于工业化、城镇化、信息化。工业化的进步提高了农业的技术装备水平，工业化进程中形成和发展的标准化、规模化、集约化、专业化等理念，给现代农业建设提供了很多借鉴。城镇化创造巨大的农产品市场需求，有力地促进劳动力资源和土地资源优化配置，为优化农业发展布局、带动农业农村经济发展提供了新的空间。推进农业信息化，用现代信息技术改造传统农业，解决小生产和大市场的不对称问题，提高资源利用率和综合生产能力，提高管理水平和市场化水平，前景广阔。近年来，工商资本流向农村、投入农业的积极性空前高涨，为现代农业建设带来了新的生产要素。

关于提升农产品品牌效益。2013年年底召开的中央农村工作会议强调，要大力培育食品品牌和农产品品牌，用品牌保证人们对产品质量的信心。培育农产品品牌不仅能够引领农业产业结构调整，提高市场竞争力，更重要的是深度挖掘农产品附加值，增加农民收入，可以说，品牌建设作为参与全球农业竞争的国家战略，已成为我国发展现代农业的一项紧迫任务。这两年我部启动建设的9个国家级农产品专业市场，重点也是从品牌打造入手，提升产业影响力和话语权。目前，洛川苹果品牌价值超过40亿元，斗南花卉、舟山水产、牡丹江木耳、重庆生猪、赣南脐橙、定西马铃薯等市场所在地政府也把品牌培育、宣传和保护作为工作重点，扩大社会影响，提高市场知名度和社会公信力。但由于我国农业品牌建设还处于起步阶段，塑造、培育和保护体系还不健全，需要政府在战略层面上加强顶层设计，搞好制度安排、政策扶持与环境建设。为适应现代农业发展要求，下一步，要加强品牌建设统筹规划，重点抓好农业品牌发展纲要的编制工作，通过顶层设计，加快完善品牌建设激励机制，夯实品牌建设基础支撑，创新品牌建设方式方法，推动农业品牌塑造、培育、宣传和保护，全面提高我国农业品牌效益，促进农业增效、农民增收和农村经济发展。

关于扩大农民田头收益。在优势农产品生产基地试点建设鲜活农产品田头市场，使农民生产的农产品直接进入流通渠道，减少流通成本和流通损失，同时，通过田头市场对农产品进行分级、包装、预冷、干制等商品化处理和交易，使农产品能够卖出好价钱，增加农民田头收益。今年我部准备与河北、山东、海南省农业部门合作，确定 10 个田头市场作建设示范点，针对不同地区、不同品种的田头市场，探索不同的建设模式，把田头市场建成农产品集货场、加工场和交易场。

关于加大财政支农力度。引导金融和社会资金更多投入农业农村，发挥好政府投资"四两拨千斤"的带动作用。完善农业补贴政策，完善粮食主产区利益补偿机制，加大对粮食主产区的财政转移支付力度。完善农产品价格形成机制，探索建立粮食等重要农产品目标价格制度，2014 年启动新疆棉花和东北、内蒙古大豆目标价格补贴试点，探索粮食、生猪等农产品目标价格保险试点，研究建立重要农产品价格调控目录制度，形成补贴和价格联动的调控机制。同时，继续执行稻谷、小麦最低收购价政策和玉米、油菜籽、食糖临时收储政策。

关于加强设施装备条件建设。加快构建农业全程信息化和机械化技术体系，开展农业物联网技术集成组装与试验示范，推动农业生产大数据中心建设，在农作物良种繁育、种苗培育、水肥控制、环境监控及畜禽水产养殖等领域和环节，加强信息化、自动化精准装备的研发应用。构建完善现代农产品产地市场体系和农村物流服务体系，开展公益性农产品批发市场建设试点，支持产地小型农产品收集市场、集配中心建设，推进农产品现代流通综合示范区创建。

——陈晓华

第二节　信息化是现代农业的制高点

2014 年农业信息化高峰论坛在山东省青岛市举办。农业部副部长陈晓华在讲话时指出，信息化对于加快转变农业发展方式、建设现代农业具有重要的牵引和驱动作用，是现代农业的制高点。

陈晓华认为，近些年来农业信息化发展取得了积极进展。农业信息服务体系建设得到加强，涉农网站已达 4 万多家，12316 服务热线已覆盖全国 1/3 以上的农户，信息进村入户试点工作正在 10 个省（市）22 个县有力推进。现代信息技术在农业领域应用取得突破，农业物联网应用示范和区域试验工程在北京等 8 省（区、市）取得重要阶段性成果，农产品电子商务年交易额已超过 500 亿元。同时，农业信息资源开发利用水平和农业信息基础能力明显提升。

陈晓华指出，当前农业信息化发展正面临难得的机遇和诸多的挑战。从机遇看，首先中央有明确要求。党的十八大作出了"四化同步"发展的战略部署，习近平总书记强调"没有信息化，就没有现代化"，党的十八届三中全会作出了全面深化改革的决定，强调要使市场在资源配置中起决定性作用和更好发挥政府作用，推动了市场主体的广泛参与和先进要素向农业聚积，为农业信息化打开了新的空间，增添新的活力。其次农民有强烈需求。农业现代化的推进越来越依赖信息化的发展，迫切需要加快发展农业信息化，推动农业发展方式实现根本性转变，突破资源、环境约束，确保国家粮食安全和主要农产品有效供给，促进新型经营主体应用新品种、新技术，强化农产品质量安全监管和质量追溯体系建设，发展壮大生产性和生活性服务业，有效满足农民的信息需求。从挑战看，我国农业信息化与先进发达国家和其他行业相比，还存在基础比较薄弱、创新能力不足、统筹力度不够等现实问题，需要下决心尽快解决。

陈晓华提出，到2020年，农业信息化工作要努力实现信息化基础设施基本完备，信息资源开放共享取得突破，信息技术广泛应用，信息公共服务惠及农村农民，农业信息人才队伍建设得到明显加强，农业管理信息化水平和网络安全保障能力大幅提升，更好地满足现代农业发展需要。

陈晓华强调，当前和今后一个时期，农业信息化重点要做好五项工作：一是加快推进信息进村入户，并逐步覆盖到全国更多的村；二是继续抓好农业物联网试验示范工程，力求在研发和应用方面取得突破；三是推动信息资源开放共享，促进农业信息资源创新应用，充分挖掘数据价值；四是大力发展农业电子商务，形成线上与线下相结合、农产品进城与农业生产资料和农村消费品下乡双向流动的模式；五是加强基础设施和条件建设，让农民公平享受信息化发展成果。

——陈晓华

第三节　全国农业物联网成果观摩交流活动

一、全国农业物联网成果观摩交流活动上的讲话，提出三点意见

（一）深刻认识农业物联网发展面临的形势

我国农业物联网在挑战中创新、在创新中发展，呈现出前所未有的良好势头，政府部门、科研单位、企业都面临着前所未有的机遇和挑战，在形势上有"三看"。

第一，看势头：朝气蓬勃。一是我国农业物联网发展呈现多样化，应用领域日益广泛，已经包括农田、气象、设施环境、病虫害、预测预警、农机作业、农产品质量追溯等。前两年在以色列看到叶绿素等生物本体检测传感器，今天我们有些企业已经在这方面开始破题。很多新技术过去只能在美国、法国等发达国家看到，现在我们国家也在加快研究开发，并逐步推广应用。中国电子科技集团公司具备发射航天飞船的优势，他们生产的叶绿素、叶面温度等传感设备，都拥有自主知识产权。二是参与企业越来越多，正日益成为农业物

联网的动力点，成为科研、应用、产业化相结合的一支生力军。企业力量壮大了，必然推动农业物联网的开发应用前景越来越广阔；与此同时，农业物联网具有点多面广、形态复杂、种类多样等特点，其快速发展必将为中小企业发展提供更为宽广的舞台。三是应用体系社会化程度越来越高。农业物联网传感技术由初级向高级发展，特别是在生物本体感知、系统开发、大数据挖掘等方面成效显著；农产品的质量追溯方面取得新进展，完成了实时采集和传输技术、认证平台、预警模型、终端产品的开发；农产品流通方面取得新突破，制定了电子标签信息分类和编码规则，初步构建了物流信息和电子交易管理平台；科研团队、企业家团队有了新的发展，很多科学家、企业家开始关注农业物联网领域。"春江水暖鸭先知"，春江之水，冬去春来，谁能更早感知温度，是企业经营的同志，是市场打拼的同志，他们能够抓住，社会参与度不断拓展，这些势头很鼓舞人心。

第二，看机遇：正逢其时。信息化是推动经济社会变革的重要力量。在信息全球化趋势下，农业物联网恰逢其时，蕴藏着巨大的发展潜力和无限商机。一是顺应信息全球化的大潮流。党中央、国务院十分重视信息化工作。习近平总书记强调，要让物联网更好地促进生产、走进生活、造福百姓。李克强总理指出，要大力发展战略性新兴产业，在集成电路、物联网、新一代移动通信、大数据等方面赶上和引领世界产业发展。汪洋副总理指出农业信息化要弯道超车，要消除城乡鸿沟，特别是亲自部署推动信息进村入户工作。农业部韩长赋部长和班子其他成员亲力亲为推动农业信息化，支持农业物联网的发展。目前，国务院出台了一系列强有力的政策措施，推动物联网有序健康发展；各级党委政府也都把农业物联网作为农业信息化的重要工作来做。这些为农业物联网提供了难得的历史机遇和良好的发展环境。二是顺应农业转型升级的迫切需求。农业物联网发展紧紧围绕农业可持续发展、规模化经营、实施粮食安全战略等方向，准确把握农业调结构、转方式、可持续的新形势、新方向、新要求，有力促进了传统农业向现代农业的加速转型，所以从一开始就显示出强大生命力。另一方面，农业现代化进程加快，为农业物联网带来了巨大的发展前景和发展潜力。6月11日，国务院常务会议讨论并通过了《物流业发展中长期规划》，其中就要求加快现代农业物流的建设。现代农业物流建设离不开信息化支持，如果没有信息化，没有物联网，就谈不上现代农业物流，农业物联网在这方面的应用潜力不可限量。同时，有机农业的发展、绿色农业的发展、农业机械化的不断进步，也为农业物联网发展提供了强大的推动力。从整体而言，当前农业物联网是"小荷才露尖尖角，早有蜻蜓立上头"，今后必然会在这块土壤上成长起参天大树，并为所有致力于农业物联网、农业信息化的有志之士，创造出巨大的发展机会，关键看能不能把握住，能不能静下心来，创新创业。

第三，看挑战：困难不少。我赞成刚才汪懋华院士的判断，与国外以及国内工业、商业等其他领域相比，我国的农业物联网整体上正处在初级阶段，差距比较明显。平时看到的农业物联网发展成果还是碎片化的，无论是《全国农业物联网产品展示与应用推介汇编2014》这本册子，还是今天参观的基地、现场的展示演示，汇聚到一起，虽然同质化且也有高水平技术的展现，但总体上还是星星点点。从全国来看，农业物联网发展不平衡，具体表现在不少地方思想认识不够、支持力度不够，发展理念还不到位，人才储备还有很大差距。农业物联网仍处于初创时期，各级政府的支持力度还需要进一步加强。

（二）准确把握农业物联网的特点和理念

要推动农业物联网健康持续发展，必须深刻把握农业物联网的特点。农业物联网作为一个前沿性的事业，几年前大家对它还很陌生，在今天的基础上不断推动发展，无论是政府部门还是科研单位、企业，都必须重视研究、把握农业物联网的规律。一是人机物一体化特征。人、机、物是物联网的有机组成，其中人是核心，机是手段，物是对象。农业物联网更加注重人机物三位一体，只有做到人、机、物的优化配置和统筹协调，才能实现人机物一体化发展。二是生命体数字化特征。农业物联网的作用对象大多是生命体。生命体信息的获取和传输是农业物联网的核心环节。只有从农业对象的生命机理角度出发，研究、模拟农业生命体诸因素之间的关系，解释其生长、发育及其变化规律，并做出相应的决策，才能实现对农业生产的精准控制。三是应用体系社会化特征。物联网是一个相互融合、动态开放的网络社会。农业物联网面对的信息空间、客观世界和人类社会更加纷繁复杂，不仅要关注技术本身，而且更要关注农产品质量安全、农民生活等社会问题。只有充分考虑农业物联网的社会化特征，着力解决社会问题，才能充分发挥农业物联网在感知农业、管理农业、服务农业、提升农业中的重要作用。四是发展路径"三全"化特征。农业系统是一个包含自然、社会、经济和人类活动的庞大复杂系统。只有坚持全要素、全过程和全系统的"三全"化发展路径，充分考虑全生育期、全产业链、全关联因素，才能推动农业物联网科学发展。

要推动农业物联网健康持续发展，必须树立五个理念。一是系统设计、突出重点的理念。无论是农业信息化，还是农业物联网都要注重它的系统性，一定要织成一张大网，才能真正发挥作用。但系统的设计又必须抓住关键点，这个关键点就是纲。只有做到纲举目张、重点突出，才能抓得住，推得进。二是树立政府引领、企业经营的理念。政府不可能对发展农业物联网包打天下，唱独角戏。光靠政府财政资金是不可持续的，关键是要依靠企业的力量。要发挥市场在资源配置中的决定性作用，同时更好发挥政府的支持引领作用，为企业创造良好发展环境，激发市场活力，让企业有利可图。切实转变政府职能，提升主动服务农业物联网企业的意识和水平，推动企业成为农业物联网发展，乃至打通"三农"信息化道路的关键力量。三是需求导向、实用高效的理念。农业物联网不是做给人们看的，归根到底是"三农"的需求、生产的需求、发展的需求。需求是农业物联网发展的内在动力，必须坚持需求导向，不接地气是没有前途的。企业、科研单位应深入一线，了解农业发展新需求、新特点，不断开发实用的新技术，开发实用的原器件。四是树立左右协同、上下联动的理念。农业物联网是一个系统工程，需要处理好政府与市场、中央与地方、部门与部门的关系，形成群策群力、协同推进的工作格局。要发挥好地方农业部门的作用，农业部主要是负责制度设计，抓好监督检查，负责信息的发布和引领。五是重视安全、重在持续的理念。农业物联网的发展要始终注意信息安全的设计和保障。没有信息安全，农业物联网就不可能发展壮大。今后大数据平台必将面临如何确保安全的挑战。必须强化信息安全监管，做到安全可靠。发展农业物联网，一定要牢固树立可持续发展理念，切实遵循信息化发展的客观规律，遵循农业发展的客观规律，遵循市场发展的客观规律。

（三）找准农业物联网发展的突破口和创新点

要顺应农业物联网发展的规律和特点，紧紧抓住现代农业发展趋势，力争在五个方面取得突破，有所进展。一是在农业资源的精细监测和调度方面，利用卫星搭载高精度感知设备，获取土壤、墒情、水文等极为精细的农业资源信息，配合农业资源调度专家系统，实现科学决策；二是在农业生态环境的监测和管理方面，利用传感器感知技术、信息融合传输技术和互联网技术，构建农业生态环境监测网络，实现对农业生态环境的自动监测；三是在农业生产过程的精细管理方面，应用于大田种植、设施农业、果园生产、畜禽水产养殖作业，实现生产过程的智能控制和科学管理；四是在农产品质量安全监管方面，通过对农产品生产、流通、销售过程的全程信息感知、传输、融合和处理，实现农产品"从农田到餐桌"的全程追溯；五是在农产品物流方面，利用条形码技术和射频识别技术实现产品信息的采集跟踪，有效提高农产品仓储货运效率。

希望各方面人士汇集在一起，发挥各自优势，协同创新。一是加强理论创新。农业物联网作为一门新兴的学科，离不开强有力的基础理论支撑，当前，要加强如何从机理上，实现生物机理、生物性规律和信息化规律、电子学规律、市场学规律有机结合等方面的理论创新和研究。二是加强技术创新。技术创新是推动农业物联网发展的根本性力量。要强化自主创新，大力研发农业物联网基础性、系统性、前沿性技术，同时加快建立健全农业物联网标准体系。三是加强应用创新。要适应农业规模化要求，大力开展规模化应用示范，继续抓好农业物联网工程的实施，力争在精准农业、设施农业、畜禽水产养殖、动植物疫病防控、农产品质量安全监管等方面得到广泛应用。四是加强机制创新。要鼓励支持有关科研教学单位和电信运营、信息服务、系统集成等相关企业广泛参与到农业物联网工作中来，加快形成政企合作、市场化运行的推进机制。同时，要把农业物联网与信息进村入户、宽带中国、农产品电子商务等农业信息化重点工作统筹推进，促进农业实现跨越发展。

农业物联网潜力巨大、前景广阔。让我们携起手来，齐心协力，奋力拼搏，努力开创农业物联网发展的美好未来！为中国农业的信息化，为中国特色社会主义伟大事业的顺利实现，为把农业强、农民富、农村美的蓝图变为现实作出新的更大贡献。

——余欣荣

第四节　破除体制机制弊端夯实农业基础地位，解读 2014 年中央"一号文件"四大新看点

2014 年中央"一号文件"提出，坚决破除体制机制弊端，坚持农业基础地位不动摇，加快推进农业现代化。记者第一时间采访了"三农"专家学者，就文件精神进行全面解读。

从农田到餐桌，农产品数量和质量都要保安全

文件确定，以解决好地怎么种为导向加快构建新型农业经营体系，以解决好地少水缺的资源环境约束为导向深入推进农业发展方式转变，以满足吃得好吃得安全为导向大力发展优质安全农产品。

中国农科院农业经济与发展研究所所长秦富说，中央"一号文件"提出抓紧构建新形势下的国家粮食安全战略，体现了把粮食安全作为重中之重的地位，上升到了基本国策。

文件提出建立最严格的覆盖全过程的食品安全监管制度。中国人民大学农业与农村发展学院教授郑风田对此表示，此次文件和以往最大不同在于，从注重数量转为数量质量并重，以可持续的方式确保数量、质量双安全。这是解决当前人们对农产品信任危机的根本手段。

在农业部食物与营养发展研究所副所长王东阳看来，文件一大亮点是突出强调了食品安全的责任，把食品安全纳入考核评价。以前农产品质量安全出现问题，更多的是追究个人和经营主体的责任，这次明确地方政府属地责任，并列入考核评价，有利于把农产品质量安全监管责任落到实处，把监管的网撒下去，确保"舌尖上的安全"。

抓紧划定生态保护红线，建立农业可持续发展长效机制

文件提出，促进生态友好型农业发展，开展农业资源休养生息试点，加大生态保护建设力度。抓紧划定生态保护红线。为此，国家将完善森林、草原、湿地、水土保持等生态补偿制度，继续执行公益林补偿、草原生态保护补助奖励政策，建立江河源头区、重要水源地、重要水生态修复治理区和蓄滞洪区生态补偿机制。

国务院发展研究中心研究员程国强说，我国农业资源环境已到了承载极限。土地重金属污染、地下水的过度开采、过度使用化肥农药等问题，急需得到切实有效改善。耕地、林地、水等农业资源到了该休养生息的阶段，必须实现制度创新才能从根本上转变发展方式。农业资源要得到休养生息，政府必须要有配套措施，保证农民收入水平不降低。我们这一代人要承担农业资源与粮食生产能力代际传承的历史责任，留一点良田给子孙后代。

中国农科院农业经济与发展研究所资源与环境经济研究室主任朱立志说，推进农业可持续发展，在路径方面要着重以科技创新提高水、农药、化肥等农业资源利用效率。在发展目标上既要考虑可持续发展，还要考虑稳定农业发展增加农民收入，强调可持续发展不能侵害农民利益。在发展步骤上要坚持稳中求进，科学规划。如先保护污染严重的地区和生态环境脆弱地区，然后推广开来，有序推进。

健全城乡发展一体化体制机制，不让乡村成故园

文件提出，城乡统筹联动，赋予农民更多财产权利，推进城乡要素平等交换和公共资源均衡配置，让农民平等参与现代化进程、共同分享现代化成果。对此，文件确定了开展村庄人居环境整治、推进城乡基本公共服务均等化、加快推动农业转移人口市民化等重点工作。

中国社科院农村发展研究所研究员李国祥认为，一些农村"垃圾靠风吹，污水靠蒸发"，生态环境、水电路气等基础设施非常糟糕。如何建设美丽乡村值得研究。未来我国即使实现 70％的城镇化率，还有 4、5 亿人在农村。农村环境改善，政府要积极承担，不能成为记忆中的故园。

国务院发展研究中心农村经济研究部部长叶兴庆说，通过美丽乡村建设，建设农民美好生活的家园，让留在农村的农民能够享受更好的教育、医疗等公共服务和社会保障，逐步提高农村公共服务质量，从而实现城乡居民在社会保障制度并轨，缩小城乡公共服务差异。对此，一要让人出得来，保障各种权利，土地、住房等财产要保护；二要进得来留得下，使农民能稳定就业，融入城市社会保障体系，享受均等公共服务。

承包地"三权分离"，相关法律待修订

农村土地制度改革成为全面深化农村改革的大平台、新亮点。文件提出，稳定农村土地承包关系并保持长久不变，在坚持和完善最严格的耕地保护制度前提下，赋予农民对承包地占有、使用、收益、流转及承包经营权抵押、担保权能。

中国社会科学院农村发展研究所教授党国英说，中央"一号文件"提出一系列改革措施，其中的重大问题归根到底都涉及农村土地。如探索推进农产品价格形成机制与政府补贴脱钩，逐步建立农产品目标价格制度，涉及农业支持政策核心的提高补贴精准性问题，必须从农村承包地确地确权确股着手。

国土资源部法律中心主任孙英辉表示，文件提出落实所有权、稳定承包权、放活经营权，承包地所有权、承包权、经营权"三权分离"正式提上农村土地制度和产权法治建设层面，再一次推动农村生产力的大释放。

孙英辉说，文件多次提出推动修订相关法律法规。当务之急，包括修改农村土地承包法、物权法等。承包经营权分离、集体建设用地入市、宅基地管理制度改革等涉及产权制度改革，是全面深化改革的重要内容。应坚持顶层设计、长远立法与试点结合，可以确保改革红利最大释放并用之于农。

第五节　解读《促进云计算创新发展培育信息产业新业态的意见》

日前，国务院正式发布实施《促进云计算创新发展培育信息产业新业态的意见》（以下简称《意见》），这是一份影响我国云计算、信息产业乃至信息化长远发展的重要政策文件。当前正处于新一轮科技革命和产业变革孕育突破与我国经济转型升级的交汇期，《意见》的出台有深刻的时代背景和深远的战略意义

云计算带来深刻变革

加快云计算发展，对于我国促进"四化同步"、实现创新驱动和推动经济社会持续健康发展具有重要的战略意义。

云计算通过信息网络将分散的计算、存储等软硬件资源乃至数据进行集中动态管理调度，使信息技术（IT）能力如同水和电一样实现按需供给，不仅带来信息技术产业和信息

化发展模式的深刻变革，也成为信息时代国家综合竞争力的重要组成部分。

从应用看，云计算使分散的以 IT 基础设施建设为核心的信息化发展模式向集中式的以服务为核心的信息化发展模式转变，通过资源的集约化，实现社会效益的最大化。

从技术看，云计算既是一场计算技术的变革，也是计算与网络技术深度融合创新后引发的信息技术体系变革。从产业看，云计算促进服务、软件、硬件的深度融合和系统性创新，推动了信息技术产业的垂直整合，也使服务在信息技术产业中的引领作用更为突出，正在重塑信息技术产业国际格局。从基础设施看，云计算构筑了综合传输、计算、存储、处理等功能的新型综合信息基础设施，是信息经济和信息社会发展的关键基础。

近年来，世界各国纷纷将云计算作为新时期塑造国际竞争新优势的战略焦点。美国、欧洲、日本、韩国、澳大利亚等国家和地区均先后发布了云计算战略、行动计划，出台了一系列支持云计算发展的政策，从云计算技术研发、政府采购和电子政务云迁移等多个方面加快推动云计算发展。目前，发达国家在云计算应用、创新和产业方面保持着显著优势，尤其是美国的全球主导地位更为突出。

当前，我国加快云计算发展，对于促进"四化同步"、实现创新驱动和推动经济社会持续健康发展具有重要的战略意义。

从经济发展看，首先，云计算是我国抢抓战略性新兴产业发展机遇、促进信息产业转型升级和构建国际竞争新优势的重要突破口，可改变乃至扭转我国在服务器、存储设备、芯片、操作系统、信息化集成能力等 IT 领域的落后地位。其次，云计算与生产制造和服务创新结合，将促进生产方式向数字化、网络化和智能化变革，尤其对我国抓住新一轮产业变革机遇，推进智能制造和两化深度融合具有重要意义。第三，云计算可大幅降低信息化成本尤其是中小企业的信息化成本，将有力促进大众创业、万众创新，激发创新创业活力。

从社会发展看，云计算应用于政府管理，将有效解决传统电子政务建设模式中的条块分割、重复建设等状况，促进信息共享、业务协同和服务型政府建设。云计算应用于社会发展与人民生活，将使医疗、教育、社会保障等公共服务更加便捷高效，并有利于挖掘和发挥社会领域大数据的作用和价值，有力推动社会资源优化配置和服务均等化，为全面建成小康社会提供有力支撑。

云计算创新发展的思路与目标

《意见》将提升能力、深化应用作为我国云计算创新发展的主线，并制定了到 2017 年和 2020 年两个阶段的发展路线图。

《意见》明确了我国云计算发展的思路。全面推进云计算在国家信息化发展中的深入应用，是充分发挥云计算先进生产力作用、推动信息化与新型工业化、城镇化、农业现代化和国家治理能力现代化融合发展的要义所在，而应用的全面推广必须建立在我国的云计算技术和产业发展基础上，因此《意见》将提升能力、深化应用作为我国云计算创新发展的主线，二者如一体之两翼，技术和产业能力是深化应用的关键基础，应用则是提升能力的主要驱动力。

同时，云计算的发展是一个系统工程，必须统筹谋划、综合施策，完善的环境是实现云计算创新发展的基本条件，培育骨干企业是满足云计算应用需求和建立国际竞争优势的立足之本，模式创新是释放和发挥云计算优势的重要路径，信息安全是云计算应用和发展的基本要求，基础设施优化布局是云计算应用服务的必备条件，《意见》在提升能力、深化应用的主线上从上述各个方面提出了发展要求。

《意见》还明确了我国云计算的发展目标。由于全球云计算总体仍处于发展初期，我国云计算发展基础较好，国内市场需求较大，因此应加快云计算发展，缩小与国际先进水平的差距。考虑到实施的路径，《意见》制定了两个阶段的发展路线图：第一个阶段是 2017年，着眼于云计算在重点领域的深化应用，基本健全产业链条，打造安全保障有力，服务创新、技术创新和管理创新协同推进的云计算发展格局。第二个阶段是 2020 年，要使云计算成为我国信息化重要形态和建设网络强国的重要支撑，云计算应用基本普及，云计算服务能力达到国际先进水平，并掌握云计算关键技术，形成若干具有较强国际竞争力的云计算骨干企业。

做好我国云计算发展的顶层设计

云计算发展涉及应用、技术、产业、基础设施、安全等诸多环节，任务的安排需要把握全局，做好顶层设计。

《意见》对云计算发展的几个重大关系进行了战略性统筹设计：

1. 关于公共云服务和专有云

要充分发挥云计算规模效益和集约化动态服务能力，关键是发展社会化的公共云计算服务，这也是当前国际竞争和争夺云计算发展主动权的战略制高点，是建立国家信息资源掌控力和信息优势的基础。专有云由于只能实现内部资源共享，因而一般适用于安全要求特别高且自身应用规模相对较大的机构或相对封闭的行业内部，不宜作为云计算发展的主要方向。我国目前已基本形成了发展公共云计算服务的技术和市场条件，因此应抓住机遇，将公共云计算服务放在发展的优先位置。因此《意见》明确将发展公共云计算服务作为首要任务，而对于专有云建设，强调要通过外包充分利用公共云，确实有必要发展的要合理有序推进。

2. 关于云计算应用服务和安全可靠云计算解决方案

一方面，云计算的发展要面向市场应用，以服务国民经济和社会信息化的重大需求为出发点。另一方面，云计算的应用服务必须立足于技术创新，通过市场应用，形成对我国云计算技术突破和产业发展的牵引力，带动我国云计算各个环节的协同发展和整体突破。因此，《意见》强调要面向云计算应用服务，以形成安全可靠的先进云计算解决方案为核心，发挥国内市场优势，加强技术创新，突破关键核心技术，推进产业链协同，并积极推动在各领域的应用。

3. 关于云计算能力建设和大数据开发应用

当前，大数据作为战略资源的地位得到了各国的高度重视，主要国家围绕大数据的开发利用正加快推进，大数据将成为创新驱动发展的重要资产和驱动力。云计算与大数据具有内在的深度关联，大数据作用的充分发挥，需要依赖于云计算所构建的低成本、高效率处理能力和服务模式，云计算的深入应用也将推动大数据资源的储备和整合。因此，《意见》提出要把云计算能力建设与加强大数据开发与利用结合起来，充分利用云计算开展大数据的挖掘分析，同时在推动政府和公共事业机构信息系统向云计算迁移的过程中，实现数据资源的融合共享。《意见》也明确提出，在保障信息安全和个人隐私的前提下，积极探索政府和公共机构的数据开放，并在若干先导性领域，开展基于云计算的大数据应用示范。

——邬贺铨　余晓晖

第六节　新华社特约评论员：新常态下实现农业农村新发展

——论学习贯彻2015年中央"一号文件"精神

回望2014，在党中央、国务院的坚强领导下，在广大农民和农村工作者的共同努力下，农业农村发展成就斐然，成为经济发展新常态下的一道亮丽风景线。展望2015年，如何在连年丰产增收后不断巩固农业农村持续向好的局面，是必须主动应对、着力破解的难题。

刚发布的《关于加大改革创新力度加快农业现代化建设的若干意见》，即2015年中央"一号文件"，对如何在经济发展新常态下实现农业农村的新发展，给出了明确的答案。这就是，按照稳粮增收、提质增效、创新驱动的总要求，继续全面深化农村改革，全面推进农村法治建设，认真贯彻落实习近平总书记提出的"五新"要求，努力在提高粮食生产能力上挖掘新潜力，在优化农业结构上开辟新途径，在转变农业发展方式上寻求新突破，在促进农民增收上获得新成效，在建设新农村上迈出新步伐。进一步让农业强起来，让农村美起来，让农民富起来。

在提高粮食生产能力上挖掘新潜力。只要粮食生产能力稳住了、上去了，我们就能"任凭风浪起，稳坐钓鱼台"，始终把中国人的饭碗牢牢端在自己手上。挖掘粮食生产新潜力，首先要坚决守住耕地保护红线，加快划定永久基本农田，统筹加强高标准农田建设，实施耕地质量保护与提升行动，力保耕地不减少、力争地力有提高。还要加快建设一批重大水利骨干工程，做好节水优先大文章，解决好农田水利"最后一公里"问题。最终要靠科技，健全农业科技创新的激励机制，推动农业科技在关键领域取得突破，并快速转化为现实生产力。

在优化农业结构上开辟新途径。市场需求是"导航仪"，资源禀赋是"定位器"。要更好地发挥区域比较优势，更好地适应个性化、多样化的消费需求，促进农业结构优化升级，使有限的农业资源产出更多、更好、更安全的农产品。开辟优化农业结构新途径，要科学确定主要农产品自给水平，在确保"谷物基本自给、口粮绝对安全"的前提下，对重点保什么、放什么，保多少、放多少，进行系统谋划，做到心中有数。要加快发展草牧业，促进粮、经、饲三元结构协调发展。要大力培育特色农业，实施园艺产品提质增效工程，推进规模化、集约化、标准化畜禽养殖和水产健康养殖。要提升农产品质量和食品安全水平，确保老百姓舌尖上的安全。

在转变农业发展方式上寻求新突破。如何破解农业生产成本攀升、国内外主要农产品价格倒挂的"双重挤压"，如何突破农业资源要素的弦绷得越来越紧、生态环境承载力越来越接近极限的"双重约束"，出路只有一条，就是加快转变农业发展方式，尽快从主要追求产量和依赖资源消耗的粗放经营转到数量质量效益并重、注重提高竞争力、注重农业科技创新、注重可持续的集约发展上来，走产出高效、产品安全、资源节约、环境友好的现代农业发展道路。过去，我们为了"吃饱饭"，过度开发农业资源，过量使用化肥农药农膜，欠下了生态账、环境账，以后不仅要杜绝再欠新账，还要逐步还上旧账。该退耕的要退耕，该生态修复的要修复，该治理的要抓紧治理。需要明确的是，优化农业结构也好，转变农业发展方式也好，绝不意味着放松粮食生产，绝不能削弱农业综合生产能力。

在促进农民增收上获得新成效。小康不小康，关键看老乡，核心是看老乡的"钱袋子"。能否在经济发展新常态下，促进农民收入继续较快增长，保持城乡居民收入差距持续缩小的势头，是对"三农"工作的重大考验。促进农民增收，要优先保证农业农村投入，不管财政多紧张，都要确保农业投入只增不减。要发展新产业、新业态、新模式，延长农业产业链，积极开发农业多种功能，挖掘乡村生态休闲、旅游观光、文化教育价值，推进农村一二三产业融合发展。要促进农民转移就业和创业，拓展农村外部增收渠道。要打好扶贫开发攻坚战，加快农村贫困人口脱贫致富步伐。

在建设新农村上迈出新步伐。全面建成小康社会，不能丢了农村这一头。加快推进新型城镇化，不能忽视新农村建设。推进新农村建设，要坚持规划先行，强化村庄规划的科学性和约束性，提升农村基础设施水平，推进城乡基本公共服务均等化。要全面推进农村人居环境整治，重点搞好垃圾、污水处理和改水改厕，加快改善村庄卫生状况，让农村成为农民安居乐业的美丽家园。要发挥好新型城镇化对农业现代化的辐射带动作用，分类推进农业转移人口在城镇落户，保障进城农民工及其随迁家属平等享受城镇基本公共服务，引导有技能、资金和管理经验的农民工返乡创业。

贯彻落实好农业农村发展"五新"要求，是今后一个时期"三农"工作的重大任务。只有始终把解决好"三农"问题作为重中之重，主动适应经济发展新常态，勇于直面挑战，敢于攻坚克难，靠改革添动力，以法治作保障，才能更好地推动新型工业化、信息化、城镇化和农业现代化同步发展，为经济社会持续健康发展提供有力支撑。

（来源：中新网）

第七节　壮大四众新平台，繁荣双创新经济

我国基于互联网的新业态、新模式蓬勃兴起，众创、众包、众扶、众筹（简称四众）快速涌现，呈大众化、平台化、规模化、国际化发展之势，正在成为创业创新的重要支撑平台。四众通过"互联网+"实现劳动、知识、技术、资本等生产生活要素的最低成本集聚和最大化利用，催生新供给、释放新需求、绽放新活力。是稳增长、调结构、促改革、惠民生的关键力量。《国务院关于加快构建大众创业万众创新支撑平台的指导意见》（以下简称《意见》）是落实党中央、国务院关于"互联网+"行动和"大众创业万众创新"的政策性文件，是推进四众发展的顶层设计文件。《意见》提出以众智促创新、以众包促变革、以

众扶促创业、以众筹促融资等重大发展方向和十七条重点举措，旨在激发全社会创业创新热情，指导四众规范发展，进一步优化管理服务。四众有利于开辟众人创富、劳动致富、共同富裕的发展新路径，对实现新常态下新旧动能的转换具有重大意义。

一、借势兴起，步入融合变革新阶段

经过 20 多年的高速发展和积累沉淀，我国互联网规模庞大，应用活跃。特别是近些年来，借助市场规模高速增长之势、融合创新纵深推进之势、深化改革简政放权之势，众创、众包、众扶、众筹在经济社会各领域如雨后春笋般快速涌起，动力强劲，潜力巨大，成为发展新经济的亮点。

（一）聚众智促创新，众创平台不断壮大

众创平台是帮助广大创业者聚集和链接各类创业资源的孵化平台，能够提供部分或全方位的创业服务，创业者可以专注于核心业务，利于创意和创新成果的快速转化。全球聚焦于创业创新孵化的众创平台发展迅速，在美国硅谷地区，由创业咖啡、网络孵化器、创客空间等新型众创平台构筑的完善的创业创新生态，不断孕育出引领全球的前沿技术、商业模式和创新企业，成为推动美国经济发展的动力之源。在我国，北京、上海、深圳、杭州、武汉、青岛等地区已经诞生一大批各具特色的线上线下融合的众创平台，包括创业咖啡、创客空间、创新工场等专业孵化平台；腾讯的开放网络孵化平台已有五百万开发者创业，开发者分成超百亿。海尔"海创汇"内部创业平台已诞生四百多个项目，孵化和孕育着两千多家创客小微公司。我国已经成为位居全球前列的创业大国。

（二）合众力增就业，众包平台加速渗透

众包平台是帮助任何主体将特定任务分包给不特定社会大众的服务对接平台，通过大规模社会化协同、聚众力集众智的方式完成特定任务。有"世界最大酒店"之名的民居众包分享平台 Airbnb，已拥有来自 191 个国家的超过 150 万名房客。通过众包模式分享私家车的 Uber 平台，已拥有超过百万司机，成为全球最大的出租车公司。IBM、宝洁等行业巨头纷纷通过众包模式吸收来自全球的外部研发力量降低企业研发成本。我国众包发展迅猛，作为最大的创意众包平台，猪八戒网的注册创业者超过 1300 万，卖家三百万，为 25 个国家和地区提供了 380 万次定制化创意服务，提供"猪标局"等线上线下融合的延伸性高增值服务。众包模式还在研发设计、内容创造，以及交通出行、物流快递、教育培训、旅游度假等生活服务领域深入应用，滴滴出行、人人快递、YY 教育、途家网等一大批众包平台企业快速崛起，掀起分享经济发展大潮。

（三）汇众能助创业，众扶平台蓄势待发

众扶平台是通过政府和公益机构支持、企业帮扶援助、个人互助互扶等多种途径，共助小微企业和创业者成长，构建创业创新发展良好生态的创新形式。来自政府、产业、公众等各层面的众扶活动不断涌现，氛围浓厚、深入人心的众扶文化正在形成。北京、上海等地方政府积极开展公共数据开放实践，鼓励公众利用公共信息资源开发创新应用。上海、广东、深圳等地试行的创新券政策，为小微企业提供了免费使用科研场地和设施平台的机会。联想等行业领军企业为有创业意向的科技人员进行全方位、系统性、实战型的创业能力免费培训，培训超过万人，产生扶持创业的积极效应。基于开源社区和网络互助平台的公众互助众扶形式不断涌现。

（四）集众资促发展，众筹平台异军突起

众筹平台是个人或企业通过互联网向社会公众或组织募集资金，是中小微企业筹集早期发展资金的重要途径。近些年，我国众筹行业呈爆发式增长，主要有实物众筹、股权众筹和网络借贷三种模式。在电子商务龙头企业引领下，实物众筹规模迅速扩大，覆盖消费电子、艺术出版、影视娱乐等多个创意领域。2015年上半年，项目总数超过1.2万个，累计筹款金额达8亿元，同比增长300%。一批极具发展前景的创新创业企业脱颖而出，如小牛机车、三个爸爸净化器等融资超过千万。股权众筹影响较大，大多数股权融资平台开展的是私募股权融资，与真正意义上大众化、开放式股权众筹相差甚远。网络借贷连续翻倍式增长，交易规模4年增长81倍，平台数量增长超过30倍。2015年上半年，网络借贷平台数量超过两千家，累计成交量突破6835亿元，贷款总量全球第一。股权众筹、网络借贷的监管尚未规范，中国人民银行、证监会、银监会等部门正在加快完善管理制度。

二、意义深远，支撑双创发展新平台

《意见》立足国情，顺应"互联网+"时代融合创新变革大势，鼓励支持四众发展，是壮大新经济的需要，是创业创新的需要，更是构建开放竞争新秩序的需要。

（一）打造协作分享新经济

分享经济是适应时代发展的新经济模式，也是未来最重要的经济模式之一。全球分享经济快速发展，孕育了一大批极具发展潜力的新兴平台类公司，成为拉动经济增长、激发潜在动能的驱动力量。众包、众筹是分享经济应用的重要模式。大力发展众包、众筹，创业、创新和就业的门槛更低、成本更小、速度更快、方式更活，有利于拓展我国分享经济的新领域，使大众线上分享有回报，线下岗位有工资，既参与创新又分享成果，还会孵化一大批新型小微企业。大力发展四众将触发生产方式、管理方式的变革，有利于充分发挥闲置资源的潜在价值，实现效率提升和绿色发展；有利于降低企业研发、生产和用工成本，实现开放创新和弹性供给；有利于创新资源"引进来"、创新能力"走出去"，培育面向全球化竞争的开放型新经济。

（二）激发创业创新新动能

《意见》以四众为支撑平台促进创业创新，拓展就业空间，激发蕴藏在人民群众之中的无穷智慧和创造力，将我国的人力资源优势转化为人力资本优势，增强创新发展新动能。一是鼓励网络众创平台、创业基地、农民工返乡创业园等实体或虚拟众创空间的建立，为创业提供便捷资源服务，激发大众参与热情。我国已保持持续一年半以上每天有 1 万多家新企业注册成立。二是四众平台服务模式拓展延伸到生产生活等多个领域，加速产业组织、生态环境、交易机制和服务理念为核心的创新变革，进一步丰富行业竞争方式，优化产业格局，激活潜在市场供给与需求，开辟创新发展空间。三是四众以多种方式，带动广大开发者、劳动者以及社会工作者，灵活分散就业，扩展就业渠道，让更多的人为社会创造价值。

（三）构建开放竞争新秩序

开放竞争新秩序是推动四众健康可持续发展、构建开放型经济新体制、形成国际竞争新优势的重要保障。打破行业壁垒、激发企业活力、实现公平竞争，是进一步推动四众发展壮大的基础和前提。《意见》坚持深化改革和扩大开放的基本理念，推动简政放权、完善行业准入制度，这有利于在四众发展中处理好政府与市场的关系、营造公平竞争环境，有利于满足四众平台跨界创新、提供融合服务的制度需求。其次，内部众创平台、制造运维众包、企业分享众扶、众筹等四众新模式对国有企业创新管理制度和经营理念具有重要借鉴意义，发展四众将助力国有企业改革，提升创新能力。《意见》突出强调平台内部治理，创新行业监管方式，这有利于加快完善信用体系、知识产权保护、消费者保护、信息安全等创业创新发展环境。

三、问题导向，聚焦四众发展新挑战

四众运营具有资产轻、主体多、用工活等特点，正在颠覆甚至重构传统组织管理模式和产业价值取向，对既有市场准入体系和监管规则产生巨大影响，对社会基础信用环境提出愈为迫切的要求。

（一）多元主体突破现有市场准入制度

现有的管理制度建立在行业边界清晰、职能明确的管理基础之上。基于"互联网+"的众包、众筹，跨界融合，形态多样，性质各异，突破了既有的边界和范围，引发新的准入问题。我国在交通出行、物流快递、金融服务、健康医疗、教育培训等领域存在较高行业壁垒，这些领域往往是四众创新最活跃的领域。在快递领域，根据我国《邮政法》和《快递条例》的相关规定，从事快递经营的主体必须是企业法人，快递业务的人员需持有快递员职业资格证，而快递众包的发展实践已经超出这些规定限制。很多提供家政、美妆、速运等生活服务的众包企业，平台有超过万名的自由签约劳动者。在金融领域，《证券法》《公司法》规定，未经国务院证券监管机构批准禁止公开发行和募集资金人数不得超过 200人。股权众筹通过互联网面向大众公开小额融资方式，与该规定冲突。

（二）变革创新要求监管方式加快转变

四众发展涉及众多行业领域，海量新兴市场主体涌入市场，用户形态深刻变革。"产消者"模糊了生产者和消费者的界限,对市场主体直接监管的难度加大。很多服务提供主体均为兼职个体,市场进入和退出更加自由灵活,对市场行为全面监管难度较大。监管部门不可能实时掌握所有劳动者的相关信息,也不可能逐一对其资质进行审核。四众的业务形态和组织形态也发生深刻变革。众包企业依托专业化服务平台集聚供需双方,跨地域快速扩张,形成专业领域的企业领导地位。出租车公司没有自己的车辆,酒店没有自己的客房,物流企业没有自己的仓储和运输,创意服务企业没有自己的设计师等,平台企业一般并不直接面对消费者,但作为服务交易的撮合者,其权利和义务界定模糊,易引发权益纠纷。这要求政府管理部门顺应发展趋势,加快完善和调整其监管方式和监管手段。

(三)快速渗透亟需加强信用体系建设

四众商业模式的核心就是通过互联网建立起个体与个体、个体与企业之间直接的服务、交易以及相互间的信任关系。特别是对依托陌生人服务或交易的网络约租车,自由快递人、本地人导游等服务,有效帮助用户识别可信服务或交易对象是其商业模式成功的关键。与美欧等成熟的社会综合信用环境相比,我国陌生人之间还普遍缺乏基本的信任,个人与企业诚信体系建设差距较大。以私人住房分享为例,有效保障租客和房主的人身安全和财产安全是该模式成功运营的前提。基于个人信用体系,Airbnb 为代表的住房分享平台快速发展壮大,中国类似模式的发展相对滞后。

全球看,四众领域发展所面临的问题和挑战具有高度相似性,各国政府都在积极探索应对之策。如美国已经有包括加州、西雅图、芝加哥等 20 多个州或市承认了 Uber 的合法地位。最近,美国政府还进一步修订完善了《创业者投资(JOBS)法案》,给予股权众筹证券发行豁免地位。在欧洲,荷兰阿姆斯特丹通过立法,将以 Airbnb 为代表的互联网家庭旅店业纳入监管,并征收 5%的旅游税,以保证传统酒店业的公平竞争。整体看,各国普遍采取顺应大势、包容创新、规范发展的应对举措。相比较,我国信用体系建设相对滞后,四众发展将面临更大的市场认知、培育和监管方面的挑战。

四、因业施策,释放四众发展新活力

《意见》针对四众"准入、监管、信用"三大关键问题,提出了"推进放管结合、完善市场环境、强化内部治理、优化政策扶持"四个方面的保障措施。从创业者或劳动者的角度看,《意见》的发布实施既释放出政策利好,也提出了规范要求。

(一)着力改革创新,营造包容发展环境

《意见》顺应大众创业、万众创新的发展要求,利用我国互联网应用创新的综合优势,充分发挥广大人民群众的创业创新活力,推动解决发展中面临的主要问题。一是推动传统强管制领域准入门槛进一步降低。从国家层面明确要在交通、物流、快递、金融、医疗、教育等传统强管制性领域创新准入制度,要求交通运输部、邮政局等行业主管部门放宽市场准入条件,这将有助于解决当前大多数平台类企业面临的准入难问题。二是促进政府公共服务水平更加优化。明确指出要在四众领域加快商事制度改革,放宽新注册企业住所登

记条件限制，通过改革不合理的限制，为创业创新提供更加高效便捷的工商服务；同时，将进一步清理和取消不合理的职业资格许可认定，营造良好的政务服务环境。三是加快信息资源开放共享。推动四众平台企业与行业监管、企业登记等相关部门间的信息互联共享，通过推进国家信用信息共享交换平台等相关信用信息平台、系统与四众平台企业信用体系的互联互通，将有效降低交易双方的信息不对称、防范和降低企业经营风险。四是扩大财政扶持政策覆盖面。传统财政扶持政策主要面向线下实体企业，对实体营业场所和固定资产投入等硬性指标有严格要求，《意见》提出，对线下实体众创空间的财政扶持政策要惠及网络众创空间，减轻创业创新者的财政负担。加大政府购买服务，进一步支持四众企业做大做强。

（二）明确规范要求，引导四众健康发展

《意见》提出引导和促进四众健康有序发展的四方面要求。一是要创新监管方式，由以事前为主向事前、事中、事后全周期管理转变，放管结合，依托大数据技术、随机抽查机制等技术手段加强事中监测，加大事后处罚力度。二是要加快建立信用体系，构建广泛的信任关系。完善的信用体系是安全交易的基础，通过实名认证制度等方式实现四众参与主体与其信用基础的识别和映射，帮助用户识别可信服务或交易对象，全面降低交易风险。三是由政府管理为主向多元主体参与治理转变，充分发挥平台企业内生治理作用，明确其在质量管理、内容管理、社会保障等方面的责任、权利和义务，强化行业自律指引和规范，形成企业、用户和社会第三方共同参与的治理局面。四是要坚持创新驱动发展战略，把国企改革与大众创业、万众创新紧密结合。李克强总理指出，"双创"不仅是个体和小微企业的兴业之策，也是大企业特别是国有企业的强盛之道。国有企业在深化改革中可以依托"互联网+"，打造众创、众包、众扶、众筹等平台，通过生产方式和管理模式变革，使创造活力迸发、创新能力倍增，推动国有企业在改革创新中实现更好发展。

（来源：经济日报）

——曹淑敏

第八节　利用大数据引领农业发展

　　一直有一个基本的认识，我们任何一个产业的发展和振兴，都离不开三种力量，政界、商界和学界，只有这三种力量向一个方向努力，互动，才有可能实现一个产业大的飞跃。从2010—2012年我在这里学习期间，让我有机会接触到很多农业领域以外的各界精英企业家，那个时候让我对中国的农业产生了很多思考，到底未来农业的动力在哪里？我深刻地体会到农业要由传统走向现代，要从产品走向产业，要从生产走向市场，需要一些新的理念，尤其是需要现代的产业链、价值链，这些现代的产业组织方式和经营观念，包括一二三产业的融合互动。因此我相信在中国农业发展转型的过程中，优秀的企业家群体是不可或缺的，而且同时在农业领域，工商资本也能够找到自己的价值所在，能够实现自己的社会责任。

最近中央农办、农业部、国土资源部和国家工商总局几个部门，联合发出了关于加强对工商资本租赁农地监管，和风险防范的意见，这个意见特别是明确要鼓励工商资本进入农业发展资本密级型、技术密集型的产业，从事农产品加工流通和社会化服务，鼓励发展良种种苗繁育，标准化设施农业和规模化养殖这三大类，适合企业化经营的现代种养业。同时也明确鼓励工商企业开展农业环境治理和资源的整理、修复，同时也进一步明确了到底对于工商资本，除了鼓励的这些内容，我们还限制什么？禁止什么？应该说这既是一个加强监管的文件，我认为也是一个为工商资本进入农业，使命发展方向的文件。

回到我的演讲题目来，怎么样应用大数据打通产业链，随着信息化浪潮 360 度地渗透到每个人的工作、生活当中，大数据正在改变着每个人的生活，包括我们理解世界的方式，大数据究竟意味着什么？美国在 2012 年启动了大数据研究与发展计划，日本、英国以及相当一部分国家的政府都相继启动了这方面的行动计划。在 2013 年习近平总书记视察中科院的时候有一个讲话，他说大数据是工业社会的石油资源，他讲谁掌握了数据，谁就掌握了主动权。

大数据对农业意味着什么？随着大数据技术的兴起，通过全面、快速、准确地捕捉农业全产业链的信息，完全有可能实现农业、物流、商流、信息流的统一，实现全产业链各种资源优化配置和高效地运转，实现资源节约型、环境友好型这种多功能农业的发展。

两年前的春天，我有一个机会到了中国西部非常有名的一个地方，就是中国的枸杞之乡，宁夏回族自治区的中宁县，我在那个县里待了半个月的时间去搞调研，而且主要是围绕枸杞产品来展开，但是我待了半个月以后，到今天为止我依然没有想明白，依然有很多问题不清楚，我们都知道枸杞对人的健康是很好的食材，这个产品到底适合男士吃还是女士吃？到底是早上吃还是晚上吃好？到底是直接吃还是泡酒吃好？到底每次吃 10 粒好还是 20 粒好？

这样的问题成为我的一个困惑，我相信也成为很多消费者的困惑，这让我想到很多问题，中国农业在走向现代化的进程当中，到底我们应该走什么样的路，当然解决的路径非常多了，我想到农业的发展大体上，也不仅是需要中餐、中医一样我们定性的路径和思路，还需要一点西餐、西医那样定量的办法，也就是从传统农业走向现代农业，一定要从传统的定性思维方式向定性与定量相结合的农业发展，才有可能实现中央提出的农业要从生产导向向消费向来转变。因此运用大数据来打通农业的产业链是非常必要的。

从国际上看一个国家要参与全球的农业竞争，没有大数据的支撑是难以想象的，大家今天来参加这样一个活动是因为关心农业，大家一定会注意到美国的农业在世界上所以能够占有那样一个领头羊的位置，原因当然是多方面的，但是有一个非常重要的指挥棒，就是怎么样用大数据的思维来不断地向全球的农业喊话，不断地向世界农产品的市场喊话，对全球农业产生了深远地影响。美国有一个农业展望制度，从 1923 年以后，现在已经坚持了 92 年，每年每个月都会用大量的数据，向美国的国内农业，向国际农产品市场释放大量的数据信息，不断用数据的信息来引导和引领世界农业的发展，应该说这个作用非常重要，非常巨大。我们很多关于中国本身的资料，很多专家也会了解，还没有美国发布的信息，关于中国的信息更全。

这些年我们国内也加强了这方面的工作，去年我们农业部和中国农业科学院召开了中国的第一次农业展望大会，今年的 4 月又召开了第二届，实际上就想通过这种方式向全国、世界发出中国农业的声音，在那样一个展望大会上，我们发布了《中国农业展望报告（2015—2024）》，实际上是发布了未来 10 年，中国农业主要产品、资源各个行业，我们对它未来趋势的预测和判断，希望能够对国内的产品、对于世界的农业有一个积极的、正能量的很好的影响，当然这个工作完全是一个初步的，我们的两届中国农业展望大会，和美国的 92 届农业展望大会，年龄的差别就是水平的差别，也是我们努力的方向。

从产业链看，要实现农业产前、产中、产后各个环境的高效衔接，没有大数据支撑是难以想象的，刚才几位嘉宾讲到要发展环境资源节约型，环境友好型农业，没有数据的精准对接，这个是完全不可能实现的。在我们相当长的时间以内，我们把很多的精力放到对农业生产的发展上，当然包括我们的数据采集、挖掘、分析、研判体系，相当一个年头都是围绕生产来进行的。

在 1998 年中国宣布进入了主要农产品供求大体平衡，丰年有余的这样一个新阶段以后，现在又过去了十六七年的时间，过去的十六七年我们对生产方面的情况依然有一个惯性的努力和关注，要确保我们的粮食安全。这些年我们对于流通环节、消费环节有一定的关注，但是关注还不够，尤其是在数据的挖掘、采集上，还难以形成对农业全产业链的支撑。在数据的角度上来讲，除了生产以外，服务全产业链的数据支撑非常有限，我们深刻地理解在世界农业的竞争上，在打通现代农业产业链过程中，这是我们一个非常重要的软肋。但现在随着日益成熟的数字技术和网络技术，让我们对大量在线随时调用的信息可以进行统计、加工和挖掘，建立农业大数据、现在是一个非常关键的时期，而且完全也具备这个可能性，通过农业大数据来颠覆传统的农业产业，来改变农业产业链上这种零散脱节的状况，是完全有可能的。

从市场主体看，要在日益激烈的农业产业竞争当中去主动，没有大数据支撑是难以想象的，这几年不断地有同事、同学、朋友们找到我，他们想进入农业的某一个产品、环节或者某一个细分市场，他们不断地要问，我进入这个产品的领域怎么样？它在全国的位置怎么样？它产业链上各个环节之间到底是一个什么样的状况？譬如我刚才说到的枸杞产业，大家都知道一个大概其，但是要从数据的角度，量化的角度来分析它，来挖掘它的市场价值，来做一个科学的预测和研判是非常困难的。

所以工商资本进入农业，不管你要进入哪个产品、环节，你要想进入农业，在这方面都要花相当多的功夫，由于我国农业信息化的起步比较晚，而且基础非常薄弱，农业大数据的发展还处在一个非常低的水平，要发展农业大数据，打通整个的农业产业链为这个提供支撑，必须从多方面入手，我觉得几个问题很重要。

问题一，要搞好顶层设计，对我国农业大数据建设得框架和技术路线，进行科学的规划和布局，而不是现在非常分散的一个状况，一定要有一个总体的安排。

问题二，要特别强调数据的采集和挖掘，建立标准统一、内容全面、相互衔接、反映迅速的一个海量数据库，能够对每一个产品、每一个环节、每一个区域市场说得明白。

问题三，创新数据系统的研发，将海量的数据能够转化为智能化、精准化、科学化的决策信息。

问题四，要强调数据的应用，要把我们躺在各个部门数据库的那些数据，让那些在各个统计年限里的数据，让平时在我们很多行业内部人脑子的这些数据，让这些静态的数据活起来，真正能够为市场主体提供随时随地，这种自助餐式的农业公共数据服务。

有研究表明，在互联网上的数据，每年增长 50%，而且每两年翻一番，世界上 90%以上的数据是最近几年产生的，美国管理学家、统计学家爱德华有一句话，他说除了上帝，任何人都必须用数据说话。我想在中国农业走向现代化的过程当中，这也是我们一个努力的方向，有了信息化的引领，有了大数据的支撑，完全有可能把现在农业产业链上相互分散的各个环节的孤岛打通，整个农业的转生升级就不会留于形式，不会是大概其，不会是一个简单的定性，而是一个在量化基础上的科学发达，最后形成一个高层次的产业革命。

应该说农业的发展需要大数据的支撑，工商资本进入农业也需要大数据的支撑，在这里我也很认真地向大家建议，实际上在工商资本进入农业的过程中，如果你去寻求农业领域的市场洼地、价值高地，其实参与到农业大数据的开发当中来，应该也是一块价值可期的处女地。

（来源：新浪财经）

——张兴旺

第九节 合力推动"互联网+"现代农业

这次以"互联网+"现代农业为主题的 2015 年农业信息化高峰论坛，是第十三届中国国际农产品交易会组委会主办的重大活动，主要目的是学习贯彻党的十八届五中全会精神，共享实践经验，共谋发展思路，共商推进举措，合力推动"互联网+"现代农业加快发展，为农业农村经济实现"弯道超车""跨越发展"提供新动力。参加本次论坛的人员，有的来自政府部门和科研教学单位，有的是涉农互联网企业的负责人，还有新闻媒体的记者朋友们，参加人员之多出乎预料，充分表明"互联网+"现代农业已经成为社会各界共同关心、共同参与的战略行动。刚才我听了杨副部长的演讲，他是这方面的专家，一会儿还有倪院士等专家的报告，在这里我代表农业部组委会向大家致以亲切的慰问，并表示衷心的感谢！下面，结合学习贯彻五中全会精神和国务院有关部署要求，我就如何推进"互联网+"现代农业加快发展谈几点认识和体会。

第一，充分肯定"互联网+"现代农业取得的可喜成果。互联网全功能接入我国 20 多年来，特别是党的十八大作出"四化同步"发展的战略部署以及今年政府工作报告提出实施"互联网+"行动计划之后，互联网与农业农村经济发展紧密相连，互联网思维和互联网技术在农业中的应用日益广泛，给农业生产、经营、管理、服务带来了深刻变革，"互联网+"现代农业取得了令人振奋的可喜成果。第一个在农业生产上，农民越来越根据政策、技术、市场价格等信息安排生产，现在信息既是资源也是渠道，更是平台。过去对信息的理解就好象是情报，最早的狭义就是情报。后来信息可以作为一种资源，我想未来的信息是渠道也是平台。所以，农业的信息化就是要把跟农业、农村、农民相关的一些数据，首先要变成数据，变成在线化，变成可加工的数据。这个是我们现在传统农业向现代农业过渡必须要补上的一课。

第二，在农业经营上，最为突出的就是农业电子商务迅猛发展，正在形成跨区域电商平台与本地电商平台共同发展、东中西部竞相迸发、农产品进城与工业品下乡双向互动的发展格局。30年前，安装一部电话是又贵又不可能的，中国要实现每户一部电话很难。但是因为信息技术的发展，现代通信技术的发展，所以现在只要你愿意，每个人要多少部手机和号码资源都可以满足，满足人无限的需求。所以农村电子商务的迅猛发展，也为我们农业农村的市场信息化增添了无限的潜力和重大的动力。农村电子商务也创造了新的农产品流通方式，塑造了农业产业的新形态。农业生产将来将转向个性化的定制农产品生产。比如说，半年以后，要跟老人祝寿，我们要定一个寿桃，我们就去找这样的农场，你可以定制，农业的个性化定制，比工业的个性化定制可能来得更广泛。这也是互联网对农业的生产的影响。还有一个是对农业管理的影响，因为中国是农业大国，千家万户，地大物博，交通也不方便，相对于城市来说，人口也比较分散，那么对农业的行政管理和农村的政务建设，只有通过互联网，相对于现在的大数据时代，只是刚刚起步。第三个，我们要用数据说话，用数据决策，用数据管理，用数据创新。过去我们传统行业好象差不多，我们要搞定制农业就要精准化，标准化。可复制，可持续。农业服务商，包括中国农业部的门户网站已经成为最具影响力的网站之一，12316全国农业服务热线，年咨询量达2000多万人次，已经成为农民与专家的"直通线"、农民与市场的"中继线"、农民与政府的"连心线"。电子商务培训体验服务已经进村落户。在座的好多都是实践者，参与者、使用者、受惠者。以上成绩的取得，就是党和国家高度重视的结果，也是大家努力的结果，更是我们在座的各行各业真抓实干的结果。面对"十三五""互联网+"现代农业，我们面临着很多挑战，更有很多历史机遇。我想，挑战要分析清楚，更要看优势。随着信息技术的深入发展，现代社会的不断进步，互联网和它的融合发展已经成为不可抗拒的历史潮流。所以，我理解互联网思维应该包括共享、开放、辩证思维。

刚刚闭幕的十八届五中全会上提出网络强国战略，发展共享机制，实施国家大数据战略，所以今年以来，国务院已经陆续出台了一系列重大部署，重大举措，把农业摆在重要位置，提供了难得的历史机遇。第一，我认为要准确把握全面建成小康社会的阶段性目标任务。"互联网+"，互联网等都是手段，都是为我们两个百年目标，为全面建成小康社会和中华民族伟大复兴服务。这个目标不能变，大家不要把手段和目标本末倒置。到2020年城乡居民人均收入比2010年翻一番，贯彻落实创新、协调、绿色、开放、共享的发展理念，大力推进发展这个根本目标。这样我们才能够把互联网+建立在坚实的基础上，也建立在正确的轨道上。在座的各位，我们要力往一处使。第二要正确处理"互联网+"和"+互联网"的关系。我想"互联网+"是以信息技术和互联网技术为基础的，这是新的产业和新的业态。但是"+互联网"是每个行业，特别是传统的行业迈出的第一步。就像你没有+微信，你怎么知道朋友圈。你加了以后才有可能"阿里巴巴，芝麻开门"，如果不上它的平台，你怎么能够产生购物的冲动，所以我说对传统农业，特别是从业的人员，要尽可能的+互联网，把你的生产、生活、经营方式能够加上互联网这种手段。第三立足于解决现代农业发展的现实意义。我们现在面临的问题很多，第一个是信息不对称，现在有的地方发展农村信息发展很好，实际上是减少中间环节，产销对接，这个是传统的说法，用互联网的说法是B2C、C2C、B2B，这就是解决市场信息的对称问题。还有国际化、统筹国内国外两种资源，两个市场，过去的中国的基本上是自给自足，现在跨境电子商务和自贸区的建设和各种各样的优惠关税的安排或者零关税的安排，都迫使我们任何农业的产品都要面临国内和国外两个市场。比如茉莉花，说不定全世界还有更好的地方生产茉莉花。将来也有可能福建也跑到法国去生产茉莉花，这就是要树立全球的视野。说不定那里生产的茉莉花比这里要更便宜。如果你没有这个思维，你等别人生产出来再出口到中国，别人可能就会设立关税。所以要解决生产化、国际化带来的挑战的问题。

第三，就是通过"互联网+"现代农业，一是带动标准化。不管是互联网形式也好，还是传统的模式也好，没有标准化就没有可持续，不管是个人、公司还是业务产品、商业模式是不可能持续的。你作为一个消费者，我今天买一个苹果一块钱，口感是这个样子，是没有严格的标准，是他自己建立的。明天再同样一块钱，如果买的苹果是差的，这样就不可持续。所以要把模糊变成量化。所以互联网的标准传播很快，所以我想做标准，今天这次展会我看到有好几个小的产品的标准有个标准样，甚至建立了二维码，我觉得这个方向就值得探索。二是促进规模化。标准化是基础，规模化是维持市场活力的基本条件。三是提升品牌化。上午我们表彰了全国一百个农业合作社一百个品牌，因为中国的农业太分散，组织化程度不高，那怎么抓？一个是要抓新型经营主体、家庭农场。还有一个就是合作社。合作社是地域品牌和公司品牌的基础。合作社没有品牌，光说这一片很好，如果一粒老鼠屎就会坏一锅汤。所以我觉得提升品牌化很重要。这样才能走出一条产值高效，产品安全，资源节约的农业现代化之路。总之，中央的决策已经部署，历史是人民创造的，新一代的互联网的历史浪潮是靠我们在座和不在座的广大人民，产学研用四方面共同推进和创造的，农业更是这样。

第四，扎实推进，做好"互联网+"现代农业的重点工作。"互联网+"农业是一个系统工程，从企业来说是想实现更大的利益，但是作为政府来说可能要协调政府、市场、社会三方面的关系。所以，首先我说要重点要加快农业电子商务，这个是个重要的切入点。通过电子商务这个利益的驱动，来引导广大社会来投入研发农村电子商务的创新，统筹推进农产品、农业生产资料和休闲观光农业电子商务的协同发展。不管是现在的阿里巴巴和京东，他们首先是工业品开始，因为工业品容易标准化，风险比较小，但是中国社会最大的魅力、挑战和潜力是鲜活农产品。我跟永辉超市的领导在探讨，我说真正有视野的，要搞鲜活农产品的电子商务，这样才可以真的跟国外的同行竞争的时候，确立我们自己的优势。同时，优质农产品特别是地域特色和文化相关联的农业农产品的量是有限。所以农产品的在互联网+和电子商务上的模式不能跟工业产品杀价一样，我也跟有关的平台的公司进行了探讨，今天上市1万支花，第一个买主买1000支，剩下就9000支，今天上市的1万支是越卖越少，跟工业品是不一样，比如 1 万套服装卖完了，马上就可以调货了，但是鲜活农产品这些是不可能马上调货的，所以今天这么多人，我为什么今天特别看重这个平台，因为大家可能都在跟着阿里巴巴和京东的模式，用秒杀，但是农产品不能秒杀。所以我希望你们在座的人要建立拍卖机制。实际上在荷兰的花卉市场是这样做，他们是越拍越高的。互联网+是确定农产品的特有的价值取向。农业物联网是要按照全系统、全要素、全过程的理念，深入实施国家农业物联网试验示范工程，推广适宜农业、方便农民的低成本、轻简化的"傻瓜"技术设备。

第五，要抓紧实施农业大数据工程，这是"互联网+"现代农业的重点突破。农业条块分割，数据共享的任务异常艰难，所以我们不要只建自己小的数据库，小的数据库刚开始有点用，但是过一段时间没有用了。因为没有进入到大数据的共享，所以要学会建一个相互之间共享的机制。这就是我们的当务之急。要消除信息孤岛，数据壁垒，确实做到数据公开、开放，只有开放的大数据才是真正有附加价值，小数据是没有社会价值，只有你自己公司或者小部门的价值。第四，大力提升农业信息服务，这个是"互联网+"现在的落脚点。不管是 12316 也好，还是其他服务的方式，我觉得应该强调政府的移动终端服务等等，我们最近要大力开展农民手机应用技能培训，因为农民连 APP 都不知道。如果农民都不会用手机，那我们的对象就接不到信息，我们套用一句俗话叫做暗送秋波，没人接收。包括农业生产产生的数据，要让广大农民用起来。第四部分，营造"互联网+"现代农业发展的良好氛围。第一个要强化政府的顶层设计，政府部门和相关部门也要做。在省级层面，相关数据要整合到一个平台。只有各个省整合好了，到了中央层面按照国家规划 2018 年要实现整个数据的互联互通，所以顶层设计非常重要。第二个要发挥企业的主体作用。现在是市场经济，十八届三中全会已经明确市场配置资源的决定性作用，推动任何工作都要从市场的观点出发，需求的观点出发，需求可以是个体，也可以是企业，也可以是农民。研究好了需求再进行企业性运作或者企业运作，政府只能支持或者协作。企业主体作用不到位，就不可以把盆景变成风景。互联网+现代农业这个技术相对工业来说落后了，而且它复杂程度要比互联网+工业复杂很多，因为门类很多，有活体，有生命体，这个是它的挑战。

第六，要加快培育新农民。新农民过去讲是懂技术，会经营，现在可能要加上懂互联网。不懂互联网的农民可能不是新农民。我们讲，团结、协作共同推进农业农村的信息化，共同推动互联网+现代农业这一伟大行动的实现。因为，农民、农村、农业是我们国家永恒的主题。30 年、50 年以后，我们可能还是世界上农民群体最大的国家，以后我们还有很多农民，相当于整个欧洲的人口，所以我们这一代人，我们下一代人，都要树立长期艰苦奋斗的精神。这个事不是一天两天能做的事，只要我们努力，一年进一步，一个单位，一个公司，一个部门来推进，扎扎实实把互联网+现代农业这一艰巨光荣的任务做好。

——屈冬玉

第十节　农村电商未来发展潜力巨大

近日，十部委联合发文重拳治理农村垃圾污染，农村环境问题再次引起关注。除此之外，"十三五"规划中涉及现行标准下农村贫困人口实现脱贫、贫困县全部摘帽等问题。农村脱贫现在还有着哪些问题，又该如何克服呢？24 日 13 时，中国人民大学农业与农村发展学院副院长郑风田就此话题做客人民微博微访谈，郑风田在访谈中称，农村电商未来发展潜力巨大，应是"地方政府+电商平台+自商合力"来建设，才能满足未来的需要。

除了务农，郑风田认为，普通农民有三条路，其一是外出打工，目前最常见的我国城市对打工者的需求目前处于短缺状态；其二是外出学习，为成为职业农民包括家庭农场、专业大户作准备；其三是回乡创业。他指出发达国家从事农业的人口一般都低于 1%，但这些都是职业农民，规模大、学历高，而目前农村还集中了我国一半的人口，一些发达地区农民职业化的比例也挺少的。"职业农民应该是受过专业培训，种植一定规模，会经营管理的农民"，郑风田说道，"农民职业化近两年来国家一直在布置"，不少中等职业学校开始向农业大户开放，不收学费，让未来的农民来接受各种培训。通过培育职业农民，加快土地流转，发展适度规模经营，还可解决农村劳动力不足的问题。

从农业来看，目前我国粮食问题不大，但对于如何种植出更多安全、生态、健康的食品，缺口还很大，挑战也很大；农村整体来看，基础设施、教育与卫生等公共品服务与城市相比差距很大，需要让农村建设得更美丽；农民在农村目前还太多，未来会有更多的农民通过城市化，成为城镇居民。农村城镇化，郑风田认为整体上看是好事。农村若居住太分散，不利于基础设施建设，通过城镇化，适度集中居民，公共品服务提升较快。

郑风田说道，目前我国的整体扶贫战略是精准扶贫，低于贫困线的有 7000 多万人口，国家提出要在 2020 年全面解决，目前这些人都建档立卡，精确解决贫困、代际贫困问题。

"产业扶贫、政府与大企业是中坚。"郑风田称，但对个案的贫困，社会各界都伸出援助之手，"人人都献出一点爱"更有效。

生活水平提高了，人们对美丽乡村的要求也高了，大家希望农村变得美丽整洁。而目前许多村庄规划建设还难以达到这种要求，需要通过村庄规划建设，整体让农村变得美起来。除了环境保护，郑风田说，乡村建设中也应重视医疗、养老、教育等问题。

郑风田认为，农村电商未来发展潜力巨大，电商的影响不可估量，怎么说其大都不算过分，对农村来讲是一个大的机会。农村电商未来发展潜力巨大，应是"地方政府+电商平台+自商合力"来建设，才能满足未来的需要。除了发展农村电子商务，未来农村的休闲产业、安全生产产业，甚至养老产业等都有很大的增长空间。

（来源：人民微博）

——郑风田

专家视点篇

中国农村信息化发展报告（2014—2015）

第三十二章　信息化引领转型发展新时代

一、关注技术革命新趋势

目前，蓬勃兴起的新技术革命，有以下五大趋势，值得我们高度关注。

一是，信息技术创新应用快速深化，体系化创新特征明显。集成电路、基础软件、计算机、通信网络、互联网应用、信息处理等原有技术架构和发展模式不断被打破，创新周期不断缩短，主要环节步入代际跃迁的关键时期。信息领域技术创新交叉融合、群体突破、系统集成特征更加突出，从传统的单点、单环节创新向芯片、软件、系统、网络、内容和服务等多要素集成创新、协同创新、系统性创新转变，单一产品优势加速向产业体系优势转化。

二是，信息基础设施加速向高速化、泛在化、智能化方向发展，成为经济社会发展的关键基础设施。信息基础设施正进入宽带普及提速的新时期，光纤接入和宽带无线移动通信的创新发展将构建无缝连接的高速网络环境。下一代互联网和新型网络架构加快部署，无线频谱与空间轨道资源战略价值和基础作用日益凸显。物联网、云计算、大数据、工业互联网等应用基础设施加速推进，无处不在的信息网络正成为经济社会发展转型的关键基础设施。

三是，信息化从支撑经济发展向引领经济发展转变，成为提振经济的重要驱动力。2011—2014年，全球ICT产业年均增长2.6%，高于全球GDP增长速度。据波士顿公司研究，2016年G20的互联网经济将达4.2万亿美元，未来五年发展中国家的互联网经济将平均以17.8%的速度增长，远超过其他任何一个传统产业。同时，信息化还提供了一条高技术、高效率、高附加值却几乎不增加污染的可持续发展道路。智能制造、智慧农业、智慧城市快速发展正在引领产业转型升级，变革生产方式。

四是，信息化正在形成高效率、跨时空、多功能的网络空间，网络社会、在线政府、数字生活成为现实。世界各国积极开辟、创新利用网络空间打造在线政府，各国积极推行基于网络空间的政务工作模式，实施政务主动服务，促进资金流、信息流、服务流向网上迁移，加快普及网上公共服务。传统的教育、媒体、娱乐等活动的生产组织方式和传播方式加快数字化、网络化转型，网络教育、在线娱乐等新的生产和传播组织方式正加速形成，互联网的信息传播和知识扩散功能进一步强化。人类社会进入了基于信息网络的大创新、大变革时代。

五是，网络空间安全形势日趋严峻，成为国际博弈竞争的新焦点。网络空间正成为新兴全球公域，世界强国围绕网络空间发展权、主导权、控制权的角逐日趋激烈。美国、俄罗斯、英国、法国、印度、日本、德国、韩国等国家，纷纷将网络空间安全提升至国家战略层面，全面强化制度创设、力量创建和技术创新，不断争取网络空间话语权，试图抢占全球网络空间竞争优势。网络空间各国相互依存、相互竞争的现实需求与利益碰撞，使网络空间安全成为大国博弈的新制高点。

二、信息化发展面临三大挑战

"十三五"时期，我国信息化发展面临的问题将主要包括以下三个方面。

一是标准规范滞后。随着信息化进程的加快，标准规范制定脱离和难以跟上实际应用需求的问题日益突出。比如，工业领域亟需制定物联网、云计算、信息系统集成、智能制造等行业性的信息化标准规范。特别是，新一代信息技术发展和应用带来新业态、新模式和新产业，电子商务、数据开放、信息安全、个人隐私、互联网金融等新业务健康发展亟待更加完善的标准规范。

二是网络空间法律法规缺失。当前人类在网络空间的活动大量开展，网络空间的活动正替代现实空间的活动，但是我国目前尚未清晰界定网络空间行为主体的责权利，网络空间的很多新行为亟待法律和制度认可。网络空间的治理和监管本身也亟需规范化、制度化和法制化。

三是信息化管理模式难以适应经济社会快速发展的要求。当前，我国电子政务建设正向集中管理和集成应用方向发展，需要跨部门整合信息资源并实现互联互通，但是受传统管理体制的约束，大量需要互联互通的中央部门垂直业务系统不能互联互通，需要整合的无法整合，需要共享的无法共享，整体成效尚难发挥。

三、加强信息化与经济发展深度融合

"十三五"期间，要以充分发挥信息化对经济社会转型发展的主导作用为主线，全面加强信息化与经济社会发展的深度融合，把数据和信息资源作为重要生产要素，把信息化作为牵引产业结构调整和经济发展方式转变的着力点，把信息化用于解决工业化、城镇化、农业现代化以及国家治理能力现代化进程中最重要最紧迫最突出的问题，释放 IT 红利，发挥信息化对经济社会发展的强大引领作用，打造网络强国，构筑信息时代的国家竞争新优势。

一是加快完善信息化标准规范体系。加大新一代信息技术及应用标准的制修订工作力度，简化标准制定流程，加强对信息化项目的标准规范要求。组织大型企业、行业组织研究制定适合行业特点的"两化"融合技术标准规范，如能源管理系统技术规范、企业信息安全管理体系技术规范、数据中心技术规范等。加强电子商务标准建设，规范电子商务信息发布、信用服务、网上交易、电子支付、物流配送、售后服务、纠纷处理等服务。加快建立智能制造标准体系，破解工业信息系统集成协同应用难题。实施信息技术应用标准规范"先行先试"绿色通道制度，允许一些行业和地方先行实施某些信息技术标准规范，在智能制造标准重大示范项目中率先探索应用模式。

二是建立健全网络空间管理体系。大力推进网络空间立法，形成完备的网络空间法律法规体系。推动建立网络空间行为合法的社会制度，基于可信身份管理，推进网上办公、网络会议、远程服务，推广电子发票、电子单据等，营造一个便捷高效、务实创新、可信可用的网络空间环境。推进网络空间监管的法制化、规范化、透明化。通过立法手段，加强对国家、企业和个人的信息及知识产权的保护。

三是创新信息化管理模式。完善信息化统筹协调机制，明确国务院各部门之间以及中央与地方政府之间在推进信息化中的事权关系，加强电子政务互联互通、协同共享的跨部门协调与合作，形成分工合理、权责明确、聚合力量的信息化推进工作机制。引导各领域、各地区加强信息化发展的统筹规划，重点抓好跨领域、跨地区重大信息化项目的统筹协调。建议推广政府首席信息官制度，将首席信息官纳入政府决策班子。以网上政务服务推动简政放权和行政体制改革，制定公共信息资源开放共享管理办法，鼓励公共信息资源的社会化开发利用。创新信息化投融资机制。加快中国特色新型信息化智库建设，完善重大政策、重大项目专家咨询制度。

四是加强信息化发展水平及绩效评估。完善信息化发展指数、两化融合指数、电子政务指数、信息消费指数的统计监测和绩效评估，建立定期发布统计监测结果的制度。建立统计监测服务平台，为各地开展统计监测和评估提供基于网络的公共服务平台。在此基础上，加大各经济社会领域的信息化指标量化分析和监测，开展信息化对经济社会发展贡献的理论研究，科学分析信息化对于推动经济社会发展的直接贡献和间接效益。

——罗文

第三十三章 关于解决"三农"问题的几点考虑

　　党的十八届三中全会通过的《中共中央关于全面深化改革若干重大问题的决定》（以下简称《决定》）涉及面非常广，包括十八大提出的党和国家事业总体布局的五大领域——经济、政治、文化、社会和生态文明，以及党的自身改革等共六大方面的改革，此外，还涉及国防和军队的改革。我结合自己从事的农业、农村工作，和大家交流一下对《决定》中有关"三农"改革内容的认识，供大家参考。

　　我党在90多年的奋斗历史中，始终把解决好"三农"问题作为革命、建设和改革开放中必须处理好的重大战略问题，基本思想是一脉相承的。2003年1月8日，胡锦涛同志在中央农村工作会议的重要讲话中指出：全面建设小康社会，最艰巨、最繁重的任务在农村，要把解决好"三农"问题作为全党工作的重中之重。10余年来，中央出台了一系列强农、惠农、富农的重大政策，推动农业、农村发生了深刻变化。成就主要表现在三大方面：一是粮食连续10年增产，2013年的粮食总产量达到了12038.7亿斤，比2003年的8614亿斤增长了39.8%，比改革开放前1978年的6095亿斤增长了97.5%，接近翻了一番，确实是非常了不起的成就。这说明党的农村政策确实调动了农民发展农业生产的积极性。二是农民的收入连续10年较快增长，2013年已经是连续第四年农民人均纯收入的增幅高于城镇居民人均可支配收入的增幅，说明城乡居民的收入差距正在逐步缩小。城乡居民收入差距最大的是2009年，达到了1:3.33，即一个城镇居民的收入相当于3.33个农民的收入，2012年这一差距缩小到了1:3.1，2013年有望进一步缩小到1:3左右，这也表明我们的收入分配政策在城乡居民这两大群体之间正在起作用。三是农村基础设施建设、社会事业发展取得了明显进展。过去这10年，是农村路、电、水、气（燃气）等基础设施建设发展最快的阶段；农村社会保障制度在10年前还难以想象，但现在，新型农村合作医疗、最低生活保障、新型农村社会养老保险等制度都已经建立并基本实现了全覆盖。农村的义务教育，不仅率先免除了学杂费，而且还免费提供教科书，对家庭经济困难的孩子给予生活补助、提供免费营养午餐等。尽管在公共服务和社会保障的水平上，城乡之间还有不小差距，但毕竟制度已经建立、差距在逐步缩小。

　　《决定》中看似没有单独的"三农"部分，但它是放在第六部分，即"健全城乡发展一体化体制机制"部分来论述的。这表明党对解决"三农"问题的思想和理论认识在不断深化，明确了必须把解决"三农"问题放在城乡发展一体化的大背景下来考虑。解决"三农"问题最突出的是要解决什么问题？《决定》指出，城乡二元结构是制约城乡发展一体化的主要障碍，所以想解决好"三农"问题、实现城乡发展一体化，首先，必须突破城乡二元结构的体制机制，这是改革的重点。其次，突破了之后，应当建立一个什么样的体制？《决定》明确指出，就是要建立一种在以工促农、以城带乡、工农互惠、城乡一体的新型工农城乡关系基础上的体制。再次，为什么要建立这样的体制？《决定》对此讲得很清楚，就是为了要让广大农民平等参与现代化进程、共同分享现代化成果。理解了《决定》中的这些精神，对今后几年我们如何去推进农村改革发展，就有了一个基本的把握。《决定》围绕健全城乡发展一体化体制机制讲了四大问题：一是强调要加快构建新型农业经营体系，二是强调要赋予农民更多财产权利，三是强调要推进城乡要素平等交换和公共资源均衡配置，四是强调要完善城镇化健康发展的体制机制。我根据自己对《决定》中这部分内容的理解，结合当前农业农村工作中存在的突出矛盾，谈三个问题：一是关于加快构建新型农业经营体系，二是关于农村土地制度改革，三是关于农业转移人口的城镇化。

一、关于加快构建新型农业经营体系

（一）我国农业经营体制的演变

改革开放以来，我国形成的农业基本经营体制，叫做以家庭承包经营为基础、充分结合的双层经营体制，它是在农民创造的"包产到户、包干到户"的基础上形成的。

新中国成立 60 多年来，我国农业的经营体制有过三次大的变化。

第一次是新中国建立前后的土地改革。共产党之所以能够夺取政权，一个非常重要的原因就是获得了广大农民群众的支持。旧中国的工业极不发达，工人阶级的数量有限，要夺取革命的胜利，离开了当时占人口 90% 以上的农民的支持是不可能的。农民为什么支持共产党？是什么吸引了农民参加共产党领导的革命？最根本的，就是共产党所提出的打土豪、分田地的主张。建立根据地、坚持八年抗战靠的是这个，解放战争中摧枯拉朽地打败了 800 万国民党军，靠的还是这个。800 万国民党军，不是都被打伤、打死了，大多数是在党的土地改革政策感召下掉转了枪口、参加了人民解放军。什么原因？很重要的就是解放区实行了土地改革，农民家家户户分到了田地。无论是国民党军还是解放军，当时的人员主体都是农民，而农民的梦想就是耕者有其田，因此国民党军的绝大多数士兵也觉得共产党好，跟着共产党就能分田地。解放战争中，共产党领导的解放区在不断扩大，扩大到那里，土地改革就推进到那里。可以说，是共产党领导的土地改革为革命的胜利奠定了人心基础。随着全国的解放，各地都陆续开展了土地改革，到 1952 年年底，除西藏和台湾外，全国农村都完成了土地改革。

第二次是 20 世纪 50 年代中后期的合作化和人民公社化运动。那个阶段，党对社会主义建设没有经验，又机械地照搬马克思主义经典著作中关于改造小农和消灭私有制的论述，同时又受到苏联计划经济模式的影响，因此在土改后不久，就要求农民"组织起来"。农民不懂什么叫组织起来，但相信共产党，让组织起来就组织起来，于是农村就发展起了互助组、合作社。最开始的合作社叫初级农业生产合作社，它的基本特征是土地由合作社统一经营，但属于各家各户的土地所有权不变，分配实行按劳分配与土地分红相结合。因为不改变土地的所有制，因此农民对初级社接受程度比较高。但很快，党又提出了发展高级农业生产合作社。高级社的变化就大了，入社后各家各户的土地所有权归集体了，分配也取消了土地分红。由于农民群众对党的高度信赖，于是尽管内心有想法和抵触，但多数还是加入了高级社。但高级社建立不久，党又提出了要办人民公社。人民公社的特征是"一大二公"，"大"就是规模大，开始时有的地方一个县就是一个公社；"公"就是公有化程度高，农民除了住宅和一些如锄头、镰刀等小农具之外，土地、耕畜、犁、耙、大车等农具一律都归公。从 1952 年底完成土地改革，到 1958 年底实现人民公社，短短的 6 年时间就把农户私有的土地变成了集体所有，农业实行统一经营、统一核算、统一分配，农民适应不了，很快就出现了吃"大锅饭"、出工不出力等现象，农村生产力的发展遭受了严重挫折。

经过不断调查研究，1961 年 6 月，党中央出台了《农村人民公社工作条例（修正草案）》，明确了农村实行"三级所有、队为基础"的体制。当时在人民公社内部有三级组织，最底层的叫生产小队，相当于目前村民小组的范围；中间的叫生产队或生产大队，相当于目前村民委员会的范围；最上面的就是公社，相当于目前的乡（镇）范围。"三级所有、队为基础"，就是明确土地属于生产队所有，在生产队的范围内实行统一经营、核算和分配。这里讲的生产队，在多数地方是指生产小队，就是自然村。现在农村的土地所有权，大体上仍然维持在这样的范围内。农民在几百亩地、几十户人家规模的集体内开展生产，大家都很熟悉，谁干活出力、谁不出力，人人心知肚明，因此吃"大锅饭"的现象比以大队、公社统一核算时有所收敛。但是，毕竟种的不是自家的地，打的不是自家的粮，尽管核算单位缩小了，但还是难以充分调动全体农民的生产积极性。因此，在高级社时的 1956 年、人民公社时的 1960 年等，农村不少地方都出现过农民自发的包产到户现象，当然，后来都受到了批判，被压制下去了。

第三次就是改革开放时期，农业实行了以家庭承包经营为基础、统分结合的双层经营体制。为什么农民老想回到家庭经营呢？这不能简单地用所谓的农民小农经济观念来解释，更主要的还是农业这个特殊产业的自身规律在起作用。

（二）农业的特殊性

农业是个很特殊的产业。它的特殊性主要体现在以下几个方面。

一是农地作为生产资料所具有的特殊性。土地是农业最基本的生产资料，土地的特殊性首先表现在它的不可移动性上，所谓一方水土养一方人。贫瘠的土地往往缺乏水源，但也许隔几十里、上百里就有江河湖泊，但土地移动不了，想要用上水就要开沟渠、修水库，搞农田水利基础设施建设，这就要有很大的投入。如果增加了投入，提高了产能的土地却不归投入者经营了，那农民肯定不愿投入。其次，只要珍惜土地，土地是可以永续利用的。中国是世界上历史最悠久的农业文明古国，对处于黄河流域的西安半坡遗址的发掘，证明我们的先祖在 8000 多年前就已经在种植谷子；对处于长江下游的宁波余姚河姆渡遗址的发掘，证明那里种植水稻的历史已经有 7000 多年了。如今，黄土高原多数地方的土地都已经成为最贫瘠的土地，而浙江的宁绍平原却仍然拥有最肥沃的土地。为什么？就是因为对待土地的态度不同。黄河中游是中国古代的政治中心地域，长期的战乱、毁林和大兴土木，导致生态环境的严重破坏，而对耕地的掠夺式经营，又导致了土壤肥力的流失；但长江下游则不同，社会相对比较安定，因此农民珍惜土地。马克思主义经典著作中有很多关于人类的生产活动导致自然界报复的论述。如中东的两河流域，即伊拉克的幼发拉底河与底格里斯河流域，也是最古老的农业文明发源地之一，但由于无节制地开发和对土地的掠夺式经营，最后使那里变成了荒漠。珍惜土地，土地就可以永续利用；而掠夺式经营，却可以使良田变成荒漠。这就是作为农业基本生产资料的耕地的特征。这与其他产业很不相同，其他产业的生产资料在使用过程中都会不断磨损、折旧，最终再也不能使用。由于耕地所具有的这种特性，农业的经营体制就必须使农民对自己经营的耕地有稳定的预期，这样才能引导他珍惜土地、荫及子孙。

二是农业的生产过程具有特殊性。农业的生产过程就是生命的生长过程，无论是庄稼、畜禽、水产品还是林木，都是有生命的东西，都是从种子（胚胎）逐步生长发育为农产品的。春种秋收，在这个过程中地里的庄稼天天都在发生变化，天天都会有新的需求，它"渴了""饿了""病了"，每时每刻都需要农业经营者关心它、照料它，否则它就生长不好。而处于田野中生长的庄稼，面对的自然界也在不断地发生变化，不仅一年有四季，甚至每天也会有变化，阴晴雨雪变化莫测。农作物生命的变化与自然界的变化相结合，就使得农业成为世界上最复杂的产业之一。农民要在这两个变量的结合中做出正确的抉择，就必须要有充分的经营自主权，必须能够在田间现场随时做出决策。因此，农民不能像工人那样按时上下班，农产品也不能像工业品那样在流水线上按规定的程序进行标准化的生产。这就引出了一个大问题：怎样才能对农业经营者的劳动进行监督和计量？人民公社时期为了解决这个问题采取过不少措施，如定额管理、小段包工、评工计分等等，但都是因为无法有效解决这个问题才出现了吃"大锅饭"现象。只有把庄稼从种到收的全过程都交给一个人或一个家庭去负责，才能在不需要监督的情况下也能让农民自觉自愿地全力去做。这就是为什么即便在农业最发达的国家，家庭经营仍然是最主要经营形式的根本原因。家庭是规模最小而最紧密的经济共同体，在家庭内部不需要严格的劳动监督和精确的劳动计量，因此它是农业中管理成本最低的经营体。从这个意义上讲，古今中外都一样，不是家庭经营选择了农业，而是农业选择了家庭经营，这是由农业生产过程的特殊性所决定的。

三是农业中的劳动具有特殊性。庄稼长在地里往往需要几个月的时间才能成熟，但农民不必天天都在地里劳动，这就出现了马克思所说的"生产时间与劳动时间的不一致"问题。农民说，一个月过年，两个月种田，九个月挣钱，说明在农业生产过程中，农业劳动者存在着大量的剩余劳动时间。充分利用好这些剩余劳动时间，是农民增收致富的重要途径。必须使农业经营者有充分的经营自主权，才能利用好农业的剩余劳动时间。农业与副业相结合，种田与外出打工相结合，这是农业中生产时间与劳动时间不一致所产生的必然要求。人民公社时期强调劳力统一调配、劳力必须归田，不知道浪费了农民多少剩余劳动时间，农民能不穷吗？而家庭经营，劳动力由家庭自主支配，农忙时，全家男女老少一齐上；农闲时，妇女和老人在家搞副业，青壮年劳力外出打工挣钱，这也是农业生产的特殊规律使然。

四是世界上有两种不同的农业。一是传统国家的农业，以亚洲、中东、西欧和中欧的国家为代表。这些国家的农业发展历史很长，人口繁衍多，基本特征是人多地少，由此就形成了农民依村庄而集居的农村社会特点。二是新大陆国家的农业，以南、北美洲和大洋洲为代表。之所以叫新大陆国家的农业，是因为那里的农业，是在哥伦布发现新大陆以后，由欧洲的移民去了才大规模开发的。因此农业的发展史很短，基本特征是人少地多，家庭农场的规模可以大到几万亩地。由此也就形成了那里的农村社会特点：没有村庄，家家户户都分散地居住在自己的农场里。这两种农业，不仅有经济学上的差别，还有社会学上的差别。经济学上的差别主要是由资源禀赋、历史渊源所引起的；社会学上的差别，就在于传统国家的农村有村庄，而新大陆国家的农民都单户独居。这两种农业可以相互借鉴，但无法照搬。有些同志看了新大陆国家的农业，认为现代农业就应该是那种样子。殊不知那是照搬不了的，硬要照搬，必定会落个邯郸学步的结果。因此中央才强调要坚持走中国特色农业现代化道路。

讲了这么多我国农业经营体制演变的历史，讲了这么多农业的特殊性，其实就是想强调两点：一是历史的教训不能忘记，二是农业的规律不能违背。

（三）构建新型农业经营体系

改革开放35年来，以家庭承包经营为基础、统分结合的双层经营体制已经确立，但在工业化、城镇化的推动下，农村正在发生深刻的变化。最显著的是，大量青壮年劳动力离开土地，到城镇和二、三产业去就业，不少地方的农村出现了"村庄空心化、农业兼业化、农民老龄化"的现象，农村的经济和社会结构都在发生深刻变化，农业农村的发展又走到了一个需要变革的关键阶段。其实面对新情况，农民一直在探索家庭经营基础上的新的经营形式，否则也不会有近些年农业的好形势。我国农村有2.3亿承包农户，由于工业、基础设施和城镇建设对农村土地的占用，由于一部分农民外出打工后把土地的经营权流转给了别人，因此，现在还在经营土地的农户已不足1.9亿户，流转出土地经营权的农户约有4500万户，约占承包农户总数的20%，流转出去的耕地约占农村全部承包耕地合同面积的24%。近1.9亿农户经营18亿亩耕地，户均不足10亩地，如此小的规模，效率当然不高。因此农村土地在家庭承包经营的基础上就衍生出了许多新的经营形式。如专业大户、家庭农场、专业合作、股份合作、企业化经营、农业产业化经营等。到底采用什么形式，要根据当地的实际情况，要按照农民的意愿。

在农民的创造中，一些根据不同农产品各不相同的生产特点而形成的新型农业经营形式已经初见效果。如生产粮棉油等大宗农产品，它的效率主要取决于耕地的经营规模，我们称它为土地密集型的农产品。但农村目前大多数农户的经营规模都有限，如何才能以现代生产手段来进行粮棉油的生产呢？于是有些地方就出现了"托管""代耕"等形式，即把自家承包的耕地委托给其他拥有大型农机具的农业经营主体来耕作，付给一定费用，产品仍归自己。有的地方外出就业的劳动力多，承包土地的农户就加入农业合作社，由合作社去经营土地，自己获取土地租金和收益分红。还有些地方把土地流转给其他愿意务农的农户，形成了适度规模经营的家庭农场。但家庭农场经营的土地面积也不足以发挥全套农机具的效能，于是就通过购买服务的形式，让农机服务组织或农机专业户来承担耕、种、收等生产环节，形成了"耕、种、收靠社会化服务，日常田间管理靠家庭成员"的经营方式。

这些多种经营形式有一个共同的特点，就是要发挥现代农业机械的优势，以降低生产成本和劳动强度，获得更好的经济效益。但耕地的经营规模有限，购置全套农机具经济上并不划算。在这种情况下，农业的经营主体就开始出现了分工：一类是生产农产品的经营主体，另一类是提供农业社会化服务的主体，而这两者的结合，就产生了新的经济效益。如每年夏收季节，农业部门都组织几十万台联合收割机进行跨区作业。我国幅员辽阔，同一类农产品在各地的播种和收获时间有很大差别。如小麦，在长江以北地区，收获冬小麦最早的是河南的南阳，一般是 5 月下旬；而黑龙江的春小麦要到 8 月才能收获。有了这样的时间差，就为农机的跨区作业提供了条件。把黑龙江的联合收割机运到河南，一路向北收割，回到家正好收自家的麦子。这是两全其美的事情：绝大多数经营小规模土地的农户不必购置农机也可以得到农机服务，而购买了农机的农户通过为更多农户提供服务，延长了农机的作业时间、扩大了作业面积，使农机获得了更好的经济效益。我把这种经营形式称作"以扩大服务规模来弥补耕地规模的不足"，这是中国农民的一个很了不起的创造。

但蔬菜水果等农产品的生产效率，则主要取决于作物品种和栽培技术的选择，以及高效率的营销。农民通过组织专业合作社的方式，就能够使这些方面的少数"能人"发挥带动多数农户的作用。因此，农业专业合作社在这些产品的生产中就受到农民的普遍欢迎。而现代化的设施农业或规模化的养殖业，由于投资大、技术和管理要求高，引入社会资本就成为很多地方农民的选择。

（四）在创新农业经营体系过程中需要注意的问题

一是创新农业经营体系必须从实际出发，要注重各地资源禀赋的差别，注重各类农产品生产特点的差别；要尊重农民的意愿，允许多种形式的经营主体共同发展，最终由实践来选择。要把生产农产品的主体和提供农业社会化服务的主体放在同等重要位置来关注，以提高农业生产的专业分工和社会化水平。

二是在培育新型农业经营主体的同时，必须继续关注普通农户的生产发展。在相当长的时期内，普通农户仍然是我国农业中数量最大、经营土地面积最多的经营主体。目前，普通农户的数量接近 1.9 亿户，经营着我国农村 90% 以上的耕地面积（包括流转进来的耕地），是农业中当仁不让的最主要经营主体。农业人口和农户数量的减少，将是一个长时期的渐进过程。因此，在培育新型农业主体的同时，切不可忽视普通农户的状况，同样要给予他们在政策上的扶持和鼓励。

三是把握好土地规模经营的"度"。我们经常讲要发展农业的适度规模经营，但到底多大的规模才算"适度"，这确实是一个颇费思量的问题。推进农业的规模经营要与城镇化和农业人口的转移状况相适应，要与农业科学发展和技术进步的程度相适应，要与农业社会化服务的水平相适应。这都是正确的，但似乎表述得太原则。有没有具体的衡量标准呢？我在国内外的调研中受到了很大的启发。2012 年我到日本进行农业交流时发现：一是日本农民老龄化严重，到 2011 年年底，260 万农民中 65 岁以上的老人已经占到了 62%；二是加入 TPP（跨太平洋战略经济伙伴协定）谈判中正在经受着美国要求他们大幅度降低农产品进口关税的煎熬。这两方面的问题对日本农业可说是生死攸关。因此，日本政府正在抓紧推进农业的规模经营。他们提出，力争用 5 年时间，实现平原地区的水稻生产达到户均

20 公顷的规模。我问他们的农林大臣，这 20 公顷是怎么定出来的？他说根据两方面的要求，第一是生产成本，在日本现有的生产水平下，平原地区在 10 公顷的规模时，生产每公斤稻谷的成本最低；第二是农民收入，日本政府要求农户的收入不低于非农户的收入，目前日本的户均收入约为 600 万日元（相当于近 35 万元人民币），而依靠 10 公顷耕地上产出的稻谷，达不到这个水平，因此水稻专业农户需要 20 公顷的耕地。显然，他们把专业农户的收入水平作为确定经营规模的重要指标。

我了解到上海松江区家庭农场经营规模的确定也有类似之处。松江区工业发达，80%以上的农业劳动力已经转移就业，因此从 2007 年就开始发展家庭农场。那时的平均规模为130 亩左右。但发展到现在，家庭农场的数量增加了，规模却反而有所缩小，2013 年的平均规模为 113 亩。为什么会出现这样的情况？通过调查了解到，松江的农业社会化服务体系非常完善，农民种地的劳动强度并不大，但一年两熟，每亩耕地的纯收入可以达到 750元左右。我们访谈的一个农户两口子经营 113 亩耕地，一年务农的家庭纯收入可以达到 8万元以上。而上海市 2012 年城镇居民的平均可支配收入为 40188 元，可见松江家庭农场的人均年纯收入已与上海城镇居民的平均可支配收入不相上下。于是，家庭农场主就成了抢手的好职业。不必外出打工，吃住都在家里，劳动强度大的生产环节可以购买社会化服务，一年的纯收入还不比城里人少。于是当家庭农场主的竞争就激烈了，农场的耕地规模至少在近期内也就难以扩大了。松江当地的干部和农民对我讲，是培育一个经营上千亩地、年纯收入 80 万元的大农场主好呢，还是发展 10 来个经营百余亩地、年纯收入 8 万元的家庭农场好呢？他们的答案是后者更好，因为发展农业，除了要讲效率，还要讲资源分配的公平和农民就业的充分。我觉得在我国农业人口的转移还面临不少困难的现阶段，这样考虑农业经营规模的"度"是很有道理的。当然，随着城镇化的不断推进和农业人口的进一步转移，农业的经营规模也必然会逐步扩大。

二、关于深化农村土地制度改革

农村土地制度的改革，是非常敏感、复杂且有较多争议的问题。因为土地制度是农村的基础性制度，对它的改革，不仅涉及 2 亿多农户的切身利益，而且关系到建立在现行农村土地制度之上的农村集体经济组织制度、农业基本经营制度、农村村民自治制度等一系列农村重要经济社会制度今后发展变化的走向。同时，农村土地又是重要的自然资源，它不仅是农民最基本的财产权利，而且在工业化、城镇化快速推进的背景下，还具有巨大的潜在增值空间。因此，农村土地制度的改革，必然受到全社会的普遍关注。深化农村土地制度改革，是《决定》中的一大亮点，我谈谈对其中三个方面问题的理解。

（一）关于农村集体建设用地与国有土地具有同等权利进入建设用地市场

这不仅关系到农民土地权利的实现，更关系到获取城镇建设用地的方式改变，所以格外受人关注。但必须看到，《决定》中对于允许进入建设用地市场的农村集体建设用地，是有严格规定的：只有符合规划和用途管制的集体经营性建设用地才能进入建设用地市场，也就是依法批准的原乡镇企业用地。为什么要有这样的规定？这是因为土地的利用必须符合规划，国家要对土地利用实行用途管制。有些人说，《宪法》明确农村土地除法律规定的以外属于农民集体所有，为什么农民使用自己的土地还要受这么多限制？这是因为任何国家的土地制度都至少有两个基本点，一是土地的产权制度，它的主要功能是清晰土地产权、保障土地产权人的合法权利；二是对土地利用的管理制度，因为土地是有限的，而任何土地的利用都会产生外部性，因此，土地必须按规划使用，国家对土地利用要实行严格的用途管制。土地制度中的这两个基本点是相辅相成、不可偏废的。不清晰产权，就不可能有市场经济；不依法保障合法产权，就不可能形成公正的社会财产制度。而不按规划使用土地，则必然会导致土地利用的无序和土地市场的混乱，后果不堪设想。

我国现行的土地制度，在征收农民集体土地时对农民土地财产权利的保障不够，补偿水平低，程序不规范，农民缺乏充分表达利益诉求的渠道，征地过程也缺乏调解利益纠纷的有效机制。正因为这样，社会对农村土地问题的关注，才更多聚焦于农民土地权利的保障和实现。这也说明，我国的征地制度必须进行改革。对此，《决定》给出了改革的基本方向："缩小征地范围，规范征地程序，完善对被征地农民合理、规范、多元保障机制。"同时，《决定》还指出，对改变用途的土地，要"建立兼顾国家、集体、个人的土地增值收益分配机制，合理提高个人收益"。从实际情况看，土地改变用途后的增值，必须对五个利益相关方进行合理的分配：一是土地的原有使用者，必须使他们的生活水平有提高、长远生计有保障，因此《决定》特别强调要合理提高个人收益；二是政府，只有政府对土地进行基础设施建设和人居环境投入，土地才可能增值；三是房地产开发商，如果没有合理的利润，就不会有人来开发土地；四是使用改变用途后土地的居民，合理的房价才能让居民买得起房；五是远离城镇、很难有按规划改变土地用途机会的农区农民，他们也需要在城镇化的带动下进行农村基础设施建设和改善基本公共服务。

但无论是改革征地制度，还是建立土地增值收益合理分配的机制，都不可能得出土地可以不按规划使用，国家应当放弃对土地的用途管制，土地的产权人可以任意使用土地的结论。实际上，越是完善的市场经济制度，对土地的利用就越有严格的用途管制。就像汽车，国家必须依法保障汽车产权人的合法权利，但汽车产权人在使用汽车时必须严格遵守交通规则一样，土地产权人对土地的利用必须符合规划，否则他的权利就不可能得到法律的保护。有人认为，说"小产权房"不合法，是对农民集体土地所有权的歧视。其实这是极大的误解。"小产权房"之所以不合法，不是因为它建在农民集体所有的土地上，而是因为它建在了规划不许可的土地上。违反规划搞建设，无论在农村还是在城镇，都是违法的，这与土地的所有权无关。

农村不是搞建设的地方，这是土地利用规划确定的，世界各国都是如此。但由于农民的生产生活需要，农村又必须有一定的建筑。对农村的建筑，世界各国都采取"自有自用"的制度，即以农民自有的土地，建设农民自用的建筑。如果要对农村土地进行非农业建设开发，就必须依法调整规划，并按非农业建设用地的审批程序获得批准。我国农村有三类集体建设用地，分别是农民宅基地、乡村公共设施和公益性用地、乡镇企业用地，前两类都属于"自有自用"的性质，只有依法批准的乡镇企业用地，在企业发生破产、兼并等情形时，才允许其土地使用权依法转让。这就是为什么《决定》明确规定"在符合规划和用途管制前提下，允许农村集体经营性建设用地出让、租赁、入股，实行与国有土地同等入市、同权同价"的原因。因此，不是全部农村土地，也不是农村所有的集体建设用地都可以进入建设用地市场。

（二）关于农户土地承包经营权的抵押、担保、入股

《决定》提出："赋予农民对承包地占有、使用、收益、流转及承包经营权抵押、担保权能，允许农民以承包经营权入股发展农业产业化经营。"在《物权法》《农村土地承包法》中，已经明确农村土地承包经营权人依法对其承包的土地享有占有、使用、收益、流转的权利，因此，《决定》对承包农户增加的是关于以承包经营权进行抵押、担保和入股的权能。完整的财产所有权包括对财产的占有、使用、收益、处分四大权能。农户通过依法承包获得的是集体土地的用益物权，而对财产的处分权在通常情况下都是属于所有权人的权利。承包农户如果拥有了对土地的完整权能，那就成了土地的所有者，而农村土地的集体所有制也就不可能存在了。因此，承包农户不可能获得对土地的处分权。但允许农民以土地的承包经营权抵押、担保、入股，涉及的到底是承包地的哪项权能呢？我们都知道，农业的家庭承包经营是在土地所有权和承包经营权实行"两权分离"的基础上实现的，而随着农村经济社会的发展，农户承包的土地又出现了承包权和经营权分离的现象。土地的承包者把土地的经营权流转给了别人，而自己则仍然享有土地的承包权，并以此获得土地的流转收益。于是，农村土地就出现了所有权、承包权、经营权"三权分离"的现象。允许抵押、担保、入股的是土地的经营权，包括由农户自己经营的承包土地的经营权。土地的承包权不能用于抵押、担保、入股，因为法律规定，农村土地家庭承包的承包方是本集体经济组织的农户，同时《决定》也明确要求："稳定农村土地承包关系并保持长久不变"。这都说明，农户对本集体经济组织土地的承包权，是他作为本集体经济组织成员权的体现，是不能被任何其他主体所取代的。但允许农户以承包土地的经营权抵押、担保或入股，即使经营失利，农户也不会失去土地的承包权，更不会影响土地的集体所有制。实际上，以承包土地的经营权向金融机构抵押融资，所抵押的只是土地的预期经营收入，是现金流而非不动产，类似于订单质押的性质，因此它不可能使农户失去对集体土地的承包权，但却可以在一定程度上缓解农民的融资难问题。

（三）关于农民住房财产权抵押、担保、转让的试点

对农村宅基地的管理主要有五方面的有关规定，一是只有本集体组织的成员才能申请本集体组织的宅基地；二是实行"一户一宅"制度；三是宅基地的面积由各省区市政府规定；四是依法获得的宅基地实行无偿长期使用；五是农民的宅基地和住房允许在本集体组织成员间转让，农民的住房允许出租，但转让和出租后不得再申请宅基地。现行法律明确规定农村的宅基地不得抵押。不少人问：城镇居民的住房可以抵押，农民的宅基地不得抵押，这是否对农民不公平？对这个问题要作具体分析：一是城乡之间土地的所有权范围不同。城市土地属于国家所有，也就是全民所有，因此我国任何公民和法人都可以依法获得国有土地的使用权，也包括农民。农村的土地属于农民集体所有，而农民的集体组织是非常具体的，每个集体组织的成员只能在本集体组织内申请宅基地的使用权。二是获取土地使用权的方式不同。城镇居民获得国有土地的使用权，是通过购买商品住宅的方式实现的，而农民的宅基地则是依法在本集体组织内无偿获得的。实际上，即便在城镇，有些权能不

完整的居民住房，如经济适用房、安保房、共有产权房等，依法也不能抵押或上市转让。因此不能将农民的宅基地和住房与城镇居民的商品房在权能上做简单的类比。

《决定》提出："保障农户宅基地用益物权，改革完善农村宅基地制度，选择若干试点，慎重稳妥推进农民住房财产权抵押、担保、转让，探索农民增加财产性收入渠道。"为什么提法如此谨慎，是因为有些问题还需要探索。如"农民住房财产权"与宅基地使用权是什么关系？住房的抵押、担保和转让，依法必须是"房地一体"的，即抵押房屋就必须一并抵押房屋所占用的土地使用权，否则就会引发纠纷。但农村的宅基地能否转让给本集体组织以外的人员？如果能，那就打破了只有本集体组织的成员才能在本集体组织申请宅基地的原则，这会带来什么样的后果？如果不能，那又何来的住房财产权转让？如何解决这样的矛盾，显然需要探索。在现实生活中，法律规定农户只享有占有和使用宅基地的权利（因为它是"自有自用"的），但由于人口的流动，一些地方的农民实际上已经享有了对宅基地的收益权利，在"城中村"、城乡结合部的农房出租现象已经大量存在；一些已在城镇购买了商品房的农户，把自家在农村的住宅转让给本集体组织以外的人也并不鲜见。但由此也出现了大量不规范甚至不合法的现象，如有些农户通过各种手段占有了多处农村住宅或占用宅基地严重超标。不对这样的问题进行清理就允许农房转让，不仅会造成对多数农民的不公平，还会导致大量违法占用耕地的现象蔓延。正因为既要使农民能够增加财产性收入，又必须制止农村乱占土地、乱建房的现象，所以需要探索行之有效的办法以逐步形成制度。因此，对于农民住房财产权的抵押、担保、转让，只能在经批准的地方开展试点。

实际上，即便是在实行土地私有制的地方，尤其是在那些以村落为基础实行农村社会治理的国家和地区，法律对于农地、农房的抵押、担保、转让也是有非常严格的限制的。如在日本，商业银行一般都不会接受农地和农房的抵押、担保；农房的转让一般都必须与农地的租赁、转让相结合，而农地的租赁、转让，则除了当事人双方同意外，还必须获得当地农民自治组织的同意和地方政府的批准。在我国台湾地区，非农民可以依法购买农地，但只能用于耕作，不许建造房屋。2011 年 10 月，在台湾地区的所谓选举中，民进党蔡英文的竞选搭档苏嘉全，就因为是非农民而购买了农地建造豪宅，结果搞得鸡飞蛋打：不得不无偿捐献出了土地和住宅，最终也没能选上。可见，在人多地少、有传统村落结构的地方，对农地和农房的抵押、担保、转让都十分谨慎，主要是为了避免农地的过度集中和农村传统社会结构的过早瓦解。从我国的情况看，我们希望工业化、城镇化能够更多地稳定转移农业人口，以逐步扩大农业的经营规模；但允许非农民到农村去购置第二套及以上的住房用作休闲，可能与现阶段的国情并不相符。因此，在农民住房财产权抵押、担保、转让问题上，必须把握坚守底线、试点先行的原则。

三、农业转移人口的城镇化

城镇化的关键是实现农业人口稳定地向城镇迁徙。我国 2012 年的城镇化率，按常住人口统计为 52.6%，达到了世界平均水平。但如按户籍人口统计，城镇化率只有 35%，即城镇中有 1/3 的常住人口是没有当地的城镇户籍的，其中主要是来自农村的转移人口。这表明我国城镇化的任务还非常艰巨。实现农业转移人口的城镇化，至少有四件大事必须逐步解决好。

（一）农村转移劳动力在城镇的就业问题

农业人口向城镇转移的关键，在于进城农村劳动力的就业。2012 年，我国城镇就业人员总数为 37102 万人，其中在国有单位就业的有 6839 万人，只占总数的 18．43%，这表明非国有单位目前已经容纳了城镇 80%以上的就业人员。因此，要想真正解决好转移到城镇来的农村劳动力就业问题，就必须大力促进非国有经济的发展，否则就不足以解决这个大问题。

（二）进城农民的住房问题

据有关部门统计，2011 年进城农民工的住房问题，有 52%是靠用人单位提供的集体宿舍，也就是一个铺位；有 47%住的是租赁房，其中绝大多数都是租住"城中村"、城乡结合部的农民住房；只有不足 1%的农民工在城镇购买了自有住房，而全部农民工中缴纳了住房公积金的人数不足 3%。可见，解决好进城农民的住房问题确实还任重而道远。

（三）进城农民工的基本社会保障问题

对中部某省会城市的调查，如按当地政府 2011 年的规定足额缴纳各项社会保险金，每个农民工每月自己需要缴纳 166 元，用人单位需要为每个农民工缴纳 516 元，合计为每人每月 682 元，每人每年为 8184 元。据有关部门统计，农民工中缴纳社会保障金的比重还很低，其中缴纳城镇养老保险、医疗保险、工伤保险和失业保险的分别只占 16.4%、18.6%、27%和 9.4%。可见缺口之大。现在许多小微企业和个体工商户都不与农民工签订正规的劳动合同，也就谈不上缴纳社会保险金，因此必须加强对劳动合同的管理。而大量从劳务公司等中介机构那里批量使用农民工的企业，往往对由谁来代缴农民工的社会保险金缺乏严格的规定。同时，农民工转移就业地点或回乡时不能转移接续个人账户以外的社会保险金，也严格抑制了农民工在城镇缴纳社会保险金的积极性。

（四）农民工随迁子女的义务教育问题

我国共有义务教育阶段的孩子约 1.5 亿人，其中城镇户籍的约 3000 万人，农村户籍的约 12 亿人，2012 年随父母到城镇接受义务教育的农村孩子有 1260 万人。但即便只有 10% 强的农村孩子到城镇来接受义务教育，许多城镇就已经难以承受，因为进城就读的农村孩子已经相当于当地城镇义务教育阶段孩子总数的 30%～40%，甚至更高。随着城镇化的推进和农业转移人口的增加，这一矛盾将越来越突出，因此必须加快推进教育资源在城乡之间的合理配置，否则就难以适应这样的发展趋势。同时，解决了农民工随迁子女在城镇的义务教育问题，紧接着的就是必须解决他们高中阶段的教育和如何参加高考的问题。

上述几个问题没有一个是简单的，因此千万不能把城镇化进程想简单了。解决上述问题，既要通过深化改革来完善城镇化健康发展的体制机制，还要形成推动城镇化进程与新农村建设双轮驱动的局面，使将来留在农村的数亿人口也能分享现代化的成果。

——陈锡文

第三十四章 大数据推动农业现代化应用研究

在中国经济进入新常态，增速放缓背景下，农业面临如何继续强化基础地位、促进农民持续增收的重大课题；在国内生产成本快速攀升，大宗农产品价格普遍高于国际市场的"双重挤压"下，农业面临如何创新支持保护政策、提高农业竞争力的重大考验；在资源短缺，污染加重"双重约束"下，农业面临如何保障农产品有效供给和质量安全、提升农业可持续发展能力的重大挑战；在城乡资源要素流动加速、城乡互动联系增强、城镇化深入发展背景下，农业面临如何加快新农村建设步伐、实现城乡共同繁荣的重大问题。新常态、新背景下，这些系统性难题能否解决，直接关系到农业的转型升级和持续发展。

纵观农业发展历史，农业每一次大的跨越都离不开基础科学的飞跃，孟德尔、摩尔根的遗传学理论和李比希的植物矿质营养学说的出现，推动了现代育种技术和农业化学技术的发展，给世界农业发展带来了第一次农业技术革命。如今现代信息技术和生物技术成为了推动农业发展的新型主导力量。信息化和农业现代化成为"四化同步"战略的重要组成部分。但是农业现代化是"四化同步"中的短板，需要信息化这个新型杠杆的强力撬动。据相关研究测算，信息化投入（信息化发展指数）增长 1.00%，GDP 增长 1.14%，是资本投入贡献率的 1.60 倍，是劳动投入的 4.50 倍。从 1936 年图灵机的发明到 1945 年冯·诺依曼机的出现，再到万维网的发明，人类仅仅用了几十年的时间就进入了 IT 互联时代。而随着物联网、云计算、移动互联，"互联网+"等的发展，海量数据爆炸式增长，人类社会正在快步进入 DT 大数据时代。信息化已经成为中国经济转型升级的重要力量，以大数据为代表的信息生产力已经成为支撑国家经济发展的新型动力。

大数据时代的到来并非偶然发生，而是信息技术指数级发展，农业数字化不断推进的必然结果，信息化的基础是数字化，数字化过程中产生了大数据。首先，以互联网技术、传感感知技术、射频识别技术等为代表的现代信息技术的快速发展，使得数据的产生无处不在，无时不有，人类生产数据的能力空前加强；其次，信息技术的增长超越了线性约束，摩尔定律发挥了重要作用，18 个月左右计算性能提高一倍、存储价格下降一半、带宽价格下降一半，使得人类保存数据的能力显著增强；再次，随着联网用户和设备数量的急速攀升，联入网络的价值显著增加（梅特卡夫定律），进一步推动了信息技术的快速成长，数据挖掘、机器学习等智能方法和算法的应用，使得数据的处理分析显著增强。可以这么说，大数据的应运而生得益于数据产生、存储和挖掘等一系列技术的升级。根据国际数据公司（IDC）预测，到 2020 年，全球数据量将达到 40ZB。如果把物理客观世界看成一个维度，那么数据就是物理世界在另一个纬度信息空间上的映射和痕迹，物理世界的一切就都可以通过大数据反映出来。海量的数据在运动中形成了数据流，帮助我们更好的认识物理世界和我们自身。

究竟什么是大数据呢？从学术界和企业界的定义来看，目前从数据特征出发对大数据进行定义的占据主流，认为大数据是涵盖规模（Volume）、类型（Variety）、价值（Value）、速度（Velocity）、精度（Veracity）和复杂度（Complexity）等基本特征的数据集及其相关的一系列技术体系。从技术发展的角度来看，大数据是一个动态、复合、发展的概念，是一种未来发展的技术趋势，是一种科研范式的改变，是一种与材料和能源一样重要的新型战略资源。

目前，互联网行业是大数据应用的领跑者，农业正在与大数据加速融合拓展。大数据已经得到政府、学术界和企业界普遍的重视，2015 年国务院相继发布《国务院办公厅关于运用大数据加强对市场主体服务和监管的若干意见》和《国务院关于积极推进"互联网+"行动的指导意见》。大数据发展的环境得到持续完善。从技术发展的角度来看，大数据正在从热炒概念向实际应用转化，其发展前景依然广阔。根据 Gartner 在 2014 年发布的《技术成熟度曲线特别报告》（Hype Cycle Special Report），"数据科学"成为了新面孔，大数据相关技术的演进在未来一段时间内仍将展现出强大的生命力，相关市场的营收也将不断放大。未来，数据资源将成为国家新型战略资源，数据能力将成为现代农业发展的新型力量和推动国家进步的新型竞争力。但同时值得注意的是，大数据在异构性、规模性、时间性、复杂性、隐私性等方面仍面临巨大挑战，真正的科学大数据如农业科学大数据能在农业科学中发挥作用还有很长的路要走。

一、大数据对现代农业发展的作用

中国农业的根本问题是效率不高、效益不强、效能不够，原因在于各生产要素缺乏耦合效应，产业链衔接不紧，农业大系统循环性、协同性不够。这导致了农业发展较为粗放，而这种粗放是与长期以来农业基准数据资源薄弱、数据结构不合理、数据细节程度不够、数据标准化、规范化水平差等原因紧密相连。

随着物联网、云计算、移动互联等技术的突破，更多的数据得到收集，数据流动性得到了最大程度释放，数据分析和服务能力得到显著增强，大数据逐渐成为了农业生产的定位仪、农业市场的导航灯和农业管理的指挥棒。

（一）大数据是现代农业生产经营的"定位仪"

中国要强，农业必须强。2014 年，中国粮食生产实现创纪录的"十一连增"，总产达到 6071 亿公斤。但这个"十一连增"代价很大，效率很低。中国农业从业人员 2.7 亿，但劳动生产率仅为世界的 64%；有效灌溉面积 0.63 亿公顷，但农田灌溉水有效利用系数仅为

0.52，远低于发达国家 0.7～0.8 的水平；喷洒农药 180 万吨，但利用率仅为 35%，比发达国家低 10 个百分点；化肥施用折纯量 5900 万吨，但综合利用率大概在 30%左右；农机总动力 10.7 亿千瓦，农作物耕种收综合机械化水平达到 61%，农业科技进步贡献率 55.6%，但仍低于大多数发达国家（75%以上）。显然，这种拼资源、拼消耗的粗放发展方式在资源约束日益趋紧的情况下难以为继。

今后要做强农业，依靠什么？靠土地？1.2 亿公顷耕地的红线已经岌岌可危。靠劳动力？10 多年来农村劳动力减少了 8000 多万人，谁来种地成为新的问题。靠政策？最低收购价和临时收储政策在国内外市场价格倒挂的背景下，同样面临新的挑战。靠科技？单项科技面临边际效益递减的趋势。当前中国农业生产就像一艘巨型航母，外在装备都已具备，但是缺乏精准"定位和导航"，无法精准生产。中国已近 30 年未组织全国性土壤肥力普查和肥料效益研究，对水资源的调查评估也较为欠缺。想要立足国土资源整体，布局优势生产区，但"家底"不清，基准数据缺乏。

大数据的兴起，恰恰为改变这种困境找到了出路。农业大数据可以挖掘农业资源间的发展潜力、搭配关系和最佳使用途径，精确计算最优化配置模式，帮助农业实现生产需求变化与资源变化的深度耦合，做到农业"全要素、全过程、全系统"生产的一体化。依靠数据驱动，才能使传统农业从主要追求产量和依赖资源消耗的粗放经营转到数量质量效益并重、注重提高竞争力、注重农业科技创新、注重可持续的集约发展上来，才能走产出高效、产品安全、资源节约、环境友好的现代农业发展道路。

（二）大数据是现代农业市场消费的"导航灯"

中国要富，农民必须富。2014 年农民增收实现"十一连快"，全年农民人均纯收入 9892 元，同比增长 9.2%。但是与城镇居民相比，仍存在很大差距。从整体情况来看，中国一家一户的传统经营模式仍占主导地位，大市场小生产背景下，农产品"滞销卖难"仍然频繁出现，增产不增收，已渐成当前国内农业生产的头号杀手和影响农民增收的重要障碍。究其原因是信息滞后，信息利用程度不高，农业生产难以与市场对接，难以与消费匹配。一方面，农民缺乏需求信息，市场需要什么不知道，只能凭经验种植，上年什么赚钱种什么，结果扎堆种植，生产过剩，造成"滞销卖难"；另一方面，即使有信息，但是因为信息更新慢、推送不畅、针对性差，农民面对这些信息往往收不到、看不懂、用不上。据不完全统计，中国有 3000 多个涉农网站，国家发展改革委员会、农业部、商务部等纷纷建立了价格监测系统，但是实际利用效果仍待提高。

大数据技术的兴起，在实时捕捉消费需求、跟踪市场变化、个性化推送等方面，为现代农业的发展开启了"导航灯"。近几年，电子商务、微商营销等大数据应用从星星之火发展到燎原之势。2014 年阿里平台上经营农产品的卖家数量达到 76.21 万个，农产品销售 483.02 亿元，同比增长 69.83%。农产品电子商务与大数据技术的融合正在成为农民增收的新业态，促使农业生产从"生产导向"向"消费导向"转变，帮助农民念好"山海经"、唱好"林草戏"、打好"果蔬牌"。

（三）大数据是现代农业管理决策的"指挥棒"

当前，国内外农业环境发生了重大变化，中国与世界的联系日益一体化，中国已经成为农产品净进口国，但是中国农业市场信息数据资源研究与建设仍然滞后，大量"三农"信息的缺失、滞后、封闭严重制约了全球视角下开展农业管理决策的科学性、系统性、高效性和精准性。以农业部为例，截至 2014 年 5 月底，共有 12 个司局和 9 家部属事业单位直接开展农业信息监测统计工作，已经建立了 21 套统计报表制度，针对 75 项监测统计科目，每年开展 300 张报表，5 万个（次）的指标调查，加上行业管理监测数据、农业地理空间数据，已经形成了复合型数据获取组织模式。但是随着社会主义市场经济体制改革的深入，也出现了诸如消费数据缺失，信息交叉重复、匹配性差，部门内外信息难以充分共享等问题，导致农产品价格大幅上涨或质量安全出现问题时，国际环境发生重大变化时，不能及时发现源头，不能迅速制定应急方案，以致于延误了解决事件的最佳时机。

大数据时代要求数据做到公开共享，强调数据的挖掘和利用，数据只有在使用中才能产生巨大的价值。2012 年美国启动了"大数据研究与发展计划"，2013 年启动了"从数据到知识到行动：建立新的伙伴关系"的大数据计划；日本和英国卡梅伦政府也相继启动了旨在促进大数据研究和应用的计划。强调数据驱动决策，用大数据支撑话语权，用大数据支撑决策权，真正把数据作为管理决策的指挥棒。中国要想在国际市场中掌握主动权，就必须抓紧建立数据采集、利用、共享的体系。

二、大数据核心技术在农业领域的研究进展

从各大 IT 公司的大数据处理流程来看，基本上可以分成数据获取、数据存储、数据分析处理和数据服务应用等几大环节。农业作为信息技术的应用部门，其生产、流通、消费、市场贸易等过程，分别融入在大数据的流程之中，根据大数据的获取、分析处理和服务应用等方面开展了大量集成创新，取得了重要研究进展。

（一）大数据获取技术

根据农业大数据来源的领域分类，大致可以分为农业生产数据、农业资源与环境数据、农业市场数据和农业管理数据。针对不同领域的农业大数据，大数据获取技术主要包括感知技术（传感器、遥感技术等）、识别技术（RIFD、光谱扫描、检测技术）、移动采集技术（智能终端、APP）等。第一，感知技术主要是从不同尺度感知动植物生命与环境信息。

在地域范围，重点考虑对地观测的资源宏观布局，需要遥感、便携式 GPS 面积测绘仪、农业飞行器等；在区域范围，重点考虑动植物生长信息的时空变异性，需要基于 WebGIS 的动植物生长信息的动态检测平台等；在视域范围，重点考虑动植物生态环境的复杂性，需要动植物营养、病害及周围环境污染信息的采集测试传感器；在个域范围，重点考虑动植物信息探测中环境因素干扰，需要动植物营养病害快速无损测试仪、活体无损测量仪等。第二，识别技术主要是针对农产品质量安全开展监测。包括食品安全溯源的 RFID 技术，主要保证农产品原料、加工、销售全环节的追踪可溯。农产品质量安全快速无损检测技术，

主要是应用红外光谱、X 射线、计算机视觉等无损检测技术在农产品品质分析、产地环境监测、农业投入品评价和商品流通监控等环节应用。第三，智能移动采集技术主要针对农产品市场、营销、管理信息的采集。如农信采采集农产品价格信息，农业管理信息系统的应用等。

　　传统的大数据获取技术在材料选择、结构设计、性能指标上相对单一，如种植业中的传感技术只能测量气温、湿度、CO_2 等信息，而随着物联网技术的发展，其传感器材料已经从液态向半固态、固态方向发展，结构更加小型化、集成化、模块化、智能化；性能也向检测量程宽、检测精度高、抗干扰能力强、性能稳定、寿命长久方向发展，目前研发的一些传感器已经可以用来监测植物中的冠层营养状态、茎流、虫情等。未来中国的大数据获取技术改进的重点将是在信息技术与农业的作物机理、动物的行动状态和市场的实时变化紧密结合，将在提升信息获取的广度、深度、速度和精度上突破。

（二）大数据分析处理技术

　　在大数据环境下，由于数据量的膨胀，数据深度分析以及数据可视化、实时化需求的增加，其分析处理方法与传统的小样本统计分析有着本质的不同。大数据处理更加注重从海量数据中寻找相关关系和进行预测分析。例如，谷歌做的流行病的预测分析，亚马逊的推荐系统，沃尔玛的搭配销售，都是采用相关分析的结果。数据分析技术在经历了商务智能、统计分析和算法模型之后，目前进入到了大平台处理的阶段，主要是基于 Map Reduce、Hadoop 等分析平台，同时结合 R 语言、SAS 等统计软件，进行并行计算。近两年来，内存计算逐渐成为高实时性大数据处理的重要技术手段和发展方向。它是一种在体系结构层面的解决办法，它可以和不同的计算模式相结合，从基本的数据查询分析计算到批处理和流式计算，再到迭代计算和图计算，目前比较典型的有 SAP 的 HANA，微软 Trinity，UC Berkeley AMPLab 的 Spark 等。

　　在农业领域，数据处理正从传统的数据挖掘、机器学习、统计分析向着动植物数字化模拟与过程建模分析、智能分析预警模型系统等演进。在生物学领域，大数据的分析作用已经凸显，基因测序，数字育种已经采用了大数据算法和模型；作物模型方面，国际上获得广泛认可的通用作物生长模型有荷兰 WOSOFT 系列，美国 DSSAT 系列，澳大利亚 APSIM 系列，FAO 的 AQUACROP 等。在植物数字化模拟方面，国际上已经有了 Open Alea、Gro IMP、VTP 等用于植物建模和分析的开源项目。农产品市场监测预警模型系统方面，具有代表性的是经合组织和联合国粮农组织（OECD-FAO）的 AGLINK-COSI-O 模型、FAO 全球粮食和农业信息及预警系统（GIEWS）、美国农业部（USDA）的国家—商品联系模型与美国粮食和农业政策研究所（FAPRI）的 FAPRI 模型和中国农业科学院农业信息研究所的 CAMES 模型等。

　　总体来看，由于农业生产过程发散，生产主体复杂，需求千变万化，与互联网大数据相比，针对农业的异质、异构、海量、分布式大数据处理分析技术依然缺乏，今后农业大数据的分析处理应该将信息分析处理技术与农业生理机理关键期结合、市场变化过程紧密结合。

（三）大数据服务应用技术

目前大数据服务技术已在互联网广告精准投放、商品消费推荐、用户情感分析、舆情监测等广泛应用。在农业上，随着农业部"信息进村入户"工程、"物联网区试工程"、12316热线、国家农业云服务平台等的建设和推动，中国的农业信息服务体系逐步得到完善，"三农"对信息的需求也更加迫切。

国际上有关农业信息服务技术的研究主要集中在农业专家决策系统、农村综合服务平台和农业移动服务信息终端、农业信息资源与增值服务技术以及信息可视化等方面。国内近些年，先后开展了智能决策系统、信息推送服务、移动终端等。在大数据时代，针对农业产前、产中、产后各环节的关联，开发大数据关联的农业智能决策模型技术；针对大众普遍关注食品安全的状况，开发大数据透明追溯技术；针对农民看不懂、用不上等问题，结合移动通信技术、多媒体技术，开发兼具语音交互、信息呈现、多通道交互的大数据可视化技术。

三、大数据在农业现代化发展中的应用成效

大数据的应用，一方面可以全息立体反映客观事物，洞悉全样本数据特征，促进事物之间的深度耦合，提升效能；另一方面是通过数据间的关联特征，预测事物未来发展趋势，增强预见性。目前，从农业生产、经营、消费、市场、贸易等不同环节来看，大数据在精准生产决策、食品安全监管、精准消费营销、市场贸易引导等方面已经有了较为广泛的应用。

（一）发挥要素耦合效应，提升精准生产决策

大数据的作用不仅仅在于更好发现自身价值，还在于帮助其他要素更好认识自身，发挥要素间耦合作用，提升他物价值，促进"价值双增"。国内外在改变农业粗放生产上，围绕气象预报、水肥管理、作物育种、病虫害预报、高效养殖等方面已经开展了大量的应用。美国天气意外保险公司（The Climate Corporation）利用 250 万个采集点获取的天气数据，结合大量天气模拟、海量植物根部构造和土质分析等信息对意外天气风险做出综合判断。美国硅谷土壤抽样分析服务商 Solum 利用软、硬件系统实现精准土壤抽样分析，给土壤"号脉开方"。在中国农业部印发《2014 年种植业工作要点》中，要求各地推进配方肥到田和施肥方式转变，利用"大数据"与相关化肥生产企业合作推广配方肥。泰国、越南、印度尼西亚等国基于遥感信息与作物保险的监测计划（Remote sensing-based Information and Insurance for Crops in Emerging Economies，RIICE）在水稻上得到广泛应用，通过采用欧洲航天局卫星实时获取水稻的生长数据，进行生长跟踪、产量预测。美国农业部研究所开始在部分农场采用高光谱航空遥感影像和地面观测数据结合的方式进行面状病虫害监测，利用全球的病虫害数据发现害虫的传播规律。国际种业巨头如美国杜邦先锋、孟山都、圣尼斯公司及瑞士先正达等纷纷采用现代信息技术开展智能育种，加快"经验育种"向"精确育种"的转变。在英国，大多数的养牛、养猪和养鱼场都实现了从饲料配制、分发、饲喂

到粪便清理、圈舍等不同程度智能化、自动化管理。

（二）跟踪流通全程，保障食品安全质量

受制于传统农产品流通渠道复杂，层级繁多，监管不透明，公众缺乏知情权和监督权，中国食品安全事件频发，给消费者造成了重大伤害。大数据技术的发展使得全面、多维感知农产品流通成为可能。目前，技术层面上，在产地环境、产品生产、收购、储存、运输、销售、消费全产业链条上，物联网、RFID 技术得到广泛应用，一批监测新技术如"食品安全云"和"食安测"等应用软件陆续开发；制度层面上，中国利用大数据开展食品安全监管的力度不断加强，2015 年 6 月国务院新出台了《关于运用大数据加强对市场主体服务和监管的若干意见》，明确提出建立产品信息溯源制度，对食品、农产品等关系人民群众生命财产安全的重要产品加强监督管理，利用物联网、射频识别等信息技术，建立产品质量追溯体系，形成来源可查、去向可追、责任可究的信息链条，方便监管部门监管和社会公众查询；商业层面上，阿里巴巴、京东商场等电商企业利用大数据保障食品溯源。如辽宁省大洼县盛产稻田米和稻田蟹，2015 年加入阿里农业满天星计划，开始农产品溯源探索，针对不同类型农产品的成长特点，通过二维码来承载产品名、产品特征、产地、种植人、生长周期、生长期施肥量、农药用量、采摘上市日期等不同的溯源信息。

（三）挖掘用户需求，促进产销精准匹配

传统的农业发展思维更多关注生产，在乎的是够不够吃的问题，而在消费结构升级的情况下，应该转向怎么才能吃得健康，吃得营养。大数据在这方面正在驱动商业模式产生新的创新。利用大数据分析，结合预售和直销等模式创新，国内电商企业促进了生产与消费的衔接和匹配，为农产品营销带来了新的机遇。截至 2014 年 12 月，全国涌现了 19 个淘宝镇，211 个淘宝村，以淘宝村为代表的农村电子商务正在深刻改变中国农村的面貌，变革着中国传统农产品营销的模式。连锁型的社区生鲜超市 M6 于 2005 年前开始了数据化管理，物品一经收银员扫描，总部的服务器马上就能知道哪个门店，哪些消费者买了什么。2012年，M6 的服务器开始从互联网上采集天气数据，然后，从中国农历正月初一开始推算，分析不同节气和温度下，顾客的生鲜购买习惯会发生哪些变化，进而实现精准订货、存储和精准配货。未来还可以将食品数据，与人体的健康数据、营养数据连接起来，这样可以根据人体的健康状况选择适当的食物。

（四）捕捉市场变化信号，引导市场贸易预期

市场经济中最重要的是信息，利用信息引导市场和贸易有助于控制国际市场话语权和掌握世界贸易主导权。以美国为例，其收集信息、利用信息的做法值得借鉴。19 世纪 60年代，为了弥补农村市场中出现的信息不对称，美国农业部在全国雇用了几万名监测员，形成了一个农情监测网络，每月定期发布各种农产品的交易情况和价格波动，同时通过免费邮寄、张贴海报的方式把信息送到各大农场。时至今日，美国已经形成了一套庞大、规范的农业信息发布体系，其定期发布的年度《农业中长期展望报告》、月度《世界农产品供

需预测报告》和周度《农作物生长报告》，成为引导全球农产品市场变化的风向标。美国的农民仅占全国人口的 2%，但 2% 的农民不仅养活了 3 亿多美国人，而且其农产品出口还位居全球第一。目前美国政府仍在致力于数据的开放和共享，创建了 data.gov 网站，链接到 348 个农业数据集，提供政府采集的原始数据，供私人领域开发者分析数据、提出决策。

与发达国家相比，中国的信息发布和数据利用仍有很大前进空间。2003 年起，农业部推出《农业部经济信息发布日历》制度，主要发布生产及市场经济信息。2014 年中国召开了中国农业展望大会，发布了《中国农业展望报告（2014—2023）》，结束了中国没有展望会议的历史，开启了提前发布市场信号、有效引导市场、主动应对国际变化的新篇章。在中国成为世界农产品进口大国的背景下，如何有效利用信息，把握市场和贸易话语权和定价权是必须修炼的功课。

四、主要结论和建议

（一）主要结论

大数据已经成为一种新兴的战略资源。大数据是一种以数据驱动农业现代化发展的新兴战略资源，通过与其他实体要素的耦合，能够进一步提高农业生产力。随着信息技术进步的加速，未来数据将同物质、能量一样，成为现代农业转型升级的重要动力。从目前的发展与应用来看，大数据仍是一个非常年轻而富有前景的研究领域，在资源效率提升、生产布局优化、产业安全监管、市场有效引导等方面已经展现了强大的能力。没有信息化就没有农业现代化，所以，要重视大数据时代的到来，加强理论与方法的深入研究，发挥大数据的驱动作用，助力信息化成为现代农业发展的制高点，帮助现代农业实现弯道超车。

与此同时，我们也应该看到数据的爆炸，在创造重要机遇的同时也带来了巨大的挑战。大数据科学对数据模型、服务软件和系统能力建设等方面提出了挑战。开展适农大数据技术研究迫在眉睫。鉴于涉农数据的大量涌现，中国亟需开展以下技术研究：第一，多元数据标准融合技术。针对耕地、育种、播种、施肥、植保、收获、储运、农产品加工、销售、畜牧业生产等环节，针对数字、文字、视频、音频等不同格式、不同业务载体的海量数据，建立基准数据工程，整合成标准统一的数据源；第二，海量数据组织管理技术。完成海量数据的存储、索引、检索和组织管理，突破了农业异质数据转换、集成与调度技术，实现海量数据的快速查询和随时调用；第三，加强适农大数据分析挖掘技术。围绕病虫害综合防治、粮食产量预测等重点领域，开展并行高效农业数据挖掘算法，建立智能机理预测分析模型；围绕农产品品种、气象、环境、生产履历、产量、空间地理、遥感影像等数据资源建立农业协同推理和智能决策模型；围绕农产品市场信息开展多品种市场关联预测技术和农产品市场预警多维模拟技术。

（二）相关建议

农业从转型升级到迈向现代化，必然是一个漫长和艰难的过程，要推动其发展必须依靠技术创新和组织创新的双轮驱动。一方面，以大数据为核心，围绕数据学科与农业学科体系建设、基础理论研究、基准数据构建、智能模型研发、系统平台搭建，形成以大数据为核心的适合现代农业发展的技术系统体系；另一方面，要加强数据意识，完善数据立法，在保证信息安全的前提下实现数据开放共享。

一是加强数据科学与农业科学的融合，完善数据科学理论方法体系。国内外实践表明，农业信息学科的新概念、新理论、新方法的创新，是引领农业信息技术重大变革，促使农业生产发生巨大飞跃的重要引擎。数据密集型科学成为科研的第四范式，将加速信息技术科学与现代农业相关学科的融合发展。但数据要形成一门科学还需要更加注重大数据的基础理论研究、科学方法创新，更加注重大数据学科体系的建设，目前国内外一些大学和研究机构已经开展了大数据专业，并且开始招生。今后应该在大数据生命周期、演化与传播规律，数据科学与农业相关学科之间的互动融合机制，以及大数据计算模型、作物模型与模拟、智能控制理论与技术、农业监测预警技术，大数据可视化呈现与精准化推送等方面加强研究，形成系统性、全面性、深入化的理论支撑。

二是构建农业基准数据，夯实现代农业发展基础支撑。现代农业基准数据，是指现代农业建设过程中涉及的生产、经营、管理等各种活动所依赖的标准化、基础性、系统性数据。当前，中国农业数据尚存在农业基准数据资源薄弱、数据结构不合理、数据细节程度不够、数据标准化、规范化水平差等问题，针对这些问题，建议结合农业部大田长期监测工作，建立现代农业自然资源基准数据、现代农业生产基准数据、现代农业市场基准数据、现代农业管理基准数据。以基准数据建设为契机，制定和完善数据采集、传输、存储和汇交标准，对数据采集的内容、方式、时间、地点，数据传输的速率、方式、冗余和编码标准，数据存储格式、存储方式、存储安全、数据结构汇交方法以及数据汇交内容、汇交分类、汇交范围等制定标准和规范，只有这样，才能为现代农业发展决策提供坚实的基础支撑。

三是加强智能模型系统研发，推动农业智能转型数据的处理和分析能力，是大数据技术的核心。针对农业领域数据海量、分散、异构等现象而难以集成，不能挖掘其巨大潜在价值现状。重点开展农业大数据智能学习与分析模型系统关键技术研究，利用人工智能、数据挖掘、机器学习、数学建模、深度学习等技术，在充分理解农业领域知识的基础上，针对所要解决的实际问题，建立有效的数学模型对数据进行处理，并根据处理的结果对模型进行修正，以完成自主学习校正模型的过程，并利用最终形成的模型对海量数据进行处理，以进行预测，发现其中蕴含的模式和规律，辅助农业决策，实现决策的智能化、精确化和科学化。

四是倡导数据开放，服务引领农业发展。数据的应用是大数据的最终目的，数据开放是社会管理创新的一种有效手段和助推器。目前，数据公开、软件开源与数据共享已经成为了全球发展的重要潮流。数据的开放共享有助于新常态下中国农业的健康发展。以农产品为例，中国已经成为世界上最重要的农产品进口国，但是在很多品种上缺乏定价权和话语权，一个重要原因就是主要的贸易国对中国主要农产品的产量、面积，甚至消费、库存等情况甚至比我们还清楚，他们通过这些基本信息，了解到供求情况，摸清了我们的底线，所以在国际贸易中我们总是处于被动地位。未来农业的发展，信息对市场的服务和引领是

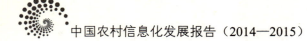

一门必修课。一是要加强数据立法，为农业信息公开提供法律保障；二是形成数据开发的体制和机制，保证在数据会商、开放标准、发布规范等方面的切实可行；三是以召开中国农业展望大会和发布中国农业展望报告为契机，形成具有中国特色的农产品监测预警和信息发布制度，最终通过数据的开放，为生产决策、市场监测、农业管理提供信息支撑，引领现代农业发展。

——许世卫

第三十五章 信息化的现代农业机遇

　　信息化已经成为世界各国推动经济社会发展的重要手段，已经成为资源配置的有效途径，信息化水平已经成为衡量一个国家现代化水平的重要标志。我国正处于传统农业向现代农业转型的关键期，信息化对于全面突破农业发展瓶颈、加快转变农业发展方式、缩小城乡数字鸿沟、抢占现代农业发展制高点具有重要的现实意义。

　　近年来，我国农业信息化取得了显著成效。一是政策环境进一步优化。从 2004—2014 年，连续 11 个中央"一号文件"明确提出发展农业农村信息化。2013 年 7 月，农业部成立了农业信息化领导小组，相继出台了《农业部关于加快推进农业信息化的意见》《农业部关于加快推进农业信息化的意见》，围绕"农业生产智能化、经营网络化、行政管理高效透明、信息服务便捷灵活"等目标开展了大量工作。二是农业信息化基础设施继续完善。截至 2013 年底，20 户以上自然村通电话比例提高到 95.6%，行政村通宽带比例提高到 91%，全国开展信息下乡活动的乡镇覆盖率达到 85%；农村地区广播电视"户户通"工程新增直播卫星用户近 900 万户，累计达到 3200 万户，成为世界上用户数量最多的直播卫星平台。2014 年 5 月，农业部在 10 个省市 22 个县（市、区）先期开展信息进村入户试点工作，把免费的无线网络（Wi-Fi）带到村里。三是农业生产智能化水平不断提高。农业部区域农业物联网试验工程取得明显成效，2014 年区试工程在全国范围内选出了 148 个硬件设备、80 个软件设备、39 个应用模式、43 个市场化解决方案和典型应用案例，形成了《全国农业物联网产品展乐与应用推介汇编 2014》。四是农产品电子商务发展迅猛。据不完全统计，目前全国农产品电商平台已逾 3000 家。农产品网上交易量迅猛增长，以阿里巴巴平台为例，2013 年阿里平台上的农产品销售继续保持快速增长，比 2012 年增长 112.2%。五是农业政务信息化成效显著。2014 年 6 月 19 日，"金农"工程一期项目通过竣工验收，"金农"工程二期开始筹备。12316 农业信息服务已覆盖全国 1/3 农户，年均助农减损增收逾百亿元。

　　尽管农业农村信息化发展很快，但是问题依然突出。一是城乡数字鸿沟依然差距较大。所谓数字鸿沟，是指不同社会群体之间在拥有和使用现代信息技术方面存在的差距。根据《中国数字鸿沟报告 2013》，2012 年城乡数字鸿沟指数为 0.44，表明农村信息技术应用水平比城市落后 44%，地区数字鸿沟指数为 0.32，表明最落后地区的信息技术应用水平比全国平均水平落后 32%。二是适农技术往往不够成熟。农业信息化技术大多属于集成创新，来自于其他产业领域的创新，而缺乏适合农业自身特点的原始创新，经过嫁接的一些技术转化率和产业化率不高，集成示范应用力度不够。适用配套的信息技术产品不够，阻碍了我国农业信息技术的应用与推广。三是配套管理不规范。农业农村信息化多头并进，农业农村信息化整体推动力量没有形成。部门之间、部门内部条块分割、各行其道的局面没有根本改观，信息孤岛现象依然存在。缺乏与农产品电子商务、农业大数据等快速发展事物相应的农业农村信息化标准规范，一定程度上妨碍了农业信息化的深入。

信息化与各产业领域的深度耦合，激发了一系列新产品、新技术、新业态的诞生，为社会转型升级提供了重要的机遇。现代农业要想实现弯道超车，就必须抓住这一历史机遇。

一是加快新型基础设施共建共享。推进农业物联网在资源和生态环境监测、生产精细化管理和农产品质量安全监管等方面的应用，实现农业"全要素、全过程、全系统"一体化监控，提高资源的利用效率。完善农产品电子商务相关的基础配套设施和服务，通过预售直销等方式，加快农业生产从"生产导向"向"消费导向"转变，在促进产品结构与消费需求衔接的同时实现农村扶贫脱贫，缩小数字鸿沟，实现发展成果共建共享。

二是推动农业新型要素互联互通。将数据作为加快农业转型的新型生产力，利用大数据技术，精确计算农业各类资源发展潜力，全面协调各种资源之间的搭配关系，系统规划各种资源的最佳使用途径，实现数据与劳动力、资本等要素的优化配置，提升劳动生产率、资源利用率和产品产出率，实现现代农业的提质增效和节本降耗。通过对农业过程数据、管理数据的挖掘，发现农业中的潜在价值，创造公开、透明、便捷高效的管理环境，帮助农业管理实现智能预警和科学决策。

三是推进社会分工协作协同。信息化是当代现代化的核心、枢纽和平台，信息社会是一个资源和工作需要多维协作协同的社会形态。信息技术缩减了农业生产与消费之间的流通环节，使得农业的分工与合作呈现网络化特征，未来应该加强农业组织之间的柔性管理，创造协作协同的工作机制，推动生产、流通、消费和管理各个环节更加融合。

——许世卫

第三十六章 我国农业信息化发展的新任务

我国正处于工业化、信息化、城镇化、农业现代化迅速推进的时期，社会经济发展和信息技术发展日新月异，一方面新型农业经营主体正逐步走向农业信息化舞台，另一方面农业信息化应用主体发育不成熟，亟需新型农业经营主体示范带动，农业信息化作为现代农业发展的重要支撑、重要体现和重要内容，明确农业信息化的新任务，对于推进现代农业，促进四化同步意义重大。

一、新形势下农业信息化的主要任务

（一）加快推进农业生产过程信息化，创建智慧农业生产体系

1. 加快推进种植业信息化

推广基于环境感知、实时监测、自动控制的设施农业环境智能监测控制系统，提高设施园艺环境控制的数字化、精准化和自动化水平。开展农情监测、精准施肥、智能灌溉、病虫草害监测与防治等方面的信息化示范，实现种植业生产全程信息化监管与应用，提升农业生产信息化、标准化水平，提高现代农业生产设施装备的数字化、智能化水平，发展精准农业。

2. 加快推进养殖业信息化

在国家畜禽水产示范场，开展基于个体生长特征监测的饲料自动配置、精准饲喂，基于个体生理信息实时监测的疾病诊断和面向群体养殖的疫情预测预报，推进畜禽养殖信息化。以推动池塘标准化改造和建设为重点，加快环境实时监控、饲料精准投放、智能循环水处理等专业信息化设备的推广与普及，构建精准化运行、科学化管理、智能化控制的水产养殖业。

（二）大力发展农产品电子商务，推进新型经营主体

经营网络化，分以下几方面介绍。

1. 大力发展农产品电子商务

积极开展电子商务试点，探索农产品电子商务运行模式和相关支持政策，逐步建立健全农产品电子商务标准规范体系，培育一批农业电子商务平台。鼓励和引导大型电商企业开展农产品电子商务业务，支持涉农企业、农民专业合作社发展在线交易，积极协调有关部门完善农村物流、金融、仓储体系、商务流通体系和市场体系。

2. 提升农业企业经营信息化水平

鼓励农业企业加强农产品原料采购、经营管理、质量控制、营销配送等环节信息化建设，推动龙头企业生产的高效化和集约化。鼓励农产品流通企业进行信息化改造，建立覆盖龙头企业、农产品批发市场、农民专业合作社和农户的市场信息网络，形成横向相连、纵向贯通的农村市场信息服务渠道，推进小农户与大市场的有效对接。

3. 开展农民专业合作社信息化示范

面向大中型农民专业合作社，逐步推广农民专业合作社信息管理系统，实现农民专业合作社的会员管理、财务管理、资源管理、办公自动化及成员培训管理，提升农民专业合作社综合能力和竞争力，降低运营成本。依托农民专业合作社网络服务平台，围绕农资购买、产品销售、农机作业、加工储运等重要环节，推动农民专业合作社开展品牌宣传、标准生产、统一包装和网上购销，实现生产在社、营销在网、业务交流、资源共享。

（三）进一步强化农业政务信息化建设，提高农业部门行政效能

1. 推进农业资源管理信息化建设

建设国家农业云计算中心，构建基于空间地理信息的国家耕地、草原和可养水面数量、质量、权属等农业自然资源和生态环境基础信息数据库体系；强化农业行业发展和监管信息资源的采集、整理及开发利用；鼓励和引导社会力量积极开展区域性、专业性涉农信息资源建设，不断健全涉农信息资源建设体系，丰富信息资源内容。

2. 加强农业行业管理信息化建设

进一步推动种植业、畜牧兽医、渔业、农机、农垦、乡企、农产品及投入品质量监管等各行业领域生产调度、行政执法及应急指挥等信息系统开发和建设，全面提升各级农业部门行业监管能力。推进国家农情（包括农、牧、渔、垦、机）管理信息化建设，对农业各行业进行动态监测、趋势预测，提高农业主管部门在生产决策、优化资源配置、指挥调度、上下协同、信息反馈等方面的能力和水平。大力推进农村集体资源管理信息化建设。建立农产品加工业监测分析和预警服务平台，促进农产品加工业健康发展。

3. 加快农产品质量安全监管信息化建设

完善农产品质量安全追溯制度，推进国家农产品质量安全追溯管理信息平台建设，开发全国农产品质量安全追溯管理信息系统。加快建设全国农产品质量安全监测、监管、预警信息系统，实行分区监控、上下联动。加快推进农机安全监理信息化建设。

4. 完善农业应急指挥信息化建设

建立并加强农业病虫害、重大动植物疫情疫病、重大自然灾害等应急指挥系统，建设上下协同、运转高效、调度灵敏的国家农业综合指挥调度平台，推进视频会议系统延伸至县级农业部门，加快应急指挥信息化步骤。

（四）切实完善农业农村综合信息服务体系，推进信息进村入户

1. 打造全国农业综合信息服务云平台

进一步完善全国语音平台体系、信息资源体系和门户网站体系；探索将农技推广、兽医、农产品质监、农业综合执法、农村三资管理、村务公开等与农民生产生活及切身利益密切相关的行业管理系统植入12316服务体系；推广12316虚拟信息服务系统进驻产业化龙头企业、农民专业合作社等新型农业生产经营主体，有效满足其对外加强信息交流、对内强化成员管理需求。

2. 完善信息服务站点和农村信息员队伍建设

依托村委会、农村党员远程教育站点、新型农业经营主体、农资经销店、电信服务代办点等现有场所和设施，按照有场所、有人员、有设备、有宽带、有网页、有可持续运营能力的"六有"标准认定或新建村级信息服务站。加强农村信息员队伍建设，充分发挥农村信息员贴近农村、了解农业的优势，有针对性地满足农民信息需求。

3. 探索信息服务长效机制

充分发挥市场在资源配置中的决定性作用，同时更好发挥政府作用。探索市场主体投资农业信息服务。鼓励村委会与各类企业合作或合资筹建村级信息服务站，采用市场化方式运营，实现社会共建和市场运行。

（五）全面夯实农业信息化基础，助力农业信息化健康有序发展

1. 推进农业信息化基础设施建设

积极推进光纤进入专业大户、家庭农场、农民专业合作社等新型农业经营主体，全面提高宽带普及率和接入带宽。在国家统筹布局新一代移动通信网、下一代互联网、数字广播电视网、卫星通信等信息化设施建设的背景下，探索政府补贴与优惠政策，推进农业信息化基础设施建设。

2. 加大涉农信息资源开发和利用力度

建立和完善涉农信息资源标准，开展涉农信息资源目录体系建设，健全涉农信息资源数据库体系。面向"三农"需求，开发实用的各类涉农信息资源，切实解决农业农村信息服务"最初一公里"问题。探索并完善涉农信息共建共享机制，逐步实现跨部门、跨区域涉农信息系统的数据互通、资源共享和业务协同，避免形成新的信息孤岛。

3. 加强工作体系建设

加强市场信息体系建设，积极与有关部门沟通协调，强化工作力量。加强各级农业部门信息中心条件建设，更好地为农业行政管理及信息化推进提供技术和服务支撑。充分利用各类培训资源，强化对农业行政管理人员、农业生产经营主体、农村信息员及农民的培训力度，不断提高应用主体的信息素养。

4. 大力发展农业信息化产业

立足于自主可控原则，加强核心技术研发，加快农业适用信息技术、产品和装备研发及示范推广，加强创新队伍培养。支持鼓励涉农企业及科研院所加快研发功能简单、操作容易、价格低廉、稳定性高、维护方便的信息技术产品设备和产品。鼓励成立农业信息化等领域的产业联盟，以企业为主体，推进农业信息化产业创新和成果转化。

二、新形势下推进农业信息化的对策与建议

（一）坚持需求导向，摸清农民信息需求

深入分析和把握新形势下的农民特点，吃透民情、把握民意、顺应民心，充分满足农民的各种信息需求，是推进农业信息化建设的出发点和落脚点。因此，在推进农业信息化建设时，要注重调研，切实以农业发展和农民需求为导向，充分发挥信息技术优势，优先解决农业农村经济发展中的热点、难点尤其是人民群众关心的问题，突出应用，务求实效。

（二）加大投入力度，落实专项工程

研究建立农业信息化支持政策体系，引导和吸引社会资金投入农业信息化建设，完善以政府投入为引导、市场运作为主体的投入机制，按照"基础性信息服务由政府投入，专业性信息服务引导社会投入"的原则，多渠道争取和筹集建设资金。设立财政专项经费，用于开展信息系统运维、标准体系建设、典型示范、安全防护及信息资源建设等工作。

（三）积极探索信息补贴政策，促进推广应用

目前我国已进入"工业反哺农业，城市支持农村"的阶段，农机、良种、家电等补贴政策的实施对刺激农村经济发展、促进农民增收效果显著，开展农业信息补贴必将大大推进农业信息化，建议国家和地方开展农业信息补贴试点工作。

（四）完善标准规范和评价体系，保障农业信息化规范发展

农业信息化标准是农业信息化建设有序发展的根本保障，也是整合农业信息资源的基础，要加快研究制定农业信息化建设相关标准体系。农业信息化评价工作是全国及地方开展农业信息工作的风向标，是检查、检验和推进农业信息化工作进展的重要手段，要加快推进农业信息化评价工作，以评促建，促进农业信息化健康、快速、有序发展。

——李道亮

第三十七章　农业大数据及其应用展望

大数据主要来源于大联网、大集中、大移动等信息技术的社会应用，不但是信息技术从单项应用到多项融合的结果，而且是信息技术从前端简单处理向后端复杂分析演变的表现，更是社会高度信息化的必然产物。大数据的出现有其必然性：一方面，信息技术与网络通信技术的融合，极大促进了移动互联网、智能传感网等快速兴起，以及各种移动智能终端的快速普及和广泛应用，人类社会产生数据、获取数据、传输数据的能力得到了前所未有的提高；另一方面，云计算、集群计算等新一代信息基础设施为海量数据聚集提供了可能，图片、视频、音频、日志等非结构数据得以长久保存，数据处理、存储能力从 GB、TB 级达到了 PB、ZB 甚至更高，突破了原有数据规模和范畴。国际数据公司（IDC）的研究结果表明，2011 年全球被创建和复制的数据总量为 1.8ZB，远远超过人类有史以来所有印刷材料的数据总量（200PB）。大数据将给我们带来更大的视野和更新的发现，进而改变我们的生活、工作和思维方式。许多科学家预言，在 21 世纪，无论是自然科学领域还是社会科学领域，大数据都将带来无限的发展机遇。

计算机技术应用于农业已有 30 多年的历史了，经历了从起步、普及、提高、推进等一系列阶段。进入 21 世纪以来，农业与农村信息技术的研究和应用进入高速发展阶段，已成为现代农业的重要标志。进入"十二五"规划以来，以农业物联网技术和智能装备技术为代表的农业信息技术正逐步融入到农业生产经营的全过程，农业形态和过程都发生了深刻变化，表现在以下几个方面：一是"更透彻的感知"，通过智能传感设备广泛应用，实现农业生产全过程的数字化与可感知，包括作物长势、作物营养、畜禽生长信息、土壤参数、环境信息、气候变化等；二是"更全面的互联互通"，物联网、传感网、因特网等在农业领域应用，实现了农民、生命体与资源环境的互联互通，实现了消费者、农产品、市场的互联互通；三是"更深入的智能化"，通过云计算和超级计算机等先进技术，对感知的海量数据进行分析处理，使农业生产决策、农产品市场管理等更加智能。从数据角度分析，可以归结为：产生的数据多、传输的数据多、处理的数据多。可见，农业领域每一项技术的进步，都从某种程度上加深了农业大数据存在和研究的必要性。我国是农业大国，一直非常重视全国性的农业科技信息数据资源建设。农业领域是大数据产生的无尽源泉，具有浩大的数据基础。随着各种智能传感终端在农业领域的应用，农业数据来源更加广泛、新颖、迅速，类型更加多样，农业数据体量大、结构复杂、模态多变、实时性强、关联度高，利用大数据技术进行农业相关应用研究，其意义将非常明显。我国在农业数据处理与分析等相关方面的研究已经具有一定基础，然而面对大数据提供的种种机遇和挑战，农业大数据具体的发展应用需要进一步提升和剖析。

一、大数据

与云计算的横空出世非常相似，大数据似乎也在一夜之间家喻户晓。但略有不同的是，云计算发展早期主要由企业推动，而大数据则几乎同时得到了政府、企业、学术界等各方面的共同青睐。大数据最早是由著名未来学家阿尔文•托夫勒在 1980 年提出的，他在《第三次浪潮》中，将大数据称为"第三次浪潮的华彩乐章"。2001 年，Gartner 的分析员道格•莱尼在一份关于电子商务的报告中提出，未来数据管理的挑战主要来自于 3 个方面。量（Volume）、速（Velocity）、多变（Variety），大数据"3V"描述即起源于此。然后，直到 2008 年以后，大数据的概念才逐步被认可，并被政府、企业以及学术界所广泛传播。2008 年《Nature》出版专刊《Big Data》，从互联网技术、网络经济学、超级计算、环境科学、生物医药等多个方面介绍了海量数据带来的挑战。2011 年《Science》推出关于数据处理的专刊《Dealing with Data》，讨论了数据洪流（Data Deluge）所带来的挑战，特别指出，倘若能够更有效地组织和使用这些数据，人们将得到更多的机会发挥科学技术对社会发展的巨大推动作用。2012 年，奥巴马宣布美国政府投资 2 亿美元启动"大数据研究和发展计划（Big Data Research and Development Initiative）"。2013 年，英国政府发布了《英国农业技术战略》，表明英国今后对农业技术的投资将集中在大数据上。2013 年，日本发布《信息通信白皮书》，计划充分利用个人购物数据等庞大数据提供服务。

关于大数据的概念目前尚没有非常统一的定义，表述方式也不尽相同。维基百科认为"大数据，或称巨量数据、海量数据、大资料，指的是所涉及的数据量规模巨大到无法通过人工在合理时间内达到截取、管理、处理，并整理成为人类所能解读的信息"。麦肯锡认为大数据是指"大小超出了典型数据库软件工具收集、存储、管理和分析能力的数据集"。高德纳认为大数据是指"超出了常用软件环境和软件工具在可接受的时间内为其用户收集、管理和处理数据的能力"。IBM 将大数据的特征相结合对大数据进行定义，认为大数据具备三个基本特征：体量浩大（Volume）、模态繁多（Variety）、生成快速（Velocity），或者就是简单的"3V"，即庞大容量、极快速度、种类丰富的数据。

一般来讲，大数据具有以下几个特征。（1）数据量庞大：大数据时代的数据量是以 PB、EB、ZB 为存储单位的，PB 级别是常态。（2）数据增长、变化速度快：大数据环境下，数据产生、存储和变化的速率十分惊人，目前因特网上 1S 产生的数据量比 20 年前整个因特网所存储的数据量还巨大。（3）数据具有多样性：数据格式除了传统的格式化数据外，还包括半结构化或非结构化数据，并且半结构化、非结构化数据还呈现出逐渐增多的趋势。

二、农业大数据

（一）农业大数据内涵

农业数据主要是对各种农业对象、关系、行为的客观反映，一直以来都是农业研究和应用的重要内容，但是由于技术、理念、思维等原因，对农业数据的开发和利用程度不够，一些深藏的价值关系不能被有效发现。随着大数据技术在各行各业广泛研究，农业大数据也逐渐成为当前研究的热点。笔者认为农业大数据不是脱离现有农业信息技术体系的新技术，而是通过快速的数据处理、综合的数据分析，发现数据之间潜在的价值关系，对现有农业信息化应用进行提升和完善的一种数据应用新模式。简单地讲，农业大数据是指大数据技术、理念、思维在农业领域的应用。从更深层次考虑，农业大数据是智慧化、协作化、智能化、精准化、网络化、先觉泛在的现代信息技术不断发展而衍生的一种计算机技术农业应用的高级阶段，是结构化、半结构化、非结构化的多维度、多粒度、多模型、多形态的海量农业数据的抽象描述，是农业生产、加工、销售、资源、环境、过程等全产业链的跨行业、跨专业、跨业务、跨地域的农业数据大集中有效工具，是汲取农业数据价值、促进农业信息消费、加快农业经济转型升级的重要手段，是加快农业现代化、实现农业走向更高级阶段的必经过程。

农业大数据解决的问题不是存量数据激活的问题，而是实时数据的快速采集和利用的问题；农业大数据解决的问题不是关系型数据库集成共享的问题，而是不同行业、不同结构的数据交叉分析的问题。

农业大数据至少包括下述几层含义：①基于智能终端、移动终端、视频终端、音频终端等现代信息采集技术在农业生产、加工以及农产品流通、消费等过程中广泛使用，文本、图形、图像、视频、声音、文档等结构化、半结构化、非结构化数据被大量采集，农业数据的获取方式、获取时间、获取空间、获取范围、获取力度发生深刻变化，极大地提高农业数据的采集能力。②跨领域、跨行业、跨学科、多结构的交叉、综合、关联的农业数据集成共享平台，取代了关系型数据库成为数据存储与管理的主要形式，基于数据流、批处理的大数据处理平台在农业领域中的应用越来越频繁，交互可视化、社会网络分析、智能管理等技术在农业生态环境监测、农产品质量安全溯源、设施农业、精准农业等环节大量应用。③农业产业链各个环节的政府、科研机构、高校、企业达成竞争与合作的平衡，农业大数据协同效应得到更好的体现。农业大数据形成一个可持续、可循环、高效、完整的生态圈，数据隔离的局面被打破，不同部门乐于将自己的数据共享出来，全局、整体的产业链得以形成，数据获取的成本大大降低。④大数据的理念、思维被政府、企业、农民等广泛接受，海量的农业数据成为决策的依据和基础，天气信息、食品安全、消费需求、生产成本、市场价格等多源数据被用来预测农产品价格走势，耕地数量、农田质量、气候变化、作物品种、栽培技术、产业结构、农资配置、国际市场粮价等多种因素被用来分析粮食安全问题，政府决策更加精准，政府管理能力、企业服务水平、农民生产能力都得到大幅度提高。

（二）农业大数据获取

农业大数据获取是指利用信息技术将农业要素数字化并进行有效采集、传输的过程。目前，农业领域的数据积累还处于相对初级阶段，达不到电信、金融、互联网等领域的数据积累水平。然而随着农业数据采集方式的变化，自动化、智能化、人工化信息终端的大量涌现，数据的实时、高清以及长久保存等需求使得农业大数据成为可能。农业大数据源来自农业生产、农业科技、农业经济、农业流通等方面，不同的数据源，对应不同的数据获取技术。从目前情况分析，农业大数据获取主要包括以下几个方面。

（1）农业生产环境数据获取。农业生产环境数据获取是指对与动植物生长密切相关的空气温/湿度、土壤温/湿度、营养元素、CO_2含量、气压、光照等环境数据进行动态监测、采集，主要依靠农业智能传感器技术、传感网技术等。随着多学科交叉技术的综合应用，光纤传感器、MEMS（Micro Electro Mechanical Systems）微机电系统、仿生传感器、电化学传感器等新一代传感器技术以及光谱、多光谱、高光谱、核磁共振等先进检测方法在植物、土壤、环境信息采集方面广泛应用，农业生产环境数据的精度、广度、频度大幅度提高。与此同时，传感器终端的成本逐渐降低，大范围、分布式、多点部署成为现实，数据量呈级数增长。

（2）生命信息智能感知。生命信息智能感知是指对动、植物生长过程中的生理、生长、发育、活动规律等生物生理数据进行感知、记录，如检测植物中的氮元素含量、植物生理信息指标，测量动物体温、运动轨迹等。常用的生命信息感知技术包括光谱技术、机器视觉技术、人工嗅觉技术、热红外技术等。生命信息智能感知改变了原有的以经验为主的人工检测模式，使生命信号感知更加科学、智能，实时性、动态性、有效性得到大大提高。农业生命信息是对农业生产对象本身的数字化描述，是对生命个体进行监测管理的重要依据，具有典型的时效性。

（3）农田变量信息快速采集。农田变量信息快速采集主要是对农田中的土壤含水量、肥料、土壤有机质、土壤压实、耕作层深度和作物病、虫、草害及作物苗情分布信息采集，一般分为接触式传感技术、非接触式遥感技术。国内在农田空间信息快速采集技术领域已经积累了较丰富的理论基础和实践经验，已设计出便携式土壤养分测试仪、基于时域反射仪（TDR）原理的土壤水分及电导率测试仪、基于光纤传感器土壤 pH 值测试仪，并在作物病虫草害的识别、作物生长特性与生理参数的快速获取等方面开展了有益的探索。精准农业是农业信息化的重要方向，快速、有效采集和描述影响作物生长环境的空间变量信息，是精准农业的重要基础。高密度、高速度、高准确度的农田信息具有数据量大、时效性强、关联度高等特点。农田变量信息主要服务于精准农业生产，强调实时性、精准性等特点，属于局部、微观、持续的农业数据。

（4）农业遥感数据获取。农业遥感数据获取是指利用卫星、飞行器等对地面农业目标进行大范围监测、远程数据获取，主要采用遥感技术。遥感技术是一种空间信息获取技术，具有获取数据范围大、获取信息速度快、周期短、获取信息手段多、信息量大等特点。农业遥感技术可以客观、准确、及时地提供作物生态环境和作物生长的各种信息，主要应用在农用地资源的监测与保护、农作物大面积估产与长势监测、农业气象灾害监测、作物模拟模型等几个方面。随着遥感技术的飞速发展，特别是高时－空分辨率的大覆盖面积多光谱传感器、高空间－高光谱传感器的应用等，农业遥感数据精度逐渐提高，数据量急剧增加，数据格式也越来越复杂，多源数据融合需求非常迫切。农业遥感数据能反映大面积、长时间的农业生产状况，属于宏观、全局层面的农业数据。

（5）农产品市场经济数据采集。农产品市场经济数据采集是指对农产品生产、质量、需求、库存、进出口、市场行情、生产成本等数据进行动态采集，涉及农业流通、农产品价格、农产品市场、农产品质量安全等，具有较强的突发性、动态性、实时性、变化性，一般由"智能终端+通信网络+专业群体"组成。随着科学技术的发展，移动终端诸如手机、笔记本电脑、平板电脑等随处可见，加上网络的宽带化发展以及集成电路的升级，人类已经步入了真正的移动信息时代，基于智能终端的农产品市场经济数据采集越来越频繁，数据量越来越大，图片、视频等数据格式激增。基于 3G 的基层农技推广平台等是农产品市场经济数据采集的典型应用。

（6）农业网络数据抓取。农业网络数据抓取指利用爬虫等网络数据抓取技术对网站、论坛、微博、博客中涉农数据进行动态监测、定向采集的过程。网络爬虫（网页蜘蛛），是一种按照一定的规则，自动抓取万维网信息的程序或者脚本，有广度优先、深度优先两种策略。网络爬虫 Nutch 能够实现每个月取几十亿网页，数据量巨大；同时由于其与 Hadoop 内在关联，很容易就能实现分布式部署，从而提高数据采集的能力；另外，Deep Web 也包含着丰富的农业信息，面向 Deep Web 的深度搜索也越来越多。农业网络数据是在互联网层面对农业各方面的客观反映，具有规模大、实时动态变化、异构性、分布性、数据涌现等特点。搜农、农搜等搜索引擎都是基于主题爬虫的农业数据获取平台，在农业网络数据获取方面具有一定基础。

三、农业大数据现状

（一）农业大数据重要性日益凸显

经过多年发展，农业数据库、农业信息系统、农业专家系统、农业遥感、农业物联网等现代信息技术，在农业生产活动中应用取得了非常显著的成果。云存储、数据仓库等技术为数据海量存储提供了可能，传感器、遥感数据、移动终端、网络等都积累了大量的农业数据。伴随着大数据技术的飞速发展，农业信息化的发展必然从"技术驱动"向"数据驱动"转变。目前，农业领域都在积极部署农业大数据相关方面的研究，农业大数据重要性日益凸显。中国农业科学院农业信息研究所发起了信息联盟，旨在促进涉农信息资源与专家队伍的集成、共享，联合推进农业信息云服务；山东农业大学发起了农业大数据产业技术创新战略联盟（http://www.nydata.com.cn/），以期促进大数据在山东省农业领域研究及成果应用发展。2014 年，中国科学数据大会举行，专门设立农业与农村信息化大数据技术与应用分论坛。

（二）农业大数据积累初具规模

我国农业信息化研究长期以来一直非常重视农业数据的积累，目前农业大数据已具备了一定规模，数据的存储格式以结构化数据为主，视频、图片等数据量也在不断攀升。农业科学数据共享中心（试点）项目于 2003 年正式启动，重点采集作物科学、动物科学与动物医学类科学、农业科技基础数据等。截至 2012 年，农业科学数据中心数据总量达 448.93GB。全国基层农技推广信息化平台构建了粮食作物、经济作物、蔬菜、果树、畜牧等农业技术数据库，面向全国 70 万个农技员提供服务，总记录超过 10 万条，视频数据超过 5000 个。中国科学院计算机网络中心研发的地理空间数据云平台（http://www.gscloud0cn/）现有地学遥感数据资源约 280T，以中国区域为主，覆盖全球地理范围。中国作物种质资源信息网（CG RIS）拥有粮食、纤维、油料、蔬菜、果树、糖、烟、茶、桑、牧草、绿肥、热带作物等 200 种作物、41 万份品种、种质、基因信息。

（三）农业大数据研究具备了一定基础

农业信息化研究工作一直与农业数据密切相关，相关方面的研究主要集中在监测与预警、数据挖掘、信息服务等方面，基于数据的农业信息处理分析具备了一定的基础条件。据不完全统计，目前全国与农业相关的主要监测、预警系统共有 84 个，其中食物保障预警系统 12 个，食品安全监测预警系统 18 个，市场分析与监测系统 35 个，作物分析与预警系统 19 个；中国搜农作为国内首款农业垂直搜索引擎，持续稳定运行 6 年，获取了海量的农业信息，信息总量超过 100TB，信息更新周期平均为 30 分钟，目前每周平均信息增长量 3GB，每天监控 3 万多个农业网站发布的超过 2 万多个农产品批发、集贸市场的 2 万多个农产品品种的价格、供求等信息。

四、农业大数据应用展望

基于大数据的理论和技术，不断推进传统领域创新与应用实践，为国家经济社会发展提供了新的生长点。在农业信息化不断发展的过程中，已有部分领域完成了大数据积累，具备了利用大数据理论与技术进行深入数据分析和价值发现的条件。根据当前农业信息化发展的现状，笔者认为大数据在农业领域的应用主要集中在以下几个方面。

（一）精准农业可靠决策支持系统

变量决策分析是精准农业技术体系中的核心，致力于根据农田小区作物产量和相关因素在农田内的空间差异性，实施分布式的处方农作。高密度的农田信息获取后，怎样根据这些不同角度的农田信息，推出一整套具有可实施性的精准管理措施，是需要多学科交叉的研究课题。专家系统、作物模拟模型、作物生产决策支持系统等传统的生产决策技术取得了一些成果，但效果并不理想。利用大数据处理分析技术，集成作物自身生长发育情况以及作物生长环境中的气候、土壤、生物、栽培措施因子等数据，综合考虑经济、环境、可持续发展的目标，突破专家系统、模拟模型在多结构、高密度数据处理方面的不足，可为农业生产决策者提供精准、实时、高效、可靠的辅助决策。

（二）国家农村综合信息服务系统

国家农村综合信息服务，按照"平台上移，服务下延"的思路，集成与整合各分散的信息资源与系统，在全国范围实现信息资源的共享，数据资源体量大、数据处理流程复杂、信息服务模式多样，需要实现海量农业信息化数据获取、传输、加工、服务一体化处理。利用大数据处理分析技术，研究复杂多样、动态时变用户需求的快速聚焦与大规模服务及用户动态需求组合的学习和进化机制模型，突破农户需求智能聚焦技术，实现信息服务按需分配以及云环境下大规模部署的智能系统服务与庞大"三农"用户群的多样性、地域性、时变性等个性化需求快速对接。

（三）农业数据监测预警系统

农业数据监测预警是指对农业生产、市场运行、消费需求、进出口贸易及供需平衡等情况进行的全产业链信息采集、数据分析、预测预警与信息发布，其主要任务包括：感知市场异常波动、实时监控生产风险、及时应对突发事件、推动管理关口前移等。2002 年以来农业部开始建立农产品市场监测预警系统，启动了稻谷、小麦等关系国计民生的 7 种重点农产品的市场监测预警工作。目前，监测预警技术已在农产品质量安全、农业病虫草害、农产品价格、农产品市场等领域进行了广泛应用。利用大数据智能分析和挖掘技术，可以实现农业信息流监测、农业数据关联预测、农业数据预警多维模拟等，大幅度提高农业监测预警的准确性。

（四）天地网一体化农情监测系统

农情信息遥感监测主要是指利用遥感等信息技术对农业生产情况信息，如作物面积、长势和产量信息、农业灾害信息、农业资源信息等进行远程监测和综合评价，辅助农业生产决策的过程。基于遥感－地面－无线传感网的一体化农情信息获取体系，在解决了数据时空不连续难点的同时，也带来了海量农情数据融合处理的问题。与此同时，遥感技术飞速发展，特别是传感器分辨率的提高、新型传感器的应用等，以及遥感影像的数据量急剧增加，海量数据的存储、快速产生、信息提取、融合应用等，为遥感数据分析带来了挑战。利用大数据分析处理技术，研究天地网一体化农业监测系统中的多源多类数据的智能融合与分析、定量化反演以及网络化集成与共享关键技术，实现全局数据发现与跨学科的数据集成和互操作，可为农业遥感信息的深入分析提供支撑。

（五）农业生产环境监测与控制系统

农业生产环境监测与控制系统属于复杂大系统，贯穿农业信息获取、数据传输与网络通信、数据融合与智能决策、专家系统、自动化控制等于一体，在大田粮食作物生产、设施农业、畜禽水产养殖等方面广泛应用。随着传感器技术的不断发展，农业信息获取的范围越来越广，从农作物生长过程中的营养数据、生理数据、生态数据、根系发育数据以及大气、土壤、水分、温度等农作物生产环境数据，到针对畜禽个体、群体的生长发育、环境和健康数据以及动物个体行为、群体行为、动物监控状况数据等，数据传输精度越来越高，数据传输频率越来越快，数据传输密度越来越大，数据综合程度越来越强。利用大数据技术，能够突破多源数据融合、数据高效实时处理等方面的瓶颈，实现农作物生长过程的动态、可视化分析与管理以及畜禽养殖的个性化、集约化、工厂化管理。

五、结语

大数据对各行业的思维模式、产业链条、技术体系、服务流程等都产生了深远的影响。大数据对于农业，既是机遇，也是挑战，只有抢占大数据这一新时代信息化技术制高点，找准大数据技术在农业领域的发力点，才能充分发挥大数据优势。伴随着农业信息化的深入推进，云计算、物联网、移动互联等信息技术在农业生产、经营、管理、服务各方面深入、广泛应用，智慧农业不断发展，大数据理论与技术农业应用已经具备了基础。在农业现代化的建设中，应该高度重视农业大数据的作用，密切跟踪国际大数据前沿技术，结合国家现代农业建设的基本情况，制定国家层面的农业大数据发展与应用战略，梳理农业大数据重点发展领域，凝练农业大数据关键技术，推动大数据技术与理念在农业中的应用。

——王文生

第三十八章 农业部门三农信息服务研究

信息化是实现农业现代化的重要手段。党和政府高度重视农业农村信息化工作，近年来积极倡导和推进农业农村信息化发展。农业部作为农业主管部门，始终坚持以 12316 三农信息服务为抓手，积极探索信息服务进村入户的途径和办法，全力打造公益性的 12316 三农综合信息服务平台，不断加快信息高速路向乡村延伸，为促进现代农业发展、进一步缩小城乡差距、统筹城乡经济社会协调发展做出了积极贡献。

一、农业部门三农信息服务工作模式现状

（一）工作构架由地方各自为战逐渐向全国统筹规划转化

自农业部 2006 年开通 12316 农业公益服务热线以来，各地农业部门充分利用语音电话开展了形式多样的信息服务。2006 年 5 月，吉林省在全国率先开通热线，因路径选择较为合理，政策措施比较得当，组织领导力度较大，成效显著，成为深受广大农民和三农工作者欢迎的信息服务模式。此后，辽宁、浙江、上海、北京等地纷纷加快了建设步伐，并开创了适合本地特色的服务模式。应该说，在农业信息服务发展初期，各级农业部门走在了中央的前列，农业部主要是在政策指导、平台建设等方面发挥着引领和规范作用。从 2011 年开始，农业部提出，"十二五"期间要强化顶层设计，按照"资源整合、协同共享"的思路，重点建设国家、省两级 12316 农业综合信息服务平台体系。自此，农业部门三农信息服务工作开始走向全国统筹、省部联动的全新格局。

（二）工作机制由政府强力推动逐渐向市场多元促进和跨部门协作转化

相对于工业信息化而言，农业农村信息化起步晚、发展相对滞后，在初期发展培育阶段，政府强力推动占据了主导地位，发挥了很强的引领带动作用。截至 2012 年，农业部投入财政和基建资金 1 亿多元，先后搭建了 32 个省级、78 个地市级和 352 个县市级三农信息服务平台。在政府统一领导下，电信运营商、大专院校（科研单位）、企业、传统媒体等也开始积极参与。这种由政府推动向市场投入的机制转变，不但为三农综合信息服务注入了新鲜力量，缓解了资金短缺难题，更主要的是使得三农综合信息服务具有了长效发展机制。此外，各地在 12316 平台建设中，还注重涉农部门之间的沟通协调，例如吉林省成立

了省三农综合服务平台协调领导小组，省直 40 个部门为成员单位，共同解决工作中遇到的各种问题；河南省推行了"一键服务"，农民在 12316 热线中提出的超出农业主管部门的问题，可以通过热线平台直接转接到相关主管部门的公益服务热线上……这种多部门协同合作的工作机制，使得三农综合信息服务更具生命力，不但保证了服务效果，也提升了影响力，获得社会各界的广泛赞誉。

（三）工作方式由热线单点服务逐渐向多层次多手段的综合服务转化

随着信息技术的快速发展，三农综合信息服务也呈现出不断拓展、不断创新、不断完善的过程。2006 年，农业部开通全国统一的公益热线后，各地纷纷开通了热线服务，在我国农村"386199 部队"的现实情况下，热线成为了最直接、最便利的信息服务手段。近年来，随着信息技术的发展，特别是微博、微信等新媒体的兴起，在服务手段上，12316 三农综合信息服务平台有效整合了传统媒体和新媒体，形成了全方位、多层次、多手段的服务模式。例如农业部 2011 年创办了《中国农民手机报》；辽宁省尝试可视化应用实现了专家与农民远程视频在线咨询；重庆市农委紧跟"微时代"，创办了《微农信》《特产宝》《农贸圈》等。

（四）制度建设由制定工作规范逐步向构建制度体系转化

在制度建设方面，各级农业部门由印发工作通知逐步向构建制度规范和制度体系方面发展。就农业部而言，近年来，为保障 12316 服务的顺利开展，规范全国 12316 语音平台的运行管理，相继组织编写了《农业部 12316 服务规范》《农业部 12316 平台体系管理办法》等。从地方层面，各地农业部门从平台建设的实际出发，不断强化制度建设。例如辽宁省出台了《农业信息采集与发布制度》《信息联络员工作制度》《农业专家工作制度》等文件；重庆市先后制定了《重庆三农呼叫中心管理办法》《重庆三农呼叫中心话务员行为准则》《重庆三农服务热线投诉控制管理制度》等 20 项规章制度……这些规章制度的制订和实施，为12316 三农综合信息服务平台有序发展奠定了坚实的基础。

（五）服务模式由因地制宜试点探索逐步向各具特色稳步成熟转化

在三农综合信息服务平台建设中，各地因地制宜，在信息资源、服务手段、服务方式等方面不断尝试，逐步探索出了符合现阶段我国农村经济社会发展实际的三农信息服务新途径。例如吉林省 12316 新农村热线、浙江省的"农民信箱"、上海市的"农民一点通"、广东省的"农业信息直通车"、海南省的"农技 110"、甘肃省的"金塔模式"、云南省的"数字乡村"等。全国各地不断探索创新农业信息服务的新模式，在广阔乡村架设起了信息"连心线"、"致富桥"，惠及亿万农民群众。

（六）工作体系由散兵作战逐渐向专业化人才队伍转化

农业信息服务工作开展初期，农村基层信息服务组织基本处于散兵作战的状态，开展农业信息服务多是兼职工作。经过"十一五"的建设，农村基层信息服务组织体系日益完善，"县有信息服务机构、乡有信息站、村有信息点"的格局基本形成。全国农业系统基本建立了一支专职兼职融合、知识结构合理的金字塔式的农业农村信息化管理服务队伍。各省依托咨询热线、呼叫中心、信息服务平台以及各种信息化项目，不断强化专家咨询队伍建设。地方各级政府继续从农业产业化龙头企业、农产品批发市场、农民专业合作社、村干部、农村经纪人、种养大户、大学生村官等群体中培养了一批农村信息员。截至 2012 年底，我国农村信息员队伍已逾百万人。

二、当前农业部门三农信息服务存在的问题

目前，我国农村信息服务体系已初具规模，通信服务水平大力提升，信息资源开发利用开始起步，农村信息服务平台初步形成，但仍然面临一些问题。

（一）基础条件依然薄弱，区域差异较为明显

虽然农村信息服务设施建设已有一定基础，但县、乡、村信息化基础设施仍比较薄弱。截至 2012 年底，仍有 53%的县未实现光纤到村，仅有 50%左右的乡镇、村信息服务机构拥有电脑，能上网的不到一半。在手机网民数量方面，虽然农村手机网民 20.9%的增速明显高于城镇的 13.6%增速，但总体差异依然较大，全国 4.2 亿手机网民中，农村手机网民数量为 1.17 亿，仅占 27.9%。据最新统计，截至 2013 年底，农村地区互联网普及率仅为 27.5%，远低于城镇 62%的水平。

（二）信息资源还需发掘，标准建设相对滞后

尽管目前涉农信息资源已形成一定规模，但由于缺乏顶层设计和标准体系指导，不同单位、不同行业多头并进，已有信息资源和信息系统难以互联互通、协同共享，导致信息孤岛大量存在，信息服务"最初一公里"问题依然突出。各主体的信息采集缺乏统一规划和标准，信息分析形式和发布窗口种类繁多，但实用性、统一性和稳定性较差，需要加强规范和管理。

（三）组织体系尚不完善，顶层设计力度不足

截至 2012 年年底，目前全国仅有 55.3%的县设有专门的农业农村信息化行政管理机构，64.28%的县成立了县级信息化工作领导小组，48.4%县设有信息中心，有 39.6%的县设有专职从事信息化的行政管理人员。在已建农业信息服务机构中也存在归属划分不清的问题，缺乏统一调度和协调管理，造成部门间信息服务工作的冲突性、盲目性和重复性，严重制约了信息资源的合理配置，是造成信息资源分散的主要原因。

（四）建设项目缺乏统筹，投入机制仍需优化

目前在国家层面尚未形成一个跨行业、跨部门的整体性农业农村信息服务发展规划，缺乏推进农业农村信息服务发展的大思路，导致各项目建设的整体协调性较弱，建设内容"冷热不均"的现象较为突出。在投入机制方面，由于农业信息化成本高、产出效益低等问题，各方都是"雷声大雨点小"，缺少实质性的投入，市场化运行机制尚未真正形成，这就

导致了农村信息服务建设只能向国家伸手，缺乏可持续发展能力。

（五）服务形式较为单一，人才队伍亟待加强

当前，我国农村信息服务资源的供给与农民的信息服务资源的需求之间，还存在着比较明显的错位现象，面向农业生产和农村经济发展的科技信息、劳动生产条件信息、产品供销信息等信息服务多，满足农民乡村生活需要的医疗、卫生、教育等非生产需要的信息服务少。同时，随着我国城镇化发展的不断深入，农村大量高素质人才加快向城市流动，在农村基层懂行业发展的人信息技术严重缺乏，在一定程度上制约了信息化在农业产业中的应用。

三、当前形势要求提升农业部门信息服务能力和水平

（一）中央政策对农业信息服务提出了更高的要求

近年来，中央"一号文件"多次提出要加强农业信息化建设，推进农业信息服务。2013年提出"发展农业信息服务，重点开发信息采集、精准作业、农村远程数字化和可视化、气象预测预报、灾害预警等技术"。2014年提出"加快农村互联网基础设施建设，推进信息进村入户"。汪洋副总理2013年3月在农业部信息中心调研时特别强调"推进农业信息化，关键是让农民享受信息化服务，提升农民的信息化应用水平"。2011年年底农业部颁布《全国农业农村信息化发展十二五规划》，提出"打造农业综合信息服务平台、完善信息服务体系和探索信息服务长效机制"等要求。这为农业部门完善三农信息服务提出了新的要求。

（二）技术革新为创新信息服务手段提供了机遇

近年来，以移动互联网、云计算、物联网为核心的新的信息技术革命发展迅速，微博、微信、移动客户端等新产品、新服务层出不穷，正在深刻地改变着目前信息技术的发展和应用方式。2014年第33次《中国互联网络发展状况统计报告》认为，中国互联网发展正在从"数量"转换到"质量"，发展主题已经从"普及率提升"转换到"使用程度加深"。2013年我国农村网民规模的增长速度为13.5%，城镇网民规模的增长速度为8.0%，城乡网民规模的差距继续缩小。我国网民中农村人口占比28.6%，规模达1.77亿，比2012年增长2101万人。城乡互联网普及差距进一步减少，农村地区是目前中国网民规模增长的重要动力。

（三）个性化需求对信息服务内容提出了挑战

当前用户对三农信息服务的需求呈多样性和分层次的特点。信息需求内容向涵盖整个生产流通领域的技术、政策、市场等综合性信息需求发展，农业信息中对优良品种、农作物病虫害防治技术和与农业生产经营决策相关的信息的需求强度较大。不同地域农户有不同的需求偏好，对城市郊区农户来说，家庭生活信息是其除农业科技信息、市场供求信息外的重要信息需求；而山区农户对职业技术培训信息和外出务工信息有相对较大的需求。

农业企业和个体种养专业户对农业信息的需求比例逐渐扩大。用户在选择信息获取渠道时更看重信息服务的精准、便捷和低成本。

（四）政府在三农信息服务发展中发挥的作用凸显

三农信息服务除给接收者带来直接经济效益外，还具有一定的社会效益和生态效益。因此，既要以市场为主导，重视发挥市场机制的作用，遵循价值规律，积极引导多元投资主体参与农业信息服务投资和供给；又要发挥政府宏观调控作用，建立健全各种基础设施，协调各种资源的配置与共享，协调各类信息服务主体的运作，引导农民接收市场信息，同时由政府（农业部门）直接提供外部性较强的农业信息服务。

四、构建并完善三农信息服务的建议

（一）加强政府引导，构建良好投入及参与机制

三农信息服务需要政府切实发挥引导作用，构建中央政府和地方政府及企业、个人共同参与的多元化参与与投入机制，充分发挥社会资本在基础设施建设、资源利用、信息服务、人才培养中的作用，形成政府引导下多元社会主体合力推进的良好局面。农业部门的引导作用，一是体现在建立健全三农信息服务的投入保障机制上。要积极争取发展改革部门和财政部门支持，确保三农信息服务专项建设和工作运转的经费支持。二是体现在积极推动相关政策的出台，通过经济和财政、金融等调节手段，探索购买服务、项目合作等方式，引导和扶持市场力量广泛参与，不断拓展资金投入渠道。三是体现在认真制定和执行有关规则，健全和维护三农信息服务市场秩序，营造良好的准入环境。

（二）激发市场热情，健全社会化信息服务体系

做好三农信息服务，要发挥市场主导作用，调动各类市场主体的积极性，提供市场化、专业化、社会化的信息服务。一是要重点发挥电信运营商在三农信息服务中的不可替代的重要作用。通过签署战略合作协议、购买信息服务等多种形式合作，充分利用其在基础设施建设、运营体系、人才队伍方面的实力优势。二是要鼓励和扶持各类涉农企业，通过示范引导，促其不断加强自身信息化建设，提升其对三农信息服务能力。三是鼓励和扶持专门从事三农信息服务的企业，通过项目委托、财政补贴等手段，使其在为三农信息服务中快速健康成长。

（三）强化顶层设计，加大统筹规划和资源整合力度

针对三农信息服务整体规划缺失、信息资源散乱的特点，必须进一步强化顶层设计理念，加快构建统一协同、科学规范的信息服务模式。一方面，要做好整体规划，强化顶层设计，从构建服务体系、打造统一平台、协调战略研究三个方面加强顶层谋划，建立健全农业综合信息服务体系、全国农业综合信息服务平台和统一协调的三农信息服务发展战略研究机制。其中，12316综合信息服务平台建设及服务是很好的抓手。另一方面，要注重资源开发，优化资源整合。通过签订资源共享协议等方式，构建不同行业、不同部门的资

源共享机制。对于资源开发、整合较好的地区、部门，要给予一定的资金扶持和荣誉激励。

（四）探索服务模式，增强手段创新性和服务针对性

农业部门要结合本地实践，加强服务模式探索和工作手段创新。一方面，针对成效显著的实践探索，要及时总结、积极肯定、深入研究，将其作为一种成功成熟的服务模式予以确定和推广。另一方面，要加强农业信息化学科体系建设和创新体系培育，推动农业适用信息技术的研发应用。要加快推进现代信息技术与三农服务的融合，通过农业信息化基地认证等方式打造一批信息服务的典型，充分发挥先进典型的引领和示范作用。此外，要摸清农民信息需求，不断增强信息服务的针对性和有效性，更好地引导农民的生产生活。

（五）注重人才培养，提高队伍素质和服务实效

三农信息服务要高度重视人才队伍的重要性，摆脱建设完平台、推送完信息就万事大吉的懒政思维。一要积极加强与大专院校、科研院所的联系，加大农业信息化学科领域人才的培养力度。二要争取专门培训资金、编写专业培训教程，加强对现有农业信息化人才的培训。三要建立健全乡村两级信息化服务组织，广泛动员种植、畜牧、农机、质监等不同农业部门，甚至是金融、卫生、社保等涉农部门的多元化力量，着力改变单纯由市场信息系统"包打天下"的现状。四要通过资金补贴方式，扶持专门从事农业信息服务的各种新型经营主体，鼓励一些信息意识强的农村人才自办信息服务点。

——李昌健

第三十九章 城乡一体化发展的思维方式变革——论现代城市经济中的智慧农业

信息化具有强大的带动性、渗透性和扩散性，"互联网+"正以前所未有的速度、力度和广度向农业、工业、城市、乡村等经济社会领域全面渗透，深刻变革着人类的生产生活方式。以物联网、移动互联网、云计算、大数据为代表的现代信息技术向传统农业和城市的快速渗透，使得"智慧农业"与"智慧城市"应运而生，发展方兴未艾。

一、智慧农业的内涵

智慧农业是物联网、移动互联网、云计算、大数据等现代信息技术发展到一定阶段的产物，是现代信息技术与农业生产、经营、管理和服务全产业链的"生态融合"和"基因重组"。在传统模式无法解决农业面临的种种问题时，互联网却凭借其强大的流程再造能力，使农业获得了新的机会。通过互联网技术以及思想的应用，可以从生产、营销、销售等环节彻底升级传统的农业产业链，提高效率，改变产业结构，最终发展成为克服传统农业种种弊端的新型"智慧农业"，具体包括以下四方面内容。

一是智慧生产。主要通过全面感知、可靠传输、先进处理和智能控制等物联网技术的运用，来解决"谁来种地"的问题，提高土地产出率、资源利用率和劳动生产率。能够实现农业生产过程中的全程控制，解决种植业和养殖业各方面的问题。基于互联网技术的大田种植向精确、集约、可持续转变；基于互联网技术的设施农业向优质、自动、高效生产转变；基于互联网技术的畜禽水产养殖向科学化管理、智能化控制转变，最终达到合理使用农业资源、提高农业投入品利用率、改善生态环境、提高农产品产量和品质的目的。

二是智慧经营。主要是利用电子商务提高农业经营的网络化水平，为从事涉农领域的生产经营主体提供在互联网上完成产品或服务的销售、购买和电子支付等方面的业务，来解决"农产品买卖难"问题。通过现代信息技术实现农产品流通扁平化、交易公平化、信息透明化，建立最快速度、最短距离、最少环节、最低费用的农产品流通网络。

三是智慧管理。主要是通过云计算、大数据等现代信息技术，推动种植业、畜牧业、农机农垦等各行业领域的生产调度，推进农产品质量安全信用体系建设，加强农业应急指挥，推进农业管理现代化，提高农业主管部门在生产决策、优化资源配置、指挥调度、上下协同、信息反馈等方面的水平和行政效能，来解决"农业管理高效和透明"问题。

四是智慧服务。互联网是为广大农户提供实时互动的"扁平化"信息服务的主要载体，互联网的介入使得传统的农业服务模式由以公益服务为主向市场化、多元化服务转变。互联网时代的新农民不仅可以利用互联网获取先进的技术信息，也可以通过大数据掌握最新的农产品地理分布、价格走势，从而结合自己的资源情况自主决策农业生产，重点解决"农村信息服务最后一公里"问题，让农民便捷灵活地享受到所需要的各种生产生活信息服务。

二、充分认识智慧农业在智慧城市建设中的地位和作用

都市农业是指依托于大都市，服务于大都市，遵从大都市发展战略，以与城市统筹和谐发展为目标，以城市需求为导向，以现代技术为特征，具有生产、生态、生活等多功能性和知识、技术、资本密集特点的现代集约持续农业。都市农业是为适应现代化都市生存与发展的需要而形成的，位于大都市经济圈内的地缘优势是其先天条件。都市农业在20世纪60年代出现于欧洲、美国、日本等发达国家和地区，而后迅速向其他国家传播、普及。目前，我国北京、上海、深圳等城市都先后做出了发展都市农业的决策。

都市农业是融生产性、生态性和生活性于一体的现代农业。都市农业不仅可以实现农业最基本的功能，为都市粮食和食物安全供给提供基本保障，其特殊的地理位置和充分利用大都市提供的科技成果及现代化设备进行生产的特性，决定了它的生产功能与传统农业有所不同，大宗农产品的生产开始淡化，转向了"名、特、优、新、稀"的动植物产品、生鲜农产品和安全绿色食品的生产。都市农业也可以起到"都市之肺"的生态涵养作用，防止、减轻都市外来不利因素对生态环境的破坏与危害，并利用农业的自净能力，以调节气候的方式减轻城市的热岛效应。

另外，相对于钢筋水泥的城市景观，和谐优美的乡村自然景观为都市居民提供了与农村交流、与农业接触的场所和机会，满足了都市居民休闲、度假、观光、体验、采摘、游乐、教育的需求，促进其身心健康。这使得都市农业既具有历史人文与自然交融的美学价值，又有旅游度假开发的经济意义。

都市农业有助于促进城乡一体化发展，通过把农业纳入到城市社会、经济、文化、生态的整体发展规划当中，形成农业、农村和城市的有机协调发展与兼容，不再就农业论农业，而是与城市的发展建设同步，既保证了城市本身的可持续发展，又加强了城乡之间的融合。都市农业有助于城乡之间的信息、人员、资源流动，利用大城市优势，吸引技术人才、科技资源向农业方向集中，以增强科技创新和应用力度，加快物联网等现代信息技术的集成应用，促进智慧农业发展，通过标准化、专业化、规模化的生产，提高农业的综合效益，推进农业现代化进程，促进农业向社会化、专业化、现代化的转变。

都市农业有助于增加农民收入。相比传统农业，都市农业有更长的产业链，可以带来更多的就业机会和更大的发展空间，有助于解决乡村劳动力过剩的问题，也有助于优势特色农业的发展。农产品营销促销手段的增加，餐饮服务、休闲观光等新型业态的兴起，更可以拓宽农民增收渠道，促进农民收入较快增长。基于都市农业的上述作用，全国各地的智慧城市建设都把智慧农业纳入其中，并作为重要建设板块。没有智慧农业的智慧城市是

无法满足城市居民衣食住行和现代生活需要的。

三、智慧农业面临的机遇与挑战

发展智慧农业，是中央有关政策的要求，是转变农业发展方式的现实需求，也是现代信息技术发展到一定阶段的产物。

高位拉动。党的十八大做出了"促进工业化、信息化、城镇化、农业现代化同步发展"的战略部署，在这四化中，农业现代化是短板，而农业信息化是农业现代化的关键，对农业信息化和智慧农业提出了新的更高的要求，全国各地构建智慧城市都把智慧农业作为重要的建设内容和板块。李克强总理于2015年3月5日在政府工作报告中提及要制定"互联网+"行动计划，智慧农业是"互联网+农业"的重要抓手，"互联网+"必将推动智慧农业快速发展。

现实驱动。当前，我国农业发展面临着资源、市场和生态多重瓶颈，迫切需要利用信息技术对农业生产的各个种资源要素和生产过程进行精细化、智能化控制，对农业行业发展进行专业化、科学化管理，以减少对资源环境的依赖，突破资源、市场和生态环境对农业产业发展的多重约束，从而推动农业产业结构的升级和生产方式的转变。

技术推动。近年来，世界各国信息技术发展迅猛，我国信息技术创新和研发也取得了长足进步，物联网、移动互联网、云计算、大数据等现代信息技术的日渐成熟，使得农业信息化从单项技术应用转向综合技术集成、组装和配套应用成为可能。信息技术的不断进步为智慧农业的快速发展提供了坚实的技术条件，也带来了难得的发展机遇和一系列的挑战。以农业物联网为例，我国农业物联网处于起步阶段，在技术、应用、产业和机制方面还面临着一系列发展瓶颈。

首先是关键技术和装备匮乏。目前农业物联网应用多在环境信息感知和数据传输环节，终端的信息处理和智能控制应用环节较少，尚未形成农业物联网"感知—传输—处理—控制"的应用"闭环"。特别是低成本、高信度的环境信息传感器和生命信息感知技术产品，适合农村不同地理环境的高通量、低资费的信息通信技术，支持闭环控制应用的终端技术难题亟待解决。

其次是应用效果和效益不佳。农业物联网具有明显的"人—机—物"一体化特征，应用目标是智能化的按需控制和智慧化的精细管理，这需要农业知识模型特别是各种农业动植物环境阈值模型的支撑。目前农业物联网数据资源的细分和数据挖掘尚未有效开展，大田、设施、畜禽、水产等领域的环境与生命体之间的知识模型和实用控制阈值库没有建立，计算机分析控制缺乏参照，控制的可靠性低，农业物联网的优越性没有得到发挥，应用效益和效果大打折扣。

再次是产业发展滞后。由于农业物联网应用模式多样且都规模较小，大型IT公司参与积极性不高，尤其是缺乏大型的传感器制造商和运营商。目前，我国农业物联网推广应用多是由高校和科研单位承担，农业物联网专用传感、控制设备量产能力不强，价格高、稳定性差、运行维护不及时等问题较突出，已经成为农业物联网发展的主要瓶颈。

最后是可持续运行机制尚未建立。我国农业物联网处于起步阶段，应用技术不成体系，推广应用尚未规模化，运行机制不可持续，在很多地方农业物联网应用还在一定程度上存在摆样子、走过场的情况，真正进入生产经营主体管理决策环节的应用还不多。迫切需要政府加大扶持力度和科学引导，建立并完善农业物联网快速发展的政策环境，鼓励消费需求和民营资本进入，形成可持续发展机制。

四、建设都市智慧农业的主要任务

建立与智慧城市相匹配的智慧农业生产技术体系，促进城郊现代农业发展。城郊农业具有高度集约化、装备化、设施化的特点，是现代农业起步和发展最快的区域，要现代信息技术武装农业，尤其是提高城郊设施农业智能化水平。推广基于环境感知、实时监测、自动控制的设施农业环境智能监测控制系统，提高设施园艺环境控制的数字化、精准化和自动化水平。开展农情监测、精准施肥、智能灌溉、病虫草害监测与防治等方面的信息化示范，实现种植业生产全程信息化监管与应用，提升农业生产信息化、标准化水平，提高农作物单位面积产量和农产品质量。积极推动全球卫星定位系统、地理信息系统、遥感系统、自动控制系统、射频识别系统等现代信息技术在现代农业生产的应用，提高现代农业生产设施装备的数字化、智能化水平，发展精准农业。

提高规模化果园生产智能化水平。综合利用 GIS 技术、3G 技术、互联网技术和物联网技术等，开发城郊智慧果园管理系统，将果园种植、生产管理、产品加工、仓储物流、市场营销、质量安全与溯源等有机结合在一起，提高规模化果园的生产管理水平，用灵活、便捷的智慧化管理方式，实现生产过程中对果树、土壤、环境等的实时监测，使果园管理不再受到时空局限，从而合理使用农业资源、降低生产成本、改善生态环境、提高农产品产量和质量。

提高城郊畜禽与水产养殖智能化水平。以推动城郊畜禽规模化养殖场、池塘标准化改造和建设为重点，加快环境实时监控、饲料精准投放、智能作业处理和废弃物自动回收等专业信息化设备的推广与普及，构建精准化运行、科学化管理、智能化控制的养殖环境。在国家畜禽水产示范场，开展基于个体生长特征监测的饲料自动配置、精准饲喂，基于个体生理信息实时监测的疾病诊断和面向群体养殖的疫情预测预报。

发展农产品冷链物流与电子商务，促进城乡人财物流动。应用物联网创新技术，加快冷链物流信息化建设。运用专业的物流管理信息系统建立农产品全生命周期信息档案，科学地整合生产、分销、仓储运输、配送等供应链上下游的信息。充分利用现有技术，加快建设一批冷链物流示范工程，实现冷链农产品全生命周期和全过程实时监管，促进冷链运输管理的透明化、科技化、一体化。

推进国家农产品质量安全追溯管理信息平台建设，开发农产品质量安全追溯管理信息系统。探索依托信息化手段建立农产品产地准出、包装标识、索证索票等监管机制。加快建设农产品质量安全监测、监管、预警信息系统，实行分区监控、上下联动，切实保障城乡食品安全。

积极开展电子商务试点，探索都市农产品电子商务运行模式，逐步建立健全农产品电子商务标准规范体系，培育一批农业电子商务平台。鼓励和引导大型电商企业开展农产品电子商务业务，支持涉农企业、农民专业合作社发展在线交易，积极协调有关部门完善都

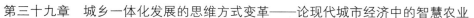

市农产品物流、金融、仓储体系，充分利用信息技术逐步创建最快速度、最短距离、最少环节的新型农产品流通方式，促进城乡一体化发展。

以信息化推动休闲旅游农业发展，促进城乡文化融合。面向城市人群的休闲、旅游和度假需求，通过完善农村信息基础设施，利用现代信息技术、移动互联网技术，对休闲农业进行数字化、智能化和网络化的改造，对休闲农业的产品开发和推广环节广泛实现信息化管理与服务，以满足供求双方对信息的实时与精准化需求。打造面向都市人群的休闲农业资源信息服务平台，开发"休闲农业"APP 应用，让公众及时了解当地休闲农业资源情况、休闲特色项目所在和休闲农业的决策规划，使休闲农业的产品或服务得到更广泛、更快捷的传播。

建立都市生态环境监测预警系统，为城市发展提供生态保障。利用现代信息技术，建立实用、高效、统一、安全的都市生态环境信息监测预警系统。建立集统一的生态环境数据中心、整合的环境监控信息、实用的地理信息系统、便捷的移动信息平台等为一体的"都市生态环境监测预警"系统，使生态环境监测实现信息化、智能化、可视化，切实保障都市生态环境质量。

五、加快发展都市智慧农业的对策建议

当前，我国智慧农业的发展正处在起步阶段，未来一个时期，随着现代信息技术速向农业领域渗透，国家"互联网+"行动计划的出台以及智慧城市建设的深入和拓展，都市智慧农业的发展将进入加速期，将成为农业现代的制高点，也将成为智慧城市的一道亮丽风景线。展望未来，发展智慧农业要注意以下几个方面。

抢抓"互联网+"战略机遇。智慧农业概念的提出与我国现代农业发展的迫切内在需求相吻合，既是历史机遇的巧合，也是农业发展的必然。智慧农业良好的发展前景，不是概念的炒作。我国目前农业发展正处于由传统农业向现代农业转变的拐点上，农业生产智能化、农业经营网络、农业管理数字化、农业服务精准化是必然发展趋势。一定要牢牢抓住"互联网+"战略机遇，深入推动互联网和农业生产、经营、管理和服务的融合。

科学谋划，分步推进。英国演化经济学家卡萝塔·佩蕾丝认为，每一次大的技术革命都形成了与其相适应的技术—经济范式。这个过程会经历两个阶段：第一阶段是新兴产业的兴起和新基础设施的广泛安装；第二个阶段是各行各业应用的蓬勃发展和收获，每一个阶段大概需要 20～30 年的时间。当前互联网进入中国已经有 21 个年头，进入农业不过 10 年左右，物联网、云计算和智能终端作为新基础设施被广泛安装才刚刚开始。因此，从现在开始大概到 2025 年都是智慧农业的培育阶段，智慧农业的成熟和蓬勃发展大概还需要 20～25 年的时间，也就是说到 2050 年，智慧农业将完全进入成熟期。因此，推进智慧农业是一项长期的工程，要科学谋划，分步推进，切忌好高骛远。

当前推进都市智慧农业需要政府引导。智慧农业是高新技术在农业中的具体应用，具有基础薄弱、一次性投入大、受益面广和公益性强的特点，在当前投入产出效益不高、农民收入水平较低、农业信息化市场化运作还不完善的情况下，需要公益性行业专项支持。建议根据我国现代农业发展需求，按照"发展急需、技术成熟、示范效益好"的原则，实施一批有

重大影响的智慧都市农业应用示范工程，建设一批国家级智慧城市/智慧农业示范基地，推动都市智慧农业跨越式发展。

完善政策法规，优化都市智慧农业发展环境。研究制定都市智慧农业建设相关标准。加强都市智慧农业的法规建设，使智慧农业建设法制化，在信息发布、共享、保密、可靠性以及信息市场规则上做到有法可依。建立健全相关工作制度，建立都市智慧农业建设考核评价指标体系，量化考核标准和办法，推动都市智慧农业建设的规范化和制度化。在加快推进智慧农业建设进程中，应统筹规划、研究制订基于物联网技术的智能化监测和自动化控制系统的应用示范，加大对重大项目建设、关键技术研发等方面的政策扶持，以提高软实力。

强化顶层设计，制定都市智慧农业发展战略规划。都市智慧农业建设是一个动态的、渐进的、长期的，不可能一蹴而就，需要顶层设计、分阶段推进，只有在政府的规划引导下，智慧农业发展才能沿着正确的方向持续发展。因此，必须从全国层面加强顶层设计，制定都市智慧农业发展战略规划，从基础设施、专项应用和服务体系等方面入手，对智慧农业的建设任务进行合理布局和优化配置，形成全国统筹布局、部门协同推进、省市分类指导的智慧型都市农业发展格局。

设立专项资金，推进都市智慧农业技术应用。在全国层面设立都市智慧农业发展专项资金，将都市智慧农业建设和发展经费纳入财政资金预算，明确资金使用时各区县的财政配套比例，发挥专项资金的引导和放大效应；各省市应从实际出发，争取资金支持，并按比例配套投入，进行基础设施建设、系统部署、系统改造、技术开发、信息服务等，以保持智慧农业建设进度与全国协调一致。

完善体制机制，推进都市智慧农业建设市场化。政府部门应强化对都市智慧农业发展的宏观指导，以政策杠杆撬动效益农业。建立政府引导、科技支撑、企业运营的参与机制，将国家公益性补贴和市场化运作有效结合，完善多元投融资渠道机制。可通过鼓励金融机构开辟农业市场、降低涉农金融信贷门槛、设立科技投资风险基金、试行农业数据与服务资源的有偿交易等方式，弥补政府供给主体的功能缺陷，实现智慧农业的可持续发展。

加强培训和宣传，提高全社会对智慧农业的认识。加强针对性的宣传，提高政府管理人员对智慧农业的认识。政府作为智慧农业建设的组织管理者，其管理人员对智慧农业的认识和应用能力对推进智慧农业建设起着决定性的作用。要通过多种形式的宣传、教育，提高农业部门领导和工作人员的信息化意识，强化管理者对智慧农业的重要性、严肃性、风险性、时效性的认识，切实加强服务能力建设。

利用各种宣传手段，提高公众对智慧农业的认识。利用广播、电视、科技大集等形式面向公众进行宣传，推广利用智慧农业应用的典型案例，使公众了解智慧农业的优势，认识到智慧农业的重要性，将潜在的用户转变为现实的用户。组织建设一支高水平的人才队伍，利用高素质信息专业人才在智慧农业生产、消费的第一线引导和帮助公众，提高社会大众利用信息技术服务日常生活的意识。

——李道亮

实践探索篇

中国农村信息化发展报告（2014—2015）

第四十章　实践探索

按照农业信息化总体发展思路，重点推进信息进村入户工作和农业物联网试验示范，抓紧谋划金农工程二期，积极探索农业电子商务，扎实做好农业信息化基础工作，取得了积极成效。

（一）加快推进信息进村入户

按照 2014 年中央"一号文件"的部署要求和汪洋副总理的批示精神，在部党组的高度重视和部领导的悉心指导下，认真谋划并积极推动信息进村入户试点工作，目前已经取得阶段性成果。一是起草并印发了《农业部关于开展信息进村入户试点工作的通知》以及工作方案，明确了推进信息进村入户工作的重要意义、总体思路、试点目标和重点任务，在北京、辽宁、吉林、黑龙江、江苏、浙江、福建、河南、湖南、甘肃等 10 个省市、22 个县率先开展试点。二是召开信息进村入户现场部署会。组织会议代表参观了世界之村总部、乡镇农业服务中心、村级信息服务站等现场，福建、黑龙江、吉林、辽宁、河南等 5 省在会上做了交流发言，中国电信、京东集团 2 家企业，提出了合作设想并联合其他 16 家企业发出了倡议，陈晓华副部长出席并作重要讲话。三是初步探索了政企合作、市场化运行机制。把市场化运行机制的建立作为推进信息进村入户工作的一项关键性措施来抓，先后到北京、江苏、黑龙江、福建等地调研，多次与相关企业研讨，与电信运行商、平台电商、服务商等提出了切实可行的政企合作解决方案。目前，已有 18 家企业明确表示积极参与信息进村入户试点工作，10 个试点省市已与相关企业签署了 24 份合作协议。四是组织地方农业部门和有关专家研究制定了《信息进村入户试点工作指南》，细化了试点目标和任务，进一步明确了责任、措施和进度，特别是对探索市场化运行机制提出了明确要求。

（二）开展农业物联网试验示范

一是深入实施农业物联网区域试验工程。组织试点省市加快推进农业物联网区域试验工程，派出专家组督导进展情况，确保了区试工程的顺利开展。1 月 10 日，在上海筹备召开了区试工程年度总结，交流了试点省市的好经验好做法，研究部署了下一阶段工作重点。6 月 12 日，在天津开展了农业物联网成果观摩交流活动，组织各省、农业农村信息化示范基地、科研单位、企业代表考察了天津农业物联网区域工程示范基地，交流了天津、上海、安徽、北京、黑龙江、江苏农业物联网建设经验，现场观摩了农业物联网新技术、新产品、新模式。

二是继续推进国家物联网应用示范工程。组织实施的黑龙江农垦大田种植、北京设施农业、江苏宜兴养殖业等 3 个国家物联网应用示范工程智能农业项目获得国家发改委后补助资金批复，并分别落实 4000 万、2000 万和 1000 万项目经费，又批复同意内蒙古玉米、新疆棉花 2 个大田国家物联网应用示范工程二期建设项目。

三是促进农业物联网技术产品推广应用。在全国范围内组织征集了农业物联网成果，并组织专家从先进性、实用性、成熟度、可推广价值等方面进行评选，从中选出了 148 个硬件设备、80 个软件设备、39 个应用模式、43 个市场化解决方案和典型应用案例，集中编入《全国农业物联网产品展示与应用推介汇编 2014》。

（三）抓紧推进金农工程

一是完成金农工程一期验收工作。组织有关部门及相关专家组成金农工程一期项目竣工验收委员会，农业部钱克明总经济师任验收委员会主任委员，中国工程院汪懋华院士担任专家组长，完成了对金农工程一期项目的竣工验收。

二是认真谋划金农工程二期。按照重点推进基础信息资源、农业行政管理及基层农村经营管理政务信息化建设的要求，逐个与有关司局开展建设需求座谈，在此基础上提出了金农二期建设框架，并初步征求了有关司局意见。

（四）积极探索农业电子商务

组织开展了 22 个省的问卷调查、多省实地调研、与有关专家和电商企业交流研讨，并与阿里巴巴、京东进行了业务层面深度对接，系统梳理了农产品电子商务发展现状，研究提出了推动农产品电子商务发展基本思路和相关政策建议，在此基础上整理形成了农产品电子商务有关情况的报告呈送汪洋副总理。

多次与阿里巴巴和京东商城等大型电子商务企业商谈合作事宜，就建立数据共享机制并开展战略合作，加强农产品交易标准、适量追溯及经营主体诚信体系建设，加大农产品认证、质检等政府信息公开力度，支持和引导各类行业协会开展线下农产品营销组织工作，开展电子商务应用技能培训等方面进行了研究。

（五）夯实农业信息化基础

一是谋划农业信息化项目。组织专家先后赴安徽、江苏、天津等实地考察并全面梳理信息化项目安排现状的基础上，围绕当前农业农村经济发展中的关键和热点问题，研究设计了未来五年农业信息化建设总体框架，形成了《益（e）农计划财政专项建议》。在充分调研的基础上，组织有关专家编制了《农业信息化建设工程》（征求意见稿），先后征求了 20 个司局的意见，目前已按照意见进行了修改完善。

二是加强网络与信息系统安全工作。按照公安部的要求，组织制定了《农业部重要信息系统和政府网站安全专项检查工作方案》，开展了历时 3 个月的专项检查工作，进一步提升了我部重要信息系统和门户网站的安全保障能力，该项工作得到了公安部的表扬。

三是强化农业信息化标准建设。13 项农业物联网国家标准制修订项目获得国家标准委批复立项。组织专家开展了农业信息化标准体系框架的研究工作，初步理清了农业信息化标准建设的现状和问题，进一步明确了农业信息化标准工作的重点任务。

　　四是对评价指标体系进行了完善。结合中央网信办《国家信息化发展指数》，对农业信息化发展水平评价指标体系进行了补充完善。

　　五是推进农业信息技术创新。组织中国农业科学院、中国热带农业科学院及中国水产科学研究院，农业部信息中心、农业部规划设计研究院及中央农业广播电视学校，中国农业大学中国农业信息化评价中心和国家农业信息化工程技术研究中心等单位等 8 家创新单位制定了创新规划。组织 40 家全国农业农村信息化示范基地参加农业物联网成果观摩交流活动，促进开展信息技术研发与应用示范。

大事记篇

▲ ▲ ▲ ▲

中国农村信息化发展报告（2014—2015）

第四十一章 大事记

2014 年 1 月 10 日农业部在上海开展农业物联网区域试验工程年度总结

年度总结交流了各地农业物联网区域试验工程阶段性成果和好经验好做法，研究部署下一阶段工作重点。农业部副部长余欣荣强调，当前，农业物联网区域试验工程取得了一些阶段性、突破性成果，各级农业部门要抢抓机遇、顺势而为、再接再厉，充分调动各种社会力量，全力推进农业物联网建设，加快现代农业发展。

2014 年 1 月 22 日"农村信息化可持续发展模式研讨及经验交流会"在京召开

会议是由世界银行、国家发改委联合举办，国家信息中心承办的。会议由国家信息中心信息化研究部主任张新红主持，国家信息中心常务副主任杜平、世界银行中国和蒙古可持续发展局农林部主任高·柏林、国家发改委高技术司信息化处处长刘勇、工信部信息化推进司司长徐愈到会致辞，农业部市场与经济信息司司长张合成、商务部电子商务和信息化司副巡视员聂林海、世界银行高级专家明格斯等领导和专家做了主题演讲。与会专家一致认为，经过多年的探索实践，中国农村信息化发展取得了长足的进步，对促进新农村建设、农业现代化和培育新型农民发挥了重要作用。研讨会上，国家信息中心发布了《中国农村信息化案例研究报告》。

2014 年 2 月 27 日中央网络安全和信息化领导小组宣告成立，在北京召开第一次会议

会议由中共中央总书记、国家主席、中央军委主席、中央网络安全和信息化领导小组组长习近平主持，中共中央政治局常委、中央网络安全和信息化领导小组副组长李克强、刘云山出席会议。会议审议通过了《中央网络安全和信息化领导小组工作规则》《中央网络安全和信息化领导小组办公室工作细则》《中央网络安全和信息化领导小组 2014 年重点工作》，并研究了近期工作。

2014 年 3 月 21 日工业和信息化部组织召开"宽带中国 2014 专项行动动员部署电视电话会议"

工业和信息化部部长苗圩对宽带中国 2014 专项行动各项工作进行全面部署，副部长尚冰主持会议。专项行动的目标之一是继续推动农村宽带普及，帮助农村和偏远地区的民众跨越地理鸿沟，享受和城镇居民同等的数字机遇。苗圩提出了"宽带中国 2014 专项行动"

的主要引导目标：一是宽带网络能力持续增强，二是惠民普及规模不断扩大，三是宽带接入水平稳步提升，四是创建示范效果初步显现。中国电信、中国联通、中国移动积极响应"宽带中国2014专项行动"，在会上公布了各自的具体目标和实施计划。

2014年3月25～26日第三届农业信息化高层论坛在苏州举行

以市场化、信息化、国际化为主题的"第三届农业信息化高层论坛"在古城苏州落下帷幕，本次论坛由农民日报社、中国农科院及中国农学会主办，北京农软科技有限责任公司承办。农业部、科技部信息产业部的有关部门负责人出席会议并发表专题演讲。参加本届信息化高层论坛除有关部门的领导和专家外，还有来自全国各地的农业教育科研部门、气象部门、农业企业以及信息产业从业人员等共200多人。

2014年3月28～30日2014中国北方农博会在赤峰举行

2014年"赤峰·中国北方农业科技成果博览会暨全国农高会新丝绸之路创新品牌展览会"由科技部和内蒙古自治区政府主办，以"加快推进科技创新，大力发展现代农业"为主题，主要包括农业高新技术成果展、现代农业装备展、优质畜禽展等九个方面，并确定了种子工程、节水灌溉、设施农业、农牧业机械装备和信息化技术在现代农业中的运用五大重点技术。参会人数达13.2万人，大会交易的农业新技术、新品种、新产品、新设备、新成果共计4512项，现场完成交易额2.5亿元，意向成交额5.7亿元。

2014年4月农业农村信息化大数据技术研讨会在京召开

首届中国科学数据大会在北京举行，中国工程院院士汪懋华就现代农业发展对大数据科学的应用需求做了主题报告。大会特设"农业与农村信息化大数据技术与应用"研讨分会，邀请到业界专家和企业代表，围绕农业大数据，就如何有效收集动态农业数据等问题进行探讨，中国农科院信息所研究员王文生主持了研讨会。与会专家认为，农业大数据作为农业信息化的前沿技术，是新一代信息技术的集中反映，是颇具潜力的新兴科技产业领域。研讨课题为我国农业领域抓住大数据应用机遇，提供了非常有价值的前沿理论研究成果和未来应用展望。

2014年4月20～21日首届中国农业展望大会在京召开

大会由中国农业科学院农业信息研究所主办。会议由中国农业科学院副院长吴孔明院士主持，农业部副部长陈晓华、中国农业科学院党组书记陈萌山、农业部市场与经济信息司司长张合成、经济合作与发展组织（OECD）农业与贸易司副司长瑞德·萨法迪等出席会议并讲话。张合成就建立我国农业信息监测预警体系做了专题报告，提出构建中国特色农业信息监测预警体系，需要配套四项制度框架。本次展望大会的召开，标志着中国特色农业信息监测预警体系建设取得成效，开启了提前发布市场信号、有效引导市场、主动应对国际变化的新篇章。

2014 年 7 月 14 日农业综合信息服务平台（12316 中央平台）项目通过竣工验收

7 月 14 日，农业部组织有关专家组成专家组，对 2011 年农业综合信息服务平台（12316 中央平台）项目通过了竣工验收。该项目是"十二五"期间农业部重点农业信息化项目，旨在打造契合农业行业需求的特色应用服务，为加强全国农业信息服务监管、为农业部门自身业务工作开展提供数据和信息技术支撑。随着部省信息数据的有效对接，信息资源共享程度将会明显提高，为构建全国"三农"服务云平台奠定了坚实基础。平台于 2011 年 3 月由农业部发展计划司批复立项，农业部信息中心承担建设。项目围绕建设一个中央级的农业综合信息服务平台，完成了"一门户、五系统"的开发建设，包括 12316 农业综合信息服务门户、语音平台、短彩信平台、农民专业合作社经营管理系统、双向视频诊断系统、农业综合信息服务监管平台等应用系统。建立起了集 12316 热线电话、网站、电视节目、手机短彩信、移动客户端等于一体，多渠道、多形式、多媒体相结合的 12316 中央平台。

据介绍，目前，12316 服务已经基本覆盖全国农户，并在 11 个省（区、市）实现了数据对接和 3 个省（市）呼叫中心视频链接；短彩信平台已有 65 个司（局）和事业单位注册使用；"中国农民手机报（政务版）"通过该平台每周一、三、五向全国 5 万多农业行政管理者发送；农民专业合作社经营管理系统已有 8700 余家合作社注册使用；基于门户的实名注册用户系统已有 22 万实名用户注册使用；语音平台集成了农业部所有面向社会服务的热线。

2014 年 8 月 26～28 日 2014 中国互联网大会在京召开

本次大会主题为："创造无限机会——打造新时代经济引擎"大会覆盖移动互联网、互联网金融、大数据、云计算、电子商务、智能硬件、智能交通等 21 个论坛。本届互联网大会得到工业和信息化部、国家互联网信息办公室等部门的指导与支持。开幕式上，工业和信息化部部长苗圩作讲话，工业和信息化部副部长尚冰、国家互联网信息办公室专职副主任任贤良分别作主旨报告。工业和信息化部电信管理局副局长陈立东出席大会闭幕式并作讲话。大会还评选了"纪念中国全功能接入互联网 20 年十大事件""纪念中国全功能接入互联网 20 年突出贡献企业奖""纪念中国全功能接入互联网 20 年最具价值产品奖""纪念中国全功能接入互联网 20 年突出贡献机构奖"。

2014 年 10 月 25～28 日 2014 年农业信息化专题展暨农业信息化高峰论坛在青岛举行

本届专题展与高峰论坛是目前农业信息化领域水平最高、特色最鲜明的全国性展会，本届论坛的主题为："信息化与现代农业"。本届专题展与论坛是第十二届中国国际农产品交易会总体框架下的一个高级别活动，主要展示智慧农业、农产品电子商务、农业信息服务、信息技术创新应用等方面。

农业信息化高峰论坛以"促进信息化与农业现代化全面融合"为宗旨，设立一个主会场，三个分会场，论坛主题分别为：信息化与现代农业、电子商务促进农户对接大市场、农业物联网与农产品质量安全追溯、农业云计算与大数据创新政府服务新模式。

本届专题展以企业为主体，完全采用市场化运作，主要是让在农业信息化建设中领先的企业、科研单位、大专院校等唱主角，建立一个权威平台，力求把最先进、最具特色、最有代表性的农业信息化研发成果、技术产品和成熟解决方案展示出来。

2014 年 11 月 19～21 日首届世界互联网大会在乌镇召开

本次大会为期 3 天，来自全世界近 100 个国家和地区的逾 1000 位政府官员、国际机构负责人、专家和企业家等围绕着"互联互通·共享共治"主题，就国际互联网治理、移动互联网、互联网新媒体、网络空间法治化、网络名人、跨境电子商务、网络安全、打击网络恐怖主义等 10 多个分议题深入交换意见，共商互联网发展大计，达成了广泛共识。

世界互联网大会是我国举办的规模最大层次最高的互联网大会，乌镇被选为世界互联网大会永久会址。

2014 年 12 月 11 日首届农业龙头企业发展（成都）论坛举行

第二届成都农博会期间，农博会的重头戏——"首届农业产业化龙头企业发展成都高峰论坛暨现代农业产融结合成果发布会"隆重举行。会上，作为产融结合典型代表的"新农宝"，凭借将移动互联网和农业深度融合，致力于服务三农的理念、迅猛的发展态势成为会议焦点，受到现场嘉宾的热烈追捧。

2014 年 12 月 22～23 日中央农村工作会议在京举行

会议总结 2014 年农业农村工作，研究依靠改革创新推进农业现代化的重大举措，全面部署明年和今后一段时期农业和农村工作。会议强调，推进农业现代化，要坚持把保障国家粮食安全作为首要任务，确保谷物基本自给、口粮绝对安全。要创新机制、完善政策，努力做好各项工作。一是大力发展农业产业化。二是积极发展多种形式适度规模经营。三是建设资源节约、环境友好农业。四是加大农业政策和资金投入力度。五是用好两个市场两种资源。

2015 年 1 月 26 日中国农业家年会暨首届中国农业食品电商峰会在京召开

会议由中国农业家俱乐部、品牌农业与市场杂志主办，中国食品土畜进出口商会，糖烟酒周刊杂志社，中国品牌农业发展研究院，中国人民大学农业与农村发展学院等承办。本次大会以"农业家、创未来"为主题，农业企业董事长、总经理，农业电商、商超采购负责人，农业投资专家、智业专家，农资、农业配套服务企业负责人等近 500 人出席，围绕如何助力中国农业家群体形成和发展，加速中国农业现代化进程，推广品牌农业生产经营方式，构建农业资源配置平台，进行了交流研讨。

2015 年 2 月 7 日中国信息经济年会暨中国信息化百人会 2015 年会在北京召开

会议发布了《中国信息经济发展报告 2014》。报告提出，信息经济已经成为经济增长的重要动力，中国信息经济出现规模大、增长快、增速显著高于 GDP 增速、加速产业融合、需要新规则体系等特点。面对蓬勃发展的信息经济，需要树立全新的信息经济发展观。报告以信息经济为主题，提出了信息经济的概念和五个层次；采用实证分析的方法，首次测算出我国信息经济的规模和结构，并对中国、美国、英国、日本 4 国，以及中国金融保险、机械设备等 6 个重点行业进行比较分析；对信息经济的影响、趋势开展了系列的研究，形成了一些共识。

2015 年 3 月 6 日 "互联网+" 首次亮相政府工作报告

国务院总理李克强 2015 年 3 月 5 日在作政府工作报告时首次提出要制定 "互联网+" 行动计划。在政府工作报告的 "新兴产业和新兴业态是竞争高地" 的部分提到："制定 '互联网+' 行动计划，推动移动互联网、云计算、大数据、物联网等与现代制造业结合，促进电子商务、工业互联网和互联网金融健康发展，引导互联网企业拓展国际市场。国家已设立 400 亿元新兴产业创业投资引导基金，要整合筹措更多资金，为产业创新加油助力"。

2015 年 4 月 20～21 日 2015 年中国农业展望大会在京召开

4 月 3 日，农业部市场预警专家委员会主任委员、农业部副部长陈晓华邀请国家发改委、商务部、粮食局有关司局的委员，与农业部有关司局共同审定《中国农业展望报告 2015—2024 年》，启动开展中国农业展望活动。

2015 年 5 月 7～8 日 2015 中国电子商务创新发展峰会在贵阳市召开

本次峰会以 "拥抱电子商务+" 为主题，汇聚中国最顶级的电商精英，把脉电商时代新特征新趋势，共商电商发展大计。农业部总农艺师孙中华出席峰会并致辞。

峰会上，农业部介绍了农业电子商务发展情况和今后发展重点。农业电子商务是电子商务的重要组成部分，农业电子商务的快速发展，不仅对农产品流通、消费带来了深刻的变革，而且加速了互联网与农业生产经营管理服务各领域的全面深度融合，必将重塑农业的产业链、价值链、供应链，为农业现代化发展注入新元素、增添新动力。

5 月 8 日，峰会举办了农业电子商务论坛，论坛以 "新形势下农业电子商务发展趋势及电商模式" 为主题，来自中央有关部门、地方政府、科研院所和知名涉农电商企业的 12 位领导和专家，做了精彩演讲，并与参会代表分享了他们的创新成果与成功经验。

2015 年 5 月 31 日 2015 中国农业发展论坛在中国农业大学召开

论坛以 "新常态下的中国农业发展" 为主题，以专题报告和圆桌论坛的形式对 "新常态的中国农业" 进行了阐释与探讨。中国农业大学校长柯炳生、农业部对外经济合作中心主任杨易等出席论坛，此外还有行业专家、投资专家、企业高管等 400 多名代表参加了论坛。商务部电子商务和信息化司副司长聂林海作了《农产品电子商务与农业发展》主题报告。本次活动还设有 "互联网+中国农业发展" "一带一路与中国农业走出去" 两个分论坛。京东集团、联想佳沃、大北农、中粮集团、新希望六和、中信证券等多家知名企业高管就相关主题进行了热烈讨论，就新常态下中国农业的发展现状和未来趋势提出了意见和建议。

2015年6～7日全国信息进村入户试点工作推进会在浙江省遂昌县召开

会议总结交流了试点工作的进展和成效，深入分析面临的新形势新机遇，研究提出了加快推进试点工作的任务措施。农业部副部长陈晓华出席会议并讲话。会议总结了一年以来全国信息化进村入户试点工作取得的重要阶段性成果，并指出，要从加快转变农业发展方式、提供经济发展新动力、创新农业行政管理方式、缩小城乡数字鸿沟的高度来看待推进信息进村入户的重要意义，把握信息化发展的特点和趋势。

会议强调，要把信息进村入户打造成"互联网+"行动计划在农村落地的示范工程，重点做好公益服务上线、推进电商进村、创新信息监测预警方式、完善市场化运营机制等8项重点工作。会议要求，要进一步加强组织领导、坚持整县推进、严格统一标准、加强队伍建设、建立绩效考核制度，确保信息进村入户扎实深入推进，努力把益农信息社建设成为服务"三农"的第一窗口和知名品牌。

2015年6月24日国务院常务会议部署推进"互联网+"行动

国务院总理李克强6月24日主持召开国务院常务会议，部署推进"互联网+"行动，促进形成经济发展新动能。会议认为，推动互联网与各行业深度融合，对促进大众创业、万众创新，加快形成经济发展新动能，意义重大。根据《政府工作报告》要求，会议通过《"互联网+"行动指导意见》，明确了推进"互联网+"，促进创业创新、协同制造、现代农业、智慧能源、普惠金融、公共服务、高效物流、电子商务、便捷交通、绿色生态、人工智能等若干能形成新产业模式的重点领域发展目标任务，并确定了相关支持措施。一是清理阻碍"互联网+"发展的不合理制度政策，放宽融合性产品和服务市场准入，促进创业创新，让产业融合发展拥有广阔空间。二是实施支撑保障"互联网+"的新硬件工程，加强新一代信息基础设施建设，加快核心芯片、高端服务器等研发和云计算、大数据等应用。三是搭建"互联网+"开放共享平台，加强公共服务，开展政务等公共数据开放利用试点，鼓励国家创新平台向企业特别是中小企业在线开放。四是适应"互联网+"特点，加大政府部门采购云计算服务力度，创新信贷产品和服务，开展股权众筹等试点，支持互联网企业上市。五是注重安全规范，加强风险监测，完善市场监管和社会管理，保障网络和信息安全，保护公平竞争。用"互联网+"助推经济保持中高速增长、迈向中高端水平。

2015年8月18日国家农业科技服务云平台贵州分平台启动

8月18日，国家农业科技服务云贵州平台启动仪式在贵阳市举行。贵州分平台的建设是国家农业科技服务云平台在全国率先启动建设的首个省级平台。贵州省副省长刘远坤、省农委主任刘福成、农业部科教司长唐珂出席启动仪式。国家农业科技服务云平台是农业部科教司基于云计算和大数据进行系统设计和架构，按照"体系是基础、数据是关键、服务是根本"的总体思路，将农业科研体系、现代农业产业技术体系、基层农技推广体系、新型职业农民培育体系和农业科技成果转化体系连为一体，促进农业科技成果转化，打通农业科技信息服务最后一米，为广大农民和各类现代农业生产经营主体提供及时、精准、全程顾问式的科技服务，全面提高农业科技的入户率、到位率，有力促进农技推广效能提升和农业发展方式转变。国家农业科技服务云平台包括：科教体系综合业务、智慧农民、农技推广、科技创新支撑、成果转化交易和美丽乡村 6 个专项子平台，以及全国农业科教环能综合业务管理系统、智慧农民在线培训系统、基层农技推广综合业务系统、现代农业产业技术体系综合业务平台系统、农村电子商务与金融服务创新支撑系统等 16 个核心业务系统。

2015 年 8 月 19 日国务院常务会议通过《关于促进大数据发展的行动纲要》

会议认为，开发应用好大数据这一基础性战略资源，有利于推动大众创业、万众创新，改造升级传统产业，培育经济发展新引擎和国际竞争新优势。会议通过《关于促进大数据发展的行动纲要》强调，一要推动政府信息系统和公共数据互联共享，消除信息孤岛，加快整合各类政府信息平台，避免重复建设和数据"打架"，增强政府公信力，促进社会信用体系建设。优先推动交通、医疗、就业、社保等民生领域政府数据向社会开放，在城市建设、社会救助、质量安全、社区服务等方面开展大数据应用示范，提高社会治理水平。二要顺应潮流引导支持大数据产业发展，以企业为主体、以市场为导向，加大政策支持，着力营造宽松公平环境，建立市场化应用机制，深化大数据在各行业创新应用，催生新业态、新模式，形成与需求紧密结合的大数据产品体系，使开放的大数据成为促进创业创新的新动力。三要强化信息安全保障，完善产业标准体系，依法依规打击数据滥用、侵犯隐私等行为。让各类主体公平分享大数据带来的技术、制度和创新红利。

2015 年 8 月 20 日爱种网上线，打造第三方农业大数据平台

爱种网在北京上线，是由 10 家国内骨干种企和现代种业发展基金共同发起的行业第三方信息和电商平台。爱种网是定位于提供交易、信息和信用服务的第三方大数据平台，在运营模式上不谈颠覆，不排斥传统营销渠道和服务渠道，而是充分合作，帮助其提升效率并逐步转型；在销售上坚持"三不"原则，即不收取入店费，不参与具体交易，更不从交易中抽取分成。截至目前，除了 10 家股东单位外，先正达种衣剂、中化化肥、秋乐种业、京研益农、皖垦种业、常林肥业等国内外农资巨头已先后签约入驻，中国人保、中央气象台、中国邮政等"国"字号企事业单位也成为爱种网的战略合作伙伴，涵盖农资产品交易、农技信息服务和农民融资保险的农业大数据平台框架初步建立。

2015 年 8 月"互联网+""三农"保险行动计划启动实施

农业部信息中心与中航安盟财产保险有限公司（简称中航安盟）签署战略合作协议，共同实施"互联网+""三农"保险行动计划。这次合作是农业部信息中心和中航安盟强强联合，是在"互联网+"大背景下共同服务"三农"的一个具体行动和业务创新，是以信息化服务"三农"全局的一个积极探索。"互联网+""三农"保险行动计划按照国家"互联网+现代农业"行动计划的总体部署，通过现代信息技术和保险产品相融合，合力拓宽现代保险服务渠道，改进保险业务流程，提升保险运行效率和精准程度，为转变农业发展方式、发展现代农业、促进农民增收和繁荣农村经济提供支持与服务。"互联网+""三农"保险行

动计划涵盖两大领域八项内容，主要包括：通过探索开发农产品市场价格指数，推进农业保险产品创新；通过数据互联互通，推进"三农"保险信息数据库建设；通过建立新型农业经营主体信息系统，推进"三农"保险信用体系建设；通过工作机制创新，推进基层信息服务体系与保险服务体系融合；通过 12316 综合信息服务平台应用拓展，推进"三农"保险系列服务等等。双方将从 2015 年起用三年时间实施该计划。

2015 年 8 月 25 日广东省农业科技创新联盟成立暨国家农业科技服务云广东平台启动

广东省农业科技创新联盟，是立足于广东省农业发展关键需求和区域产业特色，成立的农业科技创新协作平台，通过统筹全省农业科研机构、高校、企业等创新主体，形成广东省农业科研联合攻关的核心平台和骨干网络，实现农业科技资源共享和开放合作，促成重大农业科技成果转化，支撑现代农业发展。国家农业科技服务云广东平台，是依托国家农业科技服务云平台打造的省级平台。以大数据资源和现代信息科技为支撑，以农业科技创新为手段，广东省将建立起快捷高效的农业科技服务信息化桥梁，促进农业科研体系、农技推广体系、新型职业农民培育体系和农业科技成果转化体系的有效对接，突出农业科技服务的协同创新特色，凝聚各方面力量推动现代农业发展，并为全国农业科教体系创建省级云平台探索和积累经验。启动大会上，农业部科教司与广东省农业厅签署了《共同推进国家农业科技服务云平台广东分平台建设协议》，并向部分与会代表发放了国家农业科技服务云平台"智农卡"。

2015 年 8 月中国畜牧业信息化发展论坛举行

由中国畜牧兽医学会信息技术分会等单位主办、北京大北农科技集团股份有限公司承办的，中国畜牧业信息化发展论坛暨中国畜牧兽医学会信息技术分会第十届学术研讨会，在北京举行。中国农业大学教授、中国工程院院士、国际欧亚科学院院士汪懋华等十多位知名专家和学者就"互联网+畜牧产业转型升级"做出了精彩讲演。

论坛认为，随着农业物联网技术的快速发展，以物联网技术为代表的信息技术已经成为畜牧业发展中一种新的生产力要素，使得我国畜牧业发展对信息技术的需求越来越迫切。坚持"四化"同步，推动信息化和畜牧业现代化相互协调与有机融合，在实施"一带一路"的大决策中，急需通过现代信息技术推进我国畜牧业的现代化，做好顶层设计。

2015 年 8 月下旬屈冬玉副部长在吉林调研时强调，探索"互联网+"现代农业

农业部副部长屈冬玉到吉林省调研了农业农村信息化工作。调研组深入四平市伊通县，实地考察了基层农业信息服务站建设情况和信息技术应用情况，在吉林省农业综合办公大楼，参观了媒体平台、电商平台等，详细了解了吉林省智慧农业建设及应用情况。屈冬玉强调，信息就是资源、是产业，掌握资源就是掌握产业，要不断努力探索"互联网+"现代农业，整合数据资源，强化信息服务，使资源更丰富，数据更完整。

2015年9月8～9日全国农业市场与信息化工作会议在重庆召开

会议总结"十二五"以来农业市场与信息化工作，深入分析新阶段面临的新形势与新要求，研究部署"十三五"的总体思路和重点工作。农业部副部长屈冬玉指出，当前我国进入"四化同步"发展新阶段，全面深化改革进入攻坚期，宏观经济发展步入新常态，现代农业建设的环境、条件、任务发生了重大而深刻的变化。要客观认识新形势、新要求，与时俱进做好农业市场与信息化工作，因势利导促进农业转型升级，顺势而为推动建设中国特色现代农业。

屈冬玉要求，当前和今后一个时期，在新起点上加快农业市场化、信息化发展要坚持战略思维和问题导向，与时俱进地创新理念、创新思路、创新举措，以全面提升农产品市场调控、农户面向市场增收致富、信息技术改造传统农业"三个能力"为主要目标，以完善顶层设计、加强基础建设、强化工作手段、健全工作体系为主要任务，推动农业市场与信息化工作实现新跨越，成为城乡协调发展、农业转方式调结构的重要支撑力量。到"十三五"末，以农业信息监测预警体系为核心的农产品市场调控制度基本形成，以农户营销能力建设为核心的现代农业市场体系基本建立，以农业信息技术应用为核心的农业信息化明显提高。

屈冬玉强调，当前正处于"十二五"收官总结、"十三五"谋篇开局的关键时期。能不能收好尾、开好局，直接关系到下个五年计划能否取得决定性成果。各级农业部门和有关单位要按照总体工作思路，把握良机、乘势而上，突出重点、狠抓落实，全力以赴抓好农业监测预警、价格政策改革、信息进村入户、农业大数据应用、营销促销服务、产地市场体系建设和重大工程项目等7项重点工作。

2015年9月14日汪洋副总理在北京市调研"互联网+"现代农业发展情况，主持召开"互联网+"现代农业座谈会

国务院副总理汪洋2015年9月14日在北京市调研"互联网+"现代农业发展情况。他强调，要认真贯彻落实《国务院关于积极推进"互联网+"行动的指导意见》有关要求，大力推进互联网技术和互联网思维在农业农村工作中的应用，为提升农业生产、经营、管理和服务水平不断注入新的动力。

汪洋先后到北京市昌平区和海淀区，考察特色农产品全程信息化管理，了解通过互联网组织生猪生产、加工和销售的"猪联网+"经营模式，视察农产品电子商务线下展示体验平台，并主持召开座谈会，听取国内部分互联网公司、农业企业、信息化专家以及从事电商经营的新农民和农村基层干部的意见和建议。他指出，互联网与农业的融合发展，推进了现代要素在农业生产中的应用，拉近了生产与市场的距离，提高了效率，降低了成本，大大拓展了农业发展空间。要深入实施"互联网+"现代农业行动，从农村互联网发展的特点出发，探索可持续的商业模式，增强互联网在农资供应、技术指导、金融服务等方面的综合服务功能，积极推动农业经营模式和产业体系创新。推广和完善各地好的经验和做法，把"互联网+"现代农业成功的"盆景"变成"风景"。

汪洋强调，促进"互联网+"现代农业的发展，要加强顶层设计，完善标准规范，营造

良好市场环境。要加强农村互联网基础设施建设，完善农村物流网络体系，加快培养具有互联网思维、掌握信息化技术的新型农民。建立健全农业数据采集、分析、发布、服务机制，推动政府、企业信息服务资源的共享开放，消除数据壁垒和信息孤岛，加强农业大数据的开发利用，努力缩小工农、城乡之间的"数字鸿沟"。

2015年10月14日国务院常务会议决定完善农村及偏远地区宽带电信普遍服务补偿机制，部署加快发展农村电商

会议指出，缩小城乡差距是我国发展巨大潜力所在。改革创新电信普遍服务补偿机制，支持农村及偏远地区宽带建设，是补上公共产品和服务"短板"、带动有效投资、促进城乡协同发展的重要举措。会议决定，加大中央财政投入，引导地方强化政策和资金支持，鼓励基础电信、广电企业和民间资本通过竞争性招标等公平参与农村宽带建设和运行维护，同时探索PPP、委托运营等市场化方式调动各类主体参与积极性，力争到2020年实现约5万个未通宽带行政村通宽带、3000多万农村家庭宽带升级，使宽带覆盖98%的行政村，并逐步实现无线宽带覆盖，预计总投入超过1400亿元。会议要求，要强化考核验收和督查，对未通过验收的，扣减或取消财政补贴并予以通报。宽带建设运行情况要接受社会监督。用信息技术促进农村偏远困难地区群众脱贫致富。

会议认为，通过大众创业、万众创新，发挥市场机制作用，加快农村电商发展，把实体店与电商有机结合，使实体经济与互联网产生叠加效应，有利于促消费、扩内需，推动农业升级、农村发展、农民增收。为此，一要扩大电商在农业农村的应用。鼓励社会资本、供销社等各类主体建设涉农电商平台，拓宽农产品、民俗产品、乡村旅游等市场，在促进工业品下乡的同时为农产品进城拓展更大空间。优先在革命老区、贫困地区开展电商进农村综合示范，增加就业和增收渠道，推动扶贫开发。二要改善农村电商发展环境。完善交通、信息、产地集配、冷链等相关设施，鼓励农村商贸企业建设配送中心，发展第三方配送等，提高流通效率。三要营造良好网络消费环境，严打网上销售假冒伪劣商品等违法行为。大力培养农村电商人才，鼓励通过网络创业就业。四要加大农村电商政策扶持。对符合条件的给予担保贷款及贴息。鼓励金融机构创新网上支付、供应链贷款等产品，简化小额短期贷款手续，加大对电商创业的信贷支持。让亿万农民通过"触网"走上"双创"新舞台。

2015年10月16~20日农业部副部长屈冬玉在安徽、浙江就"互联网+"现代农业进行调研。

屈冬玉强调，要认真贯彻落实党中央、国务院的部署要求，顺应信息社会快速发展的新形势，主动适应、引领经济发展新常态，紧密结合农业农村特点，立足加快转变农业发展方式，提高农业质量和效益，统筹做好农业电子商务、农业物联网、农业大数据、信息进村入户等重点工作，确保"互联网+"现代农业行动起好步、早见效。

屈冬玉先后到中科院合肥物质科学研究院、安徽农业大学等科研教学单位调研。屈冬玉深入临安市昌化镇白牛村调研农业电子商务，并到阿里巴巴、赶街、邮乐农品等电子商务企业进行调研。

农业物联网是屈冬玉调研的一项重要内容。他在浙江托普云农科技股份有限公司、安徽朗坤物联网有限公司等企业调研时指出，要紧密结合现代农业建设，加强示范推广，强化机制创新，以规模应用降低使用成本。在观看安徽农机深松作业监控平台后，他强调，要大力发展农机物联网，推动农机化与信息化融合发展；加强物联网设备在农机作业上的应用，以保证农机作业质量，有效降低监管成本；加强数据的采集和开放，切实把数据转变为资源，为现代农业建设提供新动力。

2015 年 10 月 30 日农业部与国家测绘地理信息局签署地理信息共享合作协议

农业部与国家测绘地理信息局本着优势互补、互惠互利、相互支持、共同发展的原则，经友好协商，签署地理信息共享合作框架协议。根据协议，国家测绘地理信息局无偿或者优惠向农业部提供基础地理信息数据与服务，农业部无偿或者优惠向国家测绘地理信息局提供与空间位置相关的专题地理要素数据与服务；双方共同指导省级相关部门开展合作，鼓励进行地理信息数据资源共享与开发利用，联合开展专题数据资源建设、项目开发等；双方建立定期会晤制度，加强信息交流与互动沟通；双方分别确定了联系单位和技术支持单位。

2015 年 11 月农业部组织开展农民手机应用技能培训提升信息化能力

农业部印发通知，计划用 3 年左右时间，通过对农民开展手机应用技能和信息化能力培训，提升农民利用现代信息技术，特别是运用手机上网发展生产、便利生活和增收致富的能力。开展农民手机应用技能培训，提升信息化能力有四项重点任务：一是以手机生产商、手机经销商、通信运营商为主体，对农民开展手机使用基本技能、上网基础知识的普及培训。二是运用市场化机制，连续三年开展全国农民手机使用技能竞赛。三是以满足农民群众多样化、个性化的生产与生活需求为出发点和落脚点，加强利用信息化手段便利农民生产生活的实用技术培训。四是充分利用和发挥现有培训渠道和服务体系的作用，组织动员社会力量广泛参与培训。农业部要求各级农业部门要建立工作协调机制，相关单位分工负责、协同推进，把农民手机应用技能培训、提升信息化能力作为重要任务来抓。要积极协同相关部门，组织农业科研院所和相关企业，共同推进农业农村信息化基础能力建设。要充分利用网络、电视、广播、报刊、短信、微博微信等手段，营造全社会关心提升农民信息化能力良好氛围。

2015 年 11 月 7 日第十三届中国国际农产品交易会在福州开幕

本届"农交会"继续秉承"展示成果、推动交流、促进贸易"的办展宗旨，以"调结构转方式，发展现代农业"为主题，加快推进农交会"市场化、专业化、国际化、品牌化、信息化"建设，打造中国最大和最权威的农产品贸易流通平台。

农业部信息中心紧密围绕第十三届中国国际农产品交易会宗旨和任务，以"互联网+"现代农业为主题，联合 50 余家媒体单位开展了"一托三"网络媒体联合推介活动，共同推出"互联网+"农交会、"互联网+"电子商务和"互联网+"市场主体专题活动，集中展示部省农业部门及涉农企业在农业生产、经营、管理、服务中的信息化应用案例，加强用户对"互联网+"的现实体验，用新媒体、新视角展现农交会的风采和特色，"互联网+"为本届农交会注入了新的活力。

在农交会一楼展厅中心，围绕"互联网+"现代农业主题，集中展示了农业行业具有代表性的农业信息化典型案例和应用。"互联网+"电子商务专题区现场开展了电子商务用户体验。本次农交会还组织了网络媒体联合推介活动，是开展"互联网+"政务服务的一次有益尝试。本届农交会期间，还举办了"互联网+"创业创新沙龙，包括相关涉农企业"互联网+"农业成果展示、"互联网+"农业战略发布、中药材电商标准的建立与推广、农产品质量安全社会化追溯实例演示、农业信息服务产品介绍、基于多维信息的农业规划理论与方法以及农业信息化创业创新等丰富内容。

2015 年 11 月 7 日全国农业信息化联盟成立

农业部信息中心联合全国 31 家省级农业信息中心，共同发起成立了全国农业信息化联盟，旨在围绕促进全国农业信息化工作，建立政产学研沟通、交流、协同工作机制，统筹规划，共建共享，深化合作，持续增添农业信息化工作动力与活力，驱动信息化与农业现代化的深度融合发展。该联盟是一个非官方、非营利性质的农业信息化沟通、交流、协同、协作组织，将以繁荣农业信息化事业为目标，以具体项目为基石，以扩展业务应用为出发点，以资源共享为突破口，通过资源开放、集聚和融合，实现业务创新和价值增值。按照总体规划，全国农业信息化联盟包括了全国农业信息化智库、农业信息化 30 人论坛、农业信息化培训基地、"12316"研究院、部省协同业务部等工作板块。

2015 年 11 月 7 日 2015 农业信息化高峰论坛将在福州举办

以"互联网+"现代农业为主题的 2015 农业信息化高峰论坛暨网络媒体联合推介在福州中国国际农交会上举办。农业部副部长屈冬玉在论坛上指出，要以开放、众筹、共享、共赢的互联网思维，合力推动"互联网+"现代农业加快发展，为农业农村经济实现"弯道超车""跨越发展"提供新动力。

屈冬玉认为，当前，互联网思维和互联网技术在农业中的应用日益广泛。现阶段，推进"互联网+"现代农业要重点做好四项工作：一是加快发展农业电子商务，重点突破鲜活农产品电子商务的瓶颈制约，指导支持新型经营主体对接电商平台。二是深入推进农业物联网示范应用，率先推进设施农业、畜禽水产养殖、农产品质量安全追溯等方面的农业物联网技术应用。三是抓紧实施农业大数据工程，加强农业农村大数据采集分析、共享开放和开发利用，加快建设全球农业数据调查分析系统。四是大力提升农业信息服务能力，加快推进信息进村入户，扩大 12316 三农信息服务平台体系覆盖范围和用户，强化农业部门网站、微博、微信、移动客户端建设。

论坛期间，由农业部信息中心联合全国 31 家省级农业信息中心共同发起的全国农业信息化联盟正式成立，旨在整合需求，形成合力，驱动信息化与农业现代化深度融合发展。

申请加盟的单位达 2561 家，加盟人数突破 6 万人。工业和信息化部原副部长杨学山、吉林省副省长隋忠诚、中国工程院院士倪光南等领导和有关专家发表了精彩演讲。

2015 年 11 月 8 日"全求吃"农产品垂直电商平台上线

11 月 8 日，国际性大型农产品垂直电商平台"全求吃"上线试运行，总投资 200 多亿元，致力于"互联网+农业"的创新发展，围绕农业全产业链，搭建国内外农产品食品流通大平台。在启动仪式上，中国农产品贸易中心（全球）集团与 12 家合作伙伴签订了合作协议，集团与农业部优质农产品开发服务中心签订合作协议，打造专题频道推广全国名特优新产品，与农业部信息中心合作共同建设国家农业大数据中心，实现农业全产业链数据互联互通，开启农产品均衡供应新时代。

2015 年 11 月"供销 e 家"正式上线

"供销 e 家"是供销合作社系统发展电子商务的总平台，是落实"互联网+"国家发展战略和深化供销合作社综合改革的重要举措。"供销 e 家"将以农村和农产品电子商务为重点，提供完善的网上交易功能和服务功能，其中，交易功能主要围绕农产品、农业生产资料、日用消费品和再生资源等供销合作社传统业务领域，提供 B2B 大宗交易、批发交易等多种交易方式；服务功能主要包括支付结算、金融服务、物流融合、质量认证和产地追溯、为农服务、便民服务、技术支撑、培训服务等丰富多样的服务。

2015 年 12 月 8 日农业部部长韩长赋主持召开部常务会，原则通过《农业部关于推进农业农村大数据发展的实施意见》

会议指出，发展农业农村大数据，对于推动农业生产精准化、智慧化，提升农业农村经济信息及时性、准确性，提高城乡信息服务均等化水平具有重要作用，是推进现代农业建设的重要内容，是政府科学管理的重要依据。各级农业部门要切实提高认识，把推进全球农业数据调查分析系统建设摆在优先位置，以此为抓手，着力推动农业农村大数据发展和应用。要有明确的指导思想，坚持问题导向，不能停留在概念上、思路上，要为农业科学管理、市场引导、农业宏观决策、生产经营主体等提供服务。要强化体制机制创新，强化顶层设计，统一整合标准，确定整合层次、平台，确保数据互联互通，防止内部碎片化。同时，要积极整合优化存量资金，避免重复建设、资源浪费，切实带动数据共享，确保信息安全性。

2015 年 12 月 10 日中国电信与京东全面开展农村电商跨界合作

中国电信集团公司与京东集团举行了"农村渠道创新合作"签约仪式，标志着国内电信运营商和主流电商在农村市场上的首次正式牵手。此次双方的合作主要集中于农村市场"实体渠道+农村电商"的有效融合，在农村市场的渠道发展、终端供销、通信服务和电商分销等多个方面开展积极合作。

2015年12月15日汪洋调研时强调：加快发展农村电子商务

国务院副总理汪洋2015年12月15日，在北京调研全国供销合作总社电子商务发展情况。他强调，加快发展农村电子商务，是创新商业模式、完善农村现代市场体系的必然选择，是转变农业发展方式、调整农业结构的重要抓手。要积极培育和壮大农村电子商务市场主体，加快发展线上线下融合、覆盖全程、综合配套、安全高效、便捷实惠的现代农村商品流通和服务网络。

汪洋考察了供销合作总社建设的全国性涉农电子商务平台"供销e家"。他强调，供销合作社长期扎根农村，了解农民，熟悉农村市场，有比较完整的组织体系和经营服务网络，发展农村电子商务有独特的优势。要坚持为农服务根本宗旨，充分利用电商平台，促进农产品销售，促进农业生产标准化和质量安全水平的提高，推进农产品加工、储藏及农业社会化服务发展。要坚持市场化原则，用好供销合作社现有组织系统和流通体系，加快推进信息化改造，强化物流配送功能，推进形成线上线下融合发展的现代流通网络。有关部门要完善支持政策，加强基础设施建设，鼓励地方和各类市场主体创新农村电商模式，推进电子商务进农村综合示范，为农村电商发展提供良好的市场环境。

2015年12月16～18日第二届世界互联网大会在浙江乌镇举行

中国国家主席习近平在大会开幕式上发表的主旨演讲，提出了全球互联网发展与治理的中国方案；大会发布了《乌镇倡议》，推动互联网的发展、治理和繁荣；来自世界各地的2000多位嘉宾相聚一堂，共谋世界互联网的发展与安全，在中国美丽的水乡乌镇达成共识。

2015年12月全国休闲农业电子商务平台"去农庄网"上线

在农业部农产品加工局的支持下，农村社会事业发展中心、中国旅游协会休闲农业与乡村旅游分会联合北京天时信宇科技发展有限公司，按照PPP的模式，为休闲农业与乡村旅游打造了综合电子商务平台"去农庄网"（www.manortrip.com 或 www.qnz365.com）。

"去农庄网"目前已有2300家休闲农庄入驻，成为全国最大的"互联网+"休闲农业与乡村旅游综合电商平台。这一电子商务平台的打造，为我国休闲农庄提供吃、住、游、购、娱等休闲体验产品和特色农产品的网上展示、宣介、预定、销售和结算服务，满足城乡居民在线购买、线下消费的需求，提升行业线上线下的营销能力；利用"互联网+"思维，整合并优化配置资源要素，以"线上+线下+融合"的视角，从电子商务、人才培养、规划设计、技术推广、活动创意、企业诊断等方面，完善行业生态，破解行业普遍存在的制约瓶颈，促进行业健康快速发展。

2015年12月中国农产品流通经纪人协会农村电商委员会成立

中国农产品流通经纪人协会农村电商委员会，是由国内专注于农村电子商务顶层制度设计、技术架构、金融机构、运营、销售、政策研究等具有独立法人资格的企事业单位、社会团体及个人自愿组成的非营利性的行业性社会团体，坚持以农村电子商务为本，坚持服务至上，弘扬"爱农、敬业、守信、合作、创新"的协会文化，维护会员合法权益，发挥联系政府与农产品经纪人之间的桥梁和纽带作用，协调行业内外关系，密切行业内外交往，促进行业经济、技术发展，推动农产品流通现代化。

2015 年 12 月 24～25 日中央农村工作会议在京召开

会议全面贯彻落实党的十八大和十八届三中、四中、五中全会以及中央经济工作会议精神，总结"十二五"时期"三农"工作，分析当前农业农村形势，部署 2016 年和"十三五"时期农业农村工作。

会议指出，"十二五"时期，我国粮食连续增产，农民收入持续较快增长，农村社会和谐稳定，为经济社会发展全局做出重大贡献。"十三五"时期农业农村工作，要坚持创新、协调、绿色、开放、共享的发展理念，牢固树立强烈的短板意识，坚持问题导向，切实拉长农业这条"四化同步"的短腿、补齐农村这块全面小康的短板。

中央农村工作会议讨论了《中共中央、国务院关于落实发展新理念加快农业现代化实现全面小康目标的若干意见（讨论稿）》。